Die elektrische Lokomotive

Helmut Bendel u. a.

Die elektrische Lokomotive

Aufbau
Funktion
Neue Technik

trans press

Die erste Auflage dieses Buches erschien 1981 unter dem Titel „Elektrische Triebfahrzeuge“.

Titel- und Rücktitelfoto: Dieter Kempf

Verzeichnis der Autoren

Dr.-Ing. Helmut Bendel
Dipl.-Ing. Rolf Einert
Dipl.-Ing. Uwe Fritsche
Dr. sc. techn. Paul Kahler
Dr.-Ing. Dieter Müller
Dr.-Ing. Joachim Scherz
Dipl.-Ing. Ulrich Schreiber
Dipl.-Ing. Peter Wiegner

Bendel, Helmut:
Die elektrische Lokomotive
Aufbau, Funktion, neue
Technik/Helmut Bendel u. a. –
Berlin: Transpress, 1994 – 376 S.:
423 Abb., 18 Tab.
NE: mehrere Verf.:

ISBN 3-344-70844-9

Borkumstr. 2, 13189 Berlin
2., bearbeitete und ergänzte Auflage 1994
Lektor: Dr. Rolf Neustädt
Einbandgestaltung: Jürgen Schumann
Typografie: Jürgen Schumann/Regine Bach
Satz: Satzstudio MediaSoft, Berlin
Druck: Gutmann, Heilbronn
Bindung: K. Dieringer, Gerlingen

Vorwort

Infolge ihrer ökonomischen und technischen Vorteile ist die elektrische Zugförderung während der letzten Jahrzehnte in vielen Industrieländern auf den ersten Platz unter den Traktionsarten der Eisenbahn vorgedrungen. Die Entwicklung auf dem Energiesektor hat diesen Vorgang gefördert und wirkt auch heute noch beschleunigend.

Bei den Bahnen, bei denen der Grad der Elektrifizierung noch nicht an die durch die Wirtschaftlichkeit gesetzten Grenzen gelangt ist, laufen zum Teil umfangreiche Elektrifizierungsprogramme. Aber auch bei den Bahnen, bei denen der Endausbau der elektrifizierten Netze schon erreicht schien, setzten mit dem Neu- und Ausbau von Hochgeschwindigkeitsstrecken erneut Aktivitäten bei der Elektrifizierung ein.

Damit verbunden ist eine rege Entwicklung auf dem Gebiet der elektrischen Triebfahrzeuge. Neue Baureihen erscheinen auf den Strecken und wecken die Aufmerksamkeit. Mit dem Zusammenwachsen der nationalen Hochgeschwindigkeitsstrecken zu einem europäischen Netz werden in zunehmendem Maße auch Triebfahrzeuge anderer Bahnen mit anderen technischen Lösungen auf den Strecken erscheinen und das Bestreben nach dem Kennenlernen der Technik dieser Triebfahrzeuge fördern.

Das vorliegende Buch soll dazu beitragen, dieses Streben zu befriedigen. Es beschränkt sich entsprechend seiner Konzeption vorwiegend auf den elektrischen Teil der Triebfahrzeuge. Vom mechanischen Teil werden nur die Antriebe und die Druckluftversorgung sowie einige Zusatzeinrichtungen behandelt.

Die Beispiele für die technischen Lösungen wurden soweit wie möglich dem Fahrzeugpark der beiden deutschen Bahnen entnommen. Es fanden jedoch auch bewährte, technisch interessante Lösungen anderer Bahnen Berücksichtigung.

In einem vorangestellten Kapitel werden die Eigenschaften der elektrischen Traktion mit denen anderer Traktionsarten verglichen und die einzelnen Stromsysteme behandelt. Ein weiterer Abschnitt befaßt sich mit der fahrdynamischen Charakteristik und dem Traktionsvermögen. Im dritten Kapitel wird eine Übersicht über den Gesamtaufbau und die prinzipiellen Lösungsmöglichkeiten der Energieumsetzung auf dem Triebfahrzeug gegeben. Die folgenden Abschnitte gehen auf die Baugruppen näher ein. Der Beschreibung verschiedener Ausführungsformen und der näheren Erläuterung ausgeführter Beispiele schließt sich jeweils eine Wertung der Vor- und Nachteile an.

Im letzten Kapitel werden zwei Triebfahrzeugbaureihen im Zusammenhang beschrieben.

Wir hoffen, mit diesem Buch einem großen Personenkreis ein Mittel zur Qualifizierung und Information in die Hand zu geben und nehmen Hinweise für die weitere Verbesserung dankbar entgegen.

Die Autoren

Inhalt

1 Grundlagen

1.1 Zeittafel zur geschichtlichen Entwicklung der elektrischen Zugförderung

[61], [147], [198], [202], [209], [220], [223], [248]

1838 bis 1865 Versuche mit batteriegespeisten Fahrzeugen (DAVIDSON, WAGNER, STÖHRER), ohne dauerhafte praktische Ergebnisse infolge großer Batteriemasse.

1866 Erfindung der Dynamomaschine: ermöglicht Erzeugung ausreichend großer elektrischer Leistung; ist Grundlage für die rasche Entwicklung der elektrischen Zugförderung.

1876 PIROTZKI unternimmt Versuche mit kleinen elektrischen Triebwagen.

1879 Erste elektrische Lokomotive (2,2 kW) auf Gewerbeausstellung in Berlin im öffentlichen Verkehr eingesetzt.

1881 Erste elektrische Straßenbahn der Welt in Lichterfelde bei Berlin.

1882 Erste Grubenlokomotive mit zweipoliger Fahrleitung.

1889 Entwicklung des Einphasenwechselstrommotors.

1892 Erste Versuche mit Drehstromtriebfahrzeugen (Straßenbahn Lugano, Schweiz).

1895 Erste elektrische Vollbahnlokomotive für Gleichstrom in Amerika (Baltimore–Ohio, USA).

1897 Versuchsbahn mit Drehstrom (10 000 V) in Lichterfelde bei Berlin.

1899 In Europa erste Vollbahnlokomotive mit Drehstrom 750 V/40 Hz auf der Strecke Burgdorf–Thun (Schweiz).

1903 Schnellfahrversuche (V_{max} = 210 km/h) mit drehstromgespeisten Triebwagen auf der Strecke Marienfelde–Zossen.

1903 Erster Versuchstriebwagen mit Einphasenwechselstromfahrmotoren (6 kV/25 Hz) nach Winter-Eichberg auf der Strecke Berlin-Niederschöneweide–Spindlersfeld.

1902 bis 1904 Entwicklung des Wendefeld-Parallelwiderstands (Behn-Eschenburg) hat starke Verbesserung des Einphasenwechselstrom-Kommutatormotors zur Folge; eröffnet Möglichkeit zur breiten Anwendung hochgespannten Einphasenwechselstroms niedriger Frequenz (15,25 und später überwiegend $16^2/_3$ Hz).

1904 Versuche mit durch Einphasenwechselstrom (50 Hz) gespeister Umformerlokomotive (Seebach–Wettingen, Schweiz).

1905 Erste Lokomotive mit Einphasenwechselstrom-Kommutatormotoren (15 kV/15 Hz) mit Wendefeld-Parallelwiderstand (Seebach–Wettingen, Schweiz).

1905 Eröffnung des Betriebs mit Einphasenwechselstrom (5,5 kV/$16^2/_3$ Hz) auf der Lokalbahn Murnau–Oberammergau.

1908 Planmäßiger Betrieb mit 6,3-kV-/25-Hz-Einphasenwechselstrom auf der Strecke Blankenese–Ohlsdorf.

1911 Eröffnung des elektrischen Zugbetriebs mit Einphasenwechselstrom $16^2/_3$ Hz auf der Strecke Bitterfeld–Dessau.

1912 Übereinkommen der deutschen Länder zur Vereinheitlichung des Stromsystems auf 15-kV-/16 $^2/_3$-Hz-Einphasenwechselstrom; Österreich, Schweiz, Norwegen, Schweden schließen sich später an.

1917 Umformerlokomotive mit Phasenspaltermaschinen (Umformung von 50-Hz-Einphasenwechselstrom in Drehstrom); entwickelt von KANDO (Ungarn).

1928 Erstes elektrisches Triebfahrzeug (Fahrleitungsrevisionstriebwagen) mit Quecksilberdampf-Gleichrichtern bei der DRG (Glasgefäße).

1934 Erfindung des Ignitrons.

1935 Aufnahme des Versuchsbetriebs mit 50-Hz-/22-kV-Einphasenwechselstrom auf der Höllentalbahn; u. a. Anwendung von Quecksilberdampfgleichrichtern mit Gittersteuerung auf den Lokomotiven (Eisengefäße).

1949 Erstmalige Anwendung von Ignitrons auf Lokomotiven (Pennsylvania Railroad, USA).

1957 Erste Versuche mit Silizium-Gleichrichtern (Umbau einer Rangierlokomotive der DB).

1970 Erste Diesellok mit frequenz- und spannungsgesteuertem Drehstromantrieb (DE 2500).

1980 Erste elektrische Streckenlokomotive mit frequenz- und spannungsgesteuertem Drehstromantrieb (Baureihe 120 der DB).

1.2 Betrieblicher Vergleich zwischen elektrischer Zugförderung und anderen Traktionsarten

Die Vorteile der elektrischen und der Dieseltraktion gegenüber der Dampfzugförderung sind unumstritten. Ein Eingehen auf letztere erübrigt sich daher.

1.2.1 Masse-Leistungs-Verhältnis und Leistungsvermögen

Das Masse-Leistungs-Verhältnis (bezogen auf die Leistung am Radumfang) ist bei elektrischen Lokomotiven mit 15...20 kg/kW erheblich niedriger als das von etwa 50 kg/kW der Diesellokomotiven. Es ermöglicht bei vierachsigen elektrischen Lokomotiven die Installation von > 6 000 kW Leistung, während bei sechsachsigen Diesellokomotiven die Grenze bei etwa 2 200...2 500 kW liegt.

1.2.2 Anhängemassen

Das hohe Leistungsvermögen der elektrischen Triebfahrzeuge ermöglicht bei gleicher Geschwindigkeit gegenüber den Diesellokomotiven wesentlich größere Anhängemassen. Das wirkt sich insbesondere auf Steigungsstrecken und im Personen- und Güterschnellverkehr positiv aus. Es ermöglicht weitgehend die Vermeidung der Doppeltraktion und im Güterverkehr die Verringerung der Zugzahlen (Erhöhung der Streckendurchlaßfähigkeit). Die Empfindlichkeit gegen schwere Anfahrten bei Lokomotiven mit Kommutatorfahrmotoren ist bei Triebfahrzeugen mit Drehstrommotoren überwunden.

1.2.3 Geschwindigkeiten

Das hohe Leistungsvermögen elektrischer Triebfahrzeuge ermöglicht bei gleicher Anhängemasse auf Steigungsstrecken erheblich höhere Fahrgeschwindigkeiten, was sich in höheren Reisegeschwindigkeiten und größeren Streckendurchlaßfähigkeiten niederschlägt.

1.2.4 Beschleunigungsvermögen

Die hohe installierbare Leistung und ihre Überlastbarkeit ermöglichen elektrischen Triebfahrzeugen ein Anfahren an der Kraftschlußgrenze bis in den Bereich von 50...60 % der Höchstgeschwindigkeit. Das wirkt sich besonders im Nahverkehr in hohen Reisegeschwindigkeiten aus und bringt auch im Schnellverkehr bei Langsamfahrstellen und außerplanmäßigen Halten Vorteile.

1.2.5 Einsatzbereitschaft

Während elektrische Triebfahrzeuge nach wenigen Minuten einsatzbereit sind, bedürfen Dieselfahrzeuge nach größeren Abstellzeiten eines längeren Vorwärmens, wenn sie nicht mit hohem Energieaufwand mittels zusätzlicher Einrichtungen warm gehalten werden.

1.2.6 Einsatzdauer

Elektrische Triebfahrzeuge sind unbegrenzt einsatzfähig. Dieseltriebfahrzeuge bedürfen der Ergänzung der Vorräte an Kraftstoff (etwa einmal täglich) und bei Anwendung der Dampfheizung mehrmals täglich der Ergänzung des Heizwassers.

1.2.7 Störanfälligkeit

Infolge weniger bewegter oder gleitender Teile und wegen des relativ einfachen, robusten Aufbaus ist die Störanfälligkeit bei elektrischen Triebfahrzeugen wesentlich geringer.

1.2.8 Aktionsbereich

Er ist bei elektrischen Triebfahrzeugen durch die elektrifizierte Streckenlänge begrenzt, bei Dieseltriebfahrzeugen dagegen unbeschränkt (wenn die Betriebsvorräte ergänzt werden können). Dieser Nachteil der E-Traktion fällt mit zunehmender Länge und Vernetzung der elektrifizierten Strecken immer weniger ins Gewicht.

1.2.9 Verwendungsbereich

Elektrische Lokomotiven:
- Infolge des guten Teillastwirkungsgrads ist ein relativ wirtschaftlicher Einsatz eines schweren Triebfahrzeugs auch im leichten Dienst möglich.
- Die hohe Überlastungsfähigkeit im Anfahrbereich gestattet die Verwendung schnellfahrender Triebfahrzeuge auch zur Beförderung großer Anhängemassen.
- Dadurch kann das gesamte Betriebsprogramm mit wenigen Lokomotivtypen (zum Teil nur mit unterschiedlicher Übersetzung) bewältigt werden. Die Antriebe mit kommutatorlosen Fahrmotoren ermöglichen weitgehend die Anwendung als Universallokomotive.
- Die universelle Einsatzbarkeit ermöglicht günstigere Triebfahrzeugumläufe.

Diesellokomotiven:
- Ungünstige Teillastwirkungsgrade machen den Einsatz schwerer Lokomotiven im leichten Dienst unwirtschaftlich.
- Es sind Lokomotivtypen zur Anpassung an das Betriebsprogramm erforderlich.
- Die eingeschränkte Einsetzbarkeit erschwert die Bildung günstiger Triebfahrzeugumläufe.

1.2.10 Energieversorgung des Zuges

Die Leistung zur Energieversorgung des Zuges ist bei elektrischen Triebfahrzeugen nur durch die Strombelastbarkeit der Zugheizkupplungen begrenzt. Bei Diesellokomotiven wirkt häufig die Leistungsfähigkeit des Dieselmotors begrenzend, da die für den Zug entnommene Leistung die Traktionsleistung schmälert.

1.3 Wirtschaftlicher Vergleich zwischen elektrischer Zugförderung und Dieseltraktion

1.3.1 Laufleistungen

Die möglichen höheren Fahrgeschwindigkeiten, das Beschleunigungsvermögen, die stete Einsatzbereitschaft, die längere Einsatzzeit und der universelle Verwendungsbereich der elektrischen

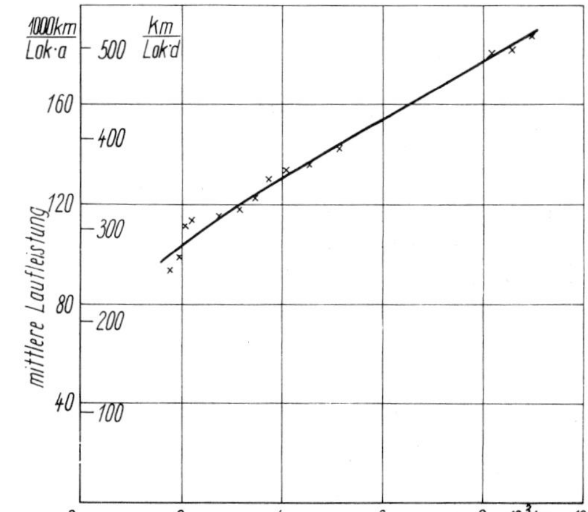

Bild 1.3/1 Mittlere Laufleistung einer Elektrolokomotive in Abhängigkeit von der elektrifizierten Streckenlänge

Triebfahrzeuge gestatten höhere tägliche Laufleistungen. Diese Vorteile kommen jedoch wegen des begrenzten Aktionsradius erst bei einem längeren elektrifizierten Streckennetz zur Geltung (Bild 1.3/1). Spitzenwerte liegen um 50 000 km je Lokomotive und Monat.

1.3.2 Lokomotivbedarf

Wegen der höheren Laufleistungen und Anhängemassen sowie des größeren Einsatzbereichs sind geringere Stückzahlen von elektrischen Lokomotiven gegenüber Diesellokomotiven nötig.

1.3.3 Instandhaltungskosten

Infolge geringerer Störanfälligkeit, weniger Verschleißteile, weitgehender Wartungsfreiheit und kleineren Lokomotivbedarfs fallen bei der elektrischen Traktion geringere Unterhaltungs- und Erhaltungskosten als bei Dieselbetrieb an. Sie betragen gegenüber Diesellokomotiven etwa 40...50 %. [96] Die Personaleinsparungen in der Instandhaltung der Triebfahrzeuge werden allerdings teilweise durch den Personalbedarf für die Instandhaltung der Fahrleitungen und der Stromversorgungsanlagen ausgeglichen.

1.3.4 Energieverbrauch

Tabelle 1.3/1 vergleicht den Energieverbrauch. Infolge besserer Teillastwirkungsgrade der elektrischen Triebfahrzeuge verschiebt sich jedoch bei Betrachtung der mittleren Jahreswirkungsgrade, die für den Gesamtenergieverbrauch ausschlaggebend sind, das Verhältnis zugunsten der elektrischen Zugförderung.
Nach Angaben der SNCF [229] ergeben sich für die elektrischen Triebfahrzeuge (bezogen auf Primärenergie) 25,5...28,8 %, für die Dieseltriebfahrzeuge (bezogen auf Dieselkraftstoff) nur 18,4 %.
Vorteile der Elektrotraktion gegenüber der Dieseltraktion liegen auch

- in der einfacheren und wirtschaftlicheren Verwendbarkeit minderwertiger Rohenergie (Rohbraunkohle usw.) gegenüber dem hochwertigen und von Verknappung bedrohten Erdöl sowie
- in der Möglichkeit der Nutzung von Kern- und alternativen Energien.

Tabelle 1.3/1 Wirkungsgrade

Triebfahrzeugart	Höchstwert des Wirkungsgrades
Elektrische Triebfahrzeuge	
– ab Fahrdraht gerechnet	78...80 %
– bezogen auf den Energieinhalt der Kohle bei Energieerzeugung in Kohlekraftwerken	22...25 %
– bezogen auf den Energieinhalt des Wassers bei Energieerzeugung in Wasserkraftwerken	50...60 %
Dieseltriebfahrzeuge	
– bezogen auf den Energieinhalt des Dieselkraftstoffes	28...32 %
– bezogen auf den Energieinhalt des Rohöls	27...31 %

1.3.5 Anschaffungskosten

Die Anschaffungskosten setzen sich zusammen aus:
- Kosten für Fahrzeuge (Sie liegen bei den elektrischen Triebfahrzeugen nur beim 0,4-...bis 0,5fachen von denen der Dieseltriebfahrzeuge.),
- Kosten für die ortsfesten Anlagen,
- Kosten für bauliche Änderungen (bei elektrischer Traktion z. B. Heben von Brücken und Erweitern der Tunnel zur Gewinnung des Raums für die Fahrleitung, Verkabelung der Signal- und Fernmeldeleitungen).

Die Kosten für ortsfeste Anlagen sind:
- bei der Elektrotraktion sehr erheblich (Kraftwerke, Fernleitungen, Unterwerke, Fahrleitungen) und betragen etwa 20...35 % der Elektrifizierungskosten,
- bei der Dieseltraktion relativ niedrig (Tankanlagen, Anlagen zur Wasseraufbereitung usw.).

Die Kosten für die Änderung der baulichen Anlagen
- betragen bei der Elektrotraktion etwa 10...20 % der Elektrifizierungskosten,
- sind bei der Dieseltraktion nahezu Null.

Die zum Nachteil der elektrischen Traktion höheren Kosten für die ortsfesten Anlagen sind weitgehend unabhängig von der Streckenbelastung. Der vorteilhaftere niedrigere Triebfahrzeugpreis der E-Traktion fällt mit zunehmender Streckenbelastung immer stärker ins Gewicht. Ab einer be-

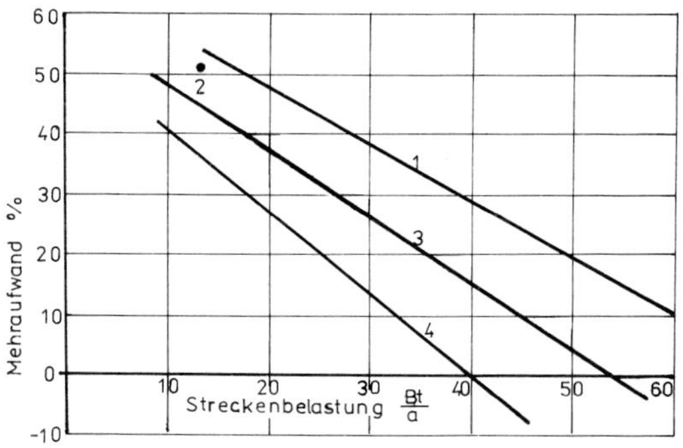

Bild 1.3/2 Mehraufwand *M* in % an Investmitteln für die Elektrotraktion, bezogen auf den Investaufwand für die Dieseltraktion in Abhängigkeit von der Streckenbelastung [236]
1 nach „Dieselfahrzeuge im Schienenverkehr" [41]
2 nach Jansa
3 nach Javorski [99]
4 nach überschlägigen Berechnungen für die DDR

Tabelle 1.3/2 Umweltbeeinflussung

Triebfahrzeugart	Umweltbeeinflussung
Elektrische Triebfahrzeuge	– keine Abgase – Geräuschbelästigung der Umwelt relativ gering
Dieseltriebfahrzeuge	– Abgasemission – starke Geräuschbelästigung der Umwelt

stimmten Streckenbelastung liegen die Investkosten bei der E-Traktion sogar unter denen der Dieseltraktion (Bild 1.3/2 nach [236]).

1.3.6 Sonstige Kosten

Schmierstoffe
Im Gegensatz zu den Dieseltriebfahrzeugen, die z. T. hochwertige Schmieröle benötigen, sind bei elektrischen Triebfahrzeugen mit Ausnahme der Achsgetriebe nur fettgeschmierte Rollenlager vorhanden. Die Schmierstoffkosten liegen daher bei elektrischen Triebfahrzeugen nur bei etwa 5 % der der Dieseltriebfahrzeuge.

Wasserverbrauch
Elektrolokomotiven benötigen kein Wasser. Dagegen ist bei Dieseltriebfahrzeugen aufbereitetes Kühlwasser und bei Dampfheizung Heizwasser notwendig.

Beeinflussung der Umwelt
Tabelle 1.3/2 gibt dazu einige Hinweise.

1.4 Abgrenzung der Wirtschaftlichkeitsbereiche

Infolge der hohen Kostenanteile für die ortsfesten Anlagen und für die Änderung der baulichen Anlagen, die auch bei geringen Streckenbelastungen anfallen, wird trotz der niedrigeren leistungsabhängigen Kosten die elektrische Zugförderung erst bei stärkeren Streckenbelastungen wirtschaftlicher (Bild 1.4/1).
Die Elektrifizierungswürdigkeit ist stark von den spezifischen Gegebenheiten der jeweiligen Strecke, den Energiepreisen (insbesondere Erdöl) sowie der Kostenstruktur im jeweiligen Land abhängig.

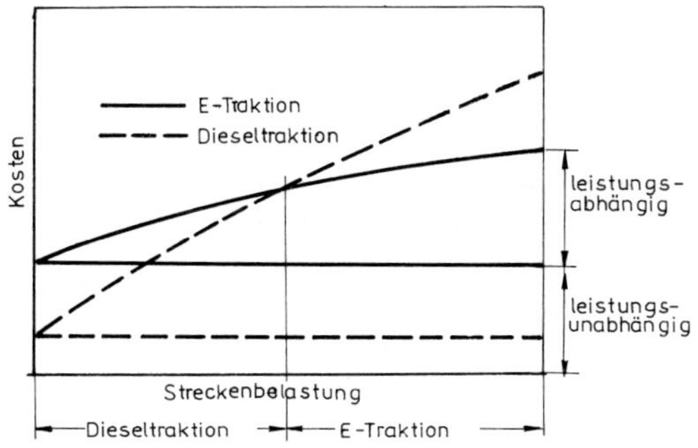

Bild 1.4/1 Prinzipieller Verlauf der Kosten in Abhängigkeit von der Streckenbelastung

1.5 Stromsysteme

Bild 1.5/1 zeigt für die verschiedenen Stromsysteme schematisch den Verlauf der Elektroenergie vom Kraftwerk bis zur Umsetzung auf dem Triebfahrzeug.

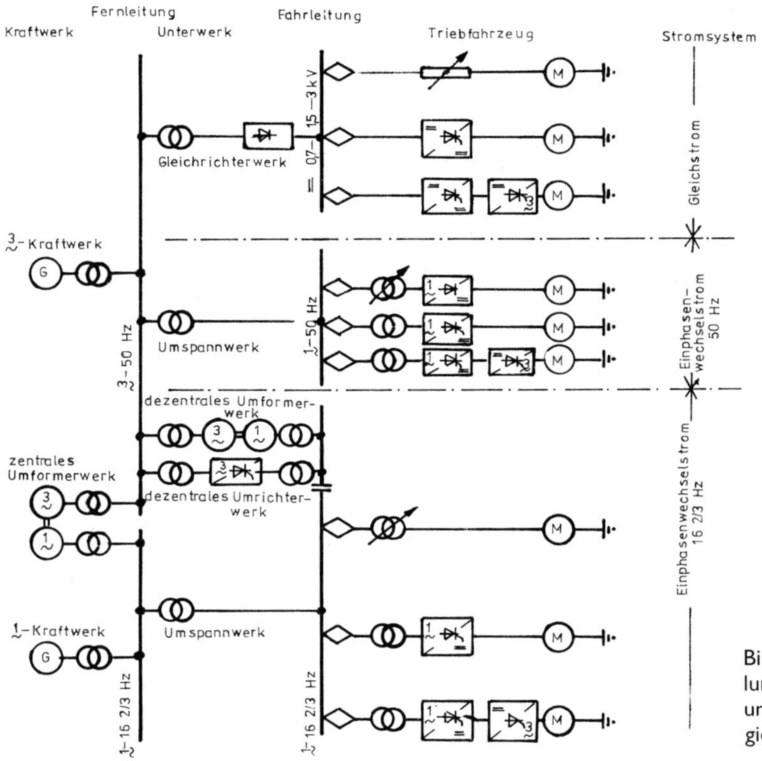

Bild 1.5/1 Prinzipielle Darstellung der Erzeugung, Verteilung und Umartung von Elektroenergie verschiedener Stromarten

1.5.1 Gleichstrom

Die am Anfang der Entwicklung fehlenden Möglichkeiten zur Änderung der Spannung auf dem Triebfahrzeug und die konstruktiven Gegebenheiten des Motorenbaus bedingten niedrige Fahrleitungsspannungen.

a) Fahrleitungsabhängige Fahrzeuge
Spannungen:

- Vollbahnen 1,5 kV (Frankreich, Niederlande, Japan)
  3 kV (Polen, Tschechische Republik, Slowakische Republik, Italien, Spanien, Belgien, Rußland)
- Industriebahnen 1,2...2,4 kV
- Vorort- und Stadtschnellbahnen 0,8...1,5 kV
- Straßenbahnen 0,4...0,6 kV

Vorteile:

- einfacher Aufbau der elektrischen Einrichtungen,
- robuster, einfacher Aufbau der Fahrmotoren und Triebfahrzeuge konventioneller Bauart,
- geringe Empfindlichkeit der Fahrmotoren bei schweren Anfahrten,
- einfache Art der elektrischen Bremsung (auch Nutzbremsung).

Nachteile:

- Infolge der niedrigen Fahrleitungsspannung fließen in der Fahrleitung große Ströme.
- Die großen Ströme bedingen große Fahrleitungsquerschnitte (Kupferbedarf).
- Infolge der großen Fahrleitungsströme treten große Spannungsabfälle auf, was kurze Unterwerkabstände (Vollbahn 5...20 km, Stadtschnellbahn 2...10 km) bedingt.
- Bei konventionellen Fahrzeugen lassen sich nur wenige wirtschaftliche Fahrstufen realisieren.
- In den Anfahrwiderständen konventioneller Fahrzeuge entstehen erhebliche Energieverluste.
- Infolge der flachen Zugkraft-Geschwindigkeits-Kennlinien auf den Widerstandsstufen ist die Schleuderneigung größer, was zu einer geringeren Kraftschlußausnutzung zwingt.

Die Entwicklung der Halbleitertechnik ermöglicht mit Pulsstellern eine verlustarme Spannungswandlung auf dem Triebfahrzeug. Der Einsatz von Pulsstellern und Umrichtern mit Drehstrommotoren vermeidet die Nachteile konventioneller Triebfahrzeuge.

b) Speichertriebfahrzeuge
Die Akkumulatoren werden aus ortsfesten Gleichrichteranlagen gespeist.
Vorteile:
- Fahrdrahtunabhängigkeit,
- Möglichkeit der Nutzung billigen Nachtstroms.

Nachteile:
- hohe Masse der Akkumulatorenbatterien,
- begrenzter Aktionsradius (300 km, bei Pulsstellersteuerung mit Nutzbremsung 500 km),
- zur Batterieladung sind Standzeiten erforderlich.

Die Entwicklung neuer Speichersysteme wie Na-S-Hochtemperaturakkumulatoren, Zink-Halogenbatterien usw. mit 4-...5fach höheren Speicher- und Leistungsdichten eröffnen neue Möglichkeiten. [51], [144]

1.5.2 Niederfrequenter Einphasenwechselstrom

Die Einführung des niederfrequenten Einphasenwechselstroms war durch die damaligen technischen Möglichkeiten im Bau von Einphasenwechselstrom-Kommutatormotoren und durch fehlende Möglichkeiten zur Gleichrichtung auf Triebfahrzeugen bedingt. Bei Neuelektrifizierungen sind niedrige Frequenzen heute technisch nicht mehr erforderlich. Der Ausbau der Netze und Anlagen, die Kosten und die betrieblichen Erschwernisse einer Umstellung machen einen Übergang auf Landesfrequenz unwirtschaftlich.

Spannungsarten:

$16^2/_3$ Hz, 15 kV	(Deutschland, Schweiz, Österreich, Norwegen, Schweden)
25 Hz	(teilweise USA)

Vorteile:
- Es fließen nur relativ kleine Fahrleitungsströme.
- Infolge der kleinen Fahrleitungsströme und der kleinen Impedanzen des Fahrleitungsstromkreises treten nur geringe Spannungsabfälle auf.
- Die kleinen Spannungsabfälle gestatten große Unterwerkabstände (30...80 km).
- Die kleinen Fahrleitungsströme ermöglichen kleine Fahrleitungsquerschnitte.
- Die noch vorherrschenden Direktmotorfahrzeuge besitzen einen relativ einfachen Aufbau.
- Die Leistungsregelung ist feinstufig und verlustlos.
- Möglichkeit der Durchkupplung von Fahrleitungsabschnitten verschiedener Unterwerke.

Nachteile:
- Es sind besondere Anlagen zur Erzeugung, Verteilung und Umartung der Elektroenergie nötig.
- Es treten zusätzliche Energieverluste bei der Umartung auf.
- Die Fahrmotoren sind kompliziert und schwer.
- Empfindlichkeit gegen schwere Anfahrten.

Die Drehstromantriebstechnik vermeidet diese Nachteile.

1.5.3 Wechselstrom der Landesfrequenz

Drehstrom ist wegen der komplizierten zweipoligen Fahrleitung nicht mehr gebräuchlich. Bei Neuelektrifizierungen wird ausschließlich Einphasenwechselstrom angewendet.

Spannungsarten:

50 Hz, 25 kV	(Frankreich, Rußland, Tschechische Republik, Slowakische Republik, Ungarn, Rumänien, Bulgarien, China)
60 Hz	(Japan).

Vorteile:
- hohe Fahrleitungsspannungen,
- kleine Fahrleitungsströme,
- geringe Fahrleitungsquerschnitte,
- geringe Spannungsabfälle (jedoch größer als bei $16^2/_3$ Hz),
- große Unterwerkabstände (40...60 km),
- geringe Empfindlichkeit der Gleichstrom- bzw. Drehstromfahrmotoren gegen schwere Anfahrten,
- feinstufige, verlustlose Leistungsregelung,
- keine besonderen Einrichtungen zur Erzeugung und Verteilung der Elektroenergie,
- Nutzung der Reserven des Landesnetzes möglich.

Nachteile:
- komplizierter Aufbau der Fahrzeuge (Gleichrichter, Glättungsdrosseln),
- teilweise unsymmetrische Belastung des Landesnetzes,
- Oberwellen und zusätzliche Blindleistung durch die Gleichrichtung des Stroms auf den Triebfahrzeugen, Nachteil wird bei Drehstromantriebstechnik vermieden,
- keine Möglichkeit der Durchkupplung aller Fahrleitungsabschnitte (Phasentrennstellen).

2

Fahrdynamische Charakteristik elektrischer Triebfahrzeuge

Das Leistungs- und Traktionsvermögen der Triebfahrzeuge wird sowohl durch die Auslegung und die Konstruktion des Fahrzeugs als auch durch physikalisch bedingte Grenzen bestimmt.

2.1 Grenze des Kraftschlusses

2.1.1 Verfügbarer Kraftschlußbeiwert

Am genau geradeaus rollenden, nicht angetriebenen oder gebremsten Eisenbahnrad ist der am Radumfang in der Zeit t abgerollte Weg $r\alpha$ dem vom Radmittelpunkt zurückgelegten Weg l gleich (Bild 2.1/1):

$$r\alpha = l \qquad (2.1/1)$$

Analoges gilt für die Umfangsgeschwindigkeit $r\omega$ und die Geschwindigkeit v:

$$r\omega = r\frac{d\alpha}{dt} = v = \frac{dl}{dt} \qquad (2.1/2)$$

(ω = Winkelgeschwindigkeit).
Am rollenden, angetriebenen oder gebremsten Rad gelten die Relationen

angetrieben $r\alpha > l$,
$r\omega > v$,
gebremst $r\alpha < l$,
$r\omega < v$.

Die Wegdifferenz $(r\alpha - l)$ bzw. der Geschwindigkeitsunterschied $(r\omega - v)$ entspricht einer Relativbewegung zwischen Rad und Schiene. Diese Relativbewegung tritt stets auf, wenn zur Ausübung

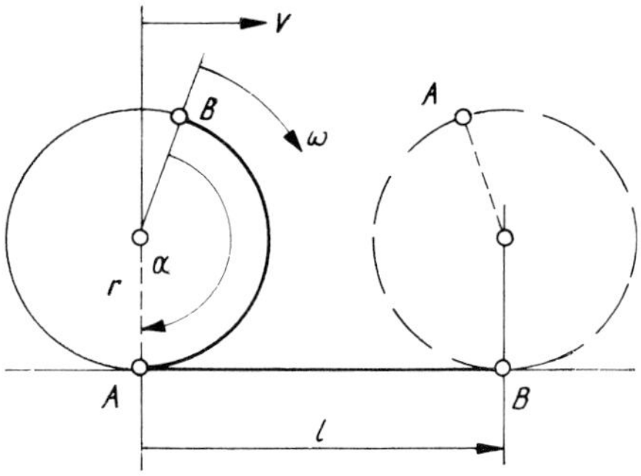

Bild 2.1/1 Frei abrollendes Rad

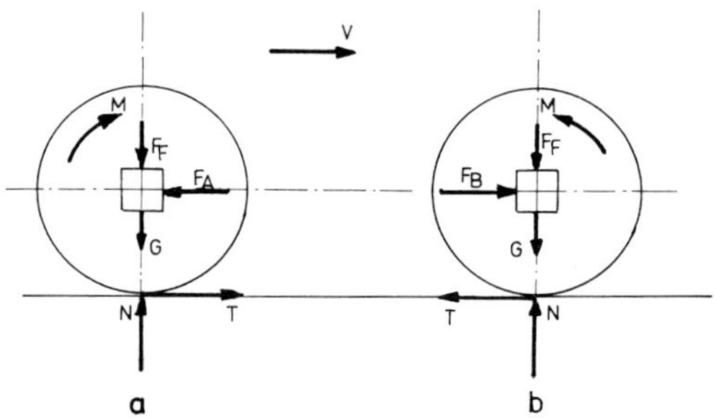

Bild 2.1/2 Kräfte am Radsatz
a) angetrieben
b) gebremst
F_A Antriebskraft, F_B Bremskraft, F_F auf den Radsatz durch die Primärfederung ausgeübte Kraft, G Gewicht des Radsatzes, M Antriebs- bzw. Bremsmoment, N Normalkraft zwischen Rad und Schiene, T Tangentialkraft zwischen Rad und Schiene

von Antriebs- und Bremskräften in der Berührungsfläche zwischen Rad und Schiene eine Tangentialkraft T wirkt (Bild 2.1/2). Voraussetzung für diese Tangentialkraft ist eine Normalkraft N. Das Verhältnis

$$r = \frac{r\alpha - l}{l} = \frac{r\omega - v}{v} = \frac{r\omega}{v} - 1 \qquad (2.1/3)$$

wird als Schlupf bezeichnet.
Unter sonst gleichbleibenden Verhältnissen ist die Größe des Schlupfes nur von dem Verhältnis

$$f = T/N \qquad (2.1/4)$$

abhängig.
Dieses Verhältnis wird beim rollenden Rad, bei dem die beiden Partner Rad und Schiene laufend ihre Berührungsstelle wechseln, als Kraftschlußbeiwert f bezeichnet. Die in der älteren Literatur häufig benutzten Begriffe Haftwert und Reibwert bleiben den Vorgängen vorbehalten, bei denen beide oder einer der Partner ihre Berührungsstelle nicht ändern. Beim Rad-Schiene-System treten sie nur als Grenzfälle auf (Zugkraft- oder Bremskraftausübung im Stillstand des Fahrzeugs bzw. Durchdrehen des angetriebenen Rades bei stehendem Fahrzeug oder völlig blockiertes bremsendes Rad bei bewegtem Fahrzeug).
Der charakteristische Verlauf der Kraftschluß-Schlupf-Kurve (Bild 2.1/3) zeigt drei typische Bereiche

- Mikroschlupf
  Annähernd geradliniger Anstieg des Schlupfes ν mit zunehmendem Kraftschlußbeiwert f. Der Schlupf entsteht im wesentlichen durch elastische Verformung der sich berührenden Oberflächenelemente.
- Makroschlupf
  Progressiver Anstieg des Schlupfes ν mit zunehmendem Kraftschlußbeiwert f, Durchlaufen eines Maximums f_{max} und beginnender Abfall von f bei weiterem Schlupfanstieg. Der Schlupf entsteht teilweise durch plastische Verformung der sich berührenden Oberflächenteilchen.
- Schleudern des angetriebenen Rades bzw. Gleiten des gebremsten Rades
  Der Schlupf steigt bei abnehmendem oder gleichbleibendem Kraftschlußbeiwert bis zum reinen Durchdrehen bzw. Gleiten des Rades an.

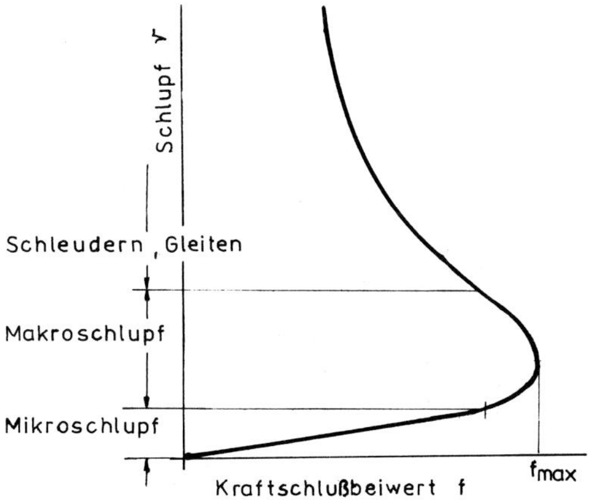

Bild 2.1/3 Kraftschluß-Schlupf-Kurve

Die Form der Kraftschluß-Schlupf-Kurve und der Größtwert f_{max} des Kraftschlußbeiwerts hängen von vielen Einflüssen ab, z. B. von

- Werkstoffeigenschaften (Festigkeit, Gefüge, Zusammensetzung) von Rad und Schiene,
- der Geometrie von Rad und Schiene (Raddurchmesser, Krümmung der Schienen- und Radlauffläche),
- der Rauhigkeit der Oberflächen,
- der Normalkraft zwischen Rad und Schiene,
- der Oberflächenreinheit.

Im Labor wurden im Vakuum und bei völlig reinen Oberflächen Werte von $f_{max} = 0{,}8$ für Stahl auf Stahl gemessen. Die Rollgeschwindigkeit hatte keinen oder nur einen geringen Einfluß auf f_{max}.
Die in der Praxis festgestellten wesentlich niedrigeren Werte haben folgende Ursachen:

a) Verunreinigung der Oberflächen durch dünne Feuchtigkeits- und Gasfilme (Luftfeuchtigkeit),
b) Verschmutzung der Schienen durch Staub, Öl, Nässe, Laub,
c) Vorbeanspruchung des Kraftschlusses durch Längs- und Querkräfte, die aus dem Fahrzeuglauf infolge der drehsteif miteinander verbundenen Räder und im Rahmen geführten Radsätze herrühren (Sinuslauf, Bogenlauf),
d) Beeinflussung des Kraftschlusses durch dynamische Vorgänge im Antriebssystem (Drehmomentpulsationen, Drehschwingungen) und im Federungssystem (Gleisgüte, statische und dynamische Achsentlastungen).

Die Ursachen zu a) und b) sind örtlich und zeitlich stark schwankend (Bild 2.1/4) [166] und nur

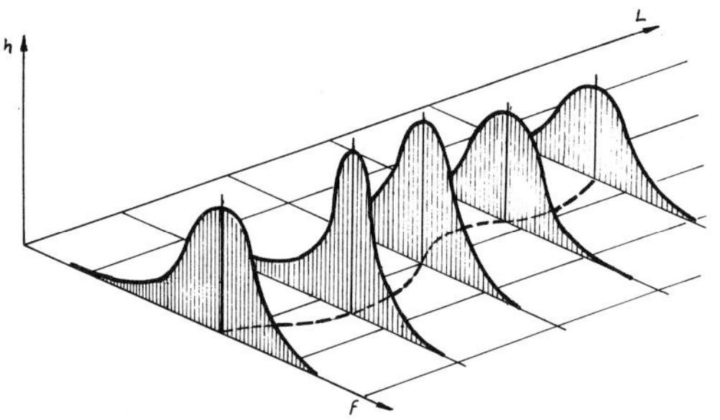

Bild 2.1/4 Zeitliche und örtliche Verteilung des Kraftschlußbeiwertes längs einer Strecke *L*
f Größe des Kraftschlußbeiwertes, *h* Häufigkeit des Auftretens eines bestimmten Wertes von *f* über längere Zeiträume

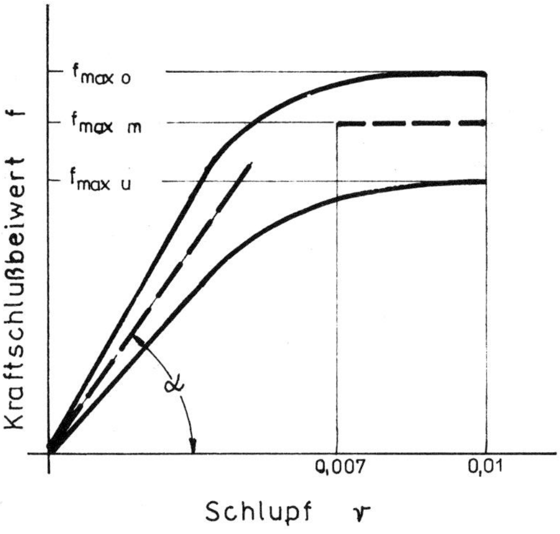

Bild 2.1/5 Abhängigkeit des Kraftschlußbeiwerts *f* vom Schlupf ν

durch statistische Methoden erfaßbar. Als einzige, praktisch realisierbare Beeinflussungsmaßnahme hat sich das Sanden durchgesetzt.
Als Mittelwert aus vielen Messungen mit dem Drehstromversuchsfahrzeug 1 600 P der NS [54] ergibt sich ein Streubereich der Kraftschluß-Schlupf-Kurven mit den im Bild 2.1/5 und in der Tabelle 2.1/1 angegebenen Parametern. Der Übergang in einen nahezu horizontalen Verlauf findet statt bei

- trockenen Schienen im Schlupfbereich von ν = 0,005...0,007,
- nassen Schienen mit Sand im Bereich von ν = 0,006...0,012,
- nassen Schienen im Bereich von ν = 0,005...0,035.

Tabelle 2.1/1 Verlauf des Kraftschlußbeiwerts nach [54]

Schienen-zustand	Steigung $\tan\alpha \dfrac{\Delta f}{\Delta \nu}$	Maximalwert im Schlupfbereich 0,007 f_{maxu}	ν < 0,01 f_{maxm}	f_{maxo}
Trocken	136	0,46	0,40	0,38
Naß mit Sand	88	0,36	0,34	0,28
Naß	60	0,25	0,18	0,11

Die Einflüsse nach d) sind in ihrer Wirkung geschwindigkeitsabhängig und Ursache für den bei vielen Praxisversuchen festgestellten Abfall des Kraftschlußbeiwerts mit zunehmender Fahrgeschwindigkeit (Bild 2.1/6). Konstruktive Maßnahmen können diese Einflüsse abschwächen. Daher zeigen moderne Fahrzeuge einen wesentlich geringeren Kraftschlußabfall mit der Geschwindigkeit. Die Größe des tatsächlich verfügbaren Kraftschlußbeiwerts ist für ein gegebenes Fahrzeug und gegebene Umweltbedingungen nur statistisch erfaßbar. Bild 2.1/7 zeigt als Beispiel die Summenhäufigkeit des Kraftschlußbeiwerts für Anfahrten auf trockenen Schienen bei $V \approx 0$ km/h. Die Ordinate der Summenhäufigkeit läßt zugleich erkennen, mit welcher Wahrscheinlichkeit ein Schleudern zu erwarten ist, wenn ein bestimmter Kraftschlußbeiwert in Anspruch genommen wird.

2.1.2 Ausnutzung des Kraftschlusses

Für die betrieblichen Bedingungen (z. B. zulässige Schlepp- und Anfahrlasten auf bestimmten Streckenabschnitten) muß festgelegt werden, welcher Kraftschlußbeiwert ausgenutzt werden soll. Damit wird zugleich die Wahrscheinlichkeit für ein Schleudern bestimmt.
Zu berücksichtigen ist dabei:

- Welche Schleuderhäufigkeit ist zulässig?
- Wie oft ist mit ungünstigen Kraftschlußverhältnissen zu rechnen?
- Wie oft kann Sanden zur Verbesserung der Kraftschlußverhältnisse angewendet werden (Verschmutzung der Gleise, Größe der Sandvorräte)?
- Wie oft ist mit schweren Anfahrten zu rechnen? Im Gebirge mit häufigen Anfahrten in Steigungen kann kein so hoher Kraftschluß ausgenutzt werden wie auf überwiegend flachen Strecken.

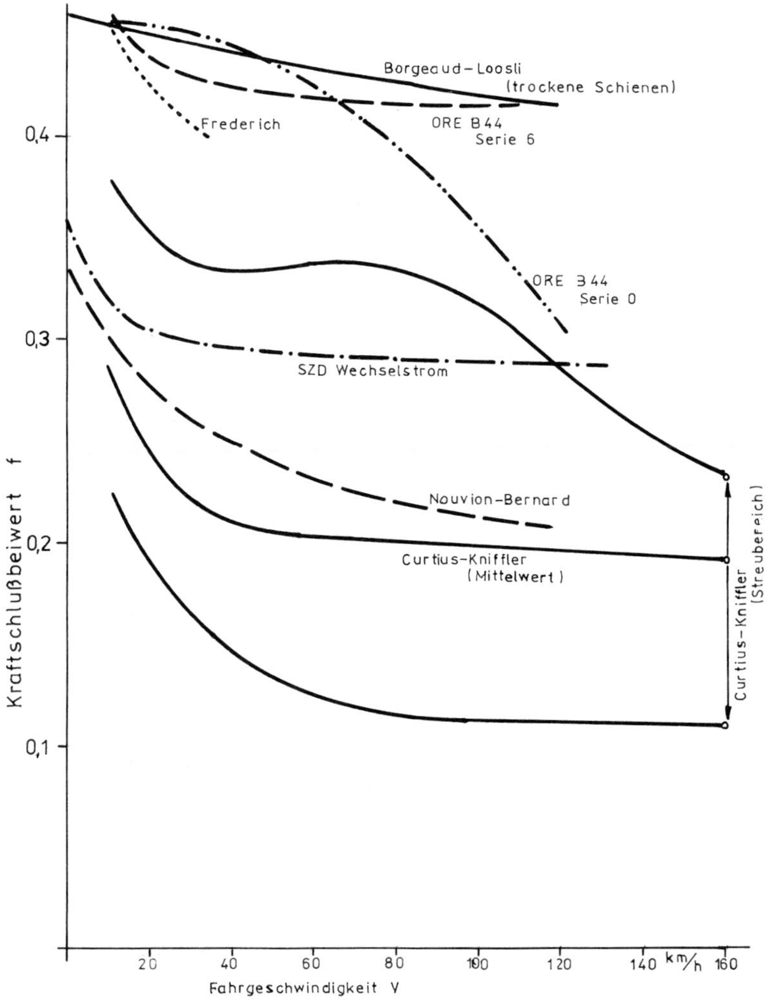

Bild 2.1/6 Einfluß der Fahrgeschwindigkeit auf den Kraftschlußbeiwert

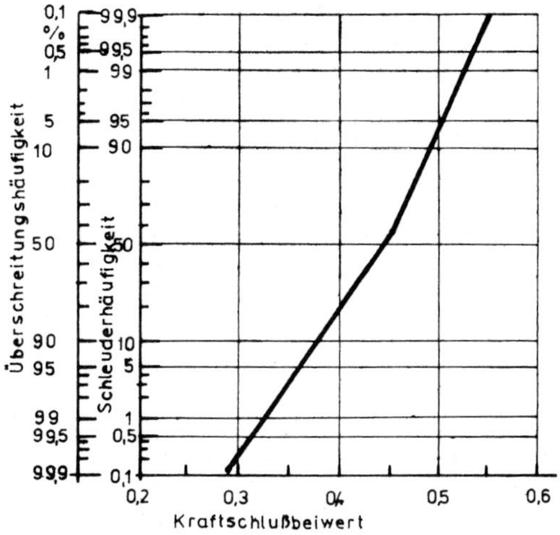

- Wie wirken sich infolge von Schleudern steckengebliebene oder verzögerte Anfahrten betrieblich aus?
- Wie häufig ist anzufahren (Festlegung niedrigerer Kraftschlußausnutzung bei Nahverkehrsfahrzeugen)?
- Wie wirkt sich die Überschreitung des Kraftschlusses aus? Bei steiler Zugkraft-Geschwindigkeits-Charakteristik des Fahrzeugs (Antrieb durch Asynchronmotoren oder fremderregte Kommutatormotoren) erhöht sich der Schlupf

Bild 2.1/7 Überschreitungshäufigkeit und Schleuderhäufigkeit für trockene und nasse Schienen

Bahnverwaltung	Fahrzeugtyp	Gleichung für V in km/h	Kraftschlußbeiwert bei $V=0$
DR, DB	Wechselstrom-Direktmotorlok	$0{,}161+\frac{7{,}5}{V+44}$	0,33
SŽD	Wechselstrom-Gleichrichterlok	$0{,}28+\frac{4}{50+6V}-0{,}0006V$	0,36
	Gleichstromlok WL 22 M	$0{,}25+\frac{8}{100+20V}$	0,33
PKP	Gleichstromlok	$0{,}15+\frac{100+V}{50+V}$	0,3
JNR	Gleichstromlok	$0{,}265\frac{1+0{,}403V}{1+0{,}522V}$	0,265
	Wechselstrom-Gleichrichterlok	$0{,}326\frac{1+0{,}279V}{1+0{,}367V}$	0,326
SNCF	Gleichstromlok	$0{,}24\frac{8+0{,}1V}{8+0{,}2V}$	0,24
	Gleichrichterlok – Einzelachsantrieb – Monomoteurantrieb		0,33 0,35

Tabelle 2.1/2
Beispiele für Gleichungen des Kraftschlußbeiwerts [179], [193], [238]

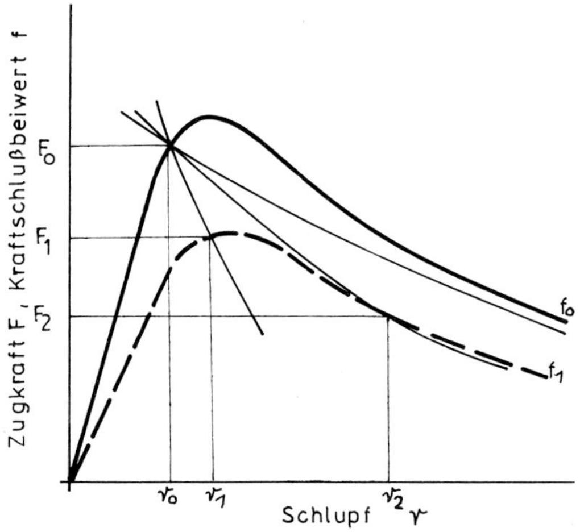

Bild 2.1/8 Einfluß der Steilheit der Zugkraft-Geschwindigkeits-(F-V)-Kennlinie auf das Schleuderverhalten
f_o verfügbarer Kraftschlußbeiwert bei gutem Schienenzustand, f_l verfügbarer Kraftschlußbeiwert bei verunreinigten Schienen, Index 0 vor dem Schleudern, Index 1 während des Schleuderns bei steiler Kennlinie, Index 2 während des Schleuderns bei mäßig steiler Kennlinie

nur geringfügig bis zum neuen Gleichgewichtspunkt (Schnittpunkt mit der f-ν-Kurve). Bei flacher Charakteristik (Reihenschaltung von Motoren oder vorgeschaltete Anfahrwiderstände) ergibt sich kein Schnittpunkt mehr, der Treibradsatz dreht mit hoher Drehzahl durch (Bild 2.1/8).

- Wie schnell ist die Leistungsreglung in der Lage, durch Absenken des Antriebsdrehmoments eine unzulässige Erhöhung des Schlupfes abzufangen oder rückgängig zu machen? Elektronische Steuerungen gestatten die Einhaltung eines nahe dem Kraftschlußmaximum liegenden Schlupfes (Schlupfregelung).

Die Festlegung der praktisch auszunutzenden Kraftschlußbeiwerte ist also abhängig von

- der Fahrzeuggestaltung,
- den Streckenverhältnissen,
- betrieblichen Gesichtspunkten.

Tabelle 2.1/2 zeigt einige Gleichungen, die bei Bahnen zur Festlegung des Kraftschlußbeiwerts benutzt wurden oder werden.

2.1.3 Zugkraft an der Kraftschlußgrenze

Bei Ausübung von Zugkraft treten Änderungen der Radsatzkräfte des Fahrzeugs ein, deren Berechnung mit Hilfe der Gesetze der Statik mög-

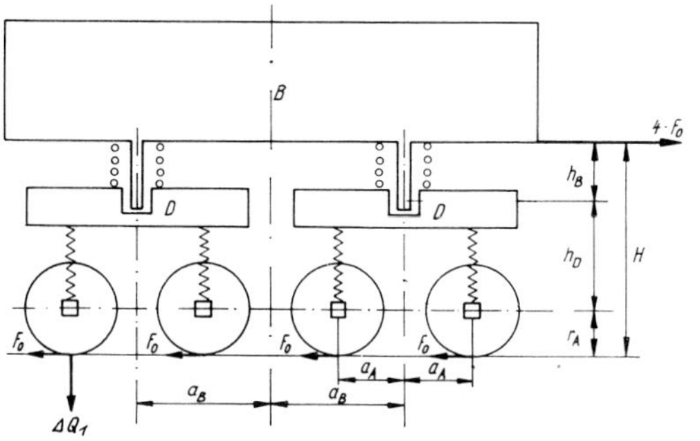

Bild 2.1/9 Kräfte am Fahrzeug
B Brückenrahmen, *D* Drehgestellrahmen, *F* Zugkraft je Radsatz, ΔQ Radsatzentlastung

lich ist. [25] Bei Lokomotiven mit gruppenweiser Speisung der Fahrmotoren darf die Zugkraft des am meisten entlasteten Radsatzes der Gruppe den festgelegten Kraftschlußbeiwert nicht überschreiten. Die stärker belasteten Radsätze der Gruppe leisten daher einen geringeren Beitrag zur Gesamtzugkraft, als es ihrem Produkt aus Radsatzkraft und Kraftschlußbeiwert entspricht.

Beispiel:
Vierachsige Drehgestell-Lokomotive mit gemeinsam gespeisten Fahrmotoren mit Einzelachsantrieb und Abstützung des Lokomotivkastens auf die Drehgestelle in der Drehzapfenquerebene (Bild 2.1/9).
Es ergeben sich folgende Achskraftänderungen:

$$\Delta Q_1 = F\left(\frac{h_D + r_A}{a_A} + \frac{h_B}{a_B}\right) = F\xi_1$$

$$\Delta Q_2 = F\left(-\frac{h_D + r_A}{a_A} + \frac{h_B}{a_B}\right) = F\xi_2$$

$$\Delta Q_3 = F\left(\frac{h_D + r_A}{a_A} - \frac{h_B}{a_B}\right) = F\xi_3$$

$$\Delta Q_4 = F\left(-\frac{h_D + r_A}{a_A} - \frac{h_B}{a_B}\right) = F\xi_4 \quad (2.1/5)$$

Das zweite Glied in der Klammer kennzeichnet die Entlastung des Drehgestells infolge des auf den Lokomotivkasten wirkenden Moments, das erste die Entlastung der Radsätze innerhalb eines Drehgestells infolge des auf die Drehgestelle wirkenden Moments.

Allgemein gilt für ein beliebiges Fahrzeug mit n Radsätzen und den ruhenden Radsatzkräften Q_0:

maximale Entlastung

$$\Delta Q_{max} = F\xi_{max} \quad (2.1/6)$$

minimale Radsatzkraft

$$Q_{min} = Q_0 - \Delta Q_{max} = Q_0 - F\xi_{max} \quad (2.1/7)$$

Zugkraft ohne Wirkung der Radsatzentlastung

$$F_{max} = n\, Q_0 f \quad (2.1/8)$$

Zugkraft mit Wirkung der Radsatzentlastung bei gemeinsamer Speisung

$$F = n\, Q_{min} f = n\,(Q_0 - F\,\xi_{max}) f \quad (2.1/9)$$

Daraus ergibt sich

$$F = n f Q_0 \frac{1}{1 + n f \xi_{max}} \quad (2.1/10)$$

Der Ausdruck

$$\varepsilon = n f Q_0 \frac{1}{1 + n f \xi_{max}} \quad (2.1/11)$$

wird als Achsentlastungsfaktor bezeichnet.

Da meist $\varepsilon < 1$ gilt, ist

$$F < n f Q_0 \quad (2.1/12)$$

Beispiel:
Bei der Baureihe 109/142 der DR ist ohne eingeschalteten Achsenlastausgleich $\xi_{max} = 0{,}4952$, so daß sich bei $f = 0{,}33$ $\varepsilon = 0{,}86$ ergibt, d. h., die Zugkraft wird bei gleicher Kraftschlußausnutzung durch die Achsentlastung um 14 % verringert.
Maßnahmen zur Verringerung des Einflusses der Radsatzentlastung:

- Kupplung aller Radsätze bei Starrahmenlokomotiven ($\varepsilon = 1$),
- Kupplung der Radsätze innerhalb eines Drehgestells (Monomoteurantrieb, Abschn. 20.6.3),
- Tiefanlenkung der Drehgestelle (tief herabgezogener Drehzapfen oder Zugstangenanlenkung),
- pneumatischer Radsatzlastausgleich,
- Vertikalkupplung der Drehgestelle,
- Basisabstützung des Kastens auf die Drehgestelle,
- Zugkraftangleich, Anpassung der Antriebsdrehmomente der einzelnen Radsätze an die jeweiligen Radsatzkräfte durch individuelle Steuerung der einzelnen Fahrmotoren,
- Verlagerung eines Teiles der Kastenmasse,
- Federlängsausgleich.

2.1.4 Beschleunigungs- und Losbrechzugkraft

Bei Fahrzeugen mit konventioneller Steuerung ist die Zugkraft nur stufenweise steuerbar (Bild 2.1/10). Damit der am meisten entlastete Radsatz nicht schleudert, muß gelten:

$$F_o = G_L f \varepsilon \tag{2.1/13}$$

Um F_o nicht zu überschreiten, darf erst dann auf die nächste Fahrstufe geschaltet werden, wenn mit zunehmender Fahrgeschwindigkeit der Anfahrstrom und damit die Anfahrzugkraft auf F_u abgeklungen sind. Die Zugkraft schwankt zwischen F_o und F_u. Für die Beschleunigung des Zuges beträgt die wirksame Zugkraft F_B im Mittel:

$$F_B = \frac{F_o + F_u}{2} = F_o \frac{1 + \frac{F_u}{F_o}}{2} \tag{2.1/14}$$

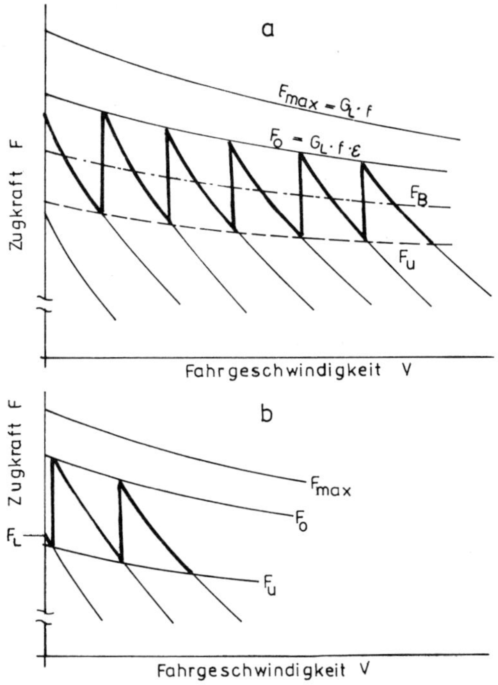

Bild 2.1/10 Einfluß der Stufigkeit der Fahrzeugsteuerung auf die mittlere Beschleunigungszugkraft F_B und die mittlere Losbrechzugkraft F_L

F_{max} Zugkraft an der Kraftschlußgrenze ohne Radsatzentlastung, F_o Zugkraft an der Kraftschlußgrenze mit Einfluß der Radsatzentlastung, F_u Fortschaltzugkraft

$$F_B = F_o \alpha_B \tag{2.1/15}$$

Ausnutzungsfaktor für die Beschleunigung:

$$\alpha_B = \frac{1 + \frac{F_u}{F_o}}{2} \tag{2.1/16}$$

α_B ist ein Maß dafür, welcher Anteil der möglichen Zugkraft für die Beschleunigung eines Zuges zur Verfügung steht.

Ungleichförmigkeitsgrad der Zugkraftsteuerung:

$$\delta = \frac{F_o - F_u}{F_o + F_u} \tag{2.1/17}$$

Damit wird der Ausnutzungsfaktor

$$\alpha_B = \frac{1}{1 + \delta} \tag{2.1/18}$$

Die Zugkraft-Geschwindigkeits-Kennlinien verschieben sich bei einer Veränderung der Fahrdrahtspannung. Den ungünstigsten Fall zeigt Bild 2.1/10 b): Eine Kennlinie beginnt bei $V = 0$ knapp über F_o. Die verfügbare Zugkraft für das Losbrechen des Zuges aus dem Stillstand (Überwindung des erhöhten Anfahrwiderstands) beträgt $F_L = F_u$. Mit dem Einschalten der nächsten Stufe würde F_o schon überschritten (erhöhte Schleudergefahr).

Ausnutzungsfaktor für das Losbrechen des Zuges:

$$\alpha_L = \frac{F_L}{F_{O(V=0)}} = \frac{F_u}{F_{O(V=0)}} \tag{2.1/19}$$

$$F_L = F_{O(V=0)} \alpha_L \tag{2.1/20}$$

Mit Gleichung (2.1/17) ergibt sich aus Gleichung (2.1/19)

$$\alpha_L = \frac{1 - \delta}{1 + \delta} \tag{2.1/21}$$

α_L ist das Maß für den Anteil der Zugkraft, der ungünstigstenfalls für das Losbrechen des Zuges zur Verfügung steht.

Beispiele für die Größe des Ungleichförmigkeitsgrades und der Ausnutzungfaktoren zeigt Tabelle 2.1/3. Der Zugkraftgewinn durch eine stetige, stufenlose Steuerung beträgt demnach 10...15 %.

Tabelle 2.1/3
Ungleichförmigkeitsgrad und Ausnutzungsfaktoren für Beschleunigung und Losbrechen

Baureihe	Bahnverwaltung	Steuerungsart	δ	α_L	α_B
E 94	DR, DB	Niederspannungssteuerung mit Halbstufen	0,12	0,785	0,893
110	DB	Hochspannungssteuerung	0,06	0,866	0,949
Ae 4/4	SBB	Hochspannungssteuerung	0,04	0,923	0,961
109	DR	Niederspannungssteuerung mit Halbstufen	0,08	0,852	0,926
E 44	DR, DB	Niederspannungssteuerung	0,25	0,6	0,8
155	DR	Thyristorsteuerung (Amplituden-Anschnittsteuerung)	0,0	1,0	1,0
143	DR	Thyristorsteuerung (Amplituden-Anschnittsteuerung)	0,0	1,0	1,0
120	DB	Frequenz-Spannungs-Steuerung von Drehstrommotoren	0,0	1,0	1,0

2.2 *Elektrische Spannungsgrenze*

Kommutatorfahrmotoren sind nur für eine bestimmte Spannung und einen bestimmten Strom ausgelegt. Bei deren Überschreitung besteht die Gefahr der Rundfeuerbildung.
Bei Einphasenwechselstrom sind bei der Festlegung der zulässigen Spannungen die Kommutierungskennlinien zu beachten (Linien gleicher Kommutierungsgüte nach Bild 2.2/1). Die Zugkraft-Geschwindigkeits-Kennlinie der höchsten im Betrieb nutzbaren Spannungsstufe darf die Grenze der zulässigen Kommutierung (Beginn stärkerer Funkenbildung) nicht überschreiten, sie

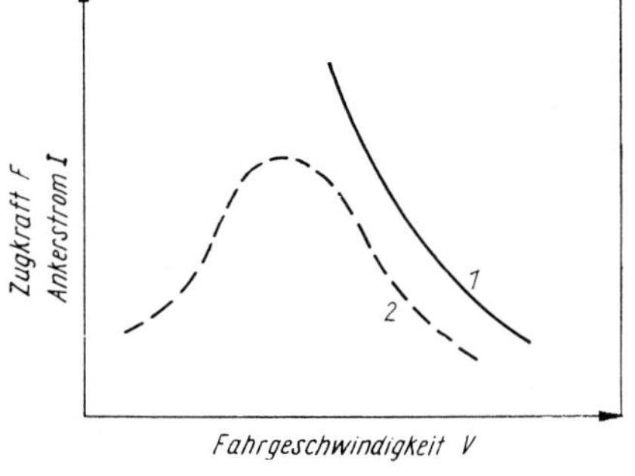

Bild 2.2/1 Kommutierungsgrenze
1 *F-V*-Kennlinie der höchsten Spannungsstufe 2 Grenze der funkenfreien Kommutierung

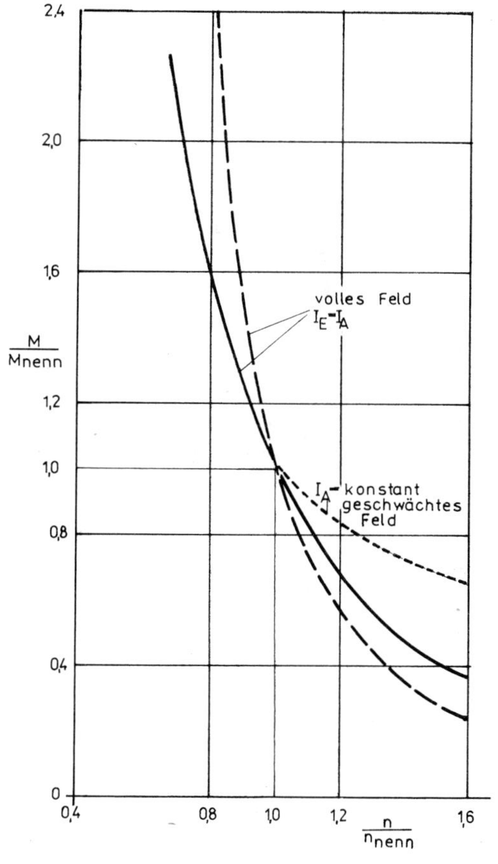

Bild 2.2/2 Normierte *F-V*-Kennlinien von Triebfahrzeugen (Mittelwerte ausgeführter Triebfahrzeuge) mit Kommutator-Reihenschlußmotoren

kann jedoch über der Kennlinie für funkenfreie Kommutierung liegen.

Bei Wechselstromlokomotiven sind zum Ausgleich von negativen Spannungsänderungen in der Fahrleitung häufig zusätzliche Fahrstufen vorhanden. Die Benutzung dieser Zusatzstufen bei Nennspannung oder positiven Spannungsschwankungen birgt die Gefahr der starken Funkenbildung, des Rundfeuers und von Überschlägen in sich.

Bei Lokomotiven mit Gleichstromfahrmotoren werden meist mehrere Kennlinien $F = f(V)$ angegeben (für volles und geschwächtes Erregerfeld). Im Bereich der Feldschwächung wird häufig auch die Kennlinie für den konstant gehaltenen Ankerstrom eingetragen. Bild 2.2/2 zeigt normierte (auf Dauerwerte bezogene) F-V-Kennlinien der Spannungsgrenze von Gleich- und Wechselstromtriebfahrzeugen (Mittelwerte mehrerer Fahrzeuge).

Bei Triebfahrzeugen mit Antrieb durch umrichtergespeiste Asynchronmotoren begrenzt der Umrichter die Spannung, so daß sich im oberen Geschwindigkeitsbereich ebenfalls ein hyperbolischer Zugkraftverlauf ergibt (Bild 2.5/1 c)). Gegenüber der mit $\frac{1}{V^3}$ oder noch stärker abfallenden Zugkraft der Reihenschluß-Kommutatormotoren fällt sie hier mit $\frac{1}{V^2}$ wesentlich langsamer ab und ergibt damit höhere Zugkräfte im oberen Geschwindigkeitsbereich.

2.3 Geschwindigkeitsgrenze

Die Festigkeit der Fahrmotoren gegen Fliehkraftbeanspruchung (Kommutator, Läuferwicklung) begrenzt das Kennfeld der Triebfahrzeuge bei Höchstgeschwindigkeit (meist für halb abgenutzte Radreifen angegeben). Bei Drehstrommotoren wirken in erster Linie die Auslegung der Lager und der Antriebselemente sowie die maximal aussteuerbare Frequenz begrenzend.

2.4 Thermische Grenzen

2.4.1 Erwärmung und Abkühlung

Beim Betrieb der Fahrmotoren entstehen

- Stromwärmeverluste in den Wicklungen,
- Stromübergangs- und Reibungsverluste am Kommutator,
- Eisenverluste in den Ständer- und Läuferblechpaketen.

Sie sind abhängig von dem Drehmoment und der Drehzahl des Motors und treten als Wärmeenergie in Erscheinung.

Diese Wärmeenergie muß durch Wärmeleitung aus dem Inneren des inhomogenen Motors an die von Kühlluft berührten Oberflächen abgeführt und von da an die Kühlluft abgegeben werden. Dazu ist ein Wärmegefälle nötig (Übertemperatur).

Übertemperatur ϑ = Temperatur θ des Motorbauteils – Temperatur θ_K der Kühlluft:

$$\vartheta = \theta - \theta_K \qquad (2.4/1)$$

Bei Belastung eines Motors mit der Anfangsübertemperatur ϑ_o steigt die Übertemperatur nach einer im Bild 2.4/1 dargestellten e-Funktion an:

$$\vartheta = \vartheta_{max} \sum_i [1 - e^{-\frac{t}{Ti}}] + \vartheta_o \sum_i e^{-\frac{t}{Ti}} \qquad (2.4/2)$$

Die Beharrungsübertemperatur ϑ_{max} ist abhängig von der

- zugeführten Wärmeleistung, d. h. von Zugkraft und Fahrgeschwindigkeit, $Q = Q(F,V)$,
- abgeführten Wärmeleistung, d. h. von den Kühlverhältnissen (Größe der Oberfläche, Art der Isolation, Kühlluftmenge, Kühlluftgeschwindigkeit usw.).

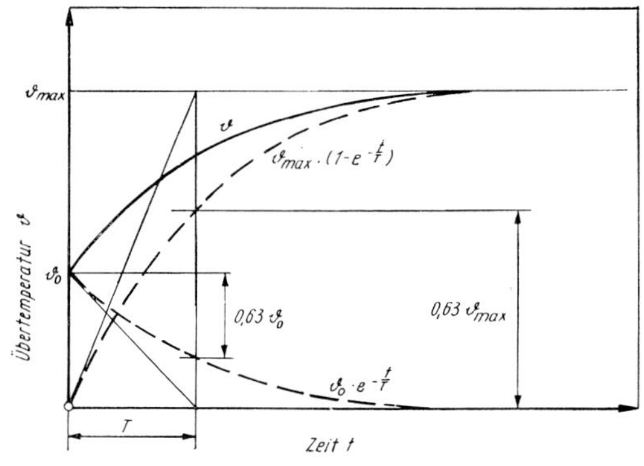

Bild 2.4/1 Erwärmungsverlauf
T *Zeitkonstante,* ϑ_o Anfangsübertemperatur, ϑ_{max} Beharrungsübertemperatur

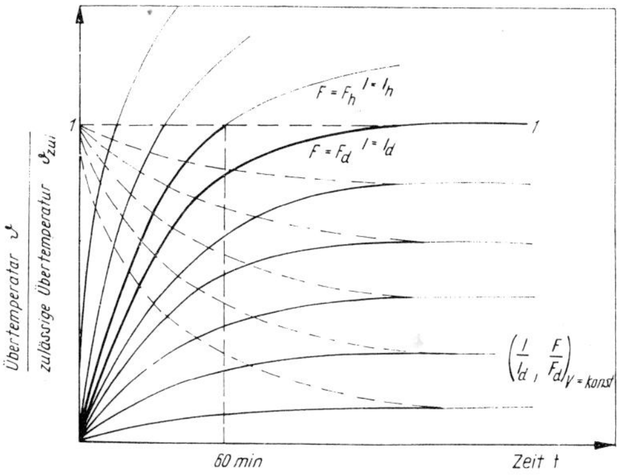

Bild 2.4/2 Normierte Erwärmungskennlinien
F Zugkraft, F_d Dauerzugkraft, F_h Stundenzugkraft, I Strom, I_d Dauerstrom, I_h Stundenstrom

Die Anstiegsgeschwindigkeit der Temperatur, gekennzeichnet durch die Zeitkonstante T_i, ist abhängig von

- der Wärmekapazität des Motors (Masse, Werkstoff),
- der abgeführten Wärmeleistung.

Die Werte für ϑ_{max} und T_i sind für die einzelnen Bauteile eines Motors verschieden. Ausschlaggebend für die zulässige Belastung sind die thermisch am ungünstigsten belasteten Bauteile. Die Erwärmungs- und Abkühlungskennlinien werden durch Prüfstandsmessungen bei verschiedenen Motorbelastungen ermittelt (Bild 2.4/2).

2.4.2 Temperatur- und Erwärmungsgrenzen

Die Angaben thermisch bedingter Grenzwerte von Zugkraft und Leistung dienen nur Vergleichszwecken. Sie geben keine exakte Auskunft über das tatsächliche Leistungsvermögen des Triebfahrzeugs auf der Strecke.
Die zulässige Temperatur θ_{zul} ist in erster Linie durch die Isolierstoffe begrenzt. Die Normen enthalten Angaben über die zulässige Erwärmung ϑ_{zul} (Übertemperatur), bezogen auf die Bezugskühlmitteltemperatur $\theta_0 = 25$ °C. Ausschlaggebend für die zulässige Belastung ist die absolute Temperatur bei gegebener Temperatur θ des Kühlmittels θ_K:

$$\theta = \theta_K + \vartheta \leqq \theta_{zul} = \theta_o + \vartheta_{zul} \qquad (2.4/3)$$

$$\vartheta \leqq \vartheta_{zul} + (\theta_o - \theta_K) \qquad (2.4/4)$$

Für $\theta_K > \theta_o$ (z. B. bei extrem hohen Außentemperaturen) sind geringere Erwärmungen zulässig als ϑ_{zul} nach den Normen.

2.4.3 Dauer- und Zeitleistungen

Dauerwerte der Belastung
Die Dauzugkraft F_d ist die Zugkraft, bei der das thermisch am ungünstigsten belastete Teil seine zulässige Übertemperatur ϑ_{zul} auch bei dauernder Belastung ($t = \infty$) gerade erreicht, jedoch nicht überschreitet. Dauerstrom I_d = Strom bei Dauerzugkraft.

Zeitwerte der Belastung
Die Stundenzugkraft F_h ist die Zugkraft, bei der das thermisch am ungünstigsten belastete Teil, vom kalten Zustand ($\vartheta = 0$, $\theta = \theta_K$) ausgehend, gerade in $t = 1$ h seine zulässige Übertemperatur erreicht. Stundenstrom I_h = Strom bei Stundenzugkraft.
30-min-, 20-min-, 10-min-Zugkräfte (F_{30}, F_{20}, F_{10}) sind die Zugkräfte, bei denen, vom kalten Zustand ausgehend, das thermisch am ungünstigsten belastete Bauteil in $t = 30$ min, 20 min, 10 min seine zulässige Übertemperatur erreicht. Analog dazu sind die Zeitwerte der Ströme. Die Dauer- und Zeitwerte von Zugkraft und Strom sind wegen einiger Verluste von der Geschwindigkeit abhängig, wenn der Läufer das am stärksten belastete Bauteil ist. Sie werden in Darstellungen jedoch häufig als konstant angegeben.
Die Dauer- und Zeitwerte der Geschwindigkeit (V_d, V_h, V_{30} ...) ergeben sich aus dem Schnittpunkt der Spannungsgrenze $F(V)_{Umax = konst}$ mit der thermischen Gleichung $F(V)_{\theta = konst}$ im F-V-Diagramm (Bild 2.5/1).
Die Dauer- und Zeitwerte der Leistungen (P_d, P_h, P_{30} ...) ergeben sich als Produkt aus den Dauer- und Zeitwerten von Zugkraft und Geschwindigkeit.
Infolge ihrer geringen spezifischen Baugröße können Drehstrommotoren so reichlich ausgelegt werden, daß sie die Zugkräfte an der Kraftschlußgrenze dauernd aufzubringen vermögen. Der gesamte Bereich unter der Kraftschluß- und Spannungsgrenze ist dann der Dauerbereich. Eine Inanspruchnahme von Zeitwerten ist nicht erforderlich und wegen der Kraftschlußbegrenzung und Umrichterauslegung auch nicht möglich.

2.5 Gesamtes *F-V*- und *P-V*-Diagramm

Die prinzipielle Form für Triebfahrzeuge mit Einphasenwechselstrom-Kommutatormotoren und für Triebfahrzeuge mit Gleichstrommotoren und Feldschwächung wird im Bild 2.5/1 a),b) gezeigt. Die Angabe der F- und P-Werte ist auf den Radreifenumfang oder auf den Zughaken bei Fahrt in der Ebene bezogen. Der Fahrwiderstand der Lokomotive ist in letzterem Fall bereits abgezogen.

Bei modernen Triebfahrzeugen mit stark ausgenutzten Motoren (geringe Masse, starke Kühlung) ist

$$\frac{F_N}{F_d} \approx 1,1$$

$$\frac{V_d}{V_{max}} \approx 0,65\ldots0,75$$ bei Einphasenwechselstrom-Kommutatormotoren ($16^2/_3$ Hz),

$\approx 0,5\ldots0,6$ bei 50-Hz-Gleichrichtertriebfahrzeugen mit Feldschwächung,

$\approx 0,4\ldots0,5$ bei Gleichstromtriebfahrzeugen mit Feldschwächung.

Bild 2.5/1 c) gibt das *F-V*- und *P-V*-Diagramm eines Triebfahrzeugs in Drehstromantriebstechnik wieder.

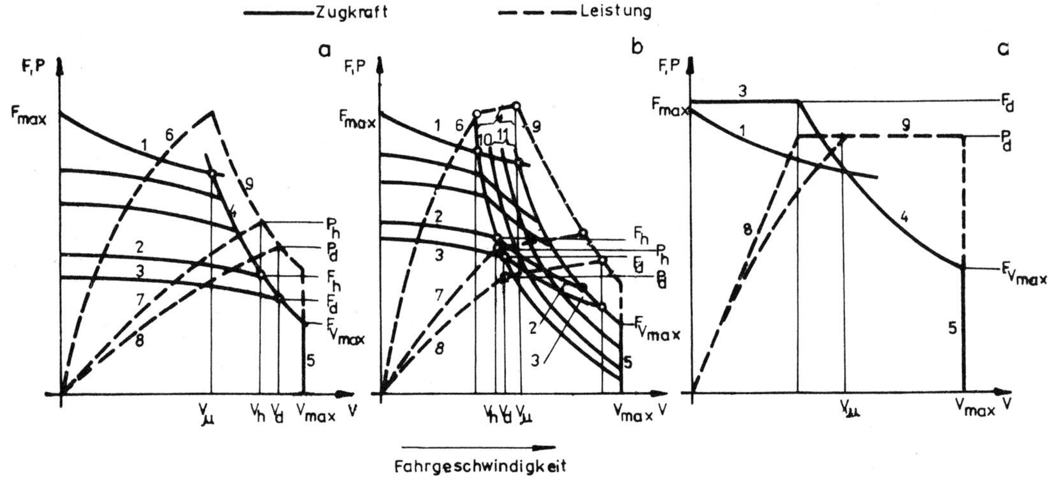

Bild 2.5/1 *F-V*- bzw. *P-V*-Diagramm
a) Triebfahrzeug mit Einphasenwechselstrom-Kommutatormotoren
b) Triebfahrzeug mit Gleichstrommotoren und Feldschwächung
c) Triebfahrzeug mit frequenzgesteuerten Drehstrommotoren
1, 6 Kraftschlußgrenze, 2, 7 Stundenwert, 3, 8 Dauerwert, 4, 9 Spannungsgrenze, 5 Geschwindigkeitsgrenze, 10 volles Feld, 11 geschwächtes Feld

3

Einteilung und Aufgaben der Stromkreise

Eine exakte Trennung ist nicht immer möglich, da gemeinsame Bauteile und Verflechtungen vorkommen.

3.1 Hauptstromkreise

Sie umfassen alle Leitungen und Geräte, die zur Fortleitung und Beeinflussung des Teils der elektrischen Energie dienen, der in mechanische Traktionsenergie umgewandelt wird. Dazu gehören auch Stromkreise der elektrodynamischen Bremse für den in umgekehrter Richtung ablaufenden Energieumwandlungsprozeß.

Aufgaben:

- Abnahme der Traktionsenergie von der Fahrleitung und ihre Weiterleitung,
- Beeinflussung der Parameter der Traktionsenergie (Spannung, Stromart, Frequenz, Richtung des Energieflusses),
- Umwandlung der elektrischen in mechanische Traktionsenergie.

Hochspannungsstromkreise

Sie umfassen alle Leitungen und Geräte, die von dem hochgespannten Strom aus der Fahrleitung auf seinem Weg zur Rückleitung (Fahrschienen) durchflossen werden (Stromabnehmer, Hauptschalter, Dachleitungen, Durchführungen, Primärwicklung des Haupttransformators, Erdungseinrichtungen usw.).

Fahrmotorenstromkreise

Sie umfassen alle Geräte und Leitungen, die von dem Strom durchflossen werden, der den Fahrmotoren zugeführt wird (Transformatorsekundärwicklungen, Schaltwerke, Gleichrichter und Glättungsdrosseln, Trennschütze und Richtungswender, Fahrmotoren usw.) und die der Zuführung und Beeinflussung der elektrischen Traktionsenergie dienen.

3.2 Stromkreise der Hilfseinrichtungen

Sie umfassen alle Leitungen und Geräte, die neben den Hauptstromkreisen zum Betrieb des Fahrzeugs unbedingt erforderlich sind (Leistungsstromkreise der Motoren für Transformatorölpumpen, Fahrmotor- und Transformatorlüfter, Luftverdichter sowie Hilfsstromversorgungseinrichtungen).

3.3 Stromkreise zur Steuerung und Regelung (Leitebene)

Sie umfassen alle Leitungen und Geräte zur Übertragung der Steuerbefehle des Triebfahrzeugführers an die Geräte der Haupt- und Hilfsstromkreise, zur Herstellung der gegenseitigen Abhängigkeiten und zur Regelung bestimmter Größen wie Anfahrstromstärke, Geschwindigkeit oder Beschleunigung.

3.4 Überwachungsstromkreise

Sie umfassen alle Leitungen und Geräte, die zur Erfassung und Anzeige bestimmter Betriebszustände (Geschwindigkeit, Fahrmotorstrom usw.) sowie zum Schutz gegen unzulässige Abweichungen bestimmter Parameter erforderlich sind (Schutz gegen Überströme, zu hohe Temperaturen, zu niedrige Fahrleitungsspannung usw.). Dazu gehören auch Einrichtungen zur Kontrolle der Dienstbereitschaft und der Wachsamkeit des Triebfahrzeugführers (Sicherheitsfahrschaltung, Zugbeeinflussung usw.).

3.5 Nebeneinrichtungen

Sie beinhalten alle elektrischen Einrichtungen, die zum direkten Betrieb des Fahrzeugs nicht unbedingt erforderlich sind, jedoch zur Verbesserung seines Betriebs und der Arbeitsbedingungen dienen (Sandstreueinrichtungen, Achslastausgleich, elektrische Heizung, Klimaanlage für Führerstand, Kochplatte, Kühlschrank, Beleuchtung usw.).

4

Stromabnehmer

[17], [48], [70], [104], [111], [132], [169], [183], [207], [233]

4.1 Aufgabe

Aufgabe der Stromabnehmer ist die Übertragung der elektrischen Energie von der stationären Anlage (Fahrleitung oder Stromschine) zum orstveränderlichen Triebfahrzeug. Die sichere, d. h. weitgehend unterbrechungslose und möglichst lichtbogenfreie Übertragung des Stromes bei allen Fahrgeschwindigkeiten erfordert insbesondere bei Oberleitungsbetrieb einen trägheitsarmen Ausgleich der Höhendifferenzen der Fahrdrahtlage und der vertikalen Bewegungen des Triebfahrzeugs.

Die zulässigen Höhenschwankungen der Fahrleitung betragen bei der DB und der DR 4,8...6,7 m über Schienenoberkante.

Andere Bahnen lassen ähnliche Höhendifferenzen zu. Bei Hochgeschwindigkeitsbahnen werden jedoch vielfach geringere Höhenbereiche festgelegt, um die Arbeitsbedingungen der Stromabnehmer zu erleichtern.

Daraus resultierende Anforderungen an die Stromabnehmer sind:

- genügend große Kontaktflächen zwischen Schleifstück und Fahrdraht,
- gute Leitfähigkeit des Kontaktwerkstoffs,
- gute Lichtbogenfestigkeit,
- ausreichende Abriebfestigkeit der Schleifleisten,
- geringe Abnutzung des Fahrdrahts,
- hinreichende mechanische Festigkeit gegen dynamische Beanspruchungen durch Unstetigkeitsstellen in der Fahrleitung,
- Festigkeit gegen aerodynamische Beanspruchungen (durch Fahrtwind, Windböen, Luftdruckänderungen bei Tunneldurchfahrten u. a.),
- genügende Seitensteifigkeit,
- gute dynamische Eigenschaften in Zusammenarbeit mit der schwingungsfähigen Fahrleitung,
- günstige aerodynamische Eigenschaften,
- geringer Instandhaltungsaufwand.

Die Anforderungen an die Stromabnehmer für Stromschienen sind ähnlich.

4.2 Stromartbedingte Unterschiede

Es bestehen keine prinzipiellen Unterschiede zwischen Stromabnehmern für Oberleitungsbetrieb mit Gleich- und Wechselstrom. Gleichstrom-Stromabnehmer sind lediglich stabiler gebaut, da aufgrund der niedrigeren Fahrdrahtspannung die Übertragung höherer Ströme erforderlich ist, was größere Kontaktflächen und Schleifstücke, höhere Anpreßkräfte sowie u.U. andere Schleifleistenwerkstoffe bedingt.

Um das Problem der Übertragung des Anfahrstromes und des Stromes für die zentrale Energieversorgung des Zuges zu beherrschen, werden bei Gleichstrom häufig drei bis vier Schleifstücke für einen Stromabnehmer vorgesehen. Die Verhältnisse sind bei Stillstand des Fahrzeugs besonders kritisch, weil sich der Fahrdraht infolge der Übergangswiderstände lokal erwärmt, was die Verringerung seiner Festigkeit nach sich ziehen kann. Um das zu vermeiden, werden vielfach im Stillstand beide Stromabnehmer angelegt.

4.3 Stromabnehmer für Oberleitung

4.3.1 Kräfte zwischen Stromabnehmer und Fahrdraht

Zur Gewährleistung eines widerstandsarmen Stromübergangs zwischen Fahrdraht und Schleifstück ist eine gewisse Anpreßkraft erforderlich.
Das Unterschreiten eines Mindestwerts der Anpreßkraft reduziert den Stromübergang auf wenige Berührungspunkte, an denen durch starke punktförmige Erwärmung, Mikrolichtbögen und Stromkräfte ein starker Verschleiß an Fahrdraht und Schleifstück auftritt (elektrischer Verschleiß). Bei Wechselstromfahrleitungen mit Kupferfahrdraht und Kohleschleifstücken liegt dieser Wert bei etwa 40 N. Das Absinken der Anpreßkraft auf Werte um Null hat Lichtbögen zur Folge, die durch örtliche Aufrauhung der Oberflächen den mechanischen Verschleiß stark vergrößern.
Eine zu hohe Anpreßkraft ruft durch Abrieb starken mechanischen Verschleiß beider Partner hervor.
Ziel der Gestaltung von Stromabnehmer (und Fahrleitung) muß das Ereichen eines Minimums der Summe aus elektrischem und mechanischem Verschleiß sein.
Eine zu hohe Anpreßkraft bringt durch zu großen Anhub der Fahrleitung die Gefahr des Berührens der Schleifstücke mit ortsfesten Teilen (Zerstörung) oder zu starker Annäherung an geerdete ortsfeste Teile (Überschlag) mit sich.

Statische Anpreßkraft
Sie wird durch den Hubantrieb des Stromabnehmers erzeugt und soll über den gesamten Arbeitsbereich des Stromabnehmers möglichst gleich groß sein. Die durch die Reibung in den Gelenken und Lagerstellen bedingte Differenz der Kräfte zwischen Aufwärts- und Abwärtsbewegung soll möglichst klein sein und 10 N nicht überschreiten. Übliche Werte der statischen Anpreßkraft sind nach [174]
- 60...80 N bei Fahrleitungen für Wechselspannung,
- 80...120 N bei Fahrleitung für Gleichspannung 3 kV,
- 85...140 N bei Fahrleitung für Gleichspannung 1,5 kV und Schleifstücken aus metallisierter Kohle.

Aerodynamische Anpreßkraft
Die infolge des Fahrwinds auf den Stromabnehmer wirkenden aerodynamischen Kräfte besitzen meist eine vertikale Komponente, die sich der statischen Anpreßkraft erhöhend oder vermindernd überlagert. Vertikale Komponenten der über die Stirnfronten des Fahrzeugs zu- und abfließenden Luftströmung vergrößern diese vertikalen Kräfte. Sie hängen ab von
- der Gestaltung der Stirnfront des Fahrzeugs (Neigung, Übergangsradien Stirn – Dach usw.),
- der Lage des Stromabnehmers. Meist wird der nachlaufende Stromabnehmer benutzt, da hier die aerodynamischen Einflüsse geringer sind.
- der Bauart des Stromabnehmers. Besonders bei den Einholmstromabnehmern hängen Größe und Richtung der vertikalen aerodynamischen Kraftkomponente stark davon ab, ob der Stromabnehmer mit voraus- oder nachlaufendem Kniegelenk betrieben wird.
- der Arbeitshöhe der Schleifstücke.

Die Summe aus statischer Anpreßkraft und aerodynamischer Kraft wird aerodynamische Anpreßkraft genannt.
Neben einer sehr sorgfältigen strömungstechnischen Gestaltung (insbesondere der Schleifleistenträger) wird bei Hochgeschwindigkeitsstromabnehmern häufig versucht, durch Windleitbleche die Größe der aerodynamischen Kraft zu steuern. Meist wird ein leichter Anstieg der aerodynamischen Anpreßkraft mit der Geschwindigkeit angestrebt.
Als obere Grenze wird bei Wechselstromfahrleitungen der DB ein Wert von 120 N zugelassen.

Dynamische Anpreßkraft
Selbst durch hohen Aufwand bei der Konstruktion und in der Instandhaltung der Fahrleitung gelingt es nicht, den Stromabnehmerschleifleisten eine in der vertikalen Ebene ideal gerade Bahn zu gewährleisten. Den großen Höhenunterschieden zwischen Schienenoberkante und Schleiffläche des Fahrdrahts, die durch die an Bahnübergängen zu gewährleistende Durchfahrtshöhe einerseits und die an Bauwerksunterfahrungen zur Verfügung stehende Bauhöhe andererseits bedingt sind, überlagern sich periodische und stochastische Höhenschwankungen kleinerer Amplitude. Sie haben ihre Ursache in
- dem durch die Masse und Biegeweichheit des Fahrdrahts zwischen dessen Aufhängepunkten auftretenden Durchhang,
- der durch ungleichmäßige Massenverteilung

und die Aufhängung des Fahrdrahts bedingten örtlich wechselnden Elastizität, die unter dem Einfluß der Schleifstückanpreßkraft einen unterschiedlichen Anhub ergibt,
- den unvermeidlichen vertikalen Bauungenauigkeiten bei der Verlegung und Erhaltung des Gleises und der Fahrleitung.

Diese auch bei niedrigen Fahrgeschwindigkeiten auftretenden statischen Höhenunterschiede zwingen den Schleifstücken der Stromabnehmer vertikale Bewegungen auf. Die Frequenz dieser Bewegungen nimmt mit der Fahrgeschwindigkeit zu und erreicht Werte von 20 Hz und mehr. Die damit verbundenen Beschleunigungen erfordern erhebliche dynamische Kräfte. Bei Bewegungen nach unten müssen sie vom Fahrdraht aufgebracht werden und addieren sich zur aerodynamischen Anpreßkraft. Bei Bewegungen nach oben gehen sie auf Kosten der aerodynamischen Anpreßkraft und subtrahieren sich von dieser. Im ungünstigsten Falle reicht die von der aerodynamischen Anpreßkraft aufbringbare Beschleunigung nicht aus, um dem Fahrdraht zu folgen. Das Schleifstück springt unter Lichtbogenbildung vom Fahrdraht ab.

Diese sich der aerodynamischen Anpreßkraft überlagernden höherfrequenten Kräfte regen weitere dynamische Vorgänge an, nämlich
- Schwingungen innerhalb des Gebildes Stromabnehmer infolge der Elastizität seiner Bauteile,
- Transversalschwingungen der Fahrleitung, die sich vom Anregungspunkt Stromabnehmer aus längs der Fahrleitung fortpflanzen und, reflektiert an Unstetigkeiten der Fahrleitung, in Richtung Fahrzeug zurückkehren. Bei Zügen mit zwei gehobenen Stromabnehmern tritt durch diese Transversalschwingungen eine gegenseitige Beeinflussung im ungünstigen Sinne ein.

Zwischen dem Frequenzgemisch der anregenden Kräfte und den verschiedenen Eigenfrequenzen der beiden schwingungsfähigen Systeme Fahrleitung und Stromabnehmer mit ihren geringen natürlichen Dämpfungen treten Resonanzen auf, die die Amplituden der Kräfte und Bewegungen beträchtlich vergrößern können. Durch Einbau von hydraulischen Dämpfern in Stromabnehmer für hohe Fahrgeschwindigkeit gelingt es, die Schwingungserscheinungen erfolgreich zu dämpfen.

Die Summe aus den dynamischen Kräften und der aerodynamischen Anpreßkraft wird die dynamische Anpreßkraft genannt. Sie muß die oben genannten Bedingungen
- Einhaltung eines Mindestwerts und

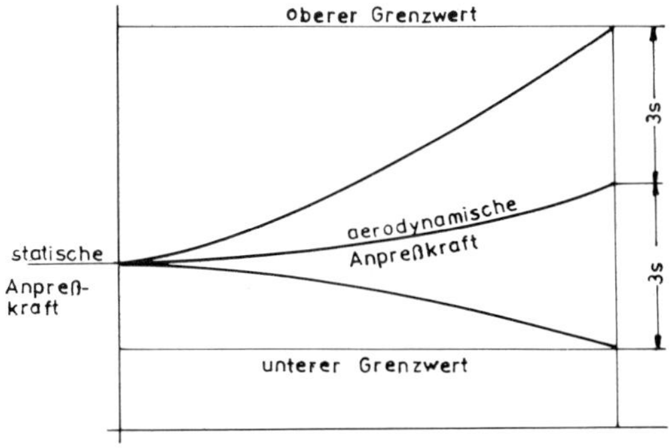

Bild 4.3/1 Komponenten der Anpreßkraft der Stromabnehmer

- Unterschreiten eines Maximalwerts

erfüllen.

Als Maß für die dynamische Laufgüte eines Stromabnehmers dient die Standardabweichung der dynamischen Anpreßkraft *s*. Bild 4.3/1 zeigt die zu beachtenden gegenseitigen Verhältnisse der drei o. a. Kraftkomponenten.

Folgerungen für die Konstruktion

Zur Erzielung geringer Standardabweichungen für die Kontaktkraft müssen die Massen der mit der Fahrleitung direkt in Berührung stehenden Teile des Stromabnehmers möglichst klein und die übrigen durch Federn weitestgehend entkoppelt sein. Das wird durch eine Paletten- oder Wippenfederung, im Extremfall durch eine Einzelfederung der Schleifstücke (z. B. beim Stromabnehmertyp DSA 350 der DB) erreicht.

Einen Kennwert für die dynamischen Eigenschaften eines Stromabnehmers stellt die sog. Scheinmasse dar. Zu ihrer Ermittlung wird der Stromabnehmer am Schleifstück mit einer sinusförmigen Kraft erregt und die sich dabei einstellende Amplitude der Beschleunigung ermittelt. Das Verhältnis der Amplituden von Kraft und Beschleunigung ist die Scheinmasse. Sie soll möglichst klein und im gesamten Frequenzbereich weitestgehend ausgeglichen sein.

4.3.2 Aufbau der Stromabnehmer

Die in den Anfangsjahren der elektrischen Zugförderung häufig benutzten Stangen- und Lyrastromabnehmer finden heute bei Vollbahntriebfahrzeugen keine Verwendung mehr. Erstere sind lediglich noch bei Oberleitungsbussen anzutreffen.

horizontalen und vertikalen Kräfte verursachen eine elastische Drehung der Wippe um das Scheitelgelenk. Die senkrechten Kräfte belasten das Gelenk und bewirken eine Bewegung der Schere.

- Bild 4.3/4c)
  Senkrechte und pendelnde Federung des Stromabnehmers der ÖBB V (Gummi) der Österreichischen Bundesbahnen. Sowohl die waagerechten als auch die senkrechten Kräfte werden elastisch aufgenommen. [29]
- Bild 4.3/4d)
  Einzelfederung der Schleifstücke durch in Federtöpfen angeordnete Schraubenfedern, angewendet beim Stromabnehmer DSA 350 der Deutschen Bundesbahn. [7]
- Bild 4.3/4e)
  Einzelfederung der Schleifstücke durch Blattfedern, angewendet beim Stromabnehmer SSS 87 der Deutschen Bundesbahn.

Bei den beiden zuletzt genannten Ausführungen besteht die direkt am Fahrdraht liegende Masse nur noch aus der der Schleifstücke einschließlich kurzer Hörner. Die eigentlichen Auflaufhörner liegen vom Fahrdraht aus betrachtet unterhalb der Federn. [108]

Die Auflaufhörner aus Stahl oder Aluminiumguß dienen der Führung seitlich auflaufender Fahrdrähte. Sie sind in ihrem Verschleißabschnitt häufig auswechselbar gestaltet und in einigen Fällen zur Gewährleistung von Isolationsabständen auch aus Isolierstoff ausgeführt.

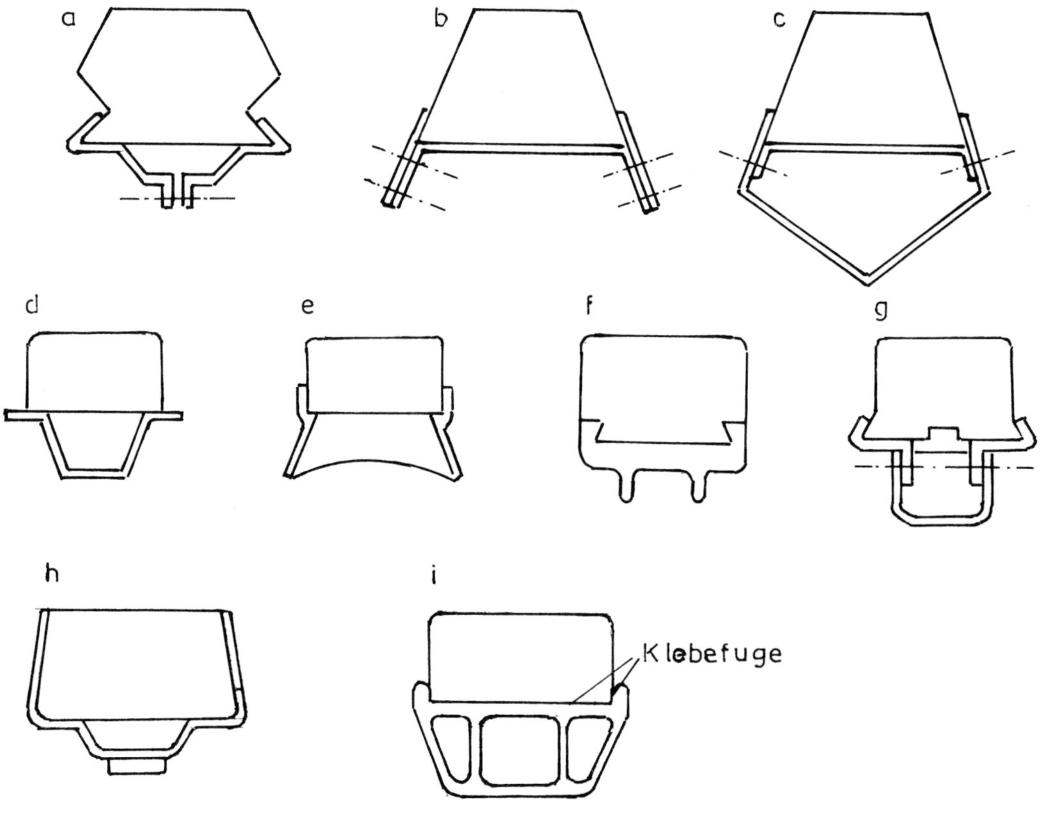

Bild 4.3/5 Schleifstückformen und Fassungen
a) T-förmige Aluminiumfassung, geschraubt
b) Stahlblechfassung, schwalbenschwanzförmig genietet
c) rohrartige Pantalfassung mit Stahlblecheinlage
d) verkupferte Kohle auf Stahlblech aufgelötet
e) Aluminium-Umgußfassung
f) Bauart der ÖBB
g) Schraubfassung mit Kohleschleifstück EKL 5009 der DR
h) Mehrstoffschleifleiste aus Kohle und Kupfermantel
i) Klebeschleifleiste

Schleifstücke

Die Schleifleisten aus Kohle waren lange Zeit in schwalbenschwanzförmigen Führungen befestigt. Neuerdings setzen sich hier zunehmend Ausführungen durch, bei denen die verkupferte Kohle auf den Schleifstückträger aufgelötet oder mit leitendem Kleber aufgeklebt ist. Sie gestatten eine weitergehende Abnutzung der Schleifleisten und verringern die Gefahr von Beschädigungen der Fahrleitung durch Herausbrechen von Teilen der Kohle. Bei metallischen Schleifstückwerkstoffen sind auch Verbindungen mit versenkten Durchgangsschrauben anzutreffen. Bild 4.3/5 zeigt einige Ausführungsformen.

Als Schleifstückwerkstoffe finden Verwendung:

a) Kohle,
b) Kohle mit Kupferummantelung,
c) metallisierte Kohle,
d) Kupfer,
e) Aluminium,
f) Stahl,
g) Sintermetalle. [107]

Bei Wechselstrombahnen werden vorwiegend die Werkstoffe a)...c), bei Gleichstrombahnen c)...g) verwendet.

Vorteile der Kohle sind die hohe Laufleistung wegen des kleinen Verschleißes und die geringe Fahrdrahtabnutzung infolge der schmierenden Wirkung der Kohle. Kohleschleifleisten verursachen im Gegensatz zu Aluminium nur geringe Rundfunkstörungen. [97]

Nachteile der Kohle sind die geringe Bruchfestigkeit, der relativ große elektrische Übergangswiderstand zum Kupferfahrdraht und das geringe Wärmeleitvermögen. Die letzten beiden Eigenschaften schränken ihren Einsatz bei Gleichstrombahnen stark ein.

Schleifstückprofil

Das Profil der Schleifstücke einschließlich der Auflaufhörner ist zur Gewährung eines freizügigen Laufes der Stromabnehmer über die Bahngrenzen hinweg international genormt. [234] Die Schleifleistenbreite überschreitet beidseitig etwa um 100 bis 150 mm den durch die Zickzackverlegung des Fahrdrahts (+/- 400 mm bei DB und DR, +/- 200 mm bei SNCF und SBB) bestrichenen Bereich, um bei Wankbewegungen des Fahrzeugs, Bauungenauigkeiten und Windabtrieb des Fahrdrahts dessen Verbleib auf der Schleifleiste zu sichern. Stromabnehmer müssen in Arbeits- und in abgesenkter Stellung bei DR und DB die in der Eisenbahn-Bau- und Betriebsordnung angegebene Begrenzung einhalten.

Antrieb

Der Stromabnehmerantrieb dient zum Heben und Senken des Stromabnehmers. Man unterscheidet

- Hubfederantriebe (Bild 4.3/6a)
  Durch Druckluft gespannte Hubfedern heben die Schere und bestimmen die Anpreßkraft. Das Senken geschieht durch die Eigenmasse beim Entlüften des Antriebszylinders.
- Senkfederantriebe (Bild 4.3/6b)
  Senkfedern bewirken entgegen der Kraft der Hubfedern das Senken des Stromabnehmers. Das Zusammendrücken der Senkfedern mittels Druckluft läßt die Hubfedern zur Wirkung kommen. Ihre Spannung bestimmt die Anpreßkraft.

Die Druckluftantriebszylinder sind entweder auf dem Dach angeordnet und wirken über Isolatoren oder sie befinden sich auf dem spannungsführenden Teil des Grundrahmens und erhalten die Druckluft durch isolierende Schläuche zugeführt.

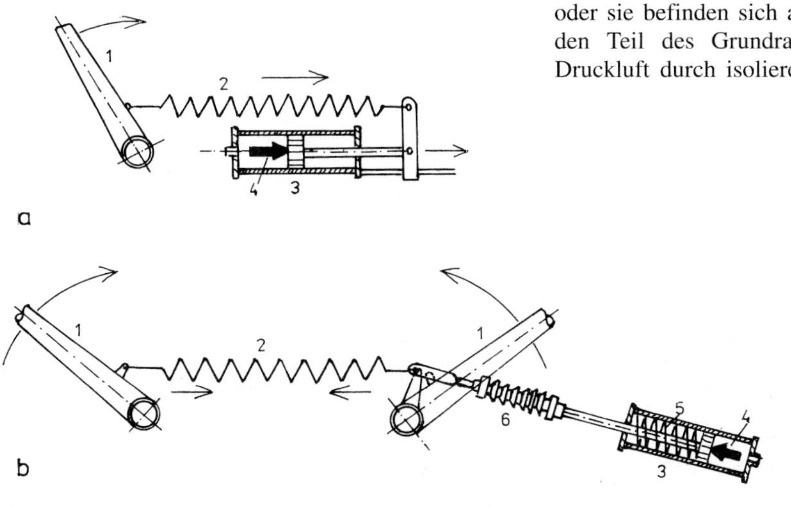

Bild 4.3/6
Prinzip des Stromabnehmerantriebs (Hubvorgang)
a Hubfederantrieb
b Senkfederantrieb
1 Scherenarm
2 Hubfeder
3 Antriebszylinder
4 Druckluft
5 Senkfeder
6 Antriebsisolator

Die Zu- und die Abfuhr der Luft sind so zu steuern, daß das Anheben mit mäßiger Geschwindigkeit (Vermeiden eines harten Anschlagens der Schleifstücke an den Fahrdraht) und das Senken rasch vor sich gehen. Ein hartes Aufschlagen des sich senkenden Stromabnehmers wird durch Puffer gedämpft. Zur Erzielung eines gleichmäßigen Verlaufs der Anpreßkraft im gesamten Arbeitsbereich greifen die Hubfedern häufig über Ketten und Kurvenscheiben an den Basiswellen an. Bei Scherenstromabnehmern sind die Basiswellen durch eine meist als Bruchglied ausgebildete Kuppelstange verbunden, um ein symmetrisches Heben beider Unterarme zu gewährleisten. Bei großen horizontalen Kräften am Schleifstück, wie sie beim Hängenbleiben des Stromabnehmers an einem Hindernis in der Fahrleitung auftreten, bewirkt das Brechen des Bruchglieds das Zusammenfallen des Stromabnehmers und verhindert größere Schäden.

4.4 Stromabnehmer für Stromschiene

Sie finden vorwiegend bei Gleichstrom-Nahverkehrstriebfahrzeugen für Spannungen bis etwa 1 200 V (maximal 1 500 V) Verwendung. Darüber hinaus treten Schwierigkeiten bei der sicheren Isolation der Stromschiene gegen Erde auf. Die Konstruktion ist abhängig von der Verlegung der Stromschiene, insbesondere von deren Halterung.

Man unterscheidet Stromabnehmer, die die Stromschiene von oben, von der Seite oder von unten bestreichen (Berliner S-Bahn von unten und von der Seite, Berliner U-Bahn von oben und von unten).

Die Arbeitsbedingungen sind günstiger als bei Stromabnehmern für Oberleitung, da

- bei den niedrigeren Fahrgeschwindigkeiten die aerodynamischen Probleme entfallen,
- infolge der gleichmäßig großen Steifigkeit der Stromschiene keine Fahrleitungsschwingungen auftreten,
- keine großen Höhenunterschiede der Schleiffläche zu überbrücken sind.

Andererseits erschweren die beengten Platzverhältnisse eine dynamisch günstige Gestaltung.

Die Wirkungsweise und der Aufbau werden am Beispiel der Stromabnehmer der Berliner S-Bahn erläutert. [156]

Die Stromabnehmer SDS 1.5 D (ältere Bauart) und SDS 2 (neuere Bauform) sind isoliert vom Fahrzeug auf einem Isolierstoffbalken am Drehgestell angeordnet. Sie besitzen zwei verschiedene Arbeitsstellungen. Bei Betrieb an der Stromschiene geschieht die Stromabnahme von unten, bei der Leitschiene dagegen, die bei eingeschränktem Lichtraumprofil angewendet wird, von der Seite.

Beide Stromabnehmertypen sind konstruktiv weitgehend gleich. Der neuere Typ besitzt im Gegensatz zum ausschließlichen Handantrieb der aus

Bild 4.4/1
Stromabnehmer für die dritte Schiene
1 Schleifstück
2 Schleifstückarm
3 Druckfeder
4 Stromabnehmerhorn
5 Hauptwelle
6 Isolierstoffplatte
7 Kontaktstift für Schuppenanschluß
8 Kurzschließer
9 Isolierstoff
10 Handantrieb

dem Jahre 1927 stammenden alten Bauform einen Druckluftantrieb und ist fernbedienbar. Er wird nachstehend beschrieben (Bild 4.4./1 a) und b)).
Die Hauptbaugruppen sind

- der unten angeordnete, drehbar gelagerte, gefederte Schleifstückarm, bestehend aus Schleifschuh, Bruchbügel und Schleifstückträger. Die vertikale Anpreßkraft ist über zwei in ihrer Länge einstellbare Druckfedern regulierbar.
- der über Gleitlager auf der Hauptwelle drehbar gelagerte und über zwei Stellschrauben einstellbare Stromabnehmerarm, auf dessen Rückseite sich die o. g. Druckfedern abstützen. Die horizontale Anpreßkraft an der Leitschiene wird durch vier an seinem oberen Ende angreifende Zugfedern erzeugt.
- der Rahmen zur Aufnahme der in Gleitlagern gelagerten Hauptwelle, des Druckluftantriebs und der Isolierstoffabdeckungen für den Berührungsschutz. Am Rahmen befinden sich außerdem ein angeschraubter Kontaktstift zur Einspeisung der Schuppenspannung, die Starkstromanschlüsse und die Auflage für den Gegenkontakt des am Stromabnehmerbalken befestigten Kurzschließers.
- der Druckluftantrieb mit zwei übereinander angeordneten Zylindern, wobei der obere kleinere Zylinder zur Verriegelung des unteren Antriebszylinders dient, der über eine verzahnte Kolbenstange auf das Zahnsegment der Hauptwelle wirkt.
- der jeweils am linken Stromabnehmer des führenden Drehgestells eines Viertelzugs angeordnete Kurzschließer,
- der zum Ausgleich des Radreifenverschleißes um 40 mm höhenverstellbare Isolierstoffbalken,
- der Handantrieb, der über eine auf einen Vierkant aufsteckbare Schaltstange beim Aufrüsten bzw. beim Ausfall des Druckluftantriebs benötigt wird.

Der Stromabnehmer wirkt folgendermaßen: An der Stromschiene wird der Strom durch die Oberkante des unter Federspannung stehenden Schleifschuhs abgenommen, wobei nur der Schleifstückarm arbeitet. Der Stromabnehmerarm liegt unter Federkraft am Anschlag an. Außerhalb der Stromschiene geht der Schleifschuh in seine höchste durch den Anschlag begrenzte Lage.
An der Leitschiene wird der Strom durch die Seitenkante des Schleifschuhs abgenommen, wobei nur der Stromabnehmerarm arbeitet. Der Schleifstückarm liegt unter Federkraft an seinem oberen Anschlag an.

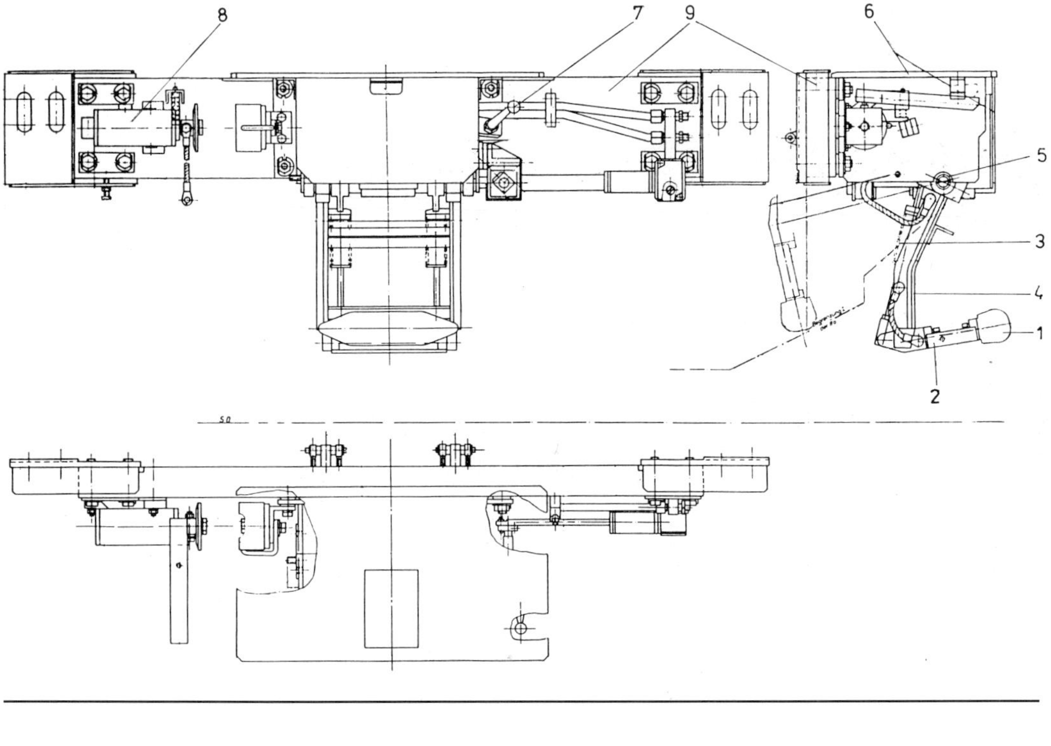

Abgeklappt wird der Stromabnehmer durch kurzzeitiges Beaufschlagen des unteren Zylinders mit Druckluft, bis die Klinke die Endstellung verriegelt. Dadurch wird die Hauptwelle so gedreht, daß in der ersten Phase der Schleifschuh von der Stromschiene ablegt und seine tiefste Lage einnimmt. In der zweiten Phase wird der Stromabnehmer so weit gedreht, bis er in der Endstellung selbsttätig verriegelt. Im abgeklappten Zustand verbleibt der Stromabnehmer im Begrenzungsprofil des Triebzugs.

Angeklappt wird der Stromabnehmer durch Druckluftbeaufschlagung des oberen Klinkzylinders. Dabei wird die Verklinkung aufgehoben, und das unter Federkraft stehende System geht in die Arbeitslage. Die Bewegung wird über eine Dämpfungsdrossel so gesteuert, daß der Schleifschuh solange in seiner tiefsten Lage bleibt, bis er unter die Stromschiene gelangt ist.

5 Dachausrüstung

Die Dachausrüstung umfaßt die Hochspannungsausrüstung auf dem Dach des Triebfahrzeugs:
- Stromabnehmer,
- Dachleitung und zugehörige Isolatoren,
- Dachtrennschalter,
- Hauptschalter,
- Oberspannungswandler,
- Überspannungsableiter,
- Durchführungen.

Stromabnehmer, Hauptschalter und Wandler werden außerhalb dieses Abschnitts behandelt.

5.1 Dachleitung und Isolatoren

Die Dachleitung ist in der Regel eine als Freileitung auf dem Triebfahrzeugdach isoliert verlegte Verbindungsleitung zwischen den Hochspannungsgeräten (Bild 5.1/1 [213]). Sie besteht meistens aus Stahlrohren. Die Isolation wird durch Stützisolatoren gewährleistet. Ihr Querschnitt muß entsprechend den zu übertragenden Strömen ausreichend bemessen sein. Angeschlossen werden die Geräte über flexible Kupferlitzen (Flach- oder Rundseile) zum Ausgleich von Temperaturspannungen (Bild 5.1/2). Die Isolatoren sind meistens als Rillenisolatoren ausgebildet, um die Überschlagswege zu vergrößern und die Überschlagsfestigkeit, insbesondere bei Regen, zu gewährleisten. Vielfach ist die Spannung überdimensioniert, um eine ausreichende Sicherheit gegen Überschlag auch bei starker Verschmutzung zu erhalten. So werden z. B. bei der DR bei 15 kV Fahrdrahtspannung 25-kV-Isolatoren eingesetzt. Die Isolatoren aus Keramik sind in den Fuß eingekittet. Die Kappe ist ebenfalls aufgekittet und mit Halterungen für die Dachleitung versehen. Die Isolatoren müssen ein ausreichendes Widerstandsmoment gegen die bei Kurzschlüssen auftretende Stromkraft haben. Die Verlegung der Dachleitung muß die Einhaltung der Schutzabstände gegen Fahrzeugmasse gewährleisten. Bei 15 kV beträgt der Abstand mindestens 150 mm.

Bei mehrteiligen Triebfahrzeugen (Triebwagen) wird die Dachleitung zwischen den Einzelwagen durch flexible, schnell lösbare Kupferlitzen verbunden.

Zur Verringerung des Luftwiderstands bei sehr schnell fahrenden Triebfahrzeugen wird die Verbindung zwischen den Hochspannungsgeräten häufig als Kabelleitung, z. T. unter dem Dach verlegt, ausgeführt.

5.2 Dachtrennschalter

5.2.1 Aufgabe

Er ermöglicht bei Stromabnehmerschäden, insbesondere bei deren Masseschluß, die elektrische Trennung von der Dachleitung. Die Weiterfahrt ist mit dem unbeschädigten Stromabnehmer möglich. Dachtrennschalter sind keine Leistungstrennschalter und dürfen nur leistungslos (bei ausgeschaltetem Hauptschalter) schalten. In den letzten Jahren wird jedoch in zunehmendem Umfang auf Dachtrennschalter verzichtet.

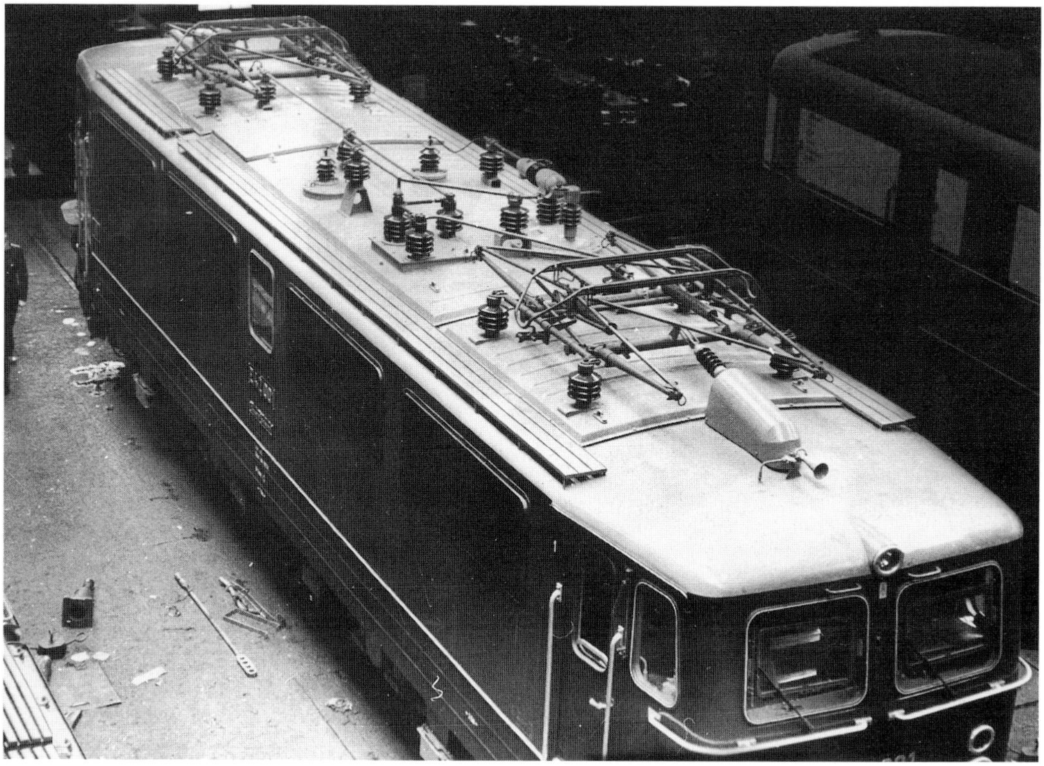

Bild 5.1/1 Dachausrüstung der BR 109/142

5.2.2 Aufbau

Die meisten elektrischen Lokomotivbaureihen besitzen zwei einpolige Dachtrennschalter (einen je Stromabnehmer). Sie sind prinzipiell gleich aufgebaut. Der eigentliche Schalter ist auf einer Grundplatte so angeordnet, daß die stromführenden Teile oberhalb des Daches liegen. Dazu gehören der Drehisolator mit dem Trennmesser und der Stützisolator mit dem Einschlagkontakt.
Unterhalb des Drehisolators und der Grundplatte, also im Maschinenraum, werden die Schaltwelle mit Rastung und Handrad sowie der Erdkontakt von einem Gußteil aufgenommen.
Verschiedentlich sind die sonst üblichen zwei einpoligen Schalter zu einem zweiarmigen Verstellschalter zusammengefaßt, an den beide Stromabnehmer angeschlossen sind. Bild 5.2/1 zeigt eine solche Ausführung, wie sie bei den Baureihen 109, 142, und 171 der DR zur Anwendung kommt. Die Schalterstellungen sind aus dem Bild ersichtlich. Die Isolation ist wie bei der Dachleitung für 25 kV angelegt.

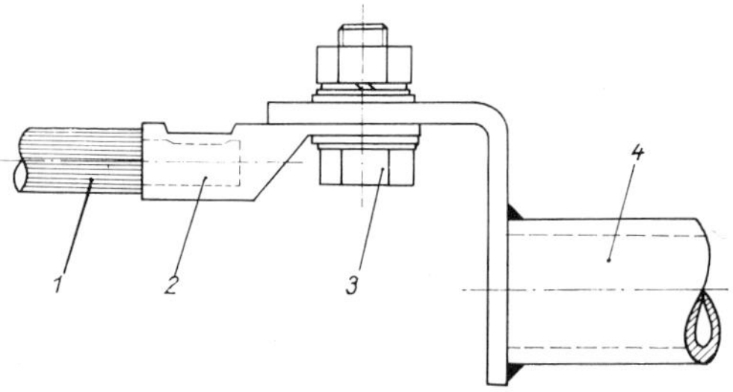

Bild 5.1/2 Dachleitungsanschluß
1 bewegliches Kupferseil
2 Kabelschuh
3 Verbindungselemente
4 Dachleitung

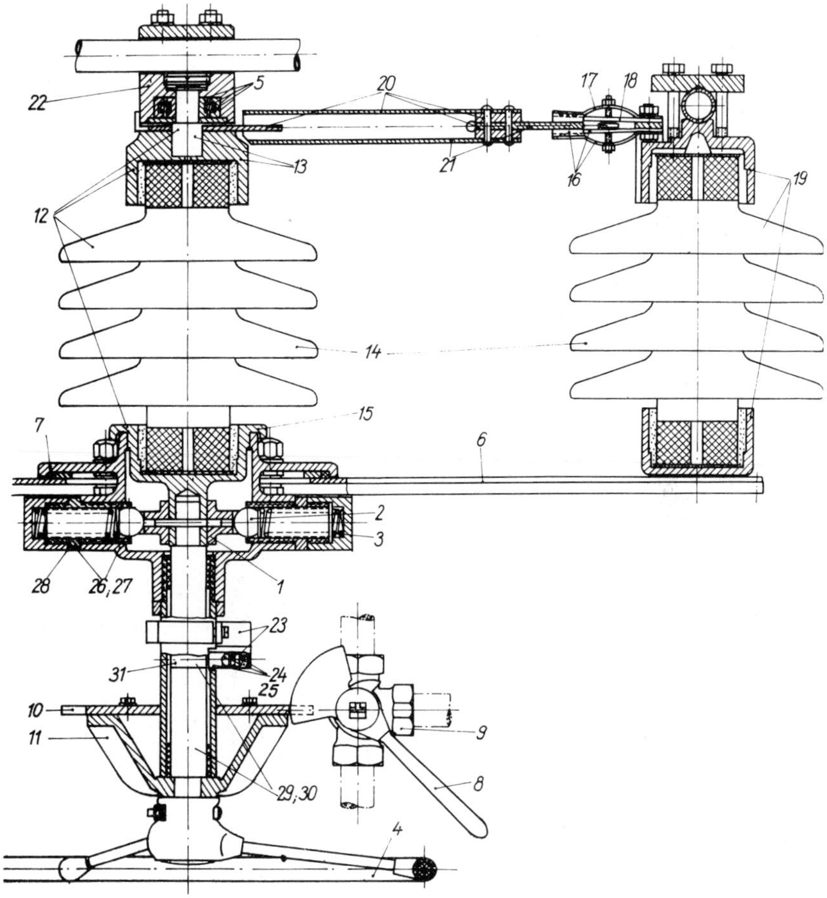

a)

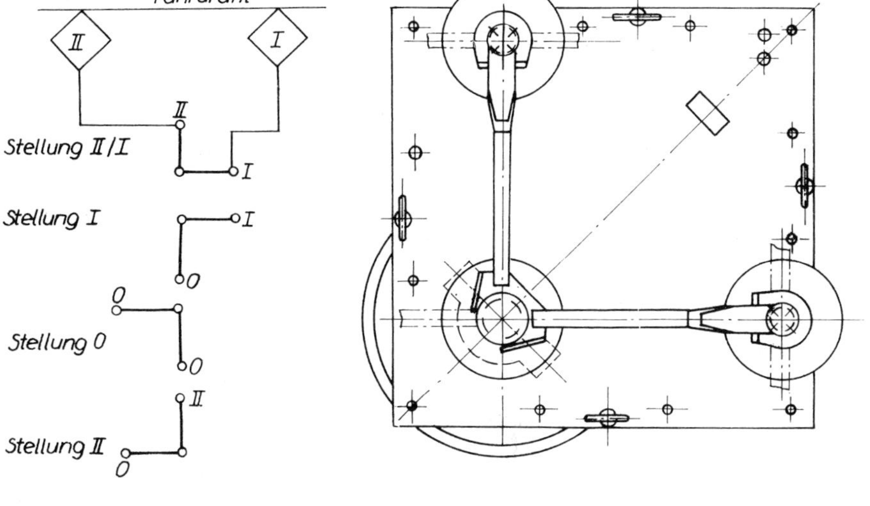

b)

Bild 5.2/1
Dachtrennschalter, zweiarmig
a) Aufbau
1 Rastenscheibe
2 Kugel
3 Druckfeder
4 Handrad
5 Kontaktfinger
6 Grundplatte
7 Dichtung
8 Hahngriff
9 Dreiwegehahn
10 Sperrscheibe
11 Klinkenscheibe
12 Drehisolator
13 Drehkappe
14 Stützisolator
15 Drehsockel
16 Kontakt
17 Blattfeder
18 Kontaktfeder
19 Stützisolator
20 Trennmesser
21 Messer
22 Drehkopf
23 Erdungsfinger
24 Kontaktfinger
25 Kontaktstück
26 Flanschlager
27 Flanschlager
28 Buchse
29 Welle
30 Welle
31 Kontaktring
b) Schaltstellungen

5.3 Überspannungsableiter

5.3.1 Aufgabe

Aufgabe der Überspannungsableiter [206], [249] ist die Ableitung von Gewitter- und Schaltüberspannungen zum Schutz der elektrischen Ausrüstung, insbesondere des Haupttransformators. Andernfalls wäre die Isolation der Eingangswicklung des Transformators zu verstärken.

5.3.2 Anordnung und Aufbau

Die Überspannungsableiter sind zwischen Hauptschalter und Transformator angeschlossen und sekundärseitig direkt mit der Fahrzeugmasse verbunden. Der Schutz der Einrichtungen ist am besten gewährleistet, wenn der Ableiter so nahe wie möglich am Schutzobjekt angeordnet ist.

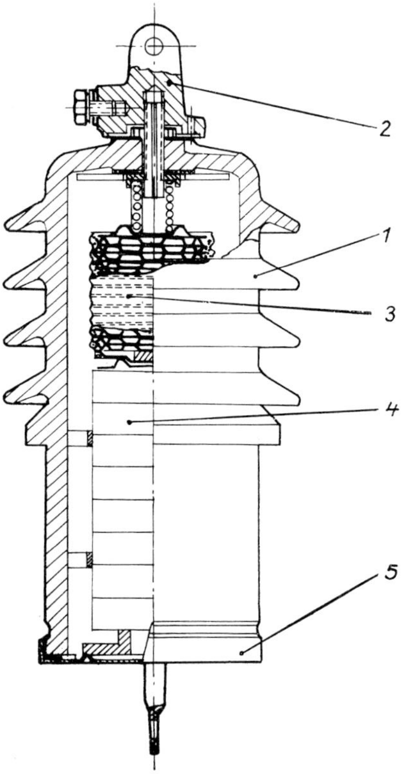

Bild 5.3/1 Überspannungsableiter – Aufbau
1 Porzellangehäuse, 2 Spannungsanschluß, 3 gekapselte Funkenstrecke, 4 Ableitwiderstand, 5 Bördelkappe mit Erdungsanschluß

Hochspannungstechnisch gehören die Überspannungsableiter von Lokomotiven zur Kategorie der Mittelspannungsableiter. Der im Bild 5.3/1 dargestellte Überspannungsableiter besteht aus einem glasierten Porzellanisolierkörper (1) mit korrosionsfesten Anschlußarmaturen (2). Die Überspannung wird durch Zündung aneinandergereihter Funkenstrecken (3) aus Messingscheiben mit einer dazwischen liegenden Isolation abgeleitet. Zur Lichtbogenlöschung werden sie magnetisch beblasen. Die nachgeschaltete Widerstandssäule (4) besteht aus geschichteten SiC-Scheiben. Den unteren Abschluß bildet eine Kappe (5) mit dem Erdungsanschluß. Das Dichtmaterial ist Silikonkautschuk.

5.3.3 Wirkungsweise

Überspannungen einer bestimmten Höhe zünden die Funkenstrecken (Durchschlagen der Isolierschichten). Die Ansprechspannung ist abhängig von der Gestaltung der Funkenstrecken. Die entstehenden Lichtbögen ermöglichen den Stromfluß zur Erde. Die nachgeschaltete Widerstandssäule vermeidet einen Kurzschluß nach Zündung des Lichtbogens und begünstigt dessen Löschung. Anderenfalls würde der Lichtbogen weiterbrennen, auch wenn die Überspannung auf Nennspannung abgesunken wäre (Leitfähigkeit des Lichtbogens).
Die Widerstandsscheiben, lose aufeinandergeschichtet, verringern mit steigender Spannung den Übergangswiderstand, indem immer mehr Flächenanteile an der Stromführung teilhaben. Damit bleibt der Spannungsabfall über der Widerstandssäule trotz starken Stromanstiegs nahezu gleich, und er behält seine Größe auch nach dem Abklingen der Überspannung und des Stromes. Den Spannungsverlauf während der Durchlaßphase zeigt Bild 5.3/2.
Daher tritt nach dem Abklingen der Überspannung nur noch ein ganz geringer Stromfluß auf. Dessen Lichtbogen wird durch eine zweckmäßige Form der Löschfunkenstrecken und durch magnetische Beblasung gestreckt, so daß die Löschung im Nulldurchgang des Wechselstromes geschieht. Die gute Wärmeleitfähigkeit der Messingscheiben bewirkt eine schnelle Kühlung und Entionisierung der Lichtbogenstrecken. Dadurch tritt bei Wiederkehr der Betriebsspannung keine erneute Zündung ein.
Die Wirkungsweise eines Überspannungsableiters ist vergleichbar mit der eines Sicherheitsventils.

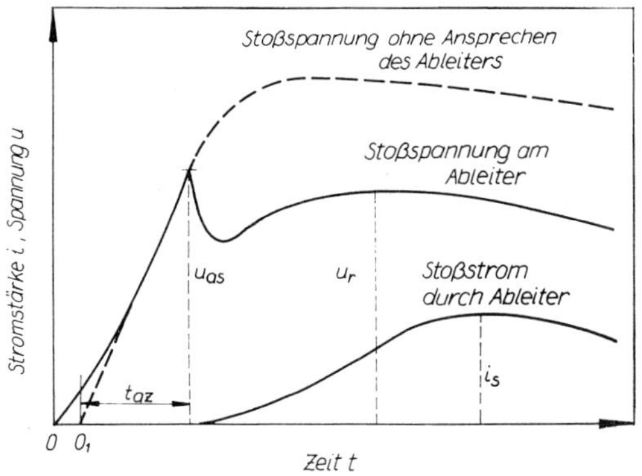

Bild 5.3/2 Arbeitswerte der Ableiter
O_1 Nennbeginn der Stoßspannung, i_s Ableitstoßstrom, u_{as} Ansprechstoßspannung, u_r Restspannung

Die Ableiter sind im normalen Betriebsfall (Nennspannung) gesperrt, im Gefahrenfall (Überspannung) geöffnet. Die am Boden befestigte Bördelkappe schützt den Porzellankörper bei Überlastung durch Abwurf vor Zerbersten.

5.3.4 Kontrollfunkenstrecken

Den Aufbau von Kontrollfunkenstrecken für Bahnableiter (Mittelspannungsableiter) zeigt Bild 5.3/3. Das Gehäuse besteht aus Porzellan. Auf den Elektroden (3) darin hinterlassen die Stoßströme charakteristische Markierungen. Diese lassen auf die Häufigkeit und die Höhe von

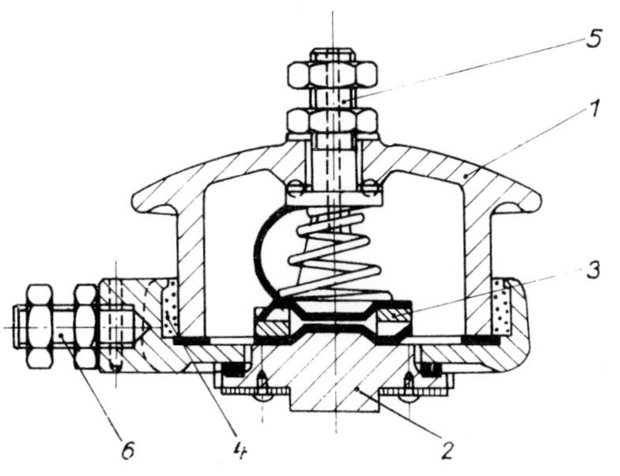

Bild 5.3/3 Kontrollfunkenstrecke, Aufbau
1 Porzellangehäuse, 2 Verschlußschraube, 3 Elektroden mit Distanzstück, 4 Vergußmasse, 5 Anschluß, 6 Erdungsanschluß

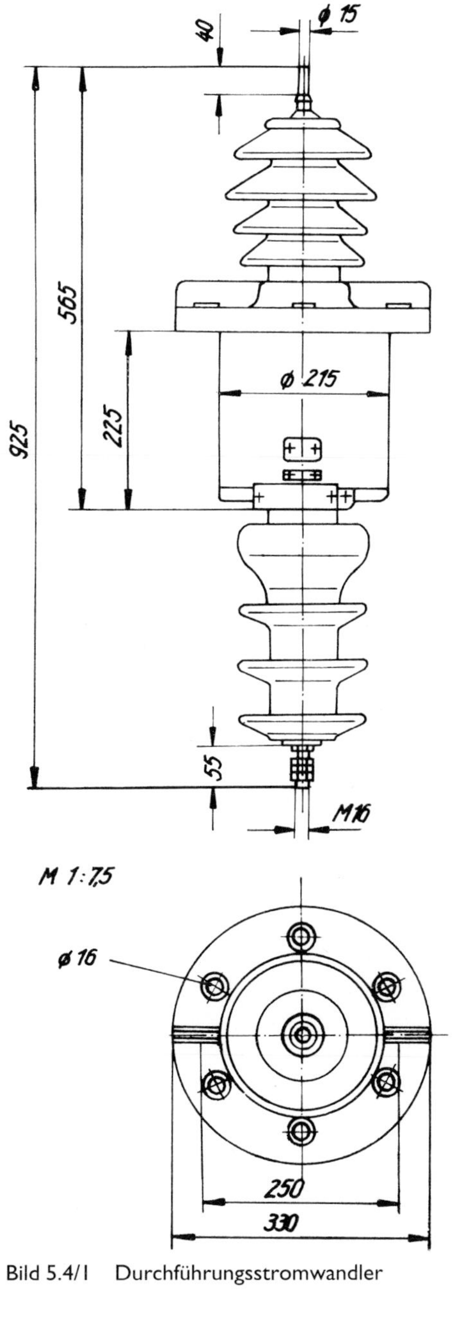

Bild 5.4/1 Durchführungsstromwandler

Überspannungen schließen. Sie werden in die Erdungsleitung des Ableiters eingeschaltet, kommen jedoch bei neueren Triebfahrzeugen der DR nicht mehr zur Anwendung.

5.4 Isolierte Durchführungen

Sie haben die Aufgabe, den hochgespannten Strom von den Geräten über dem Triebfahrzeugdach in den Maschinenraum oder die Hochspannungskammer, in das Innere von Transformatoren usw. isoliert einzuführen. [249]

Die Art der Durchführung ist abhängig von der Spannungshöhe. Die einfachste Art ist ein Rohr aus Isolierstoff, durch das ein leitender Bolzen geführt ist. Sie ist nur für geringe Spannungen verwendbar. Die zur Einführung in die Lokomotive verwendeten Durchführungsisolatoren bestehen in der Regel aus einem Porzellankörper mit aufgekittetem Flansch. Das Teil über dem Dach ist wegen einer ausreichenden Überschlagsfestigkeit mit Schirmen versehen.
In den meisten Fällen wird die Durchführung mit dem Meßwandler zur Messung des aus der Fahrleitung entnommenen Stromes kombiniert (Bild 5.4/1).

Hauptschalter

6

6.1 Aufgaben

In der vom Stromabnehmer zum Haupttransformator bzw. bei Gleichstromtriebfahrzeugen zu den Elementen der Leistungssteuerung führenden Oberspannungsleitung liegt der Triebfahrzeughauptschalter. Er hat folgende Aufgaben:

- Ein- und Ausschalten der gesamten elektrischen Anlage des Triebfahrzeugs im Betrieb.
- Selbsttätiges Ausschalten beim Ansprechen von Schutzeinrichtungen, die ein Abschalten des gesamten Fahrzeugs erfordern, z. B. bei Kurzschluß und Überlast, Erdschluß, Ansprechen des Buchholzschutzes, Unterspannung in der Fahrleitung.

Neben der einwandfreien Erfüllung der genannten Aufgaben erwartet man vom Triebfahrzeughauptschalter eine hohe Lebensdauer, einen geringen Aufwand für Wartung und Instandhaltung sowie eine hohe Zuverlässigkeit, da sein Versagen den Ausfall des gesamten Triebfahrzeugs zur Folge hat. Die Häufigkeit betriebsmäßiger Schaltungen liegt im $16^2/_3$-Hz-Netz je nach Einsatzgebiet zwischen 5 und 10 Schaltungen pro 100 km, d. h. bei 20 000 bis 25 000 Schaltungen pro Jahr. Kurzschlußabschaltungen mit Strömen im kA-Bereich sind allerdings sehr selten (<< 1 pro Jahr). Die Häufigkeit von Kurzschlußströmen > 20 kA (bis 30 kA), die nur bei Kurzschlüssen vor dem Lokomotivtransformator bzw. in dessen Eingangswindungen in der Nähe eines leistungsstarken Unterwerks auftreten können, ist nahezu Null, so daß die Abschaltleistung der Lokomotivhauptschalter in der Regel nicht dafür bemessen wird.

6.2 Begriffe und Größen

Innere Überspannung
Die in den Kapazitäten und Induktivitäten des abgeschalteten Stromkreises gespeicherte Energie bewirkt bei Schalthandlungen Einschwingvorgänge mit der Eigenfrequenz des abgeschalteten Netzteils, in deren Folge sich die Spannung an den Schaltkontakten über den Wert der Spannung nach Abklingen dieser Einschwingvorgänge erhöht. Beim Fahrleitungsnetz für $16^2/_3$ Hz 15 kV beträgt die Eigenfrequenz etwa 700...900 Hz.

Wiederkehrende Spannung
Darunter versteht man die Summe aus Netzspannung und innerer Überspannung (Bild 6.2/1). Der Spitzenwert der wiederkehrenden Spannung ist

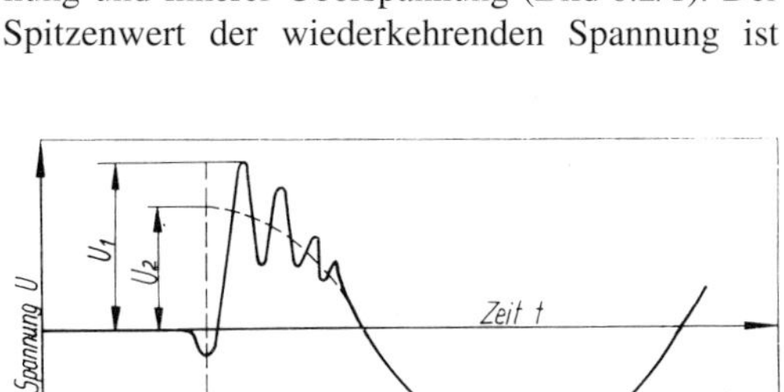

Bild 6.2/1 Wiederkehrende Spannung

um den Überschwingfaktor größer als der Scheitelwert der Netzspannung. Er liegt nach Stromunterbrechung an den Schaltkontakten an. Der Überschwingfaktor liegt bei $16^2/_3$-Hz-Fahrleitungsnetzen etwa im Bereich von 1,05...1,10.

Schaltarbeit

Schaltarbeit nennt man die Energie des Lichtbogens, die vom Schalter in Form von Wärme abgeführt werden muß, damit der Lichtbogen verlöscht. Sie ist ein Maß für die thermische Belastung des Schalters.

Abschaltleistung

Das Produkt aus Ausschaltstrom und wiederkehrender Spannung wird als Abschaltleistung bezeichnet. Im Kurzschlußfall ist der Ausschaltstrom gleich dem Kurzschlußstrom. Die Kurzschlußabschaltleistung ist bedingt durch

- die Leistung aller einspeisenden Stromerzeuger,
- die Impedanz dieser Stromerzeuger und aller zwischen Kurzschlußstelle und Stromerzeuger liegenden Netzteile (Fernleitung, Unterwerkstransformator, Fahrleitung usw.).

Der ungünstigste Fall für den Lokomotivhauptschalter ist ein Kurzschluß in Unterwerksnähe. In Fahrleitungsnetzen mittlerer Leistung beträgt die Kurzschlußabschaltleistung für diesen Fall etwa 200...250 MVA. Sie erreicht in stark belasteten Netzknoten Werte von 300...400 MVA. Die Lokomotivschalter werden häufig nicht für diese Abschaltleistung bemessen. Die Kurzschlußabschaltung wird für diese sehr selten auftretenden Fälle den leistungsstärkeren und schnelleren Unterwerksschaltern überlassen.

6.3 Der Lichtbogen und seine Charakteristik

Im eingeschalteten Zustand berühren sich die Schaltkontakte unter Druck. Zu Beginn des Ausschaltvorgangs treten eine Verringerung des Kontaktdrucks und damit eine Erhöhung des Übergangswiderstands sowie eine Erwärmung ein. Kurz vor der endgültigen Trennung der Kontakte ist infolge der Oberflächenrauhigkeit nur noch eine Berührung an wenigen Punkten zu verzeichnen. Sehr hohe Stromdichten und Übergangswiderstände an diesen Stellen und starke örtliche Erwärmungen führen zum Schmelzen und Verdampfen von Kontaktmaterial. Es kommt zur Bildung ionisierter Metalldämpfe im Spalt zwischen den Kontakten und zur Emission von Elektronen aus den Schalterkontakten infolge der hohen Feldstärke. Die durch Stoßionisation vergrößerte Zahl der Ladungsträger führt zur Ausbildung eines Lichtbogens zwischen den Kontakten.

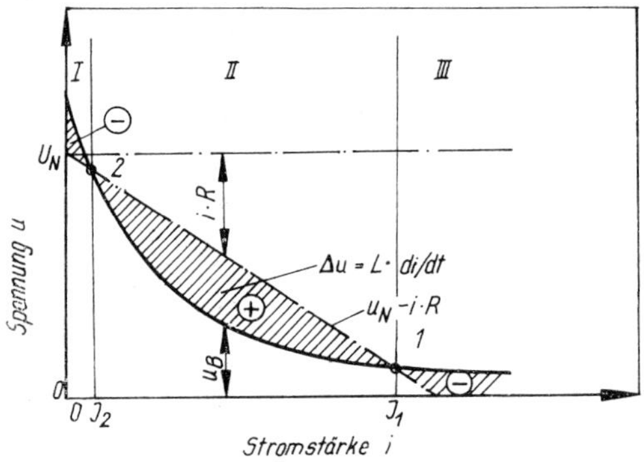

Bild 6.3/1 Lichtbogenkennlinie

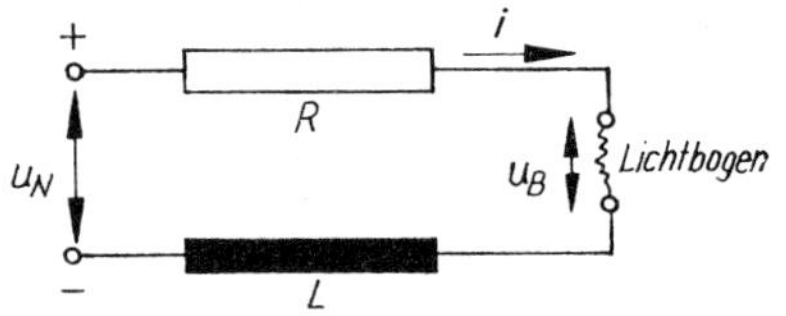

Bild 6.3/2 Ersatzschaltbild eines Stromkreises mit Lichtbogen

Je größer die Stromstärke ist, desto größer ist die Zahl der Ladungsträger. Dadurch sinkt der Spannungsabfall im Lichtbogen. Es entsteht eine fallende Charakteristik des Lichtbogens entsprechend der Kurve $u_B = u_B(i)$ im Bild 6.3/1. Die Gleichung für das Spannungsgleichgewicht in einem Stromkreis, der einen Lichtbogen enthält (Bild 6.3/2), lautet

$$u_N = iR + u_B + L\frac{di}{dt} \qquad (6.3/1)$$

$$L\frac{di}{dt} = (u_N - iR) - u_B \qquad (6.3/2)$$

Die Verhältnisse der Gleichung (6.3/2) sind im Bild 6.3/1 dargestellt. Im Bereich I ist $u_B > (u_N - i\,R)$, d. h., $L\frac{di}{dt} < 0$. Das bedeutet, daß der Strom fällt und der Lichtbogen verlöscht. Im Bereich II ist $u_B < (u_N - i\,R)$, d. h., $L\frac{di}{dt} > 0$, was zunehmende Stromstärke bedeutet. Im Bereich III gelten wieder die gleichen Verhältnisse wie im Bereich I. In dem Gleichgewichtspunkten 1 und 2 gilt:

$u_B = u_N - i\,R$, d. h., $L\frac{di}{dt} = 0$. Die Stromstärke behält ihren Wert.

Im Punkt 2 erzeugen geringfügige zufällige Abweichungen vom Gleichgewichtspunkt in Richtung Bereich I oder II ein $L\frac{\mathrm{d}i}{\mathrm{d}t}$, das diese Abweichungen vergrößert. Der Betriebspunkt wandert weiter in den Bereich I ($i \to 0$) oder in den Bereich II ($i \to I_1$). Der Punkt 2 ist demnach instabil.
Im Punkt 1 rufen geringfügige zufällige Abweichungen vom Gleichgewichtspunkt in Richtung der Bereiche II oder III ein $\frac{\mathrm{d}i}{\mathrm{d}t}$ hervor, das den Betriebspunkt immer wieder nach 1 zurückführt ($i \to I_1$). Bei Punkt 1 herrscht stabiles Gleichgewicht.
Infolgedessen lautet die Bedingung für das Verlöschen des Lichtbogens: Verlagerung des Betriebspunkts in den Bereich I durch

- Anheben der Lichtbogencharakteristik infolge Vergrößerung des Spannungsabfalls u_B im Lichtbogen, z. B. durch Verlängerung des Lichtbogens oder Verringerung der Zahl der Ladungsträger,
- Absenken der Widerstandsgeraden $u_N - i\,R$, z. B. durch Absenken der Speisespannung u_N. Diese Senkung der Speisespannung tritt bei Wechselspannung periodisch von selbst ein und führt zum Verlöschen des Lichtbogens. Wiederzünden wird vermieden, wenn bei Wiederkehr der Spannung die Lichtbogencharakteristik so hoch liegt, daß $u_{B(i=0)}$ > wiederkehrende Spannung U_1 nach Bild 6.2/1 ist.

Im folgenden werden Möglichkeiten, häufig kombiniert, zur Beeinflussung der Charakteristik des Lichtbogens zwecks Löschung behandelt.

6.3.1 Verlängerung des Lichtbogens

Bild 6.3/3 zeigt Lichtbogencharakteristiken für verschiedene Längen des Lichtbogens. Der stabile Betriebspunkt wandert bei Verlängerung des Lichtbogens von 1 über 2 und 3 nach 4, wo die Lichtbogenkennlinie die Widerstandsgerade berührt. Unmittelbar danach reißt der Lichtbogen ab, weil die Spannung zu seiner Aufrechterhaltung nicht mehr ausreicht. Die Lichtbogenverlängerung ist insbesondere bei Gleichstromhauptschaltern eine der wichtigsten Maßnahmen. Der Verlängerung dienen:

- eine rasche Vergrößerung des Kontaktabstands durch geeignete Ausbildung des Antriebs des bewegten Kontakts.

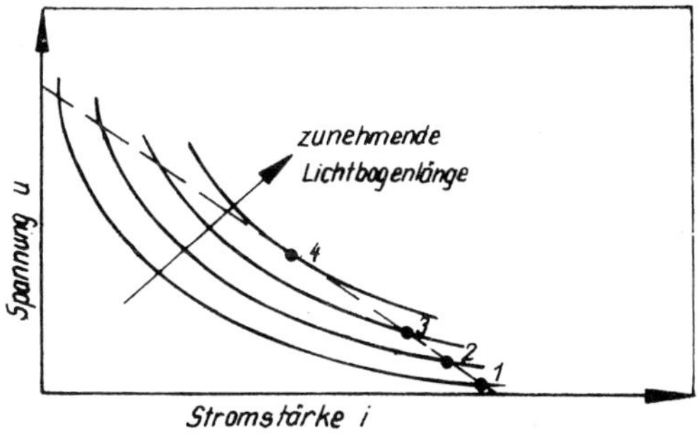

Bild 6.3/3 Verlängerung des Lichtbogens

- die Mehrfachunterbrechung des Lichtbogens durch mehrere in Reihe geschaltete Kontaktstellen. Diese Maßnahme fand besonders bei den früher gebräuchlichen Ölhauptschaltern bei Wechselstromtriebfahrzeugen Anwendung.
- die Anbringung von Funkenhörnern an den Kontaktstücken. Infolge elektromagnetischer Kräfte wandert der Lichtbogen in Richtung der Hörner und dehnt sich hierbei (Bilder 6.3/4 und 6.3/5).
- die magnetische „Beblasung" des Lichtbogens durch ein Magnetfeld, das vom zu unterbrechenden Strom beim Durchfließen einer geeignet angeordneten Spule erzeugt wird. Die elektroma-

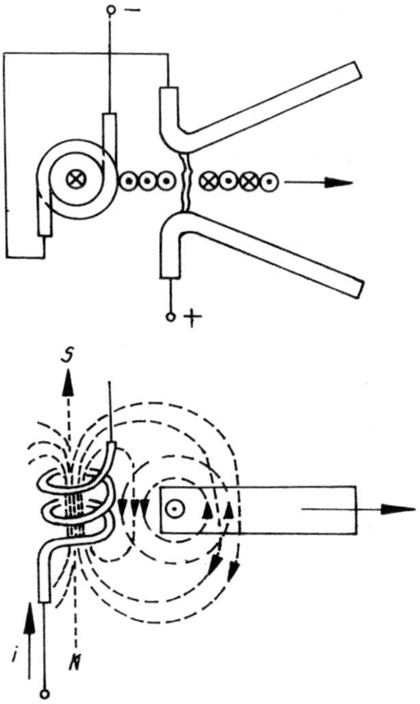

Bild 6.3/4 Magnetische Blasung

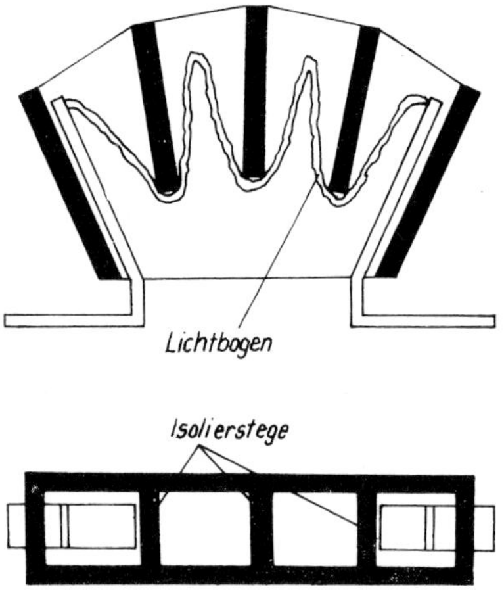

Bild 6.3/5 Isolierstege in der Löschkammer

gnetische Kraftwirkung zwischen Magnetfeld und Strom treibt den Lichtbogen in Richtung der Spitzen der Funkenhörner (Bild 6.3/4).

- die Anordnung von Funkenkaminen mit Isolierstegen im Weg des Lichtbogens, die dem durch Magnetkräfte nach außen getriebenen Lichtbogen einen weiteren Weg aufzwingen (Bild 6.3/5).
- die Synchronsteuerung der Bewegung des Schaltkontakts in bezug auf den Nulldurchgang der Wechselspannung. Der Schaltvorgang wird zu einem solchen Zeitpunkt eingeleitet, daß der Kontaktabstand bei Wiederkehr der Spannung gerade eine solche Größe erreicht und die Entionisierung der Schaltstrecke soweit fortgeschritten ist, um eine Wiederzündung zu verhindern. Da dabei die Kontakttrennung in einer Phase niedrigen Stromes beginnt, bleibt auch die Zahl der gebildeten Ionen gering.

6.3.2 Kühlung des Lichtbogens

Durch Kühlung der Lichtbogenstrecke wird dem Lichtbogen Wärme entzogen, die Bildung neuer Ionen erschwert und ihre Rekombination beschleunigt. Im Bild 6.3/6 sind die Verhältnisse der Strom-Spannungs-Charakteristik des Lichtbogens mit und ohne Kühlung dargestellt. Die Kühlung hebt die Lichtbogencharakteristik an.

Kühlung durch feste Kühlmittel
Bei der Berührung mit den kalten Wandungen der im vorigen Abschnitt erwähnten Funkenkamine

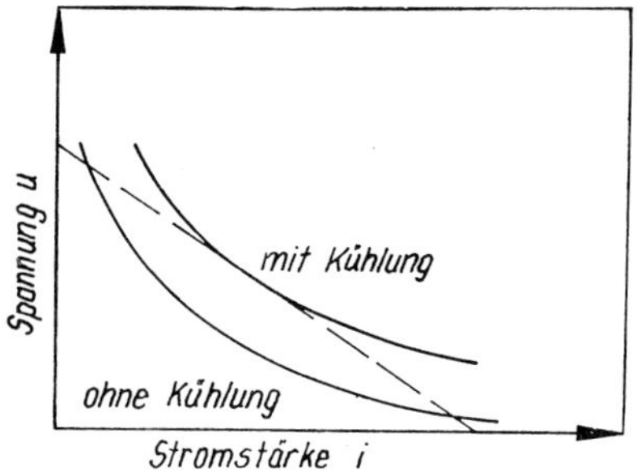

Bild 6.3/6 Lichtbogencharakteristik bei Kühlung

und Isolierstege gibt der Lichtbogen einen Teil seiner Wärme ab.

Kühlung durch flüssige Löschmittel
Klassisches Kühlmittel war lange Zeit das Öl wegen seiner hohen Wärmekapazität und der guten Wärmeleitfähigkeit der unter dem Einfluß der Lichtbogentemperatur entstehenden Zersetzungsprodukte (vor allem Wasserstoff). Tabelle 6.3/1 zeigt das anhand der relativen, auf Luft bezogenen Wärmeleitfähigkeiten verschiedener Gase. Die Explosions- und Brandgefahr führte jedoch zum Verlassen dieses Prinzips. Lange Zeit fand auch Wasser, versetzt mit Glykol, als Kühlmittel Anwendung. [110]

Tabelle 6.3/1 Relative Wärmeleitfähigkeit einiger Gase, bezogen auf Luft

Gasart	Luft	N_2	O_2	CO_2	Wasserdampf	H_2
Relative Wärmeleitfähigkeit	1	0,8	1,8	2,5	5	17

Kühlung durch gasförmige Löschmittel
Wegen der geringen Kosten und der einfachen Vorhaltung wird bei Triebfahrzeughauptschaltern als gasförmiges Löschmittel ausschließlich Luft angewendet. Der Lichtbogen wird mit Druckluft beblasen, bei deren Entspannung die Temperatur erheblich sinkt, so daß dem Lichtbogen intensiv Wärme entzogen wird. Die starke Luftströmung führt erwärmte Luftteilchen und Ionen aus der Lichtbogenstrecke ab, was meist auch eine Verlängerung des Lichtbogens zur Folge hat. Die Bebla-

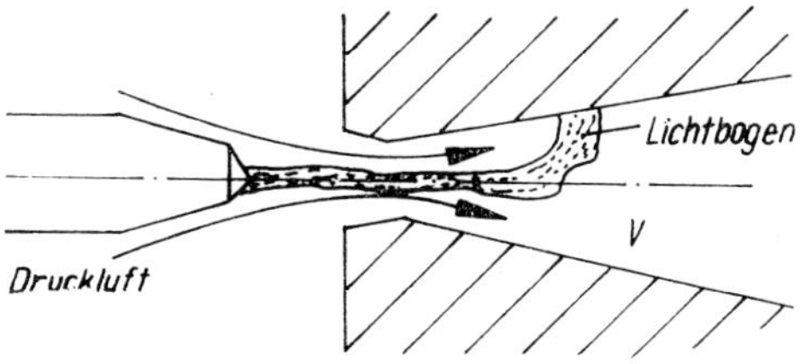

Bild 6.3/7 Druckgasblasung in axialer Richtung

sung des Lichtbogens geschieht überwiegend in Längsrichtung (Bild 6.3/7). Durch geeignete Formgebung der Blasdüsen wird der Lichtbogen eingeschnürt, was seinen Widerstand zusätzlich erhöht. Die rasche Entionisierung der Lichtbogenstrecke verhindert bei Wechselstrom die Wiederzündung bei Rückkehr der Spannung nach dem Nulldurchgang.

6.3.3 Einschränkung der Bildung von Ionen

Kontaktwerkstoffe mit hoher Austrittsenergie und eine niedrig gehaltene Kontakttemperatur erschweren die Bildung von Ionen. Indem man die Kontaktstrecke in einem stark evakuierten Gefäß anordnet, wird die Bildung von Ionen durch Stoßionisation eingeschränkt, was den Spannungsabfall der Schaltstrecke erhöht und die Charakteristik des Lichtbogens anhebt.

6.4 Bauarten und Aufbau der Hauptschalter

6.4.1 Ölschalter

Bis in die dreißiger Jahre wurden als Hauptschalter in die elektrischen Lokomotiven der DRG und auch anderer Bahnverwaltungen mit Einphasenwechselstromsystem Ölschalter eingebaut. Dabei waren die Schaltkontakte mit Mehrfachunterbrechung (Abschn. 6.3.1) in einen Ölkessel eingebaut und schalteten unter Öl (Abschn. 6.3.2). Der Schalterantrieb geschah beim Einschalten durch Druckluft, beim Ausschalten durch Federkraft. Wegen ihrer Nachteile (großer Platzbedarf, beschränkte Schaltleistung, Explosions- und Brandgefahr) ist man von der Verwendung von Ölschaltern abgekommen.

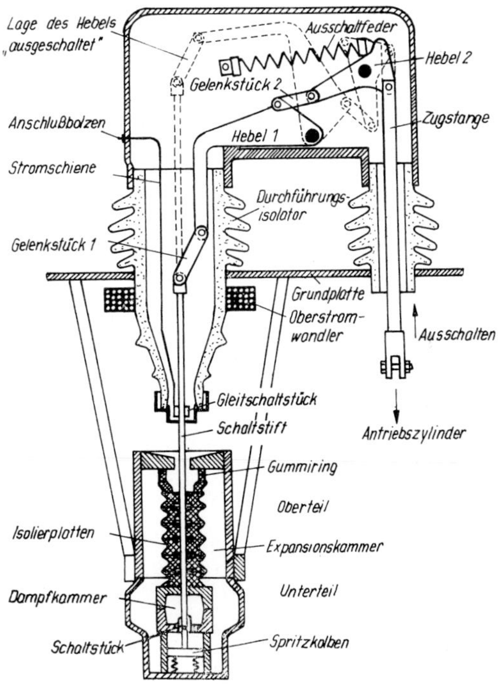

Bild 6.4/1 Schnittskizze des Expansionsschalters

6.4.2 Expansionsschalter [155]

Sie arbeiteten mit einem wasserhaltigen Löschmittel (Abschn. 6.3.2). Auch hier geschah das Einschalten mit Druckluft, war aber auch von Hand möglich, das Ausschalten durch Federkraft. Expansionsschalter wurden erstmals 1931 bei den Lokomotiven der Baureihe E 44 der DRG angewendet (Bild 6.4/1). Sie besaßen zusätzlich eine Synchronsteuerung (Abschn. 6.3.1). Wegen der beschränkten Abschaltleistung wurden diese Schalter etwa seit Mitte der vierziger Jahre nicht mehr eingebaut.

6.4.3 Druckluftschalter

Die bei größeren Lokomotivleistungen und leistungsstärkeren Fahrleitungsnetzen steigenden Anforderungen an die Hauptschalter waren mit den bisher genannten Bauarten nicht mehr zu erfüllen und führten zur Entwicklung von Triebfahrzeug-Leistungsschaltern, bei denen Druckluft sowohl zur Schalterbetätigung als auch zur Löschung des Lichtbogens (Kühlung und Entionisierung der Schaltstrecke, Abschn. 6.3.2) eingesetzt wurde. Durckluftschalter fanden bei der DRG erstmals 1935 bei den Lokomotiven der Baureihe E 18, später bei der Baureihe E 94 Verwendung. Etwa ab 1950 wurden diese Druckluftschalter in zunehmendem Maße durch die leistungsfähigeren Durckluft-Schnellschalter abgelöst. Erstmalig wurden sie 1939 durch die SBB angewendet, bei der DB 1955 bei den Triebwagen ET 30 und bei der DR 1960 bei den Baureihen E 11/E 42.

Die Bilder 6.4/2...6.4/4 zeigen die bei der DB und der DR eingesetzten Druckluft-Schnellschalter der Typen DBTF und DAT. Abgesehen von einer unterschiedlichen Anordnung und Gestaltung besitzen beide Schaltertypen die gleichen Hauptbauteile und arbeiten nach dem gleichen Prinzip.

Hochspannungsteil

In dem über dem Lokomotivdach befindlichen Hochspannungsteil ist in einer Schaltkammer die Leistungstrennstelle untergebracht. Mittels Beblasung durch Druckluft findet hier die Löschung des Lichtbogens durch Kühlung und Entionisierung statt. Der bewegliche Schaltkontakt wird durch einen Druckluftzylinder angetrieben. Zur Verringerung des durch die ausströmende Löschluft erzeugten knallartigen Geräuschs entweicht diese über einen Schalldämpfer ins Freie.

Zeitverzögert zur Leistungstrennstelle öffnet beim Ausschalten die Spannungstrennstelle (Trennmesser) und stellt nach Löschung des Lichtbogens die Spannungsfestigkeit des geöffneten Schalters gegen Überspannungen im Netz her.

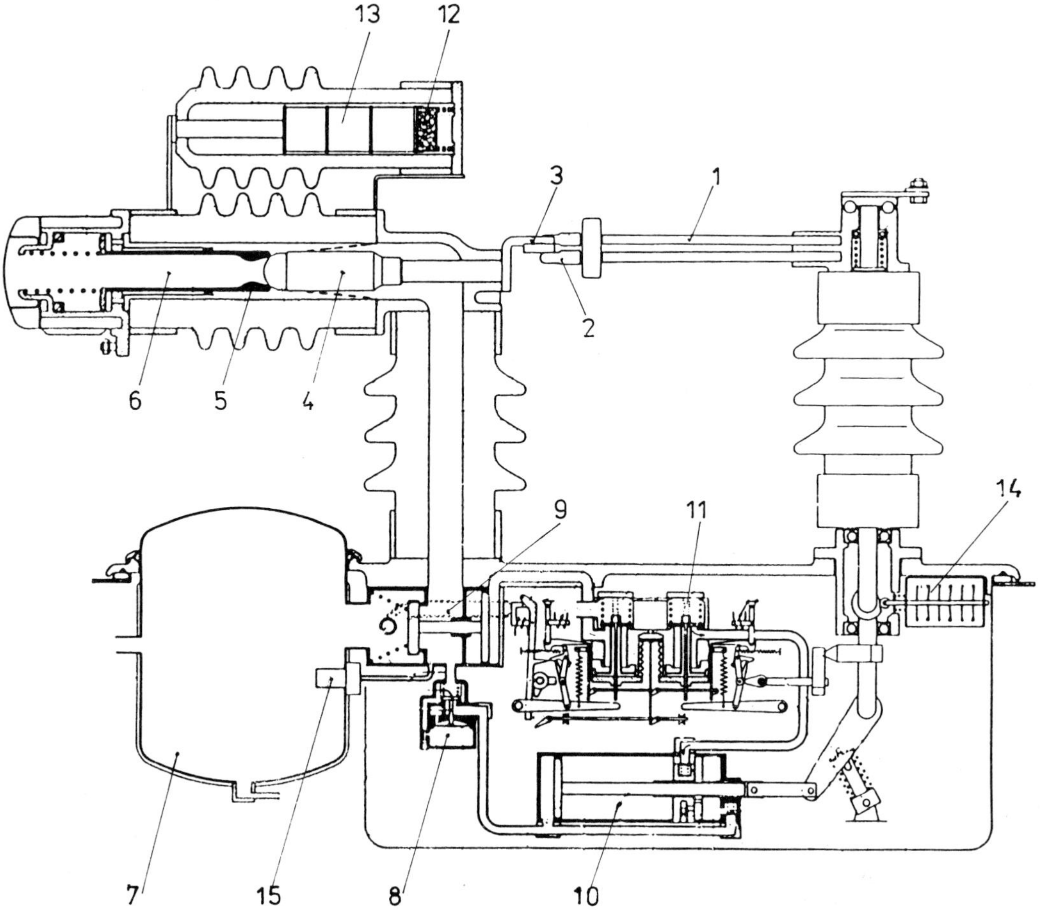

Bild 6.4/2 DBFT-Schalter
1 Trennmesserstab, 2 Kontaktfinger, 3 Kontaktbeil, 4 Festkontakt, 5 Kontaktdüse, 6 Löschkammer, 7 Druckluftbehälter, 8 Verzögerungsventil, 9 Hauptventil, 10 Trennmesserantrieb, 11 Steuerblock, 12 Luftentfeuchter, 13 Widerstand, 14 Hilfsschalter, 15 Durchlüftungspatrone

Unmittelbar nach Öffnen der Spannungstrennstelle schließt die Leistungstrennstelle wieder ihre Kontakte. Das Einschalten geschieht nur durch Schließen der Spannungstrennstelle. Diese Aufteilung der Aufgaben auf Leistungs- und Spannungstrennstelle hat folgende Vorteile:

- Der Kontaktweg der Leistungstrennstelle kann kürzer ausgeführt werden, was eine höhere Schaltgeschwindigkeit erlaubt.
- Beim Einschalten auf einen Kurzschluß steht eine schaltbereite Leistungstrennstelle zur Verfügung, so daß sofort nach dem Erfassen eines Überstroms mit dem Abschalten begonnen werden kann, während der einfache Druckluftschal-

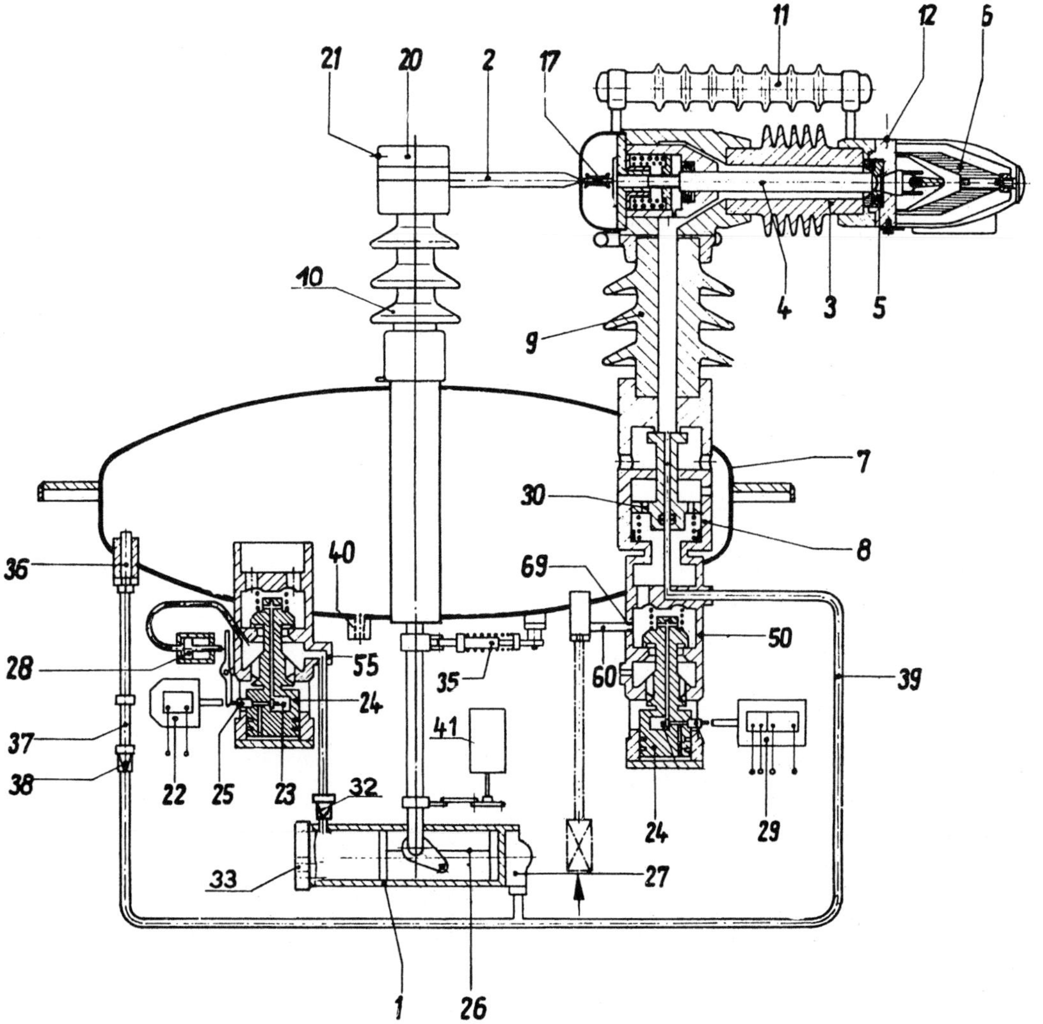

Bild 6.4/3 Druckluftschalter Bauform DAT4
1 Druckluftantrieb, 2 Trennmesser, 3 Schaltkammer, 4 Kontaktstange, 5 Gegenkontakt, 6 Schalldämpfer, 7 Druckluftbehälter, 8 Blasventil, 9 Blasisolator, 10 Drehisolator, 11 Parallelwiderstand, 12 Anschluß am Kontakthalter (netzseitig), 17 Einschlagkontakt, 20 Drehkopf, 21 Anschluß am Drehkopf (lokseitig), 22 Betätigungsventil „Ein", 23 Vorventil des Betätigungsventils „Ein", 24 Kolben des Betätigungsventils „Ein", 25 Stößel des Vorventils „Ein", 26 Kolben des Druckluftantriebes, 27 Verzögerungsventil, 28 Absteuerkolben, 29 Betätigungsmagnet „Aus", 30 Kolben des Blasventils, 32 Rückschlagventil, 33 Drosselscheibe, 35 Verriegelungsfeder, 36 Belüftungsdrossel, 37 Mengenmesser, 38 Rückschlagventil, 39 Aus-Rohr, 40 Anschlußstutzen für Entwässerungseinrichtung, 41 Hilfsschalter, 50 Betätigungsventil „Aus", 55 Betätigungsventil „Ein", 60 Umwegleitung, 69 Drossel

Bild 6.4/4 Druckluftschalter DAT4 in „Ein"-Stellung

ter ohne Spannungstrennstelle erst seinen Einschaltvorgang zu Ende führen muß. Dadurch verkürzt sich die Abschaltzeit und erhöht sich die Abschaltleistung.

Der der Leistungstrennstelle parallelgeschaltete Widerstand soll Schaltüberspannungsspitzen dämpfen.

Steuerteil

Unterhalb des Lokomotivdachs sind die Magnetventile zur Einleitung der Aus- und Einschaltvorgänge, die pneumatischen Ventile zur Herstellung der zeitlichen Abhängigkeiten, der Druckluftzylinder zum Antrieb des Drehisolators, der das Trennmesser trägt, sowie die Hilfsschalter zur Herstellung der Abhängigkeiten zwischen Lokomotivhauptschalter und der übrigen Triebfahrzeugsteuerung angeordnet.

Wahlweise sind die Schalter mit einem Erdungstrennmesser ausrüstbar, mit dem sowohl die dem Schalter nachgeordneten Anlagenteile der Lokomotive als auch der an Fahrleitungsspannung liegende Teil geerdet werden können.

Die Hauptdaten der beiden Schaltertypen zeigt Tabelle 6.4/1.

Tabelle 6.4/1 Daten der Drucklufthauptschalter DBTF 20 k 2000 und DAT4

		DBTF 20 k 200	DAT 4
Betriebsspannung	kV	15	15
Nennstrom	A	650	630
Ausschaltleistung bei 0,7 MPa Druck	MVA	200	240
Mechanische Aus-Eigenzeit bei 0,7 MPa Druck	ms	30	35
Masse	kg	150	225

6.4.4 Vakuumschalter

Die wesentlich gestiegenen Leistungen der modernen Hochgeschwindigkeitstriebfahrzeuge und die daraus folgende Leistungsfähigkeit der Stromversorgungsanlagen ließen den Ruf nach leistungsfähigeren Triebfahrzeughauptschaltern laut werden. Die in stationären Anlagen erprobten Vakuumschalter boten sich mit ihrem günstigen Masse-Leistungs-Verhältnis als Alternative an. [13], [235]

Der Vakuumleistungsschalter (Bilder 6.4/5 und 6.4/6) besteht aus einer Schaltkammer mit zwei zylindrischen Druckkontakten, dem Stützisolator, der Grundplatte, dem Antrieb eines der Druckkontakte, dem in einem Gehäuse untergebrachten Steuerteil und einem Druckluftvorratsbehälter. Beim Einschalten wird durch Beaufschlagen des Antriebskolbens mit Druckluft mittels des Kniehebelgelenkes über die Druckfeder eine sehr hohe Kontaktkraft (etwa 3 kN) ausgeübt. Wegen der

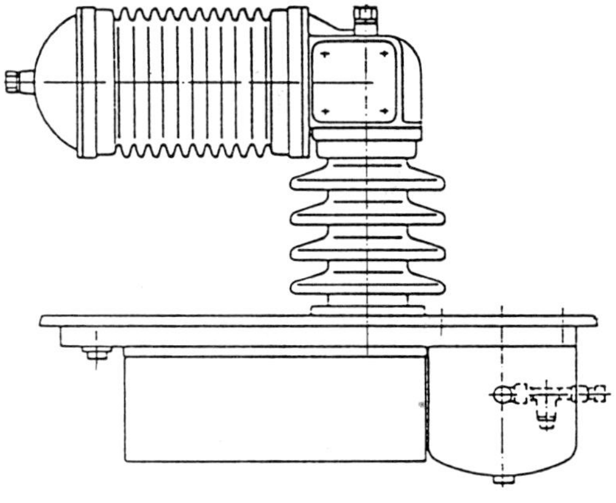

Bild 6.4/5 Vakuumschalter

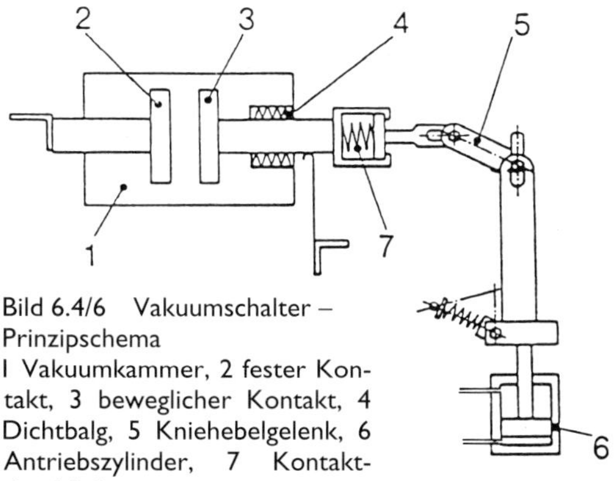

Bild 6.4/6 Vakuumschalter – Prinzipschema
1 Vakuumkammer, 2 fester Kontakt, 3 beweglicher Kontakt, 4 Dichtbalg, 5 Kniehebelgelenk, 6 Antriebszylinder, 7 Kontaktdruckfeder

Kniehebelwirkung bleibt der Schalter im eingeschalteten Zustand, auch wenn sofort nach dem Einschaltvorgang der Antriebszylinder entlüftet wird. Zum Ausschalten wird der Antriebskolben in entgegengesetzter Richtung mit Druckluft beaufschlagt.

Die Vakuumschaltröhre (Bild 6.4/7), die in der Regel aus einer stählernen Schaltkammer mit symmetrischen Keramikisolatoren besteht, ist auf einen Druck von etwa 10^{-5} Pa evakuiert, der während der Lebensdauer der Röhre sicher gehalten werden muß. In der Röhre befinden sich das feste und das bewegliche Schaltstück. Letzteres wird über ein Isolierstück mit dem Antrieb verbunden. Der Stromführung dient ein flexibles Kupferband. Die Abdichtung der beweglichen Einführung übernimmt ein Metallfaltenbalg. Das Vakuum, in dem die Schalterkontakte arbeiten, verlangt nur geringe Kontaktabstände (10...20 mm) und niedrige Schaltgeschwindigkeiten. Dadurch gestaltet sich der Antrieb unkompliziert. Die Antriebsenergie ist erheblich niedriger als bei herkömmlichen Schaltern. Es sind keine Löschmittel nötig.

Das Wirkungsprinzip einer Vakuumschaltröhre ist folgendes: In der Ein-Stellung werden die beiden Schaltkontaktstücke durch den äußeren Luftdruck aufeinandergepreßt. Beim Ausschalten unter Strombelastung wird nach der Trennung der Kontakte ein Metalldampf-Lichtbogen gezündet, der sich schnell über den ganzen Kontaktspalt ausbreitet. Durch die hohe Überhitzung im Kathodenbrennfleck würde eine starke Erosion an den Schaltkontakten auftreten. Man beherrscht dieses Problem durch die Anwendung besonders gestalteter, ringförmiger Kontaktformen, die bewirken, daß sich der Lichtbogen unter dem Einfluß des

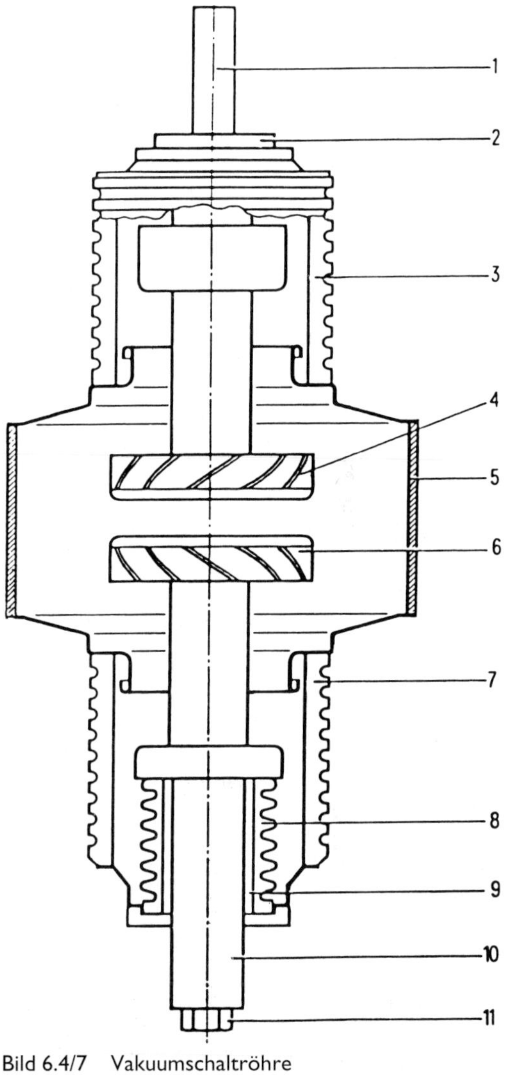

Bild 6.4/7 Vakuumschaltröhre
1 Anschlußbolzen für festen Kontakt, 2 Anschlußscheibe für festen Kontakt, 3 Keramikisolator, 4 fester Kontakt, 5 Schaltkammer, 6 beweglicher Kontakt, 7 Keramikisolator, 8 Faltenbalg, 9 Führung, 10 bewegliche Stromzuführung, 11 Anschluß für mechanischen Antrieb

Magnetfeldes kontrahiert und in der ringförmigen Schaltstrecke rotiert. Durch den raschen örtlichen Wechsel der Lichtbogenfußpunkte werden die Erwärmung der Kontaktstücke und damit ihr Abbrand stark reduziert. Auf diese Weise können Ausschaltströme bis 40 kA bewältigt werden. Rückzündungen treten praktisch nicht auf, da sich die Schaltstrecke wegen des Vakuums während

der Stromnulldurchgänge schon bei geringen Kontaktabständen wieder verfestigt.
An der Schaltkammer sind keine Wartungs- und Instandsetzungsarbeiten erforderlich. Sie wird bei Erreichen ihrer Grenzschalthäufigkeit ausgewechselt.
Nachteil der Vakuumschalter ist das Auftreten hoher Schaltüberspannungen infolge des raschen Stromabrisses, was u.U. Beschaltungsmaßnahmen erforderlich macht.

6.4.5 Gleichstrom-Schnellschalter

Die Abschaltung ist bei Gleichstrom schwieriger als bei Wechselstrom, da hier der Nulldurchgang des Stromes fehlt. Es sind aufwendige Maßnahmen zur Löschung des Lichtbogens erforderlich (vorwiegend starke magnetische Blasfelder zur Verlängerung des Lichtbogens und intensive Kühlung an den Wandungen und Stegen des Funkenkamins).

Bei Triebfahrzeugen kleinerer Leistung, z. B. für Straßenbahnen, Stadtbahnen und Metros mit Fahrleitungsspannungen von 500...1 500 V werden häufig sog. Selbstschalter angewendet (Wagenautomaten). Die Stromunterbrechung geschieht dadurch, daß eine vom Hauptstrom durchflossene Spule bei Überschreiten einer bestimmten Stromstärke einen Anker anzieht. Dadurch wird entweder der Hauptstromkreis direkt unterbrochen oder die Spannung einer Feder ausgelöst, wodurch die Kontakttrennung herbeigeführt wird. Die Gesamtausschaltzeit beträgt 0,1...0,15 s.
Bei größeren Leistungen müssen die Schalter wesentlich kompakter und ihre Ausschaltzeiten kleiner sein. Es kommen selbsttätige Schalter oder Gleichstrom-Schnellschalter zur Anwendung. Ihre Gesamtausschaltzeit beträgt etwa 0,012...0,020 s. Ihre Masse ist mit 200...400 kg recht hoch.
Bild 6.4/8 zeigt den Gleichstrom-Hauptschalter des Typs VPD 3, der bei den Zweisystemlokomotiven der Baureihe 180 der DR für den Betrieb im

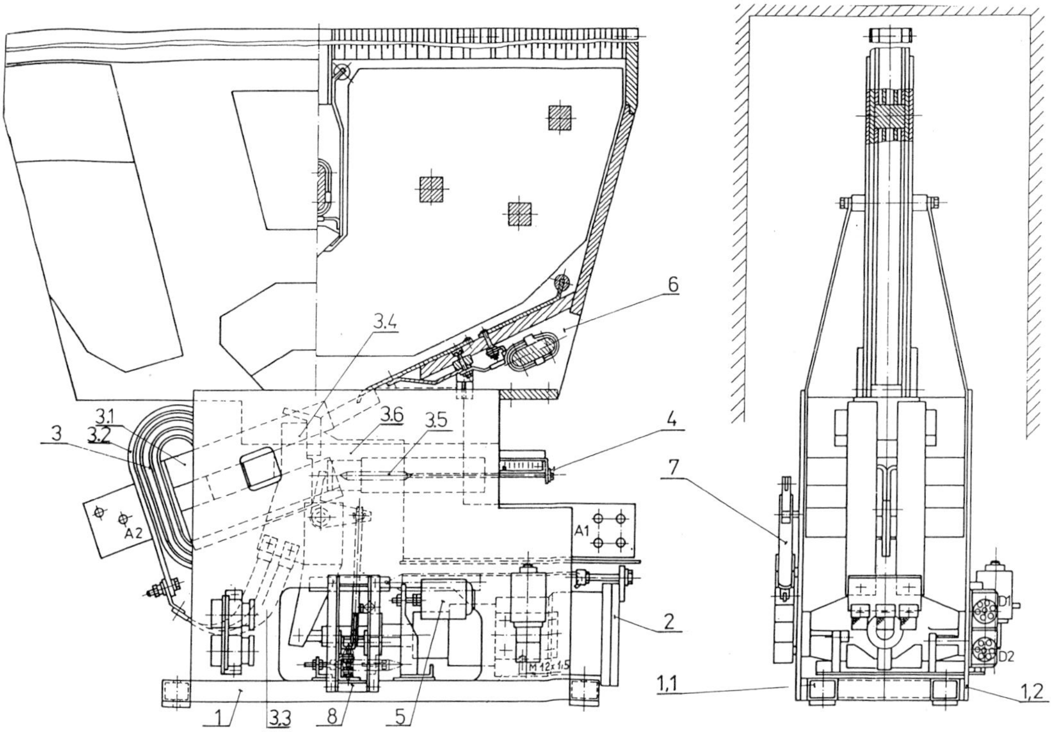

Bild 6.4/8 Gleichstrom – Hauptschalter
1 Tragrahmen, 2 Druckluftantrieb, 3 Hauptstromkreis, 3.1 Magnetkern, 3.2 Spule, 3.3 elastische Strombänder, 3.4 beweglicher Kontakt, 3.5 Ausschaltfeder, 3.6 fester Kontakt, 4 Haltemagnet, 5 Abschaltmagnet, 6 Löschkammer, 7 Hilfsschalter, 8 Ausschaltvorrichtung

Gleichstromsystem 3 kV zur Anwendung kommt. Hauptbauteile des Schalters sind

- Tragrahmen,
- Druckluftantrieb,
- Hauptstromkreis mit Schaltkontakten und Löschspulen,
- Löschkammer,
- Steuermagnete und Magnetventile,
- Hilfsschalter.

Durch Ansteuern eines elektromagnetischen Ventils wird der Kolben des Druckluftantriebs mit Druckluft beaufschlagt und schaltet den Hauptschalter ein, dabei die Ausschaltfeder spannend. Eine Verriegelung der Antriebsstange hält den Schalter geschlossen.

Das Ausschalten kann eingeleitet werden

- durch Überstrom, der das Magnetfeld der Hauptlöschspule so verstärkt, daß durch Anziehen eines Ankers die Verriegelung gelöst wird. Dadurch kommt die Ausschaltfeder zur Wirkung und zieht den beweglichen Kontakt vom feststehenden ab.
- durch Unterbrechung des Stromes des Ausschaltmagneten mittels eines Schaltorgans auf dem Führerstand. Dadurch wird ebenfalls die o.a. Verriegelung gelöst und der Ausschaltvorgang über die Ausschaltfeder eingeleitet.

Nach Trennung der Kontakte drängt das Magnetfeld der Hauptlöschspule den Lichtbogen in die Löschkammer, wobei sich seine Fußpunkte von den Schaltkontakten auf die leicht auswechselbaren Abbrennkontakte verlagern. Das von den Hilfslöschspulen zwischen den Hilfspolschuhen erzeugte magnetische Feld zwingt den Lichtbogen zur Berührung mit den Seitenwänden und drängt dessen mittleren Teil in den Entionisierungsrost. Die starke Verlängerung und die intensive Kühlung an den Seitenwänden und Längsstegen der Löschkammer sowie dem Entionisierungsrost bringen den Lichtbogen zum Erlöschen.

7 Transformatoren und Wandler

7.1 Aufgaben

Transformatoren übersetzen nach dem Induktionsprinzip eine Wechselspannung von niederen zu höheren Werten oder umgekehrt. Reziprok dazu verändern sich die Ströme. Auf Triebfahrzeugen handelt es sich überwiegend um ein Heruntertransformieren der Spannung mit einem veränderlichen oder festen Übersetzungsverhältnis. Nur bei der Netzbremsung wird wegen der Rückspeisung ins Fahrleitungsnetz in umgekehrter Richtung tranformiert.

Haupttransformatoren
Sie setzen die Wechselspannung der Fahrleitung (15 oder 25 kV) auf die Werte der Fahrmotoren (400...600 V), der Netzgleichrichter (1000...1500 V), der Hilfsbetriebe (200...380 V) und der Zugsammelschiene für die zentrale Energieversorgung des Zuges (1 000 V) herab. Das Übersetzungsverhältnis für die Speisung der Fahrmotorenkreise ist durch Einschaltung verschiedener Anzapfungen oftmals veränderlich (Stufentransformator), wodurch eine fast verlustlose Spannungs- und damit Geschwindigkeits- bzw. Zugkraftveränderung erzielt wird. Ein festes Übersetzungsverhältnis im Fahrmotorkreis wird bei reiner Thyristorsteuerung angewendet.

Hilfstransformatoren
Sie dienen Steuerungsaufgaben im Hauptstromkreis oder einer weiteren Spannungsminderung in den Hilfsbetriebekreisen. Es ist vorwiegend ein Heruntertransformieren mit festem Übersetzungsverhältnis.

Wandler
Sie sind vom Arbeitsprinzip her Transformatoren mit festem Übersetzungsverhältnis zur Umwandlung hoher Spannungen (Spannungswandler) oder großer Ströme (Stromwandler) auf Werte, die für die Meßgeräte oder Schutz- und Überwachungseinrichtungen üblich oder zulässig sind.

7.2 Besonderheiten von Triebfahrzeug-Haupttransformatoren gegenüber ortsfesten Transformatoren

Konstruktive Forderungen

- Möglichst kleine Masse und geringer Platzbedarf bei großer Leistungsfähigkeit. Der Lokomotivtransformator beansprucht einschließlich seiner Kühleinrichtung bis zu 20 % der Masse der elektrischen Ausrüstung. Die Masse je Leistungseinheit ist im Laufe der Entwicklung stark zurückgegangen:
  15,2 kg/kVA bei der E 62 der DRG (1912),
  2,98 kg/kVA bei der E 94 der DR (1940) mit Aluminiumwicklung,
  2,56 kg/kVA bei der 103 der DB (1970).
- Mechanisch sehr fester Aufbau, da der Transformator den Fahrerschütterungen und Belastungen durch Stoßkräfte, Überlastungen und Überspannungen gewachsen sein muß.

Konzeptionelle Forderungen
Die Anforderungen hinsichtlich Wirkungsgrad

und Streuung sind nicht so hoch wie bei ortsfesten Transformatoren. Die Streuung soll jedoch keine störenden Unregelmäßigkeiten aufweisen, auch wenn Teile der Wicklung zeitweise abgeschaltet werden.

Die Kurzschlußspannung ist vom Streufluß abhängig und ein Maß für die Fähigkeit, bei Kurzschlüssen im System den Kurzschlußstrom zu begrenzen. Anfangs wurden harte Transformatoren mit kleinen Kurzschlußspannungen bevorzugt (z. B. $u_k = 1{,}4$ % bei der E 62, Baujahr 1912). Der Anstieg der Leistungsfähigkeit der Bahnstromnetze zwang zu höheren Kurzschlußspannungen, um die Kurzschlußströme nicht zu groß werden zu lassen. Als zweckmäßige Größenordnung ergab sich eine Spanne von $u_k = 7 \ldots 12$ %. Eine weitere Steigerung ist bei konventionellen Triebfahrzeugen nicht angebracht, da dann ein zu hoher Blindstrombedarf und zu große Spannungsabfälle auftreten, so daß zusätzliche Fahrstufen erforderlich werden. Eine große Kurzschlußspannung ergibt flache Zugkraft-Geschwindigkeits-Kennlinien, was ungünstig im Hinblick auf die Schleuderneigung ist.

Anders liegen die Verhältnisse bei Triebfahrzeugen mit Thyristoren im Kreis der Leistungssteuerung. Sie sind gegenüber großen Kurzschlußströmen erheblich empfindlicher, weshalb die Haupttransformatoren für wesentlich größere relative Kurzschlußspannungen ausgelegt werden. Sie sind bei diesen Triebfahrzeugen 2-…3mal größer als bei konventionellen, z. B. $u_k = 30$ % bei der Baureihe 120 der DB [59], $u_k = 28$ % beim ICE/V-Triebkopf. [52] Die o. g. Nachteile einer großen relativen Kurzschlußspannung können bei Triebfahrzeugen mit Drehstromantriebstechnik durch den Vierquadrantensteller und den nachfolgenden Gleichstrom-Zwischenkreis beseitigt werden. Damit werden nur noch die Vorteile der Kurzschlußstrombegrenzung und der Verringerung der Oberschwingungen in den Netzströmen wirksam.

7.3 Festlegung der Leistung bei Triebfahrzeug-Haupttransformatoren

Die Nennleistung des Transformators ist die Dauerleistung, gegeben durch das Produkt von Primärspannung und Primärstrom. Sekundär sind die Dauerströme der einzelnen Stufen sehr unterschiedlich. Die Summe dieser Einzelleistungen ist höher als die primäre Nennleistung, aber niedriger als die Summe der Dauerleistungen der Fahrmotoren, die im Betrieb selten voll ausgefahren wird. Die Nennleistung wurde daher früher häufig auf 90 % der Dauerleistung der Fahrmotoren festgelegt, jedoch bestand die Forderung nach kurzzeitiger Überlastbarkeit. [214]

In neuer Zeit wird wegen der stärkeren Beanspruchung der Triebfahrzeuge und größerer Leistungsanforderungen für Heizung und Hilfsbetriebe häufig eine höhere Nennleistung festgelegt. Sie ist vom Betriebsprogramm abhängig. Eine vergleichende Betrachtung der Daten moderner Triebfahrzeuge läßt erkennen, daß sich die Transformatordauerleistung durch Multiplikation der traktionstechnisch verlangten Höchstleistung mit dem Faktor 0,8…0,85 ergibt. Dieser Faktor ist abhängig von der thermischen Zeitkonstanten des Transformators und seiner daraus resultierenden Überlastungsfähigkeit für einen bestimmten Zeitraum. [59] Dabei ist für Schnellfahrtriebfahrzeuge wegen der möglichen Masseeinsparung ein kleinerer Wert dieser Spanne günstiger, der allerdings eine optimale Kühlung und den Einsatz hochwertiger Isolierstoffe voraussetzt.

7.4 Haupttransformatoren für Amplitudensteuerung auf der Hoch- oder Niederspannungsseite

Die Spannungsstufen (Fahrstufen) können auf der Hoch- oder der Niederspannungsseite des Trans-

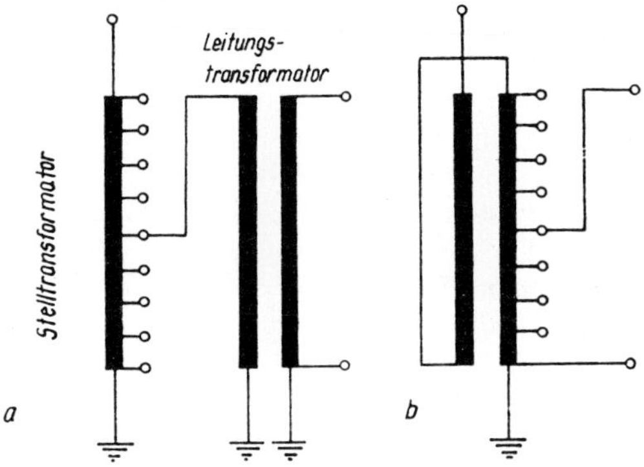

Bild 7.4/1 Hoch- und Niederspannungssteuerung
a) Hochspannungssteuerung
b) Niederspannungssteuerung

formators gesteuert werden (Bild 7.4/1). Dies bedingt stark unterschiedliche Transformatorkonzeptionen hinsichtlich Gesamtaufbau, Schaltwerksaufwand, Stufenzahl und Spannungsabstufung, Eisen- und Kupferverlusten sowie Blindleistungsbedarf. Hieraus resultieren unterschiedliche Einsatzbereiche.

7.4.1 Schaltwerksaufwand

Die Ströme beim Überschalten von einer Stufe zur anderen erreichen bei der Hochspannungssteuerung bis zu 400 A, bei der Niederspannungssteuerung bis zu 12 000 A. Sie müssen durch Lastschalterkontakte elektrisch (Lichtbogen), mechanisch (Kräfte) und thermisch beherrscht werden. Daher sind bei der Niederspannungssteuerung große Kontakte (Kupferaufwand) und damit schwere Schaltwerke erforderlich. Da der Kontaktverschleiß beim Schalten stromabhängig ist, ergibt sich bei den Niederspannungssteuerungen eine geringere Grenznutzungsdauer der Kontakte.

7.4.2 Stufenzahl und Spannungsabstufung

Niederspannungssteuerung
Bedingt durch die Bauweise des Transformators ist die Sekundärwindungszahl gleich der Stufenzahl (15...20 Fahrstufen). Eine feinere Unterteilung ist nur durch Steuerungsschaltungen möglich, die einen zusätzlichen Aufwand an Geräten bringen. Die Spannungsdifferenz zwischen den einzelnen Anzapfungen ist konstant.

Hochspannungssteuerung
Wegen der größeren Windungszahl auf der Primärseite ist eine feinere Spannungsabstufung möglich (30...50 Fahrstufen). Die Spannungsdifferenz zwischen zwei Anzapfungen ist freier wählbar und kann daher für bestimmte Bereiche (Losbrech-, Beschleunigungs- und Beharrungsfahrtbereich) entsprechend den fahrdynamischen Erfordernissen festgelegt werden (Abschn. 2.1.4).

7.4.3 Verluste [79]

Eisenverluste
Bei dem Transformator für Niederspannungssteuerung in Sparschaltung und dem Stelltransformator der Hochspannungssteuerung sind die Eisenverluste nur abhängig von der angelegten Primärspannung und unabhängig von der ausgesteuerten Fahrmotorspannung. Die Eisenverluste im Leistungstransformator der Hochspannungssteuerung steigen quadratisch mit der primär anliegenden und damit auch mit der sekundär an die Fahrmotoren abgegebenen Spannung. In Abhängigkeit von dem Aussteuerungsgrad der Fahrmotorspannung zeigt Bild 7.4/2a den Verlauf der Eisenverluste der Niederspannungssteuerung, b und c zeigen die Verläufe der Teilkomponenten der Hochspannungssteuerung. Je nach Auslegung der Eisenkreise von Stell- und Leistungstransformator ergibt sich für die Hochspannungssteuerung etwa ein Summenverlauf wie in d.

Kupferverluste
Bei dem niederspannungsgesteuerten Transformator in Sparschaltung und dem Stelltransformator der Hochspannungssteuerung sind die Kupferverluste abhängig von der ausgesteuerten Sekundärspannung. Beachtet man die Aufteilung des Stromes auf die Primär- und Sekundärwicklung der Umspanner in Sparschaltung, erhält man die im Bild 7.4/2e und f dargestellten Verläufe der Kupferverluste in Abhängigkeit vom Grad der Aussteuerung der Fahrmotorspannung. Die Verluste im Leistungstransformator sind unabhängig von der Fahrmotorspannung (g). Je nach Auslegung der Wicklungen von Leistungs- und Stelltransformator ergibt sich etwa ein Verlauf der Gesamtkupferverluste der Hochspannungssteuerung wie in h. Die Niederspannungssteuerung hat also im Bereich der niedrigeren Fahrstufen die kleineren Verluste.

In der Regel werden die Transformatoren für Triebfahrzeuge entsprechend der Gesamtmasse, der Kurzschlußspannung, der Blindstromaufnahme und den Kosten so ausgelegt, daß die Eisenverluste nur einen Bruchteil der Kupferverluste betragen ($^1/_{20}...^1/_{40}$), letztere also dominieren.
Bei den Niederspannungssteuerungen müssen zu den Verlusten des Hauptumspanners die der Einrichtungen addiert werden, die zur Erzielung einer ausreichend hohen Stufenzahl und zum unterbrechungslosen Überschalten von Stufe zu Stufe erforderlich sind (Spannungsteilerdrosseln, Zusatztransformatoren).
Beim Vergleich zweier unter gleichen Gesichtpunkten ausgelegter Transformatoren beider Steuerungsprinzipien erhält man etwa den Gesamtverlauf der Verluste wie in Bild 7.4/3 dargestellt. Daraus ergibt sich, daß die Hochspannungs-

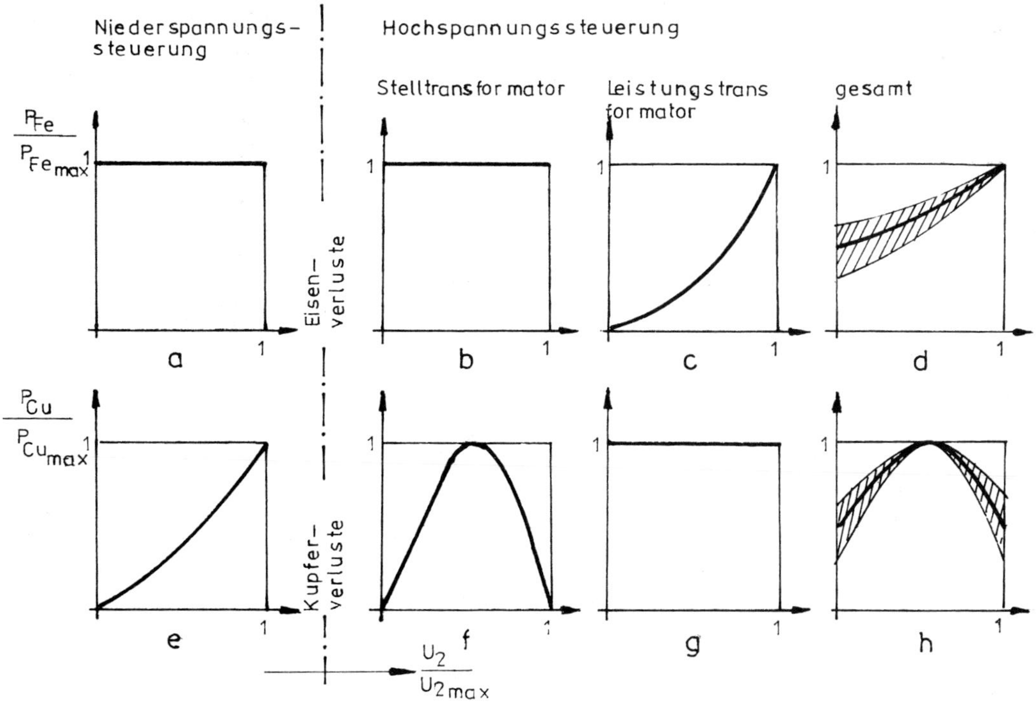

Bild 7.4/2 Transformatorverluste in Abhängigkeit von der ausgesteuerten Fahrmotorspannung
Eisenverluste
a) Niederspannungssteuerung
b) Regeltransformator der Hochspannungssteuerung
c) Leistungstransformator der Hochspannungssteuerung
d) Gesamtverlust bei Hochspannungssteuerung
Kupferverluste
e) Niederspannungssteuerung
f) Regeltransformator der Hochspannungssteuerung
g) Leistungstransformator der Hochspannungssteuerung
h) Gesamtverlust bei Hochspannungssteuerung

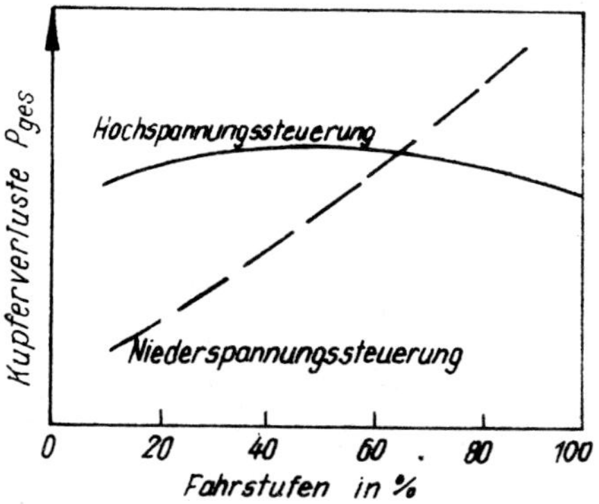

Bild 7.4/3 Gesamtverluste als Funktion der Aussteuerung bzw. der Sekundärspannung beim nieder- bzw. hochspannungsgesteuerten Transformator

steuerung hinsichtlich der Verluste insbesondere für solche Fahrzeuge günstig ist, die häufig auf den hohen Fahrstufen fahren. Die Niederspannungssteuerung erweist sich bei den Triebfahrzeugen als günstiger, die sehr oft mit hohen Fahrmotorströmen auf den niedrigen Fahrstufen arbeiten. Das betrifft vor allem Fahrzeuge im Nah- und Regionalverkehr. Der Schnittpunkt liegt nach [79] bei etwa $^2/_3$ der maximalen Fahrmotorspannung. Derartige Überlegungen führten u. a. seinerzeit mit zur Ausrüstung der Baureihe 141 der DB mit einer Niederspannungssteuerung.

7.4.4 Blindleistungsbedarf

Der Blindleistungsbedarf setzt sich bei beiden Steuerungsarten aus konstanten und vom Belastungsstrom abhängigen Anteilen zusammen.

Niederspannungssteuerung:
- konstanter Anteil für die Magnetisierung,
- belastungsabhängiger Anteil für die Steuerung des Transformators,
- belastungsabhängiger Anteil in den Steuerelementen.

Hochspannungssteuerung [173]:
- konstante Magnetisierung des Stelltransformators,
- Streublindleistung des Stelltransformators, die sich etwa sinusförmig mit der eingeschalteten Stufenzahl und linear mit dem Belastungsstrom ändert,
- Magnetisierung des Leistungstransformators, die mit der eingeschalteten Stufenzahl steigt,
- vom Motorstrom abhängige Streublindleistung des Leistungstranformators.

Nach [79] liegt der Schnittpunkt, oberhalb dessen sich die Hochspannungssteuerung als günstiger erweist, bei etwa 60 % der maximalen Fahrmotorspannung.

7.4.5 Einsatzbereiche

Aufgrund der genannten Gesichtspunkte ist die Niederspannungssteuerung besonders geeignet für Triebfahrzeuge, die häufig anfahren und selten die Höchstgeschwindigkeit nutzen, die also im S-Bahn-ähnlichen Verkehr oder vor Nahverkehrszügen eingesetzt werden (z. B. Baureihen 142 der DR und 141 der DB). Wegen deren niedrigen Leistungen sind hier auch die zu schaltenden Ströme noch wirtschaftlich mit Niederspannungsschaltwerken beherrschbar. Die Hochspannungssteuerung wurde bevorzugt, wenn wenige Anfahrten vorliegen und die Höchstgeschwindigkeit über größere Streckenabschnitte ausgefahren wird, also im Schnellzugdienst (z. B. Baureihen 103 und 110 der DB). Sie wurde auch bei großen Anhängelasten und schwerem Steigungsbetrieb (z. B. Baureihen 155 der DR sowie 150 und 151 der DB) angewendet, da die großen Fahrmotorströme bei den hohen Leistungen mit Niederspannungsschaltwerken kaum noch zu beherrschen sind.
Mit dem Aufkommen der Thyristortechnik verloren die im Abschnitt 7.4 behandelten Steuerungsarten mit den ihnen entsprechenden Transformatorausführungen weitgehend ihre Bedeutung. Jedoch ist noch eine große Anzahl von Triebfahrzeugen mit derartigen Transformatoren im Betrieb.

7.5 Aufbau der Haupttransformatoren

Unterscheidungsmerkmale sind die
- Bauart des Eisenkerns (Kern- und Manteltransformatoren),
- Ausführung der Wicklung (Scheibenwicklung, Zylinder- oder Röhrenwicklung),
- Art der Kühlung (Luftkühlung, Ölkühlung).

7.5.1 Eisenkern

Die Eisenkerne bestehen aus Schenkeln, die entweder bewickelt den Hauptfluß oder unbewickelt den magnetischen Rückfluß führen (Bilder 7.5/1 bis 7.5/3). Joche stellen die Verbindung zwischen den Schenkeln her. Sie werden entweder mit den Schenkeln verlappt oder stumpf aufgesetzt. Schenkel und Joche sind aus Paketen aufgebaut, die aus aufeinandergelegten Eisenblechen bestehen. Die

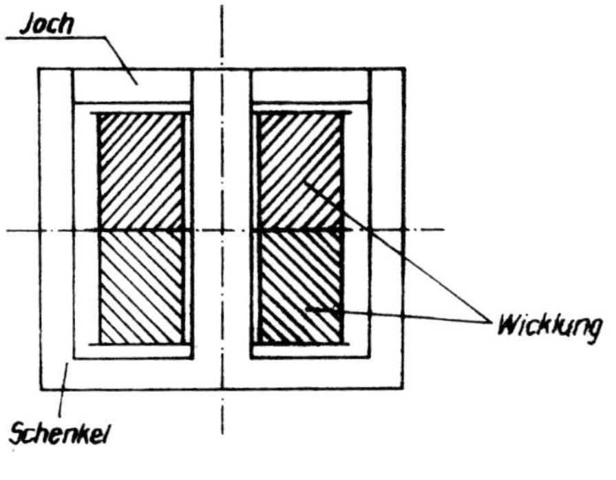

Bild 7.5/1 Manteltransformator

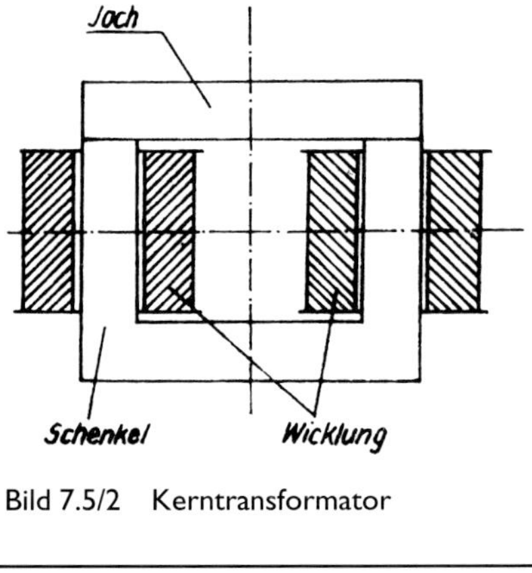

Bild 7.5/2 Kerntransformator

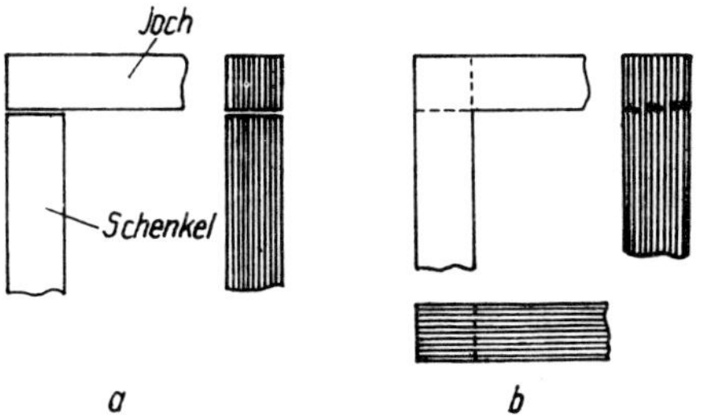

Bild 7.5/3 Anschluß der Joche
a) stumpfer Stoß
b) verlappter Stoß

Bleche werden durch isolierte Schrauben oder Niete verbunden. Die Blechdicken betragen 0,35 mm für 50-Hz-Transformatoren und 0,35 oder 0,5 mm für $16^2/_3$-Hz-Umspanner. Die größere Blechdicke ist wegen der bei der niedrigeren Frequenz kleineren Wirbelstrombildung möglich. Die Joche werden durch Spannschrauben auf die Schenkel gepreßt. Dadurch sollen eine Bewegung der Bleche unter dem Einfluß des magnetischen Wechselfeldes und das davon herrührende Brummen vermieden werden. Die Verspannung bezweckt außerdem eine größere mechanische Festigkeit bei Kurzschluß.
Bei modernen Transformatoren werden die Joche mit den Schenkeln verschachtelt, wobei als Spannvorrichtung der versteifte Transformatorkessel herangezogen wird. Wicklung und Kern sind darin mit alterungsbeständigen Keilen festgelegt, wodurch die schweren Verspannungen wegfallen. Diese Konstruktion und die Verwendung hochwertiger Kernbleche bringen bei gesteigerten Leistungen eine kleinere Masse und geringere Abmessungen.
Je nach Kernbauart unterscheidet man Mantel- und Kerntransformatoren. Um 1950 wurde als Sonderbauform des Manteltransformators für Triebfahrzeuge der Umspanner mit radial geblechter Kernsäule entwickelt, der vor allem bei Lokomotiven der DB, aber auch anderer Bahnen, Anwendung fand.

Manteltransformator
Die Primär- und die Sekundärwicklung sitzen auf dem gemeinsamen Mittelschenkel (Bild 7.5/1). Der magnetische Rückschluß geschieht über die zwei Außenschenkel, die etwa den halben Querschnitt des Mittelschenkels haben. Die Außenschenkel umschließen die Wicklung wie ein Mantel. Der Eisenkern des Manteltransformators ist wie ein ꟺ aufgebaut, das oben durch Joche geschlossen wird. Es gibt auch Bauarten, bei denen der Mittel- und ein Außenschenkel Wicklungen tragen, während der zweite Außenschenkel unbewickelt ist und nur dem magnetischen Rückschluß dient.

Kerntransformator
Die Primär- und die Sekundärwicklung sitzen je auf einem gesonderten Schenkel, die durch Joche miteinander verbunden sind, so daß sich ein geschlossener magnetischer Kreis ergibt (Bild 7.5/2). Kern und Joche haben den vollen Eisenquerschnitt zur Führung des gesamten magnetischen Flusses.

Manteltransformator mit radial geblechter Kernsäule
Diese Sonderbauform von Lokomotivtransformatoren wurde von der Firma BBC um 1950 entwickelt. Während normalerweise die Querschnitte der Schenkel rechteckig sind, wurde hier durch

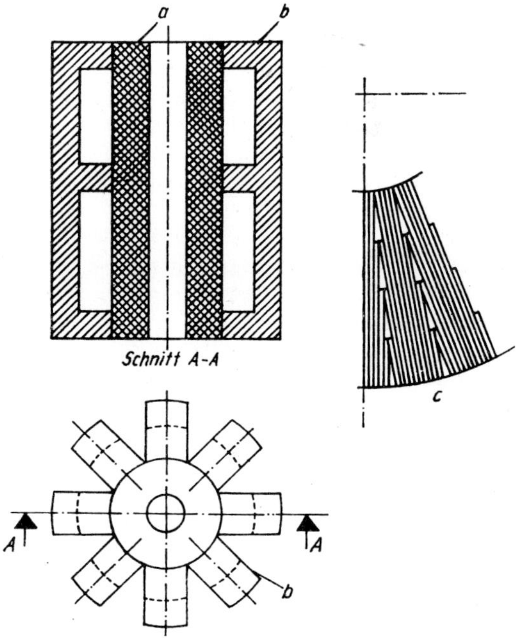

Bild 7.5/4 Transformator mit radial geblechter Kernsäule
a) radial geblechte Mittelsäule
b) aufgesetzte Schenkel
c) Ausschnitt aus Mittelsäule

Schichtung von Blechen verschiedener Breite zu Segmenten für die Kernsäule ein Kreisquerschnitt erzielt. Die Bleche der einzelnen Segmente sind durch Punktschweißung verbunden. An den kreisförmigen Kern werden die Joche stumpf angepreßt (Bild 7.5/4).

Vorteile dieser Gestaltung sind:

- geringe Zwischenräume zwischen dem Kern und den Zylinderspulen, wodurch sich günstige magnetische Verhältnisse ergeben,
- große Formbeständigkeit der Spulen gegen mechanische Beanspruchung bei Kurzschlüssen,
- günstige Form des Ölkessels und kleines Ölvolumen,
- gute Kühlverhältnisse, da das Öl durch den Hohlraum in Kernmitte und durch die Spalten zwischen den Wicklungszylindern senkrecht in die Höhe steigen kann,
- geringer Platzbedarf,
- geringere Eisenmasse, da durch die Jochanordnung die mittlere Länge des Flußweges kleiner wird.

Nachteile dieser Konstruktion sind die komplizierte und teure Herstellung des Kernes sowie die geringere Wärmekapazität infolge des kleineren Ölvolumens. Daraus ergibt sich die Notwendigkeit einer stärkeren Ölkühlung.

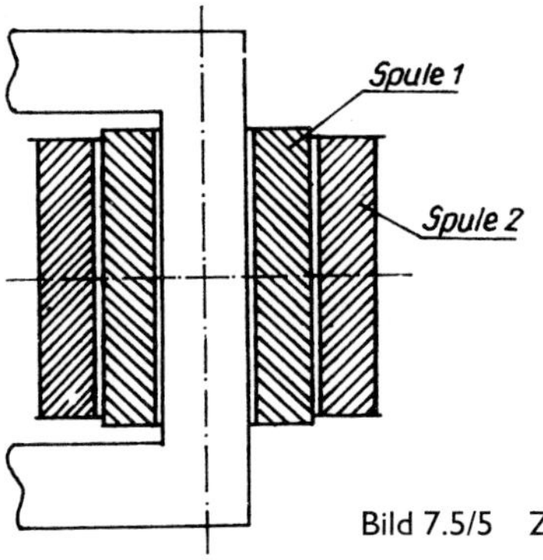

Bild 7.5/5 Zylinderwicklung

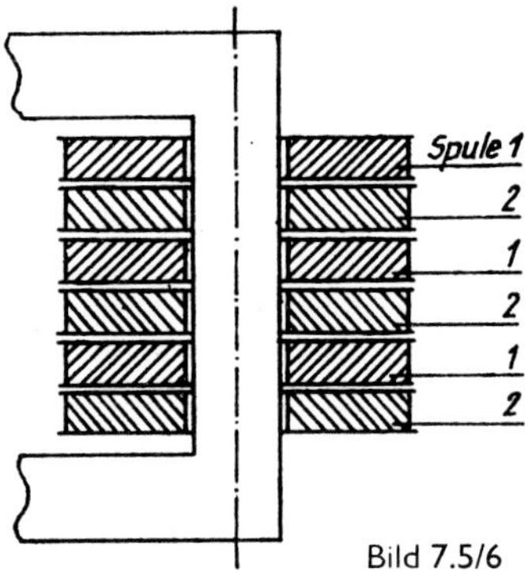

Bild 7.5/6 Scheibenwicklung

7.5.2 Wicklungen

Man unterscheidet Zylinderwicklungen und Scheibenwicklungen.

Zylinderwicklung (auch Röhrenwicklung, Bild 7.5/5)
Sie umgibt den Kern röhrenartig und ist häufig auf einen Isolierstoffzylinder aufgebracht. Die Primär- und die Sekundärwicklung werden von zwei ineinandergesteckten Zylindern gebildet, wodurch sich eine kleine Streuung, u. U. aber hohe Kurzschlußströme ergeben.

Scheibenwicklung
Die Primär- und die Sekundärwicklung sind in einzelne scheibenförmige Spulen aufgeteilt. Sie sind auf dem Kern nebeneinander angeordnet, so daß Hoch- und Niederspannungsspulen einander abwechseln (Bild 7.5/6). Dadurch werden auch bei wenigen eingeschalteten Spulen der Sekundärwicklung einigermaßen gleichmäßige Streuungsverhältnisse erzielt. Die Hochspannungsspulen haben viele Windungen, die Niederspannungsspulen dagegen nur eine bis zwei, die wegen hoher Ströme aus massiven, der Scheibenwicklungsform angepaßten Kupferblechplatten bestehen. Die Streuung ist bei der Scheibenwicklung größer als bei der Zylinderwicklung, was kleinere Kurzschlußströme ergibt. Wicklungsmaterial ist meist Kupfer, seltener Aluminium. Als Isolierwerkstoff zwischen den Spulen dient Preßspan, für die Wicklungen Papier.

Wicklungsschaltungen
Bei Transformatoren für die Niederspannungssteuerung liegt bei der Normalschaltung ein Ende der Primärwicklung an der Fahrdrahtspannung, das andere an Erde. Die Sekundärwicklung kann von der Primärwicklung galvanisch völlig getrennt werden. Meist wird jedoch die Sparschaltung angewendet, bei der Primär- und Sekundärwicklung miteinander verbunden sind. Dadurch kann die Oberspannungswicklung um die Windungszahl der Sekundärwicklung kleiner gehalten werden. Bei Lokomotivtransformatoren erzielt man dadurch eine Kupfereinsparung von etwa 4 % (Bild 7.5/7 b).

Die Leistung von der Primär- zur Sekundärwick-

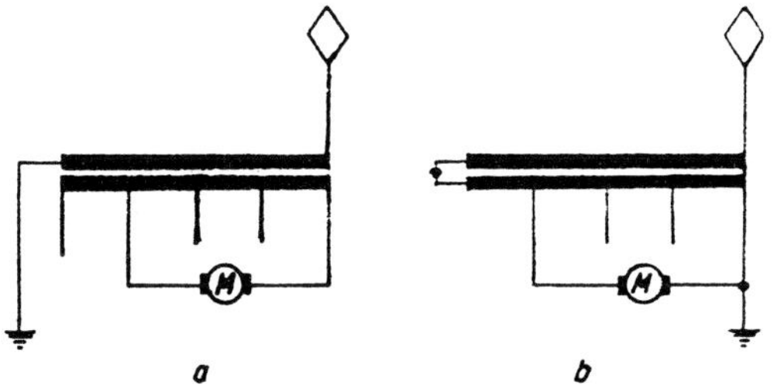

Bild 7.5/7 Transformatorschaltung bei Niederspannungssteuerung
a) Normalschaltung
b) Sparschaltung

lung wird zum Teil induktiv, zum Teil unmittelbar übertragen. Die Schaltung der einzelnen Spulen wird so ausgeführt, daß die gegenseitige magnetische Verkettung zwischen Ober- und Unterspannungswicklung auch dann nicht wesentlich beeinträchtigt wird, wenn Teile der Anzapfwicklung (also der Unterspannungswicklung bei Niederspannungssteuerung bzw. der Stelltransformatorwicklung bei Hochspannungssteuerung) abgeschaltet werden. Daher werden die Spulen bzw. Anzapfungen möglichst so geschaltet, daß sich auch bei geringer Anzahl eingeschalteter Fahrstufen eine einigermaßen gleichmäßige Verteilung über die Kernlänge ergibt. Außerdem erhält man dadurch eine bessere Aufteilung der Verlustwärme und eine Verkleinerung der Kurzschlußkräfte. Bei Transformatoren für die Hochspannungssteuerung ist die Wicklung für den Stelltransformator zwar auf einem gemeinsamen Kern mit der des Leistungstransformators, aber auf einem besonderen Schenkel untergebracht (Bild 7.5/8). Die Bilder 7.5/9 und 7.5/10 zeigen das Schaltbild und die Spulenanordnung des Haupttransformators der Baureihe 143 der DR.

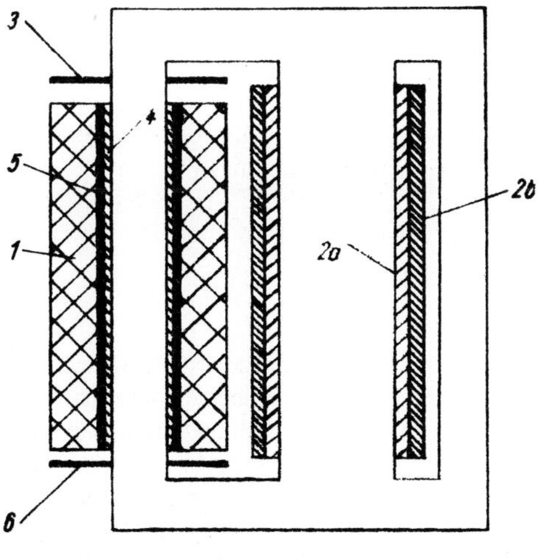

Bild 7.5/8 Wicklungsanordnung bei einem Transformator für Hochspannungssteuerung (BR 171)
1 Wicklung des Stelltransformators, 2a Überspannungswicklung des Leistungstransformators, 2b Niederspannungswicklung des Leistungstransformators, 3 Hilfsbetriebewicklung (Spule P), 4 Wicklung für Zugheizspannung, 5 Hilfsbetriebewicklung (Spule C), 6 Hilfsbetriebewicklung (Spule R)

7.5.3 Gehäuse

Das Gehäuse (Transformatorkessel) schützt Kern und Wicklungen vor Verunreinigungen und äuße-

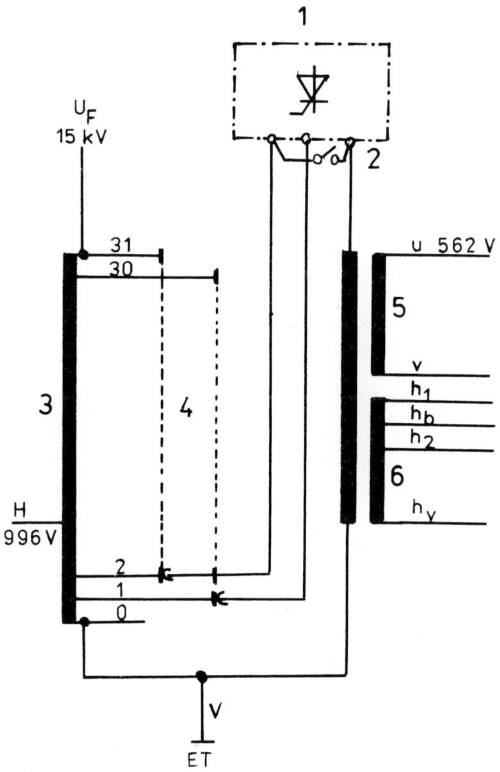

Bild 7.5/9 Schaltbild des Haupttransformators der BR 143 (BKWR 6301/15 mit Schaltwerk LNSW 14)
1 Thyristorsteller, 2 Überbrückungsschütz, 3 Stufentransformator, 4 Stufenwähler, 5 Leistungstransformator, 6 Hilfsbetriebewicklung

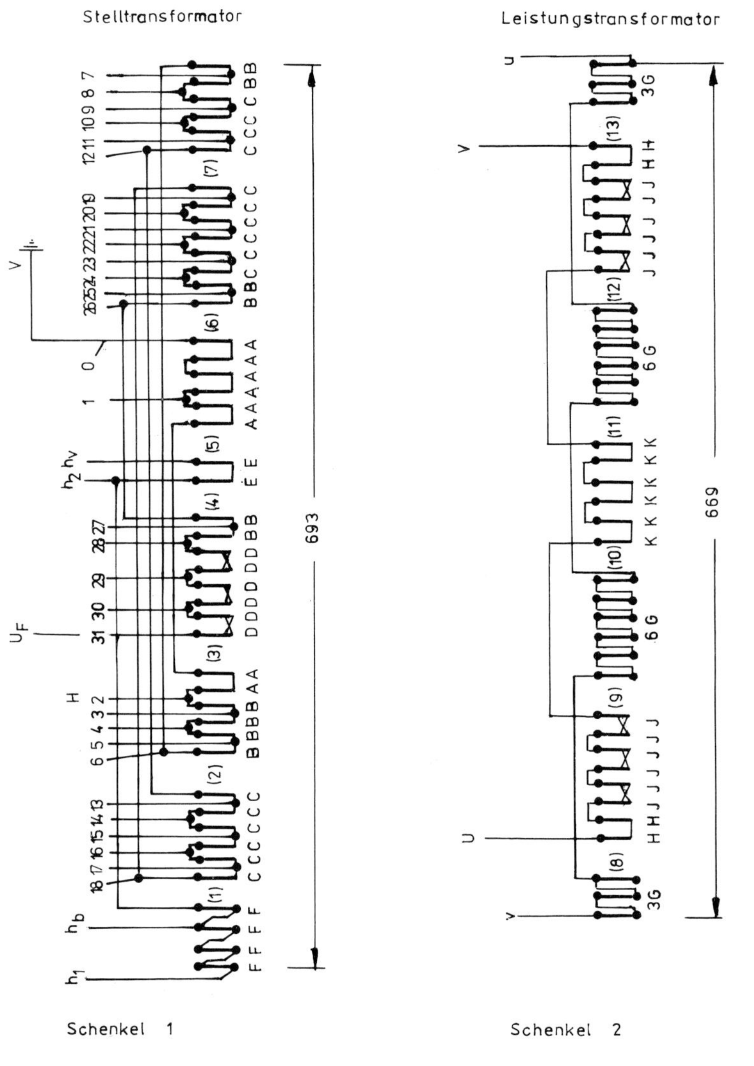

Bild 7.5/10
Spulenanordnung beim Haupttransformator BKWR 6301/15 der BR 143

ren Beanspruchungen, umschließt das Öl, ermöglicht einen geschlossenen Kühlkreislauf und hat bei modernen Konstruktionen Stütz- und Spannfunktion für Kern und Wicklungen. Das Gehäuse ist meist kastenförmig, nur bei radial geblechten Transformatoren zylindrisch. Es besteht aus Stahlblech von 3…5 mm Dicke, versteift mit Profilstählen.

7.5.4 Kühlung

Die im Eisenkern und in den Wicklungen entstehende Verlustwärme muß abgeführt werden. Dabei darf das Temperaturgefälle zwischen dem aktiven Teil und der Umgebungsluft nicht zu groß werden, da zu hohe Temperaturen die Grenznutzungsdauer der Isolation verringern.

Die früher häufig angewendete Luftkühlung wurde wegen der hohen Empfindlichkeit der Transformatoren gegen Verschmutzung und Feuchtigkeit verlassen. Heute ist fast ausschließlich die Ölkühlung üblich. Sie ist vorteilhafter wegen der hohen Wärmekapazität, der größeren Isolationsfestigkeit und der besseren Schutzwirkung des Kühlöls gegenüber Staub und Feuchtigkeit. Wegen der isolierenden Wirkung des Öls können die Wicklungen schwächer isoliert werden als bei

Trockentransformatoren, was die Wärmeabfuhr erleichtert.
Das Kühlöl muß die Wicklungen so durchströmen, daß überall eine gute Wärmeabfuhr gewährleistet ist. Daher werden Kühlkanäle zwischen den Spulen und geeignete Leiteinrichtungen angeordnet.
Um die Feuchtigkeitsaufnahme des Öls möglichst gering zu halten, wird der Transformatorkessel mit einem über dem Transformator angebrachten Ölausdehnungsgefäß durch eine Rohrleitung verbunden. Die mit der Luft in Berührung kommende Oberfläche ist dort wesentlich kleiner, als wenn die Ausdehnungsmöglichkeit für das Öl durch ein größeres Luftpolster im Transformatorkessel selbst geschaffen wird. In diesem bei älteren Fahrzeugtransformatoren meist ausgeführten Fall ist zum Druckausgleich des Luftpolsters eine Verbindung mit der Außenluft über eine kleine Rohrschnecke hergestellt worden. Ein gesondertes Ausdehnungsgefäß hat außerdem den Vorteil, daß das Öl darin mit seiner eventuell doch aufgenommenen Feuchtigkeit nicht unmittelbar am Ölkreislauf teilnimmt, so daß keine sofortige Vermischung mit dem übrigen Öl stattfindet.
Lokomotiv-Haupttransformatoren werden heute meist mit Ölzwangsumlauf und äußerer Fremdkühlung ausgeführt, während bei Triebwagen vielfach noch Ölselbstkühlung anzutreffen ist. Bei der heute üblichen Ausführung der Ölfremdkühlung wird das aufsteigende warme Öl durch eine am Ölkessel angebrachte Ölpumpe oben abgesaugt und ggf. unter Zwischenschaltung von Filtern dem Ölkühler, meist einem Röhrenkühler, zugeführt (Bild 7.5/11). Das Öl wird durch die Kühlrohre hindurchgedrückt und unten wieder in den Transformatorkessel eingeleitet. Die von einem Lüftersatz angesaugte Kühlluft führt die Wärme dann von den Oberflächen des Ölkühlers ab.
Bei Triebwagen, vor allem solchen älterer Bauart, ist oft Ölselbstkühlung anzutreffen. Der unterhalb des Wagenfußbodens aufgehängte Transformatorkessel ist mit seitlichen Kühlrohren versehen, die vom Fahrtwind bestrichen werden. Das infolge der Erwärmung nach oben gestiegene Öl strömt durch die Abkühlung in den Kühlrohren nach unten und tritt dort wieder in den Kessel ein. Wegen der gestiegenen Leistung und des Zwangs zum Leichtbau wird jedoch in den letzten Jahren auch im Triebwagenbau die Ölfremdkühlung mit Zwangsumlauf bevorzugt angewendet.

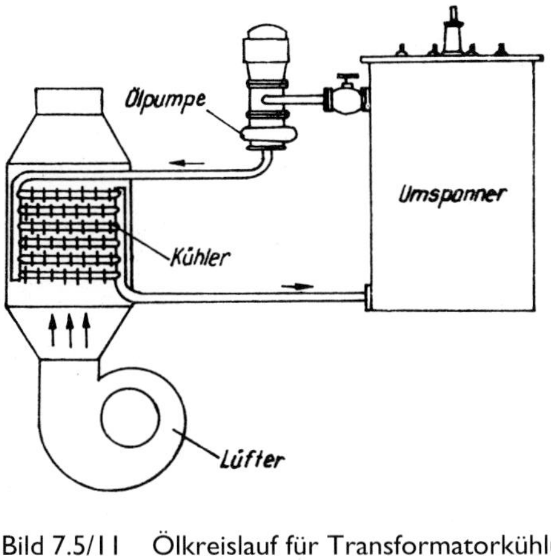

Bild 7.5/11 Ölkreislauf für Transformatorkühlung

7.6 Hilfstransformatoren

Bei verschiedenen Leistungssteuerungen sind außer dem Hauptumspanner noch Hilfstransformatoren (z. B. Zusatztransformatoren, Ausgleichstransformatoren) vorgesehen (Abschn. 14.4). Ihre Wirkungsweise entspricht den bekannten Prinzipien von Transformatoren. Sie sind gemäß ihrer Funktion nur für den Bruchteil der Leistung des Haupttransformators bemessen und daher kleiner, führen jedoch vielfach in ihren Wicklungen Ströme beträchtlicher Größe. Häufig sind sie mit im Ölkessel des Haupttransformators untergebracht, verschiedentlich jedoch auch als luftgekühlte Trokkentransformatoren ausgeführt, z. B. bei den Lokomotiven der Baureihe 109/142 der DR (Bild 7.6/1).

7.7 Meßwandler für Wechselstrom

Die Aufgabe von Meßwandlern für Wechselstrom [178] ist die Transformierung hoher zu messender Ströme und Spannungen auf kleinere Werte, die mit normalen, genormten Strom- bzw. Spannungsmessern gemessen werden können, und die Isolierung der Meß-, Schutz- und Steuerstromstromkreise vom Potential der Stromkreise, in denen elektrische Größen erfaßt werden sollen.
Meßwandler sind vom Arbeitsprinzip her Transformatoren, deren Bemessung und Gestaltung im gesamten Arbeitsbereich eine vorgegebene ge-

Bild 7.6/1 Zusatztransformator (a) und Regeltransformator (b) der Baureihen 109/142

naue Übersetzung zwischen den primären und den sekundären Größen von Strom und Spannung sowie deren Phasenlage sichert. Es wird hier nur auf die triebfahrzeugspezifischen Ausführungsformen eingegangen.

7.7.1 Durchführungsstromwandler für Fahrleitungsstrom

Er wird zwischen Triebfahrzeug-Hauptschalter und Haupttransformator angeordnet. Seine Aufgabe ist die Herabtransformierung des Fahrleitungsstroms, kombiniert mit der isolierenden Führung durch das Triebfahrzeugdach.
Der Rundleiter des Stabstromwandlers ist von einem keramischen Isolierrohr umgeben, dessen außerhalb des Triebfahrzeugs befindliches Ende (häufig auch das im Fahrzeuginneren befindliche) als Rillenisolator ausgeführt ist. Zum Teil ist auch das Innere des Isolierrohrs zur Verlängerung der Kriechwege mit Rillen versehen. Der Homogenisierung des elektrischen Feldes dienen innere metallische Abschirmungen und eine metallisierte Außenfläche des zylindrischen Mittelteiles, wodurch Glimmerscheinungen vermieden werden. Der Porzellankörper trägt einen Metallflansch zur Befestigung im Dach. Er ist vom Eisenkern mit der Sekundärwicklung umgeben. Zum Schutz ist ein Gehäuse mit Anschluß- und Erdungsklemmen vorhanden. Bild 5.4/1 zeigt einen Stab-Durchführungsstromwandler, wie er bei den Lokomotiven der Baureihe 109/142 der DR als Schutzstromwandler zum Anschluß der Schutzeinrichtung gegen Überstrom in der Fahrleitung eingesetzt ist.

7.7.2 Stab- oder Schienenstromwandler

Die Stromschiene ist von einem Eisenpaket umgeben. Die Isolation zwischen Eisenkern und Schiene besteht je nach deren Potential häufig nur aus einer einfachen Schutzhülle aus Preßspan oder Kunststoff. Das Blechpaket trägt die Sekundärwicklung. Der Wander ist je nach Einbauort meist ohne Gehäuse nur mit einem einfachen Trag- und Spannrahmen ausgeführt. Bild 7.7/1

Bild 7.7/1 Erdstromwandler vom Typ IKL 1 b B

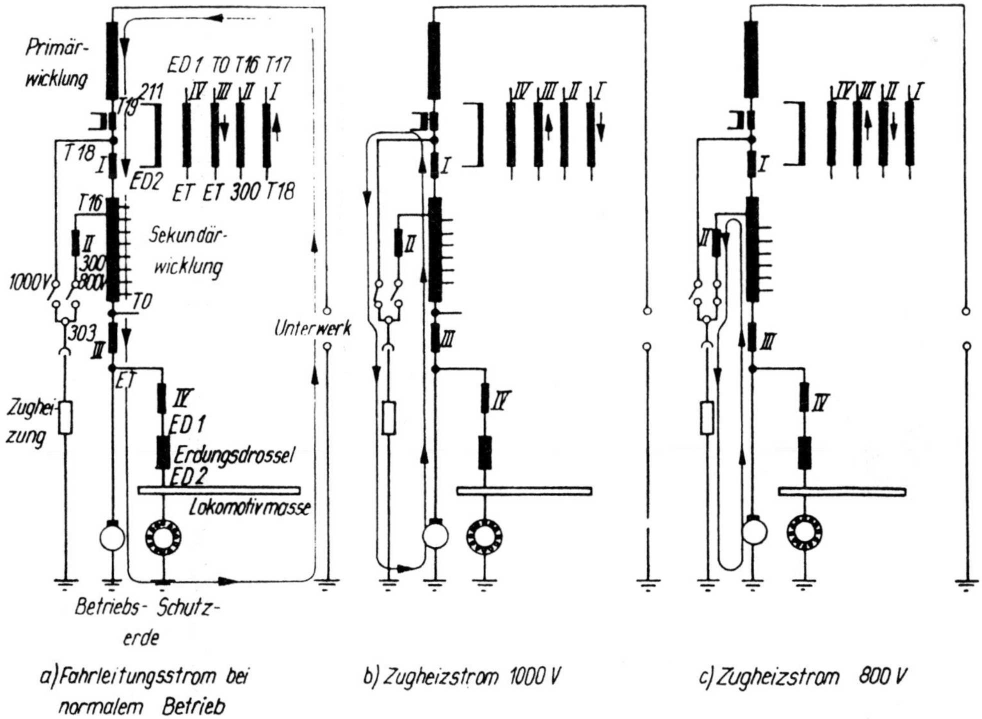

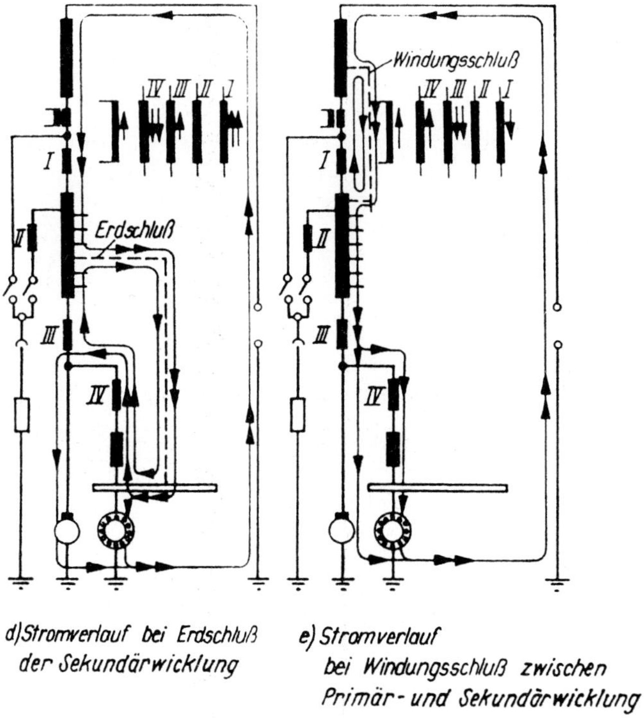

Bild 7.7/2
Stromverlauf im Erdstromwandler BR 109/142

zeigt einen derartigen Meßwandler. Das völlige Umgießen des gesamten Wandlers mit Gießharz ergibt einen ausgezeichneten Schutz vor Beschädigungen durch Erschütterungen und andere mechanische Einflüsse.

7.7.3 Differenzstromwandler

Differenzstromwandler sind Schienenstromwandler mit mehreren Primärstromschienen durch einen Eisenkern. Ihre Aufgabe ist die Addition, meist jedoch die Subtraktion mehrerer isoliert voneinander geführter Ströme, z. B. zum Vergleich der in eine Anlage (Triebfahrzeug) hineinfließenden Ströme mit den aus ihr auf ordnungsgemäßem Wege herausfließenden, um unkontrolliert über Erdschlüsse aus der Anlage austretende Stromanteile erfassen zu können.
Beispiel:
Die Bilder 7.7/1 und 7.7/2 zeigen den Differenz-Erdstromwandler der Baureihe 109/142 der DR und seine Wirkungsweise. Der Wandler hat vier primärseitige Stromschienen, die so in die Stromkreise geschaltet sind, daß bei ungestörtem Betrieb jeder die Sekundärwicklungen des Haupttransformators verlassende Strom den Wandler zweimal in jeweils entgegengesetzten Richtungen durchfließt. Bei ungestörtem Betrieb (Bild 7.7/2a...c) werden die Primärwicklungen des Wandlers vom Fahrmotorstrom und von den Strömen der Zugsammelschiene zweimal, jedoch gegensinnig, durchflossen. Die Durchflutungen heben sich gegenseitig auf; in der Sekundärwicklung wird keine Spannung induziert. Die Bilder 7.7/2d und e zeigen den Stromverlauf bei einem Erd- bzw. Windungsschluß zwischen der Primär- und der Sekundärwicklung des Haupttransformators. Die Durchflutungen heben sich nicht mehr auf, da die Ströme in beiden Durchflußrichtungen verschieden groß sind. In der Sekundärwicklung wird eine Spannung induziert, die auf das Erdschlußrelais wirkt.

7.7.4 Fahrdrahtspannungswandler

Seine Aufgabe ist die Herabtransformierung der Fahrdrahtspannung. Der Anschluß an die Dachleitung des Triebfahrzeugs vor dem Hauptschalter erlaubt die Messung der Fahrdrahtspannung auch bei ausgeschaltetem Hauptschalter. Primär- und Sekundärwicklung sind einseitig geerdet, um das Verschleppen der Fahrdrahtspannung in die Meß- und Schutzstromkreise im Fehlerfall zu vermeiden. Die Sekundärwicklung ist zum Schutz gegen Überlastungen und Kurzschlüsse häufig über eine Schmelzsicherung geführt. Das Gehäuse und die metallischen Abschirmungen sind schutzgeerdet.
Bei dem im Bild 7.7/3 dargestellten Fahrdrahtspannungswandler der Baureihe 109/142 der DR ruht der Metallflansch auf dem Fahrzeugdach, das Gehäuse mit dem Kern und den Wicklungen ragt in das Fahrzeuginnere. Die Primärwicklung wird oberhalb des Dachs angeschlossen. Über einen Durchführungsisolator wird die Primärspannung in das Wandlerinnere geführt.

Bild 7.7/3 Oberspannungswandler FUE PT 30 B

8 Drosseln

Drosseln sind Bauelemente mit induktiven Eigenschaften. Sie werden nach dem Aufbau des magnetischen Kreises unterschieden.

8.1. Luftdrosseln

Der magnetische Fluß verläuft durch Luft oder nichtferromagnetische Stoffe. Zu ihrer Herstellung werden elektrische Leiter (Rundmaterial oder Bänder) zu Scheiben- oder Röhrenspulen gewickelt. Die Stützkörper bestehen aus nichtferromagnetischem Material.
Vorteile:
- genaue Proportionalität zwischen Durchflutung und Magnetfluß,
- die Induktivität ist unabhängig von der Stromstärke (keine Sättigungserscheinungen),
- bei hohen Frequenzen und schnellen dynamischen Vorgängen keine Dämpfung durch Wirbelströme im Eisen.

Von Nachteil ist ihre bei einem relativ großen Einbauvolumen geringe Induktivität.
Angewendet werden sie in Gleichrichteranlagen als Kommutierungs- und als Glättungsdrosseln, z. B. als Zwischenkreisdrosseln bei der Baureihe 120 der DB. [20]

8.2 Drosseln mit ferromagnetischem Kreis ohne Ausnutzung von Sättigungserscheinungen

Die Wicklung ist auf einem geschlossenen Eisenkern angeordnet. Verschiedentlich sind mehrere Drosseln auf einem gemeinsamen mehrschenkeligen Kern mit gemeinsamem magnetischem Rückschluß vereinigt (Raum- und Masseersparnis). Bei elektrischen Triebfahrzeugen ist der Kern meist aus Dynamoblechen, seltener aus Sonderwerkstoffen gefertigt. Ihr Vorteil ist eine große Induktivität bei kleinem Bauvolumen, ihr Nachteil die relativ große Masse. Die Induktivität ist stromabhängig. Es treten Eisenverluste auf.
Diese Art von Drosseln findet Anwendung als Hilfsdrossel in Netzbremsschaltungen von Einphasenwechselstrom-Triebfahrzeugen (Abschn. 14.5.3), als Überschaltdrossel in Leistungssteuerungen (Abschn. 14.4.1), als induktive Wendefeldwiderstände und als Glättungsdrossel. [18]
Zur Begradigung der Magnetisierungskennlinie und zur Verringerung der Stromabhängigkeit der Induktivität wird verschiedentlich der Eisenkern durch einen Luftspalt fester oder einstellbarer Länge unterbrochen (Luftspaltdrossel). Diese Maßnahme erschwert auch die Sättigung durch Gleichstromanteile im Strom.
Anwendung findet diese Bauform der Eisendrossel bei
- Glättungsdrosseln in Gleichrichteranlagen [89], z. B. bei der Baureihe 171 der DR,
- Drosseln in Eingangsfiltern von Pulsstellertriebfahrzeugen zur Festlegung des Resonanzbereiches (Abschn. 14.3.4),
- Motorvordrosseln für Drehstrom-Asynchronfahrmotoren (z. B. Baureihe 120 der DB). [59]

8.3 Drosseln mit geschlossenem ferromagnetischem Kreis und Ausnutzung der Sättigungserscheinungen

Der magnetische Kreis besteht aus magnetischen Sonderwerkstoffen mit stark ausgeprägtem Sättigungsknick. Die charakteristische Eigenschaft dieser Art von Drosseln ist, daß im Bereich niedriger Durchflutungen ein starker, im Bereich oberhalb des Sättigungsknies nur noch ein sehr geringer Anstieg des magnetischen Flusses mit zunehmender Durchflutung zu verzeichnen ist. Die Induktivität fällt von hohen Werten unterhalb des Sättigungsknies steil zu sehr kleinen Werten oberhalb ab.

Sie finden Anwendung als Erdschlußdrossel zur Schutzerdung elektrischer Triebfahrzeuge (Abschn. 18.3), bei Parallelschaltung von Thyristoren zur Verbesserung der dynamischen Stromaufteilung (Abschn. 10.6.2) sowie in Transduktoren (Abschn. 9).

9 Transduktoren

Der Transduktor, auch Magnetverstärker oder gleichstromvormagnetisierte Drossel genannt, gestattet, mit kleinen Steuerleistungen große Ausgangsleistungen zu steuern. Er besteht aus einem geschlossenen Eisenkern mit einer Arbeitswicklung und einer oder mehreren Steuerwicklungen. Die Wirkungsweise der Transduktoren beruht auf der Ausnutzung der magnetischen Sättigung des Eisens oder anderer ferromagnetischer Stoffe. Die Legierungen für die Kernbleche haben ausgeprägte Sättigungsbereiche in der Hystereseschleife. In den Bildern dieses Abschnitts sind zur Vereinfachung die Magnetisierungsverluste vernachlässigt, so daß die beiden Äste der Hystereseschleife zusammenfallen.
Wegen ihrer Nachteile (große Masse und großes Volumen, große Steuerleistung) werden Transduktoren zu Steuer- und Regelzwecken in neuen Triebfahrzeugen kaum noch angewendet. Sie wurden durch Leistungstransistoren und Thyristorschaltungen verdrängt, sind jedoch bei älteren Baureihen noch häufig anzutreffen.

9.1 Stromsteuernde Schaltung

Der Eisenkern trägt eine Wicklung im Arbeitsstromkreis und eine im Steuerstromkreis (Bild 9.1/1). Der Arbeitsstromkreis liegt an der Wechselspannung $u\sim$. R sei der Verbraucher, dessen Leistung zu steuern ist. Der Steuerstromkreis liegt an der Gleichspannung $u=$.

Wirkprinzip [215]
Beim Anlegen einer Wechselspannung bestimmter Amplitude $u\sim$ muß, sieht man von dem ohmschen Spannungsabfall des Arbeitsstromes im Verbraucher R ab, entsprechend dem Induktionsgesetz $u = w\dfrac{\mathrm{d}\phi}{\mathrm{d}t}$ ein magnetischer Wechselfluß der Amplitude $\hat{\Phi}\sim$ im Eisenkreis auftreten (w = Windungszahl). Je nach Steilheit der Magnetisierungskennlinie $\hat{\Phi} = f(\Theta)$ (Bild 9.1/2) ist, um den Wechselfluß der Amplitude $\hat{\Phi}\sim$ hervorzurufen, eine mehr oder weniger große Wechselerregung bzw. ein mehr oder weniger großer Arbeitswechselstrom i_a erforderlich. Durch Einspeisen eines Gleichstroms i_{st} in die Steuerwicklung läßt sich der Arbeitsbereich auf der Magnetisierungskennlinie verschieben.

- $i_{st} = 0$ (Bild 9.1/3 a)
  Arbeit im steilen Bereich der Kennlinie zwischen Punkt 1 und 2. Der Arbeitsstrom i_a ist sehr klein, der Transduktor sperrt.
- i_{st} sehr groß (Bild 9.1/3 b)

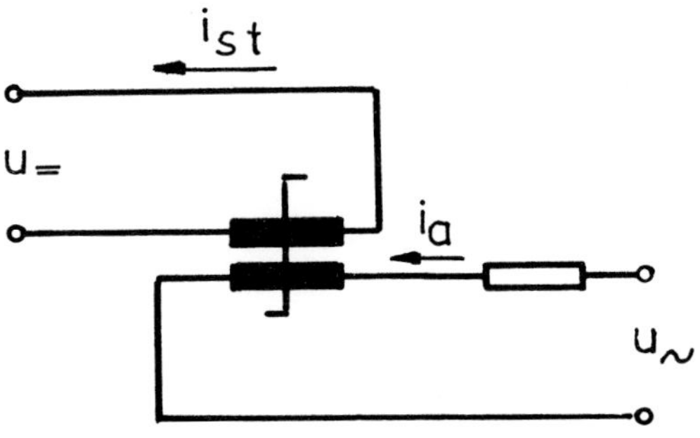

Bild 9.1/1 Transduktor in stromsteuernder Schaltung i_a Arbeitsstrom, i_{st} Steuerstrom

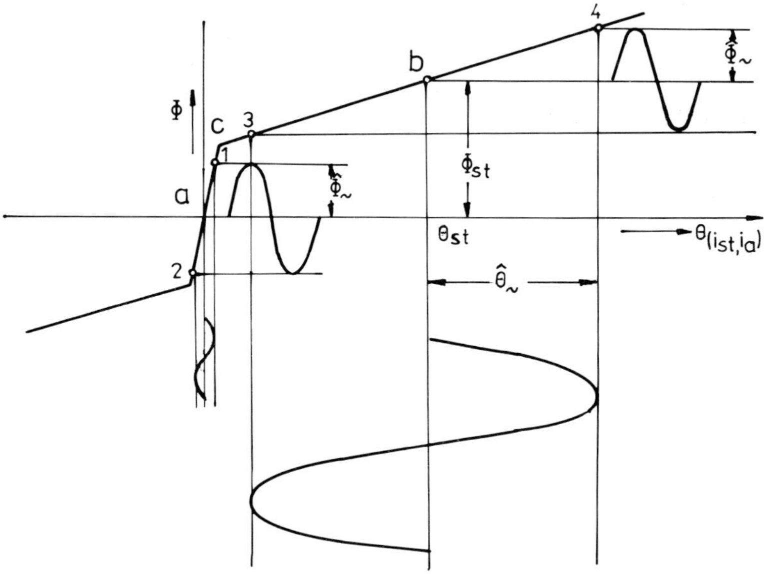

Bild 9.1/2 Wirkprinzip eines Transduktors in stromsteuernder Schaltung
i_a Arbeits- (Wechsel-)strom, i_{st} Steuerstrom, $\hat{\Theta}_\sim$ Amplitude der Arbeits-(Wechsel-)stromduchflutung, Θ_{st} Steuerstromdurchflutung, $\hat{\Phi}_\sim$ Amplitude des vom Arbeitswechselstrom erzeugten Wechselflusses, Φ_{st} vom Steuerstrom erzeugter magnetischer Fluß

Arbeit im flachen Bereich der Kennlinie zwischen Punkt 3 und 4. Der Arbeitsstrom ist groß, der Transduktor ist geöffnet.

- Dazwischen liegende Werte von i_{st} (Bild 9.1/3 c) ergeben einen Arbeitsbereich, der den Knick der Magnetisierungskennlinie einschließt, und damit mittlere Werte des Arbeitsstroms, der allerdings nicht mehr sinusförmig ist.

So ist es möglich, durch die Größe des Steuerstroms i_{st} die Größe des Arbeitsstroms in einem weiten Bereich zu beeinflussen. Durch verschiedenartige Schaltungen bei Verwendung mehrerer Transduktoren sind verschiedene Ergebnisse erzielbar. Die Parallelschaltung zweier Transduktoren wurde in Triebfahrzeugen mehrfach angewendet (Bild 9.1/4). [215] Es ergibt sich dafür die Steuerkennlinie nach Bild 9.1/5.

9.2 *Spannungssteuernde Schaltung*

Diese Schaltung wird auch als Sättigungswinkelsteuerung bezeichnet. Gegenüber der stromsteuernden Schaltung liegt zum Transduktor jeweils ein Gleichrichter in Reihe (Bild 9.2/1). Dadurch wird der Transduktor nur mit pulsierendem Gleichstrom gespeist. Man erhält damit eine Steuerkennlinie entsprechend Bild 9.2/2.

Beispiele:

- Baureihe 171 der DR: Transduktoren (Vorstufe und Hauptstufe) im Erregerkreis des Erregergenerators für die elektrische Widerstandsbremse (Bild 14.5/6).
- Baureihe 110 der DB: Vor- und Hauptverstärker im Erregerkreis bei elektrischer Bremsung.
- Baureihe 109/142 der DR: Im Ladegerät zur Ladung der Batterie befindet sich ein spannungssteuernder Transduktor in Selbstsättigungsschaltung (Abschn. 16.2.2 und [249]).

9.3 *Transduktor-Gleichstromwandler*

Die übliche Messung von Gleichströmen mittels Shunt ist bei höheren Stromstärken wegen der großen Verlustleistung und der großen Masse des Shunts unwirtschaftlich. Außerdem ist meist eine galvanische Trennung der Regel-, Steuer- und Meßgeräte vom zu messendem Stromkreis notwendig. Da Gleichstromwandler nicht auf Transformierung beruhen können, sind andere Verfahren erforderlich. Eines davon ist das Transduktorprinzip. [178]

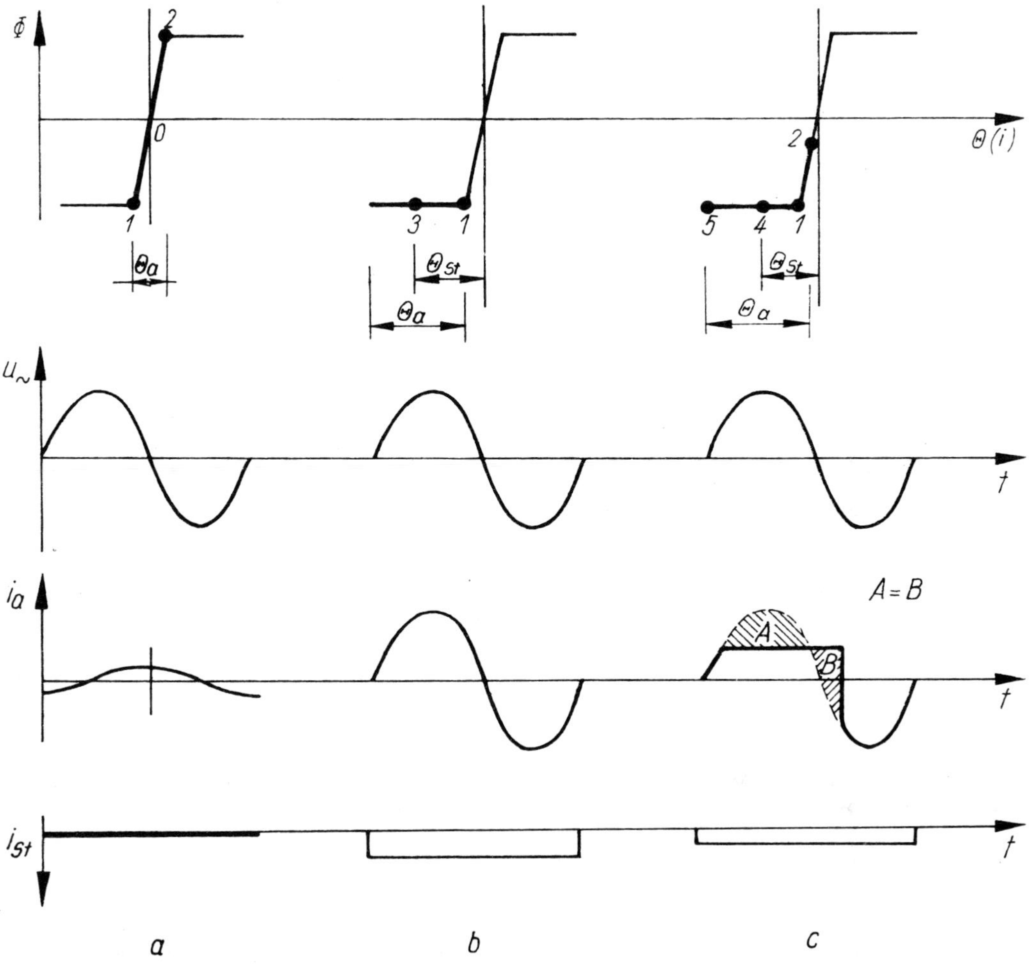

Bild 9.1/3 Wirkungsweise eines Transduktors in stromsteuernder Schaltung

Θ_a Arbeitsstromdurchflutung
Θ_{st} Steuerstromdurchflutung

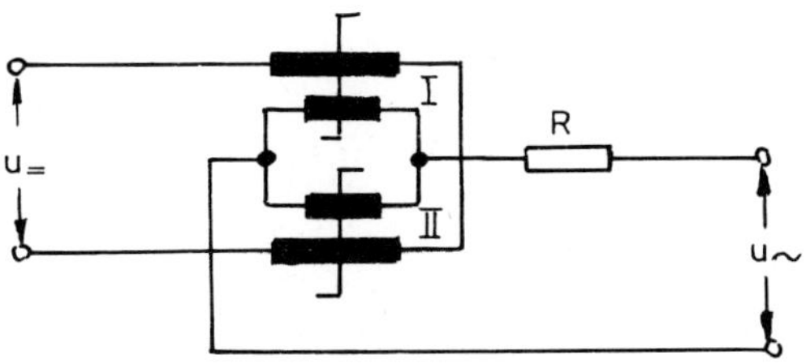

Bild 9.1/4 Parallelschaltung von zwei stromsteuernden Transduktoren

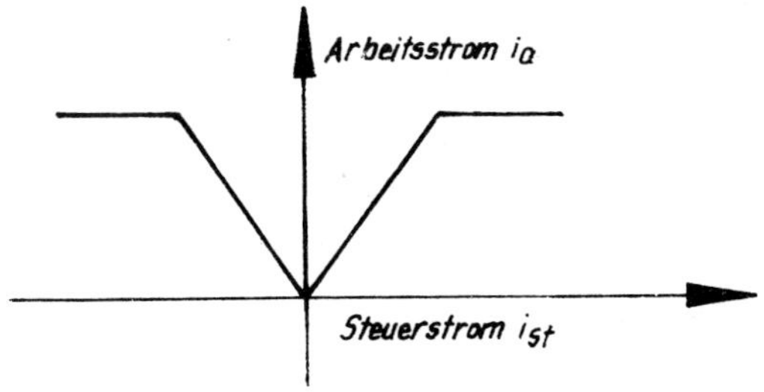

Bild 9.1/5 Steuerkennlinie des stromsteuernden Transduktors

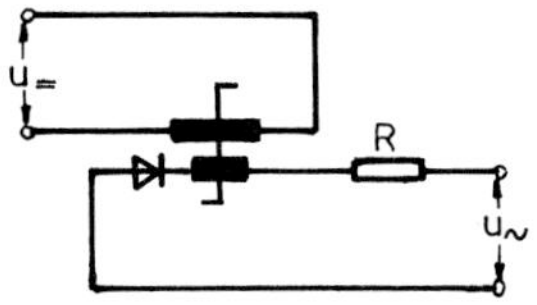

Bild 9.2/1 Transduktor in spannungssteuernder Schaltung

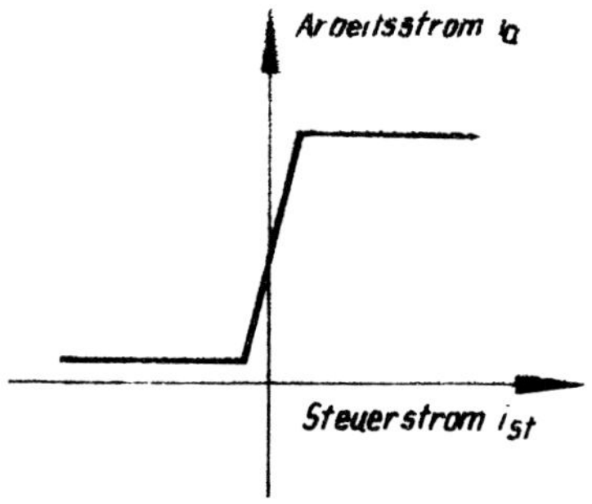

Bild 9.2/2 Steuerkennlinie des spannungssteuernden Transduktors

Durch die Arbeitswicklung fließt der Wechselstrom des Meßkreises. Seine Größe wird von dem die Steuerwicklung durchfließenden und zu messenden Gleichstrom beeinflußt (Bild 9.3/1). Der

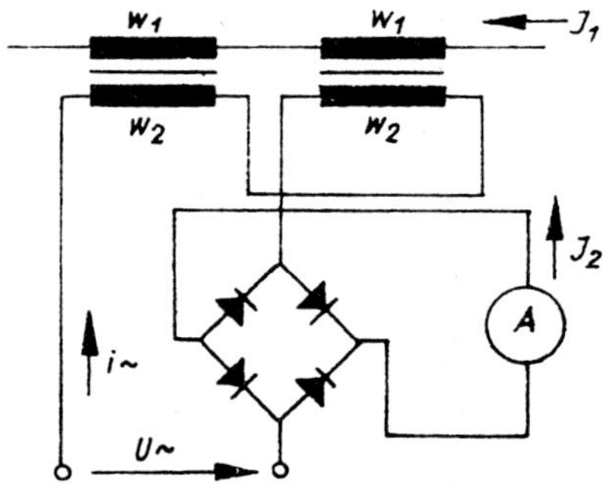

Bild 9.3/1 Gleichstromwandler mit vormagnetisiertem Eisenkern
w_1 Steuerwicklung (vom zu messenden Gleichstrom durchflossen), w_2 Arbeitswicklung (vom Meßwechselstrom durchflossen)

Meßwechselstrom wird durch eine Grätzschaltung gleichgerichtet und als Gleichstrom dem Meßgerät, dem Schutzrelais oder der Steuer- bzw. Regeleinrichtung zugeführt. Bei der sechsachsigen 50-Hz-Güterzuglokomotive Baureihe 171 der DR ist z. B. ein Gleichstromwandler im Erregerkreis des Erregergenerators für die elektrische Widerstandsbremse eingesetzt (Bild 14.5/6). Die damit gewonnenen Meßergebnisse tragen zur Regelung des Bremsvorgangs mit Transduktoren bei.

10

Stromrichter

10.1 Aufgaben

Die über die Fahrleitung in das Triebfahrzeug eingespeiste Energie besitzt auch nach Transformierung nicht oder nur ungenügend die Eigenschaften, die für die vorgesehene Nutzung erforderlich oder wünschenswert sind. So ist z. B. Einphasenwechselstrom der Frequenz 50 Hz nur stark eingeschränkt zur Speisung von Fahrmotoren geeignet. Zum Einsatz der wartungs- und instandhaltungsarmen Drehstrommotoren als Antrieb des Fahrzeugs oder der Hilfsbetriebe macht sich eine Umartung in ein dreiphasiges Stromsystem notwendig. Die Forderungen nach verlustarmer Steuerung und Reglung, gutem Führungsverhalten, geringer Blindstrombelastung des Fahrleitungsnetzes usw. sind weitere Gründe, die für eine Umartung der aus der Fahrleitung eingespeisten Energie auf dem Triebfahrzeug sprechen.
Zur Umformung standen lange Zeit nur rotierende Maschinen zur Verfügung. Sie wurden inzwischen weitgehend durch Stromrichter verdrängt.
Die Funktion des Stromrichters wird durch Bauelemente gewährleistet, die wegen ihres unterschiedlichen Widerstands in Fluß- (Durchlaß-) und Sperrichtung Ventile genannt werden, die ein Schalterverhalten zeigen und steuerbar sein können.
Anfangs (etwa seit den dreißiger Jahren) wurden zu diesem Zweck auf Triebfahrzeugen Gefäßstromrichter verwendet [94], [138], die in Form von Ignitrons und Excitrons (Bild 10.1/1) zum Teil heute noch in Betrieb sind, mit fortschreitender Entwicklung der Halbleitertechnik aber für Neukonstruktionen, beginnend mit den fünfziger Jahren, nicht mehr eingesetzt werden.

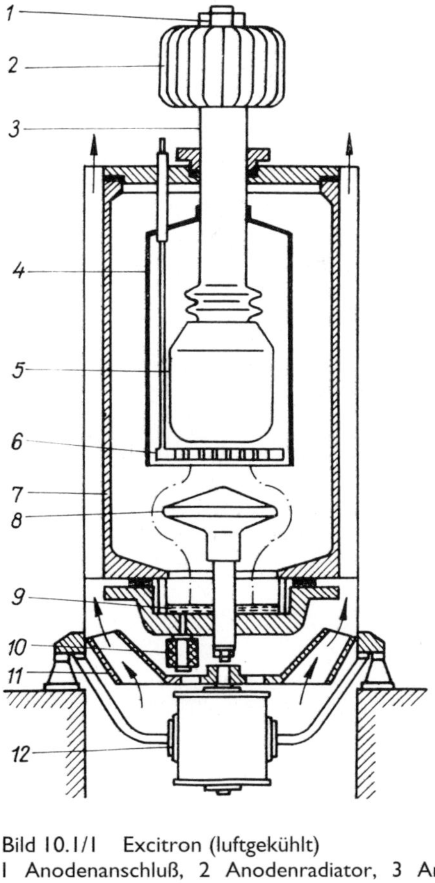

Bild 10.1/1 Excitron (luftgekühlt)
1 Anodenanschluß, 2 Anodenradiator, 3 Anodendurchführung, 4 Anodenhülse, 5 Anode, 6 Steuergitter, 7 Innenmantel, 8 Erregeranode, 9 Kathodenteich, 10 Zündeinrichtung, 11 Lüfter, 12 Lüftermotor

Die Ventile werden durch Stromrichtertransformatoren und/oder Zusatzeinrichtungen zu Stromrichteranlagen ergänzt.
In den folgenden Abschnitten wird nur die Stromrichtertechnik behandelt, die auf elektrischen Triebfahrzeugen angewendet wird bzw. deren Einsatz absehbar ist.

10.2 Arten der Halbleiterventile

Man unterscheidet nichtsteuerbare und steuerbare Halbleiterventile. Bei ersteren wurden die früher häufig verwendeten Selengleichrichter völlig durch Dioden auf der Basis von Silizium (in geringerem Umfang Germanium) verdrängt. Bild 10.2/1 zeigt deren prinzipiellen Aufbau.

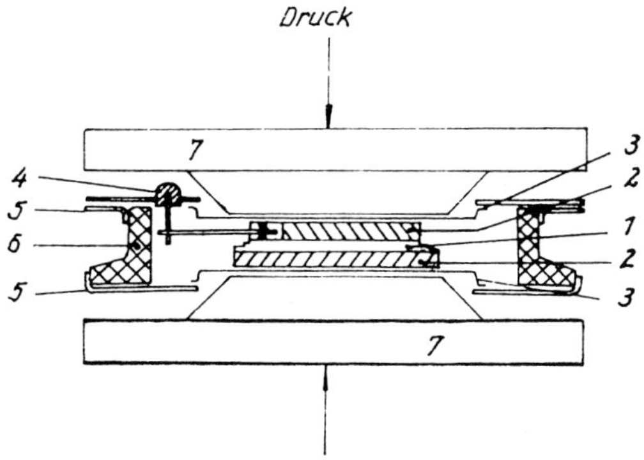

Bild 10.2/2 Thyristor in Scheibenzellenbauform
1 Siliziumscheibe, 2 Molybdän, 3 Silberfolie, 4 Steuerelektrode, 5 Vacon, 6 Keramik, 7 Elektrode und Kühlung

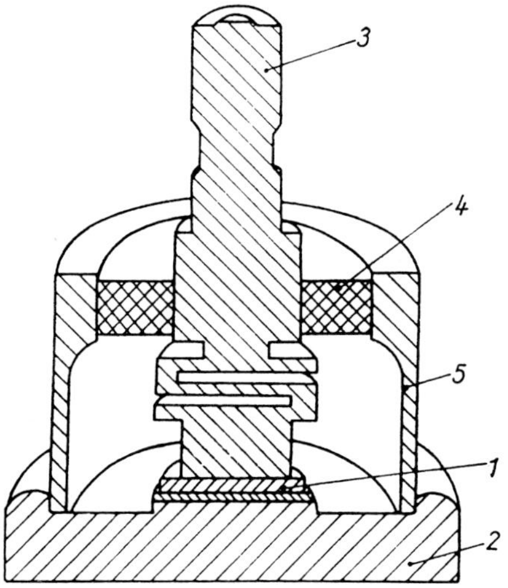

Bild 10.2/1 Siliziumdiode für 200 A
1 Siliziumscheibe, 2 Kupfersockel, 3 Anodenanschluß, 4 Glaseinschmelzung, 5 Gehäuse (Stahl, Keramik)

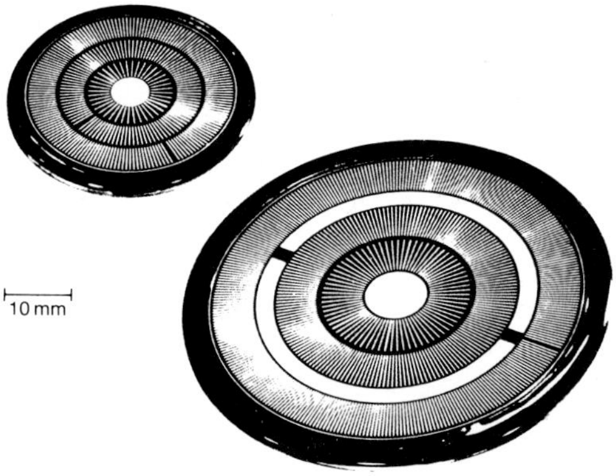

Bild 10.2/3 GTO-Thyristoren für 2500 V Sperrspannung und 1000 A (links) und 2000 A (rechts) Abschaltstrom (SIEMENS AG)

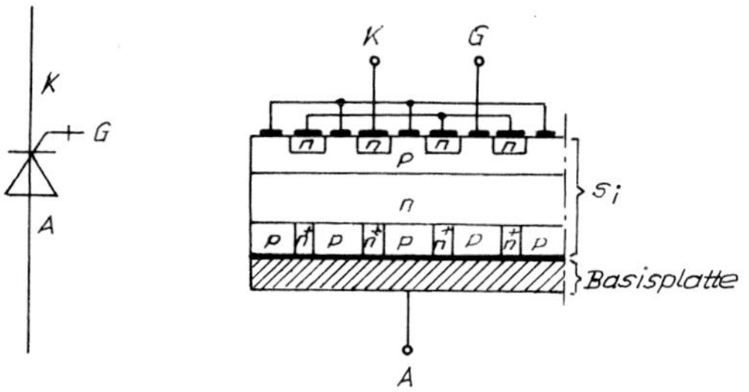

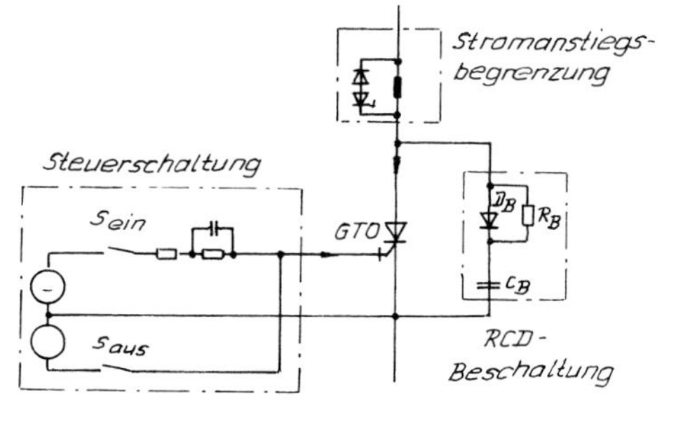

Bild 10.2/4 GTO-Tyristor
Schaltzeichen, Schichtstruktur, Steuerschaltung, Beschaltung

Bei den zu den steuerbaren Ventilen gehörenden Transistoren kann durch die Größe der Spannung an der Steuerelektrode der Durchlaßstrom von Null bis zum zulässigen Höchstwert stetig gesteuert werden. Leistungstransistoren werden jedoch überwiegend im Schaltbetrieb eingesetzt. Dauerströme von weit über 100 A und Durchbruchspannungen von 500...600 V ermöglichen die Ausführung von Geräten mit Schaltleistungen im 100-kVA-Bereich.
Bei der zweiten Art der steuerbaren Ventile, den Thyristoren, ist bei den herkömmlichen Bauformen mittels Spannung an der Steuerelektrode nur das Einschalten des Durchlaßstromes möglich. Dessen Abschalten gelingt nur durch seine Absenkung unter einen Mindestwert, den Haltestrom. Bild 10.2/2 zeigt den Aufbau eines Thyristors in Scheibenzellenbauform.
Die in den letzten Jahren verstärkt auf dem Markt erschienenen GTO-Thyristoren (Gate-Turn-Off) ermöglichen es dank einer besonderen Gestaltung der Steuerelektrode (Bilder 10.2/3 und 10.2/4), durch deren Beaufschlagen mit Spannung auch den Übergang vom Durchlaß- in den Sperrzustand herbeizuführen. Das führte zu einer erheblichen Vereinfachung der Schaltungen und zu einer starken Reduzierung der Bauelemente.
Die prinzipielle Wirkungsweise dieser Bauelemente und die beim Einsatz in Schaltungen zu beachtenden Bedingungen werden als bekannt vorausgesetzt. [9], [15], [16], [83], [87], [139], [244]

10.3 Zündung und Löschung der Thyristoren

10.3.1 Zündung

Bei der Zündung geht ein Thyristor vom Blokkier- in den Durchlaßzustand über. Die Zündung geschieht üblicherweise durch Impulse mit Spannungen von einigen Volt und Strömen bis zu 1 A, die von Steuergeräten erzeugt und mit Zündtransformatoren auf die Zündelektrode (Gitter) übertragen werden. Je nach der Stromrichterschaltung und den Lastkreiseigenschaften werden unterschiedliche Zündimpulsformen und -folgen angewendet (Bild 10.3/1).
Zur Einleitung der Zündung wird fast ausschließlich die Horizontalsteuerung benutzt. Sie verwendet einen Zündimpuls konstanter, jedoch ausreichend hoher Amplitude (Mindestzündstrom) zur sicheren Durchschaltung, der mittels des Steuergeräts zeitlich verschoben werden kann und die Regelung der Gleichspannung ermöglicht (Abschn. 10.7.1).
Nach der Zündung verläuft der Stromfluß anfangs in einem engen Kanal. Er breitet sich nach und nach über die gesamte Kristallfläche aus. Die Ausbreitungsgeschwindigkeit beträgt etwa 0,1 mm/µs und begrenzt den Stromanstieg nach der Zündung (di/dt-Verhalten). Der volle Durchlaßstrom ist erst nach Erreichen der vollen Leitfähigkeit des

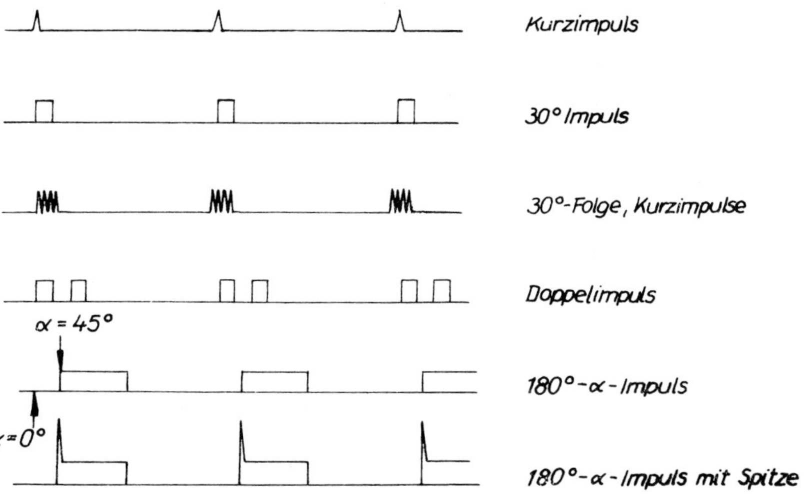

Bild 10.3/1 Steuerimpulsformen

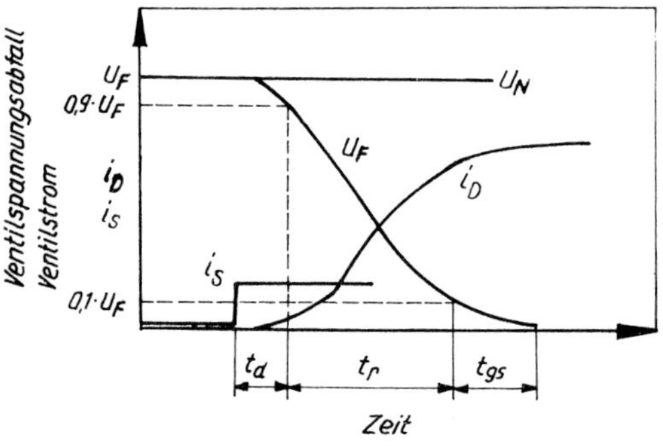

Bild 10.3/2 Einschaltvorgang beim Thyristor

Kristalls zulässig. Der Ventilspannungsabfall und der Durchlaßstrom während des Zündvorganges sind über der Zeit im Bild 10.3/2 dargestellt. Wird der volle Durchlaßstrom-Mittelwert schon nach der Kanalbildung erreicht, wird das Ventil lokal thermisch zerstört. Durch geeignete Bemessung des Stromkreises ist dafür zu sorgen, daß die Stromanstiegsgeschwindigkeit das zulässige Maß nicht überschreitet.

10.3.2 Löschung

Bei der Löschung geht der Thyristor vom Durchlaß- in den Sperrzustand über, wobei im Anschluß an die Löschung ein Sperr- oder Blockierspannungsanstieg folgen kann. Ein Thyristor löscht bei Unterschreitung des vom Hersteller angegebenen Haltestroms.

Häufig ist der Lösch- mit dem Kommutierungsvorgang verknüpft, der als Stromübergabe zwischen zwei Stromkreisen definiert und im

Bild 10.3/3 Kommutierung, Umleitung eines Stromes von einem Stromkreis in einen anderen (schematisch)

Bild 10.3/3 dargestellt ist. Zur Erläuterung des Vorgangs wurden die Thyristoren durch Schalter ersetzt.

Funktion:

Der Strom soll vom Kreis 1 auf Kreis 2 übergehen. Der Schalter 2 wird zum Zeitpunkt t_1 geschlossen. Die Kommutierungsspannung u_k (als Differenz zwischen u_2 und u_1) treibt den Kommutierungsstrom i_k an, der den Zweigstrom i_1 abbaut (entgegengerichtet) und den Strom i_2 aufbaut (gleichsinnig). Durch die Kreisinduktivität L_k findet die Stromübergabe nicht sprunghaft statt. Die Kommutierung ist zum Zeitpunkt t_2 (Öffnung von Schalter 1) abgeschlossen.

Die Kommutierung bedeutet Kurzschluß beider an der Stromübergabe beteiligten Phasen, der mit dem Löschen des stromabgebenden Ventils (im Beispiel Öffnung von Schalter 1) aufgehoben wird (Einflüsse auf Stromrichter und Netze Abschn. 10.9.2).

Wird die Kommutierungsspannung u_k vom Netz geliefert (z. B. als Phasenspannungsdifferenz), spricht man von natürlicher Kommutierung oder Netzlöschung, da sie vom Netz ohne Hilfsmittel ermöglicht wird. Kann u_k nicht vom Netz bereitgestellt werden (z. B. bei Gleichstromstellern), muß es durch besondere Maßnahmen (z. B. einen geladenen Kondensator) bereitgestellt werden (Selbst-, Zwangslöschung). Die Löschung ist hier nur mit besonderem Aufwand möglich.

Beispiel:

Löschung als „Umschwingschaltung" nach Bild 10.3/4.

Funktion:

Der Löschkondensator C stellt die Kommutierungsspannung u_k bereit und hat eine löschbereite (eingezeichnete) Polarität durch Vorzündung des Hauptthyristors HT oder durch Ladung über hochohmige Widerstände. Der stromführende Thyristor HT wird durch Zündung des Löschthyristors LT gelöscht. Der Laststrom kommutiert von HT auf LT (Löschkreis, Bild 10.3/4, Zeitpunkt t_1). HT löscht, und C wird durch den Laststrom umgeladen. Die Kondensatorspannung U_C liegt als Sperrspannung an HT. LT löscht nach Umladung von C selbsttätig (Bild 10.3/4, Zeitpunkt t_3). Bei erneuter Zündung von HT wird C über die Sperrdiode D und die Umschwingdrossel L_S bei gelöschtem LT wieder auf Löschbereitschaft aufgeladen. U_C schwingt um (Bild 10.3/4, Zeitpunkt $t_4 \ldots t_5$). Die Sperrdiode D verhindert ein Rückschwingen der Ladung.

Die Selbstlöschung ist mit hohen Werten von

Bild 10.3/4 Löschschaltung

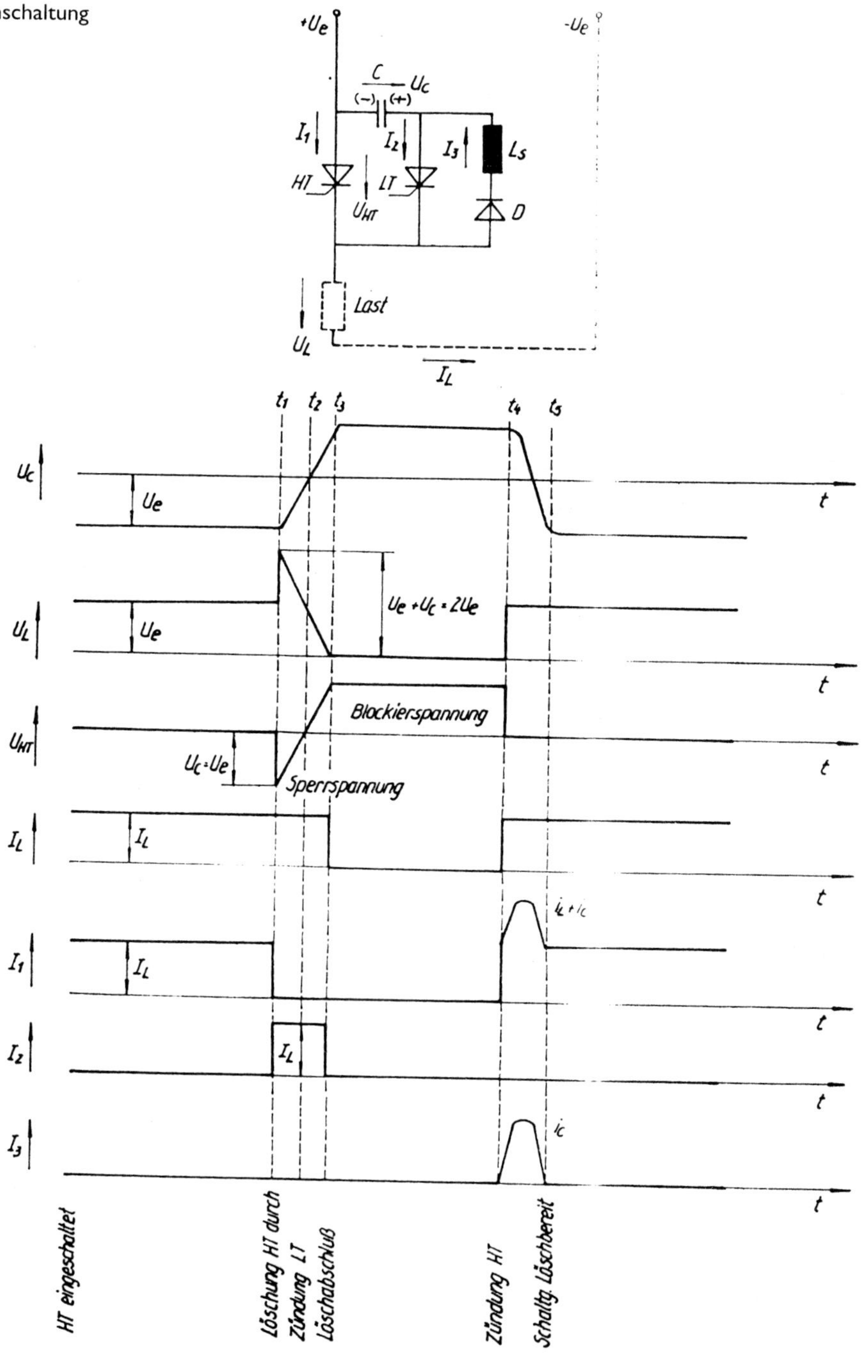

du/dt und di/dt verbunden, die erhebliche dynamische Beanspruchungen für die Thyristoren darstellen.

Beim Ausschalten kann sich die Ladungsträgerdichte in den Sperrschichten des Halbleiterventils dem abnehmenden Durchlaßstrom nur verzögert anpassen, so daß das Ventil bei dessen Nulldurchgang noch voll leitend ist und trotz anliegender

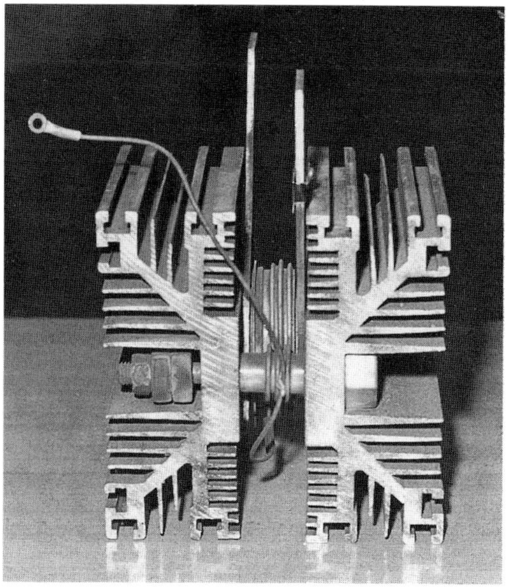

Bild 10.4/1 Siliziumdiode mit Kühlkörper

Das erwärmte Öl wird in einem speziellen Öl/Luft-Wärmetauscher als Sekundärkühlung rückgekühlt. Dazu sind Pumpenumlauf und isolierende Ölleitungsverbinder zur Potentialtrennung erforderlich, da der Gehäuseboden der leistungselektronischen Bauelemente stets leitend mit ihrem aktiven System verbunden ist (Bild 10.2/2). An Stelle des brennbaren Öles findet auch Wasser, versetzt mit Frostschutzmitteln, Verwendung.

Siedekühlung
Eine weitere Verbesserung von Eigenschaften und Aufwand ist durch Kühlung mit einem Flüssigkeits-Dampf-Kreislauf zu erzielen. Hier wird die Wärme ohne jegliche Umwälzeinrichtungen transportiert.
Bei der Wärmerohrkühlung [150] wird an dem einen Ende des Wärmerohrs durch die Verlustwärme eine Kühlflüssigkeit verdampft und die Wärmeenergie als Verdampfungswärme in dem Medium Dampf an das mit Kühlrippen versehene Ende des Rohres transportiert. Hier wird die Wärme an die Umgebung abgegeben, wobei der Dampf kondensiert. Die Flüssigkeit fließt wieder an den Ausgangsort zurück.
Bei der Siedebadkühlung [251] tauchen ganze Phasenbausteine, bestehend aus Ventil(en) und allen zu ihrem Betrieb erforderlichen Bauelementen nach Bild 10.6/1 in ein mit verdampfungsfähigem Kältemittel (z. B. Freon) gefülltes druckdichtes Gefäß (meist Aluminium). Die Verlustwärme des Phasenbausteins bringt das Kältemittel zum Sieden, und dessen Dämpfe kondensieren an den sekundärluftgekühlten Außenwänden der stapelbaren Boxen.
Vorteile:
- großflächige, relativ glatte, reinigungsfreundliche Behälter, die kompakte Stromrichterkonfigurationen ermöglichen,
- keine Umwälzpumpen,
- hohes Wärmeableitungsvermögen.

Nachteile:
- höchste Ansprüche an die Fertigungstechnologie (gasdichter Leichtmetallguß, kältemittelverträgliche Isolierstoffe, absolut dichte Durchführungen und Verschraubungen),
- Gefahr der Umweltbelastung.

Anwendungsbeispiele: Baureihe 252 der RENFE, ICE der DB.
In einigen Fällen wurde in den Siedebadbehälter ein wasserdurchströmter Kühlkörper eingebaut, an dem das Verdampfungsmittel kondensiert. Die Wärme wird an die Luft über einen entfernt angeordneten Wasser-Luft-Wärmetauscher abgegeben.

10.4.2 Beschaltung

Der unter 10.3.2 beschriebene Steilabfall des überhöhten Sperrstroms (Bild 10.3/5) ruft an den Kreisinduktivitäten Überspannungen hervor, die u. U. über den zulässigen Spitzensperrspannungen der Ventile liegen. Zur Unterdrückung der TSE-Spannungsspitze wird eine Beschaltung der Ventile mit einem RC-Glied nach Bild 10.4/2 vorgenommen. Der Widerstand R dämpft dabei Schwingungen zwischen der Kapazität C und der stets vorhandenen Kreisinduktivität. Die Beschaltung muß in un-

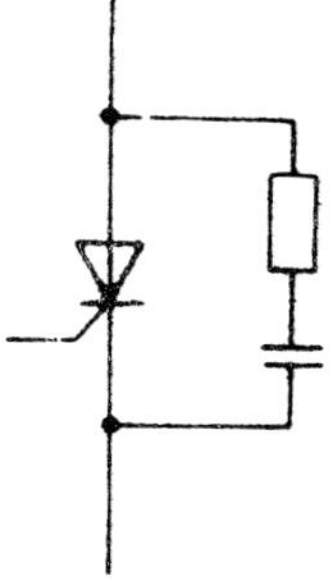

Bild 10.4/2
TSE-Beschaltung

Bild 10.4/3 Thyristor mit Stufendrossel

mittelbarer Nähe des Ventils induktivitätsarm angeordnet werden.
Einer zu großen Spannungsanstieggeschwindigkeit (du/dt) kann durch Vergrößerung von C, einem zu steilen Stromanstieg (di/dt) durch vorgeschaltete Stufendrosseln (Bild 10.4/3) begegnet werden.
Bei GTO-Thyristoren werden mehrere Beschaltungsarten zur RCD-Beschaltung zusammengefaßt (Bild 10.4/4). Der Kondensator C_B übernimmt die Begrenzung der positiven Spannungssteilheit beim Abschalten und bei kurzzeitigen Überspannungen. R_B dient als Ladestrombegrenzer für C_B beim Einschalten, D_B überbrückt R_B beim Ausschalten des GTO-Thyristors. L_B begrenzt die Einschaltstromsteilheit. Problematisch sind die Leistungsbemessung von R_B und Spannungsüberhöhungen durch Überladung von C_B, die zur Erweiterung durch Zusatzbeschaltungen führt. [15]

10.4.3 Reihen- und Parallelschaltung

Reichen die zulässige Spitzensperrspannung und/oder der Typenstrom eines Ventils für den Aufbau einer Schaltung nicht aus, so muß auf Reihen-

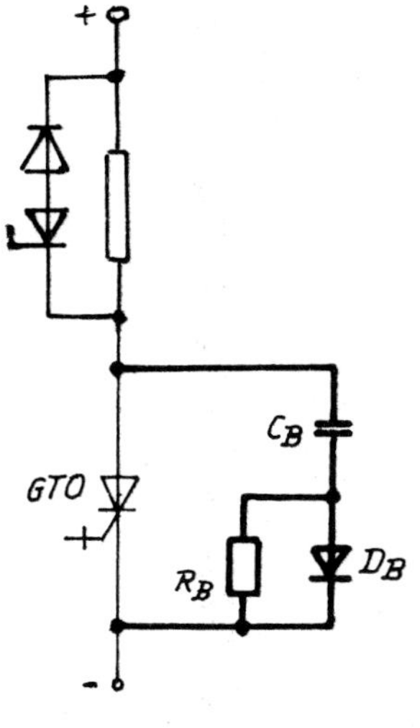

Bild 10.4/4 RCD-Beschaltung für GTO

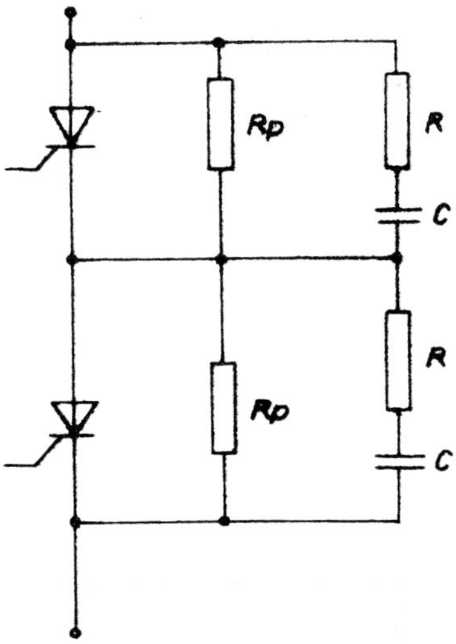

Bild 10.4/5 Reihenschaltung von Thyristoren mit Parallelwiderständen und TSE-Beschaltung

und/oder Parallelschaltung zurückgegriffen werden. Die Belastbarkeit der Ventile ist in Zusammenschaltungen wegen der Exemplarstreuungen der Kennwerte nicht voll nutzbar. Zum Schutz vor ungleichmäßiger Spannungs- bzw. Stromaufteilung sind zusätzliche Maßnahmen erforderlich.

Reihenschaltung
Für eine Reihenschaltung sind nur Ventile gleicher Spitzensperrspannung verwendbar. Eine gleichmäßige statische Spannungsaufteilung wird durch parallele ohmsche Spannungsteiler erzwungen. Eine ungleichmäßige dynamische Spannungsaufteilung durch unterschiedliches TSE-Verhalten der Ventile wird durch die TSE-Beschaltung mit symmetriert (Bild 10.4/5).

Parallelschaltung
Für eine Parallelschaltung sind nur Ventile gleichen Typs verwendbar, die nach gleicher Durchlaßkennlinie und/oder gleichem Zündverhalten sortiert wurden. Da die Durchlaßkennlinien temperaturabhängig sind, muß auf eine gleichmäßige Kühlung der Ventile Wert gelegt werden. Eine ungleiche Stromaufteilung ist durch einen vom Hersteller vorgeschriebenen Faktor zur Herabsetzung des Durchlaßstrom-Mittelwerts bei Parallelschaltung zu berücksichtigen. Ungern werden Ventildrosseln (Überspannungsbildung) und Vorschaltwiderstände (Verluste) zur Symmetrierung angewendet.

Die Parameter der Halbleiterbauelemente haben sich in den letzten Jahren so entwickelt, daß selbst für höchste Leistungen kaum noch Reihen- oder Parallelschaltungen von Ventilen nötig sind.

10.5 Schutz der Halbleiterstromrichter

10.5.1 Schutz gegen Überspannungen

Wenn außer den unter 10.4.2 und 10.4.3 beschriebenen Maßnahmen zum Ventilschutz auf Triebfahrzeugen besondere Schutzmaßnahmen gegen äußere Überspannungen vorgesehen werden, werden sie auf der Ventilseite des Transformators angewendet und entsprechen Bild 10.5/1. Die Beschaltung der Transformatorsekundärwicklung schützt vor netz-, die des Brückenausgangs vor lastseitigen Überspannungen. Überspannungsableiter und -begrenzer allein bieten keinen hinreichenden Schutz.

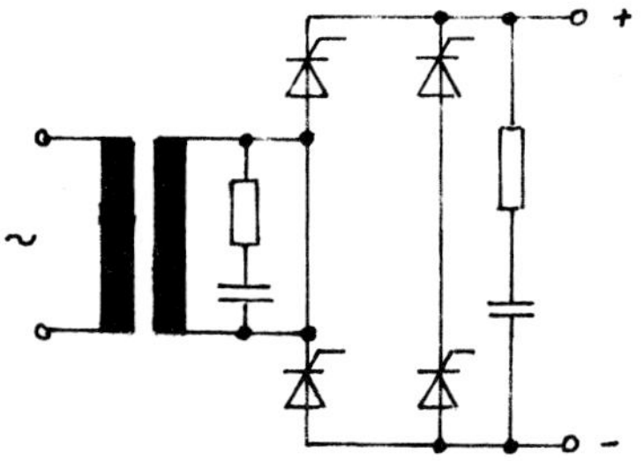

Bild 10.5/1 Schutzschaltung gegen Überspannungen

10.5.2 Überstromschutz

Wegen der geringen Wärmekapazität des aktiven Teils der Ventile müssen eventuelle Schutzeinrichtungen schnell ansprechen. Die Überlastbarkeit eines Halbleiterventils wird durch seine Grenzstromkennlinie (Bild 10.5/2, Linie b) beschrieben. Durch gute Anpassung einer Schmelzsicherung läßt sich ein Schutz im gesamten Zeitbereich erzielen (Vollschutz, Linie c im Bild 10.5/2), was aber wegen der schlechten Wiedereinschaltbarkeit (Sicherungswechsel!) unzweckmäßig ist. Daher wird eine Unterscheidung in einen Lang- und einen Kurzzeitschutz vorgenommen. Den Langzeitschutz kann der Triebfahrzeug-Hauptschalter übernehmen; der Kurzzeitschutz ist nur durch eine flinke Sicherung in teilangepaßter Betriebsweise (Bild 10.5/2, Linie d) realisierbar. Der Leistungsschalter wird durch normale Überstrom-(Momentanwert-) Anregung oder durch Kurzschlußstromanstieg (di/dt) ausgelöst.

Häufig wird der Überstromschutz auch durch Kurzschließer oder Schnelltrenner vor dem Stromrichtereingang hergestellt. Kurzschließer schaffen durch Momentanwert- oder di/dt-Auslösung einen Kurzschluß des den Stromrichter speisenden

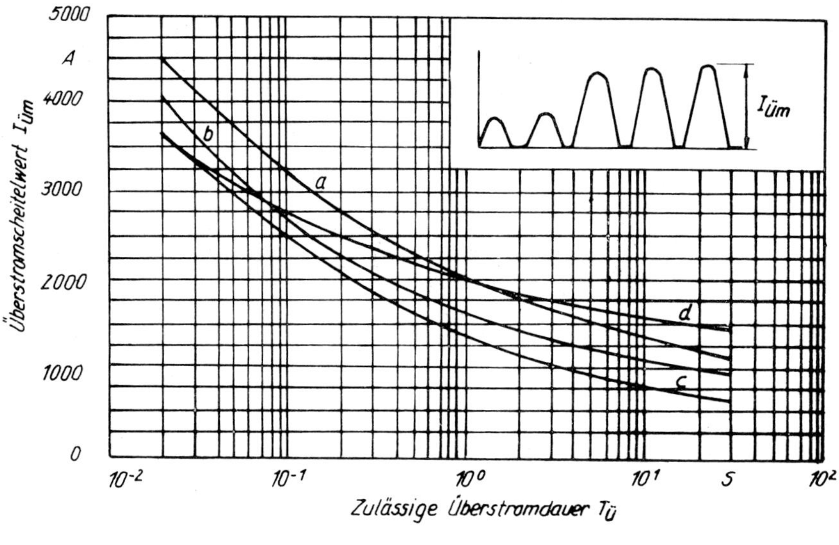

Bild 10.5/2 Überstromkennlinie (Thyristor T 250 ČKD)

a) Ausgangstemperatur der Sperrschicht 35 °C
b) Ausgangstemperatur der Sperrschicht 125 °C
c) Kennlinie einer vollangepaßten Sicherung
d) Kennlinie einer teilangepaßten Sicherung

Netzes und verursachen das Ansprechen des Leistungsschalters. Sie können den Stromrichter vor inneren und Lastkurzschlüssen schützen. Kurzschließer wirken nicht überspannungsbildend. Die vom Kurzschluß betroffenen Anlagenteile (Haupttransformator, Stromschienen) müssen aber kurzschlußfest sein.

Schnelltrenner sind Gleichstromschnellschalter mit extrem kleinen Eigenzeiten, die die Last vom Stromrichter abtrennen. Sie können aber zu Überspannungen beim Schaltvorgang führen. Beide letztgenannten Schutzarten gestatten eine schnelle Wiederinbetriebnahme und werden im Bahnbetrieb angewendet, wobei oft auf Sicherungen verzichtet wird.

10.6 Aufbau der Halbleiterstromrichter

Halbleiterventile benötigen Hilfseinrichtungen, die zum Teil unmittelbar mit ihnen verbunden sein müssen, z. B.:

- TSE- und Symmetrierungsbeschaltung,
- Sicherungen mit anzeigender oder meldender Überwachung,
- Zündübertrager (nur bei Thyristoren),
- Steuergeräte (nur bei Thyristoren).

Für den Aufbau von Stromrichtern mit Bauelementen der Leistungselektronik bildeten sich bestimmte Konstruktionsprinzipien heraus, die speziell im Triebfahrzeugbau auf äußerste Raumausnutzung, optimale Zugänglichkeit aller zur Überprüfung der Funktion notwendigen Bauelemente, Leichtbau, Wartungsarmut und Instandhaltungsfreundlichkeit orientieren. Dabei wird größte Selektivität bei der Zusammenfassung aller zum Betrieb eines Ventils (oder einer aus mehreren Ventilen bestehenden Funktionsgruppe) notwendigen Bauelemente in einem Baustein (Modul) angestrebt, der mit Stark- und Schwachstromsteckverbindern sowie Schnellverschlüssen in einem kühlluftführenden Gestell oder bei Siedebadkühlung (Abschn. 10.4.1) in einer Hermetikbox angeordnet wird [114], [251] (Bild 10.6/1), sich zu Doppelbausteinen zur Realisierung verschiedener Schaltungen zusammenstellen läßt und bei engster Stapelung einen minimalen Einbauraum beansprucht.

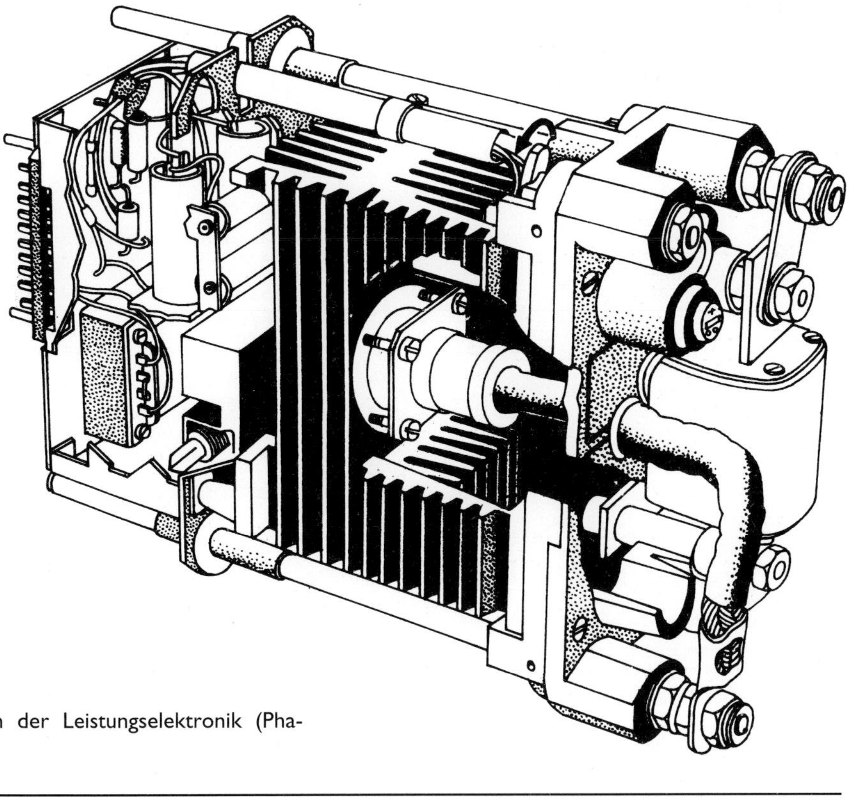

Bild 10.6/1 Baustein der Leistungselektronik (Phasenbaustein)

10.7 Stromrichter-Grundschaltungen

10.7.1 Begriffe

Stromrichter bestehen stets aus Zusammenschaltungen mehrerer Ventile und lassen sich auf einige Grundschaltungen zurückführen, die allein oder kombiniert die Aufgaben der Stromrichter erfüllen.

Man unterscheidet gesteuerte und ungesteuerte Schaltungen. Gesteuerte Schaltungen müssen mindestens zum Teil mit Thyristoren bestückt sein und erlauben im einfachsten Fall die Regelung der abgegebenen Spannung durch Anschnittsteuerung, d. h. durch Verschiebung der Stromübernahme des Folgeventils bei konstanter Wechselspannungsamplitude. Die Verschiebung des Zündzeitpunkts wird durch den (zeitlichen) Zünd-(Steuer-) Winkel ausgedrückt, der vom natürlichen Stromübernahmezeitpunkt aus gerechnet wird (Bild 10.7/1); bei Zweiphasensystemen vom Nulldurchgang, bei Mehrphasensystemen vom Phasenschnittpunkt der stromabgebenden mit der -übernehmenden Phase.

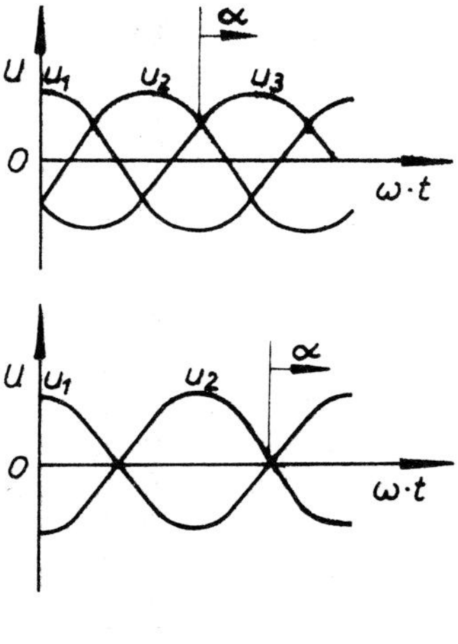

Bild 10.7/1 Zündwinkel α

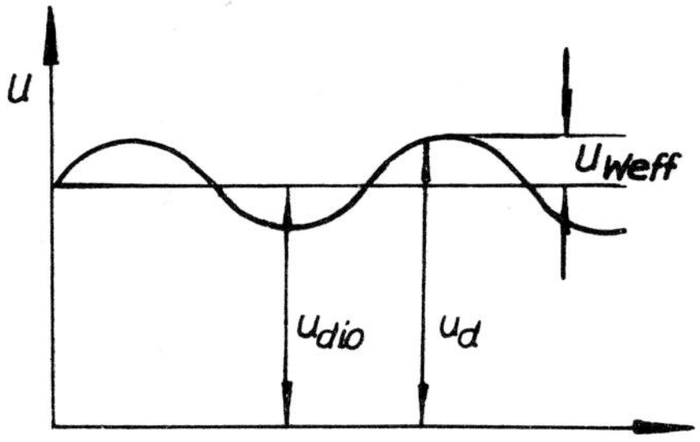

Bild 10.7/2 Welligkeit

Die Spannungsregelung ist bei ungesteuerten Schaltungen (mit Dioden) nur über die Änderung der Amplitude der speisenden Wechselspannung (z. B. mit Stufentransformator) möglich. Eine Schaltung wird außerdem durch die Pulszahl p als Verhältnis der Grundfrequenz der (der Stromrichterausgangsspannung überlagerten) Oberwellen zur Netzfrequenz gekennzeichnet.

Pulszahl und Steuerungsart bestimmen die Welligkeit von Gleichspannung und Gleichstrom, die im Hinblick auf die Verbrauchereigenschaften oft unerwünscht ist und einen zusätzlichen Begrenzungsaufwand (Glättung durch Drosseln und Kondensatoren) erfordert bzw. Einfluß auf die Motorbauarten nimmt (Abschn. 12 und 13). Sie ist als Verhältnis des überlagerten Wechsel- zum Gleichanteil von Strom und Spannung nach Bild 10.7/2 definiert. Dabei gilt allgemein, daß bei Gleichrichtern auf der Gleichstromseite Oberschwingungen als ganzzahlige Vielfache der Pulszahl auftreten, deren Intensität bei ungesteuertem Betrieb mit steigender Ordnungszahl abnimmt.

Bei Anschnittsteuerung liegen kompliziertere Verhältnisse vor. [94] Allgemein nimmt die Welligkeit durch Anschnittsteuerung zu (höhere Harmonische stärker als niedrige). Je glatter der Gleichstrom ist, um so größer sind die Rückwirkungen auf das speisende Netz (Abschn. 10.9).

Für die folgenden Abschnitte gilt:

- Alle Grundschaltungen werden zur Vereinfachung unter der Voraussetzung völlig geglätteten Gleichstroms und idealisierter Kommutierung (unverzögerte Stromübergabe, keine Induktivität im Kommutierungskreis) dargestellt.
- Die zum Stromrichter gehörenden Transformatoren bleiben unberücksichtigt.
- Bei netzgelöschten Schaltungen entspricht der Betrieb mit Dioden dem von Thyristoren bei einem Steuerwinkel $\alpha = 0$.
- Selbstgelöschte Schaltungen können anstelle von Frequenzthyristoren mit Löschschaltung mit GTOs (Abschnitt 10.3.2) besetzt werden.

10.7.2 Mittelpunkt-Schaltungen (Einweg- oder Halbwellenschaltungen)

Zweipuls-Stromrichter in Mittelpunktschaltung

Die Zweipuls- Mittelpunktschaltung ist die auf-

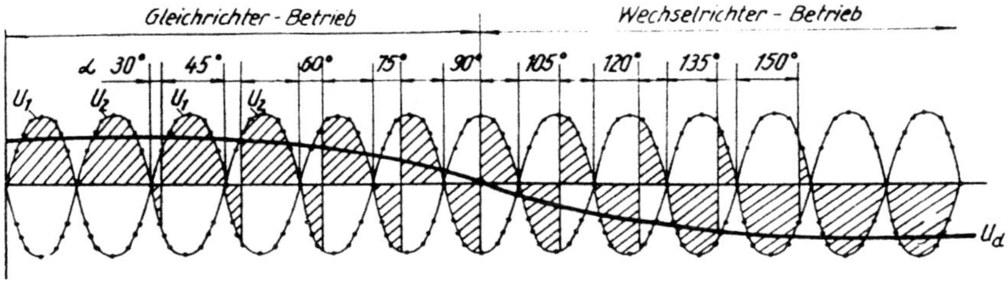

Bild 10.7/3 Zweipuls-Mittelpunktschaltung (Gleichspannungsbildung)

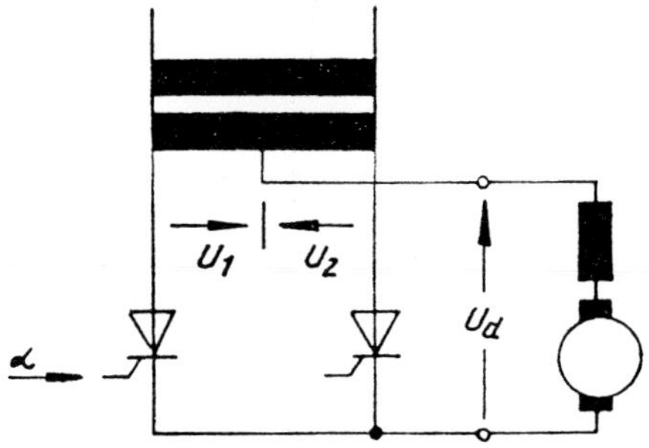

wandärmste Stromrichterschaltung im Hinblick auf die Ventilzahl. Sie wird auf Triebfahrzeugen zur Bereitstellung kleiner und mittlerer Leistungen (z. B. Erregergleichrichter für Fahrmotoren im Fahr- und/oder Bremsbetrieb und als Grundelement für Wechsel- und Umrichterschaltungen) angewendet.

Schaltung und Gleichspannungsbildung (netzgelöschter Betrieb) zeigt Bild 10.7/3. Bei einem Steuerwinkel $\alpha = 0$ (Bestückung der Schaltung nur mit Dioden) ist nur Gleichrichterbetrieb möglich. Die Stromrichtung ist durch die Ventilanordnung vorgegeben und nicht umkehrbar.

Bei Ausrüstung mit Thyristoren ist eine Regelung der abgegebenen Gleichspannung von +U bis –U möglich, wobei der Zündwinkel α von 0° bis zur technischen (Tritt-) Grenze von ungefähr 150° verschoben werden kann. Bei $\alpha > 90°$ geht die Schaltung in Wechselrichterbetrieb über, bei $\alpha > 150°$ tritt das sog. Wechselrichterkippen (Phasenkurzschluß) auf. [83], [87], [138], [139] Die Schaltung ist zugleich Grundbaustein selbstgelöschter Wechselrichterschaltungen zur Erzeugung von Wechselspannungen veränderlicher Frequenz aus konstanter Gleichspannung.

Als Beispiel einer Schaltung für selbstgelöschten Betrieb zeigt Bild 10.7/4 einen Parallelwechselrichter.

Funktion:

Abwechselnd werden die beiden Thyristoren T_1 und T_2 im Takt der gewünschten Frequenz gezündet. Die Zündung des Folgeventils bewirkt die Löschung des stromführenden und die Umladung des Löschkondensators C. Stromfluß: $+U_d/T_1/-U_d$; Zündung von T_2: $+U_d/C/T_2/-U_d$; nach Umladung von C: $+U_d/T_2/-U_d$. Die Stromübergabe auf das Folgeventil geschieht wechselstromseitig. Gleichstromseitig fließt ein durch die Glättungsdrossel glatter, von der Kommutierung unbeeinflußter Gleichstrom. Ventil- und Laststrom sind vereinfacht im Bild 10.7/5 dargestellt.

Die Ausgangsspannung der Schaltung nach Bild 10.7/4a ist stark laststromabhängig. Bei einem für die Löschung gerade ausreichend dimen-

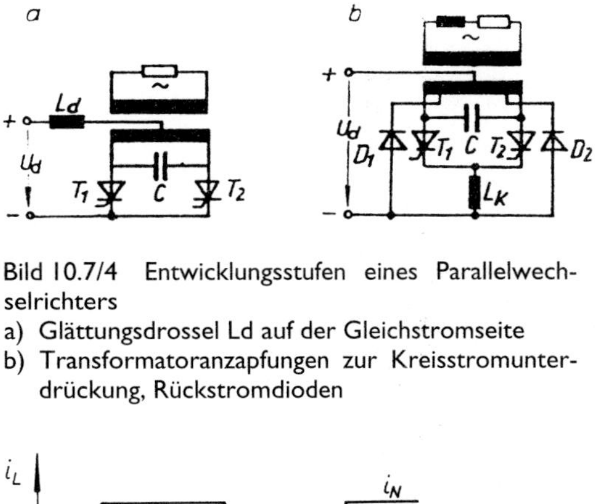

Bild 10.7/4 Entwicklungsstufen eines Parallelwechselrichters
a) Glättungsdrossel Ld auf der Gleichstromseite
b) Transformatoranzapfungen zur Kreisstromunterdrückung, Rückstromdioden

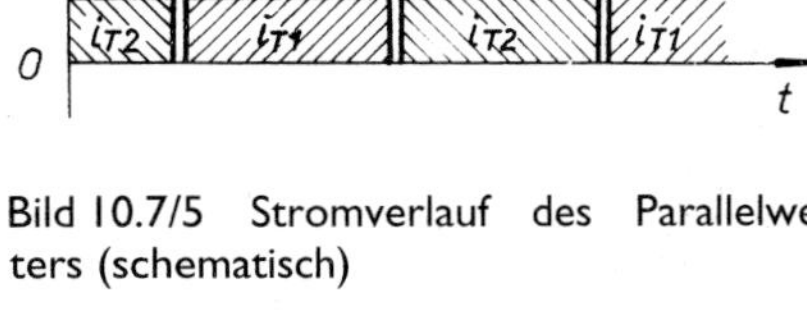

Bild 10.7/5 Stromverlauf des Parallelwechselrichters (schematisch)

sionierten Löschkondensator ist keine Blindstromlieferung möglich. Die Erweiterung der Schaltung durch Rück- oder Blindstromdioden und Kommutierungsdrosseln (Verhinderung der Löschkondensatorumladung über Blindstromdioden zum Löschzeitpunkt) nach Bild 10.7/4 b ermöglicht eine beliebige Blindstromlieferung und die Energierichtungsumkehr. Die Glättungsdrossel kann entfallen.

Funktion:

Abwechselnd werden die beiden Thyristoren T_1 und T_2 im Takt der gewünschten Frequenz gezündet. Stromfluß: $+U_d/T_1/L_K/-U_d$; nach Umladung von C: $-U_d/T_2/+U_d$; nach Umkehr des Verbraucherstroms: $+U_d/T_2/L_K/-U_d$. Der Parallelwechselrichter mit Blindstromdioden kommutiert gleichstromseitig (2./3. Schritt).

Diese Schaltung nach Bild 10.7/6 ist zu einer Brückenschaltung komplettierbar, die für zwei- und mehrphasige Wechselrichter angewendet wird.

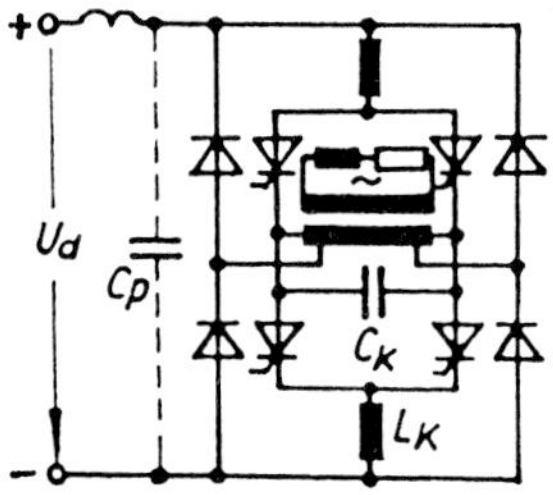

Bild 10.7/6 Schaltung eines einphasigen Wechselrichters mit Zwangskommutierung für Vierquadrantenbetrieb

Dreipuls-Stromrichter in Mittelpunktschaltung

Diese Schaltung wird auf elektrischen Triebfahrzeugen im netzgelöschten Betrieb wegen des Fehlens mehrphasiger Primärnetze nicht angewendet.

10.7.3 Brückenschaltungen (Zweiweg- oder Vollwellenschaltung)

Grundsätze, Anwendungen

Bei Halbleiterventilen werden meist Brückenschaltungen mit der halben Spannungsbeanspruchung der Ventile gegenüber Mittelpunktschaltungen angewendet. Sie können als Reihenschaltung zweier Mp-Schaltungen aufgefaßt werden. Außerdem ist bei den Brückenschaltungen die Transformatorausnutzung besser.

Zweipuls-Stromrichter in Brückenschaltung sind die häufigste Schaltungsart auf Einphasen-Triebfahrzeugen (Traktionsstromrichter. Erregergleichrichter im Fahr- und Bremsbetrieb, Hilfsbetriebegleichrichter, Ladegleichrichter in Steuerstromversorgungsgeräten und Grundbaustein in Wechsel- und Umrichtern).

Schaltungen mit Dioden werden für Gleichrichter-, mit Thyristoren für Gleich- und Wechselrichter-, mit Dioden und Thyristoren für Gleichrichterbetrieb mit regelbarer Gleichspannung durch Anschnittsteuerung eingesetzt. Dadurch ist eine optimale Anpassung an die Verbrauchereigenschaften erzielbar.

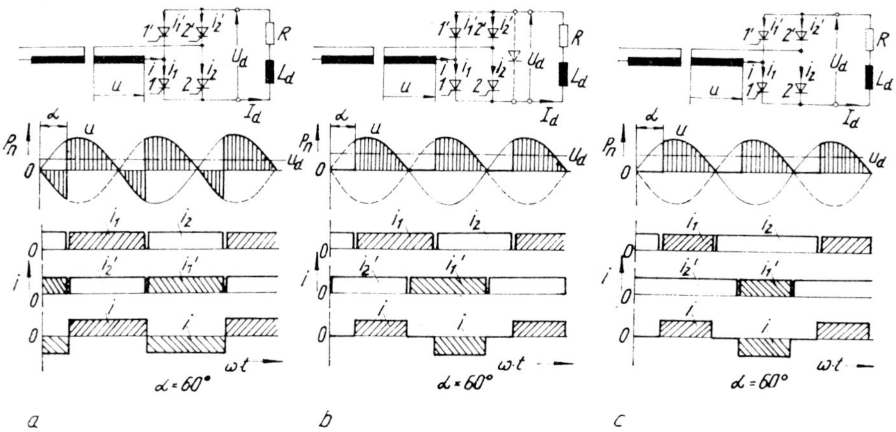

Bild 10.7/7 Voll- und halbgesteuerte Zweipuls-Brückenschaltung (Strom- und Spannungsverlauf für α = 60°)

a) vollgesteuerte Brücke
b) symmetrisch halbgesteuerte Brücke
c) unsymmetrisch halbgesteuerte Brücke

Vollgesteuerte Zweipuls-Brückenschaltung
Die Schaltung sowie der Strom- und Spannungsverlauf für einen Zündwinkel von $\alpha = 60°$ werden im Bild 10.7/7a gezeigt. Die Steuerung geschieht wie bei der Zweipuls-Mittelpunktschaltung, wenn alle Brückenzweige mit Thyristoren besetzt sind (vollgesteuerte Brückenschaltung).
Sind alle Brückenzweige mit Dioden besetzt, ist nur Gleichrichterbetrieb möglich. Er entspricht bei Ausrüstung mit Thyristoren dem Betrieb mit einem Steuerwinkel $\alpha = 0°$.

Halbgesteuerte Zweipuls-Brückenschaltung
Oft besteht nur die Forderung nach einer Gleichspannungsregelung durch Anschnittsteuerung unter Verzicht auf Wechselrichterbetrieb. Faßt man die Brücken- als Reihenschaltung zweier Mp-Schaltungen auf, können beide Teile auch unabhängig voneinander gesteuert werden (z. B. ein Teil mit $\alpha = 0°$, d. h. mit Diodenbestückung). Derartige halbgesteuerte Schaltungen gestatten nur Gleichrichterbetrieb. Die Schaltung sowie der Verlauf von Strom und Gleichspannung für $\alpha = 60°$ sind im Bild 10.7/7b und c dargestellt. Die Bestükkung mit Dioden ist in zwei Varianten möglich.

a) Symmetrisch halbgesteuerte Brückenschaltung
Je ein gesteuertes Ventil (Brückenzweig) liegt mit seiner Anode an einer der Phasen. In allen Ventilen treten symmetrische Rechteckstromblöcke mit einer Stromflußdauer von 180° auf, im Transformator solche von $(180° - \alpha)$. Das ist der Grund für den weniger verzerrten Netzstrom der halbgesteuerten gegenüber der vollgesteuerten Brücke. Dort ist die Stromflußdauer im Transformator 180°.
Soll die Gleichspannung auf nahezu Null geregelt werden, muß die gesteuerte Brückenhälfte im Wechselrichterbetrieb $(90° \leqq \alpha \leqq 150°)$ arbeiten. Das Herabregeln der Gleichspannung auf $U_d = 0$ ist wegen der Kippgefahr im Wechselrichterbetrieb nicht möglich. Dazu wäre ein Steuerwinkel von $\alpha = 180°$ erforderlich. Eine stark induktive Last erzwingt einen verlängerten Stromfluß durch die Thyristoren, so daß diese ihre Blockierfähigkeit bei Wiederkehr der positiven Anodenspannung noch nicht erlangt haben, ungewollt durchzünden und in den ungesteuerten Betrieb übergehen können. Eine Abhilfe dagegen bringt das im Bild 10.7/7b angedeutete, zusätzliche Freilaufventil parallel zur Last.

b) Unsymmetrisch halbgesteuerte Brückenschaltung [159]
Die gesteuerten Ventile (Brückenzweige) liegen gegensinnig an einer der Phasen. Die ungesteuerten Ventile bilden einen Freilaufkreis für eine induktive Last und verhindern einen verlängerten Stromfluß durch die gesteuerten Ventile. Es treten unsymmetrische Stromblöcke in den gesteuerten und ungesteuerten Ventilen auf. Der Netzstrom und die Steuerung entsprechen der symmetrisch gesteuerten Schaltung. Die unsymmetrisch halbgesteuerte Brücke ist die aufwandärmste Variante und hat sich in der Stromrichtertechnik elektrischer Triebfahrzeuge dort durchgesetzt, wo Gleichrichterbetrieb mit geregelter Gleichspannung verlangt wird.

Sechspuls-Brückenschaltung
Bild 10.7/8 zeigt die Schaltung. Ventilbeanspruchung, Steuerung und Netzverhalten sind sinngemäß gleich denen der Zweipuls-Brückenschaltung. Sie findet mangels eines entsprechenden dreiphasigen Primärnetzes im netzgelöschten Betrieb auf elektrischen Triebfahrzeugen keine Anwendung. Im selbstgelöschten Betrieb wird sie dagegen in Wechsel- und Umrichtern (Hilfsbetriebe-, Traktionsumrichter) benutzt. Die verschiedenen Schaltungen unterscheiden sich lediglich durch unterschiedliche Löscheinrichtungen. Bild 10.7/9 zeigt als Beispiel einen Wechselrichter in Sechspuls-Brückenschaltung mit Phasenfolgelöschung, bei der die Zündung des Folgeventils

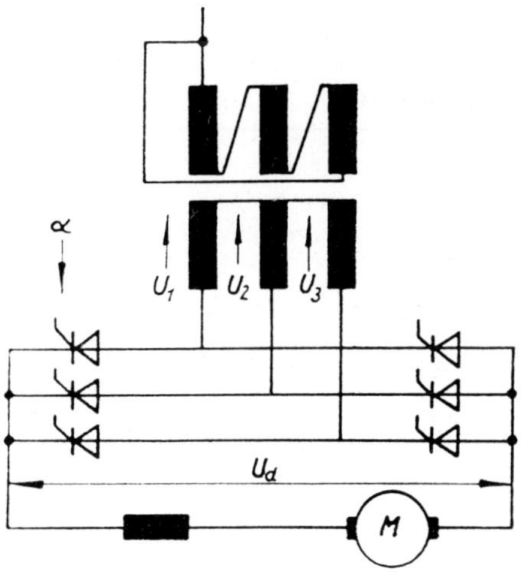

Bild 10.7/8 Drehstrom- (Sechspuls-) Brückenschaltung

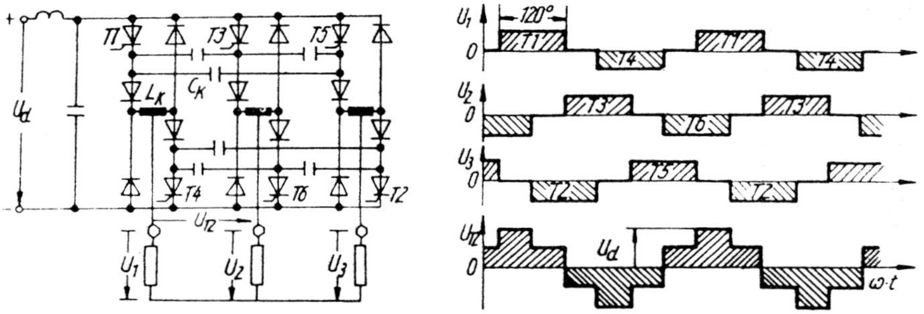

Bild 10.7/9 Wechselrichter in Drehstrom-Brückenschaltung mit Phasenfolgelöschung (Wechselspannungsbildung)

den Löschkreis des stromabgebenden Ventils schließt (Konzeption und Erweiterung des Parallelwechselrichters nach Abschn. 10.7.2).
Außer den Blindstromdioden zur Blindstromlieferung werden Sperrdioden in Reihe zu den Thyristoren zur Trennung der zwischen den Phasen liegenden Löschkondensatoren von der Last angeordnet. Die Phasenspannungsbildung (und damit die Zündfolge der Thyristoren) ist ebenfalls im Bild 10.7/9 dargestellt. Weitere Löschschaltungen werden in der Literatur [83], [139] angegeben.

10.7.4 Halbleiterschalter und -steller

Grundsätze
In den Schalter- und Stellerschaltungen fungieren Thyristoren als Hauptbauelement. Dioden versehen nur Hilfsfunktionen oder dienen zum Aufbau von Sparschaltungen. Bei diesen Schaltungen wird das Schaltverhalten der Thyristoren ausgenutzt, wobei die in den Abschn. 10.3.1 und 10.3.2 dargelegten Grundsätze der Zündung und Löschung gelten. Danach wird zwischen netzgelöschten Wechsel- und selbstgelöschten Gleichstromschaltungen unterschieden. Der Schalterbetrieb ist nur durch die Betriebszustände Ein und Aus gekennzeichnet. Er kann zum Stellerbetrieb mit Spannungsregelung erweitert werden.

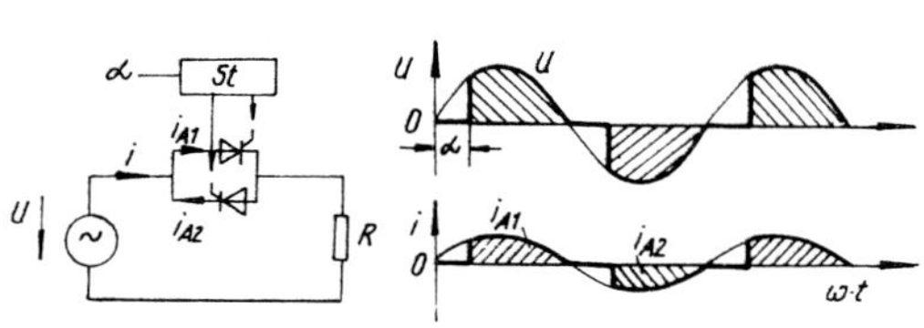

Bild 10.7/10 Wechselstromsteller (Lastspannung und -strom bei ohmscher Last)

Wechselstromsteller
Die Grundschaltung mit dem Spannungs- und Stromverlauf wird im Bild 10.7/10 gezeigt. Ein antiparalleles Thyristorpaar kann für kleinere Leistungen auch durch einen Symistor (Triac) ersetzt werden. Im Schalterbetrieb geschieht die Zündung in den zugehörigen Halbwellen bis zur gewünschten Abschaltung. Der stromführende Thyristor löscht bei gesperrten Zündimpulsen beim nächsten Spannungs-Nulldurchgang bzw. beim Unterschreiten seines Haltestroms. Diese Schaltung ist auch für Mehrphasensysteme anwendbar.
Die Schalterfunktion läßt sich durch die Zündzeitpunktverschiebung zur Stellerfunktion mit Regelung der Wechselspannung erweitern (Bild 10.7/11). Wechselstromschalter oder -steller werden auf Triebfahrzeugen als Thyristorlastschalter bei der Hochspannungssteuerung (Baureihen 111, 150 und 151 der DB) oder zur Feinstellung der Spannung zwischen den Grobstufen der Leistungssteuerung (Baureihen 112, 143, 155 und 156 der DR) verwendet. [90]

Gleichstromsteller (Pulssteller, Chopper)
Das Schalten und das Stellen von Gleichstrom sind durch die Notwendigkeit der Selbstlöschung gekennzeichnet. Die Grundschaltung des Gleichstromstellers wurde im Bild 10.3/4 gezeigt und im Abschnitt 10.3.2 erläutert.
Funktion:
Soll der Stromkreis geschlossen werden, wird der Hauptthyristor HT gezündet. Zur Unterbrechung des Stromflusses wird die Zündung des Löschthyristors LT eingeleitet.
Die Löschschaltung wirkt wie im Abschn. 10.3.2 beschrieben. An ihre Stelle können auch GTO-Thyristoren treten.
Die Diode D bildet den Freilaufkreis für induktive

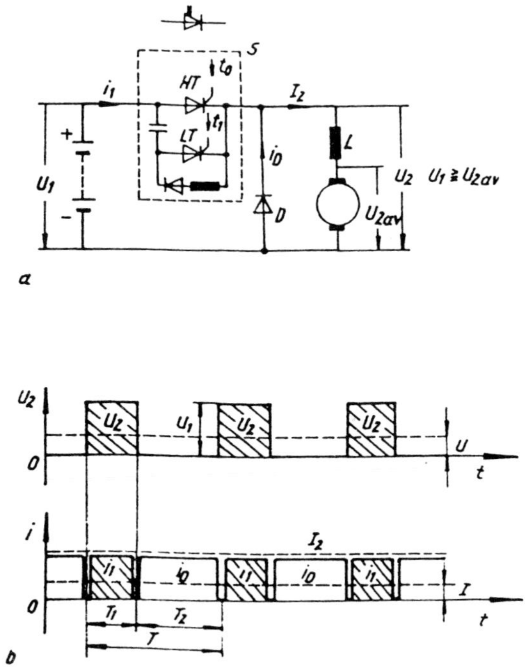

Bild 10.7/11 Gleichstromsteller
a) Schaltung
b) Verlauf von Spannung und Strom für $L = \infty$

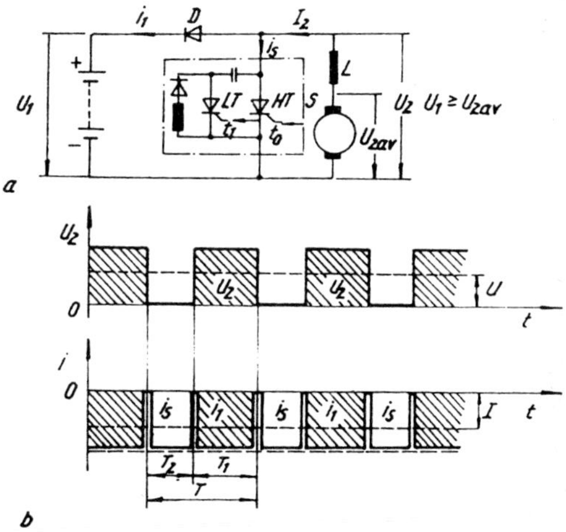

Bild 10.7/12 Energierücklieferung beim Gleichstromsteller
a) Schaltung
b) Verlauf von Spannung und Strom für $L = \infty$

Last, damit keine Spannungsspitzen am Thyristor entstehen.

Die Schaltung läßt sich auch als Steller zur Spannungsregelung durch periodisches Ein- und Ausschalten benutzen. Die Last wird nur mit dem Einschaltverhältnis $T_1/(T_1 + T_2)$ an Spannung gelegt. Die Summe aus Einschalt- und Pausenzeiten (T_1, T_2) stellt die Periodendauer T, ihr Kehrwert die Pulsfrequenz dar. Der Lastkreisstrom und die Lastkreisspannung sind über das Einschaltverhältnis mit den Größen des speisenden Netzes verknüpft (Pulssteller als Gleichstromtransformator).

Die Lastspannung ist auf zweifache Art regelbar:

- Einschaltdauer veränderlich bei konstanter Periodendauer (T =konstant, T_1 = variabel). Sie trägt deshalb die Bezeichnung Impulsbreitensteuerung.
- Einschaltdauer konstant bei veränderlicher Periodendauer (T = variabel, T_1 = konstant). Diese Art wird daher Impulsfolgesteuerung genannt.

Die Impulsbreitensteuerung hat den Vorteil einer konstanten Arbeitsfrequenz und wird in der Triebfahrzeugtechnik fast ausschließlich verwendet.

Da der Oberschwingungsgehalt vorherbestimmbar ist, ist diese Steuerungsart beeinflussungssicher. Die Grundschaltung nach Bild 10.7/11 läßt nur die Energielieferung vom Netz zum Verbraucher zu (Einquadrantenbetrieb). Für die umgekehrte Energierichtung ist eine Änderung der Schaltung nach Bild 10.7/12 erforderlich. Der Hauptthyristor HT liegt hier parallel zur Last. [103]

Funktion:

Die Zündung des Hauptthyristors HT läßt den Laststrom I_2 ansteigen (Motorkurzschluß!), und dabei wird Energie in der Drossel L gespeichert. Die Löschung von HT wird durch Zündung des Löschthyristors LT (oder durch den Löschimpuls auf den GTO-Thyristor) eingeleitet. Der Löschvorgang läuft wie im Abschn. 10.3.2 beschrieben ab. Der Laststrom fließt über die Diode D (unterstützt durch die Drosselenergie) in die Gleichstromquelle. Nach diesem Prinzip arbeitet die Netzbremsung mit Gleichstrom-Reihenschluß-Fahrmotoren.

Die Schaltungen nach den Bildern 10.7/11 und 10.7/12 lassen sich nach Bild 10.7/13 zu Brückenschaltungen kombinieren, die Vierquadrantenbetrieb gestatten (Spannung und Strom am Verbraucher umkehrbar). Thyristoren und antiparallele Dioden werden zur Verhinderung des Löschstromabflusses über die Dioden im Löschmoment durch die mittelangezapften Kommutierungsdrosseln entkoppelt. Diese Schaltung ist auch als

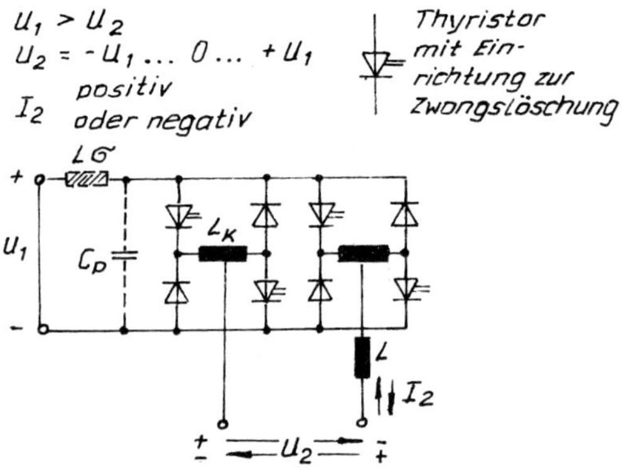

Bild 10.7/13 Schaltung des Gleichstromstellers für Vierquadrantenbetrieb

selbstgelöschter Wechselrichter einsetzbar, wenn die Thyristoren im Takt der gewünschten Frequenz auf der Verbraucherseite umgeschaltet werden. Sie entspricht dann dem Parallelwechselrichter (Bild 10.7/6).

Pulssteller können aus induktivitätsbehafteten Netzen keine pulsförmigen Stromblöcke entnehmen und sind daher auf der Netzseite mit Pufferkondensatoren (als Cp angedeutet) auszurüsten. Bei Mehrquadrantenbetrieb sind auch auf der Lastseite Energiespeicher, in der Regel als Glättungsdrossel, erforderlich.

Neben der Spannungs- bzw. Stromregelung mit Pulsstellern ist auch eine Widerstandsstellung nach Bild 10.7/14 möglich. Bei Anordnung des Stellers parallel zum Widerstand ist ein Stellbereich von $0 \ldots R$, bei Anordnung in Reihe ein Stellbereich von $R \ldots \infty$ erzielbar. Das Einschaltverhältnis des Stellers bestimmt den resultierenden Widerstand.

Anwendung der Steller:

- auf Gleichstrom-Triebfahrzeugen zur Regelung der Fahrmotorspannung (des -stroms) bei Fahrleitungs- oder Akkumulatorspeisung im Fahr- und auch im Bremsbetrieb,
- bei allen elektrischen Triebfahrzeugen in modifizierter Form in Wechsel- und Umrichtern, als Steller bei Widerstandsbremsung, als regelbare Shunts usw.

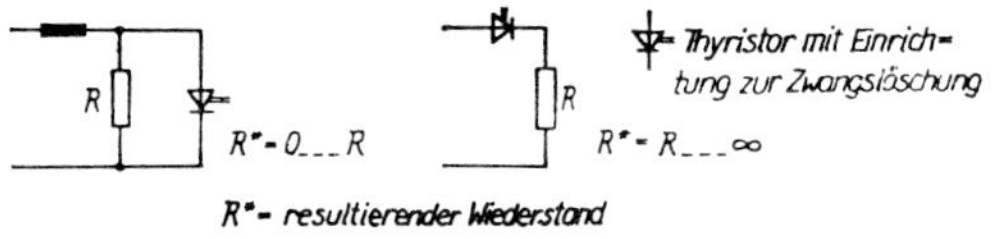

Bild 10.7/14 Pulsgesteuerte Widerstände

10.8 Betriebsarten von Stromrichtern

10.8.1 Grundsätze

Stromrichter können je nach Energieumwandlung und -richtung in Betriebsarten unterschieden und in die Laststrom-Lastspannungs-Ebene mit vier Quadranten eingeordnet werden, die nach Bild 10.8/1 numeriert sind und für den I. und III. Quadranten Gleich-, für den II. und IV. Quadranten Wechselrichterbetrieb (jeweils bei umgekehrter Strom- und Spannungsrichtung) ausweisen.

Bild 10.8/1 Laststrom-Lastspannungsebene mit Arbeitsbereichen eines Umkehrstromrichters

Gesteuerte Grundschaltungen mit feststehender Ventilrichtung arbeiten im I. und II. Quadranten und sind in relativ seltenen Fällen anwendbar (Antriebe mit Senkbremsung, Krane, Gleichstromkreise höherer Induktivität, Erregersysteme). Un- und halbgesteuerte Schaltungen sowie Schaltungen mit ungesteuerten Freilaufventilen gestatten nur Einquadrantenbetrieb, in den genannten Fällen Gleichrichterbetrieb.

Der bei Antrieben häufigste Betrieb im I. und IV. Quadranten ist kein Zweiquadrantenbetrieb und nur mit Schaltungen für den vollen Vierquadrantenbetrieb (Kombination mehrerer Grundschaltungen mit umgekehrter Ventilrichtung) oder mit Grundschaltungen und dem Hilfsmittel der mechanischen Polwendung (Fahr-, Bremswender) realisierbar.

10.8.2 Gleichrichter

Gleichrichter formen Wechsel- in Gleichspannung um, entnehmen dem speisenden Netz Wirk-

leistung, geben sie an die Gleichstromseite ab und benötigen zum Betrieb Blindleistung durch Kommutierung und Steuerung (Abschn. 10.9.2).
Als Gleichrichter können die in den Abschn. 10.7.2 und 10.7.3 genannten netzgelöschten Grundschaltungen arbeiten. Eine Spannungsregelung ist mit Amplituden- oder Anschnittsteuerung möglich.

10.8.3 Wechselrichter

Wechselrichter dienen der Umformung von Gleich- in Wechselspannung, entnehmen der Gleichstromseite Wirkleistung zur Übergabe an die Wechselstromseite und benötigen zum Betrieb Blindleistung, die bei netzgelöschten Schaltungen vom gespeisten Wechselstromnetz oder bei selbstgelöschten Schaltungen von Kondensatoren geliefert wird.
Voraussetzung für den Wechselrichterbetrieb sind gesteuerte Ventile in den Grundschaltungen nach den Abschn. 10.7.2 und 10.7.3. Neben den netzgeführten (-gelöschten) und selbstgeführten (gelöschten) Schaltungen gibt es lastgeführte Wechselrichter, die ihre Kommutierungsblindleistung unter bestimmten Voraussetzungen von der Last beziehen, wenn diese eine ausreichende kapazitive Komponente hat (Stromrichtermotor [19], [83], [157], Schwingkreis-Wechselrichter [74], [83]).

10.8.4 Umkehrstromrichter

Speziell für Antriebe muß die Umkehr des Laststroms zur Umkehr des Drehmoments verlangt

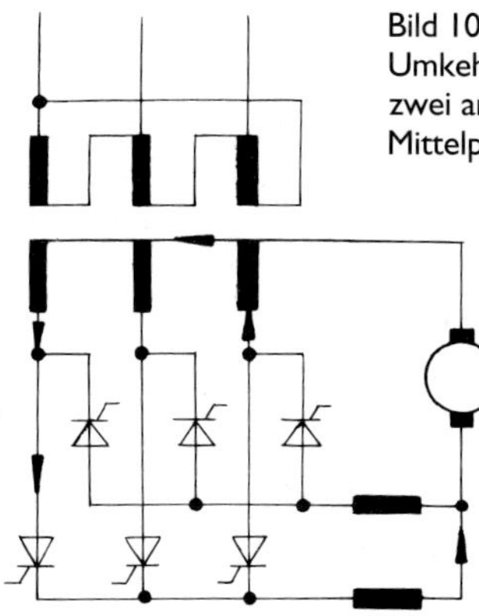

Bild 10.8/2
Umkehrstromrichter mit zwei antiparallelen Dreipuls-Mittelpunkt-Schaltungen

werden. Aufgrund der feststehenden Ventilrichtung der Grundschaltungen ist das nur durch Schaltungen für Vierquadrantenbetrieb und Kombination antiparalleler Grundschaltungen als Umkehrstromrichter realisierbar (Bild 10.8/2). Das gleiche Ziel ist durch mechanische Anker- oder Feldumpolung bei Verwendung von Grundschaltungen erreichbar, was im Triebfahrzeugbau wegen der beherrschbaren Ströme zur Aufwandssenkung meistens angewendet wird.
Andere Schaltungen (kreisstrombehaftete, -freie, Steuerungsprobleme) werden in der Literatur [83], [139], [157] behandelt.

10.8.5 Umrichter

Grundsätze
Umrichter dienen der Umwandlung von Wechselstrom einer Frequenz f_1 in solchen einer Frequenz f_2 auch unter Einschluß der Änderung dessen Pulszahl, wobei die Möglichkeit der Spannungs- und Frequenzregelung des gespeisten Netzes inbegriffen ist. Sie dienen in ähnlicher Weise auch der Umformung einer Gleichspannung in eine andere oder in ein ggf. mehrpulsiges Netz variabler Spannung und/oder Frequenz und setzen sich im Falle sog. Zwischenkreisumrichter aus drei Komponenten zusammen:
- Netzstromrichter,
- Zwischenkreis,
- Maschinenstromrichter.

Der Netzstromrichter hat die Aufgabe, ein dem Maschinenstromrichter angepaßtes Speisungssystem zur Verfügung zu stellen. Der Zwischenkreis verbindet beide Stromrichter und besteht bei Gleichstrom-Gleichstrom-Umrichtern aus einem Transformator (Wechselstrom-Zwischenkreis) oder aus Energiespeichern bei DC-AC- bzw. AC-AC-Umrichtern. Diese Energiespeicher setzen sich entweder aus Drosseln (Gleichstromzwischenkreis) oder aus Kondensatoren (Gleichspannungszwischenkreis) zusammen.
Zwischenkreisumrichter bestehen daher stets aus der Kombination mehrerer Grundschaltungen (Abschn. 10.7) und unterscheiden sich dadurch von Direktumrichtern, die die geforderte Aufgabe mit jeweils einer Grundschaltung erfüllen, im Fall des AC-AC-Direktumrichters in der Bahntechnik nur als Heizumrichter auf Diesellokomotiven (Baureihen 232 der DR und 218 der DB) verwendet werden [95], [126], [216] und im Fall der DC-DC-Direktumrichter als Gleichstromsteller

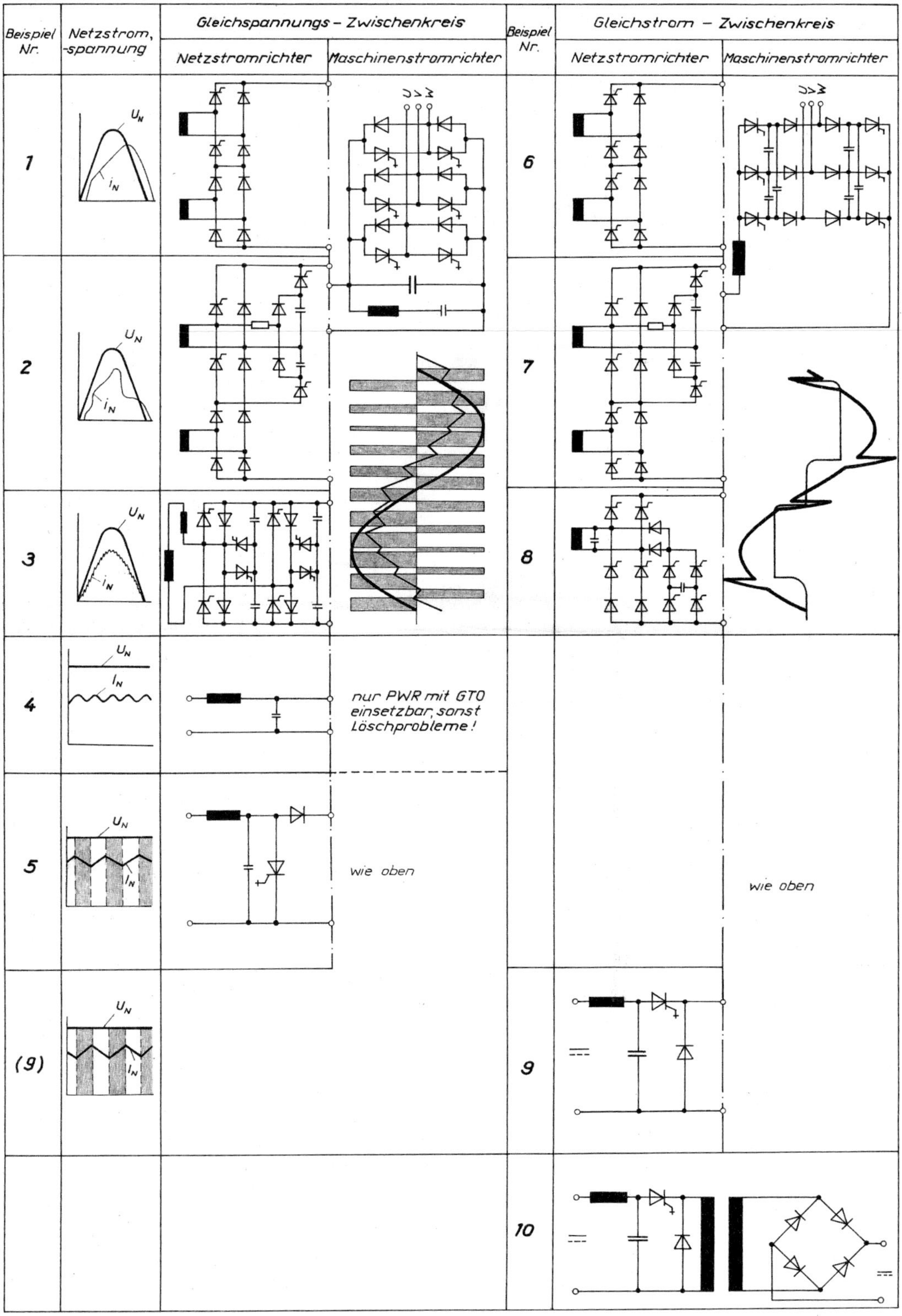
Beispiel Nr.
Netzstrom, -spannung
Gleichspannungs – Zwischenkreis
Netzstromrichter
Maschinenstromrichter
Beispiel Nr.
Gleichstrom – Zwischenkreis
Netzstromrichter
Maschinenstromrichter
1
U_N
i_N
2
3
4
I_N
nur PWR mit GTO einsetzbar, sonst Löschprobleme!
5
wie oben
(9)
6
7
8
9
10

zu den selbstgelöschten Grundschaltungen zählen und hier nicht weiter behandelt werden.

Zwischenkreisumrichter
Bild 10.8/3 enthält eine Auswahl in der Triebfahrzeugtechnik gebräuchlicher Zwischenkreisumrichter, die vorwiegend die Aufgabe haben, die Verwendung mehrphasiger Drehfeldmotoren (Synchron- bzw. Asynchronmaschinen) in Traktions- und Hilfsbetriebekreisen zu ermöglichen, die mindestens im ersten Fall eine Regelung von Spannung und Frequenz verlangen. [26], [127], [224], [225] Das ist nur über Zwischenkreise möglich, die Gleichspannung bzw. -ströme bereitstellen.
Die Umrichter bestehen daher bei Wechselstrombahnsystemen aus der Reihenschaltung eines Gleichrichters im weitesten Sinne und eines mehrphasigen Wechselrichters, bei Gleichstrombahnsystemen aus der eines Gleichstrom- (-spannungs-) Stellers und eines mehrphasigen Wechselrichters. Prinzipiell können derartige Systeme sowohl mit eingeprägter Spannung (Spannungszwischenkreis) als auch mit eingeprägtem Strom (Stromzwischenkreis) arbeiten.

a) Umrichter mit Spannungszwischenkreis
Für diese Umrichter stellt der Netzstromrichter eine konstante Zwischenkreisspannung bereit, für die unter Beachtung besonderer Auslegungsgesichtspunkte die Fahrleitungsspannung von Gleichstrombahnsystemen direkt benutzbar ist (Beispiel 4 im Bild 10.8/3). [9] Es sind dafür entweder GTO-Thyristoren zu verwenden, oder es müssen die Toleranzen der Fahrleitungsspannung zur Verhinderung von Löschproblemen bei selbstgelöschten Schaltungen mit Frequenzthyristoren und besonderen Löschschaltungen (Abschn. 10.3.2) beachtet werden. Die Probleme unkonstanter Zwischenkreisspannung können in beiden Bahnsystemen durch spannungsgeregelte Zwischenkreisspeisung (Beispiele 1...3 und 5 im Bild 10.8/3) vermieden werden, wobei als Energiespeicher im Zwischenkreis Kondensatoren eingesetzt werden. Als Netzstromrichter können im Gleichstromsystem ein Gleichspannungssteller mit querliegendem Hauptthyristor, im Wechselstromsystem Gleichrichter im weitesten Sinne (gesteuerte Brücken, auch löschbar, sowie Vierquadrantensteller als besonders netzfreundliche Einspeisung, Abschn. 10.9.3) dienen. Der Schaltungsaufwand richtet sich nach den Anforderungen an das Netzverhalten (Oberschwingungsgehalt, Blindleistungsbedarf, Abschn. 10.9).

Bild 10.8/3 In der Triebfahrzeugtechnik gebräuchliche Zwischenkreisumrichter (Auswahl)

Als Maschinenstromrichter arbeitet am Zwischenkreis ein selbstgelöschter mehrpulsiger Wechselrichter. Jede seiner drei Phasen besteht aus zwei Zweigen mit je einem Hauptthyristor, der entweder selbst (GTO) oder mit einer Löschschaltung (z. B. Bild 10.3/4) löschbar ist, und einer antiparallelen Diode und ist im Prinzip mit dem Besatz je Phase mit dem Vierquadrantensteller (4qS) identisch. Die Spannungsregelung geschieht durch die Arbeitsweise als Pulssteller, indem die Thyristoren der Wechselrichterzweige in jeder Halbperiode der Arbeitsfrequenz mehrmals gezündet und gelöscht werden. Über das Einschaltverhältnis wird die Spannungsamplitude bestimmt. Es sind mehrere Verfahren gebräuchlich [83], von denen das Unterschwingungsverfahren die besten Voraussetzungen für eine möglichst sinusförmige Ausgangsspannung bietet (Bild 10.8/4).
Sein Prinzip ist die Aussteuerung ungleich langer Spannungsblöcke während einer Halbperiode, in deren Pausen zusätzlich Spannungsblöcke entgegengesetzter Polarität zur Kurvenformverbesserung eingefügt sein können.

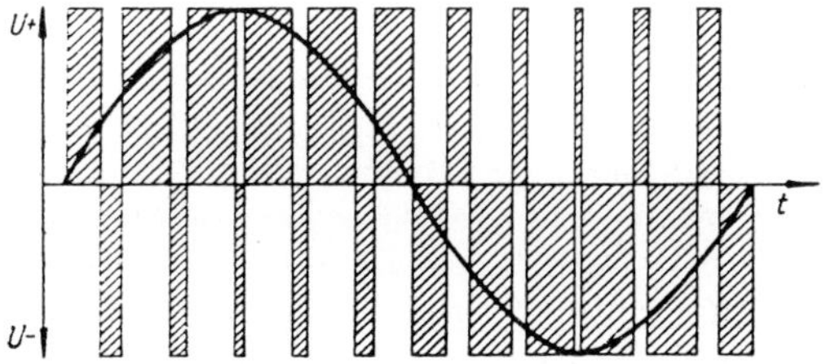

Bild 10.8/4 Spannungsbildung beim Unterschwingungsverfahren

b) Umrichter mit Stromzwischenkreis
Beim Umrichter mit Stromzwischenkreis liefert der Netzstromrichter einen Gleichstrom, der vom verlangten Drehmoment der Fahrmotoren bestimmt wird. Die Spannung im Zwischenkreis muß bei angefordertem Strom für die für jeden Arbeitspunkt benötigte Leistung eingestellt werden, sie ändert sich also in weiten Grenzen. Der Zwischenkreisstrom wird durch Drosseln als Energiespeicher geglättet.

Als Netzstromrichter können für Gleichstrombahnsysteme Gleichstromsteller (Beispiel 9 im Bild 10.8/3) verwendet werden, für Wechselstrombahnsysteme muß ebenfalls die Spannung von Null bis zum Höchstwert durch gesteuerte Gleichrichterschaltungen (Beispiele 6...8 im Bild 10.8/3) regelbar sein. Eine Netzbremsung erfordert voll steuerbare Brückenschaltungen (nur mit Thyristoren besetzt).

Alle gesteuerten Schaltungen sind in ihrem Netzverhalten (Abschn. 10.9) zu verbessern, wenn sie mindestens teilweise löschbar sind und mit An- und Abschnittsteuerung (Abschn. 10.9, Hybridkommutierung, LUB-Schaltungen) oder mit Pulsstromrichtertechnik arbeiten. Ventile sind nur in einer Stromrichtung erforderlich, da sich bei Rückarbeit (Netzbremse) die Spannungsrichtung umkehrt. Die notwendigerweise gesteuerten Netzstromrichterschaltungen bei Umrichtern mit Stromzwischenkreis im Wechselstrombahnsystem haben zum Teil einen schlechten Leistungsfaktor zur Folge (Abschn. 10.9).

Der bereits als besonders netzfreundlich erwähnte und im Abschn. 10.9.3 in seiner Wirkungsweise beschriebene Vierquadrantensteller läßt sich auch beim Umrichter mit Stromzwischenkreis als Netzstromrichter anwenden, wenn ihm eine vollgesteuerte Zweipulsbrücke zur Zwischenkreisspannungsregelung nach- und eine Netzdrossel vorgeschaltet wird. [244]

Die Schaltung zeigt Bild 10.8/5, die Strom- und Spannungsverhältnisse sind im Bild 10.8/6a für die Vollaussteuerung im Fahrbetrieb dargestellt. Eingangsspannung der Folgebrücke sind die Spannungspulse U_S aus der Taktung der Netzspannung durch den 4qS, die durch die voll ausgesteuerte Nachfolgebrücke als gleichgerichtete U_d-Blöcke für den Zwischenkreis zur Verfügung stehen. Netzspannung (u_N) und Netzstrom (i_N) sind in Phase. Der Zwischenkreisstrom I_d ist durch die Zwischenkreisdrossel geglättet. Bild 10.8/6b zeigt die Teilaussteuerung der Nachfolgebrücke im Teillast-Fahrbetrieb. U_S wird nur in den durch den Zündwinkel α der Nachfolgebrücke bestimmten Teilen gleichgerichtet. Bei Steigerung deren Zündwinkels über 90° geht diese in Wechselrichterbetrieb über, die Ausgangsspannung kehrt sich um, Rückarbeit (Netzbremsung) ist möglich (Bild 10.8/6c, Vollaussteuerung im Bremsbetrieb). Der Netzstrom i_N ist nun in Phasenopposition zur Netzspannung u_N. Infolge der Spannungsregelung bei Umrichtern mit Stromzwischenkreis durch den Netzstromrichter ist als Maschinenstromrichter ein aufwandarmer Phasenfolge-Wechselrichter (Bild 10.7/9) einsetzbar, dem lediglich die Frequenzregelung und die Fixierung der Phasenzahl für das gespeiste Netz obliegen, indem er 120°-Rechteckstromblöcke zyklisch auf

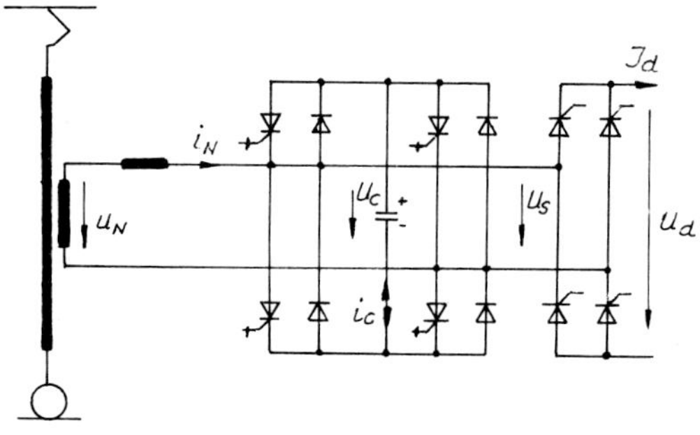

Bild 10.8/5 Steuerbarer Vierquadrantensteller

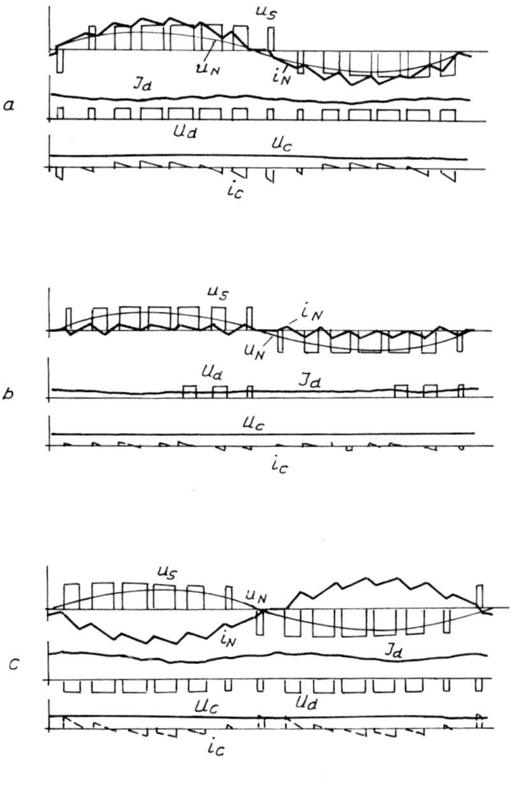

Bild 10.8/6 Strom- und Spannungsverhältnisse des steuerbaren Vierquadrantenstellers
a) Vollaussteuerung Fahrbetrieb
b) Teilaussteuerung Fahrbetrieb
c) Vollaussteuerung Bremsbetrieb

die drei Phasen der Drehfeldmaschine schaltet. Dabei stellen sich gut sinusförmige Strangspannungen und eine lastabhängige Phasenlage zwischen Spannung und Strom ein. Dieser Wechselrichter läßt bei beibehaltener Stromrichtung Rückarbeit durch Spannungsumkehr zu.

Bild 10.8/3 zeigt als Beispiel 10 einen DC-DC-Umrichter mit Wechselstromzwischenkreis, wie er z. B. als Bremserregergerät in der fahrleitungsunabhängigen Bremse der Baureihe 103 der DB eingesetzt ist. [210] Die Erregerleistung für die Fahrmotoren wird im Widerstandsbremsbetrieb nach Anfangserregung der Fahrmotorfelder aus der Fahrzeugbatterie dem Bremskreis entnommen und über die dargestellte Schaltung geregelt, wobei der Transformator als Wechselstromzwischenkreis zugleich die Potentialtrennung übernimmt.

Ausblick

Die Zusammenstellung im Bild 10.8/3 zeigt schematisch nur Teile der möglichen Vielfalt der Umrichtertechnik, die je nach Verwendungszweck (Nahverkehr, Vollbahneinsatz), Netzverhalten, Antriebssystem (Asynchron- oder Synchronfahrmotoren) und Aufwand sinnvoll zu kombinieren ist, ständig weiterentwickelt und im Abschn. 14. weiter behandelt wird.

10.9 Netzrückwirkungen der Stromrichter

10.9.1 Oberschwingungen im speisenden Netz

Die netzgelöschten Grundschaltungen der Abschn. 10.7.2 und 10.7.3 wurden unter der Voraussetzung völlig geglätteten Gleichstroms behandelt. Danach werden dem Wechselstromnetz rechteckige Wechselstromblöcke entnommen, die außer der Grundschwingung mit der Nennfrequenz noch Oberschwingungen (Harmonische) enthalten. Ihr Anteil entspricht – bezogen auf die Grundschwingung – im allgemeinen dem Kehrwert ihrer Ordnungszahl. Die Fourier-Analyse weist nur ungeradzahlige Harmonische für den Rechteckstromblock nach.

Geradzahlige Harmonische treten im Netzstrom von Einphasen-Stromrichter-Fahrzeugen nur bei Unsymmetrien aufeinanderfolgender Halbwellen auf (im Regelbetrieb in der Fortschaltphase bei laufendem Steuerwinkel, im Störungsfall bei Zündwinkeldifferenzen, unsymmetrischen oder ausgefallenen Brückenzweigen). Der prozentuale Anteil der geradzahligen Harmonischen liegt in der Größenordnung der Unsymmetrie. Genauere Angaben sind in der Literatur [158] zu finden.

Eine positive Wirkung haben Induktivitäten im Kommutierungskreis durch die Streckung der steilen Stromanstiege und die Herabsetzung des Oberschwingungsgehalts. Bei der Anschnittsteuerung gilt allgemein, daß vor allem die höheren Harmonischen zunehmen, da die Kommutierung mit größer werdendem Steuerwinkel schneller abläuft. [83]

Die im Abschn. 10.8.5 beschriebenen, auch mit Pulsstromrichtern [39] arbeitenden Zwischenkreisumrichter sind ebenfalls potentielle Erzeuger höherfrequenter Netzstromanteile, die speziell im Bahnbetrieb neben ihren ungünstigen Eigenschaften zusätzlich (nach Abschn. 10.10) Signal- und Fernmeldeeinrichtungen in unzulässiger Weise beeinflussen können. Die richtige Wahl des Steuerverfahrens der Stromrichter, der Verfahren der Pulsmustererzeugung und -optimierung [39] und das Freihalten beeinflussungsrelevanter Sperrfrequenzbereiche sind entscheidend für den Betrieb mit möglichst oberschwingungsarmen Netzströmen.

Die Verzerrung der Netzströme ist ungünstig für andere Verbraucher (zusätzliche Verluste, Pendelmomente, Störung der Stromwendung bei Kommutatormaschinen, Beeinflussung und Störung von Informationsübertragungssystemen). Sie ist außerdem die Ursache für die Aufnahme der Verzerrungsleistung und für die Verzerrung der Netzspannung durch höherfrequente Spannungsabfälle. Diese können zu Störungen der Steuergeräte führen, da die Verschiebung der Zündimpulse meistens auf den Spannungs-Nulldurchgang bezogen und durch eine Einengung des Steuerbereichs erzwungen wird.

10.9.2 Blindleistungsbedarf

Stromrichter benötigen zu ihrem Betrieb Blindleistung, die sich für netzgelöschte Schaltungen aus der Kommutierungs- und der Steuerblindleistung zusammensetzt. [83], [87], [94], [139], [203]

Kommutierungsblindleistung

Der im Bild 10.9/1 dargestellte und im Abschn. 10.3.2 beschriebene Kommutierungsvorgang unterscheidet sich von der im Abschn. 10.7 als Voraussetzung angenommenen idealen Kom-

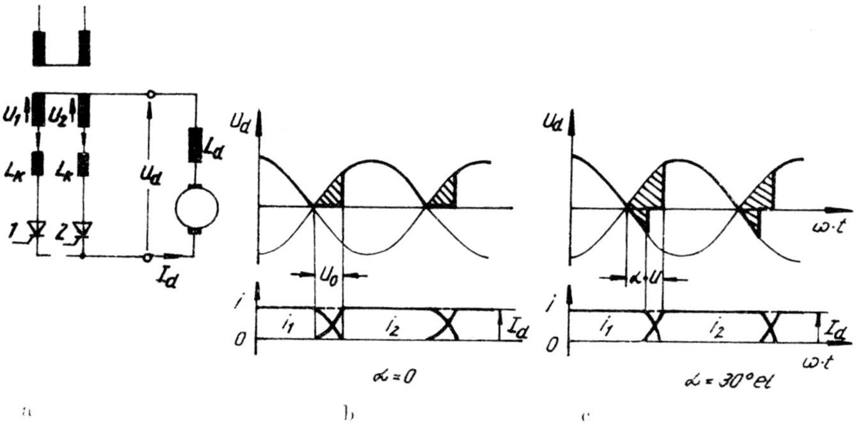

Bild 10.9/1 Kommutierungsvorgang beim zweipulsigen Stromrichter

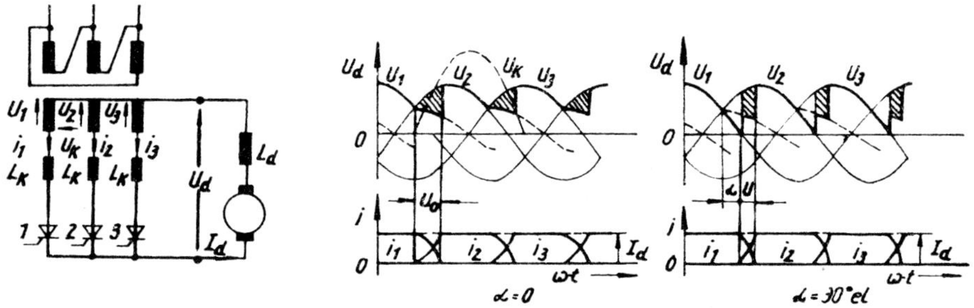

Bild 10.9/2 Kommutierungsvorgang beim dreipulsigen Stromrichter

mutierung (z. B. Bild 10.7/7) durch eine um die Kommutierungszeit verlängerte Stromflußdauer durch die Ventile. Es ergeben sich die im Bild 10.9/1 für zweipulsige Schaltungen und die im Bild 10.9/2 für mehrpulsige Schaltungen dargestellten Verhältnisse, wobei b) jeweils den ungesteuerten und c) den gesteuerten Betrieb veranschaulicht.

Der Ventilstrom kommutiert im Bereich der Überlappung $u_0(\alpha = 0)$ bzw. $u\,(\alpha \neq 0)$ zwischen den Ventilen. Im Überlappungsbereich treten ein Phasenkurzschluß und eine Verschiebung des Ventilstromblocks in Richtung (induktiver) Nacheilung ein, d. h., trotz ohmscher Last und fehlender Phasenverschiebung durch die Last benötigt der Stromrichter eine induktive Kommutierungsblindleistung. Zugleich sinkt infolge des Phasenkurzschlusses der Gleichspannungsmittelwert durch die Fehlfläche während der Überlappung (induktiver Gleichspannungsabfall), wobei die Gleichspannung bei den Drei- und Mehrpulsschaltungen auf dem Spannungsniveau zwischen den kommutierenden Phasenspannungen verläuft. Bei Zweipulsschaltungen bricht sie bis auf die Spannungsabfälle an den Kreisinduktivitäten zusammen.

Die Kommutierungs- und Überlappungszeit wird durch die Kommutierungsspannung und die Kreisinduktivitäten bestimmt. Sie ist bei kleinen Steuerwinkeln größer (u_k klein) als bei solchen in der Nähe des Spannungsmaximums (u_k groß). Die Kommutierungsblindleistung ist daher auch steuerwinkelabhängig.

Steuerblindleistung

Sie beruht auf der Verschiebung der Ventilstromblöcke gegenüber der Spannung um den Steuerwinkel und kann wesentlich größere Werte als die Kommutierungsblindleistung annehmen. Daraus resultiert der höhere Blindleistungsbedarf gesteuerter gegenüber ungesteuerten Schaltungen. Die Steuerblindleistung durchläuft mit der Aussteuerung bei $\alpha = 90°$ (abgegebene Spannung = 0) ihr Maximum.

Bild 10.9/3 zeigt die Ortskurven aller Leistungsan-

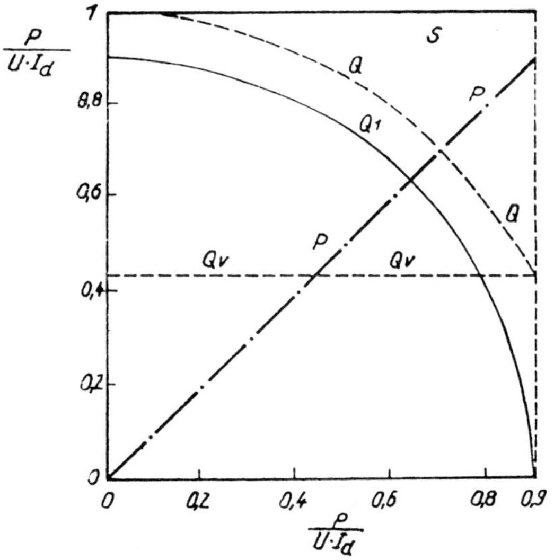

Bild 10.9/3 Ortskurven der Leistungsanteile (vollgesteuerte Zweipuls-Brücke, ideale Glättung)
P Wirkleistung, Q Blindleistung, Q_V Verzerrungsleistung, Q_1 Grundwellen-(Steuer-) Blindleistung, S Scheinleistung

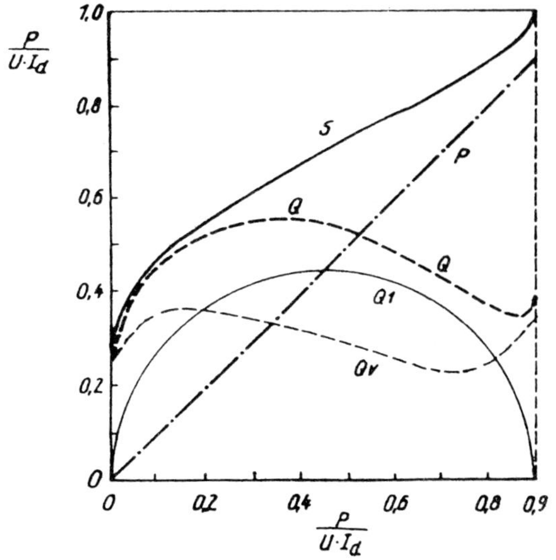

Bild 10.9/4 Ortskurven der Leistungsanteile (halbgesteuerte Zweipuls-Brücke, ideale Glättung)

teile der vollgesteuerten Zweipuls-Brückenschaltung für den I. Quadranten (Gleichrichterbetrieb), die sinngemäß für den Wechselrichterbetrieb fortgesetzt werden können. Die Leistungsanteile sind:

- Wirkleistung (am Wirkleistungsumsatz ist bei sinusförmiger Spannung nur der Grundwellenstrom $I_{1\text{eff}}$ mit seinem Verschiebungsfaktor $\cos \varphi_1$ gegenüber U beteiligt).

$$P = U\, I_{1\text{eff}} \cos \varphi_1 \qquad (10.9/1)$$

- totale Scheinleistung

$$S = U\, I \qquad (10.9/2)$$

- Steuerblindleistung

$$Q_1 = U\, I_{1\text{eff}} \sin \varphi_1 \qquad (10.9/3)$$

- Verzerrungsleistung (i_n = Strom der $n$ten Harmonischen)

$$Q_V = \frac{U}{\sqrt{2}} \sqrt{\sum_{n=2}^{\infty} i_n^2} \qquad (10.9/4)$$

- totale Blindleistung

$$Q = \sqrt{Q_1^2 + Q_V^2} \qquad (10.9/5)$$

Bild 10.9/4 zeigt das gleiche für die unsymmetrisch halbgesteuerte Brückenschaltung mit deutlich verbesserten Verhältnissen. Erklärung: Im Gegensatz zur vollgesteuerten Brücke übernehmen die Diodenzweige der halbgesteuerten Brücke den Laststrom in den Anschnittpausen im Freilauf. Der für den Blindleistungsbedarf verantwortliche Strom durch die Transformatorwicklung endet im Spannungsnulldurchgang und erscheint nicht in Richtung Nacheilung verlängert.
Grundlage für die Bemessung der Energieversorgungsanlagen ist die totale Scheinleistung S, die sich geometrisch aus der Wirk- der totalen Blindleistung zusammensetzt. Mechanische Arbeit wird nur aus der Wirkleistung durch Umsetzung in elektrischen Maschinen gewonnen, so daß die Blindleistung die Energieversorgungsanlagen ohne wirtschaftlichen Effekt belastet.
Stromrichter und ihre Betriebsarten sind daher auch nach diesem Gesichtspunkt auszuwählen bzw. in ihren Eigenschaften durch geeignete Maßnahmen zu verbessern.

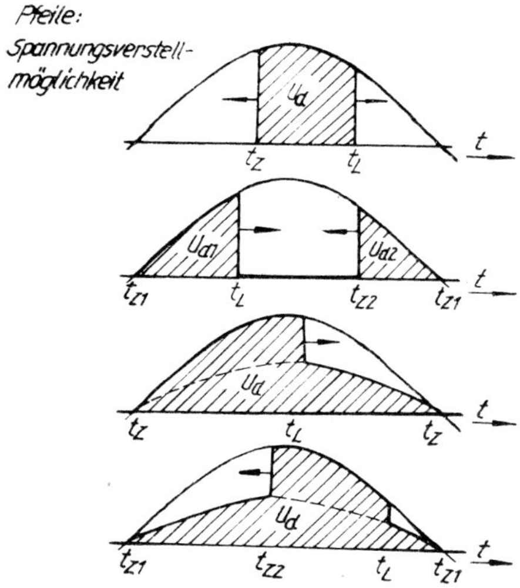

Bild 10.9/8 Sektor- oder Ausschnittsteuerung

halbgesteuerter Brücken nach Bild 10.9/9 angesehen werden, von denen nur eine löschbar sein muß (löschbare unsymmetrische Einphasenbrücke LUB [56], [57]). Wegen der möglichen Netz- und auch wegen der Selbstlöschung spricht man von Hybridkommutierung.

Mit der Zwangslöschung wird die Kompensation der induktiven Kommutierungs- und Steuerblindleistung durch eine Phasenverschiebung der Netzstromblöcke in kapazitiver Richtung erreicht. Im Extremfall der Abschnittsteuerung mit Zündung der Hauptthyristoren bei $\alpha = 0°$ und ihrer beliebigen Löschung ist ein derartig gesteuerter Stromrichter zur kapazitiven Blindstromabgabe und damit zum netzstützenden Betrieb in der Lage.

Dieses Löschprinzip kann durch Änderung der Löschschaltung zur Glättung erweitert werden und setzt die Welligkeit (Lückbetrieb) herab. Zugleich lassen sich die Netzstromoberschwingungen vermindern.

Bild 10.9/7 zeigt die Blindleistungsverhältnisse für die halbgesteuerte Brücke mit einem konstanten Löschwinkel von 135° und weist die Vorteile gegenüber der netzgelöschten Brücke gleicher Schaltung nach. Bezüglich des totalen Leistungsfaktors trifft die gleiche Aussage (Bild 10.9/7c, Linie 5) für die Folgeschaltung zweier halbgesteuerter Brücken (eine davon löschbar) zu.

Ähnliche Verbesserungen sind auch bei selbstgelöschten Wechselstromsteller-Schaltungen zu erwarten. [187]

Pulsstromrichter als Netzstromrichter

Die bedeutendsten Verbesserungen des Netzverhaltens lassen sich mit Netzstromrichtern erzielen, die als getaktete Gleichrichter bei Energiefluß in nur einer Richtung oder als Vierquadrantensteller (4qS) für beide Energieflußrichtungen (Rückarbeit, Netzbremse möglich) ausführbar sind und dann die Funktionen Gleichrichten, Takten und Rückspeisen erfüllen. Pulsbare Netzstromrichter ermöglichen durch mehrmaliges Zünden und Löschen innerhalb einer Halbperiode der Netzspannung die zeitliche Führung des Netzstromes, so daß er nahezu der sinusförmigen Grundschwingung auch in Teillastbereichen folgt. Pulsbare Netzstromrichter sind sowohl für Dreh- als auch für Mischstromantriebe einsetzbar und ermöglichen die Einhaltung eines totalen Leistungsfaktors $\lambda \approx 1$ in weiten Grenzen (Bild 10.9/7c, Linie 6).

Bild 10.9/10 zeigt den Vierquadrantensteller als vollkommenste Schaltung der pulsbaren Netzstromrichter in zweipulsiger, voll gesteuerter und löschbarer Brückenschaltung, die sich als Kombination aus vier Gleichstromstellern darstellt und

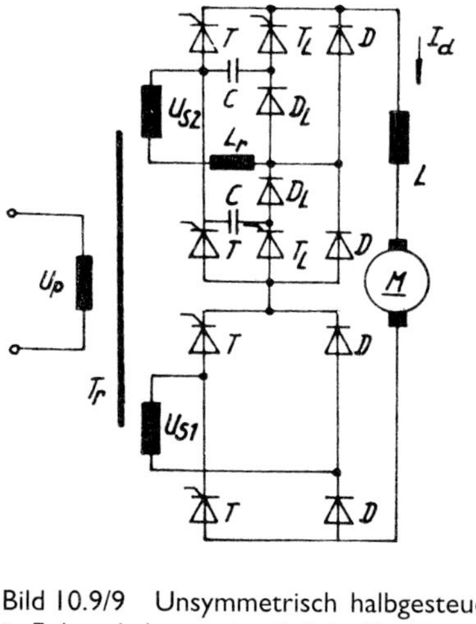

Bild 10.9/9 Unsymmetrisch halbgesteuerte Brücken in Folgeschaltung, eine Brücke löschbar

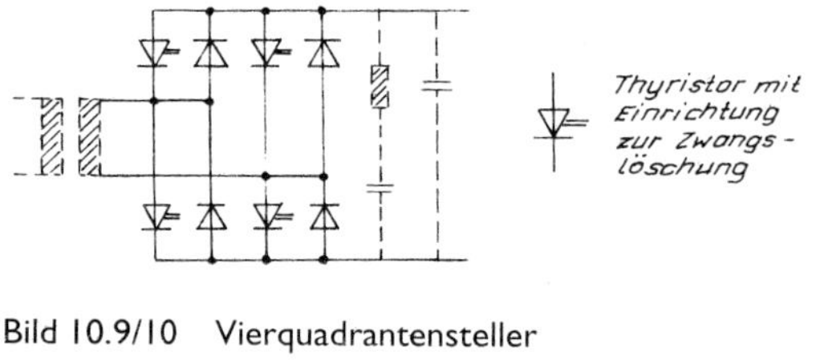

Bild 10.9/10 Vierquadrantensteller

auf der Wechselspannungsseite beliebige Strom- und Spannungsrichtungen zuläßt. Ihre Arbeitsweise ergibt sich aus der folgenden abstrahierenden Betrachtung:
Ein idealer Stromrichter im Sinne seines Netzverhaltens ist eine Einrichtung, die an den Zwischenkreis glatten Gleichstrom bzw. glatte Gleichspannung abgibt und dem speisenden Netz nur Wirkleistung entnimmt. Die Netzstromrichter der im Bild 10.8/3 aufgeführten Beispiele 1, 2, 5 und 6 fallen nach Abschn. 10.9 (Bild 10.9/7c) durch einen mehr oder weniger schlechten Leistungsfaktor mindestens in Teillastbereichen auf und lassen sich nur bis zu einem gewissen Grade optimieren. Eine Verbesserung ist aber durch gepulste Netzstromrichter zu erzielen, deren Übersetzungsverhältnis zeitlich in Form einer harmonischen Schwingung geändert werden kann. Das kann einmal durch die im Abschn. 10.9.3 erwähnten Folgeschaltungen erreicht werden, deren Spannungs- (Übersetzungs-) Stufen mit selbstgelöschten Stromrichtern in einer Viertelperiode zyklisch durchgeschaltet werden, zum anderen läßt sich der Effekt besser durch häufiges Umschalten zwischen zwei festen Übersetzungsstufen (Takten) während einer Viertelperiode unter Ausnutzung der Pulsbreitensteuerung erzielen. [45]
Die im Bild 10.9/11 schematisch dargestellten Grundschaltungen für die ideale Umwandlung von Wechsel- in Gleichstromenergie mit parallel (a) und in Reihe angeordnetem Energiespeicher (b) bestehen aus der Verknüpfung von vier Teilsystemen:
- Wechselstromnetz (Quelle),
- Netzstromrichter,

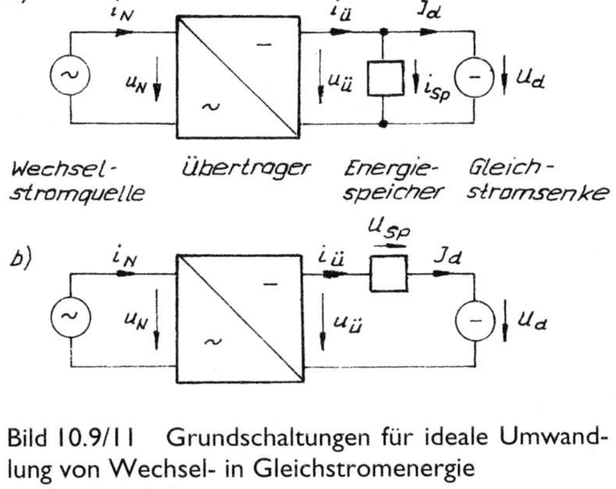

Bild 10.9/11 Grundschaltungen für ideale Umwandlung von Wechsel- in Gleichstromenergie
a) Parallelschaltung
b) Reihenschaltung

- Energiespeicher (Resonanzkreise),
- Gleichstromverbraucher (Senke).

Bei der im folgenden analytisch untersuchten Schaltung nach Bild 10.9/11a (Parallelschaltung des Energiespeichers, Index p) gilt für die Spannungen

$$u_N\, \ddot{u}_{Up} = U_d \qquad (10.9/6)$$

Mit $u_N = u \sin \omega t$ (10.9/7)
ergibt sich für das Spannungsübersetzungsverhältnis

$$\ddot{u}_{Up} = \frac{U_d}{\hat{u} \sin \omega_t} \qquad (10.9/8)$$

Bei angenommener verlustloser Energieübertragung des Stromrichters gilt

$$u_N\, i_N = U_d\, I_d \qquad (10.9/9)$$

mit U_d und I_d als Ausgangsgrößen des Stromrichters. Daraus folgt:

$$\ddot{u}_{Up}\, \ddot{u}_{ip} = 1 \qquad (10.9/10)$$

mit $\ddot{u}_{ip}$ als Stromübersetzungsverhältnis, das sich zu

$$\ddot{u}_{ip} = \frac{1}{\ddot{u}_{up}} = \frac{\hat{u} \sin \omega t}{U_d} \qquad (10.9/11)$$

konkretisieren läßt.
Das bedeutet, daß der Netzstrom i_N bei idealer Betriebsweise rein sinusförmig und in Phase mit der Netzspannung u_N verläuft und für ihn die Beziehung

$$i_N = \hat{i} \sin \omega t \qquad (10.9/12)$$

gilt. Der Scheitelwert $\hat{i}$ ergibt sich daraus, daß die Mittelwerte von Gleich- und Wechselstromleistung gleich sein müssen:

$$u_N\, i_N = U_d\, I_d = \frac{\hat{u}}{\sqrt{2}} \cdot \frac{\hat{i}}{\sqrt{2}} = \frac{\hat{u}\,\hat{i}}{2} \qquad (10.9/13)$$

Daraus folgt

$$\hat{i} = \frac{2 U_d I_d}{\hat{u}} \qquad (10.9/14)$$

Der ausgangsseitige Strom des Stromrichters $i_ü$ ergibt sich durch Multiplikation des Wechselstroms

i_N (10.9/12) mit dem Stromübersetzungsverhältnis $ü_{ip}$ (10.9/11) zu

$$i_ü = i_N\, ü_{ip} = \frac{\hat{i} \sin \omega t\, \hat{u} \sin \omega t}{U_d} \qquad (10.9/15)$$

und unter Einsatz von $\hat{i}$ aus (10.9/14) zu

$$i_ü = I_d\, 2 \sin^2 \omega\, t \qquad (10.9/16)$$

sowie nach Umformung zu

$$i_ü = I_d\,(1 - \cos 2\, \omega\, t). \qquad (10.9/17)$$

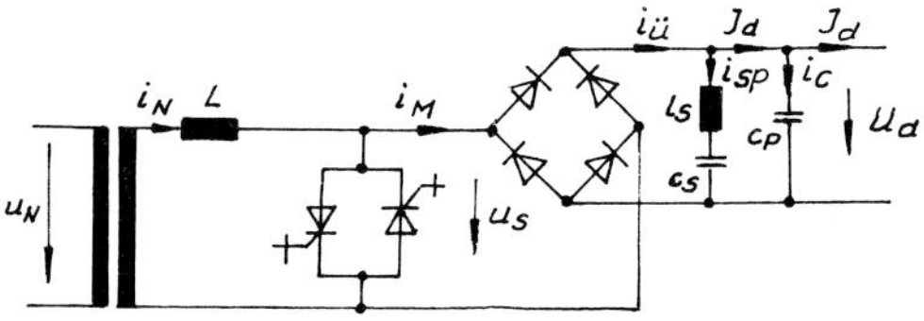

Bild 10.9/12 Prinzipschaltung eines getakteten Gleichrichters

Der Speicherstrom i_{Sp} wird durch die Differenz zwischen Stromrichterausgangsstrom $i_ü$ und Gleichstromanteil I_d beschrieben:

$$i_{Sp} = |I| \cos\, 2\, \omega t \qquad (10.9/18)$$

und verläuft daher rein sinusförmig mit doppelter Netzfrequenz. Bestimmungsgemäß soll die Spannung am Zwischenkreis vollständig geglättet sein. Das bedeutet, daß diese Gleichspannung keinen Gleichstrom durch den Speicher zur Folge hat und daß der mit doppelter Netzfrequenz pulsierende Stromanteil keinen Spannungsabfall an den Speicherklemmen verursachen darf. Letzteres muß mit einem LC-Saugkreis, der eine Resonanzfrequenz von der doppelter Netzfrequenz hat, vom Stützkondensator des Zwischenkreises ferngehalten werden (Ls, Cs der Beispiele 1...3 im Bild 10.8/3).

Untersucht man das Beispiel b des Bildes 10.9/11 mit in Reihe liegendem Energiespeicher (Index r) auf die gleiche Weise, ergeben sich entsprechende Ergebnisse:

$$u_ü = U_d\,(1 - \cos 2\, \omega\, t) \qquad (10.9/19)$$

$$u_{Sp} = |U_d| \cos\, 2\, \omega t \qquad (10.9/20)$$

u_{Sp} (Spannungsabfall über der Drossel als Energiespeicher) darf wieder keinen pulsierenden Stromanteil durch die Gleichstromsenke treiben. Das kann durch einen LC- (Parallel-) Resonanzkreis im Stromweg verhindert werden. Beide Schaltungsvarianten erfüllen danach die Bedingungen nach einem Leistungsfaktor $\lambda \approx 1$ trotz sehr guter Glättung der für den Zwischenkreis von Umrichtern genau so wie für den Betrieb von Mischstrommotoren benötigten Gleichspannungen bzw. -ströme und setzen sich daher als gepulste Netzstromrichter mehr und mehr in der Umrichtertechnik im Wechselstrombahnbetrieb durch.

Bild 10.9/12 zeigt die prinzipielle Schaltung eines getakteten Gleichrichters mit schneller Umschaltung seiner Übersetzungsverhältnisse zwischen $ü = 1$ und $ü = 0$ bei gleichzeitiger Pulsbreitenmodulation, der jedoch nur im Einquadrantenbetrieb arbeiten kann und als Pulsgleichrichter einzuordnen ist. Für ihn ergeben sich Strom- und Spannungsverhältnisse nach Bild 10.9/13 für unendlich viele Umschaltungen (Takte) während der

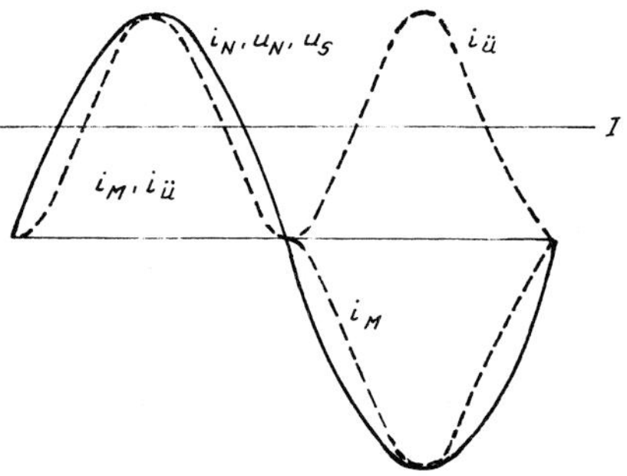

Bild 10.9/13 Strom- und Spannungsverläufe für $L \neq 0$ und Taktfrequenz $f_T \to \infty$

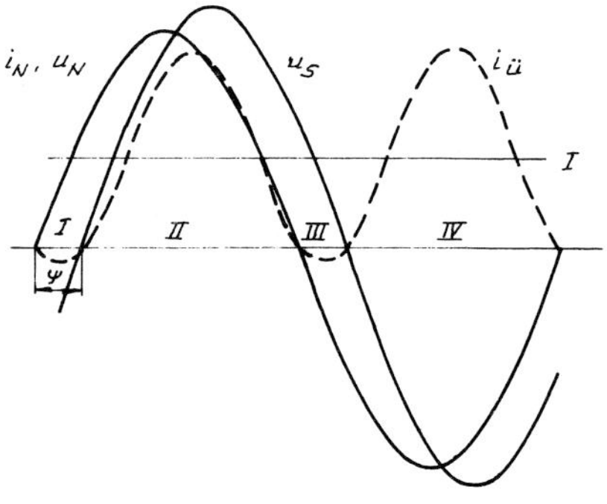

Bild 10.9/14 Strom- und Spannungsverläufe für $L \neq 0$ und Taktfrequenz $f_T \to \infty$

Viertelperiode. Für den Fall der Induktivität $L = 0$ und eine unendlich hohe Taktfrequenz sind Netzspannung und -strom in Phase, der Brückenausgangsstrom $i_ü$ besteht aus den drei Komponenten I_d, i_{Sp} und einem nicht dargestellten höherfrequenten Anteil, der unter bestimmten Bedingungen vom Kondensator C aufgenommen werden kann. Im realen Betrieb kann die Drossel nicht den Wert Null haben und verursacht durch ihren Spannungsabfall eine Phasenverschiebung der Gleichrichtereingangsspannung u_S gegenüber den Netzgrößen um den Winkel ψ (Bild 10.9/14). Um trotzdem die gewünschte Phasenlage von Strom und Spannung zu erreichen, wird die Taktung phasenverschoben vorgenommen:

$$i_N = \hat{i} \sin \omega t \,|\, \sin (\omega t - \psi) \,| \qquad (10.9/21)$$

Der Einquadrantenbetrieb der Schaltung nach Bild 10.9/12 läßt jedoch das Fließen der negativen Stromanteile in den Bereichen I und III des Bildes 10.9/14 nicht zu, so daß auf die Schaltung des Vierquadrantenstellers nach Bild 10.9/10 bzw. Beispiel 3 des Bildes 10.8/3 zurückgegriffen werden muß. Der Einsatz des 4qS kann auch damit begründet werden, daß die Netzinduktivität Blindleistung aufnimmt, die sie wegen der Forderung nach einem $\lambda \approx 1$ nicht aus dem Wechselstromnetz beziehen darf. Die Blindleistung muß also von der Gleichstromseite geliefert werden und fordert Rückspeisebetrieb des Stromrichters, der somit takten, gleichrichten und rückspeisen muß.

Unendlich kleine Taktzeiten sind mit Rücksicht auf Bauelementeeigenschaften (Freiwerdezeit der Thyristoren, Schaltverluste) nicht möglich und fordern den Übergang auf endliche Taktzeiten. Stellerausgangsstrom $i_ü$ und Stellereingangsspannung u_S bestehen deshalb nach Bild 10.9/15 aus einer pulsbreitenmodulierten Blockfolge. Netzstrom i_N und Zwischenkreisspannung U_d enthalten (im Bild 10.9/15 nicht dargestellt) noch höherfrequente Anteile, die für den Netzstrom durch Oberschwingungsbedämpfungs-Schaltungen gesenkt und für U_d unter bestimmten Voraussetzungen vom Stützkondensator Cp geglättet werden können. [109]

Blindleistungskompensation

Die Kompensation induktiver Kommutierungs- und Steuerblindleistung durch kapazitive Beschaltung [83], [139] ist sowohl auf den Triebfahrzeugen als auch im Netz (Unterwerk) möglich. Auf

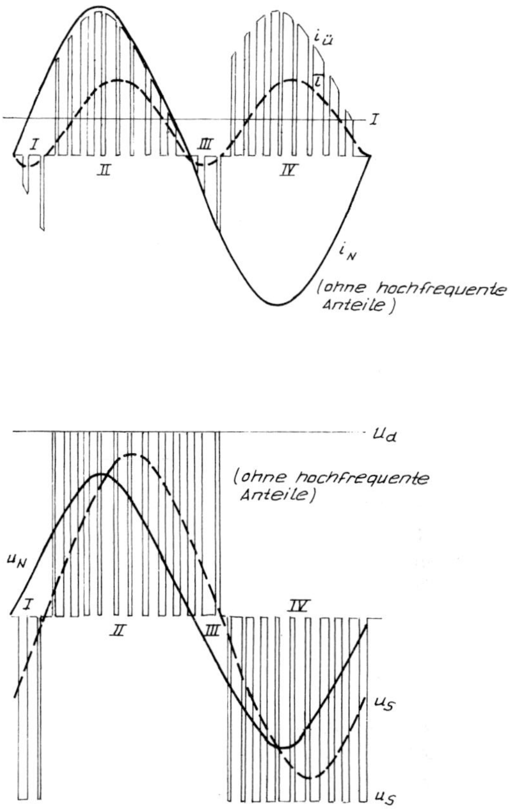

Bild 10.9/15 Strom- (oben) und Spannungsverläufe (unten) bei $L \neq 0$ und Taktfrequenz $f_T \neq \infty$

Triebfahrzeugen wirken Gewichts-, Raum- und Dimensionierungsprobleme (wechselnde Lastzustände) erschwerend, weshalb sich Triebfahrzeugbeschaltungen allgemein nicht durchgesetzt haben und auf betriebliche, netzform- und lastabhängige Sonderfälle (Triebfahrzeuge der Schwedischen Staatsbahn) beschränkt blieben. Die Kompensation wird wegen der einfacheren Dimensionierung durch die Teillastsummierung und wegen der günstigeren Unterbringung meist in den Unterwerken vorgenommen. [125], [200]

Oberschwingungs-Bedämpfungsschaltungen

Lassen sich die Nachteile durch Oberschwingungen im Netzstrom nicht durch eine geeignete Stromrichterwahl und -steuerung vermeiden, was bei den fast ausschließlich zweipulsigen Schaltungen bislang beinahe immer zutraf, sind in diesen Fällen Bedämpfungsschaltungen in Form von RC-Gliedern auf Triebfahrzeugen, an der Fahrleitung oder in Unterwerken grundsätzlich anwendbar. [73] Die moderne Stromrichtertechnik, vor allem mit gepulsten Netzteilen, erweitert den Störfrequenzbereich und die -intensität beträchtlich, so daß Oberschwingungsbedämpfungs-Schaltungen als Standardausrüstung erforderlich werden. [55] Dafür muß das Netzfilter folgende Bedingungen erfüllen:

- Fernhalten der von der Triebfahrzeug-Stromrichteranlage verursachten Stromoberschwingungen höherer Ordnung vom Fahrleitungsnetz.
- Möglichst unbeeinflußte Bereitstellung des Netzstroms für das Triebfahrzeug.

Ein dafür geeignetes L(im Längszweig)-R-C(im Querzweig)-Filter wird den Ansprüchen wechselnder Netzbedingungen aufgrund seines (vom Netz her betrachteten) Tiefpaßverhaltens am besten gerecht und blockt durch die Drossel Stromoberschwingungen im Netz gegen das Triebfahrzeug ab. Der R-C-Querzweig hält dagegen tonfrequente Oberschwingungsanteile von der Fahrleitung fern. Dieses Netzfilter ist zweckmäßigerweise auf der Primärseite des Haupttransformators des Triebfahrzeugs anzuordnen und muß im Hinblick auf Resonanzfrequenz und Teillastbereiche sorgfältig dimensioniert werden.

10.10 Beeinflussungen durch Stromrichter

Stromrichter wirken aufgrund ihrer Eigenschaften nicht nur auf die speisenden Netze zurück, sondern sie beeinflussen durch die Oberschwingungen im Netzstrom unter ungünstigen Bedingungen die Signal-, in jedem Fall jedoch die Fernmelde- und Informationsübertragungsanlagen, da Teile der ersteren im Bahnbetrieb der Traktionsstromrückführung (Schienen) dienen, die der letzteren stets parallel zu den traktionsstromführenden Leitern (Fahrleitung, Schiene) liegen. [31], [32], [153], [186] Die sicherungstechnischen Gleisstromgleise werden bei der DR und anderen Bahnverwaltungen auf elektrifizierten Strecken üblicherweise mit 100-Hz-Strom gespeist, der einer der geradzahligen Harmonischen (6.) des Traktionsstroms entspricht und bei konventionell gesteuerten Triebfahrzeugen nur selten auftritt (z. B. bei der Leereinschaltung von Transformatoren), da deren Traktionsstrom nur ungeradzahlige Harmonische durch die Magnetisierungsströme elektrischer Maschinen enthält.

Stromrichter können nach Abschn. 10.9.1 auch geradzahlige Oberschwingungen hervorrufen, die unter ungünstigen Voraussetzungen die Sicherungsanlagen beeinflussen.

Fernmelde- und Informationsübertragungsanlagen werden durch das gesamte Oberschwingungsspektrum im Netzstrom zusätzlich zu den Einwirkungen durch die Netzstromgrundwelle, die Fahrleitungskurzschlüsse usw. gestört. Dabei sind alle Kopplungsarten des Traktions- mit dem Informationssystem (kapazitive, induktive und ohmsche Kopplung) möglich, die entweder zu Störungen (Geräusch-, Funktionsstörungen) oder zu Gefährdungen (statische Aufladungen, Berührungsspannungen) führen können.

Die Beeinträchtigung des Informationsübertragungs- und Fernmeldebetriebs durch induzierte Geräuschspannungen bewertet man nach dem in der Fahrleitung fließenden Störstrom, dessen Frequenzanteile entsprechend der Empfindlichkeit des menschlichen Ohrs und des Fernsprechhörers ein unterschiedliches Störgewicht besitzen (psophometrisch bewerteter Störstrom).

Beim Einsatz von Stromrichtertriebfahrzeugen ist sicherzustellen, daß die Beeinflussungen der Gleisstromkreise sowie die Gefährdungen und Störungen der Informationsübertragungssysteme durch eine zweckmäßige Wahl der Stromrichter und ihrer Steuerung sowie durch Verbesserung des Netzverhaltens auf dem Triebfahrzeug, im Fahrleitungsnetz und der Signal- und Fernmeldeanlagen ausgeschlossen werden.

11

Widerstände

11.1 Haupteinsatzgebiete

Widerstände finden auf elektrischen Triebfahrzeugen Anwendung als:

- Anfahrwiderstände bei Gleichstromtriebfahrzeugen konventioneller Bauart [191] und als Anlaßwiderstände von Gleich- und Einphasenwechselstrommotoren in Hilfsbetriebenetzen. Ihre Aufgabe ist hier die Herabsetzung der den Motoren zugeführten Spannung zur Begrenzung des Stromes.
- Bremswiderstände für elektrische Widerstandsbremsen zur Umsetzung der Bremsenergie in Wärme.
- Wendefeld-Parallelwiderstände bei Einphasenwechselstrom-Kommutatormotoren, um die Phasenverschiebung des Wendefeldflusses hervorzurufen (Abschn. 12.2.3).
- Heizwiderstände zur Umsetzung elektrischer Energie in Wärme für die Heizung der Fahrgasträume und der Führerkabine.
- Ladewiderstände zur Begrenzung der Ladestromstärke bei der Ladung von Batterien. Dieses Verfahren ist nur noch bei älteren Ladeeinrichtungen in Gebrauch.
- Sonstige Widerstände in fester und einstellbarer Form in den Stromkreisen der Übertragungssteuerung und in den Regelkreisen, als Schutzwiderstände und Widerstände zur Beschaltung induktiver Verbraucher zur Vermeidung von Abschaltüberspannungen, als Entladewiderstände von Kondensatoren sowie als Beschaltungswiderstände von Halbleiterbauelementen usw.

11.2 Werkstoffe

An die Werkstoffe von Widerständen [177], [240] werden folgende Anforderungen gestellt:

- hoher spezifischer Widerstand zur Erzielung geringer Massen,
- hohe zulässige Arbeitstemperatur zur Erzielung einer guten Wärmeabgabe und damit geringer Massen der Widerstände und Belüftungseinrichtungen,
- gute mechanische Eigenschaften, insbesondere gegen die Beanspruchung durch Fahrerschütterungen (Zähigkeit) und gegen die Beanspruchung aus Stromkräften und aus Wärmespannungen,
- gute technologische Eigenschaften, insbesondere hinsichtlich der Formgebung (z. B. Ziehbarkeit),
- hohe Korrosionsbeständigkeit, da die Widerstände auf den Triebfahrzeugen zum Teil direkt Witterungseinflüssen ausgesetzt sind,
- Löt- bzw. Schweißbarkeit, da mitunter die Zusammensetzung größerer Widerstände aus Teilelementen erforderlich ist,
- kleiner Temperaturkoeffizient des spezifischen Widerstands, insbesondere beim Einsatz in Regelkreisen,
- geringe Wärmedehnung.

Es finden nachstehende Werkstoffe Verwendung:

- Metallegierungen
  aus Eisen, Chrom, Nickel, Silizium, Aluminium, Kupfer, Zink, Mangan, Kobalt usw. Die Zusammensetzung richtet sich nach den gewünschten Eigenschaften, dem Anwendungszweck und dem Preis. Der spezifische Wider-

Bild 11.3/1
Gußeisenwiderstand

stand liegt im Bereich von 0,2…0,5 $\Omega mm^2/m$. Anlaß- und Bremswiderstände wurden früher häufig aus Si-legiertem Gußeisen oder Eisen (spezifischer Widerstand 0,35 $\Omega mm^2/m$) hergestellt. Heute finden zur Masse- und Volumenverminderung fast ausschließlich Legierungen mit einem spezifischen Widerstand größer als 1,2 $\Omega mm^2/m$ (z. B. Kanthal, Akrothal) Verwendung.

- Sinterwerkstoffe,
  häufig aus Siliziumkarbid, werden insbesondere für Heizwiderstände eingesetzt. Jedoch ist wegen ihrer Sprödigkeit ein geschützter Einbau nötig.
- Kohle,
  insbesondere bei Schichtwiderständen.

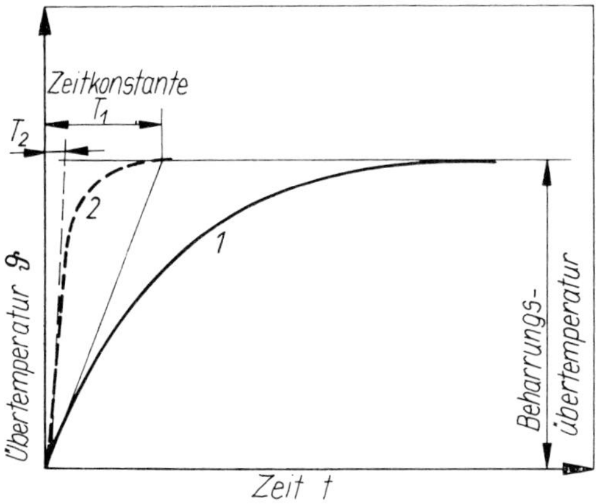

Bild 11.3/2 Erwärmungsverlauf von Widerständen
1 ohne künstliche Belüftung, 2 mit künstlicher Belüftung

11.3 Aufbau und Bemessung

Gußeisenwiderstände
Mäanderartig gegossene Elemente (Bild 11.3/1) werden auf einem isolierten Rahmen nebeneinandergereiht und durch leitende oder isolierte Zwischenlagen miteinander verbunden. In dieser Form fanden sie früher sehr häufig Verwendung als Anfahr- und Bremswiderstände. Nachteile dieser Ausführung sind die große Masse und die relativ geringe zulässige Übertemperatur (300 K).

Bild 11.3/3 Drahtwiderstand

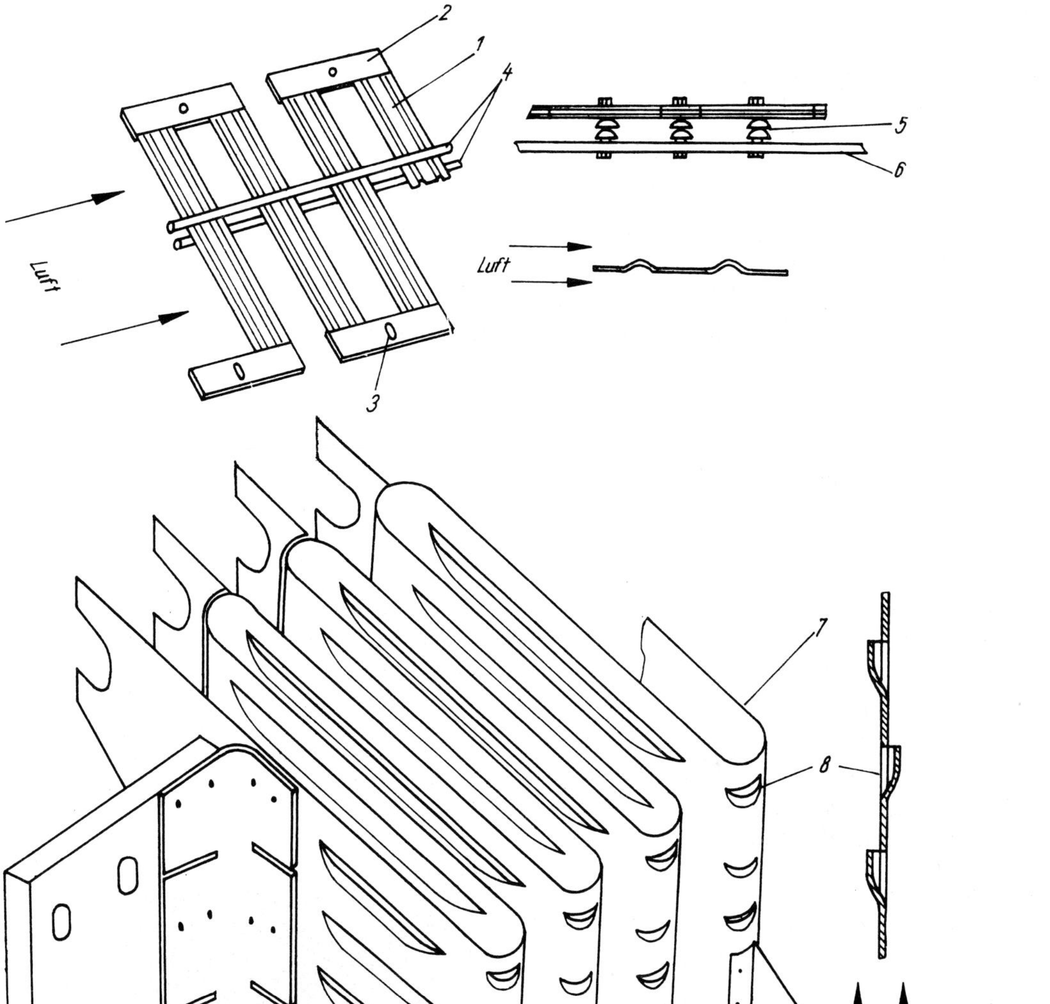

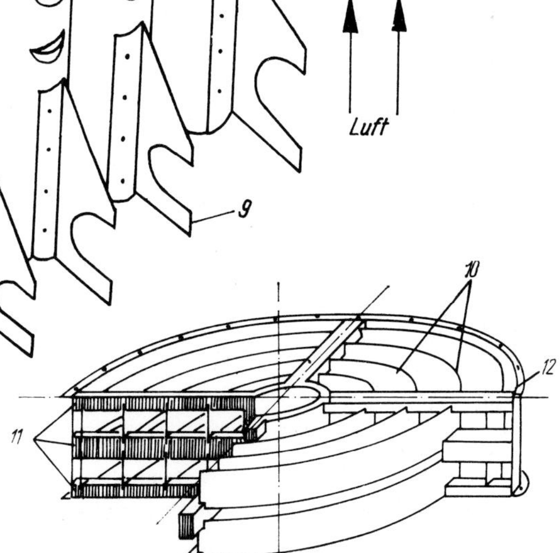

Bild 11.3/4 Bandwiderstände
1 gesicktes Widerstandsband, 2 Verbindungslasche, 3 Langloch zum Ausgleich der Wärmedehnung, 4 Isolatorstäbe zur Verhinderung von Verwerfungen, 5 Isolatoren, 6 Traggerüste, 7 Widerstandsband, 8 kiemenartige Durchzüge, 9 Haltewinkel, 10 Widerstandsband, 11 kammartige Abstandshalter aus Isolierstoff, 12 Verkleidungsmantel, 13 Stromanschluß

Vorteile sind die geringen Kosten, die Robustheit und die große Wärmekapazität (gute Eignung für nicht zu häufige stoßweise Belastungen). Sie wurden meist ohne künstliche Belüftung angewendet. Die thermischen Zeitkonstanten (Bild 11.3/2) betragen:

- ohne künstliche Belüftung 15...20 min,
- mit künstlicher Belüftung 2... 3 min.

Drahtwiderstände

Sie werden als Anfahr- und Bremswiderstände häufig in Form freitragender Drahtspiralen (Wendeln), die mit Porzellanhalterungen auf Metallrahmen montiert sind, ausgeführt (Bild 11.3/3).

Als Sonderformen der Heizwiderstände werden dünne Widerstandsdrähte zwischen Glasscheiben zur Beheizung der Stirnscheiben der Führerstände eingebettet.

Bandwiderstände

Metallbänder (Bild 11.3/4 a...c) aus hochwertigem Widerstandsmaterial (Dicke 0,7...1 mm) werden spiral- oder mäanderartig gewickelt oder zusammengeschweißt und isoliert in Metallrahmen befestigt. Zur Erhöhung der Steifigkeit sind die Metallbänder häufig mit Sicken versehen.

Sicken oder eingedrückte Kiemen verbessern den Wärmeübergang gegenüber glatten Bändern infolge der Unterbrechung der Grenzschicht der strömenden Luft und der Erzeugung einer turbulenten Strömung auf das Doppelte [44], [64], [68], [168]

Die erzielbare spezifische Masse bei Belüftung durch den Fahrwind beträgt ungefähr 40 kg/kW, mit künstlicher Belüftung (Luftanströmgeschwindigkeit 10 m/s) und ohne Lüftersatz ungefähr 0,25 kg/kW. In diesem Fall liegt die thermische Zeitkonstante im Bereich von 20...30 s.

Die Widerstände sind meist mit dem Rahmen, dem Blechgehäuse, dem Lüfter und dem Antriebsmotor zu einem kompletten Aggregat vereinigt, das als Baugruppe in die Triebfahrzeuge eingebaut wird.

Der Lüftermotor wird häufig durch eine vom Widerstand abgegriffene Spannung gespeist, wodurch der Luftdurchsatz ungefähr proportional der Wärmeleistung ist und Fremdenergie gespart wird.

Eine Sonderform der Bandwiderstände findet zur Beheizung der Stirnscheiben der Führerstände Anwendung, wo das Widerstandsmaterial als dünne, durchsichtige Schicht mäanderartig auf das Glas aufgedampft wird.

Heizwiderstände

Zur Heizung werden Heizstäbe oder auf Isolierstoffträger aufgewickelte Heizwendeln bzw. zwischen Glimmerscheiben eingebettete mäanderartig gewickelte Heizdrähte in rohr- oder kastenförmige Schutzgehäuse eingebaut. Der Abstand des Schutzgehäuses vom Heizwiderstand muß so gestaltet und das Schutzgehäuse so ausgeführt sein, daß die Oberflächentemperatur kleiner als 330 K bleibt.

Bemessung

Insbesondere bei Anfahr- und Bremswiderständen geschieht die Bemessung häufig unter Zugrundelegung eines vorgegebenen Betriebs-(Belastungs-)Programms. Die maximal zugelassene Bremsleistung übersteigt bei einer derartigen Bemessung die Dauerleistung durch Inanspruchnahme der Wärmekapazität bis auf das Zweifache. [24], [192]

12

Kommutator-maschinen

12.1 Gleichstrommaschinen

[161], [162], [184]

12.1.1 Anwendung

Gleichstrommaschinen werden auf elektrischen Triebfahrzeugen angewendet
- im Motorbetrieb
  als Fahrmotor, Hilfsmaschinenmotor, Schaltwerkmotor, Umformermotor usw.
- im Generatorbetrieb
  als Bremsgenerator (Fahrmotor als Generator geschaltet), Hilfsbetriebe- und Ladegenerator (weitgehend durch leistungselektronische Geräte verdrängt), Tachogenerator, Verstärkermaschine.

12.1.2 Aufbau (Bild 12.1/1)

Im massiven Gehäuse des Ständers, das zugleich als Magnetjoch dient, sind ausgeprägte Pole angeschraubt. Auf den Polen sitzen Wicklungen, die über Leitungen untereinander und mit den Klemmen im Klemmenkasten verbunden sind.
In den Nuten des Läuferblechpakets liegen die Läuferleiter. Sie sind untereinander zu Läuferspulen zusammengeschaltet. Zugleich sind sie mit den Kommutatorfahnen verbunden. Die außerhalb des Blechpaketes befindlichen Wickelköpfe liegen auf Wicklungsträgern und sind durch Bandagen befestigt.
Mechanisch wird die Verbindung zwischen dem Ständer und dem Läufer durch die am Ständer angeschraubten Lagerschilde und die Wälzlager hergestellt. Die elektrische Verbindung bedient sich in Bürstenhaltern angeordneter Kohlebürsten, die auf dem Kommutator gleiten.

12.1.3 Wirkungsweise

In den Ständerspulen fließt Gleichstrom. Dieser hat eine magnetische Durchflutung zur Folge, die wiederum einen Magnetfluß erzeugt. Er verläuft vom Polkern über den Polschuh und den Luftspalt zum Läufer. Dort fließt er durch die Läuferzähne und das Läuferjoch zum nächsten Pol und schließt sich über das Ständerjoch (Gehäuse). Aufgrund dieser Anordnung liegen die Läuferleiter in einem Magnetfluß. Fließt durch die Läuferleiter ein Strom, so wirkt auf diese eine Kraft.
Weiterhin bauen die stromdurchflossenen Läuferleiter einen magnetischen Fluß um sich herum auf, der sich mit dem von den Hauptpolen herrührenden Fluß überlagert. Hierdurch wird der resultierende Luftspaltfluß abgelenkt, und er tritt unter einem von 90° abweichenden Winkel aus der Läuferoberfläche aus. Die an den am Läuferumfang angeordneten Läuferleitern angreifenden elektromagnetischen Kräfte üben auf den Läufer ein Drehmoment aus und setzen ihn in eine drehende Bewegung. Dadurch gelangt der Läuferleiter aus dem Wirkungsbereich eines Poles in den nächsten. Da dieser von entgegengesetzter Polarität ist, muß der Leiterstrom ebenfalls umgekehrt werden, damit die Kraft- und Bewegungsrichtungen erhalten bleiben. Die Umschaltung geschieht durch den Kommutator (Bild 12.1/2). Den Vorgang der Stromrichtungsumkehr nennt man Kommutierung.

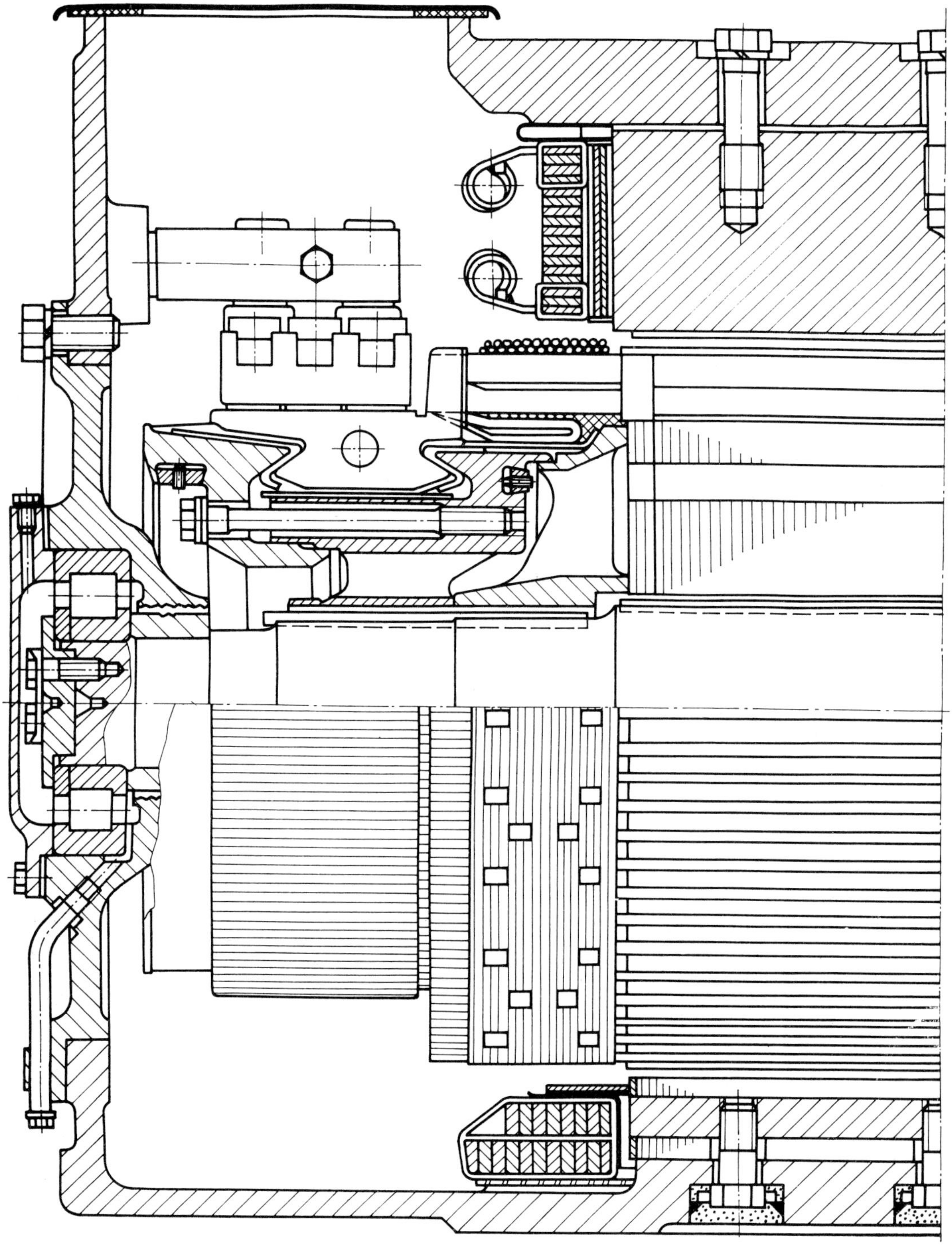

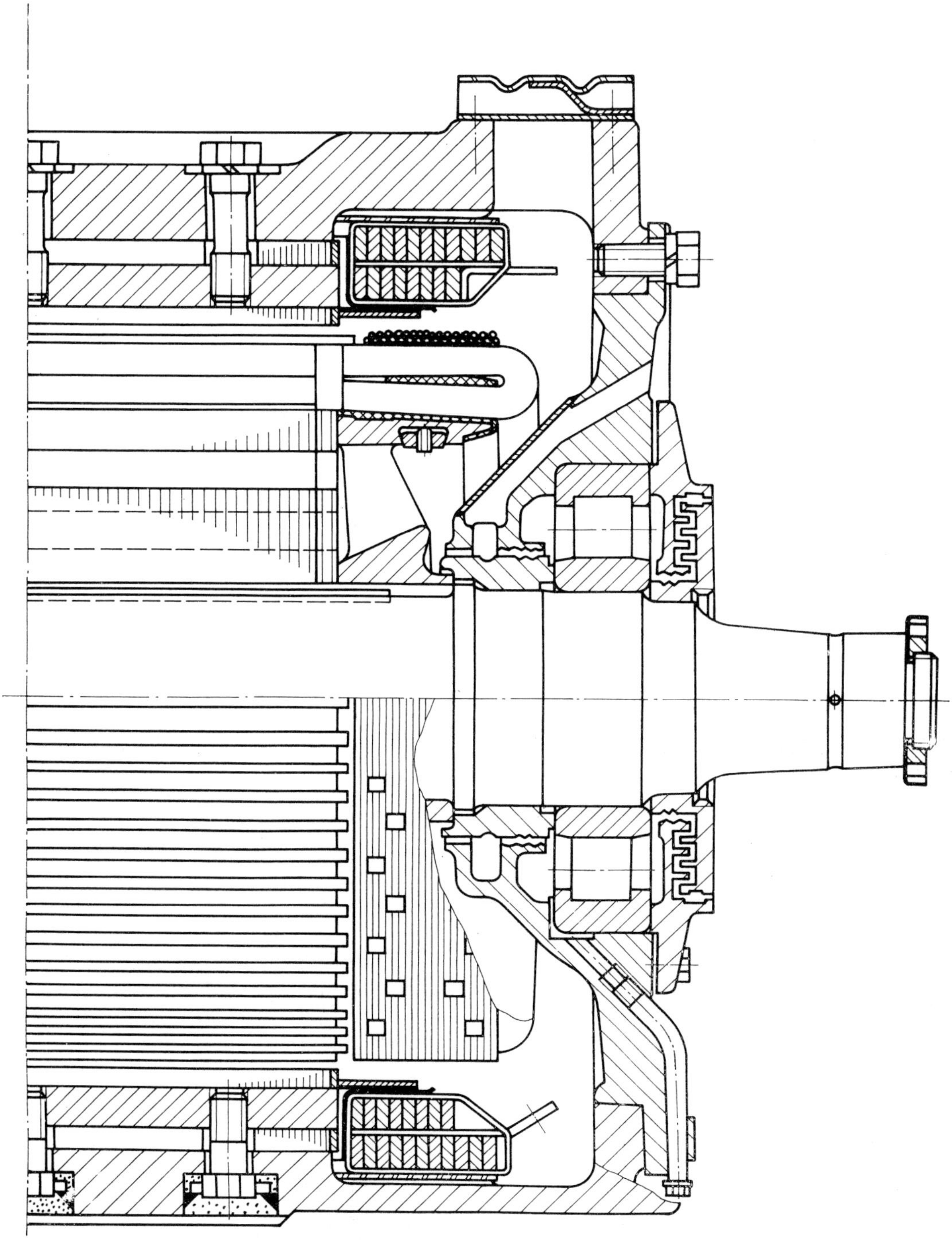

befindlichen Läuferleitern eine Spannung. Da ein Teil dieser Läuferleiter durch die Kohlebürsten überbrückt wird, hat diese Spannung einen Kurzschlußstrom zur Folge. Laufen zugehörige Kommutatorlamellen unter den Kohlebürsten heraus, so wird der Kurzschlußkreis aufgetrennt, und es entstehen Lichtbögen (Bürstenfeuer).

- Die unterschiedliche Flußverteilung unter dem Polbogen induziert in benachbarten Läuferleitern eine unterschiedliche Spannung. Sie kann dabei so groß werden, daß es zwischen benachbarten Lamellen zu Überschlägen kommt (Rundfeuer).
- Die Hauptpolteile mit der größten Flußdichte und die darunter liegenden Läuferzähne kommen in die Sättigung. Hierdurch entsteht ein Mehrbedarf an Hauptpoldurchflutung.

Zur Abhilfe wendet man wegen der bei Triebfahrzeugen begrenzten Masseverhältnisse meist folgende Maßnahmen an:

- Aufhebung der Läuferdurchflutung in der Pollücke durch Wendepole. Ihre Wicklungen liegen in Reihe mit der Läuferwicklung, so daß beide Durchflutungen einander proportional sind (Bild 12.1/4).
- Aufhebung der Läuferdurchflutung unter dem Polbogen durch eine Kompensationswicklung.

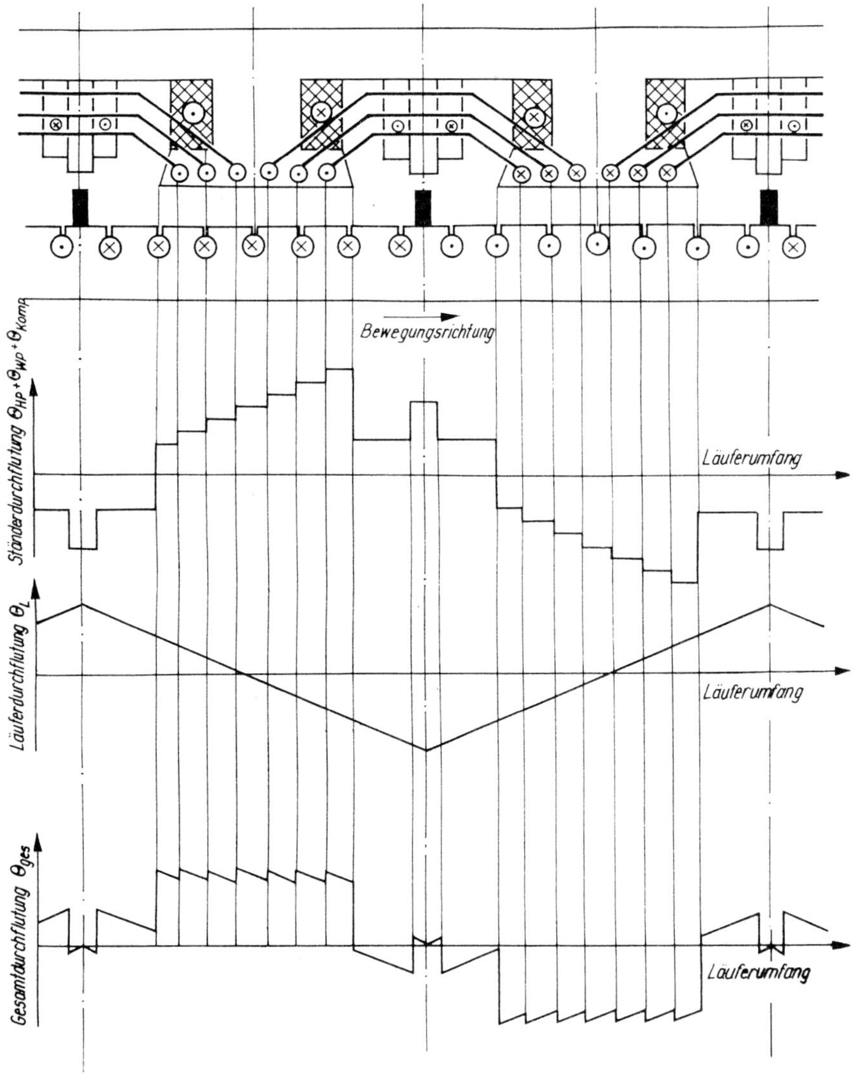

Bild 12.1/5 Luftspaltdurchflutung einer Gleichstrommaschine mit Wendepolen und Kompensationswicklung (Motorbetrieb). Durch Kompensationswicklung kann die Wendepoldurchflutung verkleinert werden.

Sie liegt in Nuten der Polschuhe und erzeugt eine der Läuferdurchflutung entgegengesetzte gleichgroße Durchflutung, da sie mit der Wendepolwicklung und der Läuferwicklung in Reihe geschaltet ist (Bild 12.1/5).

Kommutierung

Zwischen benachbarten Lamellen liegen jeweils gleiche Teile der Läuferwicklung. In diesen Wicklungsteilen fließt ein nichtsinusförmiger Wechselstrom mit einer Frequenz von

$$f_L = p\,n \qquad (12.1/3)$$

f_L Läuferfrequenz
p Polpaarzahl
n Drehzahl

Die Stromrichtung wird in der Kommutierungszeit T_K umgekehrt (Bild 12.1/6), d. h. in der Zeit, in der eine der beiden mit dem Wicklungsteil verbundenen Kommutatorlamellen mit der Bürste in Kontakt steht.

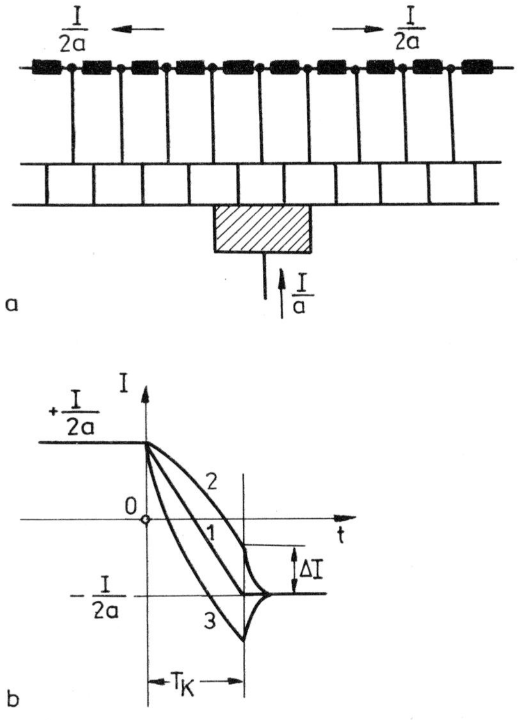

Bild 12.1/6 Läuferwicklung (a) und Stromverlauf (b) in der kommutierenden Spule
1 lineare Stromwendung, 2 verzögerte Stromwendung, 3 beschleunigte Stromwendung

Bei einem rein ohmschen Widerstand der Wicklungsteile würde sich die Änderung der Stromrichtung linear vollziehen (Kurve 1 in Bild 12.1/6). Die Induktivität der Wicklungsteile widersetzt sich jedoch der Stromänderung und verzögert sie (Kurve 2 in Bild 12.1/6), so daß nach Ablauf der Kommutierungszeit der richtige Stromwert nahezu sprunghaft hergestellt werden muß. Die magnetische Energie der zugehörigen Spule muß sich entsprechend ändern. Die Energiedifferenz wird über Lichtbögen (Bürstenfeuer) ausgeglichen. Der Lichtbogenstrom entspricht ΔI in Bild 12.1/6).

Der durch die Induktivität der kommutierenden Spule hervorgerufenen Reaktanzspannung

$$e_r = K_r\,A\,V_L, \text{ mit} \qquad (12.1/4)$$

A Läuferstrombelag und
V_L Läuferumfangsgeschwindigkeit,

die sich der linearen Stromwendung widersetzt und sie verzögert, kann entgegengewirkt werden, wenn die Wirkung der Wendepolwicklung stärker bemessen wird, als es zur Aufhebung der Läuferdurchflutung nötig ist. Unter dem Einfluß der dann im Bereich der kommutierenden Leiterstäbe vorhandenen Wendepoldurchflutung B_{WP} wird in der kommutierenden Spule die Spannung

$$e_{WP} = K_{WP}\,B_{WP}\,V_L \qquad (12.1/5)$$

induziert. B_{WP} muß so bemessen werden, daß

$$e_r = e_{WP}. \qquad (12.1/6)$$

Eine Überkommutierung durch eine noch stärkere Bemessung der Wendepoldurchflutung ist ebenfalls von übel, da sie ähnliche Vorgänge wie bei der Unterkommutierung hervorruft (Kurve 3 im Bild 12.1/6)

Von Einfluß auf die Kommutierung sind ferner:

- die Kohlebürstenmarke (beeinflußt durch ihren Innen- und Übergangswiderstand entscheidend den Strom-Spannungsverlauf bei der Kommutierung),
- mechanische Störungen (Kommutatoren sind nicht ideal rund und die Bürstenbrücken nicht absolut starr, so daß die Kontaktpunkte wan-

dern und die Bürsten kippen und vibrieren und sich dadurch der Übergangswiderstand Bürste–Kommutator ändert) [163], [247]
- der Zustand der Kommutatoroberfläche (Politur, Patina, Temperatur, Luftfeuchtigkeit).

Wegen der begrenzten Genauigkeit der Vorausberechnung wird die optimale Bemessung des Wendepols experimentell überprüft. Über die Beurteilung der Kommutierung durch Beobachtung wird in [71], [201] und [230] berichtet.

Da die Fahrmotoren elektrischer Triebfahrzeuge in beiden Fahrtrichtungen gleich gute Eigenschaften aufweisen müssen, ist auf eine gleich gute Kommutierung in beiden Drehrichtungen zu achten, was durch eine richtige Einstellung der Kohlebürsten erreicht werden kann. [172] Dazu sind bei vielen Motortypen die Bürstenhalter in einem gegenüber dem Ständer drehbaren Kranz gelagert.

12.1.4 Motorbetrieb

Als Fahr- und Hilfsmaschinenmotoren werden vorwiegend Reihenschlußmotoren verwendet. In Sonderfällen werden zwei Feldwicklungen vorgesehen: eine fremderregte und eine Reihenschlußwicklung. Im Fahrbetrieb ist stets Reihenschlußverhalten erwünscht. Sind die Maschinen im Magnetkreis gesättigt, so geht bei hohen Strömen die Kennlinie in die eines Nebenschlußmotors über (Bild 12.1/7).

Die Drehzahlstellung ist über folgende Verfahren möglich:

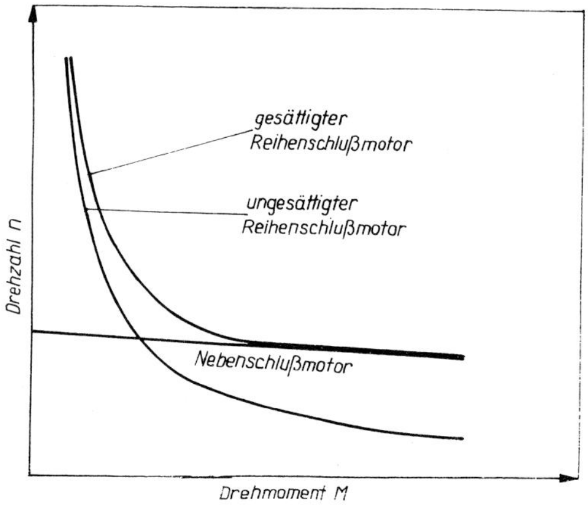

Bild 12.1/7 Kennlinie des Reihenschlußmotors (geht bei gesättigten Maschinen im Bereich großer Momente – großer Ströme – in die eines Nebenschlußmotors über)

Änderung der Klemmenspannung
- grobstufig durch Reihenschaltung der Motoren oder feinstufig durch Speisung über Umformer oder Pulssteller. Bild 12.1/8 zeigt die Kennlinie.
- durch Vorwiderstände, die durch Spannungsabfall einen Teil der Speisespannung aufbrauchen. Das Verfahren ist stark verlustbehaftet und für einen Dauerbetrieb nicht geeignet. Bild 12.1/9 zeigt die Kennlinie. Sie wird erheblich flacher, was sich bei Fahrmotoren infolge der größeren Schleuderneigung ungünstig auswirkt.

Feldschwächung

Eine Verkleinerung des Flusses bei konstanter Klemmenspannung führt zu einer höheren Drehzahl und damit zu einer höheren Stromaufnahme. Die Kennlinie ist im Bild 12.1/10 dargestellt. Die Feldschwächung kann durch Parallelschaltung eines Widerstands zur Hauptfeldwicklung eintreten. Der Erregergrad ist

$$\varepsilon = \frac{I_{HP}}{I_L} \qquad (12.1/8)$$

I_{HP} Strom in der Hauptpolwicklung
I_L Läuferstrom

Im Bahnbetrieb sind kurzzeitige Spannungsunterbrechungen nicht völlig auszuschließen. Um zu vermeiden, daß sich bei den daraus resultierenden Stromänderungen die Aufteilung des Stromes auf Hauptfeldwicklung und Parallelwiderstand erheblich ändert, wird vielfach der Parallelwiderstand induktiv ausgeführt.

Die Feldschwächung ist auch durch Wicklungsanzapfung möglich:

$$\varepsilon = \frac{w_{HP}}{w_{HPges}} \qquad (12.1/9)$$

w_{HP} eingeschaltete Hauptpolwindungen
w_{HPges} gesamte Hauptpolwindungszahl

Übliche Werte des Erregergrads sind
ε = 0,50 Motoren ohne Kompensationswicklung,
ε = 0,35 Motoren mit Kompensationswicklung,
ε = 0,20 Motoren für Akkumulatorenfahrzeuge (Sonderfall).

Bedingung, die das Absenken des Erregergrads begrenzt: An der ablaufenden Polkante soll die Luftspaltinduktion nicht kleiner als Null werden

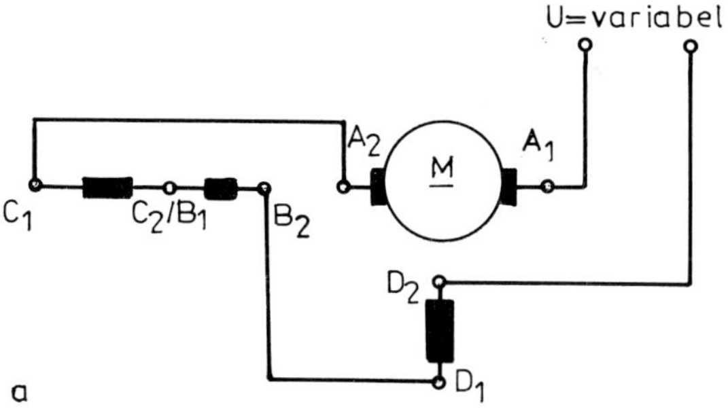

Bild 12.1/8 Drehzahlstellung durch Änderung der Klemmenspannung
a) Schaltung
b) Kennlinien

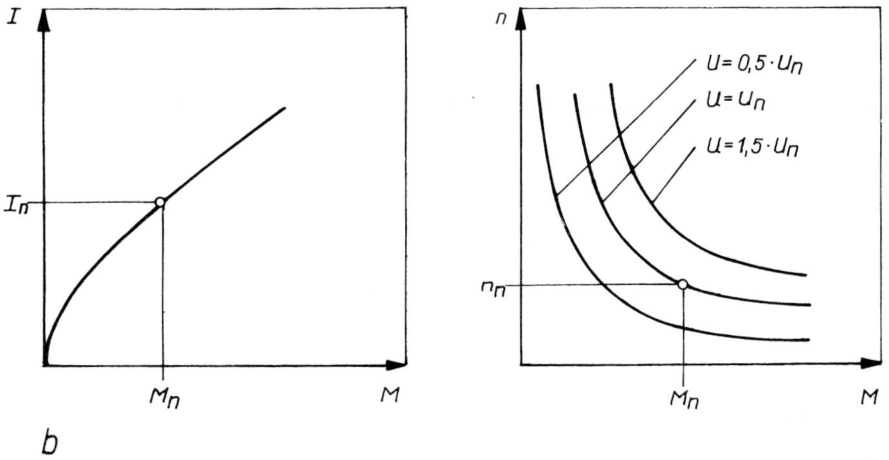

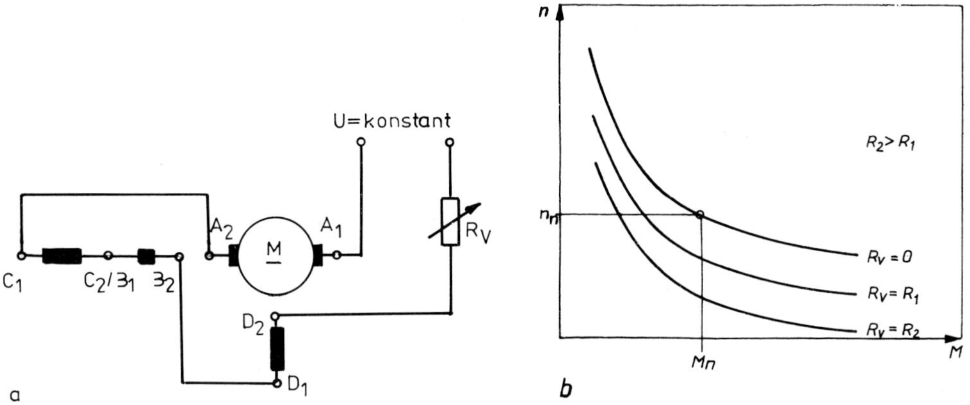

(sonst Induktion einer Gegenspannung). Haben Motoren eine größere Hauptpoldurchflutung, d. h. einen größeren Luftspalt, so ist auch ein kleinerer Erregergrad als oben angegeben möglich.

Bild 12.1/9 Drehzahlstellung durch Vorwiderstand
a) Schaltung
b) Kennlinien

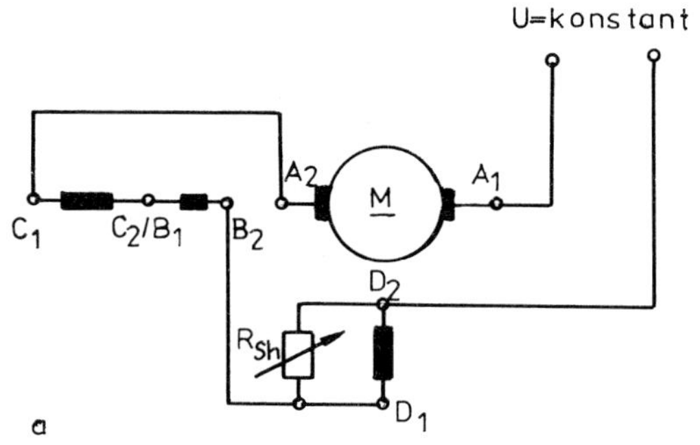

Bild 12.1/10 Drehzahlstellung durch Feldschwächung
a) Schaltung
b) Kennlinien

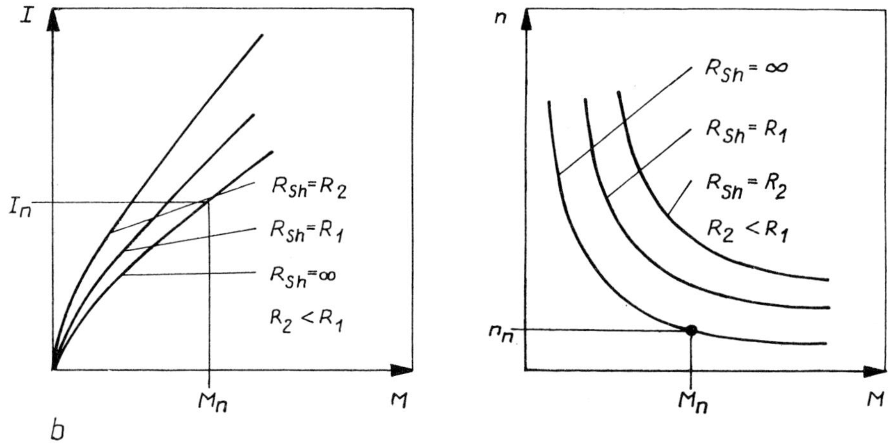

12.1.5 Generatorbetrieb

Bei den meisten Triebfahrzeugen wird der Fahrmotor zum Bremsen des Zuges herangezogen. Es sind folgende Generatorschaltungen möglich:

Reihenschlußgenerator
Die Drehzahl-Drehmoment-Kennlinie des Reihenschlußgenerators existiert nur im I. Quadranten. Er wirkt immer beschleunigend (Bild 12.1/7). Zum Bremsen muß das Feld oder der Läuferkreis umgepolt werden. Da im Läufer sowieso Wechselstrom fließt, wird dieser umgepolt. Somit ist ein Fahr-Bremswender erforderlich.

Nebenschlußgenerator/fremderregter Generator
Die Drehzahl-Drehmoment-Kennlinie existiert im I. und II. Quadranten. Wechselt das Drehmoment das Vorzeichen (Talfahrt, Triebfahrzeug wird durch Zug geschoben), so geht der Motor in den Bremsbetrieb über (Bild 12.1/11).

Mit diesen Generatoren können unterschiedliche Bremsschaltungen aufgebaut werden.

a) Selbsterregte Widerstandsbremse
Der Motor arbeitet als Reihenschlußgenerator auf einen veränderbaren Widerstand. Damit ein stabiler Bremsbetrieb möglich wird, muß der Fluß weniger ansteigen als der Strom (d. h. der Motor muß gesättigt sein [165]). Die Selbsterregung wird von der Remanenz (Restmagnetismus) hervorgerufen, die 1...2 % beträgt. Zur Vermeidung von Bremsversagern wird u. U. eine Vorerregung vorgenommen.

b) Netzbremse
Für eine Netzbremsung ist der Reihenschlußgenerator auch bei Vorerregung ungeeignet. Wäre die Generatorspannung kleiner als die Fahrleitungsspannung, dann setzt Motorbetrieb mit entgegengesetzter Drehrichtung ein. Der Nebenschlußgenerator hat starke Leistungsschwankungen bei Dreh-

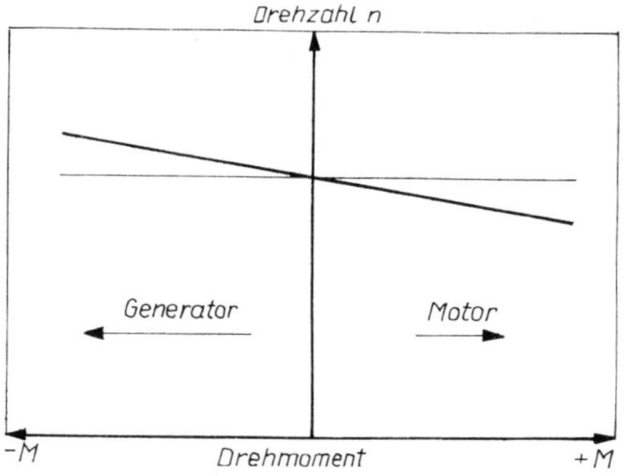

Bild 12.1/11 Drehzahl-Drehmoment-Kennlinie einer Nebenschlußmaschine (entspricht qualitativ einer fremderregten Maschine)

zahlwechsel und eignet sich schlecht für einen Parallellauf. Der fremderregte Generator stellt die beste Lösung dar. Die Felder der Fahrmotoren werden in Reihe geschaltet und von einem Umformer oder einem weiteren als Generator arbeitenden Fahrmotor fremderregt. Damit überhaupt eine Bremsung möglich ist, muß die Spannung am Stromabnehmer ständig größer sein, als die Fahrdrahtspannung. Dies bedingt entsprechende Erregersysteme.

c) Fremderregte Widerstandsbremse
Es werden Schaltungen wie bei der Nutzbremse angewendet. Die Fahrmotoren arbeiten als Generator auf einen konstanten Widerstand. Er begrenzt die Bremsleistung. Die Motorspannung ist frei wählbar. Voraussetzung für eine konstante Bremskraft ist die Bedingung

$$U = c\sqrt{V} \qquad (12.1/10)$$

U Motorspannung im Generatorbetrieb
V Fahrgeschwindigkeit

Ab einer bestimmten Geschwindigkeit muß zum Schutz des Bremsbetriebs eine Strombegrenzung einsetzen, wodurch die Bremskraft absinkt.
Bei Betrachtung der Bremsschaltungen sind einige Besonderheiten zu beachten.

– Selbsterregte Widerstandsbremse
Infolge der Induktivität des Bremskreises ist eine Abbremsung auf die Geschwindigkeit Null möglich, da der Bremsstrom noch kurzzeitig weiterfließt, wenn das Fahrzeug bereits stillsteht. Bei Überbremsung kommt es zum Stillstand der Radsätze. Damit wird die Läuferspannung Null. Trotzdem kann es zum Gleiten der Räder auf der Schiene und eventuell zum entgegengesetzten Hochlauf kommen, da die Induktivität des Kreises (Motor) weiter einen Strom antreibt. Erst wenn dieser abgeklungen ist, wird auch die Bremswirkung Null.

– Fremderregte Widerstandsbremse
Bei schlechten Kraftschlußverhältnissen ist auch hier ein Gleiten möglich. Kritisch wird es, wenn zwei Motoren auf einen Widerstand arbeiten. Ein Motor läuft dann generatorisch, der andere u. U. motorisch mit entgegengesetzter Drehrichtung. Moderne Fahrzeuge haben deshalb je Fahrmotor einen eigenen Bremswiderstand. Die Ausnutzbarkeit des Kraftschlußbeiwerts ist hierdurch besser als mit einer mechanischen Bremse.

12.2 Einphasenwechselstrom-Kommutatormaschinen

12.2.1 Anwendung

Auf elektrischen Triebfahrzeugen finden Einphasenwechselstrom-Kommutatormaschinen Anwendung
- im Motorbetrieb als Fahrmotor, Hilfsmaschinenmotor und Schaltwerkmotor,
- im Generatorbetrieb als Bremsgenerator.

12.2.2 **Aufbau** (Bilder 12.2/1...12.2/15)

Der Aufbau der Einphasenwechselstrom-Kommutatormaschine gleicht im Prinzip dem der Gleichstrommaschine. Wesentliche Unterschiede liegen im Aufbau des Ständers. Er besteht aus einem Gehäuse (tragendes Konstruktionsteil) mit einem eingepreßten Blechpaket. Das Ständergehäuse ist entweder aus Stahlguß oder als Schweißkonstruktion ausgeführt (Masseersparnis). In den Nuten des Ständerblechpakets sind die Hauptpolwicklung, die Wendepolwicklung und die Kompensationswicklung eingebettet. Der Läufer und die Bürstenhalter sind wie bei der Gleichstrommaschine ausgeführt.

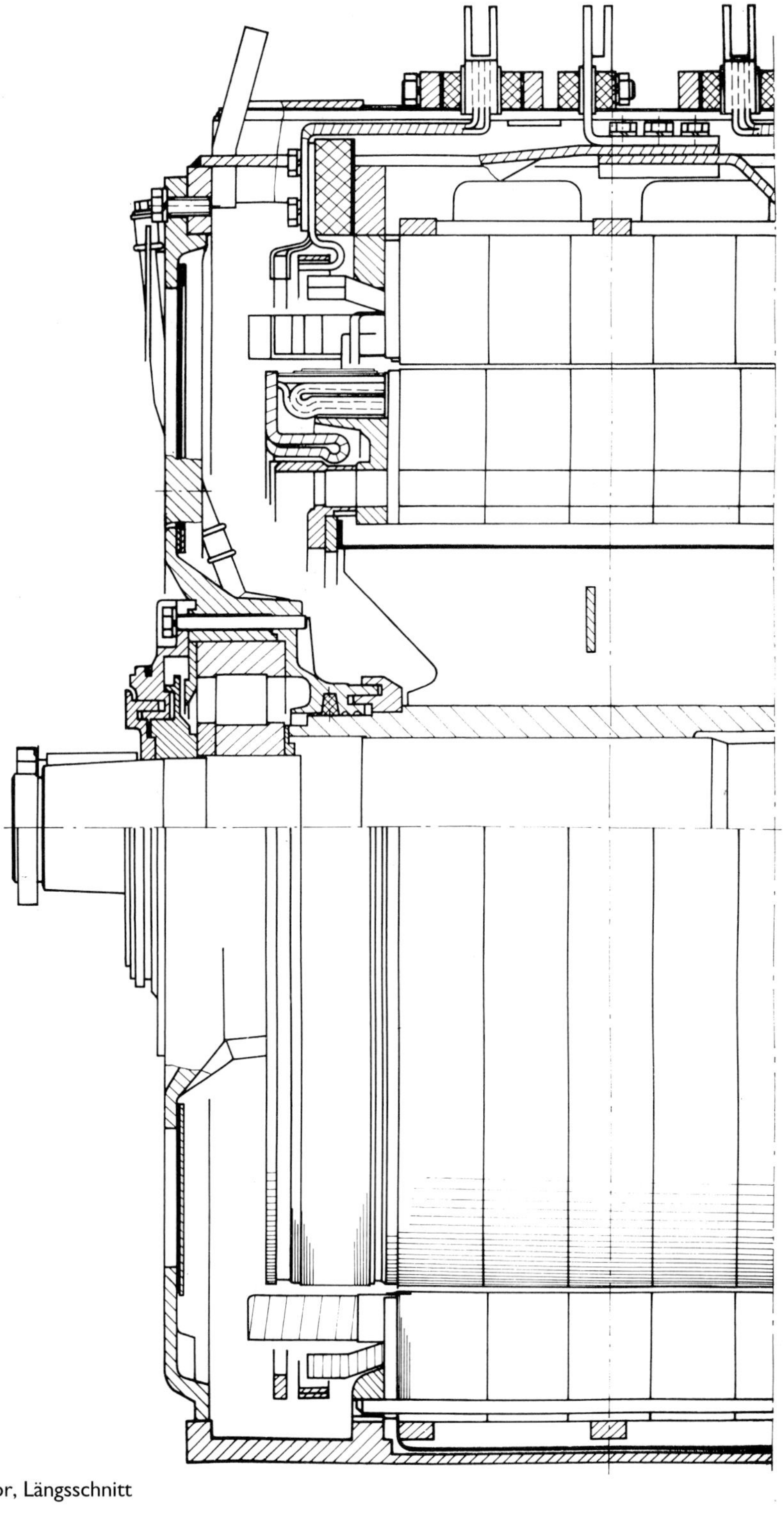

Bild 12.2/1
Einphasenwechselstrommotor, Längsschnitt

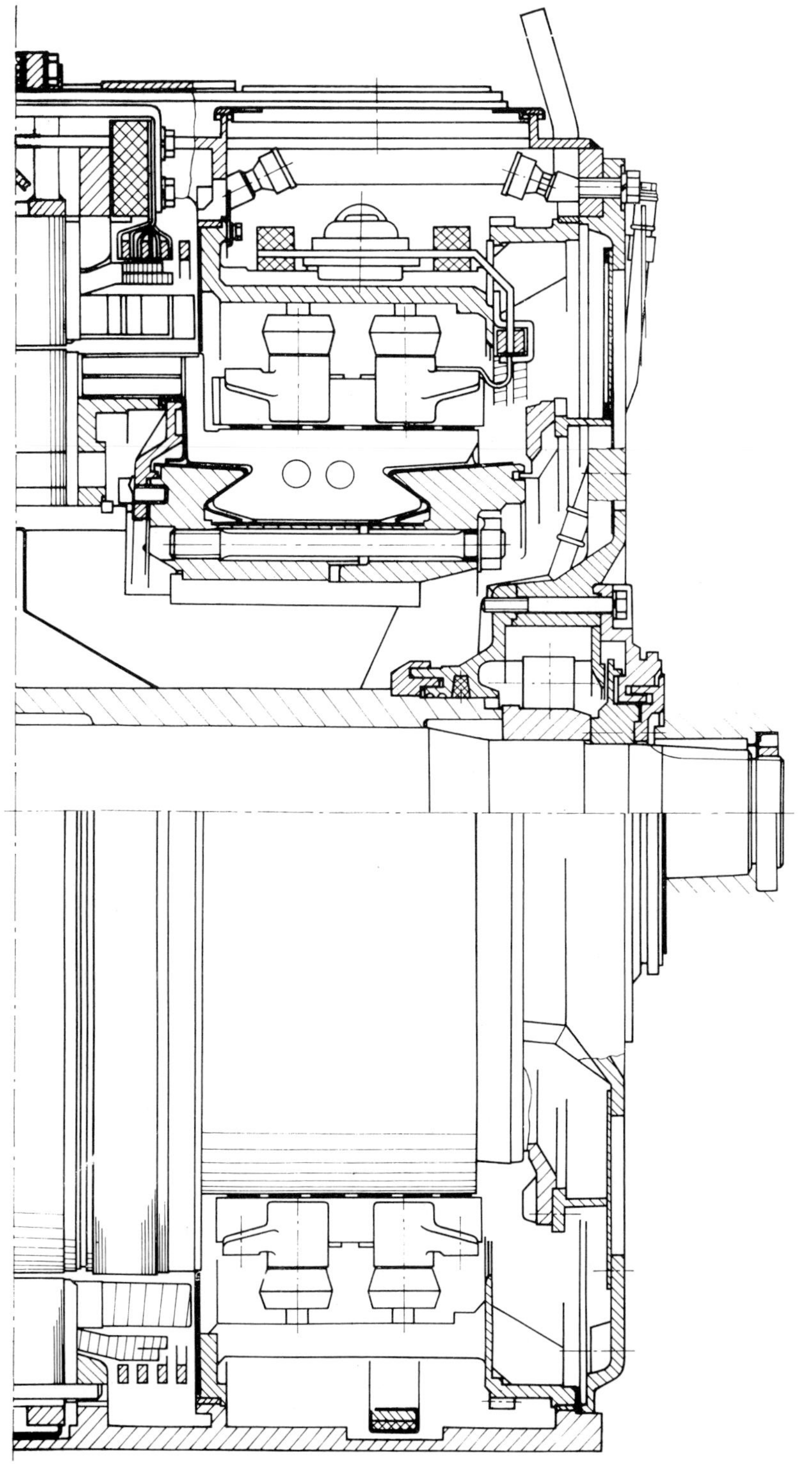

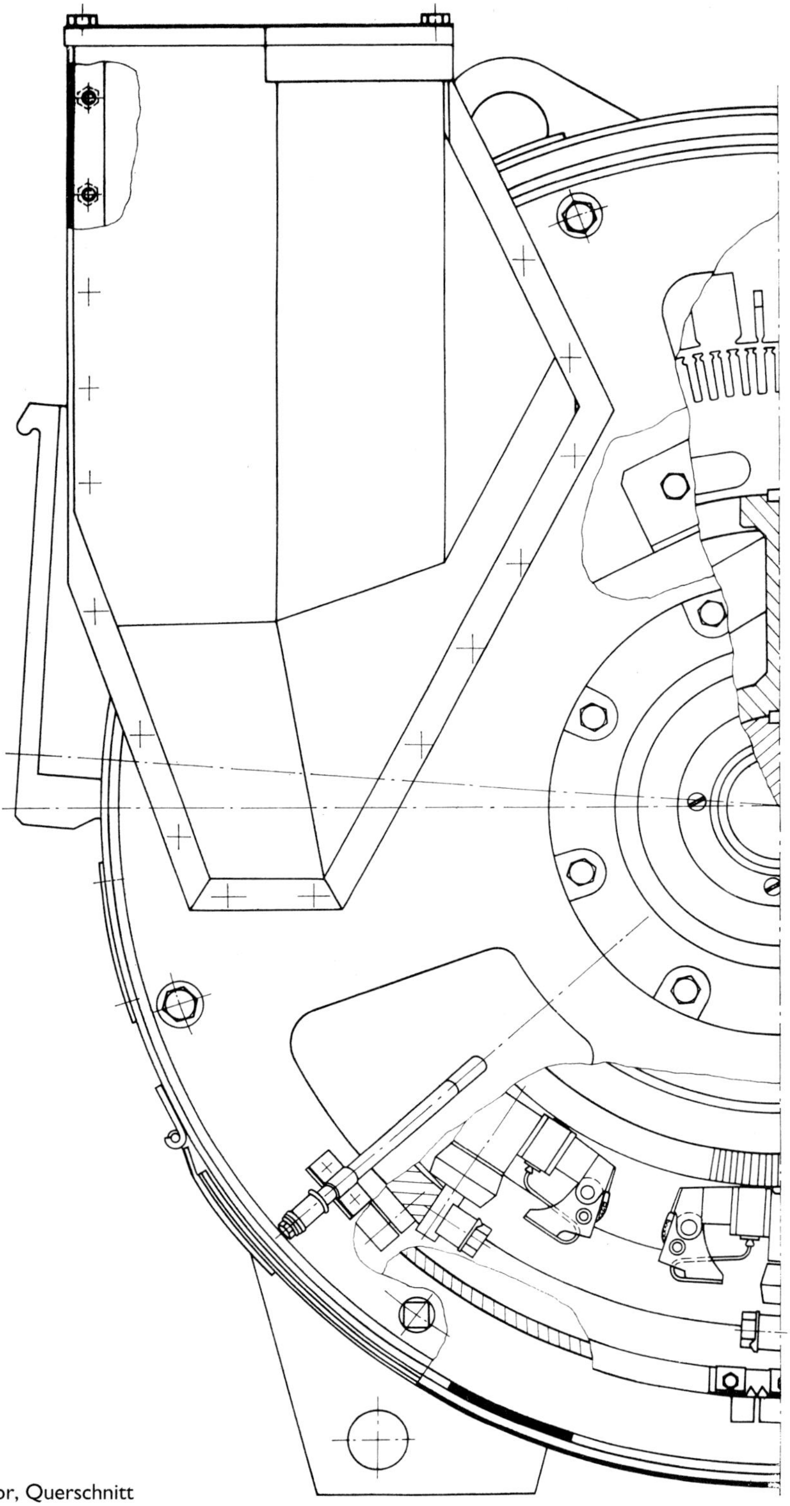

Bild 12.2/1
Einphasenwechselstrommotor, Querschnitt

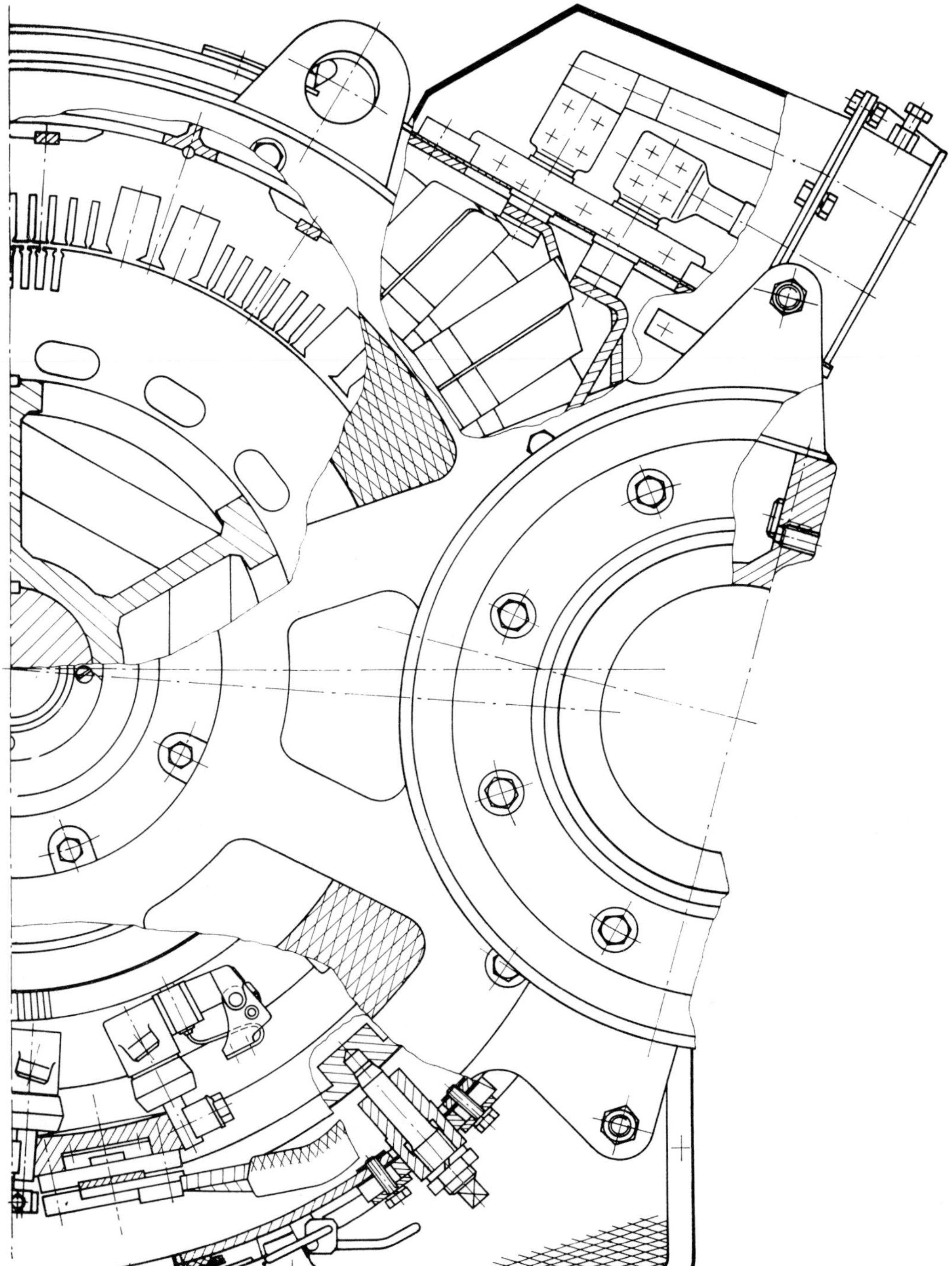

Bild 12.2/2 Ansicht eines Einphasenwechselstromfahrmotors

Bild 12.2/3 Ständer eines Einphasenwechselstromfahrmotors

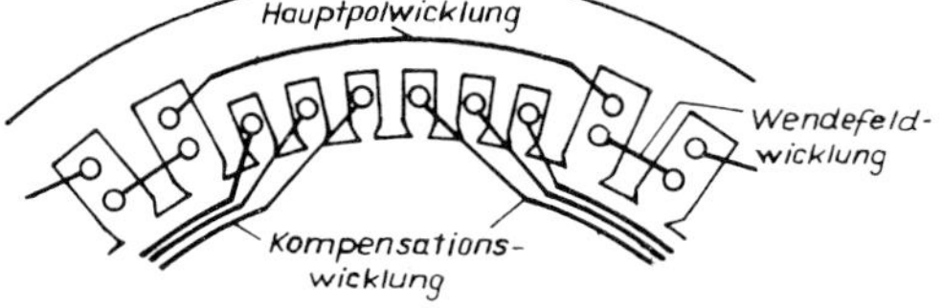

Bild 12.2/4 Prinzipielle Wicklungsanordnung im Ständerblechpaket

Bild 12.2/5 Innenansicht des Gehäuses mit den Flächen für den Sitz des Ständerblechpakets

Bild 12.2/6 Ständerblechpaket mit teilweise erneuerter Wicklung

Bild 12.2/7 Stromringe neben dem Blechpaket zum Anschluß der einzelnen Spulen

Bild 12.2/8 Ansicht des Kommutators

Bild 12.2/9 Ansicht eines Läufers von der Antriebsseite (Erkennbar ist die Läuferbuchse mit dem Läuferstern, der das Blechpaket trägt. Die ovalen Bohrungen sind für den Kühllufteintritt vorgesehen.)

Bild 12.2/10 Unbewickeltes Läuferblechpaket (Neben dem Blechpaket ist der Wickelträger zu erkennen.)

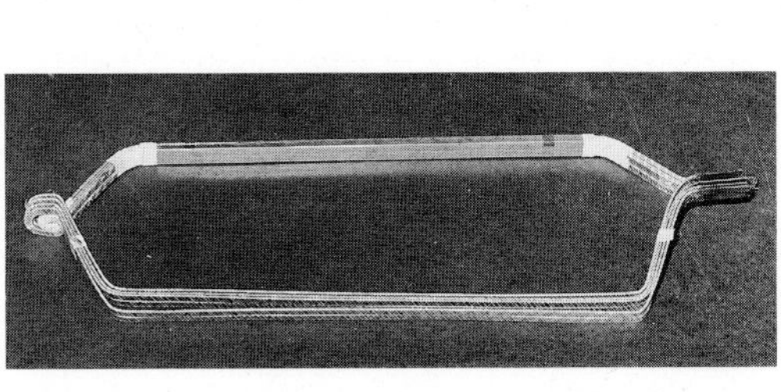

Bild 12.2/11 Ansicht einer Läuferspule (Schleifenwicklung)

Bild 12.2/12 Läufer nach der Bewicklung vor dem Aufziehen der Bandagen

Bild 12.2/13 Bürstenring

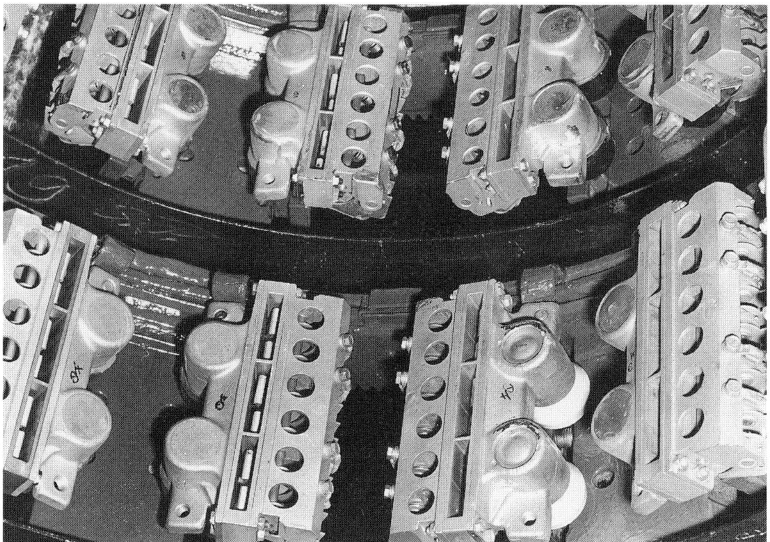

Bild 12.2/14
Innenansicht eines
Bürstenringes

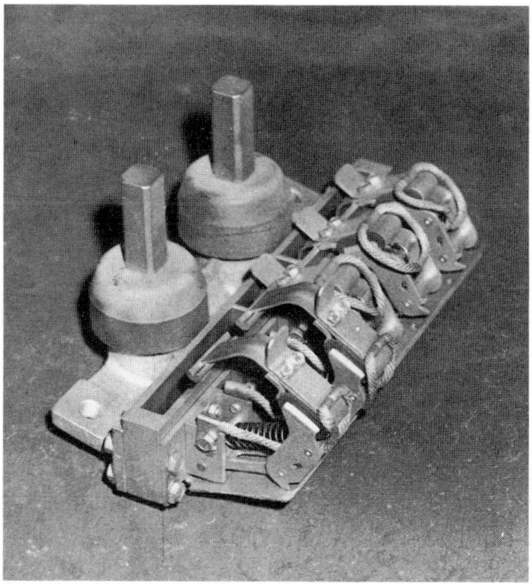

Bild 12.2/15 Bürstenhalter

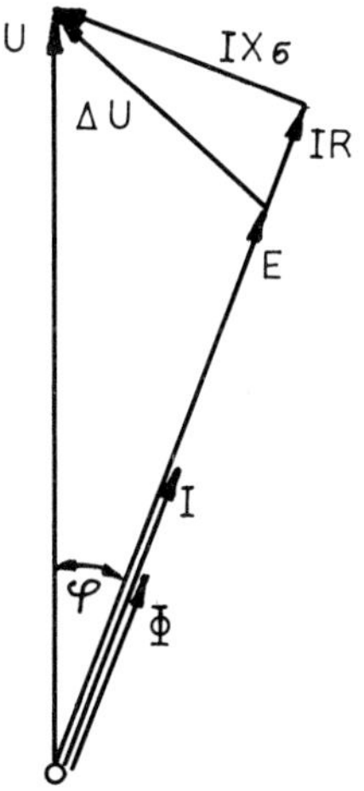

Bild 12.2/16
Vereinfachtes Zeigerdiagramm eines Einphasenwechselstromfahrmotors
I Strom, R Summe der ohmschen Widerstände, U Klemmenspannung, X_σ Summe der Streublindwiderstände, ΔU Spannungabfall, Φ Fluß

12.2.3 Wirkungsweise

Der Aufbau des Luftspaltfeldes entspricht dem der Gleichstrommaschine, jedoch liegen hier Wechseldurchflutungen und -flüsse vor. Deshalb muß ein geblechtes Ständerpaket angewendet werden. Da sich die Durchflutung des Ständers und die Stromrichtung des Läufers gleichzeitig mit derselben Frequenz ändern, bleibt die Drehrichtung konstant.
Betreibt man einen normalen Gleichstrommotor mit Wechselstrom, dann zeigen sich zwei entscheidende Mängel:
- ein schlechter Leistungsfaktor und
- starkes Bürstenfeuer.

Leistungsfaktor
Er hängt vom Verhältnis des induktiven Spannungsabfalls über dem Motor zur induzierten Läuferspannung ab (Bild 12.2/16). Für den Tangens der Phasenverschiebung gilt

$$\tan\varphi = \pi \frac{\Theta_{HP}}{\Theta_L} \cdot \frac{f}{f_L} \qquad (12.2/1)$$

φ Winkel zwischen Strom und Spannung
Θ_{HP} Hauptpoldurchflutung
Θ_L Läuferdurchflutung
pf Netzfrequenz
p_L Läuferfrequenz

Aus der Forderung nach kleinem φ ergeben sich folgende Richtlinien für den Entwurf:
- Damit im Zähler nur Θ_{HP} angesetzt zu werden braucht, muß die Läuferdurchflutung durch eine Wendepol- und Kompensationswicklung aufgehoben werden. (Als induktiver Spannungsabfall wirkt dann nur der der Hauptpolwicklung; die übrigen Wicklungen heben sich gegenseitig auf.) $16\,^2/_3$-Hz-Motoren haben daher grundsätzlich eine Kompensationswicklung, auch Hilfsmaschinenmotoren.
- Es ist eine kleine Netzfrequenz zu wählen.
- Die Läuferfrequenz soll möglichst groß sein. Dies wird durch eine große Polpaarzahl und eine hohe Drehzahl erreicht.
- Die Hauptpoldurchflutung soll klein sein. Das wird durch kleine Luftspalte erzielt, da diese den höchsten Anteil des magnetischen Widerstands im Eisenkreis liefern.
- Die Läuferdurchflutung ist möglichst groß auszuführen, was durch einen hohen Strombelag erreicht wird.

Kommutierung
Der Hauptpolfluß ist ein Wechselfluß. In den Läuferspulen wird dadurch eine Wechselspannung induziert. Die Spannung zwischen benachbarten Lamellen ist

$$e_{tr} = 4{,}44\, w_L\, f\, \Theta_{HP}. \qquad (12.2/2)$$

e_{tr} Effektivwert der transformatorischen Spannung zwischen zwei Lamellen
w_L wirksame Windungszahl je Lamelle

ringert und dadurch e_{tr}-Werte bis 6 V anzuwenden gestattete, jedoch auch dauernde Verluste zur Folge hatte. Die trotzdem nicht voll befriedigenden Ergebnisse erklären sich, wie spätere Untersuchungen zeigten, aus der stabilisierenden Wirkung des Widerstands der Widerstandsverbinder auf die Mikrolichtbögen. Die Baureihe E 77 war der letzte Lokomotivtyp der DRG mit Widerstandsverbindern.

– Schichtbürsten (Bild 12.2/21 b)
Durch Einbringen isolierender Schichten in die Kohle wird der Weg verlängert, wodurch sich der Widerstand für die Kurzschlußströme erhöht und letztere verringert. Direkte Querströme werden unterbunden. Die isolierenden Schichten erschweren jedoch die Wärmeabfuhr aus dem Inneren der Bürste an die Seitenwandungen der Bürstentaschen und verschlechtern dadurch die Arbeitsbedingungen der Bürsten.

– Spreizkohlen (Bild 12.2/21 c)
Diese Bürstenform hat sich als einzige Maßnahme behauptet. Da der Kurzschlußstrom in jedem Fall vier Übergangsstellen mit ihrem erhöhten Widerstand und den langen Längsweg durch die Kohlebürste zu überwinden hat, wird er wirksam verringert. Als günstige Nebenwirkung stellt sich eine verbesserte Auflage der Bürsten auf dem Kommutator ein, da die Zahl der Kontaktstellen verdoppelt wird. Die Dachbildung kann sich infolge der schmaleren Einzelteile der Bürsten nicht mehr in dem Umfang wie bei der Vollkohle einstellen, so daß auch die Bildung der Mikrolichtbögen mit ihrem negativen Einfluß auf den Kommutator eingeschränkt wird.

Wendefeld
Zur völligen Vermeidung von Spannungen in den kommutierenden Spulen wären zwei Komponenten des Wendefelds erforderlich: eine erste, die proportional dem Motorstrom und phasengleich mit ihm folgende Aufgaben übernimmt:
- Aufhebung der Läuferdurchflutung in der Pollücke,
- Induktion einer Gegenspannung zur Reaktanzspannung (Gleichstromwendung, Abschn. 12.1.3).

Eine zweite Komponente müßte proportional dem Motorstrom und umgekehrt proportional der Motordrehzahl sein und 90° Nacheilung zum Ausgleich der transformatorischen Spannung haben. Die erste Komponente ist ohne weiteres möglich, wie bei den Erläuterungen zur Gleichstrommaschine gezeigt wurde. Die zweite ist im Stillstand überhaupt nicht und bei Drehung der Maschine nur sehr aufwendig realisierbar. Man erreicht im Motorbetrieb die Phasenverschiebung durch einen Parallelwiderstand zur Wendefeldwicklung. Da die umgekehrte Proportionalität zur Motordrehzahl nicht herstellbar ist, gelingt der Ausgleich der transformatorischen Spannung nur bei einer bestimmten Drehzahl, der Nenndrehzahl des Motors (meist 70 % der Höchstdrehzahl). Bei Drehzahlen darüber und darunter treten Restspannungen auf. Bild 12.2/22 zeigt die Kurve des funkenfreien Laufs.

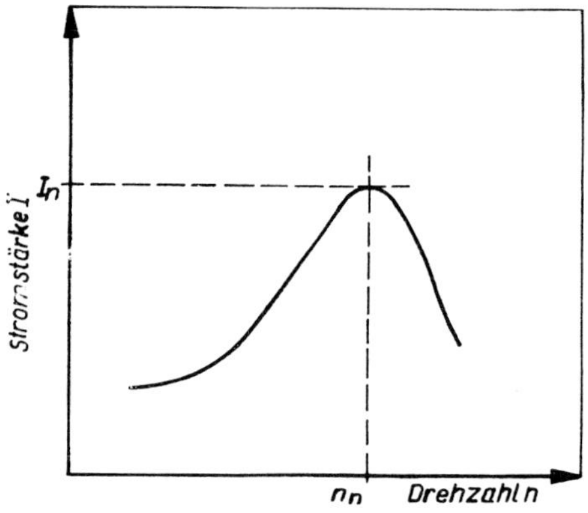

Bild 12.2/22 Grenzkurve des funkenfreien Betriebs eines Einphasenwechselstrommotors

Oberwellen
Netzspannungen und Sättigungserscheinungen bewirken im Motor Oberwellen. Diese höherfrequenten Ströme erzeugen über die Durchflutungen auch entsprechende Flüsse. Ihre hohen Frequenzen induzieren auch entsprechend hohe transformatorische Spannungen. Der Wendepol hebt diese nur ungenügend auf, da ein Teil der Oberwellen über den Parallelwiderstand fließt und damit die Proportionalität zwischen Wendefeld und Hauptpolfeld stört. Es verbleiben große Restspannungen. Eine geringe Sättigung der Eisenwege bringt Abhilfe, ist jedoch mit einer höheren Masse des Motors verbunden.

Einfluß der transformatorischen Spannung auf die Maschinenauslegung
Nach RICHTER besteht folgende Beziehung:

$$E = \frac{e_{tr} v_K}{\tau_K \pi f} \qquad (12.2/7)$$

E	induzierte Spannung
f	Netzfrequenz
e_{tr}	transformatorische Spannung
v_K	Kommutatorumfangsgeschwindigkeit
τ_K	Kommutatorteilung

Die drei letztgenannten Größen sind physikalisch gegeben bzw. konstruktiv begrenzt ($e_{tr} \approx 3$ V, $v_K \approx 50$ m/s, $\tau_K \approx 4$ mm). Die Spannung ist somit umgekehrt proportional der Frequenz. Je größer die Frequenz, um so kleiner ist die Spannung. Bei einer bestimmten Leistung wird der Strom bei kleiner Spannung sehr groß. 50-Hz-Motoren haben ein Drittel der Spannung und einen dreifachen Strom gegenüber einem Motor für $16^2/_3$ Hz gleicher Leistung. Dies bedingt eine hohe Polzahl (viele parallele Läuferstromzweige) und breite Kommutatoren. Aufgrund dessen gelang es trotz aller Versuche nicht, einen zufriedenstellenden 50-Hz-Einphasenwechselstrom-Kommutatormotor zu schaffen. Hierin liegt der Hauptgrund für die Einführung der Sonderfrequenz $16^2/_3$ Hz.
Die Begrenzung der Motorspannung durch die transformatorische Spannung und das Bürstenfeuer bei Arbeitspunkten außerhalb der Einstellung des Wendefeldparallelwiderstands sind auch heute noch kritische Punkte beim Bau und im Betrieb von $16^2/_3$-Hz-Motoren.

12.2.4 Motorbetrieb

Der Einphasenwechselstrom-Kommutatormotor findet als Reihenschlußmotor Anwendung. Die Drehzahlstellung geschieht durch Änderung der Klemmenspannung. Feldschwächung kam nur in Ausnahmefällen (Baureihe Re 6/6 der SBB) zum Einsatz.

12.2.5 Generatorbetrieb

Bewährt hat sich die Fremderregung für die Widerstands- und die Netzbremse.

– Erregung mit $16^2/_3$ Hz
Sie geschieht über den Haupttransformator und wird bei Netz- und Widerstandsbremsen angewendet. Die transformatorische Spannung in den kommutierenden Läuferspulen eilt hier um 90° vor und muß durch eine Wendefeldparalleldrossel ausgeglichen werden.

– Erregung mit Mischstrom
Sie findet über den Transformator und einen Gleichrichter statt. Die transformatorische Spannung in den kommutierenden Läuferspulen ist hierdurch wesentlich kleiner, so daß nur die Wendefeldparallelwiderstände umgeschaltet zu werden brauchen, d. h., die Wendefelddrosseln entfallen. Eine Netzbremsung ist bei dieser Art der Erregung nicht möglich, es sei denn über einen Wechselrichter.

12.3 Mischstrommaschinen

12.3.1 Anwendung

Die Mischstrommaschine findet Anwendung
- im Motorbetrieb als Fahrmotor und Hilfsmaschinenmotor,
- im Generatorbetrieb als Bremsgenerator.

12.3.2 Ausführungsarten

Der grundsätzliche Aufbau der Mischstrommaschine entspricht dem der Gleichstrommaschine. Mischströme, d. h. Gleichströme mit überlagerten Wechselströmen, kommen bei elektrischen Triebfahrzeugen vor bei Speisung aus einem
- Einphasenwechselstromnetz über Transformator und Gleichrichter,
- Gleichstromnetz über Pulssteller,
- Drehstromnetz über Gleichrichter.

Welligkeit
In der Regel sind dem Gleichstrom Wechselströme verschiedener Frequenz überlagert (Harmonische). Zur Betrachtung der Probleme genügt in vielen Fällen die Berücksichtigung der Grundwelle dieser Wechselströme:

$$i = I_g + i_\sim = \hat{I}_\sim \sin(n\,\omega t) \qquad 12.3./1)$$

i	Momentanwert des Stromes
I_g	Gleichstrom
$i_\sim$	überlagerter Wechselstrom
n	Pulszahl der Gleichrichterschaltung

$I_\sim$ Effektivwert der Grundwelle
$\hat{I}_\sim$ Scheitelwert der Grundwelle
ω Kreisfrequenz des Netzstroms

Die Welligkeit (Bild 12.3/1) beträgt:

$$w = \frac{I_\sim}{I_g} = \frac{\hat{I}_\sim}{I_g\sqrt{2}} \quad (12.3/2)$$

(Effektivwertwelligkeit)

$$w_e = \frac{i_{max} - i_{min}}{i_{max} + i_{min}} \quad (12.3/3)$$

(Extremwertwelligkeit)

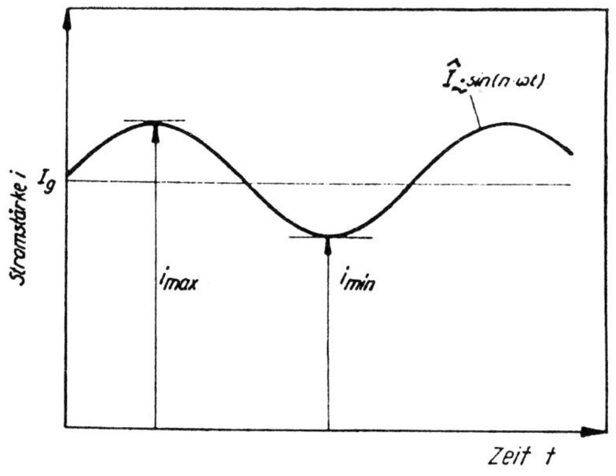

Bild 12.3/1 Mischstromgrößen

Beherrschung der Beanspruchungen
Der überlagerte Wechselstrom erzeugt in der Maschine Mehrbeanspruchungen. Zu ihrer Beherrschung werden zwei Wege eingeschlagen:

– Herabsetzung der Stromwelligkeit
Eine Stromwelligkeit $w = 0$ ist nur erzielbar durch eine theoretisch unendlich große Glättungsdrossel. Der Fahrmotor kann dann ein reiner Gleichstrommotor sein. Die Anwendung dieser Lösung erweist sich infolge der großen schweren Drossel als ungünstig.
Man begnügt sich meist mit einer teilweisen Glättung (auf 20...30 %) durch eine kleinere Drossel. Der Motor wird so ausgeführt, daß im wesentlichen der Fluß geglättet wird. Damit wird die induzierte Läuferspannung weitgehend oberwellenfrei, während der Läuferstrom eine Mischgröße ist (Mischstrommotor). Diese Lösung erwies sich als die günstigste und fand die breiteste Anwendung. Sie gestattet mit mäßigem Glättungsaufwand die Beibehaltung des einfachen Aufbaus des Gleichstrommotors.

– Vermeidung der Auswirkung der Stromwelligkeit
Es ist keine Glättungsdrossel nötig. Der Motor entspricht im Aufbau dem Einphasenwechselstrom-Kommutatormotor und bereitet die gleichen Probleme wie dieser. Der Fluß und damit die induzierte Läuferspannung sind genauso wie der Strom Mischgrößen (Mischspannungsmotor). Diese Lösung fand nur in wenigen Fällen Anwendung.

12.3.3 Mischstrommotor

Thermische Verhältnisse bei welligem Strom
Die Erwärmung ist durch den Effektivwert des Stromes gegeben:

$$i = I_g + i_\sim \quad (12.3/4)$$

$$I = \sqrt{I_g^2 + I_\sim^2} \quad (12.3/5)$$

$$I = I_g\sqrt{1 + w^2} \quad (12.3/6)$$

i Momentanwert des Stromes
I_g Gleichstromanteil
$i_\sim$ Momentanwert des Wechselstromanteils
$I_\sim$ Effektivwert des Wechselstromanteils
I Effektivwert des Gesamtstroms
w Welligkeit

Betrachtet man die Kupferverluste, so gilt

$$P_V = I^2 R = I_g^2 (1 + w^2) R.$$

Gegenüber dem Betrieb mit Gleichstrom ($w = 0$) steigt demnach bei einem Betrieb mit einer Stromwelligkeit von $w = 0{,}3$ die Verlustleistung um den Faktor $(1 + w^2) = 1 + 0{,}3^2 = 1{,}09$ an, d. h. um 9 %. Für den Wechselstromanteil ist nicht nur der Gleichstromwiderstand der Maschine maßgebend, sondern der Wechselstromwiderstand (Stromverdrängung). Dadurch werden die Verluste noch etwas höher. [35]

Drehmoment bei welligem Strom
Im Luftspaltfluß und im Läuferstrom sind zahlreiche Wechselanteile jeweils übereinstimmender Frequenz enthalten. Flüsse und Ströme der gleichen Frequenz bilden Drehmomente, die mit dem Doppelten dieser Frequenz pulsieren (Abschn. 12.2.3) und sich dem Gleichmoment aus Gleichfluß und Gleichstrom überlagern. Die Gleichung für dieses Moment lautet

$$M = c \sum_{\nu=1}^{n} I_\nu \Phi_\nu \cos\delta_\nu \qquad (12.3/7)$$

- M Drehmoment
- I_ν Strom
- Φ_ν Fluß
- δ_ν Phasenverschiebung zwischen I und Φ_ν (Bild 12.2/19)
- ν = 0 für den Gleichanteil
- ν = 1…n für die überlagerten Wechselanteile.

Betrachtet man nur die Grundwelle, so gilt

$$m = M_g\,(1 + w_i\, w_\Phi \cos\delta). \qquad (12.3/8)$$

- m Momentanwert des Drehmoments
- M_g konstanter Drehmomentanteil
- w_i Stromwelligkeit
- w_Φ Flußwelligkeit
- δ Winkel zwischen I und Φ

Neben dem wie bei der Gleichstrommaschine konstanten Moment $M_g = c\, I_g\, \Phi_g$ tritt ein Oberwellenmoment auf, welches das Gesamtmoment vergrößert.
Bei Nebenschlußmaschinen bildet sich infolge der hohen Wicklungsinduktivität kein Wechselfluß $\Phi_\sim$, d. h., $w_\Phi = 0$, und somit sind auch keine Zusatzmomente zu verzeichnen.
Bei Reihenschlußmaschinen wird der Wechselfluß verkleinert (w_Φ –> 0) und in der Phasenlage gedreht (δ –> 90°). Damit entstehen nur kleine Zusatzmomente. Die Mehrleistung beträgt 0,2…0,3 %. [217]

Lamellenspannung
Die Spannung zwischen benachbarten Lamellen hängt von der induzierten Läuferspannung ab. Der durch den Wechselstromanteil hervorgerufene Wechselfluß induziert eine zusätzliche überlagerte Wechselspannung. Es treten folgende Läuferspannungen auf:

- Läuferspannung E durch den Gleichfluß,
- Läuferspannung E_{tr} durch den Wechselfluß,
- ohmscher Spannungsabfall $I_g\, R_L$ des Gleichstroms,
- ohmscher Spannungsabfall $I_\sim\, R_L$ des Wechselstroms,
- induktiver Spannungsabfall $j\, I_\sim\, X_L$ des Wechselstroms.

Bei Gleichstrombetrieb:

$$U_g = I_g\, R_L + E \qquad (12.3/9)$$

Bei Mischstrombetrieb:

$$U = U_g E_{tr} + I_\sim (R_L + j\, X_L)\sqrt{2} \qquad (12.3/10)$$

$$U = U_g + \Delta U \qquad (12.3/11)$$

$$\Delta U = E_{tr} + I_\sim (R_L + j\, X_L)\sqrt{2} \qquad (12.3/12)$$

Es ist $\Delta U = f(I_\sim)$ und damit $U = f(w)$, d. h., bei Mischstrombetrieb ist die am Läufer liegende Spannung größer als bei Gleichstrombetrieb. Sie steigt mit größer werdender Welligkeit an. Damit ist auch die Spannung zwischen benachbarten Lamellen größer. Hierdurch steigt die Gefahr eines Überschlages zwischen benachbarten Lamellen; die Rundfeuersicherheit sinkt.

Kommutierung
Nimmt man die Grenzkurven funkenfreier Kommutierung auf, so ist festzustellen:

- Der funkenfreie Bereich wird mit steigender Frequenz des überlagerten Wechselstroms schmaler.
- Der funkenfreie Bereich wird mit steigender Welligkeit des Mischstroms schmaler (Bilder 12.3/2 und 12.3/3).

Eine Erklärung dafür findet man durch Untersuchung des Haupt- und Wendepolkreises.

Hauptpolkreis
Beim Reihenschlußmotor fließt in der Hauptpolwicklung Mischstrom. Die Folge ist eine Gleich- und Wechseldurchflutung mit einem Gleich- und Wechselfluß. Der Wechselfluß hat zwei Auswirkungen:

- Im Läufer wird eine transformatorische Spannung induziert, deren Folgen die gleichen sind wie beim Einphasenwechselstrom-Kommutatormotor.
- Im massiven Teil des Hauptpolkreises treten

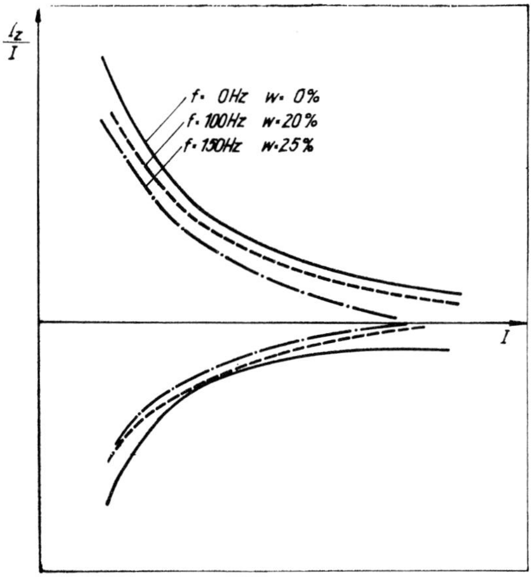

Bild 12.3/2 Einfluß der Frequenz auf die Kommutierung einer Mischstrommaschine

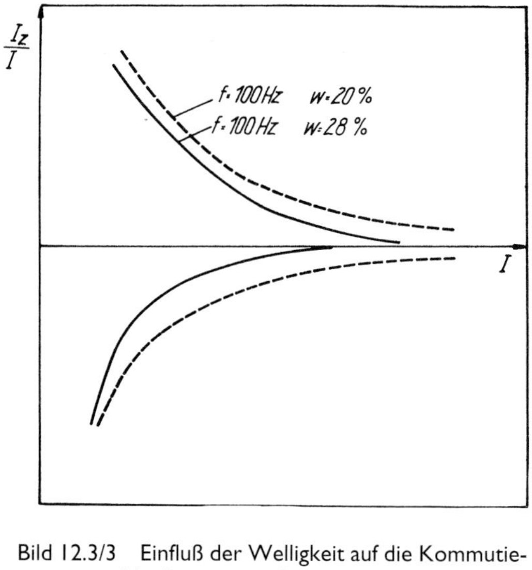

Bild 12.3/3 Einfluß der Welligkeit auf die Kommutierung einer Mischstrommaschine

Wirbelströme auf. Sie wirken auf den Wechselfluß dämpfend.

Entscheidend ist, daß die Flußwelligkeit und damit die transformatorische Spannung von der Aussteuerung der magnetischen Kennlinie abhängen. Im Gegensatz zum Einphasenwechselstrom-Kommutatormotor, bei dem die transformatorische

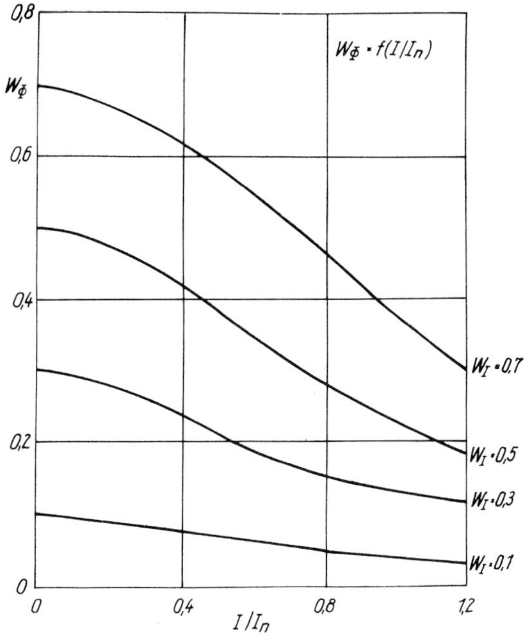

Bild 12.3/4 Abhängigkeit zwischen Fluß- und Stromwelligkeit

Spannung gerade bei der Anfahrt am größen ist, ist sie beim Mischstrommotor klein (Bilder 12.3/4 und 12.3/5).

Wendepolkreis

Im Wendepolkreis fließt ebenfalls ein Mischstrom. Demzufolge gilt auch hier

$$\Phi_{WP} = \Phi_{WPg} + \Phi_{WP\sim}.$$

In der kommutierenden Spule treten folgende Spannungen auf:

- Reaktanzspannung e_r, bedingt durch den Gleichstromanteil des Läuferstroms,
- Reaktanzspannung $e_{r\sim}$, bedingt durch den Wechselstromanteil des Läuferstroms,
- vom Wendepol induzierte Kompensationsspannung e_{WP} zu e_r (durch den Gleichstromanteil des Wendepolstroms hervorgerufen),
- vom Wendepol induzierte Kompensationsspannung $e_{WP\sim}$ zu $e_{r\sim}$ (durch den Wechselstromanteil des Wendepolstroms hervorgerufen),
- vom Hauptpolfluß induzierte transformatorische Spannung e_{tr}.

Diese Spannungen unterscheiden sich nicht nur durch ihre Größe, sondern auch durch ihre Phasenlage. Durch eine geeignete Wendepolbemessung kann wie bei der Gleichstrommaschine $e_{WP} = - e_r$

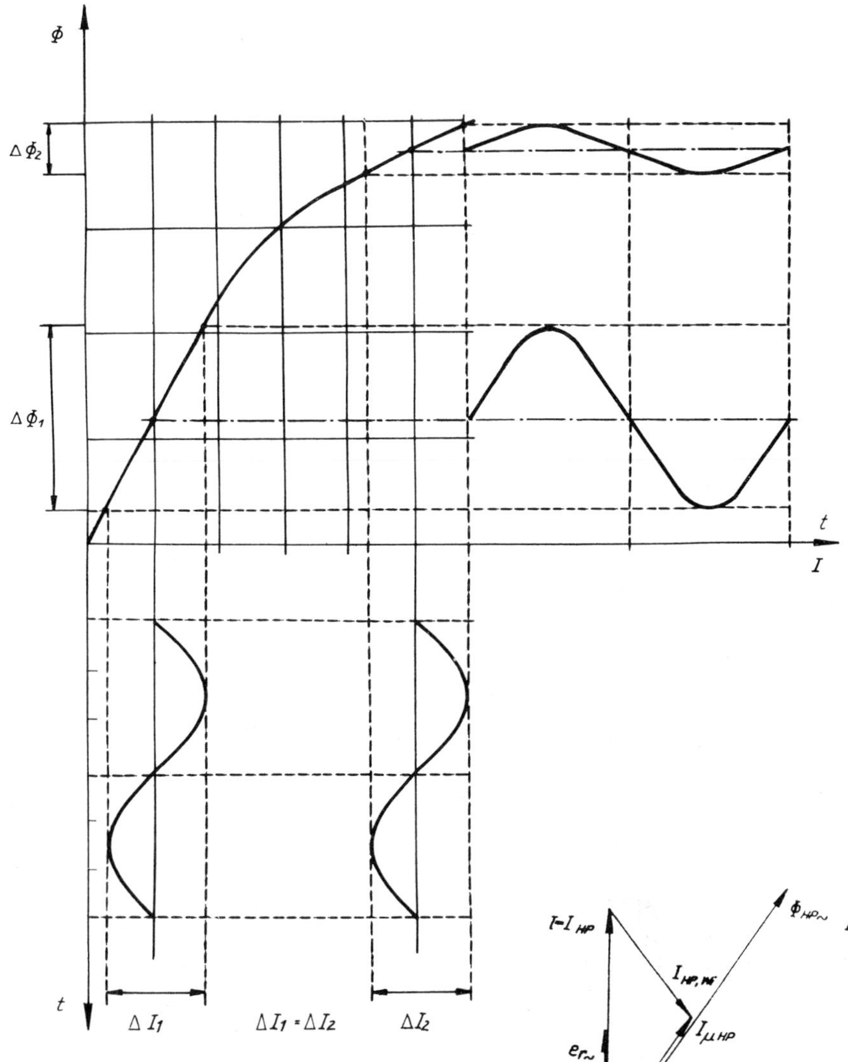

Bild 12.3/5 Abhängigkeit der Flußwelligkeit von der Aussteuerung der magnetischen Kennlinie

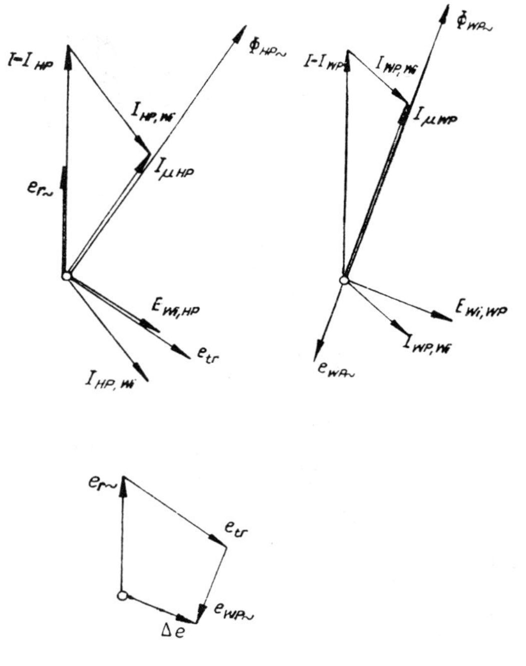

Bild 12.3/6 Spannungen in der kommutierenden Spule beim Mischstrommotor
$I_{\sim} = I_{HP\sim} = I_{WP\sim}$ Wechselanteil des Motorstromes
e_r Reaktanzspannung (bedingt durch Wechselanteil des Läuferstroms), e_{tr} transformatorische Spannung, e_{WP} Kompensationsspannung zu $e_{r\sim}$(durch $\Phi_{WP\sim}$induziert), Δe Restspannung
Durch Wirbelströme im massiven Joch ($I_{HP,Wi}$) die von $E_{HP,Wi}$ angetrieben werden, eilt der Strom $I_{\mu HP}$, der $\Phi_{HP\sim}$ erzeugt, nach. $\Phi_{HP\sim}$ induziert $E_{HP,Wi}$ im Joch und e_{tr} in der kommutierenden Spule. Im Wendepoleisenkreis liegen gleiche Verhältnisse vor.

gemacht werden. Damit verbleibt eine Restspannung $\Delta\vec{e} = \vec{e}_r + \vec{e}_{WP\_} + \vec{e}_{tr}$ (Bild 12.3/6).

Die Bedingung dafür, daß keine Restspannung und damit kein Bürstenfeuer auftreten, lautet: Δe strebt gegen Null. Zu ihrer Erfüllung gibt es folgende Möglichkeiten:

- Keine transformatorische Spannung, d. h. kein Wechselfluß im Hauptpol ($e_{tr} \Rightarrow 0$, d. h., $I_{\mu,HP} \rightarrow$) 0, Bild 12.3/6).
- Die Reaktanzspannung des Wechselstromanteils und die Kompensationsspannung müssen entgegengesetzt gerichtet und gleich groß sein ($e_{WP\sim} = -e_{r\sim}$, d. h., $I_{WP,Wi} \Rightarrow 0$, Bild 12.3/6). Die Nutzung dieser Möglichkeiten spiegelt sich im Aufbau der Mischstrommaschine wider.

Aufbau des Mischstrommotors

Der Aufbau des Mischstrommotors (Bild 12.3/7) wird durch die Forderung nach guter Kommutierung bestimmt. Das bedeutet für den Hauptpolkreis die Erfüllung der Bedingung: kleine transformatorische Spanung durch große Dämpfung des Hauptpolflusses.

a) Äußere Dämpfung
   - Ein ohmscher Parallelwiderstand zur Hauptpolwicklung, der den Erregergrad auf $\varepsilon = 90...95$ % verringert, teilt den Strom auf. Der Gleichanteil teilt sich entsprechend dem ohmschen Widerstandsverhältnis (90...95 % fließen durch die Hauptpolwick-

Bild 12.3/7 Mischstrommotor

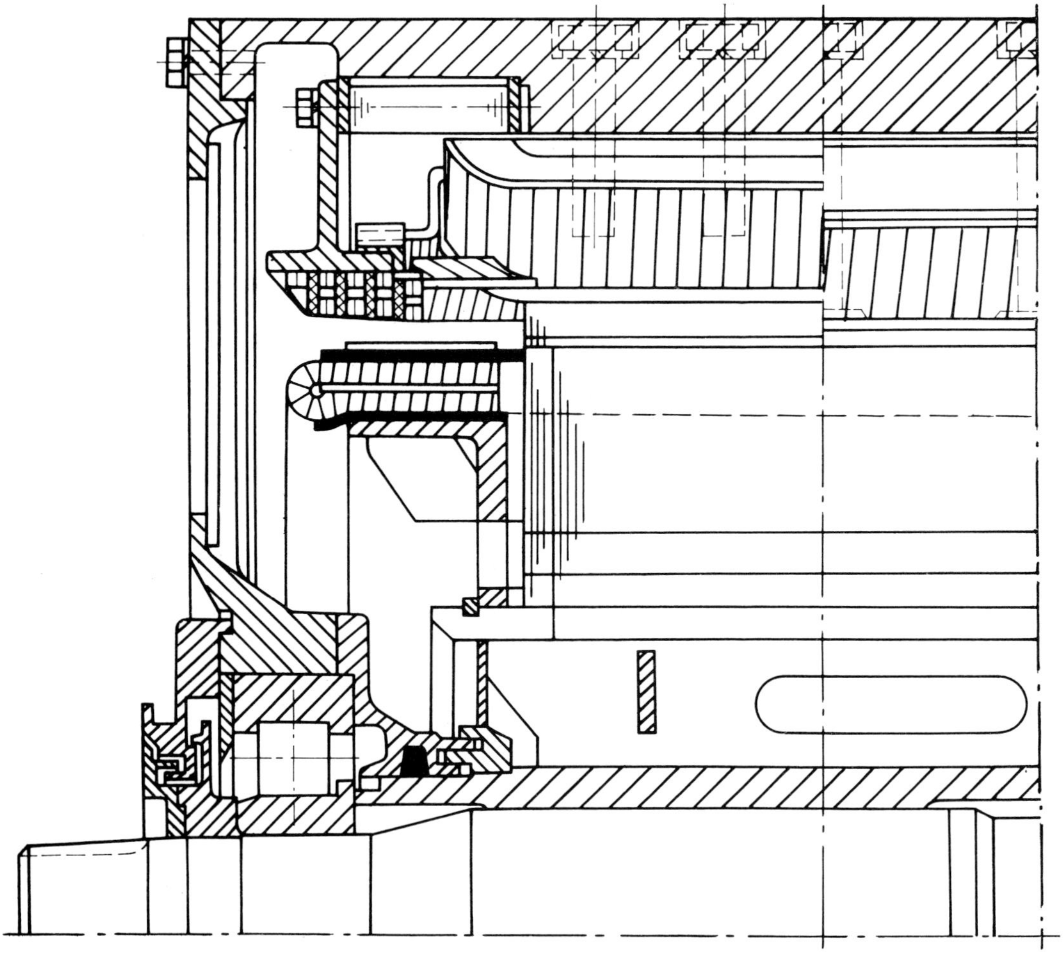

lung). Der Wechselanteil teilt sich entsprechend dem Wechselstromwiderstandsverhältnis. Infolge der Induktivität der Hauptpolspulen fließt der Wechselstrom vor allem durch den Parallelwiderstand. Damit gelangt nur ein geringer Wechselanteil in die Hauptpolspule, und es entsteht nur ein kleiner Wechselfluß. (Der Parallelwiderstand setzt die Gesamtinduktivität der Maschine herab und erhöht damit ihre Welligkeit etwas. Für seine Größe ist ein Optimum zu suchen).

- Durch Vorschaltung einer Luftspaltdrossel.

b) Innere Dämpfung

- Das Ständerjoch wird massiv ausgeführt. Dadurch wird die Ausbildung von Wirbelströmen ermöglicht, die den Wechselfluß dämpfen.
- Auslegung des Eisenkreises derart, daß es zu einer entsprechenden Aussteuerung der magnetischen Kennlinie kommt.

Der Wendepolkreis muß nachstehender Bedingung gerecht werden:

- geringe Dämpfung des Wechselflusses im Wendepolkreis, damit $e_{WP\sim}$ und $e_{r\sim}$ gleich groß sind,
- Vermeidung von Wirbelströmen im Wendepolkreis, damit $e_{WP\sim}$ und $e_{r\sim}$ in der Phasenlage nicht gegeneinander verdreht werden.

Diese kleine innere Dämpfung des Wendepolkrei-

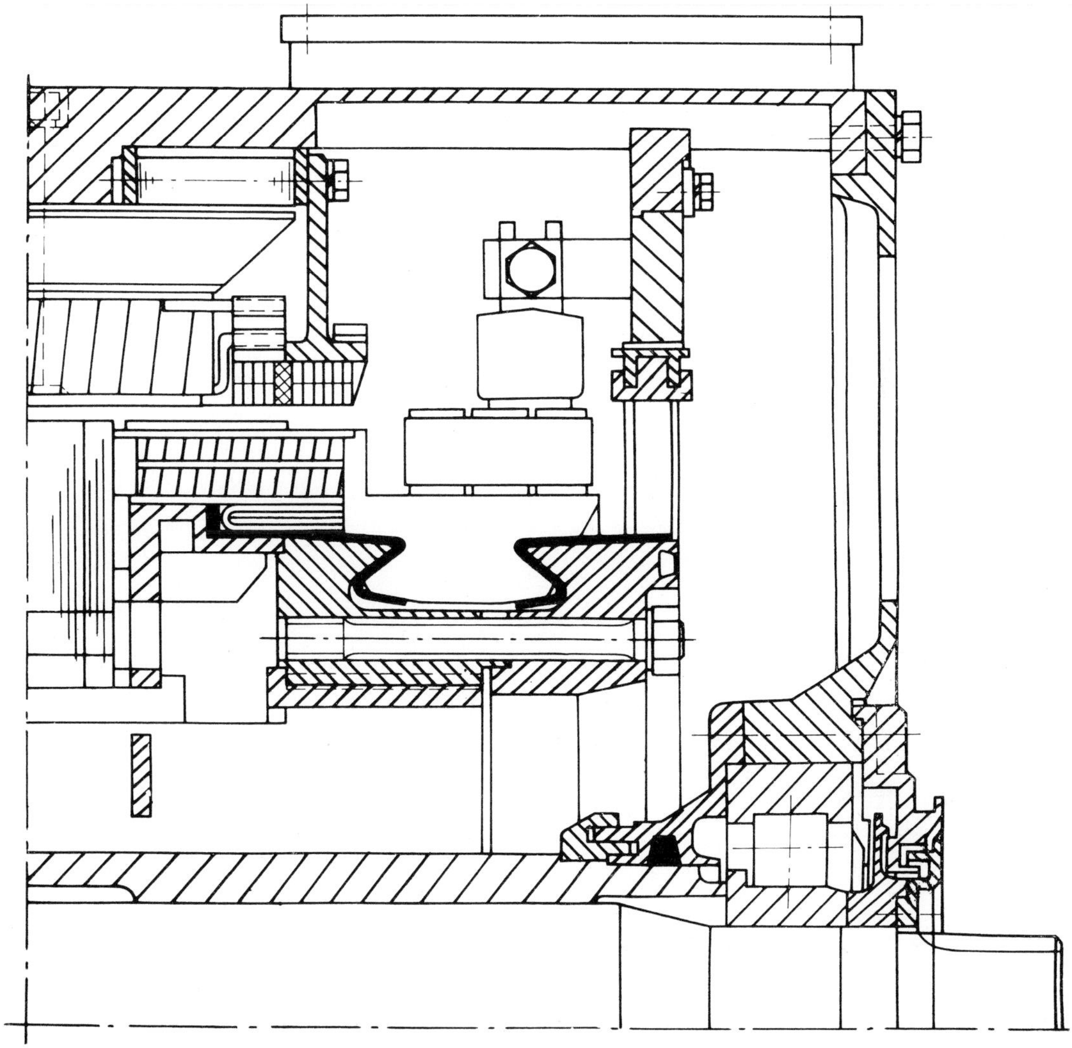

ses wird durch eine geblechte Ausführung erreicht. Die Forderungen für den Hauptpolkreis und den Wendepolkreis laufen somit einander entgegen. Der Hauptpolkreis wird massiv, mit angeschraubten Hauptpolen, der Wendepolkreis geblecht ausgeführt, wobei das Wendefeldjoch in Form von zwei Ringen neben dem Hauptpoljoch liegt. Angeschraubte Wendepole stützen sich in Brückenform darauf ab (Bild 12.3/8).

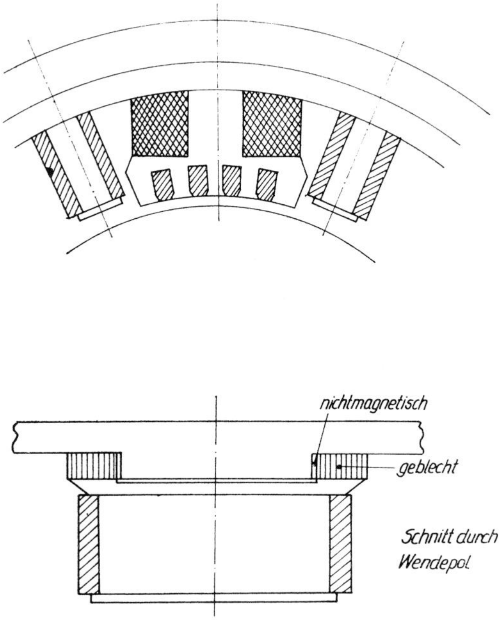

Bild 12.3/8 Mischstrommotor mit geblechtem Wendepoljoch neben Hauptpoljoch

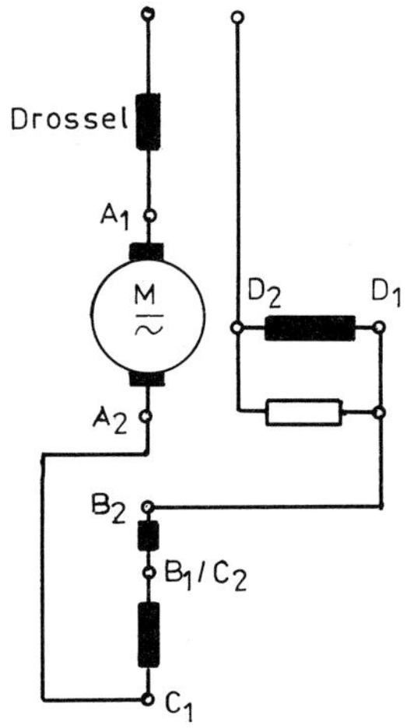

Bild 12.3/9 Mischstrommotor mit Beschaltung durch Glättungsdrossel und Hauptpolparallelwiderstand

Der Läufer entspricht der Gleichstrommaschine. Die Bürstenhalter werden wie beim Einphasenwechselstrom-Kommutatormotor mit Spreizkohlen bestückt.
Das Hauptfeld wird mit einem ohmschen Widerstand beschaltet (Bild 12.3/9). Eine Diodenbeschaltung ist ebenfalls möglich. [246]
Die Größe des Parallelwiderstands und der Glättungsdrossel hängt von den Parametern des gesamten Fahrmotorkreises ab. [138], [143]

12.3.4 Mischspannungsmotor

Dieser Motor übernimmt die volle Spannungswelligkeit.

Thermische Verhältnisse
Die Erwärmung entspricht dem Effektivwert des fließenden Stromes mit seinem hohen Wechselanteil, da keine Glättung vorhanden ist.

Drehmoment
Der Motor wird völlig geblecht ausgeführt und hat keine Dämpfung. Die Flußwelligkeit entspricht der Stromwelligkeit. Der Strom I und der Fluß Φ liegen in Phase. Die Zusatzmomente bilden sich voll aus, was einer Mehrleistung von 4,5 % bei Nenndrehzahl und 10 % bei Höchstdrehzahl entspricht. [217]

Lamellenspannung
Es gelten die gleichen Betrachtungen wie beim Mischstrommotor. Die Rundfeuersicherheit sinkt gegenüber dem Gleichstrombetrieb.

Kommutierung
Da die Glättungsdrossel fehlt und der Hauptpolkreis geblecht ist, liegt z. B. für eine Einphasenbrückenschaltung und 50 Hz Netzfrequenz ein 100-Hz-Motor vor, was eine große transformatorische Spannung zur Folge hat. Es gibt folgende Möglichkeiten zur Beherrschung:
- Die Hauptpolwicklung wird mit einem ohmschen Widerstand wie beim Mischstrommotor beschaltet.
- Der Luftspalt wird gegenüber dem Einphasenwechselstrommotor vergrößert. Die Folgen sind ein erhöhter Erregerbedarf, mehr Windungen und eine größere Induktivität.
- Im Wendepolkreis wird zur Aufhebung der transformatorischen Spannung ein phasenverschobenes Wendefeld angewendet (Parallelwi-

derstand wie beim Einphasenwechselstrommotor).
Weitere Erläuterungen zum Verlauf der transformatorischen Spannung siehe [197].
Der Aufbau des Mischspannungsmotors entspricht dem eines Einphasenwechselstrom-Kommutatormotors (Ständer und Läufer). Die Haupt- und Wendepole werden durch einen Widerstand beschaltet (Bild 12.3/10). Den Mischspannungsmotor gab es bisher nur in Triebwagen.

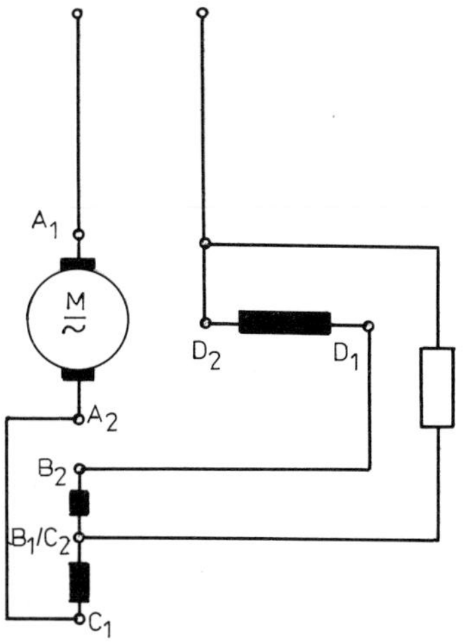

Bild 12.3/10 Mischspannungsmotor mit Beschaltung durch Haupt- und Wendepolparallelwiderstand

12.3.5 Motorbetrieb

Die Drehzahlstellung geschieht durch Änderung der Klemmenspannung und vielfach auch durch Feldschwächung.
Neben reinen Reihenschlußmotoren wurden auch solche mit zwei Hauptpolspulen vorgesehen, die getrennt erregt werden. Eine Wicklung ist als Reihenschlußwicklung nur im Fahrbetrieb eingeschaltet, die andere wird im Fahrbetrieb proportional dem Läuferstrom fremderregt. Es entsteht somit eine reine Reihenschlußcharakteristik. Die fremderregte Wicklung dient beim Bremsen der alleinigen Motorerregung.

12.3.6 Generatorbetrieb

In Bremsgeneratorschaltungen finden ausschließlich fremderregte Maschinen Anwendung. Die Felder aller Motoren des Fahrzeugs werden in Reihe geschaltet. Entweder werden die Reihenschlußwicklungen der Motoren erregt oder die besonders vorgesehenen Wicklungen für Fremderregung. Der Parallelwiderstand der Hauptpolwicklung bleibt eingeschaltet, da die Fremderregung meist aus Gleichrichterschaltungen, also mit Mischstrom, gespeist wird.
Die Netzbremse setzt einen Gleichrichter voraus, der auch als Wechselrichter arbeiten kann. Für die Widerstandsbremsung findet die fremderregte Widerstandsbremse Anwendung. Es wird möglichst ein Widerstand je Motor vorgesehen. Bei Triebwagen wird die Bremsenergie auch zur Heizung herangezogen.

12.4 Allgemeine Gesichtspunkte für die Konstruktion

12.4.1 Masse

Wie für das Gesamtfahrzeug wird auch für den Fahrmotor eine möglichst kleine Masse gefordert. Tabelle 12.4/1 gibt das Masse-Leistungs-Verhältnis einiger Fahrmotoren an. Eine Analyse zeigt, daß das Masse-Leistungs-Verhältnis mit steigender Motorleistung sinkt und im Laufe der Entwicklung ständig kleiner wurde.

Tabelle 12.4/1 Masse-Leistungsverhältnis einiger Fahrmotoren

Motorart	Baureihe	Bahnverwaltung	Masse-Leistungsverhältnis kg/kW
Gleichstrommotor	ETL 176	DB	9,4
	Umformerlok	Westfäl. Bergbau	7,1
Einphasenwechselstrommotor	109/142	DR	5,2
	150	DB	4,7
	110/140	DB	4,3
	155	DR	3,9
	Re 4/4 II	SBB	3,2
Mischstrommotor	171	DR	6,6
	Rc 1	SJ	3,3
	060-EA	CFR	3,2

12.4.2 Raumbedarf

Es besteht die Forderung, in dem zur Verfügung stehenden Raum eine maximale Leistung unterzubringen. Die einschränkenden Bedingungen sind:
- Einbau in das Drehgestell zwischen die Treibräder,
- Einhaltung des durch die gesetzlichen Bestimmungen vorgeschriebenen Abstands zur Schienenoberkante.

Die Motorleistung hängt von zwei Hauptabmessungen ab. Der Motordurchmesser und damit der Läuferdurchmesser werden vom Treibraddurchmesser begrenzt. Die Motorlänge und damit die Summe aus Eisen- und Kommutatorlänge hängen im wesentlichen vom Abstand zwischen den Treibrädern ab.

Motordurchmesser
Sein zulässiges Maß ist durch die Antriebsart und den Treibraddurchmesser bedingt. Man versucht, den Treibraddurchmesser möglichst klein zu halten, und zwar mit den Zielen:
- kleine ungefederte Masse,
- hohe Drehzahl, damit die zulässige Läuferumfangsgeschwindigkeit ausgenutzt werden kann,
- geringe Fußbodenhöhe bei Triebwagen,
- große Maschinenräume bei Lokomotiven.

Bei Lokomotiven ist der Treibraddurchmesser in der Regel 1 250 mm.
Beim Treibrad-Nenndurchmesser (Größtdurchmesser) muß der Motor das verlangte maximale Drehmoment entwickeln, beim kleinsten Durchmesser darf die Höchstdrehzahl des Motors bei Höchstgeschwindigkeit nicht überschritten werden.

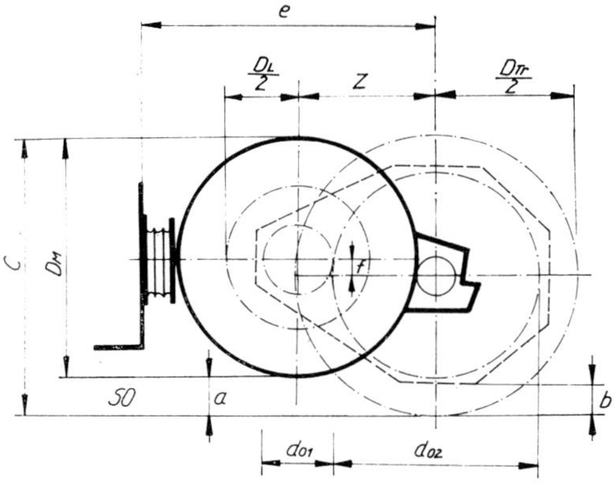

Bild 12.4/1 Einbau- und Maßverhältnisse beim Tatzlagerfahrmotor (Seitenansicht)

Bild 12.4/1 zeigt die Einbauverhältnisse beim Tatzlagermotor. Die Maße *c* und *e* bestimmen den Einbauraum. Die Begrenzung nach unten ist durch das Maß $a = b = 100$ mm (Eisenbahn-Bau- und Betriebsordnung, EBO) gegeben. Das Maß *a* muß berücksichtigen:
- die Treibradabnutzung,
- den Verschleiß der Tatzlagerschalen,
- die Durchfederung der Motoraufhängung,
- die Durchfederung des Drehgestells.

Durch eine Überhöhung *f* kann der Motordurchmesser bei Einhaltung von *e* vergrößert werden, jedoch erhöht sich dadurch die mechanische Beanspruchung des Motors.
Die wichtigste Getriebegröße ist das Maß *Z*:

$$Z = \frac{d_{01} + d_{02}}{2} \quad (12.4/1)$$

Z Zentrale
d_{01} Teilkreisdurchmesser des Kleinrads
d_{02} Teilkreisdurchmesser des Großrads

Der Großradteilkreisdurchmesser hängt ab von:
- dem kleinsten Treibraddurchmesser D_{Tr},
- der Bodenfreiheit *b*,
- den Getriebekastenabmessungen (Gehäusedicke, Ölspalt),
- der Zahnhöhe (Modul der Verzahnung).

Mit den durch die EBO festgelegten Maßen und konstruktiven Gegebenheiten gilt etwa

$$d_{02} \leqq D_{Tr} - 280 \text{ mm}. \quad (12.4/2)$$

Der Kleinradteilkreisdurchmesser hängt ab von:
- der ausführbaren Zähnezahl,
- der Getriebeübersetzung.

Bei den üblichen Modulen der Verzahnung gilt:

$$Z = 13$$
$$ü = \frac{Z_2}{Z_1} \leqq 6 \quad (12.4/3)$$

Z_1 Zähnezahl des Kleinrads
Z_2 Zähnezahl des Großrads

Die Zentrale *Z* bestimmt wiederum den Läuferdurchmesser. Der Läuferradius ergibt sich, indem von der Zentrale abgezogen werden:

- der Radius der Welle des Treibradsatzes. Bei Tatzlagermotoren mit elastischer Abstützung auf den Treibradsatz (Schwebemotoren, Abschn. 19.5.4) tritt an dessen Stelle der Durchmesser der Hohlwelle.
- die Dicke der Tatzlagerschalen bzw. des Hohlwellenlagers,
- die Wanddicke des Motorgehäuses,
- die Polhöhe,
- der Luftspalt.

Aus Treibraddurchmesser, Höchstgeschwindigkeit, Getriebeübersetzung und Läuferdurchmesser ergibt sich die Läuferumfangsgeschwindigkeit als wichtige Dimensionierungsgröße.

Motorlänge

Die Motorlänge hängt von der Spurweite ab. Vom lichten Maß zwischen den Rädern sind abzuziehen:
- die Zahnradbreite,
- die Dicke der Wände der Getriebeschutzkästen,
- Spielräume.

Bild 12.4/2 zeigt die Maßverhältnisse.

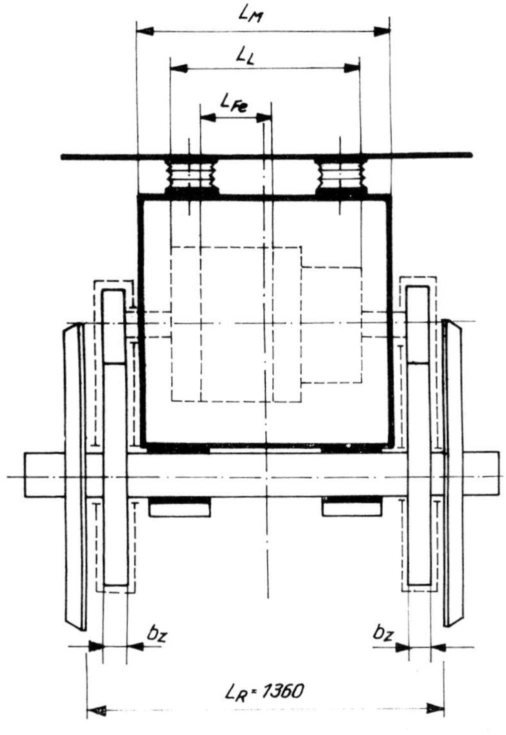

Bild 12.4/2 Einbau- und Maßverhältnisse beim Tatzlagerfahrmotor (Draufsicht)

Die Läuferlänge erhält man dann durch Abzug der Lagerschilddicken von der Motorlänge. Ggf. sind noch abzuziehen:
- die Lüfterradbreite bei Eigenbelüftung,
- die Luftkanalbreite,
- die Läuferlagerbreite, wenn der Läuferdurchmesser so klein ist, daß die Lager nicht unter dem Kommutator bzw. dem Wickelkopf untergebracht werden können.

Die Eisenlänge ergibt sich durch den Abzug der Kommutator- und Wickelkopflängen von der Läuferlänge. Für die Leistung des Motors sind der Läuferdurchmesser und die Eisenlänge maßgebend. [34], [130]

Es gilt die Beziehung

$$P = C_M \frac{D_L^2 l_{Fe,L}}{4} n \eta_L \tag{12.4/4}$$

P	Leistung
D_L	Läuferdurchmesser
$l_{Fe,L}$	Läufereisenlänge
n	Drehzahl
η_L	Läuferwirkungsgrad
C_M	Essonsche Leistungszahl

$$C_M = 4\,\pi^2 A\, B_\delta \tag{12.4/5}$$

A	Strombelag
B_δ	mittlere Luftspaltinduktion

Aus der Gleichung (12.4/4) sind folgende Schlußfolgerungen zu ziehen: Der Läuferdurchmesser geht quadratisch ein, deshalb ist größter Wert auf eine gute Raumausnutzung in radialer Richtung zu legen. Eine größere Läufereisenlänge bringt wegen des linearen Zusammenhangs keinen so großen Gewinn, da sogar die Stromwendung (Reaktanzspannung) erschwert wird.

12.4.3 Parallellauf

Wegen der mechanischen und meist auch elektrischen Parallelarbeit der Fahrmotoren ist es erforderlich, daß alle Treibradsätze einen gleichen Zugkraftanteil übernehmen und nicht schleudern. Die Maschinen haben jedoch Unterschiede in der Drehzahl-Drehmoment-Kennlinie durch
- Typenabweichungen und
- Herstellungsabweichungen.

Ferner kommt hinzu, daß die Radsätze Durchmesserunterschiede und Differenzen in den Radsatzlasten haben. Aus diesem Grund wird dem Einsatz

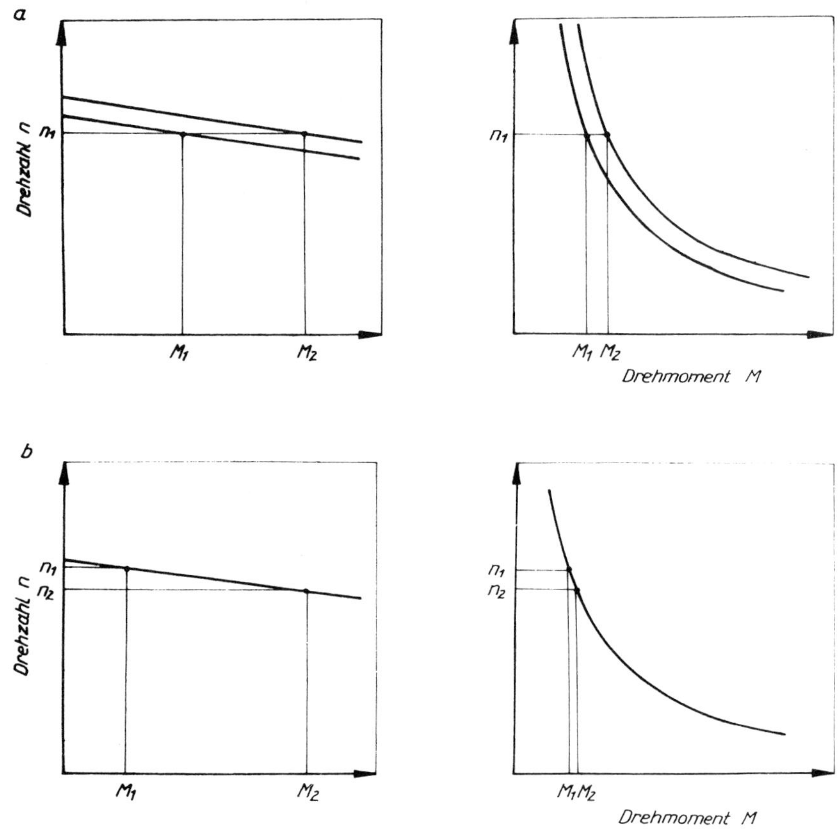

Bild 12.4/3
Kennlinien bei Neben- und Reihenschlußmotoren
a) Drehmomentdifferenz bei Kennlinienunterschieden und gleicher Drehzahl
b) Drehmomentdifferenz bei Drehzahlunterschieden (Treibraddurchmesserunterschiede) und gleicher Kennlinie

von Reihenschlußmotoren der Vorzug gegeben. Sie gestatten trotz der auftretenden Toleranzen eine weitgehend gleiche Drehmomentaufteilung (Bild 12.4/3). Der Vorteil der Maschinen mit Nebenschlußcharakteristik liegt in einer geringen Schleuderneigung, da ihre Drehzahl höchstens bis zur Leerlaufdrehzahl ansteigt. Dies gilt jedoch nur, wenn die Spannung im Moment des Schleuderns konstant gehalten wird.

12.4.4 Spannungen

Der Hilfsmaschinenmotor wird bei Gleichstrom mit Fahrleitungsspannung oder über einen Umformer betrieben. Bei Wechselstrom wird über den Transformator gespeist. Bei der positiven Toleranz der Fahrleitungsspannung dürfen die Maschinen noch keine unzulässigen Erwärmungen aufweisen. Bei negativer Toleranz müssen noch die volle Funktionstüchtigkeit und die Leistungsfähigkeit gewahrt sein.

Bei 3 000 V Fahrleitungsspannung, aber vielfach auch darunter, sind ständig zwei Motoren in Reihe geschaltet (Halbspannungsmotoren). Die Isolation muß jedoch auch bei ihnen für die volle Spannung plus der positiven Toleranz bemessen werden (hoher Isolationsaufwand, thermisch ungünstig). Da die Lamellenspannung sowie der Läufer- und Kommutatordurchmesser begrenzt sind, wird die Polzahl von der Fahrleitungsspannung abhängig. [33] Der Fahrmotor muß auch noch bei der negativen Spannungstoleranz das Betriebsprogramm erfüllen.

Bei Wechselstromfahrmotoren ist die Spannung durch die transformatorische Spannung in der kommutierenden Spule begrenzt. Die Spannung wird dadurch niedrig (400...600 V bei $16^2/_3$ Hz), was einen kleinen Isolationsaufwand, große Ströme, breite Kommutatoren und eine hohe Polzahl zur Folge hat. Die Toleranz der Fahrleitungsspannung spielt keine Rolle, da ein Ausgleich durch die zahlreichen Transformatoranzapfungen möglich ist (Reservefahrstufen).

Bei Mischstrommotoren ist die Spannung frei wählbar. Die günstigsten Verhältnisse für die Isolation und die Polzahl ergeben sich bei 800...1 200 V. Da Transformatorspeisung vorliegt, spielt auch hier die Toleranz der Fahrleitungsspannung keine Rolle.

12.4.5 Berechnung und Wicklungsentwurf

Die Berechnung der Kommutatormaschinen kann [1], [38], [101], [184], [187] und [239] entnommen werden. Für die Auslegung der Wicklungen sei auf [5], [80], [185], [211] und [239] verwiesen.

12.5 Kennlinien

12.5.1 Zugkraft-Geschwindigkeits-Diagramm für Fahren

Reihenschlußmotor mit Spannungssteuerung
Es handelt sich um einen Motor, bei dem zur Drehzahländerung die Klemmenspannung verändert wird. Diese Verhältnisse sind weitgehend bei Einphasenwechselstrom- und zum Teil auch bei Mischstrommotoren gegeben (Bild 12.5/1). Angefahren wird mit dem Anfahrstrom I_a und der Anfahrzugkraft Z_a. Bis zur Geschwindigkeit $V = V_0$

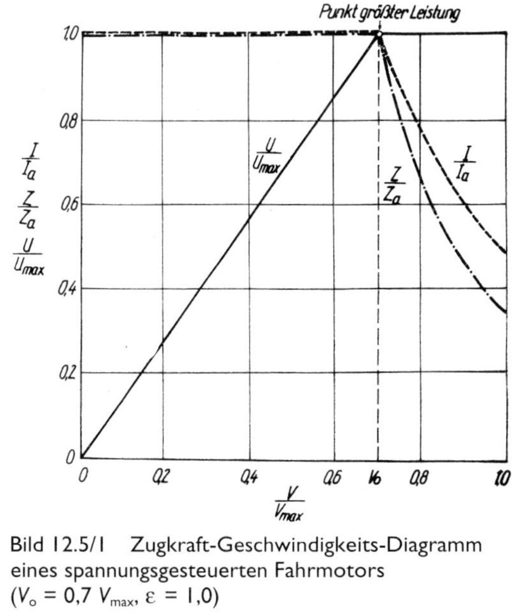

Bild 12.5/1 Zugkraft-Geschwindigkeits-Diagramm eines spannungsgesteuerten Fahrmotors ($V_0 = 0{,}7\ V_{max}$, $\varepsilon = 1{,}0$)

werden durch die Steigerung der Klemmenspannung $Z = Z_a$ und $I = I_a$ konstant gehalten.
Bei der Geschwindigkeit V_0 ist die größte Klemmenspannung $U = U_{max}$ erreicht. Sie bleibt bis V_{max} konstant, wobei die Zugkraft und der Strom absinken. [182]

$$\frac{I}{I_a} = \left(\frac{V_0}{V_u}\right)^2 \qquad (12.5/1)$$

$$\frac{Z}{Z_a} = \left(\frac{V_0}{V_u}\right)^3 \qquad (12.5/2)$$

I Motorstrom
I_a Anfahrstrom (Maximalstrom)
Z Zugkraft
Z_a Anfahrzugkraft
V_0 Geschwindigkeit, bei der U_{max} erreicht wird
V_u Geschwindigkeit im Bereich konstanter Spannung

Der Punkt, in dem U_{max} erreicht wird und $I = I_a$ noch fließt, ist der Punkt größter Leistung. Er liegt bei $V = V_0$. Es ist

$$P_{max} = I_a\, U_{max} \qquad (12.5/3)$$

Die Zugkraft bei $V = V_{max}$ ist die Restzugkraft. Sie spielt eine wesentliche Rolle für die Zeit, in der die Höchstgeschwindigkeit erreicht wird.

Reihenschlußmotor mit Feldsteuerung
Hier wird zur Drehzahländerung zunächst die Spannungssteuerung angewendet. Bei Gleichstromtriebfahrzeugen wird auch heute noch in großem Umfang die Spannungssteuerung über Vorwiderstände benutzt, in denen große Energieverluste auftreten. Bei Wechselstromtriebfahrzeugen mit Anschnittsteuerung treten im Bereich unterhalb der Vollsteuerung verstärkt Oberwellen- und Blindstrombelastungen des Netzes ein. Aus diesen Gründen ist man bemüht, den Bereich der Vorwiderstands- und Anschnittsteuerung klein zu halten, d. h. schon bei relativ kleinen Geschwindigkeiten die volle Spannung auszusteuern. Zur Ausweitung des Zugkraft-Geschwindigkeits-Bereichs und zur Erlangung einer ausreichenden Zugkraft bei Höchstgeschwindigkeit wendet man im Geschwindigkeitsbereich darüber die Feldschwächung an. Diese Verhältnisse sind vorwiegend bei

$$Z_{Br,max} = Z_a \frac{1}{\eta^2_{mech}} \qquad (12.5/13)$$

Z_a Anfahrzugkraft (Bezugsgröße)
V_0 Geschwindigkeit, bei der die volle Erregung erreicht wird und danach die Bremswiderstände umgeschaltet werden müssen
V_u Geschwindigkeit im Bereich zwischen V_0 und V_{max}

Der Strom ist gleich dem Anfahrstrom. Unterhalb von V_0 bleiben Strom und Bremskraft konstant (wenn die Bremswiderstände umgeschaltet werden). Bei $V = 0{,}33\ V_0$ beginnen dann Strom und Bremskraft auf Null abzufallen.
Wird die Bremskraft auf $Z_{Br} = 0{,}8\ Z_a$ begrenzt, so sinkt der Bremsstrom im Bereich V_u bis V_0 nach der Gleichung

$$\frac{I_{Br}}{I_a} = \sqrt{\frac{V}{V'_u}} \qquad (12.5/14)$$

Er bleibt dann bis $0{,}33\ V_0$ konstant. Die Bremskraft ist im Bereich von V'_u bis $0{,}33\ V_0$ konstant.

I_{Br} Bremsstrom
I_a Anfahrstrom
V Geschwindigkeit im Bereich von V'_u bis V'_0
V'_u Geschwindigkeit, bei der eine Bremskraft $Z_{Br} = 0{,}8\ Z_a$ erreicht wird
V'_0 Geschwindigkeit, bei der für $Z_{Br} = 0{,}8\ Z_a$ die volle Erregung erreicht wird und zur Aufrechterhaltung von Z_{Br} die Widerstände umgeschaltet werden müssen.

Bremsung mit konstantem Bremsstrom
Zur Einhaltung einer konstanten Bremskraft mußte der Bremsstrom entsprechend der Gleichung (12.5/14) eingestellt werden. Meistens ist die Größe des zulässigen Bremsstroms aber von der Größe des einbaubaren Bremswiderstands abhängig, so daß ein bestimmter, konstant zu haltender Bremsstrom nicht überschritten werden darf. Im Feldsteuerbereich ist der Bremswiderstand konstant, so daß bei konstantem Strom auch eine konstante Spannung am Widerstand liegen muß.
Im Bild 12.5/5 sind Strom und Bremskraft in Abhängigkeit von der Geschwindigkeit dargestellt. Im Bereich von V_{max} bis V_0 steigt die Bremskraft an:

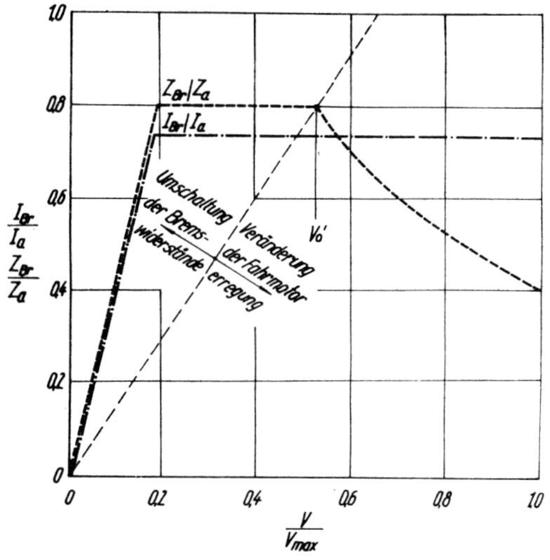

Bild 12.5/5 Bremsung mit konstantem Bremsstrom bei Umschaltung der Bremswiderstände ($V_o = 0{,}7\ V_{max}$, $V_o' = V_o\ (Z_{Br}/Z_a)\ /2\eta_{mech} = 0{,}516\ V_{max}$, $Z_{Br}/Za = 0{,}8\eta_{mech} = 0{,}96$)

$$\frac{Z_{Br,u}}{Z_a} = \frac{Z_{Br}}{Z_a}\frac{V'_0}{V'_u} \qquad (12.5/15)$$

$Z_{Br,u}$ Bremskraft im Bereich der Bremsung mit konstanter Spannung
Z_a Anfahrzugkraft
Z_{Br}/Z_a gewähltes Verhältnis der maximal zulässigen Bremskraft
V'_0 Geschwindigkeit, bei der die maximale Erregung erreicht wird

$[V'_0 = V_0\ (Z_{Br}/Z_a)\ \eta^2_{mech}]$

V_0 Geschwindigkeit, bei der im Motorbetrieb die volle Spannung erreicht wird
V_u Geschwindigkeit im Bereich konstanter Spannung

Im Bereich von V'_0 bis $0{,}33\ V'_0$ bleiben Z_{Br} und I_{Br} konstant, wenn eine Umschaltung im äußeren Bremskreis vorgenommen wird.
Bild 12.5/6 zeigt den Bremskraft- und Bremsstromverlauf für den Fall, daß der Bremswiderstand nicht umgeschaltet wird, wie dies bei den Lokomotiven der Baureihen 143, 155 und 171 der

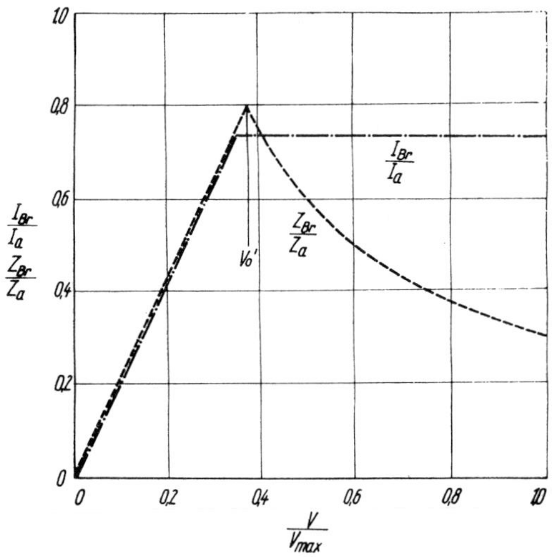

Bild 12.5/6 Bremsung mit konstantem Bremsstrom ohne Umschaltung der Bremswiderstände (V_o = 0,5 V_{max}, Z_{Br}/Z_a = 0,8, η_{mech} = 0,96, $V_o' = V_o\, Z_{Br}/Z_a$, η_{mech} = 0,369 V_{max}

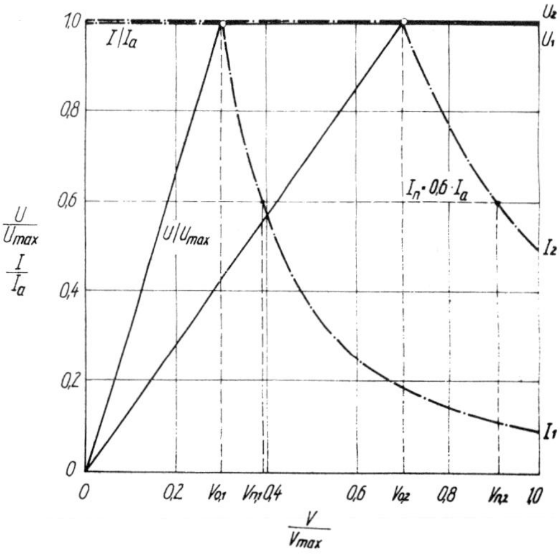

Bild 12.5/7 Festlegung des Nennpunktes für einen spannungsgesteuerten und einen feldgesteuerten Fahrmotor
V_n Nenngeschwindigkeiten, bei denen Maximalspannungen und Nennstrom zusammenfallen,
V_o Geschwindigkeiten, bei denen erstmals die Maximalspannung erreicht wird

DR der Fall ist. Um den Abfall der Bremskraft im oberen und im unteren Geschwindigkeitsbereich auszugleichen, wendet man die pneumatische Ergänzungsbremse an. Sie legt die Bremsklötze gerade so stark an, daß die Differenz zwischen der gewünschten Bremskraft und der elektrisch erzeugten ausgeglichen wird (Baureihen 143 und 155 der DR).

12.5.3 Zugförderungseigenschaften eines Fahrmotors

Die wichtigste Bemessungsgröße für einen Kommutator ist die Lamellenspannung (mittlere Spannung zwischen benachbarten Lamellen). Sie bestimmt die Höchstspannung. Dabei ist entscheidend, bei welcher Geschwindigkeit bzw. Drehzahl es zulässig ist, diese Spannung an die Klemmen zu legen (Geschwindigkeit V_0 in den Bildern 12.5/2 und 12.5/3). Die Spannung und die Drehzahl bestimmen den magnetischen Fluß und damit die erforderlichen Eisenquerschnitte. Der mittlere Strom, für den der Motor gebaut werden muß, bestimmt die Leiterquerschnitte (Kupferabmessungen).
Im Bild 12.5/7 ist für $V_0 = 0{,}3\ V_{max}$ und für $V_0 = 0{,}7\ V_{max}$ der Verlauf von Spannung und

Tabelle 12.5/1 Verhältnis der Nenndrehzahl zur Maximaldrehzahl

Motorart	Baureihe	Bahnverwaltung	$\frac{n_n}{n_{max}}$
Gleichstrommotor	WL 10	SŽD	0,44
	9400	SNCF	0,37
	E 646	FS	0,61
	Mittelwert aus 17 Lokomotiven		0,49
Mischstrommotor	WL 80	SŽD	0,47
	12000	SNCF	0,38
	JZ 441	JŽ	0,64
	Mittelwert aus 13 Lokomotiven		0,55
Einphasenwechselstrommotor	EL 10	NSB	0,56
	Dm	SJ	0,89
	142	DR	0,72
	Mittelwert aus 13 Lokomotiven		0,69

Strom eingezeichnet. Zeichnet man nun noch den Nennstrom ein, so ergibt der Schnittpunkt mit dem Stromverlauf diejenige Geschwindigkeit (bzw. Drehzahl), bei der die Maximalspannung und der Nennstrom zusammenfallen. Dies ist die Nenndrehzahl.

Für welche Drehzahl bzw. Geschwindigkeit ein Fahrmotor bemessen wird, hängt von der Art des Motors (Gleichstrom-, Mischstrom- oder Einphasenwechselstrom-Motor) bzw. der Art der Steuerung (Spannungs- oder Feldsteuerung) und der gewünschten Zugkraft bei V_{max} ab.
In der Tabelle 12.5/1 ist eine Übersicht über einige Triebfahrzeuge gegeben. Für den ersten Entwurf legt man im allgemeinen einen Wechselstrommotor für $V_n = 0{,}7\ V_{max}$ und einen Gleich- bzw. Mischstrommotor für $V_n = 0{,}5\ V_{max}$ aus.

12.6 Erwärmung und Kühlung

12.6.1 Gesamtverluste

Es treten auf
- Kupferverluste im Ständer und Läufer,
- Eisenverluste im Ständer von Einphasenwechselstrom- und Mischstrommotoren,
- Eisenverluste im Läufer,
- Bürstenreibungsverluste,
- Bürstenübergangsverluste,
- Lagerreibungsverluste,
- Lüftungsverluste.

Den Hauptteil stellen die Kupfer- und Eisenverluste sowie die Bürstenverluste. Besonders bei Einphasenwechselstrom-Kommutatormaschinen mit ihrer hohen Bürstenzahl erreichen die Bürstenreibungsverluste beachtliche Werte. Dies führt zu solch hohen Temperaturen, daß selbst bei Leerlauf (z. B. bei Talfahrten) die Lüfter einzuschalten sind.

12.6.2 Kühlungssysteme

Sämtliche Verluste sind Wärmequellen. Diese Wärme muß durch Kühlung abgeführt werden. Da die Massen- und Volumenverhältnisse auf elektrischen Triebfahrzeugen zu einer kleinen Bauweise zwingen, werden die Maschinen mit einer forcierten Kühlung versehen. Ausnahmen bilden kleine Hilfsbetriebemotoren. Abgesehen von den im Ölstrom liegenden Ölpumpenmotoren wird als Kühlmittel ausschließlich Luft verwendet.

Eigenkühlung mit Lüfter auf der Motorwelle
Sie findet Anwendung bei
- Hilfsbetriebemotoren,
- Fahrmotoren für Triebwagen (ältere Ausführungen, z. B. Baureihe 475/476 der Berliner S-Bahn).

Fremdkühlung mit unabhängiger Erzeugung des Kühlmittelstroms
Sie findet überwiegend bei den Fahrmotoren moderner Triebfahrzeuge Anwendung. Die Kühlluft wird dabei entweder einseitig zugeführt und auf der anderen Seite abgeführt (Durchzugskühlung), oder sie tritt in der Mitte ein und strömt auf beiden Seiten aus.
Da bei der Vergrößerung einer Maschine bei gleicher Materialausnutzung die Verluste mit der dritten Potenz, die wärmeabgebenden Oberflächen jedoch nur mit der zweiten Potenz wachsen, erfordern Hochleistungsmotoren eine besonders intensive Kühlung. Dabei wird versucht, die Kühlluft durch Luftkanäle und Leiteinrichtungen möglichst nahe an die zu kühlenden Teile heranzuführen.
Bild 12.6/1 zeigt Kühlsysteme für Bahnmotoren kleinerer und größerer Leistung.

Bild 12.6/1 Kühlsysteme

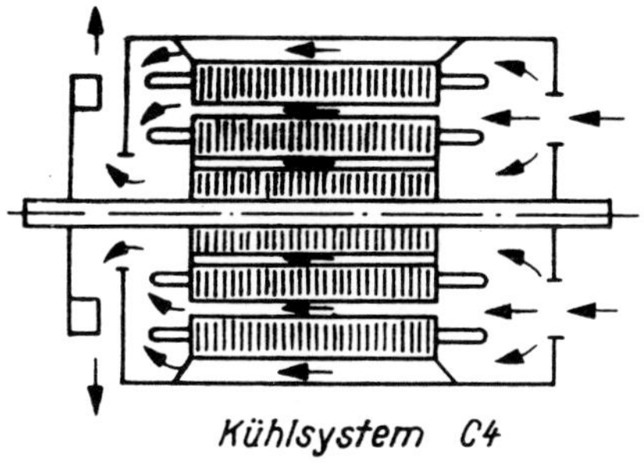

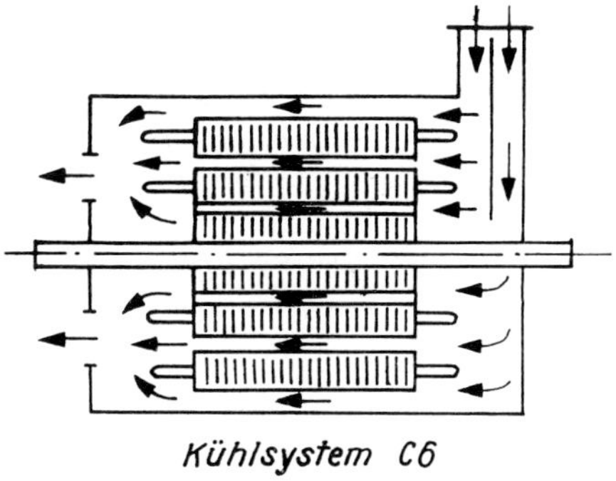

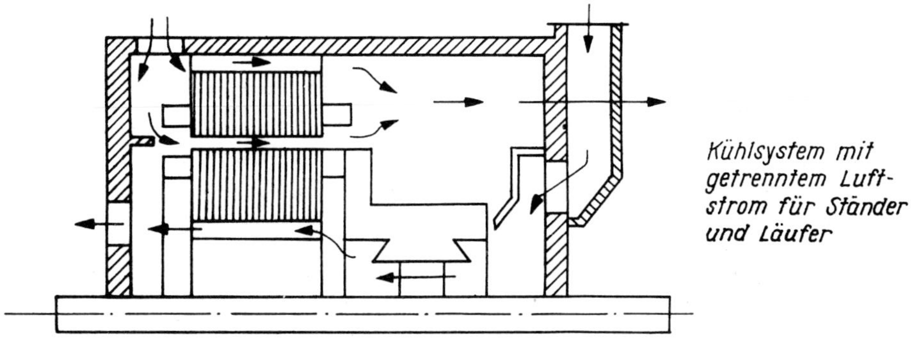

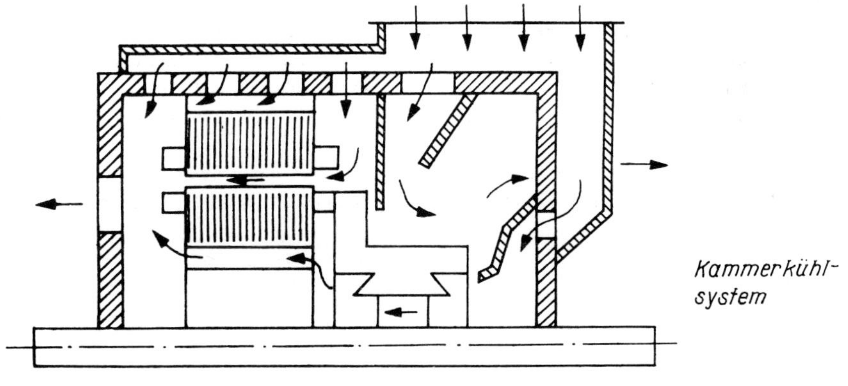

13 Drehfeldmaschinen

13.1 Synchronmaschinen

13.1.1 Anwendung

Die Synchronmaschine wird auf elektrischen Triebfahrzeugen angewendet
- im Motorbetrieb als Fahrmotor und als Empfänger für die Stufenanzeige,
- im Generatorbetrieb als Bremsgenerator, Generator für das Drehstrom-Hilfsbetriebenetz, Geber für die Stufenanzeige und als Tachometergenerator.

13.1.2 Aufbau und Wirkungsweise

Bei Triebfahrzeugen finden ausschließlich Innenpolmaschinen Anwendung. Bei ihnen befinden sich auf dem Läufer entweder ausgeprägte Pole mit Polspulen (Schenkelpolmaschine), oder es sind Polwicklungen in Nuten des Läuferkörpers untergebracht (Vollpolmaschine). Der Strom wird den Polwicklungen oder -spulen über Schleifringe zugeführt.
In den Nuten des Ständerblechpakets ist eine Dreiphasenwicklung oder eine einsträngige Wicklung angeordnet.

Generatorbetrieb
Der Polwicklung oder den Polspulen wird über die Schleifringe ein Gleichstrom zugeführt. Er erzeugt ein Magnetfeld, das sich über die Luftspalte und das Ständerblechpaket schließt. Wird der Läufer durch einen Antrieb in Drehbewegung versetzt, läuft dieses Magnetfeld mit um und induziert in den Ständerspulen Spannungen, die entweder als Wechselspannung (bei einsträngigen Ständerwicklungen) oder als dreiphasige Spannung an den Klemmen abgegeben wird.

Motorbetrieb
Legt man an die dreiphasige Ständerwicklung eine Dreiphasenspannung, so entsteht ein umlaufendes Magnetfeld (Drehfeld). Der gleichstromerregte Läufer muß durch einen äußeren Antrieb auf eine Drehzahl gebracht werden, die der des umlaufenden Magnetfelds entspricht. Durch das Zusammenwirken der Ströme in den Ständerwicklungen mit dem Läuferfeld entsteht ein gleichsinnig wirkendes Drehmoment, das die Drehbewegung des Läufers auch ohne weiteren Fremdantrieb aufrechterhält. Die Drehzahl entspricht der des umlaufendem Magnetfelds (Synchrondrehzahl) und beträgt

$$n = \frac{60f}{p} \qquad (13.1/1)$$

f Frequenz

p Polpaarzahl

n Drehzahl

Bei nur einsträngiger Ständerwicklung, die an eine Wechselspannung angeschlossen wird, entstehen zwei gleich große, in entgegengesetzter Richtung umlaufende Drehfelder. Das Drehmoment entsteht dann mit dem Drehfeld, in dessen Drehrichtung der Läufer hochgefahren wurde.
Zum Aufbau und zur Wirkungsweise der Synchronmaschine siehe auch [161], [162] und [184].

13.1.3 Fahrmotor

Nach Gleichung (13.1/1) ist eine Drehzahländerung nur durch Änderung der Polpaarzahl oder der Frequenz möglich. Die Anwendung als Fahrmotor setzt voraus, daß die Drehzahl stufenlos geändert werden kann. Da sich die Polpaarzahl nur in wenigen Stufen ändern läßt, kommt nur die Frequenzänderung in Frage.

Die dreiphasige Ständerwicklung wird über einen Umrichter mit eingeprägtem Zwischenkreisstrom gespeist (Abschn. 10.8). Der maschinenseitige Wechselrichter kann im vorliegenden Fall besonders einfach ausgeführt werden, und zwar als Phasenfolgewechselrichter, der aber keine Löscheinrichtungen benötigt. Die vom Polrad in den Ständerwicklungen induzierten Spannungen werden zum Löschen der Thyristoren verwendet (Selbstkommutierung).

Das Bild 13.1/1 zeigt die grundsätzliche Anordnung und Bild 13.1/2 die Drehfeldbildung bei Umrichterspeisung. Durch die Umschaltung eines Thyristors springt das Drehfeld jeweils um 60° elektrisch weiter. Die sich in der Pollücke des Polrades befindliche Phase ist jeweils stromlos. Die einzelnen Phasenströme haben eine Länge von 120° elektrisch.

Die Umschaltung der Thyristoren wird von einem Läuferlagegeber gesteuert. So zündet der nächste Thyristor immer erst, wenn der Läufer sich um den entsprechenden Winkel gedreht hat. Dies entspricht der Wirkungsweise einer Gleichstrommaschine, bei der die Wicklung ebenfalls erst nach einer entsprechenden Drehung durch den mechanischen Kommutator umgeschaltet wird. Deshalb wird die über einen Wechselrichter gespeiste Synchronmaschine auch als Gleichstrommaschine mit elektronischem Kommutator bezeichnet. [133]

Findet die Fremderregung des Polrades mit einem konstanten Strom statt, erhält die Maschine das Betriebsverhalten eines Nebenschlußmotors. Für den Bahnbetrieb ist eine Erregung mit einem Strom proportional dem Zwischenkreisstrom vorzunehmen, wodurch das Betriebsverhalten eines Reihenschlußmotors entsteht (hohes Anfahrmoment, guter Parallellauf).

Weiterhin ist Feldschwächbetrieb möglich. Bild 13.1/3 zeigt die grundsätzliche Anordnung.

Die Selbstkommutierung arbeitet nur dann einwandfrei, wenn der Motor eine bestimmte induzierte Spannung hat. Da $E \approx n$ ist, folgt, daß bei $n = 0$ (Anfahrt) auch $E = 0$ und somit die Löschung nicht möglich ist. Die Selbstlöschung funktioniert erst ab etwa 3 % der Höchstdrehzahl. Im Bereich von 0...3 % der Höchstdrehzahl müssen deshalb die Thyristoren durch eine entsprechende Einrichtung gelöscht werden (Zwangskommutierung, Abschn. 14.4.7).

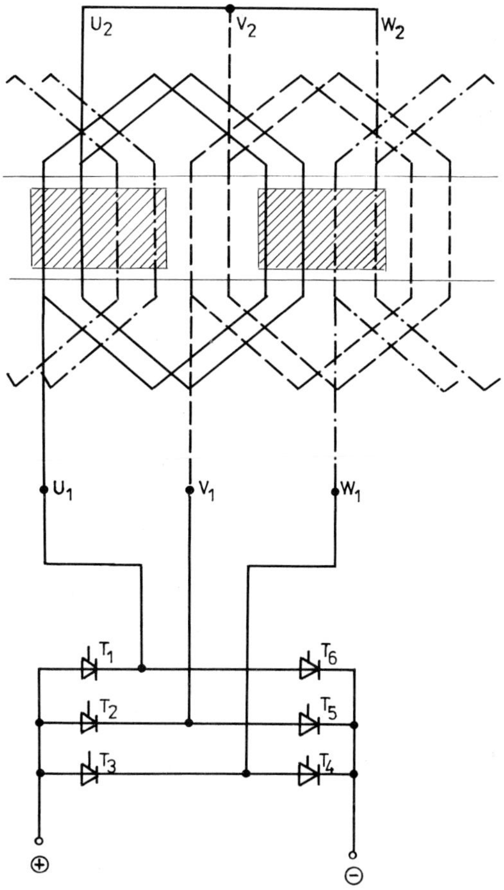

Bild 13.1/1 Speisung einer zweipoligen Drehstromwicklung in Sternschaltung über einen Wechselrichter

Durch die Umschaltung von einem Thyristorzweig auf den anderen entsteht ein ruckartig umlaufendes Drehfeld, das ein entsprechendes Drehmoment zur Folge hat. Neben einem konstanten Anteil treten zahlreiche Oberwellenmomente auf. Eine Abhilfe ist, den Ständer mit zwei um 30° elektrisch versetzten Ständerwicklungen auszurüsten und diese über zwei Wechselrichter jeweils nacheinander zu speisen.

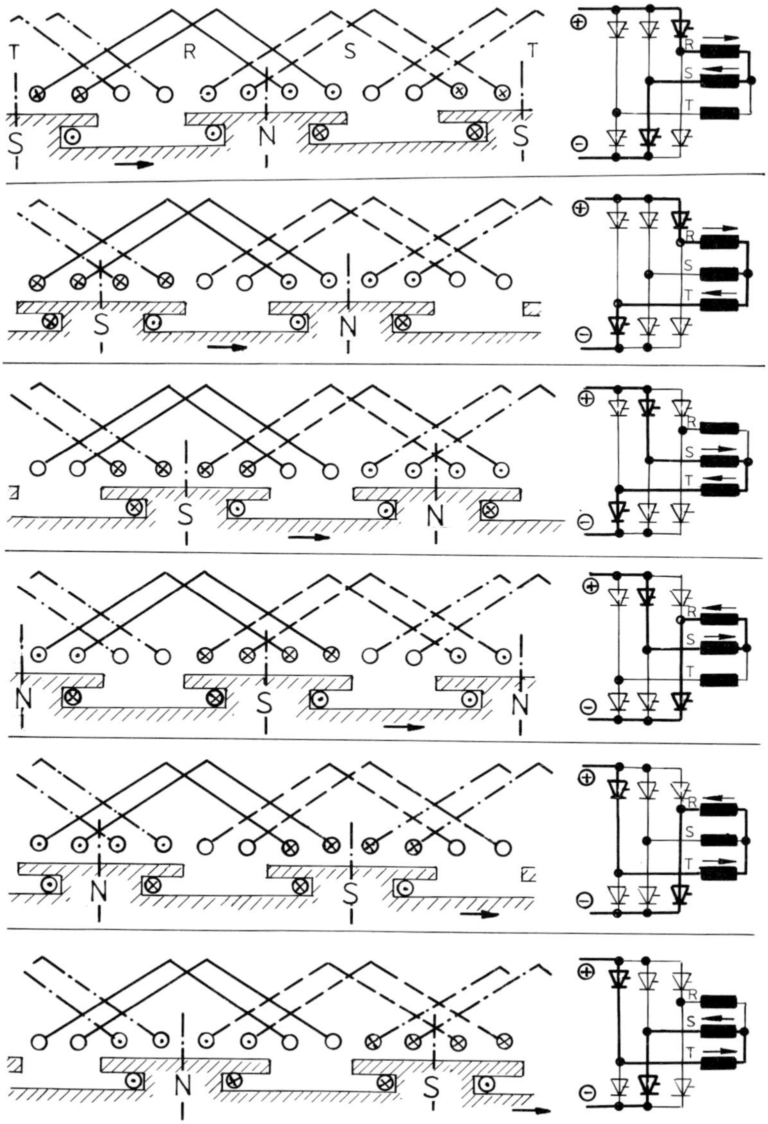

Bild 13.1/2
Bildung des Drehfeldes bei Wechselrichterspeisung (Schaltung entspricht Bild 13.1/1)

Bild 13.1/3
Synchronmaschine als Fahrmotor
1 Wechselrichter
2 Steuergerät
3 Synchronmaschine
4 Lagegeber

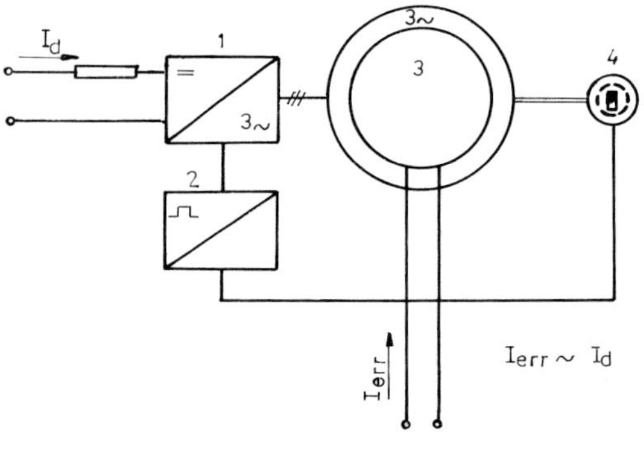

Vorteile der Maschine mit elektrischem Kommutator:
- höhere Grenzleistung,
- günstigeres Masse-Leistungs-Verhältnis,
- kleineres Bauvolumen,
- kein Pflege erfordernder Kommutator,
- kein Kommutator, der die Windungsspannung begrenzt.

Von Nachteil ist der höhere Aufwand an Leistungs- und Steuerelektronik.

Anwendungsbeispiele
- Die Lokomotive ML 80[B] der SŽD erhielt als Fahrmotor mehrpolige fremderregte Schenkelpolmaschinen [6].
- Die Lokomotive BB 10 004 der SNCF erhielt zwei Motoren mit je 2 800 kW (Monomoteur-Drehgestelle). [42], [145]
- Die Triebzüge des TGV-Atlantik der SNCF werden mit Synchronmotoren angetrieben.

13.2 Asynchronmaschinen

13.2.1 Anwendung

Asynchronmaschinen finden Anwendung
- im Motorbetrieb als Fahrmotor, Hilfsmaschinenmotor und Umformermotor,
- im Generatorbetrieb als Bremsgenerator und als Arno-Umformer.

13.2.2 Aufbau

Im Gehäuse ist das Blechpaket eingepreßt, und es trägt in seinen Nuten die ein- oder zweischichtig ausgeführte Ständerwicklung. Man wendet dreiphasige und einphasige Wicklungen mit einer Hilfswicklung an. Verschiedentlich werden auch Motoren ohne Gehäuse ausgeführt.
In den Nuten des Läuferblechpakets befindet sich die Läuferwicklung in Form
- unisolierter Stäbe aus Kupfer, Messing oder Aluminium, die an den Stirnseiten mit Ringen verlötet oder verschweißt sind oder gemeinsam mit den Ringen durch Druckguß hergestellt werden (Kurzschlußläufer),
- isolierter mehrsträngiger Wicklungen, deren Enden an Schleifringe geführt sind (Schleifringläufer).

13.2.3 Wirkungsweise

Der Aufbau und die Wirkungsweise der Asynchronmaschine sind in [161], [162] und [184] eingehend behandelt.
Asynchronmaschinen werden normalerweise ständergespeist betrieben. Im Betriebszustand ist der Läuferkreis geschlossen. Bei Einspeisung von Drehstrom in die Dreiphasenwicklung des Ständers entsteht ein Drehfeld, das in den Läuferstäben Spannungen induziert. Diese treiben Läuferströme an. Durch das Zusammenwirken von Drehfeld und Läuferstrom entsteht ein Drehmoment, das den Läufer in Drehung versetzt.
Die Größe und die Frequenz der Läuferspannung und damit auch die des Läuferstroms sind von der Relativdrehzahl zwischen der Drehfelddrehzahl n_D und der Läuferdrehzahl n_L abhängig. Die Arbeitsweise wird durch den Schlupf s beschrieben.

Tabelle 13.2/1 Betriebsbereiche der Asynchronmaschine

Schlupf s	Größe der Läuferdrehzahl n_L im Vergleich zur Drehfelddrehzahl n_D	Betriebsbereich
$-\infty \ldots 0$	$n_L > n_D$	übersynchroner Lauf, Generatorbetrieb
0	$n_L = n_D$	synchroner Lauf, Läuferspannung und -strom sind gleich Null, keine Drehmomentabgabe
$0 \ldots 1$	$n_L < n_D$	untersynchroner Lauf, Motorbetrieb
1	$n_L = 0$	Stillstand
$1 \ldots +\infty$	$n_L > -n_D$	Lauf gegen das Drehfeld, Bremsbetrieb

$$s = \frac{n_D - n_L}{n_D} \qquad (13.2/1)$$

$$n_D = \frac{f}{p} \qquad (13.2/2)$$

p Polpaarzahl
f Netzfrequenz

Je nach Größe des Schlupfes unterscheidet man die in der Tabelle 13.2/1 angegebenen Betriebsbereiche.

Drehmoment M
Es gilt auch hier die Beziehung

$$M = C\, I\, \Phi \qquad (13.2/3)$$

Φ ist der resultierende Fluß. Er ist bei allen Belastungen bei konstanter Spannung konstant und etwa gleich dem Leerlauffluß. I ist der Anteil des Läuferstromes I_2, der mit Φ in Phase ist:

$$I = I_2 \cos \varphi_2 \tag{13.2/4}$$

Bis zum 1,5fachen Nennmoment bleibt die Phasenverschiebung φ_2 zwischen Läuferstrom I_2 und Fluß Φ sehr klein, d. h., $\cos \varphi_2 \approx 1$. I_2 ist proportional der Läuferspannung und diese wiederum dem Fluß und der Läuferfrequenz f_2. Somit wird

$$I_2 \sim f_2 \Phi \tag{13.2/5}$$

$$M \sim f_2 \Phi^2 \tag{13.2/6}$$

Betriebsverhalten
Das Betriebsverhalten der Maschine am Netz mit konstanter Spannung wird weitgehend durch das Kreisdiagramm nach OSANNA [172] beschrieben. Das Drehmoment-Drehzahl-Diagramm einer Asynchronmaschine wird im Bild 13.2/1 gezeigt.

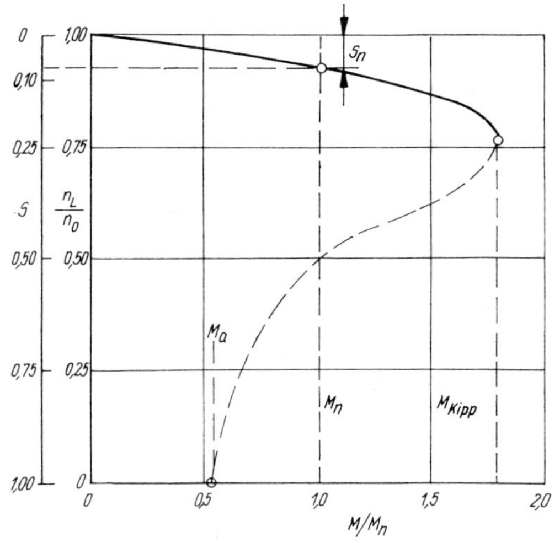

Bild 13.2/1 Drehzahl-Drehmoment-Kennlinie einer Asynchronmaschine im Motorbetrieb M_a Anlaufmoment, M_{kipp} Kippmoment, M_n Nennmoment

Drehzahlstellung
Nach der Gleichung für die Läuferdrehzahl n_L

$$n_L = \frac{f}{p}(1 - s) \tag{13.2/7}$$

sind für die Drehzahlstellung drei Möglichkeiten vorhanden.

– Änderung des Schlupfes s
Der Motor muß dazu einen Schleifringläufer haben. Der Schlupf ändert sich durch Widerstandsänderung im Läuferkreis. Diese verlustbehaftete Art der Drehzahlstellung ist nur für den Anlauf geeignet (Bild 13.2/2). Der ständige Betrieb mit herabgesetzter Drehzahl würde zu großen Verlusten führen und für Dauerbetrieb bemessene Widerstände erfordern. Daher ist ein zusätzlicher Aufwand für Schleifringe, Bürsten und Widerstände erforderlich.

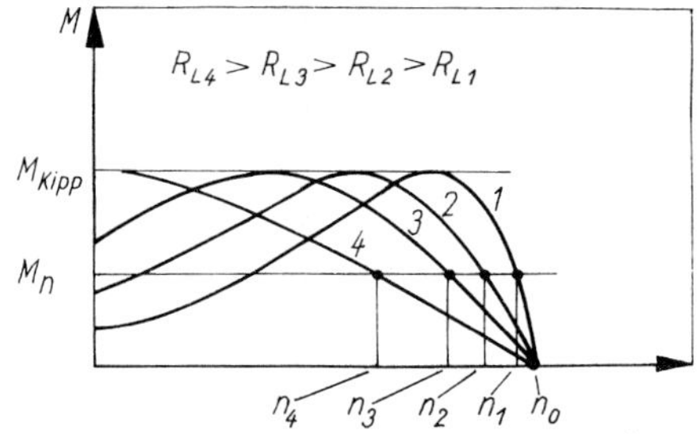

Bild 13.2/2 Drehzahlstellung eines Asynchronmotors durch Verändern des Läuferwiderstands

– Änderung der Polzahl $2p$
Der muß der Motor mit speziellen Ständerwicklungen versehen sein. Eine Änderung ist nur stufenweise möglich. Beim Zurückschalten von der höheren auf die kleinere Drehzahl setzt zunächst Generatorbetrieb ein (Bild 13.2/3). Soll die Drehzahl zwischen $0 \ldots n_1 \ldots n_2$ kontinuierlich verändert werden, ist zusätzlich die Schlupfänderung anzuwenden. Die Anzahl der wirtschaftlichen Drehzahlen entspricht damit der der möglichen Polzahlen.

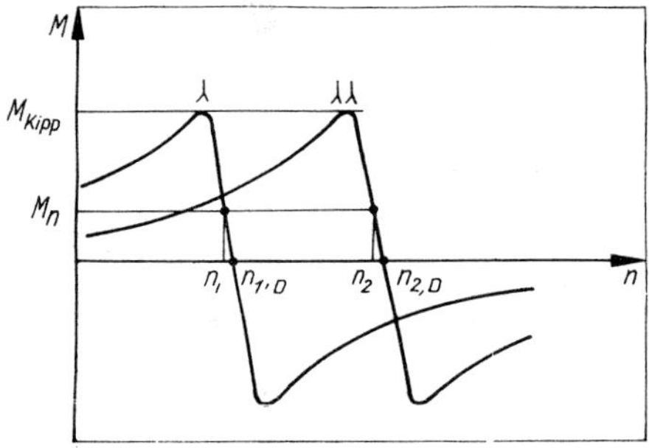

Bild 13.2/3 Drehzahländerung eines Asynchronmotors durch Polumschaltung

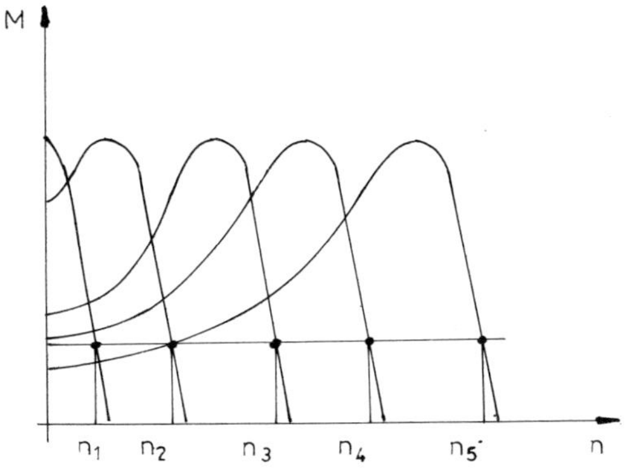

Bild 13.2/4 Drehzahländerung eines Asynchronmotors durch Frequenzänderung

– Änderung der Frequenz

Nur eine stufenlose Frequenzänderung bringt eine stufenlose verlustfreie Drehzahländerung (Bild 13.2/4).

Soll im Drehzahlstellbereich das Moment konstant sein, so ist dazu neben einem konstanten Strom auch ein konstanter Fluß erforderlich. Aus

$$E_1 = c\, f_1\, \Phi \qquad (13.2/8)$$

folgt für die Bedingung, daß Φ konstant ist.

$$c\,\Phi = \frac{E_1}{f_1} = \text{konstant} \qquad (13.2/9)$$

E_1 induzierte Ständerspannung
f_1 Primärfrequenz
Φ Fluß

Für einen konstanten Fluß und damit auch für eine optimale Ausnutzung der Eisenabmessungen der Maschine ist es somit erforderlich, daß die induzierte Spannung und die Frequenz im gleichen Verhältnis verstellt werden. Da das Drehmoment nach Gleichung (13.2/6) vom Quadrat des Flusses abhängt, ist die Spannung genau auf die jeweilige Frequenz einzustellen.

Das Verfahren der Frequenzänderung erfordert den einfachsten Motor, jedoch einen sehr großen Aufwand für den Umrichter.

Die beiden ersten Möglichkeiten wurden entsprechend dem damaligen Stand der Technik bei den Drehstromlokomotiven und bei den KANDO-Lokomotiven der MÁV benutzt. Die Möglichkeit der Frequenzänderung wurde zunächst über rotierende Umformer realisiert (Lokomotiven der Baureihe CC 14 100 der SNCF). Heute bedient man sich der Speisung über Halbleiterumrichter (Abschn. 10).

13.2.4 Fahrmotor

Die Tabelle 13.2/2 zeigt eine Gegenüberstellung von Asynchron- und Einphasenwechselstrom-Kommutatormotoren in ihren für den Einsatz als Fahrmotor auf Triebfahrzeugen wesentlichen Eigenschaften. Die Überlegenheit des Asynchronmotors ist eindeutig zu erkennen.

Entsprechend Abschn. 13.2.3 kommt für elektrische Triebfahrzeuge nur der Fahrmotor mit stufenlos über Umrichter gestellter Frequenz in Frage, wobei E_1/f_1 = konstant geregelt wird (Konstantflußmaschine).

Das Drehfeld wird bei der Umrichterspeisung der Asynchronmaschine genauso gebildet wie bei der Synchronmaschine. Jedoch wird hier grundsätzlich Fremdtaktung angewendet, und der Läuferlagegeber fehlt. Das Betriebsverhalten wird durch den Konstantflußkreis beschrieben. [139] Es ist möglich, die Spannung ab einem Grenzwert konstant zu halten (Begrenzung z. B. durch Umrichterbauelemente, Erreichen der Kraftschlußgrenze) und nur noch die Frequenz zu steigern. Hierdurch sinkt bei weiter steigender Drehzahl der Fluß (Feldschwächbereich). [152]

Für den Fall eines konstanten Fahrmotorstroms sind zwei Regelbereiche möglich:

– Konstantflußbereich

Spannung E_1 und Frequenz f_1 sind variabel, Fluß und Moment sind konstant.

– Feldschwächbereich

Die Spannung E_1 ist konstant, die Frequenz ist variabel. Fluß und Drehmoment sinken quadratisch. Bild 13.2/5 zeigt die Kennlinie für diese Betriebsart. Für Triebfahrzeuge mit Speisung aus der Fahrleitung ist die Bedingung für den konstanten Strom nicht so interessant. Für den Betriebseinsatz ergeben sich drei Bereiche. [27]

– Anfahrbereich

Die Spannung E_1 und die Frequenz f_1 sind variabel. Der Fluß wird konstant gehalten und das Drehmoment durch einen hohen Anfahrstrom auf 80 % des Kippmoments erhöht (hohe konstante Sekundärfrequenz).

Tabelle 13.2/2
Eigenschaften von Asynchron- und Einphasenwechselstrom-Kommutatormotoren

Kriterien	Einphasenwechselstrommotor	Asynchronmotor
Aufbau	Reihenschlußmotor mit Wendepolen und Kompensationswicklung	dreiphasige Ständerwicklung ohne Wendepole, Kompensation und Beschaltung; einfachster Aufbau des Läufers (ohne Isolation)
Höchstdrehzahl	stark begrenzt wegen Kommutator	nur durch Fliehkräfte begrenzt
Drehmoment	pulsierend	gleichförmig, nur bei Umrichterspeisung Oberwellenpendelmomente
Anfahrverhalten	Empfindlichkeit des Kommutators gegen örtliche Erhitzungen durch Belastung im Stand	unempfindlich gegen Belastung im Stand
Instandhaltungs- und Wartungsaufwand	ständige Kontrolle und häufiger Ersatz der Kohlebürsten, Bearbeitung des Kommutators	keine Teile, die ständig Aufwand erfordern
Übergang zum Bremsbetrieb	möglich nach Umschaltung, Änderung der Beschaltung erforderlich	möglich ohne Umschaltung
Bremsmomente	kleiner als Momente im Fahrbetrieb	gleiche Größe wie im Fahrbetrieb
Masse-Leistungs-Verhältnis	heute erreicht 3,24 kg/kW (Re 4/4 der SBB)	2,9 kg/kW
Grenzleistung je Achse	etwa 1200 ... 1300 kW [55]	1600 ... 1700 kW [55]
Schleuderneigung	relativ groß, große Drehzahlerhöhung beim Schleudern	gering, wenn sofort die Frequenz konstant gehalten wird; bedingt sehr gute Schleudererfassung und entsprechende Regelung
Parallellauf	relativ gute Parallellaufeigenschaften	erfordert zusätzlichen Steuerungsaufwand

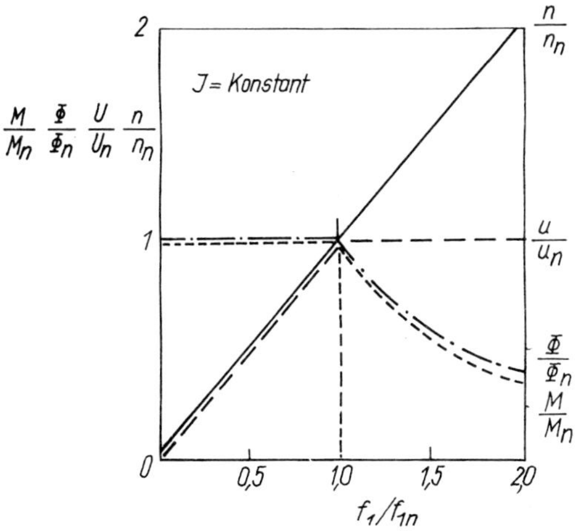

Bild 13.2/5 Kennlinien eines Asynchronmotors bei veränderlicher Speisefrequenz und konstantem Motorstrom

– Konstantflußbereich
Die Spannung E_1 und die Frequenz sind variabel, der Fluß ist konstant. Das Drehmoment sinkt durch den abfallenden Strom (sinkende Sekundärfrequenz). Der Läufer nähert sich der Synchrondrehzahl. In diesem Bereich wird die Frequenz f_1 langsamer gesteigert als im Anfahrbereich.

– Feldschwächbereich
Die Spannung E_1 bleibt konstant, und f_1 steigt weiter. Der Fluß und das Moment sinken ab. Der Strom bleibt konstant (f_2 steigt entsprechend f_1 an, so daß der Schlupf und damit I_2 konstant bleiben).

Der Asynchronmotor ist somit in der Lage, die Zugförderungsaufgaben zu erfüllen (Bild 13.2/6). Er läßt den gleichen Verlauf der Zugkraft (Drehmoment) zu wie ein Kommutatormotor (Abschn. 12.5.4).
Entsprechend Gleichung (13.2/6) wird diese Zugkraft über den Fluß und die Frequenz f_2 eingestellt. Dies bedingt neben der genauen Einstellung der Spannung E_1 und der Frequenz f_1 auch die Erfassung von f_2. Hierzu ist die genaue Messung der Läuferdrehzahl erforderlich, was bestimmte Einrichtungen am Motor erfordert.
Wird die Umrichterfrequenz f_1 gesenkt, so daß die Läuferdrehzahl größer wird als die Drehfelddrehzahl ($n_L > n_D$), geht der Motor in den Generatorbetrieb über und bremst das Fahrzeug ab. Hierzu muß eine Rückspeisung der Energie über den Umrichter in das Netz oder auf einen Bremswiderstand möglich sein. Die Dimensionierung geschieht über die Spannung U, den Strom I und den Fluß Φ. Der Strom bedingt dabei die Kupferabmessungen, der Fluß die Eisenabmessungen und die Spannung die Dimensionierung der Wicklung (Windungszahl, Isolation).
Für den im Bild 13.2/7 dargestellten Momentenverlauf ergeben sich entsprechend der Gleichung (13.2/5) zwei Fälle der Umsetzung.
Fall 1: Der Fluß ist von $0 \ldots n_{max}$ konstant, und der Strom hat einen Verlauf entsprechend dem von M.
Fall 2: Der Strom ist von $0 \ldots n_{max}$ konstant, und der Fluß hat einen Verlauf entsprechend dem von M.

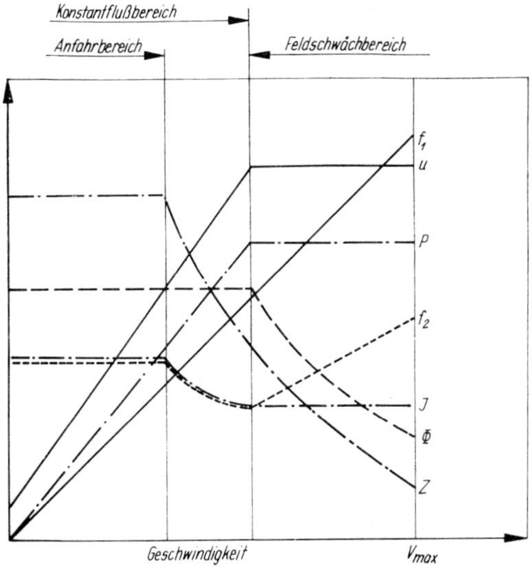

Bild 13.2/6 Kennlinien eines Asynchronmotors in Abhängigkeit von der Geschwindigkeit
f_1 Ständerfrequenz, f_2 Läuferfrequenz, I Motorstrom, P zugeführte elektrische Leistung, U Motorspannung, Z Zugkraft, Φ Fluß

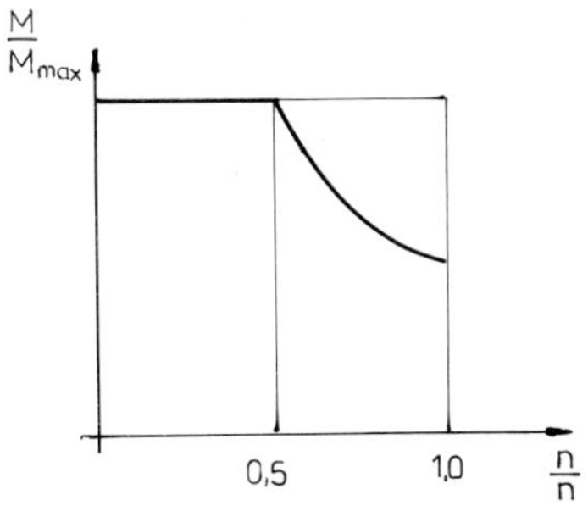

Bild 13.2/7 Geforderter Verlauf des Drehmoments

Für den Fall 1 bedeutet dies, daß die Spannung proportional zur Frequenz und damit zur Drehzahl ansteigen muß. Der Strom hat einen Verlauf entsprechend dem von M, d. h., im Bereich $0 \leqq n \leqq 0{,}5\, n_{\max}$ fließt der Maximalstrom, der dann für $n > 0{,}5\, n_{\max}$ abfällt. Der Umrichter muß für den Maximalstrom und die Maximalspannung bemessen werden. Beide Größen treten aber, wie das Bild 13.2/8 zeigt, in keinem Punkt gleichzeitig auf. Das bedeutet, daß der Umrichter überdimensioniert wird.

Im Fall 2 bemißt man den Umrichter und den Fahrmotor für die gleiche Maximalspannung wie im Fall 1. Die Frequenz wird unverändert mit der Drehzahl gesteigert, da zwischen beiden ein bestimmter Zusammenhang besteht (Gleichung 13.2/7). Die Spannung wird jedoch so gesteigert, daß sie bereits bei $n = 0{,}5\, n_{\max}$ ihren Höchstwert erreicht. Im Bereich von $0 \leqq n \leqq 0{,}5\, n_{\max}$ ist der Fluß deshalb weiterhin konstant, da U und f_1 gleichzeitig ansteigen. Der Fluß ist gegenüber dem Fall 1 aber doppelt so groß, weil die Spannung bei der jeweiligen Drehzahl doppelt so groß ist. Da die Spannung ab $n = 0{,}5\, n_{\max}$ nicht mehr steigt, sondern nur noch die Frequenz, sinkt der Fluß im Bereich $0{,}5\, n_{\max} \leqq n \leqq n_{\max}$ ab. Bei $n = n_{\max}$ erreicht er den gleichen Wert wie im Fall 1 (Bild 13.2/9). Dieser Verlauf des Flusses hat zur Folge, daß für das gleiche Drehmoment wie im Fall 1 nur noch der halbe Strom fließen muß. Dieser Strom wird im Bereich $0 \leqq n \leqq n_{\max}$ in dieser Größe benötigt, so daß der Umrichter zwar für die gleiche Spannung, jedoch für den halben Strom zu bemessen ist. Er ist also im Vergleich zum Fall 1 nur für die halbe Leistung auszulegen. Die Maximalwerte von U und I treten im Bereich von $0{,}5\, n_{\max} \leqq n \leqq n_{\max}$ gleichzeitig auf, was zu einer guten Umrichterauslastung führt. Beim Motor sind gegenüber dem Fall 1 die Eisenabmessungen zu verdoppeln und die Kupferabmessungen zu halbieren. Dies ergibt einen insgesamt schwereren Motor, da die Einsparungen beim Kupfer nicht den Mehraufwand beim Eisen aufwiegen, was jedoch zugunsten der Umrichterbemessung (Größe und Kosten) in Kauf genommen wird.

Die Speisung der Motoren über Umrichter hat beim Asynchronmotor genau wie beim Synchronmotor ein ganzes Spektrum von Oberwellen zur Folge. Dies führt zu zusätzlichen Verlusten und Pendelmomenten, denen man durch eine entsprechende Dimensionierung bzw. durch Pulsen des maschinenseitigen Umrichters begegnet. Hierdurch wird die Spannung bzw. der Strom weitgehend der gewünschten Sinusform angeglichen. Ab $0{,}5\, V_{\max}$ kann auf das Pulsen verzichtet werden.

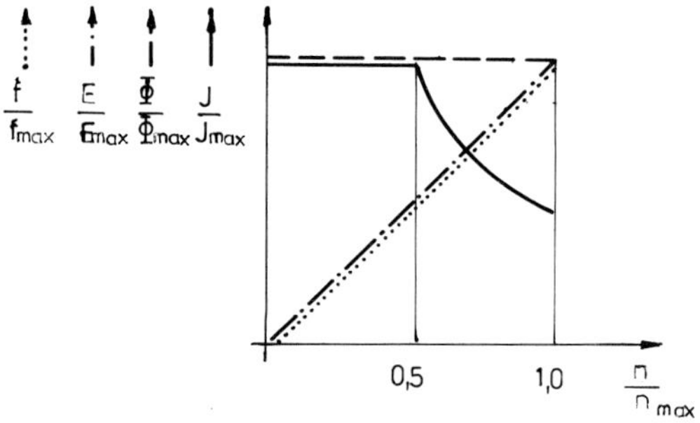

Bild 13.2/8 Erfüllung des geforderten Drehmomentverlaufs im Fall 1

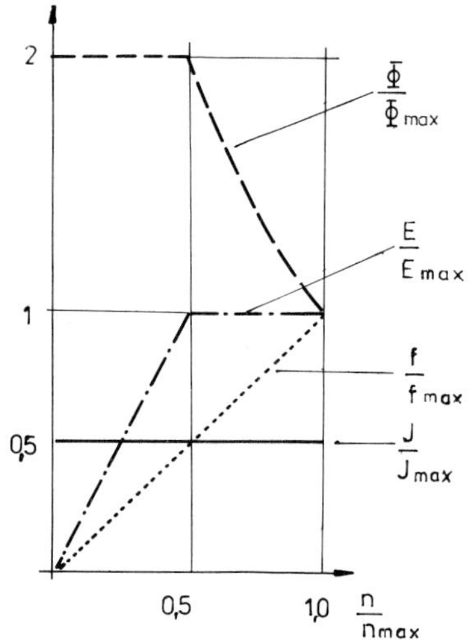

Bild 13.2/9 Erfüllung des geforderten Drehmomentverlaufs im Fall 2

Weiterhin muß die Motorauslegung auf den Umrichtertyp Rücksicht nehmen. So verlangen Umrichter mit Gleichspannungszwischenkreis Motoren mit einer großen Streuinduktivität und einem kleinen Blindleistungsbedarf (kleiner Luftspalt), während Motoren für Umrichter mit Gleichstromzwischenkreis eine kleine Streuinduktivität und einen großen Magnetisierungsstrom (großer Luftspalt) haben müssen. [128], [131] und [219]

13.2.5 Arno-Umformer

Er wird auf Einphasenwechselstromlokomotiven älterer Bauart häufig zur Erzeugung eines Drehstrombordnetzes eingesetzt. Die Maschine läuft einphasig am Transformator und liefert mit der sog. Arno-Phase ein Dreiphasennetz (Bild 13.2/10). Die abgegebene Dreiphasenspannung ist nicht symmetrisch. Werden Standardmotoren damit gespeist, so treten durch die Pendelmomente u. U. Schwierigkeiten auf. Da keine Frequenzwandlung auftritt, sind Arno-Umformer nur für 50-Hz-Triebfahrzeuge von Interesse. Bei $16^2/_3$-Hz-Fahrzeugen werden Motorgeneratoren vorgesehen.

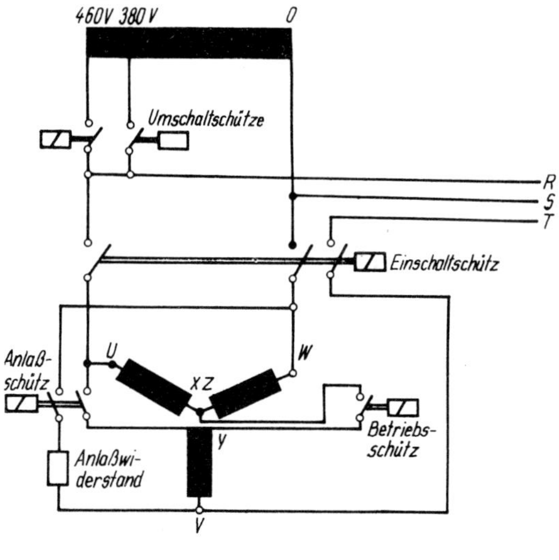

Bild 13.2/10 Schaltung eines Arno-Umformers
Schaltablauf:
1. Umschaltschütz entsprechend Fahrleitungsspannung einschalten
2. Anlaßschütz
3. Einschaltschütz
4. Anlaßschütz ausschalten und unmittelbar danach Betriebsschütz einschalten

13.2.6 Hilfsmaschinenmotor

Zum Antrieb von Hilfsmaschinen durch Drehstrommotoren bestehen folgende Möglichkeiten:
- Standard-Asynchronmotoren mit Speisung durch einen Drehstrom-Konstantspannungsgenerator,
- Standard-Asynchronmotoren mit Speisung durch einen Arno-Umformer,
- angepaßte Asynchronmotoren mit Speisung durch einen Arno-Umformer,
- Einphasen-Asynchronmotoren mit Kondensatorhilfsphase mit und ohne stabilisierte Speisespannung (Transformatorspeisung mit und ohne Spannungsumschaltung).

Die Schwierigkeit besteht darin, daß Asynchronmotoren nicht die volle Toleranz der Fahrleitungsspannung vertragen. Eine Abhilfe ist durch eine zwei- und dreistufige Umschaltung der Speisespannung des Arno-Umformers möglich. Werden Standardmotoren von einem Arno-Umformer gespeist, so sind diese wegen des unsymmetrischen Netzes bis zu 100 % überzudimensionieren.
Einphasen-Asynchronmaschinen werden bei Speisung mit stabilisierter Spannung nur um 15 % stärker bemessen.
Bei Speisung aus einem Drehstrom-Konstantspannungsgenerator ist keine Überdimensionierung erforderlich, da ein symmetrisches Netz vorliegt.

Anwendungen
Einphasen-Asynchronmotoren mit Kondensatorhilfsphase werden bei den Lokomotiven der Baureihen 110 und 140 der DB sowie 109 und 142 der DR als Ölpumpenmotor ohne Stabilisierung der Spannung angewendet.
Ein Einphasen-Asynchronmotor mit Kondensatorhilfsphase und Stabilisierung der Spannung arbeitet als Umformermotor zum Antrieb eines Drehstrom-Konstantspannungsgenerators bei den Lokomotiven der Baureihen 112, 143 und 155 der DR.
Ein Arno-Umformer mit stabilisierter Speisespannung versorgt überdimensionierte Standard-Asynchronmotoren als Hilfsmaschinenmotoren bei den 50-Hz-Lokomotiven der Baureihe 171 der DR.

13.3 Linearmaschinen

13.3.1 Anwendung

Linearmaschinen werden zum Antrieb von Fahrzeugen mit hohen Geschwindigkeiten (300...500 km/h) vorgesehen. Im Generatorbetrieb können sie als Bremsgenerator arbeiten.

halb bewickelt. Die Durchflutung hat dann dort nur den halben Wert. Die Kraftwirkung sinkt auf ein Viertel gegenüber dem Mittelpol. Deshalb wurde ein Längsreduktionsfaktor eingeführt, der den Einfluß der Endpole berücksichtigt. Bild 13.3/7 zeigt, daß mindestens 8 Pole vorhanden sein müssen, um den Einfluß der Endpole in Grenzen zu halten. Im Gegensatz zu rotierenden Maschinen kann die Polzahl auch ungerade sein.

Betriebsverhalten

An den halbbewickelten Endpolen treten Wechselfelder auf. Vereinfachend kann angenommen werden, daß das Ersatzschaltbild des Asynchronmotors gilt. Somit wird das Betriebsverhalten auch durch das Kreisdiagramm beschrieben. Es hat jedoch durch folgende Umstände eine andere Lage:

- Der große Luftspalt bedingt hohe Magnetisierungsströme und damit große Kupferverluste.
- Die Blindwiderstände des Sekundärteils sind klein.
- Das Läufermaterial ist ausschlaggebend für den Kennlinienverlauf und den Wirkungsgrad: $(\eta_{Cu} : \eta_{Al} : \eta_{Fe} = 1 : 0{,}87 : 0{,}47)$ [36]

Es sind die gleichen Betriebsbereiche ($s = -\infty \ldots +\infty$) wie beim Asynchronmotor möglich.

Geschwindigkeitsstellung

Auch hier bestehen die gleichen Möglichkeiten wie beim Asynchronmotor. Da sich aber der Sekundärteil räumlich ausdehnt, können weitere Parameter geändert werden.

Netz:

- Spannung,
- Frequenz.

Ständer:

- Änderung des Ständerstrangwiderstands durch ohmsche oder Blindvorwiderstände,
- Polumschaltung,
- Luftspaltlänge.

Läufer:

- Änderung des Läuferwiderstands durch Läufergeometrie und Läufermaterial.

Von der Änderung der Läuferparameter werden alle Fahrzeuge auf der Strecke betroffen (Bild 13.3/8).

Bremsung

Bremsmöglichkeiten sind Umpolung der Wanderfeldrichtung (Gegenstrombremse, negativer Schlupf), Polumschaltung, Frequenzerniedrigung (übersynchroner Generatorbetrieb) oder Gleichstrombremsung. [231] Nur die Bremsung durch

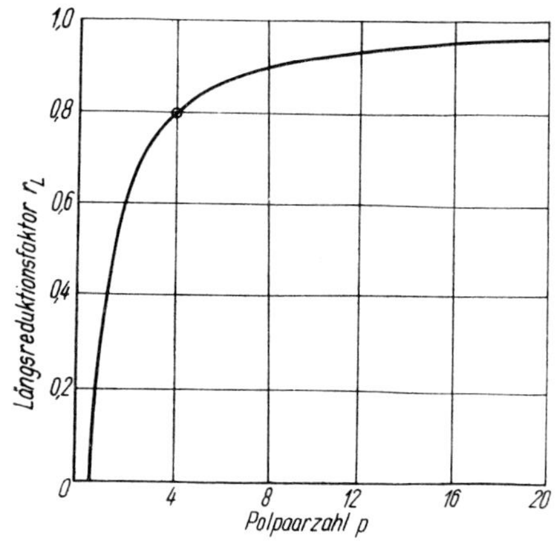

Bild 13.3/7 Längsreduktionsfaktor in Abhängigkeit von der Polpaarzahl

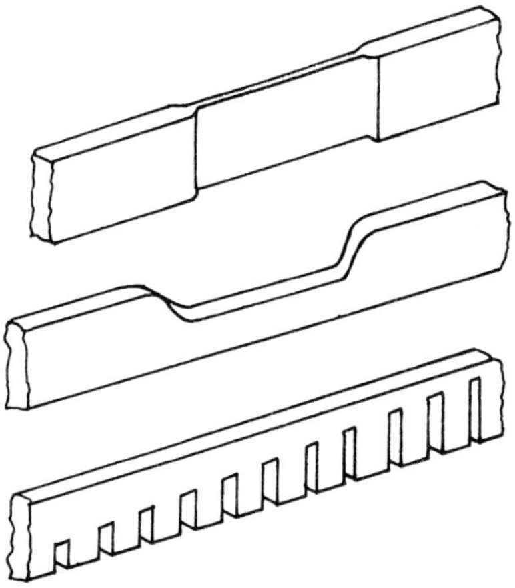

Bild 13.3/8 Veränderungen der Form des Sekundärteils durch Variation der Dicke und Höhe bzw. durch Schlitze

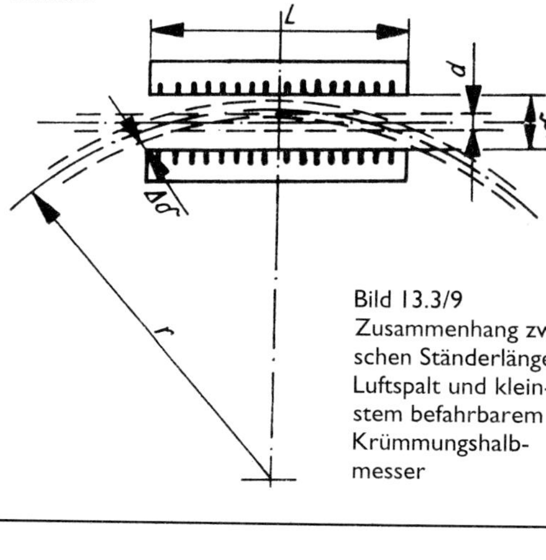

Bild 13.3/9 Zusammenhang zwischen Ständerlänge, Luftspalt und kleinstem befahrbarem Krümmungshalbmesser

Frequenzerniedrigung und die Gleichstrombremse bringen ein stoßfreies Bremsen, erfordern aber eine besondere Haltebremse. Bei der Gleichstrombremse wird der Ständer an eine Gleichspannung angeschlossen. Die Größe des fließenden Gleichstroms bewirkt die Größe der Bremskraft. Die Konstruktion und die Berechnung der Linearmaschine werden in der Literatur [184] und [239] beschrieben.

13.3.4 Luftspalt

Die Bemessung des Luftspalts stellt das Hauptproblem bei der Linearmaschine für Traktionszwecke dar. Die wünschenswerte Einhaltung kleiner Luftspalte bringt besondere Probleme bei Bahnkrümmungen mit sich (Bild 13.3/9). Ein großer Luftspalt verschlechtert das Produkt $\eta \cos \varphi$. Bei der Linearmaschine mit 10 mm Luftspalt beträgt $\eta \cos \varphi = 0{,}66$ gegenüber 0,81 bei der rotierenden Maschine. Da die Linearmaschine die zugeführte elektrische Energie direkt in eine geradlinige Bewegung umsetzt, kann auch ein kleineres $\eta \cos \varphi$ zugestanden werden, da die Verlauste im Getriebe des konventionellen Antriebssystems entfallen. [37]

13.3.5 Vergleich zur rotierenden Maschine

Vorteile der Linearmaschine:
- Die Zugkraft und die Bremskraft sind unabhängig vom Kraftschluß.
- Die Kraftübertragung ist berührungslos (Magnetkissen- oder Luftkissenfahrzeuge).
- Die Linearmaschine erzeugt selbst geringe Trag- und Führungskräfte, die sich denen der anderen Schwebesysteme überlagern. [189]
- Der Sekundärteil ist kein Bestandteil des Fahrzeugs und benötigt keine Kühlung.
- Verschleißteile fehlen (Lager, Kommutator).
- Im Antriebssystem treten keine Fliehkräfte auf.
- Es sind einfache Bremsschaltungen möglich.

Nachteile der Linearmaschine:
- Der Sekundärteil liegt längs der Strecke.
- Der Sekundärteil ist auf konventionellen Bahnen kaum installierbar.
- Die Gestaltung und die Einhaltung des Luftspalts sind schwierig.
- Bei kleiner Geschwindigkeit ist keine Zugkrafterhöhung durch ein Getriebe möglich.

14

Leistungssteuerung

Unter Leistungssteuerung versteht man bei einem elektrischen Triebfahrzeug das Zusammenwirken der Geräte im Leistungsstromkreis (Fahrmotorstromkreis), um im Fahr- und Bremsbetrieb die Leistungskenngrößen des Triebfahrzeugs (Zugkraft, Bremskraft, Geschwindigkeit, Wirkrichtung) zu beeinflussen. [194], [249]

14.1 Fahrtrichtungssteuerung

Die Fahrtrichtung wird bei Kommutatormotoren durch Umpolung des Fahrmotorständerfelds mit Hilfe des Fahrtrichtungswenders geändert.
Beim Antrieb durch Drehstrommotoren (Synchron- oder Asynchronmotoren) erfolgt die Fahrtrichtungsänderung durch die Steuerung des Motorstromrichters, indem auf die Phasenfolge eingewirkt wird.

14.2 Forderungen an die Fahrsteuerung

14.2.1 Aufgabe

Aufgabe der Fahrsteuerung ist die Beeinflussung von Zugkraft und Geschwindigkeit bzw. die Steuerung der Leistung. Grundsätzlich wird die Fahrmotorleistung bei Gleich- und Wechselstrom-Kommutatormotoren durch Erhöhen oder Erniedrigen der zugeführten Spannung gesteuert. Zusätzlich wird insbesondere bei Gleichstrommotoren das Erregerfeld verändert (Feldschwächung). Beim Antrieb durch Drehstrommotoren geschieht die Steuerung durch Verändern von Frequenz und Spannung.

14.2.2 Betriebstechnische Anforderungen

Der Kraftschluß muß möglichst gut und in einem großen Geschwindigkeitsbereich ausnutzbar sein, um hohe Anfahrzugkräfte und Anfahrbeschleunigungen zu erzielen. Aus diesem Grund besteht die Forderung nach möglichst feinstufigen oder steti-

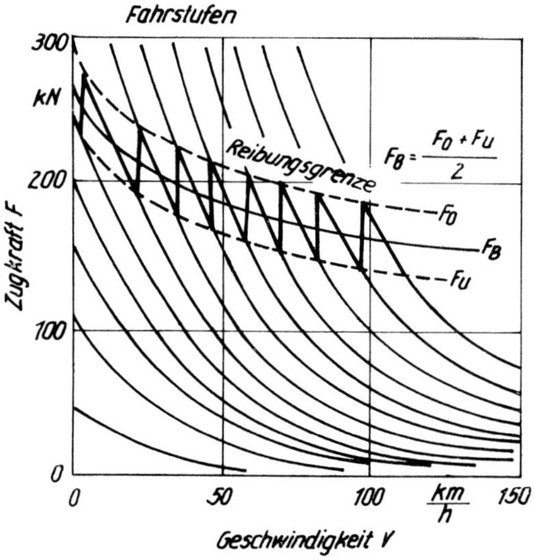

Bild 14.2/1 Verlauf der mittleren Anfahrzugkraft einer Bo'Bo'-Schnellzuglokomotive bei grobstufiger Steuerung (14 Stufen)

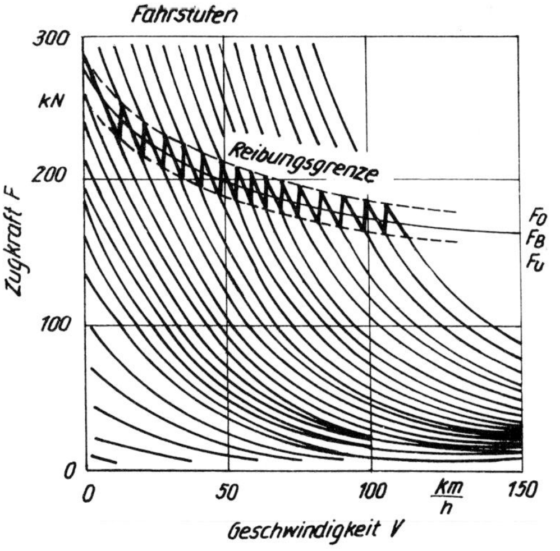

Bild 14.2/2 Verlauf der mittleren Anfahrzugkraft einer Bo'Bo'-Schnellzuglokomotive bei feinstufiger Steuerung (28 Stufen)

gen Steuerungen. (Einfluß der Stufigkeit auf die Kraftschlußausnutzung siehe Abschn. 2.1.4.) Den Zusammenhang zwischen mittlerer Anfahrzugkraft und Stufenzahl veranschaulichen die im gleichen Maßstab gezeichneten Bilder 14.2/1 und 14.2/2. Man erkennt, daß die Beschleunigungszugkraft F_B bei einer 28stufigen Steuerung etwa 10 kN unter der Zugkraft an der Kraftschlußgrenze F_o liegt; bei einer 14stufigen Steuerung sind es 20 kN.
Die Zugkraft darf nicht sprunghaft anwachsen oder abfallen, damit im Zugverband keine Zerrungen auftreten. Der Ruck (Beschleunigungsänderung in der Zeiteinheit) muß in Grenzen bleiben. Ein Wert von 0,5 ms^{-3} ist im Personenzugdienst als Größtwert üblich und wird noch nicht als unangenehm empfunden.

14.2.3 Konstruktive Forderungen

Der Fahrmotorstrom darf beim Überschalten von einer Stufe zur nächsten nicht unterbrochen werden, damit im Zugverband keine Stöße und Zerrungen auftreten.
Am Transformator darf während des Überschaltens von Anzapfung zu Anzapfung kein Wicklungskurzschluß entstehen, um unzulässige Erwärmungen und Belastungen dieser Wicklungsteile zu vermeiden.

Die Steuerung der Leistung soll möglichst verlustarm vor sich gehen. Die Fahrsteuerung soll möglichst geringe Rückwirkungen auf das Bahnstromnetz (Blindstrom, totaler Leistungsfaktor) und die Sicherungs- und Fernmeldeanlagen (Oberwellen) verursachen, was besonders beim Einsatz von Thyristoren in Anschnittsteuerungen wichtig ist.
Die Leistungssteuerung muß gewährleisten, daß die Nennleistung auch bei der unteren Toleranz der Fahrleitungsspannung noch erbracht werden kann.

14.3 Fahrsteuerung bei Gleichstromtriebfahrzeugen

14.3.1 Antrieb durch Gleichstromfahrmotoren

Die Möglichkeiten zur Beeinflussung der Motordrehzahl n_M zeigt nachstehende Gleichung:

$$n_M = (U_M - I_M R_M)/c\,\Phi \qquad (14.3/1)$$

U_M Motorklemmenspannung
I_M Motorstrom
R_M Motorinnenwiderstand
Φ magnetischer Fluß
c Konstante

Beeinflußbare Größen sind Motorspannung und Magnetfluß. Die vorgegebene Netzspannung U_N ist auf den gewünschten Wert der Motorspannung U_M herabzusetzen.

Widerstandssteuerung [72], [88], [176], [193], [194], [237]
Die Differenz zwischen der Motor- und der Netzspannung fällt über dem Anfahrwiderstand R_A ab. Dieser ohmsche Widerstand wird zum Fahrmotor in Reihe geschaltet und während des Anfahrvorgangs bis zum Erreichen der Motorkennlinie ($R_A = 0$) stufenweise verkleinert:

$$U_M = U_N - I_M R_A \qquad (14.3/2)$$

Die Größe des Widerstands wird mit kontaktbehafteten oder kontaktlosen Schaltgeräten gesteuert (Bild 14.3/1).

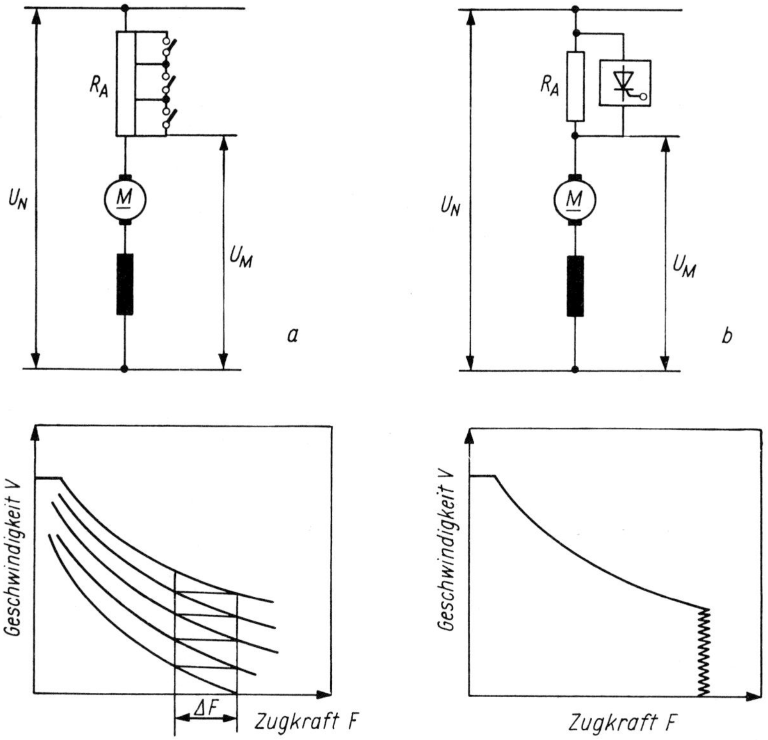

Bild 14.3/1
Widerstandssteuerung
a) kontaktbehaftet
b) kontaktlos

a) Kontaktbehaftete Steuerung
Mit steigender Zahl von Anfahrstufen wächst der Aufwand hinsichtlich der Unterteilung des Widerstands und der Schaltgeräte (Schütze, Schaltwerk). Der Geräteaufwand, der Raumbedarf, die Kompliziertheit der Schaltung und die Instandhaltungskosten begrenzen die ausführbare Stufenzahl.

b) Kontaktlose Steuerung
Parallel zum Widerstand liegt ein elektronischer Schalter (Thyristorschalter). Eine nahezu stetige Veränderung des wirksamen Widerstandswerts R_A' wird durch intermittierendes Ein- und Ausschalten bei variabler Einschaltdauer (gepulster Widerstand) erreicht (Bild 14.3/2):

$$R_A' = (T_e/T)\, R_A \qquad (14.3/3)$$

T_e Einschaltdauer
T Periodendauer der Schalt- (Puls)- Frequenz

Die fast stetige Veränderung des Widerstands ergibt eine gute Ausnutzung der Kraftschlußgrenze, kleine Zugkraftsprünge und ein hohes Beschleunigungsvermögen bei Einhaltung des zulässigen Rucks und einen hohen Fahrkomfort. Der Schaltgeräteaufwand bleibt unabhängig von der Stufenzahl. Eine Unterteilung des Vorwiderstands ist nicht erforderlich. Gegenüber der kontaktbehafteten Schaltung ergibt sich eine Senkung des Instandhaltungsaufwands.

c) Nachteile der Widerstandssteuerung
- Hohe Energieverluste in den Widerständen während der Anfahrperiode.
- Tiefliegende Motorkennlinie (Nennpunkt bei 30 % der Höchstgeschwindigkeit) zur Begrenzung der Wirkungszeit der Anfahrverluste, was schwere Fahrmotoren bedingt.
- Flacher Verlauf der Zugkraft-Geschwindigkeits-Kennlinie auf den Widerstandsstufen, was die Schleuderneigung erhöht.
- Der Widerstand wird aus Gründen der Masse, des Raumbedarfs und der Kühlung nicht für Dauerbetrieb ausgelegt. Anfahrstufen mit eingeschaltetem Widerstand sind somit keine Dauerstufen, was ungünstig für eine selbsttätige Geschwindigkeitsregelung ist.

Gruppierungsschaltungen [72], [176], [193], [194], [237], [240]

Bei mehrmotorigen Triebfahrzeugen bieten sie Möglichkeiten einer verlustlosen, grobstufigen Steuerung der Motorspannung. Die Fahrmotoren werden nacheinander in Reihen-, Reihen-Parallel- und Parallelschaltung gruppiert (Bild 14.3/3). Zwischen den Gruppierungsstufen wird die Widerstandssteuerung angewendet. Jede Endstufe einer Gruppierung bildet eine wirtschaftliche Fahrstufe ($R_A = 0$).

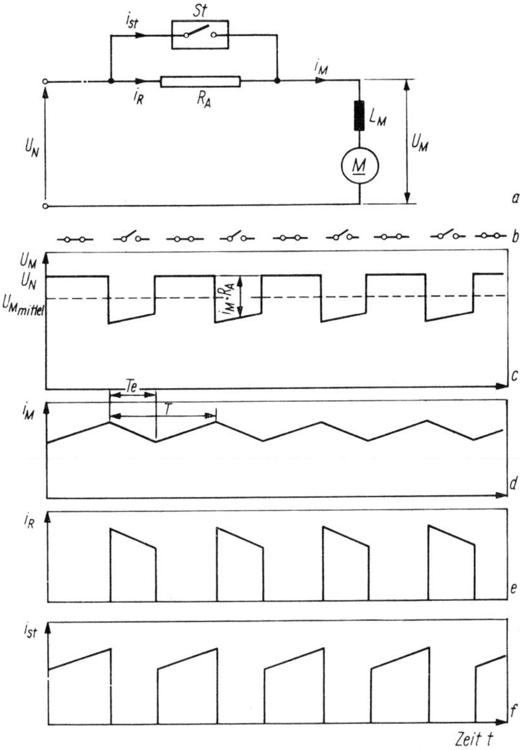

Bild 14.3/2 Widerstandssteuerung mit gepulstem Vorwiderstand
a) Schaltung
b) Schaltzustand des Stellers
c) zeitlicher Verlauf der Motorspannung
d) zeitlicher Verlauf des Motorstroms
e) zeitlicher Verlauf des Stroms durch den Vorwiderstand
f) zeitlicher Verlauf des Stroms durch den Steller
L_M Motorinduktivität, M Motoranker,
R_A Vorwiderstand, St Gleichstromsteller

Bild 14.3/3 Gruppierungsschaltungen

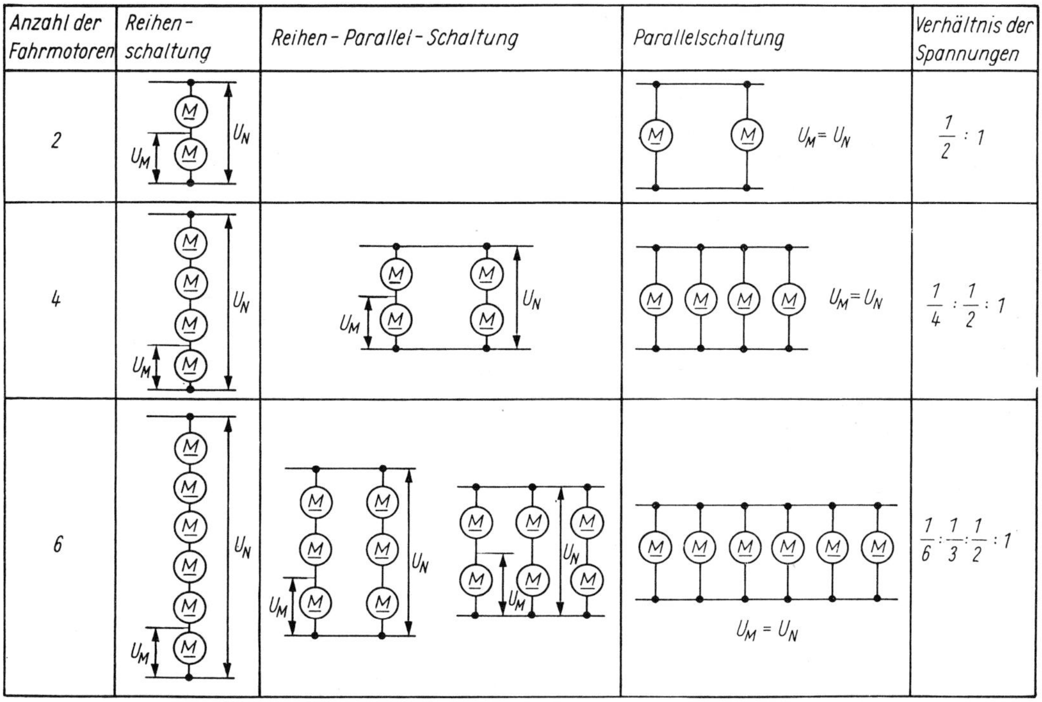

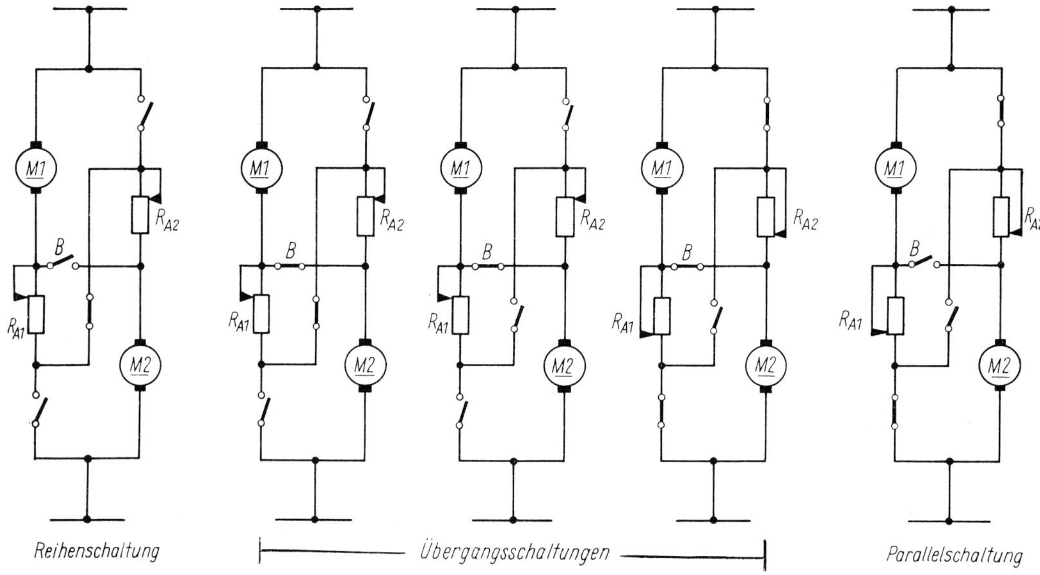

Bild 14.3/4 Brückenschaltung

Die Herstellung der einzelnen Gruppierungsschaltungen erfordert einen erhöhten Bedarf an Schaltgeräten, insbesondere für die reine Parallelschaltung, auf die daher meist verzichtet wird. Demzufolge werden bei viermotorigen Triebfahrzeugen nur zwei und bei sechsmotorigen nur drei Gruppierungsschaltungen angewendet. Häufig werden zwei Fahrmotoren ständig zu einer Motorgruppe in Reihe geschaltet (Halbspannungsmotoren). Das ist wegen der günstigen Auslegung der Motoren (Abschn. 12.4.5) und wegen der einfacheren Schaltungstechnik vorteilhaft.

Der Übergang von einer Motorgruppierung zur anderen soll möglichst ohne Zugkraftunterbrechung stattfinden. Die bekanntesten Übergangsschaltungen sind die Abriß- und die Brückenschaltung.

Die Abrißschaltung benötigt nur einen Widerstandssatz für alle Motorgruppen und einen geringen Schaltgeräteaufwand, erfordert aber den zeitweiligen Kurzschluß einer Motorgruppe und damit eine teilweise Zugkraftunterbrechung.

Die Brückenschaltung benötigt einen Widerstandssatz je Motorgruppe und damit einen erhöhten Schaltgeräteaufwand, aber der Übergang ist ohne Zugkraftunterbrechung. Zwischen den zu gruppierenden Motoren ist nach dem Prinzip der Wheatstone-Brücke ein Brückenschalter angeordnet, der bei Brückengleichgewicht öffnet und ohne Unterbrechung des Motorstroms die nächste Gruppierung herstellt (Bild 14.3/4). Auf Triebfahrzeugen größerer Leistung wird ausschließlich die Brükkenschaltung angewendet.

Feldschwächung [72], [176], [193], [194], [237], [240]

Die Schwächung des Fahrmotorfelds stellt eine weitere Möglichkeit zur Erzielung wirtschaftlicher Dauerfahrstufen ($R_A = 0$) dar:

$$\varepsilon = I_F / I_A \qquad (14.3/4)$$

I_F Feldstrom
I_A Ankerstrom
ε Erregergrad

Die zulässigen Werte für den Erregergrad liegen für unkompensierte Motoren bei etwa $\varepsilon = 50\ \%$, für kompensierte bei $\varepsilon = 25\ \%$.

Die Feldschwächungsstufen werden meist nach Erreichen der Motorkennlinie, teilweise auch zwischen den einzelnen Gruppierungsstufen angewendet. Die Feldschwächung wird durch Anzapfen der Feldwicklung oder Parallelschalten von Widerständen zur Feldwicklung (Shuntieren) hergestellt. Verschiedene Feldschwächungsstufen erfordern bei Shuntierung die Veränderung des Parallelwiderstands, was wiederum kontaktbehaftet oder kontaktlos möglich ist. Ein rein ohmscher Shunt ist nachteilig, da bei kurzzeitiger Spannungsunterbrechung und anschließender Wiederkehr fast der gesamte Motorstrom wegen der Induktivität der Feldwicklung über den Parallelwiderstand fließt. Die Folgen sind wegen der geringen, in der Ankerwicklung induzierten Gegenspannung ein großer Motorstrom, eine erhöhte Lamellenspannung, Rundfeuer am Kommutator und ggf. ein Überschlag bzw. ein Körperschluß. Deshalb wird oft ein induktiver Widerstand zur Shuntierung benutzt oder ein rein ohmscher Widerstand in Reihe mit der einen und parallel zur anderen Hälfte der Feldwicklung geschaltet.

Gleichstromstellersteuerung [58], [67], [81], [82], [92], [118], [245], [253]
Diese Art der Steuerung wird auch Impuls-, Puls- oder Choppersteuerung genannt (Abschn. 10.4.7). Die Netzspannung wird mit einem Gleichstromsteller auf die erforderliche Motorspannung herabgesetzt. Durch impulsweises Zuschalten der Netzspannung auf den Fahrmotor mit veränderlicher Dauer und/oder Anzahl der Impulse je Zeiteinheit wird der arithmetische Mittelwert der Motorspannung (im Bereich $U_M = 0 \ldots U_N$) variiert:

$$U_M = (T_e/T)\, U_N = a\, U_N \qquad (14.3.5)$$

U_M arithmetischer Mittelwert der Motorspannung
T Periodendauer ($T = 1/f$)
T_e Einschaltdauer
a Einschaltverhältnis ($a = T_e/T$, $a = 0 \ldots 1$)
f Pulsfrequenz

Wegen der erforderlichen Umschwingzeit im Löschkreis und der zu gewährleistenden Freihaltezeit für die Thyristoren ist in der Praxis das Einschaltverhältnis etwas kleiner. Mögliche Steuerungsarten sind:
- Pulsbreitensteuerung mit konstanter Pulsfrequenz f und variabler Einschaltdauer T_e,
- Pulsfrequenzsteuerung mit variabler Pulsfrequenz f und konstanter Einschaltdauer T_e,
- Kombination von Pulsbreiten- und Pulsfrequenzsteuerung.

Bild 14.3/5 zeigt die Grundschaltung der Gleichstromstellersteuerung mit den zugehörigen idealisierten zeitlichen Verläufen von Strom und Spannung bei der Pulsbreitensteuerung (Induktivität des speisenden Netzes $L_N = 0$, Induktivität des Motors $L_M = 0$). Während der Einschaltdauer $0 \leqq t \leqq T_e$ (Gleichstromsteller ist durchgesteuert) wird die Netzspannung impulsförmig auf den Fahrmotor geschaltet. Der wirksame arithmetische Mittelwert der Motorspannung läßt sich durch Variation der Pulsbreite im Bereich von $0 \ldots U_N$ verändern. Während der Ausschaltzeit $T_e \leqq t \leqq T$ (Gleichstromsteller gesperrt) fließt der Motorstrom aufgrund der in der Motorinduktivität gespeicherten Energie über die Freilaufdiode weiter. Dem Netz (hier der Batterie) wird ein Impulsstrom entnommen.

Die Wirkungsweise des Gleichstromstellers wurde in den Abschnitten 10.3.2 und 10.7.4 anhand des Bildes 10.3/4 erläutert. Die Innenschaltung des Gleichstromstellers richtet sich weitgehend nach dem Stellbereich für die Motorspannung. Besonders wichtig ist das minimale Einschaltverhältnis, das den Motorstrom im Stillstand und damit die Stetigkeit der Anfahrt bestimmt (Nahverkehrsfahrzeuge $a = 0{,}02 \ldots 0{,}04$). Bestimmt wird das minimale Einschaltverhältnis

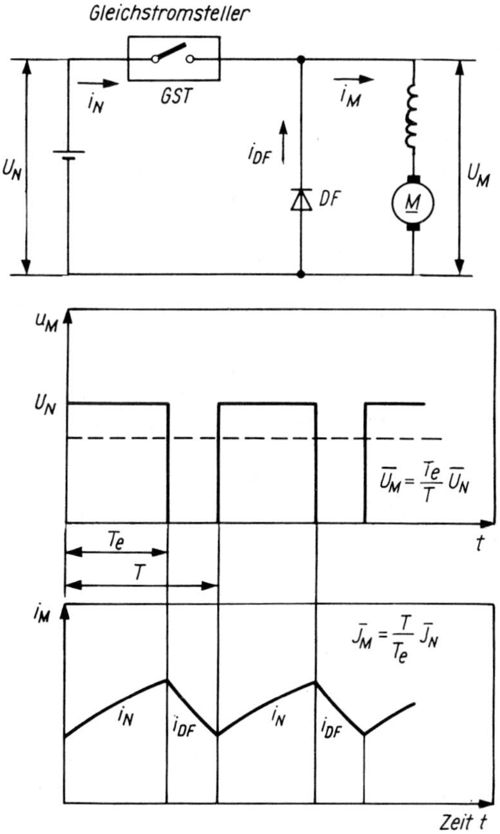

Bild 14.3/5 Grundschaltung der Gleichstromstellerschaltung

durch die Summe von Umlade- und Rückladezeit des Löschkondensators. Die Rückladezeit muß mindestens der Freihaltezeit des Hauptthyristors entsprechen, damit dieser seine volle Sperrfähigkeit wiedererlangt. Je nach Anforderung sind verschiedene Innenschaltungen möglich. (Sie sind im Prinzip stets Abwandlungen der dargestellten Grundschaltung.)

Der Einsatz der Gleichstromstellersteuerung in fahrleitungsabhängigen Triebfahrzeugen erfordert besondere Maßnahmen, da die Induktivität des speisenden Fahrleitungsnetzes $L_N \neq 0$ ist. Diese von Null verschiedene Netzinduktivität erlaubt keine Entnahme impulsförmiger Ströme aus dem Netz. Sie widersetzt sich einem steilen Anstieg und würde an der steil abfallenden Flanke unzulässig hohe Schaltüberspannungen hervorrufen. Dem Netzstrom muß die Möglichkeit eines Weiterfließens während der Ausschaltzeit gegeben werden.

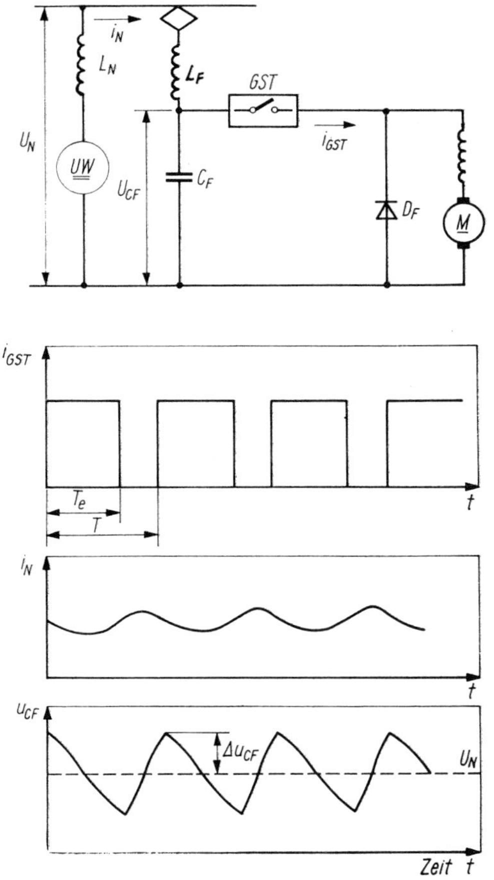

Bild 14.3/6 Gleichstromstellersteuerung am realen Netz

Das wird durch Einfügen eines Energiespeichers (Kondensator) zwischen Netz und Gleichstromsteller gewährleistet.

Bild 14.3/6 zeigt die Grundschaltung einer Gleichstromstellersteuerung am realen Netz mit den idealisierten zeitlichen Verläufen von Strom und Spannung. Die Kondensatorspannung u_c und der Netzstrom i_N bestehen aus einem Gleich- und einem überlagerten Wechselanteil. Der Wechselanteil besteht aus der Summe aller Oberschwingungen gerader und ungerader Ordnungszahl. Die Frequenz der Grundschwingung (Ordnungszahl $\nu = 1$) entspricht der Pulsfrequenz des Gleichstromstellers. Die Amplitude jeder Oberschwingung verändert sich mit dem Einschaltverhältnis. Die Amplitude ΔU_c des Wechselanteils der Kondensatorspannung bestimmt als Glied der Summe $U_N + \Delta U_c$ die Schaltüberspannung am Gleichstromsteller (maximale Sperrbeanspruchung der Halbleiterbauelemente). Die Amplituden und die Frequenzen der Oberschwingungen des Netzstroms bestimmen die Größe der Rückwirkungen, insbesondere in den Sicherungs- und Fernmeldeanlagen. Die Amplituden der Wechselanteile sind stark vom Abstand zwischen der Pulsfrequenz f und der Resonanzfrequenz f_0 des Reihenschwingkreises aus Netzinduktivität L_N und Kondensator C_F abhängig. Maximale Amplituden treten bei Resonanz auf (f_0 = ganzzahliges Vielfaches von f). Es wirkt nur noch die Dämpfung des Kreises begrenzend. Der Resonanzfall muß daher vermieden werden.

Die Resonanzfrequenz

$$f_0 = \frac{1}{2\pi}\sqrt{\frac{1}{L_N C_F}} \qquad (14.3/6)$$

ändert sich mit dem Standort des Triebfahrzeugs und hat ihren Maximalwert direkt vor dem Unterwerk, ihren Minimalwert am Ende eines einseitig gespeisten Streckenabschnitts. Meist ergeben sich je nach Streckenlänge mehrere Resonanzstellen. Das Durchfahren einer Resonanzstelle ist nur zu vermeiden, wenn die Arbeitsfrequenz oberhalb des höchsten Wertes der Resonanzfrequenz liegt ($f_0/f < 1$). Der einzuhaltende Abstand von der Resonanz ($f = f_0$) richtet sich nach der zulässigen Amplitude der Wechselanteile. Da die Halbleiterbauelemente der Erhöhung der Arbeitsfrequenz Grenzen setzen, muß die Resonanzfrequenz zur Erzielung der notwendigen Verstimmung beeinflußt werden. Das ist durch eine entsprechende Bemessung des Kondensators möglich. Hinsichtlich Raumbedarf und Masse erweist sich oft eine Ver-

größerung der minimalen Netzinduktivität L_N durch eine Zusatzinduktivität L_F auf dem Triebfahrzeug als günstiger. Die Reihenschaltung $C_F - L_F$ bildet das sog. Eingangsfilter des Triebfahrzeugs. Je niedriger die Resonanzfrequenz des Schwingkreises $(L_N + L_F) - C_F$ ist, desto geringer sind die Amplituden der Wechselanteile, und desto schwerer und größer ist aber auch das Eingangsfilter (Nahverkehrsfahrzeuge: $C_F = 1 \ldots 3$ mF, $L_F = 5 \ldots 15$ mH). Eine Reduzierung des Filteraufwands ist mit einer hohen Schaltfrequenz des Gleichstromstellers erreichbar, was jedoch die Anwendung hochwertiger Thyristoren bedingt.
Eine scheinbare Erhöhung der Schaltfrequenz ist bei mehrmotorigen Triebfahrzeugen durch eine versetzte Ansteuerung mehrerer Gleichstromsteller möglich.
Die Gleichstromstellersteuerung wird im Nahverkehrsfahrzeug der Baureihe 485 der DR angewendet. [50], [170] und [171] Der Gleichstromsteller arbeitet in Pulsbreitensteuerung mit einer Taktfrequenz von 300 Hz. Es werden zwei parallele Motorgruppen von zwei im Gegentakt arbeitenden Teilstellern gesteuert. Durch die um 180° elektrisch versetzte Arbeitsweise der beiden Teilsteller wird die resultierende Taktfrequenz verdoppelt. Für das Netzfilter wird eine Induktivität von 4 mH und eine Kapazität von 14,4 mF angesetzt. Bild 14.3/7 zeigt den Leistungskreis für die Fahrsteuerung einer Motorgruppe. Für den Fahrbetrieb werden der Hauptthyristor HT und der Feldthyristor FT genutzt. Bei gezündetem HT wird die Filterkondensatorspannung an die Motorgruppe gelegt, es fließt ein Motorstrom, und in den Induktivitäten des Kreises wird magnetische Energie gespeichert. Bei gelöschtem HT wird die Spannung am Stellerausgang Null, und der Motorstrom fließt aufgrund der in den Induktivitäten gespeicherten Energie über die Freilaufdiode weiter. Durch Verändern der Einschaltzeit von HT kann die Motorspannung im Bereich von 5...97 % der Filterkondensatorspannung gestellt werden. Der während der Einschaltzeit des HT ansteigende und während der Ausschaltzeit abfallende Motorstrom wird in seiner Welligkeit durch die Motorglättungsdrossel begrenzt. Der verbleibende Wechselanteil wird fast ausschließlich dem Filterkondensator entnommen. Das Netz liefert infolge der glättenden Wirkung des Netzfilters einen gut geglätteten Gleichstrom.
Der Shuntierungswiderstand wirkt bei nicht gezündetem FT als Dauershunt und übernimmt den Wechselanteil des Motorstroms. Zur Reduzierung

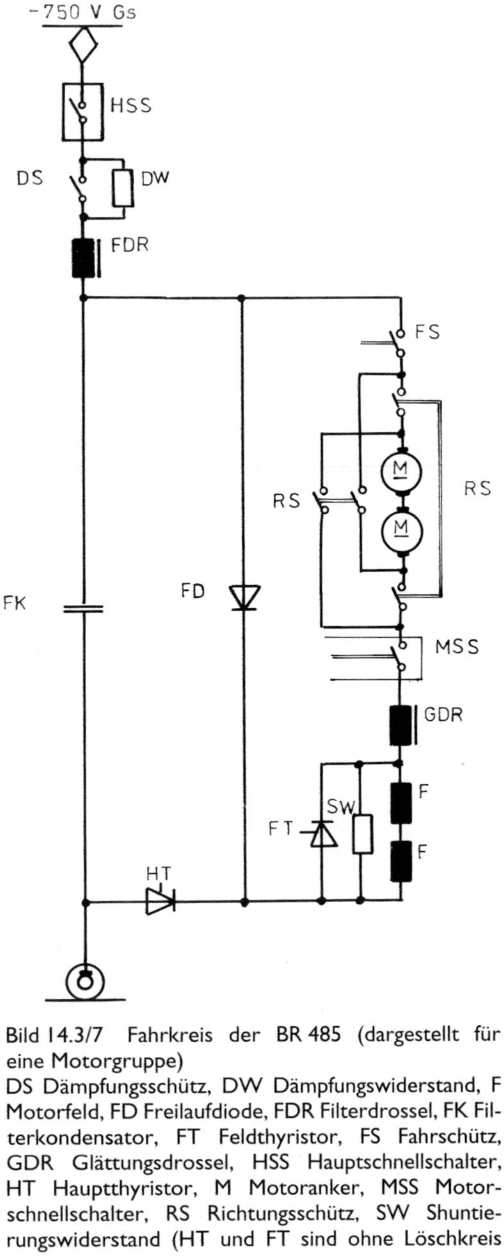

Bild 14.3/7 Fahrkreis der BR 485 (dargestellt für eine Motorgruppe)
DS Dämpfungsschütz, DW Dämpfungswiderstand, F Motorfeld, FD Freilaufdiode, FDR Filterdrossel, FK Filterkondensator, FT Feldthyristor, FS Fahrschütz, GDR Glättungsdrossel, HSS Hauptschnellschalter, HT Hauptthyristor, M Motoranker, MSS Motorschnellschalter, RS Richtungsschütz, SW Shuntierungswiderstand (HT und FT sind ohne Löschkreis dargestellt)

des wirksamen Shuntierungswiderstands wird dieser durch periodisches Zünden und Löschen des FT zeitweise kurzgeschlossen (gepulster Widerstand). Der Erregerstrom kann in den Grenzen von 16...90 % des maximalen Erregerstroms verändert werden. Die Feldschwächung wird für den Fahrbetrieb und zur ruckfreien Anfahrt benutzt.

Um trotz des relativ großen minimalen Einschaltverhältnisses von 0,05 eine ruckfreie Anfahrt ohne Herabsetzung der Taktfrequenz zu erreichen, wird die Zugkraft im Anfahrmoment durch eine Schwächung des Motorfelds gemindert.
Die bisherigen Ausführungen zum Gleichstromsteller beruhen auf der Verwendung nichtabschaltbarer Thyristoren. Mit der Entwicklung und dem Einsatz abschaltbarer GTO-Thyristoren können die für die nichtabschaltbaren Thyristoren notwendigen Löschkreise entfallen. Damit wird der Gleichstromsteller kleiner, leichter und geräuschärmer.
Den Nachteilen des oberschwingungshaltigen Netzstroms und des Aufwands für das Eingangsfilter steht eine Reihe von Vorteilen gegenüber:

- Der Wegfall der Anfahrwiderstände und -verluste ermöglicht eine Energieeinsparung von 10...15% des Gesamtenergiebedarfs, wodurch eine Entlastung bzw. eine bessere Ausnutzung der Energieversorgungsnetze möglich wird.
- Man kann eine höherliegende Motorkennlinie (Nennpunkt bei 40...50 % der Höchstgeschwindigkeit) anwenden, was eine Verringerung der Motormasse ergibt.
- Jeder Punkt im Zugkraft-Geschwindigkeits-Diagramm ist dauernd nutzbar, womit eine wesentliche Voraussetzung für eine automatische Geschwindigkeitsregelung geschaffen wird.
- Die stetige Veränderung der Motorspannung ermöglicht eine gute Ausnutzung des Kraftschlusses (ggf. eine Verringerung der Zahl der angetriebenen Radsätze), eine hohe Beschleunigung bei Einhaltung des zulässigen Rucks und einen höheren Fahrkomfort.
- Der stark reduzierte Einsatz kontaktbehafteter Schaltgeräte verringert den Instandhaltungsaufwand wesentlich.

Im Bild 14.3/8 sind die Anfahrverluste der wesentlichen Fahrsteuerungen für Gleichstromtriebfahrzeuge gegenübergestellt.

14.3.2 Antrieb durch Drehstrommotoren

[2], [40], [46], [47], [61], [106], [123], [141], [145], [190], [204], [243]

Die Drehstromantriebstechnik verwendet als Fahrmotoren kommutatorlose Drehstrommotoren. Des einfachen und robusten Aufbaus wegen sind es meist Asynchronmotoren mit einem Kurzschlußläufer. Der Asynchronmotor eignet sich wegen seiner starren Drehzahl-Drehmoment-Kennlinie als Traktionsmotor nur, wenn durch voneinander unabhängige Vorgabe von Spannung und Frequenz jeweils Punkte geeigneter Drehzahl-Drehmoment-Kennlinien angesteuert werden können. Zum Betreiben eines Gleichstromtriebfahrzeugs mit Asynchron-Fahrmotoren ist somit auf dem Fahrzeug die Umwandlung des speisenden Gleichstromnetzes in ein bordseitiges Drehstromnetz veränderlicher Spannung und Frequenz erforderlich. Für diese Aufgabe eignen sich erst mit den Bauelementen der Leistungselektronik möglich gewordene Umrichter (Zwischenkreisumrichter). Sie bestehen aus einem netz- und einem motorseitigen Stromrichter, die über einen Gleichspannungs- oder Gleichstromzwischenkreis miteinander verbunden sind.
Der Umrichter mit einem Gleichspannungszwischenkreis (U-Umrichter, Umrichter mit eingeprägter Spannung) verwendet als Netzstromrichter einen im Querzweig liegenden Gleichstromsteller, als Zwischenkreis eine Kapazität und als

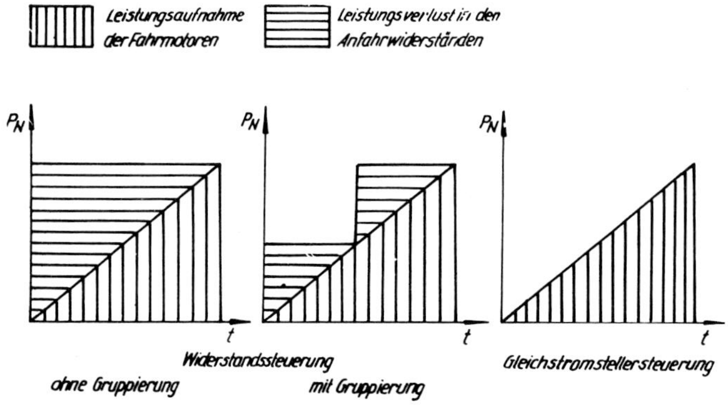

Bild 14.3/8 Erforderliche Netzleistungen der verschiedenen Fahrsteuerungen von Gleichstromtriebfahrzeugen

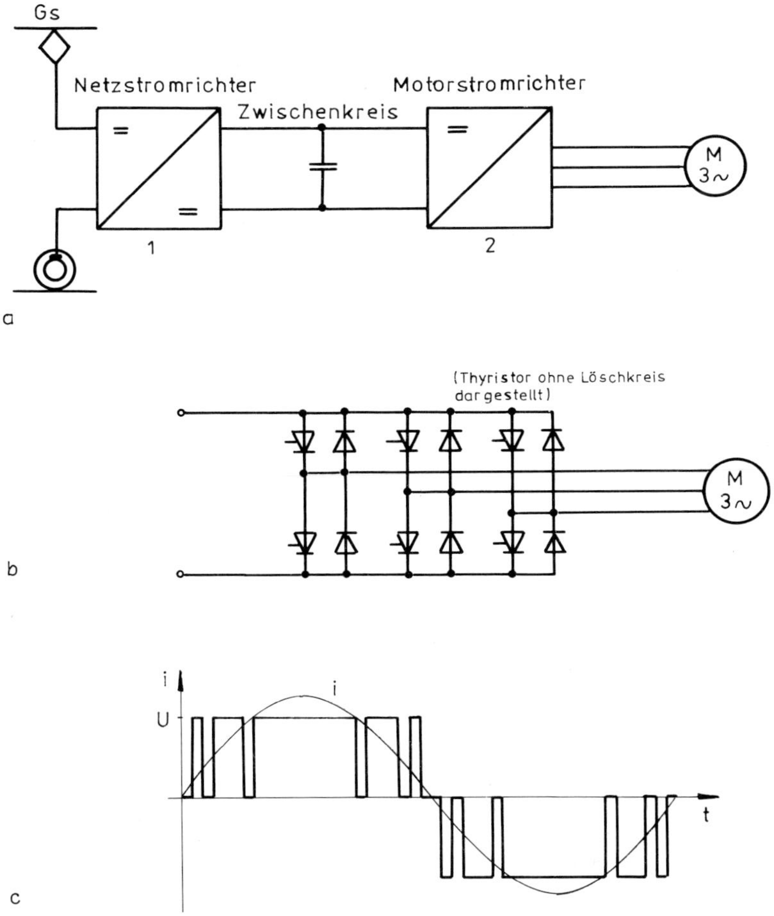

Bild 14.3/9
Drehstromantrieb eines Gleichstrom-Triebfahrzeugs mit einem Umrichter mit Gleichspannungszwischenkreis
a) Prinzip
b) Pulswechselrichter
c) Phasenstrom des Motors

Motorstromrichter einen Pulswechselrichter (Bild 14.3/9). Der wie in der Grundschaltung für den Bremsbetrieb bei einer Gleichstromstellersteuerung angeordnete Gleichstromsteller stellt die dem Pulswechselrichter angebotene Gleichspannung. Diese Spannung wird unabhängig von den Schwankungen der Spannung im speisenden Gleichstromnetz konstant gehalten und durch die Kapazität des Zwischenkreises zusätzlich gestützt. Der Pulswechselrichter bildet aus der Gleichspannung eine Drehspannung mit veränderlicher Amplitude und Frequenz. Die Frequenz wird durch Veränderung der Geschwindigkeit des zyklischen Umschaltens der Gleichspannung von einer Phase auf die nächste und die Spannungshöhe durch unterschiedliches mehrmaliges Zu- und Wegschalten (Pulsen) der Gleichspannung während einer Halbschwingung gestellt. Die geeignete Variation der Pulsbreite beim Pulsen der Spannung sorgt für einen annähernd sinusförmigen Motorstrom. Im Pulswechselrichter werden für jede Phase des Drehstromsystems zwei Thyristoren mit Löschkreis und antiparalleler Diode eingesetzt. Die Löschkondensatoren in den Löschkreisen für Thyristoren benötigen für ihre Funktion eine Gleichspannung bestimmter Mindestgröße, die durch die Kapazität des Zwischenkreises immer gewährt wird.

Der Pulswechselrichter kann auch ohne Zwischenschaltung eines Netzstromrichters direkt an das Gleichstromnetz geschaltet werden, sofern bei der Auslegung des Pulswechselrichters die Schwankungen der Netzspannung berücksichtigt werden oder GTO-Thyristoren zur Anwendung kommen.

Der Umrichter mit einem Gleichstromzwischenkreis (*I*-Umrichter, Umrichter mit eingeprägtem Strom) setzt als Netzstromrichter ebenfalls einen Gleichstromsteller, diesmal aber im Längszweig

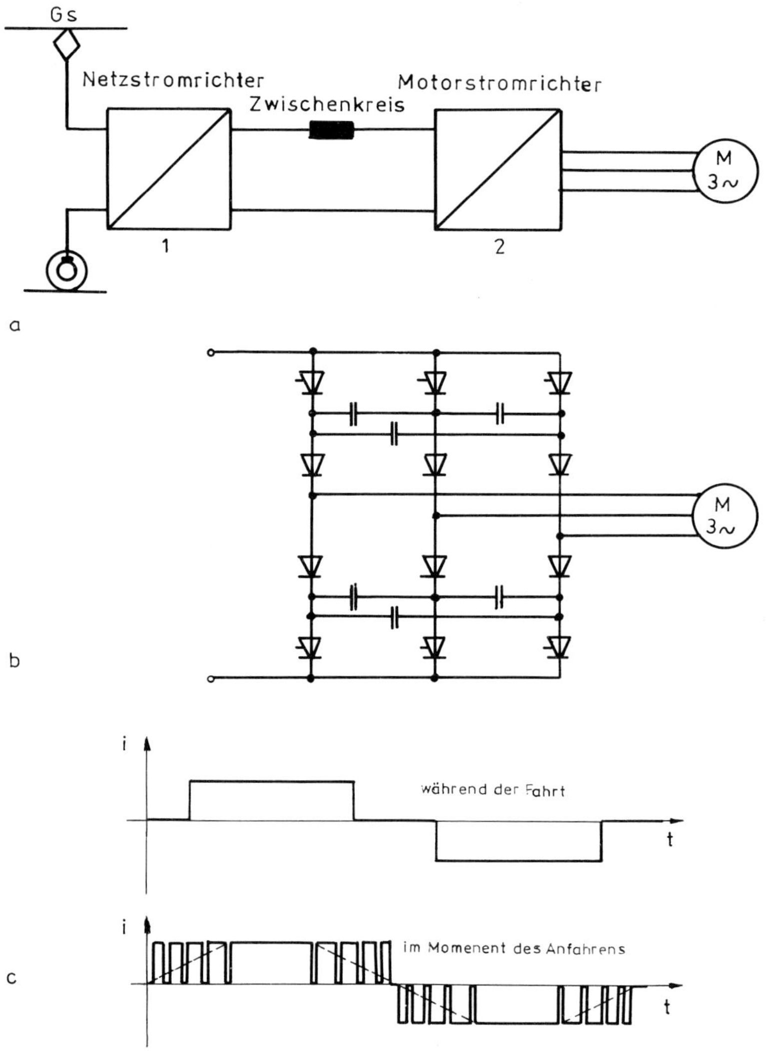

Bild 14.3/10
Drehstromantrieb eines Gleichstromtriebfahrzeugs mit einem Umrichter mit Gleichstromzwischenkreis
a) Prinzip
b) Phasenfolgewechselrichter
c) Phasenstrom des Motors
1 Gleichstromsteller, 2 Phasenfolgewechselrichter

angeordnet, als Zwischenkreis eine Drossel und als Motorstromrichter einen Phasenfolgewechselrichter ein (Bild 14.3/10). Der Gleichstromsteller stellt wie im Fahrbetrieb bei der Gleichstromstellersteuerung die Spannung in weiten Grenzen bei einem vom Drehmoment der Fahrmotoren abhängigen Gleichstrom. Die Spannung wird also hier schon im Netzstromrichter verändert, und dem Motorstromrichter obliegt nur noch die Frequenzstellung. Der Phasenfolgewechselrichter ist eine vollgesteuerte Drehstrombrückenschaltung mit Phasenfolgelöschung. Die Thyristoren sind zugleich Haupt- und Löschthyristoren, der jeweils nächste stromführende Hauptthyristor löscht den vorher stromführenden Hauptthyristor.

Zwischen den Thyristoren der einzelnen Phasen sind Kommutierungskondensatoren angeordnet. Jedem Hauptthyristor ist eine Diode nachgeschaltet, die eine Entladung des Kommutierungskondensators über die Motorwicklung verhindert. Den für die Kommutierung des Motorstroms von einer Phase zur anderen notwendigen Mindeststrom stellt die Drossel im Zwischenkreis sicher. Der Gleichstrom wird vom Phasenfolgewechselrichter mit der jeweils geforderten Frequenz in 120° elektrischen Blöcken zyklisch auf die drei Phasen geschaltet. Durch das Weiterschalten des Stromes von Phase zu Phase entstehen Drehmomentschwankungen, die in der Anfahrphase bei niedrigen Drehzahlen störend wirken. Zur Vermei-

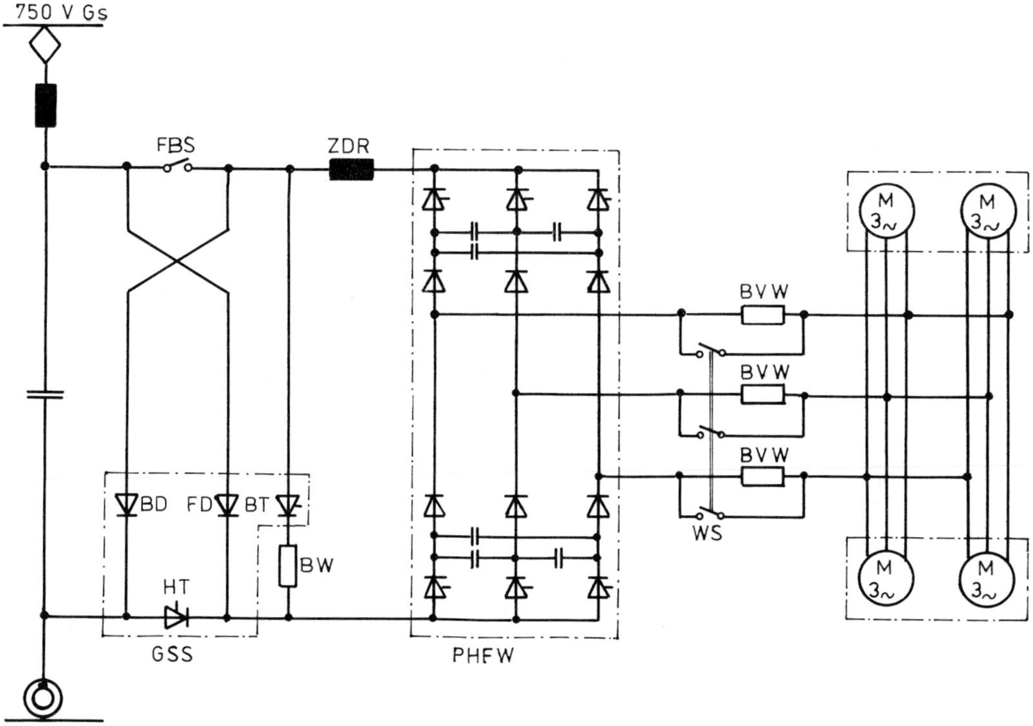

Bild 14.3/11 Leistungskreis des Triebwagens Typ F 79.3 der U-Bahn Berlin
BD Bremsdiode, BT Bremsthyristor, BVW Bremsvorwiderstand, BW Bremswiderstand, FBS Fahr-Bremsschütz, FD Freilaufdiode, GSS Gleichstromsteller (HT und BT ohne Löschkreis dargestellt), HT Hauptthyristor, PHFW Phasenfolge-Wechselrichter, WS Widerstandsschütz, ZDR Zwischenkreisdrossel

dung der Momentpulsation wird der Strom während des Phasenübergangs bei den ersten Motorumdrehungen durch mehrmaliges Zurückspringen von der momentanen auf die zuvor stromführende Phase gepulst, so daß sich ein trapezförmiger Stromverlauf ergibt.

Die guten Erfahrungen mit der Gleichstromstellertechnik und der einfache Aufbau des *I*-Umrichters führten in den letzten Jahren bei verschiedenen Metro-Betrieben (z. B. Wien, Berlin, München, Nürnberg) zum serienmäßigen Einsatz von Drehstromantrieben mit Gleichstromzwischenkreis. Meist wird die Spannung von einem mit einer Taktfrequenz von 250 Hz arbeitenden Gleichstromsteller im Bereich von 9...97 % und die Frequenz vom Phasenfolgewechselrichter im Bereich von 0,5...180 Hz gestellt. Das Bild 14.3/11 zeigt den Leistungskreis für einen Triebwagen Typ F 79.3 der U-Bahn Berlin. Dieses Fahrzeug hat Drehstrom-Doppelmotoren (geteilte Läufer) in der Bauform des Zweiachslängsantriebes. Für den Fahrbetrieb sind das Fahr-Brems- und das Widerstandsschütz geschlossen. Bei gezündetem Hauptthyristor des Gleichstromstellers fließt der Strom vom Fahrleitungsnetz kommend über den Hauptthyristor, den Motorkreis, die Zwischenkreisdrossel und das Fahr-Brems-Schütz in das Netz zurück. Bei gesperrtem Hauptthyristor fließt der Strom wegen der Induktivitäten im Kreis in gleicher Richtung über die Freilaufdiode weiter. Der Wechselrichter stellt den Gleichstrom des Zwischenkreises in der beschriebenen Form mit veränderlicher Frequenz auf die Wicklungen des Asynchronmotors.

Der *U*-Umrichter wurde wegen seines komplizierteren Motorstromrichters in Europa bisher seltener eingesetzt [z. B. bei der U-Bahn Helsinki (Pulswechselrichter direkt an die Fahrleitungsspannung angeschlossen) und der Straßenbahn Rotterdam (Pulswechselrichter über einen vorgeschalteten Netzstromrichter an das Fahrleitungs-

netz angeschlossen)]. Im Vollbahnbetrieb wurde der U-Umrichter mit Asynchron-Fahrmotoren in den Gleichstromlokomotiven E 402 der FS und den Zweisystemlokomotiven S 252 der RENFE eingesetzt. Der *I*-Umrichter kam zusammen mit Synchronmotoren in den Mehrsystemfahrzeugen der Baureihen 26 000 und im TGV/A der SNCF sowie mit Asynchronmotoren bei der Baureihe 14E der SAR zur Anwendung.
Mit der Serienreife der GTO-Thyristoren weitet sich das Einsatzfeld der *U*-Umrichter erheblich aus, insbesondere für den Betrieb direkt an der Fahrleitung (z. B. Straßenbahn München).

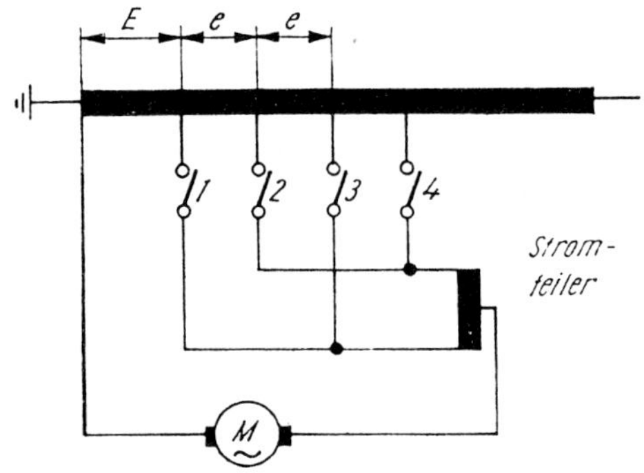

Bild 14.4/1 Grobstufenschalter mit Stromteiler

14.4 Fahrsteuerung bei Wechselstrom-triebfahrzeugen

Die folgenden Abschnitte enthalten die wichtigsten Arten der Fahrsteuerung bewährter Triebfahrzeuge. Die Einteilung richtet sich nach den die Steuerung bewirkenden Geräten. Es werden zunächst Fahrsteuerungen für Triebfahrzeuge mit Kommutatormotoren und anschließend für solche mit Drehstrommotoren behandelt.

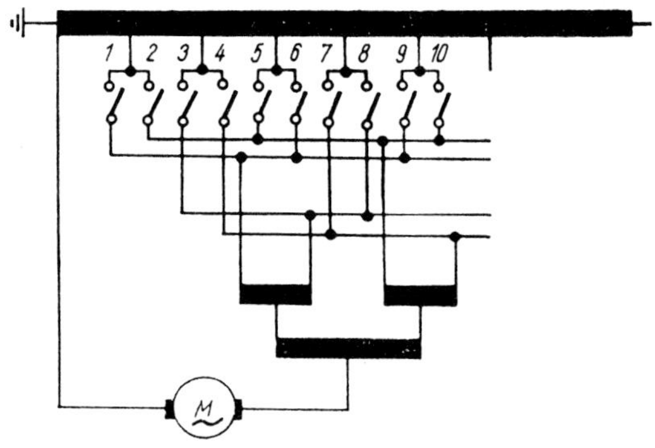

	Schalter									
Stufe	1	2	3	4	5	6	7	8	9	10
1	•									
2	•	•								
3	•	•	•							
4	•	•	•	•						
5	•		•	•	•					
6			•	•	•	•	•			
7			•		•	•	•			
8					•	•	•	•		
9					•		•	•	•	
10								•	•	•

Bild 14.4/2 Schaltung mit drei Stromteilern

14.4.1 Steuerung mit Stromteilern (Schaltdrosseln)

Die einfachste Schaltung ist die Grobstufenschaltung mit einem Stromteiler (Bild 14.4/1). Die Niederspannungswicklung des Haupttransformators speist über Schalter, die an ihre Anzapfungen angeschlossen sind, und einen Stromteiler den Fahrmotor. Alle ungeradzahligen und alle geradzahligen Schalter sind jeweils an eine Sammelschiene angeschlossen. Zwischen beiden Schienen ist eine Stromteilerdrossel eingefügt. Sie besteht aus einem Eisenkern, auf dem sich eine in der Mitte angezapfte Wicklung befindet. Der Stromteiler vermeidet eine Spannungsunterbrechung und einen Wicklungskurzschluß beim Überschalten von Anzapfungen. Sind die Schalter 1 und 2 eingeschaltet, so erhält der Fahrmotor durch die Wirkung des Stromteilers die mittlere Spannung der Transformatoranzapfungen 1 und 2, d. h. $E + e/2$. Dementsprechend fließt über die Schalter 1 und 2 je der halbe Motorstrom. Er vereinigt sich im Stromteiler zum Gesamtstrom. Im Stromteiler treten dabei keine nennenswerten Spannungsabfälle auf, weil sich die magnetischen Wirkungen der beiden Teilströme praktisch aufheben, da sie entgegengesetzt gerichtet sind.
Spannungsabfälle treten nur dann auf, wenn der Stromteiler einseitig belastet wird, also nur ein Schalter geschlossen ist. Dabei sind die Eisen-

und Kupferverluste beachtlich, was rasch zu einer starken Erwärmung führt. Hieraus erklärt sich, daß der Stromteiler während der Überschaltphase nur kurzzeitig einseitig belastet werden darf. Eine Dauerfahrstufe liegt nur dann vor, wenn zwei benachbarte Schalter geschlossen sind.

Aufbauend auf diesem Prinzip wurden Schaltungen mit zwei und mehr Stromteilern ausgeführt (Bild 14.4/2). Sie fanden eine besonders häufige Anwendung bei der Schwedischen Staatsbahn. [194] Dabei wurde das Augenmerk insbesondere darauf gerichtet, die Fahrstufenzahl unter Beibehaltung einer niedrigen Zahl von Transformatoranzapfungen zu erhöhen. Ein Beispiel hierfür ist die Baureihe 141 der DB, bei der mit 14 Transformatoranzapfungen 28 Dauerfahrstufen erzielt werden (Bild 14.4/11).

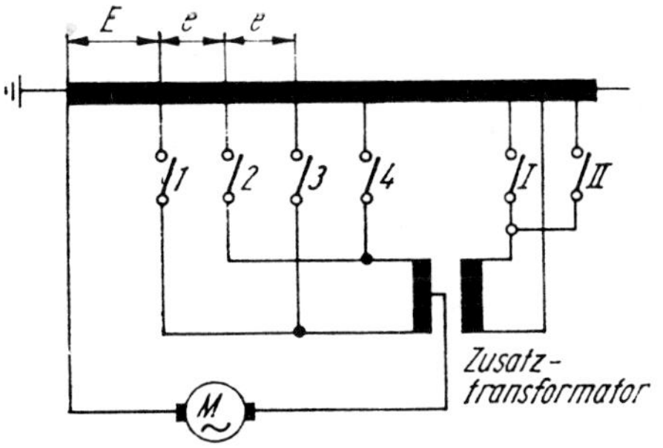

Bild 14.4/3 Vielstufenschaltung mit Zusatztransformator

14.4.2 Steuerung mit Zusatztransformatoren

Grundschaltung

Diese Art der Steuerung unterscheidet sich von der im vorigen Abschnitt beschriebenen dadurch, daß die Stromteilerdrossel durch Hinzufügen einer Primärwicklung zu einem Zusatztransformator erweitert wurde. Dadurch wird die Grobstufenschaltung zu einer Vielstufenschaltung. Den prinzipiellen Aufbau zeigt Bild 14.4/3. Die besonders gespeiste Primärwicklung induziert in der Sekundärwicklung bestimmte Zusatzspannungen und erhöht dadurch in Verbindung mit einem entsprechenden Schalttakt die Stufenzahl dieser Schaltung. Das Übersetzungsverhältnis des Zusatztransformators ist so bemessen, daß in der halben Sekundärwicklung eine Spannung induziert wird, deren Wert ein Viertel der Spannung zwischen zwei

Tabelle 14.4/1
Schalttakt für Steuerung mit Zusatztransformator entsprechend Bild 14.4/3

Schalter geschlossen	Spannung an den Fahrmotoren		
	von den Anzapfungen des Haupttransformators stammender Anteil	von der Primärwicklung des Zusatztransformators stammender Anteil	Gesamtspannung an der Mittelanzapfung des Zusatztransformators
1	E	0	E
1 + I	E	$+\frac{e}{4}$	$E+\frac{e}{4}$
1 + I + 2	$\frac{E+(E+e)}{2}=E+\frac{e}{2}$	0	$E+\frac{e}{2}$
I + 2	E + e	$-\frac{e}{4}$	$E+\frac{3e}{4}$
2	E + e	0	E + e
2 + II	E + e	$+\frac{e}{4}$	$E+\frac{5e}{4}$
2 + II + 3	$\frac{(E+e)+(E+2e)}{2}=E+\frac{6e}{4}$	0	$E+\frac{6e}{4}$
II + 3	E + 2e	$-\frac{e}{4}$	$E+\frac{7e}{4}$
usw.			

benachbarten Anzapfungen des Transformators beträgt. Die Sekundärwicklung wird, je nachdem ob Schalter 1 oder 2 geschlossen ist, in zwei verschiedenen Richtungen vom Strom durchflossen. Das gleiche gilt für die Primärwicklungen, wobei die Schaltstellungen von Schalter I und II maßgebend sind. Ein möglicher Schalttakt ist in der Tabelle 14.4/1 angegeben. Die erhebliche thermische Belastung des Zusatztransformators auf den Stufen, auf denen jeweils nur eine Transformatoranzapfung angeschlossen ist, erlaubt auch hier kein längeres Verharren in diesem Schaltzustand. Infolge verschieden hoher Spannungsabfälle (ungleichmäßige Streuinduktivität) auf den einzelnen Stufen ist die Stufigkeit etwas ungleichmäßig. Die Stufenschalter 1, 2, 3 usw. müssen den gesamten Motorstrom bei einem Viertel der Stufenspannung schalten, was einen starken Kontaktabbrand zur Folge hat. Dieser Mangel ist vermeidbar, wenn die Zusatzspannung von ± $e/4$ auf ± $e/2$ erhöht wird. Auf diese Weise gehen zwar die $e/4$-Stufen verloren, aber es wird jetzt vor dem Zuschalten der jeweils nächsten Anzapfung ein Potentialausgleich vorgenommen, so daß die Stufenschalter theoretisch spannungslos und damit leistungslos öffnen und schließen (Minderung des Kontaktabbrands). Die ungleichen Streuspannungsabfälle führen jedoch in der Praxis zu dem Umstand, daß geringe Spannungen zu schalten sind.

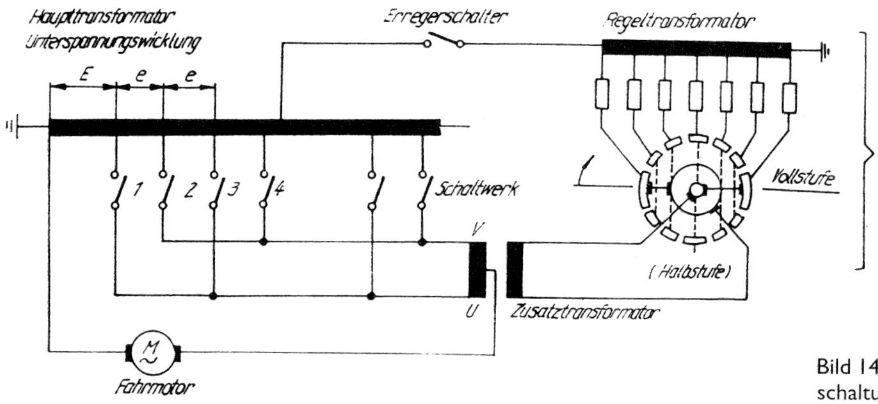

Bild 14.4/4 Feinstufenschaltung mit Feinregler

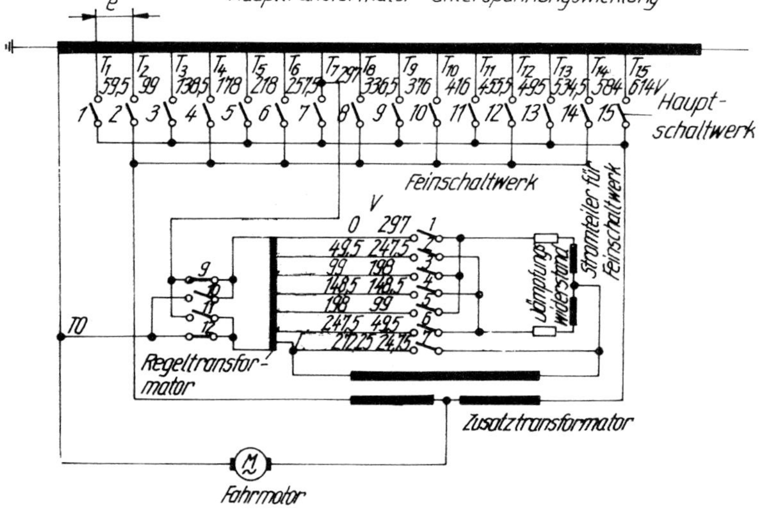

Bild 14.4/5 Feinstufenschaltung mit Feinschaltwerk Ausführung BR 109/142, Baujahr 1962/63

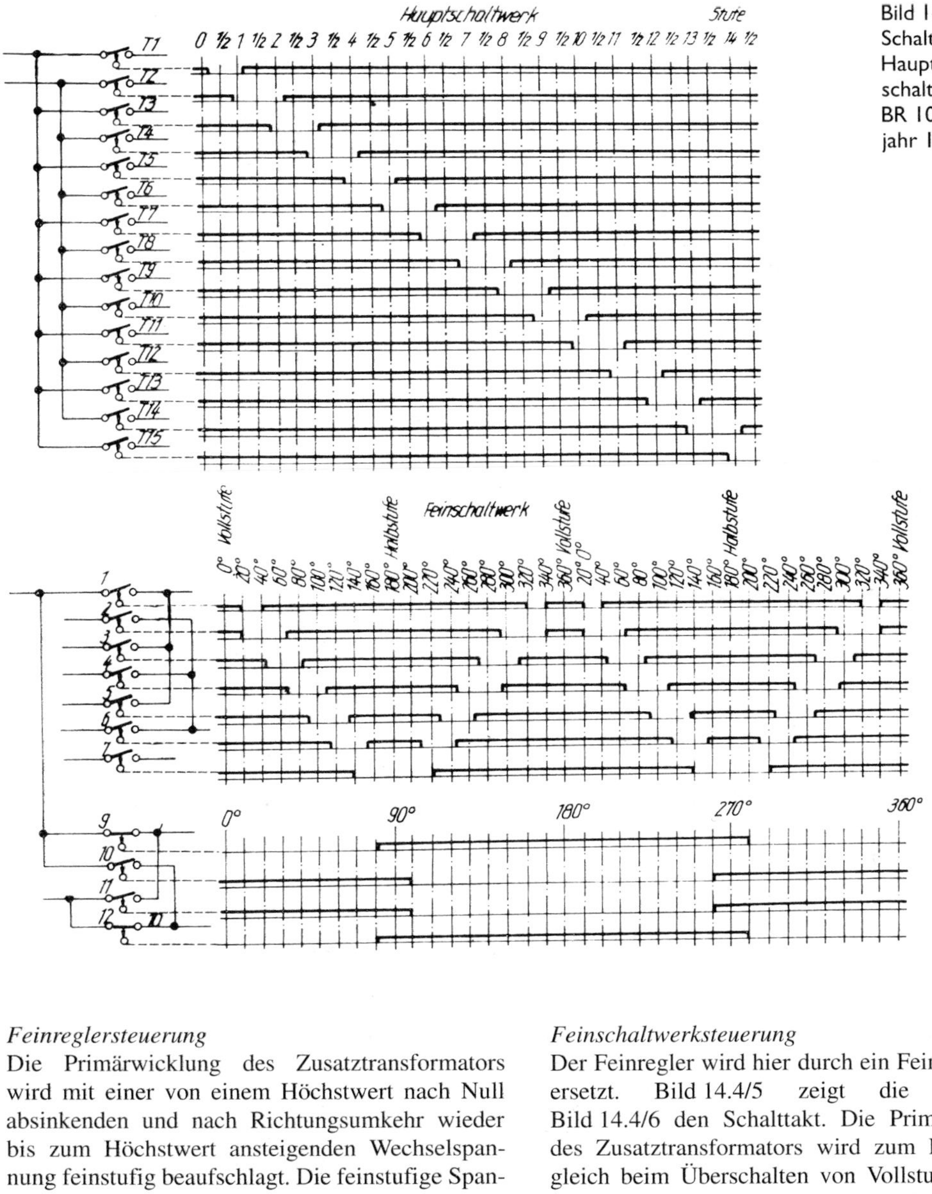

Bild 14.4/6 Schaltkontakt des Haupt- und Feinschaltwerkes der BR 109/142, Baujahr 1962/63

Feinreglersteuerung

Die Primärwicklung des Zusatztransformators wird mit einer von einem Höchstwert nach Null absinkenden und nach Richtungsumkehr wieder bis zum Höchstwert ansteigenden Wechselspannung feinstufig beaufschlagt. Die feinstufige Spannung wird von den Anzapfungen eines Regeltransformators über ein kollektorförmiges Bauelement mit Kohlebürsten abgegriffen (Feinregler, Bild 14.4/4). An der Mittelanzapfung der Sekundärwicklung des Zusatztransformators steigt die Spannung praktisch stetig an. An den Stufenschaltern wird ein weitgehender Potentialangleich erzielt.

Die Schaltung fand Anwendung bei den Baureihen E 04, E 18, E 44 und E 94 der Deutschen Reichsbahn-Gesellschaft.

Feinschaltwerksteuerung

Der Feinregler wird hier durch ein Feinschaltwerk ersetzt. Bild 14.4/5 zeigt die Schaltung, Bild 14.4/6 den Schalttakt. Die Primärwicklung des Zusatztransformators wird zum Potentialangleich beim Überschalten von Vollstufe zu Vollstufe mit einer vom Höchstwert abfallenden und nach Richtungsumkehr wieder zum Höchstwert ansteigenden Spannung feinstufig beaufschlagt. Für diesen Spannungsverlauf sorgt das Feinschaltwerk (Schalter 1…7), die Richtungsumkehr bewirken die Umpolkontakte (Schalter 9…12). Die stufige Spannung liefert der Regeltransformator. Auf den Vollstufen (Dauerstufen) ist das Feinschaltwerk außer Tätigkeit.

Diese Steuerung wird bei den Lokomotiven der Baureihen 109 und 142 der DR angewendet.

14.4.3 Steuerung mit Stufenwählern und Lastschaltern

Derartige Steuerungen haben insbesondere leistungsstarke Lokomotiven. Die Steuerung enthält neben den Lastschaltern als wesentliches Bauteil einen Stufenwähler für die Anwahl oder die Einstellung einer oder zweier Transformatoranzapfungen, wobei die Potentiale über meistens zwei Sammelschienen den Lastschaltern zugeführt werden. Der Stufenwähler schaltet leistungslos. Die Lastschalter übernehmen das Schalten der Traktionsleistung. Diese Steuerungen werden, bezogen auf den Transformator, sowohl hochspannungs- als auch niederspannungsseitig ausgeführt. Das Prinzip der Hoch- und Niederspannungssteuerung ist im Bild 14.4/7 dargestellt. Bei der Niederspannungssteuerung werden die Spannungen (in der für die Fahrmotoren nötigen Größe) der Niederspannungswicklung des Lokomotivtransformators entnommen. Bei der Hochspannungssteuerung werden gestufte Spannungen an der Wicklung des Stufen- oder des Regeltransformators abgegriffen und im Leistungstransformator, der dem Hauptschaltwerk nachgeschaltet ist, auf die für die Fahrmotoren nötige Größe herabgesetzt.
Während die Schaltwerke bei der Niederspannungssteuerung einen hohen Strom bei kleinen Spannungen zu verarbeiten haben, müssen sie bei der Hochspannungssteuerung kleine Ströme bei vergleichsweise hohen Spannungen bewältigen. Die großen Ströme erzwingen bei den Schaltwerken für Niederspannungssteuerung große Kontakte, die für Hochspannungssteuerung verfügen dagegen über relativ kleine Abmessungen. Bei der Niederspannungssteuerung sind wegen der Bemessung des Haupttransformators und der Abmessungen des Schaltwerks nur relativ wenige Anzapfungen ausführbar. Die Hochspannungssteuerung erlaubt dagegen eine große Zahl von Anzapfungen. Im Gegensatz zur Niederspannungssteuerung kann die Spannung zwischen den einzelnen Anzapfungen unterschiedlich groß sein und erlaubt damit im Anfahrbereich eine größere Feinstufigkeit.

Stufenwähler-Lastschaltersteuerungen mit mechanischen Lastschaltern
Als Lastschalter finden überwiegend Luftschütze Verwendung. Daneben wurden in geringem Umfang auch Sprunglastschalter eingesetzt.

a) Schaltungen mit zwei Lastschaltern
Zwei Stufenwähler, als Vor- und Hauptwähler bezeichnet, bestreichen jeweils den mit der Haupttransformatoranzapfung verbundenen Kontaktklotz und die Neben- oder Hauptsammelschiene in einem bestimmten Takt (Bild 14.4/8). Von diesen Schienen fließt der Strom entweder zum Vorlastschalter oder zum Hauptlastschalter. Die von diesen abgehenden Leitungen vereinigen sich und führen zu den Fahrmotoren. Zur Vermeidung eines Kurzschlusses zwischen den Transformatoranzapfungen und einer Stromunterbrechung ist ein Überschaltwiderstand eingefügt. Zur Dämpfung von Schaltüberspannungen findet ein hochohmiger Dämpfungswiderstand Verwendung. Während einer Dauerstufe fließt der gesamte Strom über den Hauptwähler und den Hauptlastschalter. Beim Überschalten gleitet zunächst der Vorwähler auf die nächste Anzapfung. Kurz danach wird der Vorlastschalter eingeschaltet. Danach öffnet der Hauptlastschalter, damit der Hauptwähler ebenfalls leistungslos auf die nächste Anzapfung gebracht werden kann. Während

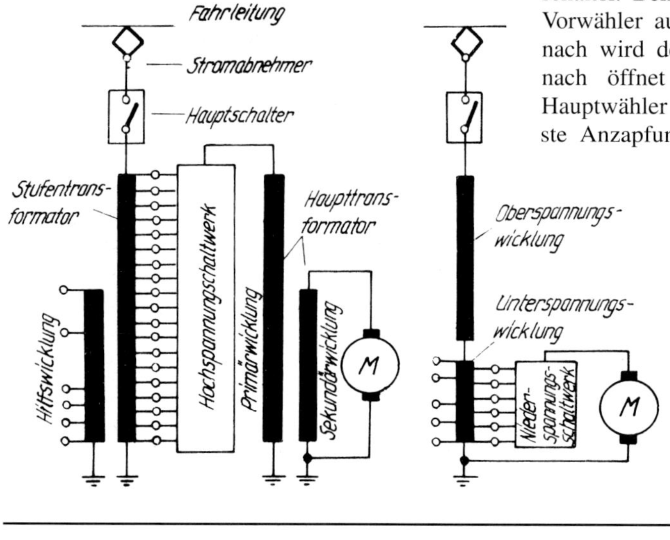

Bild 14.4/7 Prinzipschaltung für Hochspannungs- und Niederspannungssteuerung

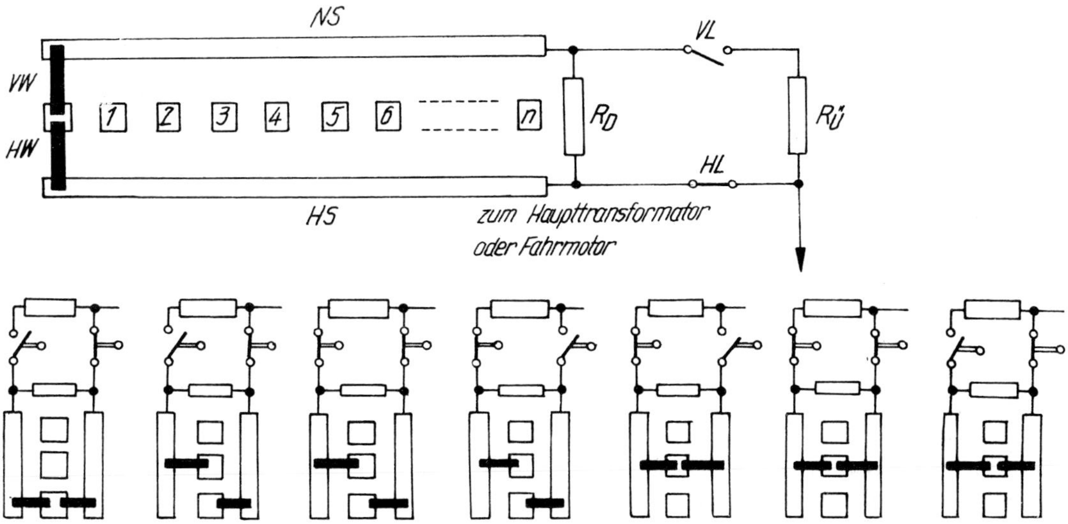

Bild 14.4/8 Schaltung mit zwei Lastschaltern
HL Hauptkontaktlastschalter, HS Hauptsammelschiene, HW Hauptwähler, NS Nebensammelschiene, R_O Dämpfungswiderstand, $R_Ü$ Überschaltwiderstand, VL Vorlastschalter, VW Vorwähler, 1, 2, 3 ... n Transformatoranzapfung

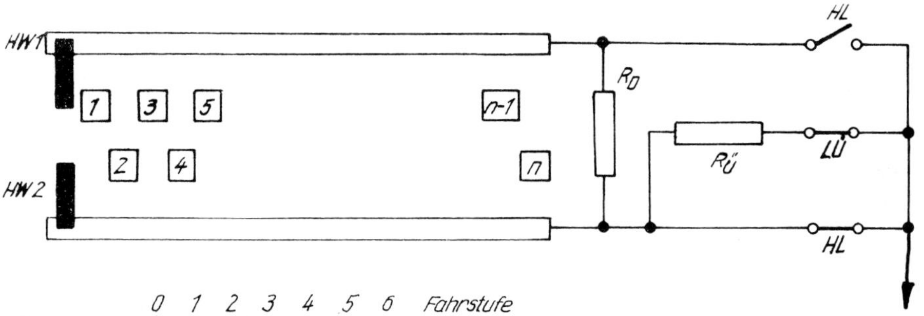

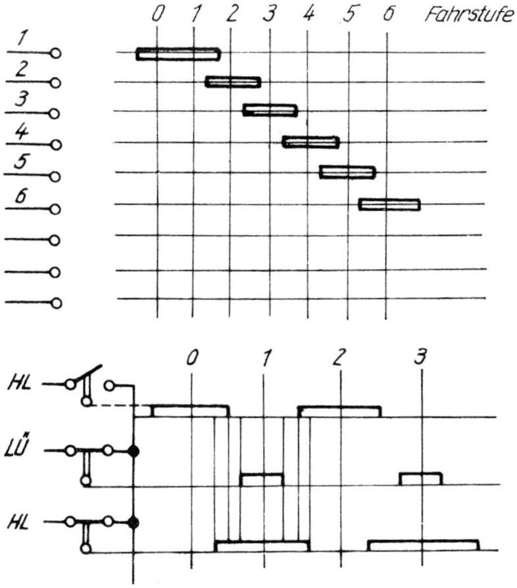

dieser Zeit fließt der Strom vom Vorwähler über den Vorlastschalter und den Überschaltwiderstand zu den Fahrmotoren. Unmittelbar darauf übernimmt wieder der Hauptlastschalter den Gesamtstrom. Der Vorlastschalter öffnet, und der Überschaltwiderstand wird stromlos.

Diese Schaltung findet bei kleinen und mittleren Leistungen Anwendung, z. B. bei den Baureihen 110 und 140 der DB (Hochspannungssteuerung).

Bild 14.4/9 Schaltung mit drei Lastschaltern
LÜ Lastschalter für Überschaltwiderstand, HW 1 Hauptwähler für ungerade Transformatoranzapfungen, HW 2 Hauptwähler für gerade Transformatoranzapfungen

b) Schaltungen mit drei Lastschaltern
Bild 14.4/9 zeigt eine Schaltung mit zwei Hauptlastschaltern und einem Lastschalter für den Übergangswiderstand. Hierbei sind zwei Hauptwähler vorhanden, wobei einer die ungeradzahligen und der andere die geradzahligen Transformatoranzapfungen bestreicht. Auch hier sind ein Überschalt- und ein Dämpfungswiderstand vorhanden. Während einer Dauerstufe ist nur ein Hauptlastschalter geschlossen. In dem Bild ist ebenfalls der Schalttakt für den Überschaltvorgang angegeben. Diese Schaltung wurde bei der Baureihe 171 der DR mit Hochspannungssteuerung ausgeführt.
Eine weitere Variante mit drei Lastschaltern hat Vor- und Hauptlastschalter sowie einen Lastschalter für den Überschaltwiderstand. Dementsprechend sind auch ein Vor- und ein Hauptwähler vorhanden. Bei einer Dauerfahrstufe sind der Vor- und der Hauptlastschalter eingeschaltet. Beide Sammelschienen führen hier gleichzeitig Strom. Diese Schaltung findet deshalb bei großen Leistungen (z. B. bei der Baureihe 150 der DB, Bild 14.4/10) Anwendung.

c) Schaltungen mit vier Lastschaltern
Hier besteht bei versetztem Schalten der ungerad- und geradzahligen Transformatoranzapfungen die Möglichkeit, durch jeweils einen Wähler und einen Lastschalter in Verbindung mit drei Stromteilern die Dauerfahrstufen zu verdoppeln, bezogen auf die Zahl der vorhandenen Transformatoranzapfungen (Bild 14.4/11). Anwendung findet diese Schaltung z. B. bei der Niederspannungssteuerung der Baureihe 141 der DB.

Stufenwähler-Lastschaltersteuerungen mit elektronischen Lastschaltern
Bei diesen Steuerungen [218] werden Thyristoren als Lastschalter benutzt (Bild 14.4/12). Der Thyristor wird hier als extrem schneller Schalter eingesetzt. Der Überschaltwiderstand wird dadurch unnötig. Thyristoren ermöglichen die unterbre-

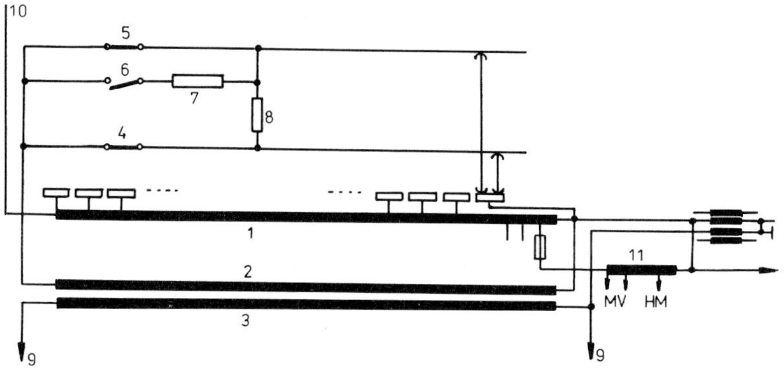

Bild 14.4/10
Leistungssteuerung der Baureihe 150
1 Wicklung des Stufentransformators, 2 Primärwicklung des Leistungstransformators, 3 Sekundärwicklung des Leistungstransformators, 4 Hauptlastschalter, 5 Vorlastschalter, 6 Lastschalter für Übergangswiderstand, 7 Überschaltwiderstand, 8 Schutzwiderstand für Lastschalter, 9 zu den Fahrmotoren, 10 vom Hauptschalter

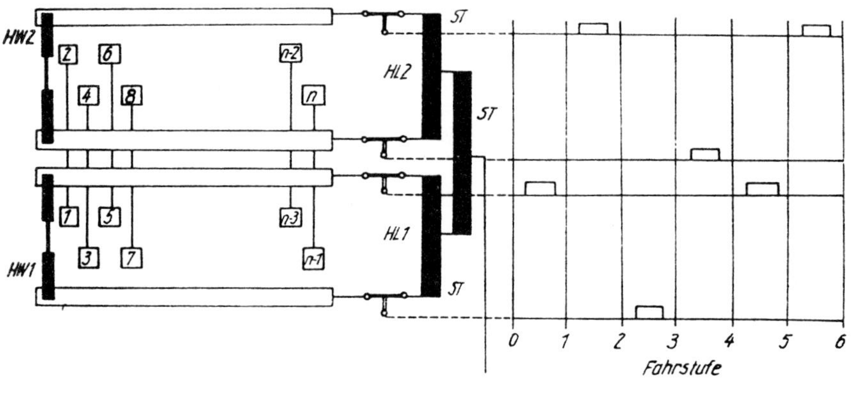

Bild 14.4/11
Schaltung mit vier Lastschaltern
ST Stromteiler

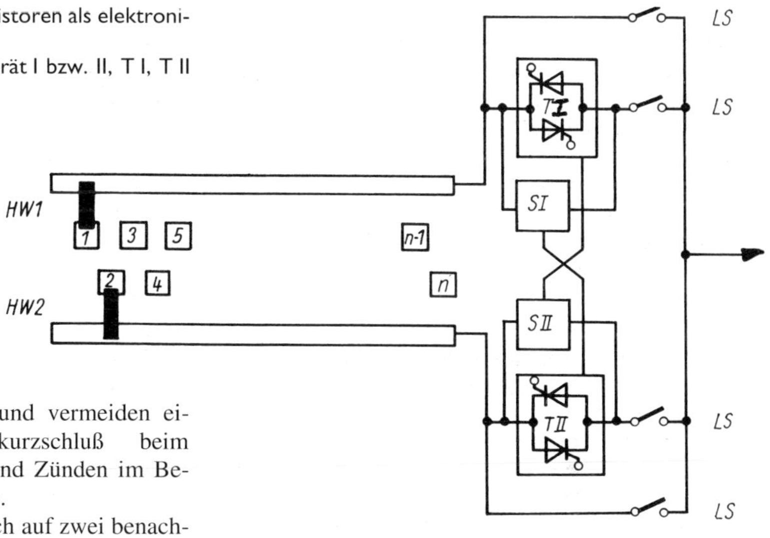

Bild 14.4/12 Schaltung mit Thyristoren als elektronische Lastschalter
LS Leerschalter, S I, S II Steuergerät I bzw. II, T I, T II Thyristorgerät I bzw. II

chungsfreie Lastumschaltung und vermeiden einen Transformatorwindungskurzschluß beim Überschalten durch Löschen und Zünden im Bereich des Stromnulldurchgangs.

Die beiden Wähler befinden sich auf zwei benachbarten Transformatoranzapfungen. Sie sind jeweils über eines der Thyristorgeräte I und II mit der abgehenden Lastleitung verbunden. Jedes Thyristorgerät besteht aus mindestens zwei antiparallel geschalteten Thyristoren. Parallel zu jedem Thyristorgerät liegt ein Steuergerät. Es versorgt das jeweils andere Thyristorgerät mit Steuerstrom.

Nimmt man an, daß der Wähler auf Anzapfung 1 steht und das Thyristorgerät I zunächst den Laststrom führt, dann liegt, wenn der andere Wähler auf Anzapfung 2 steht, die Stufenspannung am gesperrten Thyristorgerät II und damit auch am Eingang des Steuergeräts II. Dieses versorgt das stromführende Thyristorgerät I mit Steuerstrom und hält den Stromfluß aufrecht. Das Steuergerät I liefert keinen Steuerstrom, weil seine Eingangsspannung praktisch gleich Null ist. Die Lastumschaltung wird durch Abschalten der Erregung für das Thyristorgerät I eingeleitet. Im nächsten Nulldurchgang des Laststroms sperrt dadurch das bisher stromführende Thyristorgerät I. Bevor das Thyristorgerät II gezündet werden kann, muß das Thyristorgerät I seine volle Sperrfähigkeit wiedererlangt haben. Je nach Thyristortyp ist dazu eine zeit von etwa 50...100 µs erforderlich. Auch für diese kurze Zeit darf der Laststrom, der von der gesamten Transformatorspannung angetrieben wird, nicht unterbrochen werden. Andernfalls tritt an den gesperrten Thyristoren die volle Transformatorspannung auf. Daher werden die Eingänge der Steuergeräte so bemessen, daß sie den Laststrom nach dem Nulldurchgang für kurze Zeit führen können, während der im Vergleich zur Stufenspannung nur eine kleine Spannung vorhanden ist. Während dieser Zeit ist der Laststrom nur klein. Er weicht über den Eingang des Steuergeräts I aus und bewirkt, daß nach der notwendigen Pause das Thyristorgerät II gezündet wird. Nunmehr liegt die Stufenspannung am Thyristorgerät I und auch am Steuergerät I an, das die Erregung und damit den Stromfluß im Thyristorgerät II aufrechterhält.

Im Bild 14.4/12 ist in den von den Thyristorgeräten abgehenden und in den dazu parallelen Leitungen je ein sog. Leerschalter eingezeichnet. Mit ihm ist es möglich, die Thyristoren nur während des eigentlichen Umschaltvorgangs in den Lastkreis einzuschalten. Dadurch kann man den Thyristor- und Steueraufwand verringern. Die Leerschalter schalten leistungslos und überbrücken bzw. trennen die Thyristorgeräte während der Dauerfahrstufen vom Lastkreis.

Diese Steuerungsart hat bei den Baureihen 103, teilweise 110, 140 und 150 der DB Anwendung gefunden.

14.4.4 Steuerung mit Transduktoren

Aufbau und Wirkungsweise von Transduktoren wurden im Abschnitt 9 behandelt.

Leistungssteuerungen mit Transduktoren sind nur in kleinem Umfang in der Praxis wirksam geworden. Sie wurden als Stufenwähler-Lastschalter-Steuerungen gebaut, bei denen den Lastschaltern antiparallele Transduktorensätze nachgeschaltet wurden. Ihre Aufgabe sind die Verringerung des

Verschleißes der Lastschalter und eine kontinuierliche Änderung der Fahrmotorspannung beim Überschalten von einer Transformatoranzapfung zur nächsten. Die Transduktoren übernehmen die Leistungsschaltung. Die Lastschalter schalten nur noch leer.
Der Einsatz auf Hochspannungspotential verbietet sich wegen des hohen Aufwands für die Isolation. Der Nachteil dieser Steuerung ist die große Masse der Transduktoren.

14.4.5 Steuerung mit Spannungsanschnitt durch Thyristoren

Bei der Amplitudensteuerung ändert sich der Effektivwert der Spannung durch Veränderung des Abgriffs an einem Stufentransformator mit einem Schaltwerk (Veränderung der Spannungsamplitude). Bei der Anschnittsteuerung wird er dagegen durch Veränderung der Spannungszeitfläche mit Thyristoren beeinflußt (Veränderung der Wirkdauer der Spannung unter Beibehaltung der Amplitude). Die unterschiedlichen Prinzipien dieser beiden Arten der Beeinflussung des Effektivwerts der Spannung sind im Bild 14.4/13 dargestellt.
Vorteile der Anschnittsteuerung [65]:
- stufenlose Zugkraftsteuerung und damit höhere Kraftschlußausnutzung,
- Möglichkeit des Angleichs der Zugkraft an die Radsatzlast, wenn je Fahrmotor ein Thyristorsteller vorgesehen wird,
- Erleichterung der Automatisierung der Zugsteuerung durch die nahezu trägheitslose Einwirkung auf den Leistungskreis mit kleinen Steuerströmen,
- Verringerung des Instandhaltungsaufwands durch verschleißlose Bauteile.

Nachteile der Anschnittsteuerung [31]:
- erhöhte Blindstrombelastung der Stromversorgungsanlagen,
- Beeinflussung von Fernmelde- und Signalanlagen durch Oberwellen.

Blindleistungsbedarf [153]
Wie bei den Gleichrichtertriebfahrzeugen werden auch bei den Thyristortriebfahrzeugen wegen der günstigeren Transformatorausnutzung

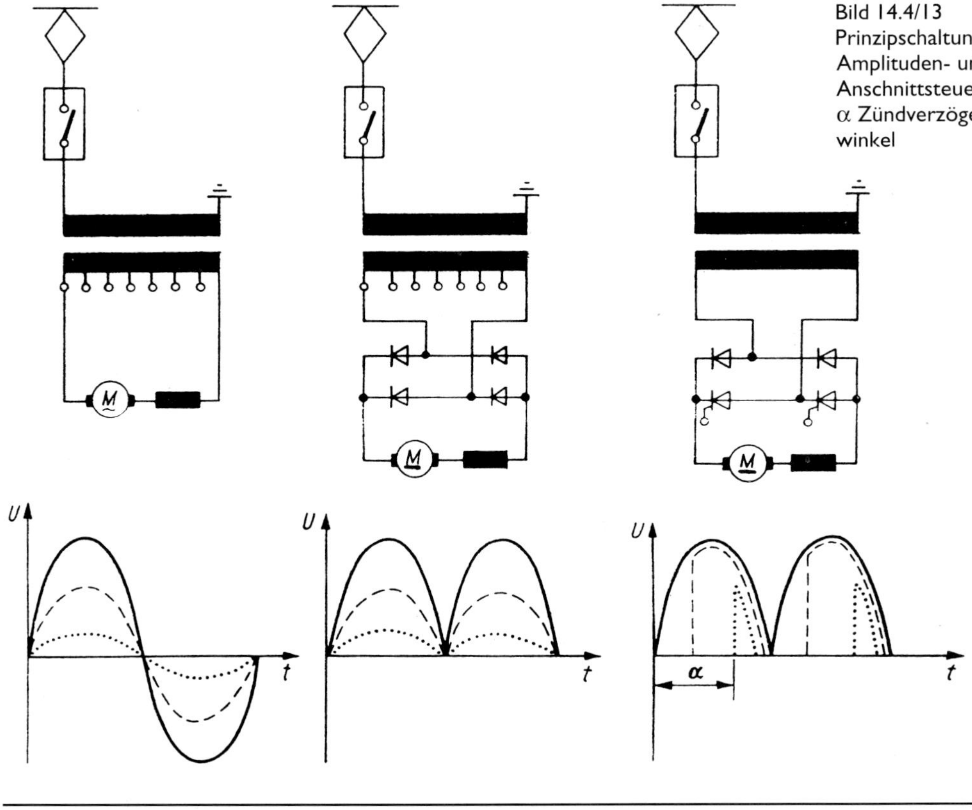

Bild 14.4/13
Prinzipschaltung der Amplituden- und Anschnittsteuerung
α Zündverzögerungswinkel

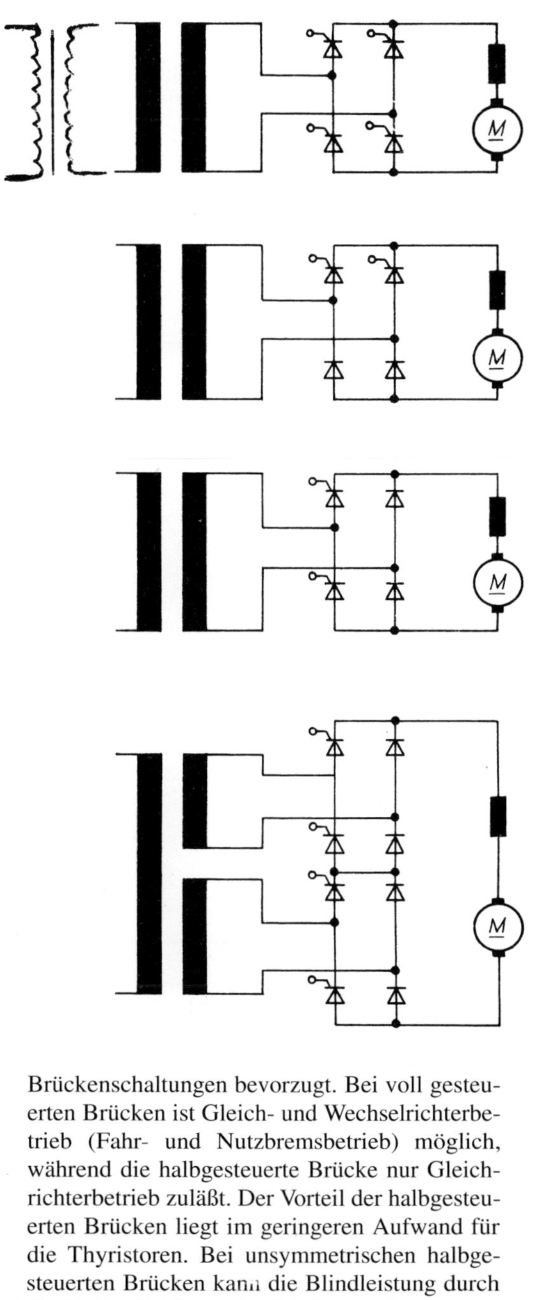

A
vollgesteuerte Brücke

B
symmetrisch halbgesteuerte Brücke

C
unsymmetrisch halbgesteuerte Brücke

D
Folgesteuerung aus zwei unsymmetrisch halbgesteuerten Brücken

E
Folgesteuerung aus vier unsymmetrisch halbgesteuerten Brücken

Bild 14.4/14 Schaltungsvarianten und Blindleistungsbedarf gesteuerter Brükkenschaltungen
A vollgesteuerte Brücke, B symmetrisch halbgesteuerte Brücke, C unsymmetrisch halbgesteuerte Brücke, D Folgesteuerung aus zwei unsymmetrisch halbgesteuerten Brükken, E Folgesteuerung aus vier unsymmetrisch halbgesteuerten Brükken

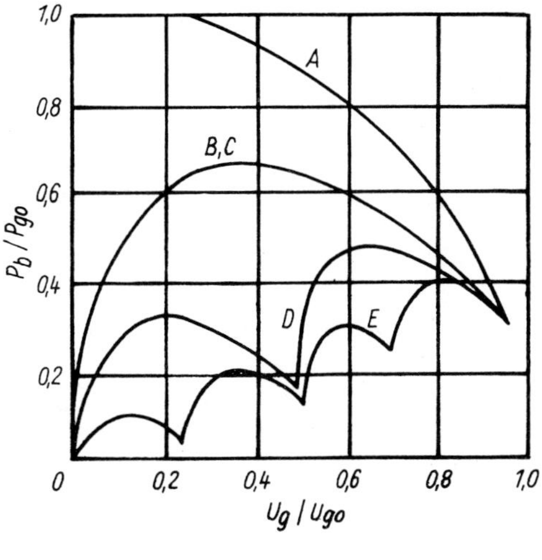

Brückenschaltungen bevorzugt. Bei voll gesteuerten Brücken ist Gleich- und Wechselrichterbetrieb (Fahr- und Nutzbremsbetrieb) möglich, während die halbgesteuerte Brücke nur Gleichrichterbetrieb zuläßt. Der Vorteil der halbgesteuerten Brücken liegt im geringeren Aufwand für die Thyristoren. Bei unsymmetrischen halbgesteuerten Brücken kann die Blindleistung durch die Freilaufwirkung der Dioden verringert werden.

Eine weitere Möglichkeit zur Senkung des Blindleistungsbedarfs bietet die Folgeschaltung mehrerer sowohl voll- und halbgesteuerter als auch symmetrischer und unsymmetrischer Brücken. Bild 14.4/14 zeigt die Schaltungsvarianten und den Blindleistungsbedarf gesteuerter Brückenschaltungen als Funktion der Aussteuerung:

$$\frac{P_b}{P_{g0}} = f\left(\frac{U_g}{U_{g0}}\right)$$

P_b Blindleistung
P_{g0} Gleichstromleistung im Leerlauf
U_g Gleichspannung
U_{g0} Gleichspannung im Leerlauf

Unter Folgesteuerung versteht man die Hintereinanderschaltung von mehreren (meist zwei), voneinander unabhängig steuerbaren Teilstromrichtern, von denen jeweils einer im Anschnittwinkel verändert wird, während die anderen auf den kleinsten Anschnittwinkel festgelegt sind (Kombination von Amplituden- und Anschnittsteuerung). Durch Zweifach-Folgesteuerung (Bild 14.4/15) ist bereits eine beachtliche Verbesserung des Leistungsfaktors erreichbar. Bei einer Mehrfach-Folgesteuerung steigt er weiter an, jedoch weniger stark als der Aufwand.

Betriebsversuche haben gezeigt, daß die Wirkungsgradkennlinien von amplituden- und anschnittgesteuerten Gleichrichtertriebfahrzeugen und von konventionellen Wechselstrom-Triebfahrzeugen (Direktmotor) den gleichen Verlauf haben, jedoch die Leistungsfaktorkurven, wie Bild 14.4/15 zeigt, stark voneinander abweichen. Nur Direktmotor-Triebfahrzeuge weisen sehr günstige Werte auf.

Günstig hinsichtlich des Leistungsfaktors sind auch Schaltungen mit löschbaren unsymmetrischen Thyristorbrücken. Ziel dieser Brücken ist es, durch Löschen der Thyristoren auch den Spannungsnulldurchgang (Löschen des Stromes) zeitlich zu verschieben, um zu vermeiden, daß eine induktive Steuerblindleistung durch die Anschnittsteuerung entsteht. Die Anschnittsteuerung wird auf diese Art in eine Ausschnitt- oder Sektorensteuerung umgewandelt. Der Leistungsfaktor wird steuerbar. [56]

a) Steuerungen mit Thyristoren ohne Schaltgeräte (reine Anschnittsteuerungen)

Bild 14.4/16 zeigt eine stufenlose Steuerung für einen Mischstrommotor. Eine unsymmetrische halbgesteuerte Brücke speist über eine Glättungsdrossel den Mischstrommotor. Der Verlauf der Spannung in Abhängigkeit von der Zeit ist vereinfacht

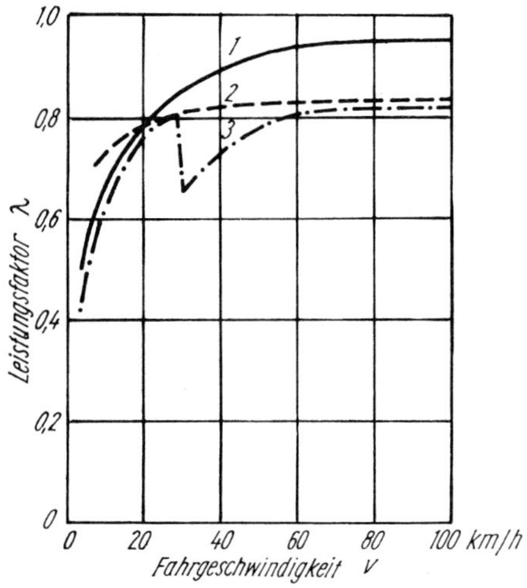

Bild 14.4/15 Leistungsfaktor von Wechselstromlokomotiven mit verschiedenartiger Steuerung (Leistungsfaktor λ = Verschiebungsfaktor cos φ mal Verzerrungsfaktor ν)
1 Amplitudensteuerung mit Wechselstromfahrmotoren, 2 Amplitudensteuerung mit Gleichrichter und Mischstromfahrmotoren, 3 Anschnittsteuerung (Zweifach-Folgesteuerung) mit Gleichrichter und Mischstromfahrmotoren

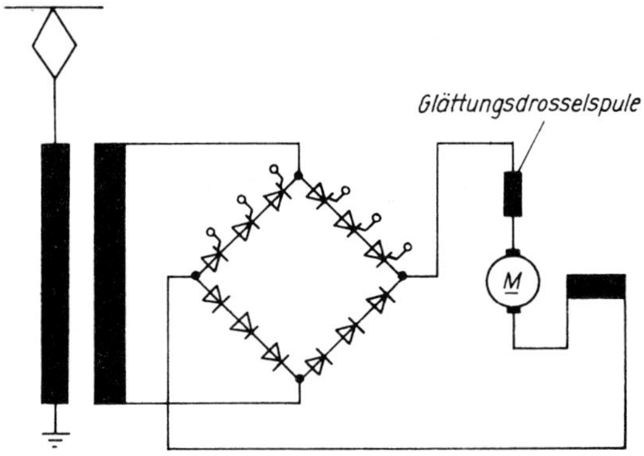

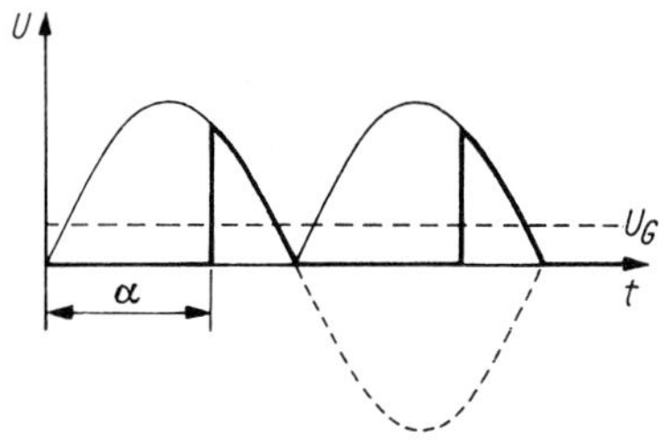

Bild 14.4/16 Schaltung mit unsymmetrisch halbgesteuerter Brücke

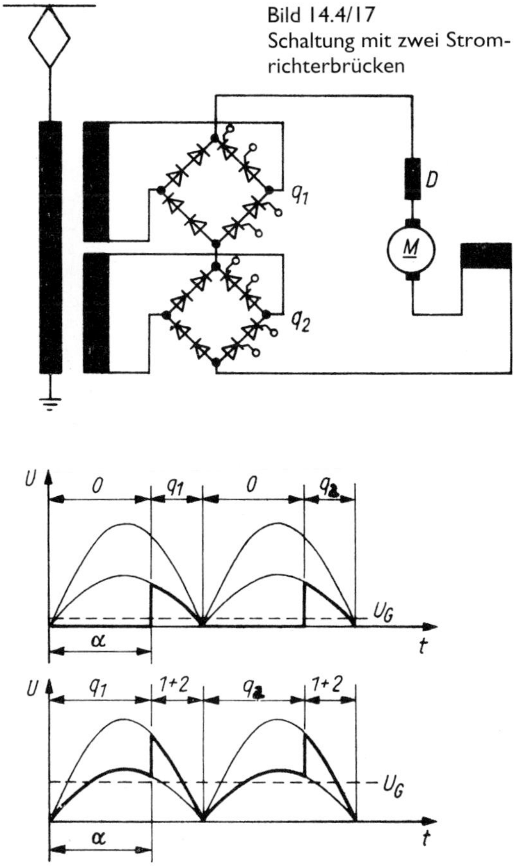

Bild 14.4/17
Schaltung mit zwei Stromrichterbrücken

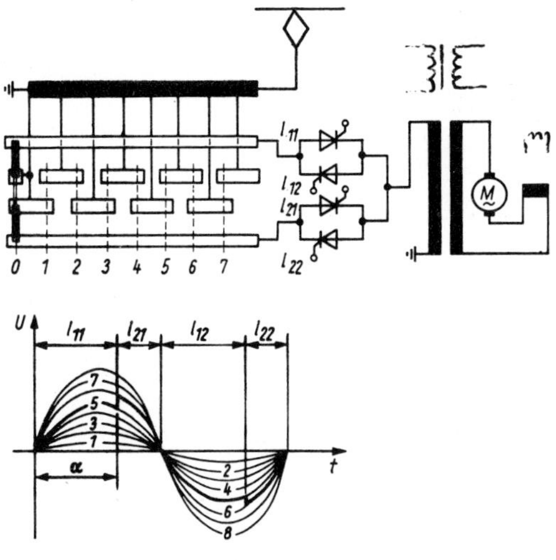

Bild 14.4/18 Schaltung mit Schaltwerk und Thyristoren als Steller

dargestellt. Infolge der beträchtlichen Abweichung von der Sinusform sind eine starke Oberwelligkeit und ein noch relativ hoher Blindleistungsbedarf bei Teilaussteuerung zu erwarten. Diese Art der Gleichrichterbrücke erlaubt die Einsparung der Thyristoren in zwei Zweigen. Wegen der Nulldiodenwirkung (oder Freilaufdiodenwirkung) bei Teilaussteuerung des Stromrichters müssen die beiden Diodenzweige stärker bemessen werden als bei einem nur aus Dioden bestehenden Gleichrichter. Die Thyristoren führen bei Teilaussteuerung nur verhältnismäßig kurzzeitig den Laststrom.

Bild 14.4/17 stellt eine Schaltung mit zwei Stromrichterbrücken dar. Sie werden von getrennten Transformatorwicklungen gespeist und sind gleichstromseitig in Reihe geschaltet.

Die hier vorgenommene Aufteilung der zu steuernden Spannung auf zwei Brücken und ihre Aussteuerung nacheinander verbessern wesentlich die Verhältnisse bezüglich Oberwellengehalt und Blindstrombedarf. Diese Schaltung wird als Zweifach-Folgesteuerung bezeichnet. Der zeitliche Verlauf der Spannung ist ebenfalls aus Bild 14.4/17 ersichtlich. Durch Aussteuerung der Thyristoren des Stromrichters q_1 wird die Fahrmotorspannung zunächst stufenlos von Null bis zum halben Wert erhöht. Bei voll ausgesteuertem Stromrichter q_1 steigt anschließend die Fahrmotorspannung durch Aussteuerung der Thyristoren des Stromrichters q_2 weiter vom halben bis zum vollen Wert an.

Die S-Bahntriebwagen der Baureihe 420 der DB sind mit einer derartigen Folgesteuerung ausgerüstet. [241]

b) Steuerungen mit Schaltwerken und Thyristoren als Steller (kombinierte Amplituden-Anschnittsteuerung) [91], [151]

– Schaltungen für Wechselstrommotoren

Die im Bild 14.4/18 dargestellte Steuerung unterscheidet sich äußerlich von der im Bild 14.4/12 durch die fehlenden Leerschalter. Am Fahrmotor liegt keine Spannung an, wenn sich der Wähler in Stellung 0 befindet. In Stellung 1 des Wählers kann die Thyristorgruppe I_1 angesteuert werden. Die Fahrmotorspannung steigt nun stufenlos an und erreicht bei voller Aussteuerung die Spannung der Transformatoranzapfung 1. Der Wähler schaltet jetzt nach Stellung 2. Die Aussteuerung der Thyristorgruppe I_2 bewirkt ein weiteres Ansteigen der Spannung am Fahrmotor. Dabei bleibt die Thyristorgruppe I_1 weiterhin voll ausgesteu-

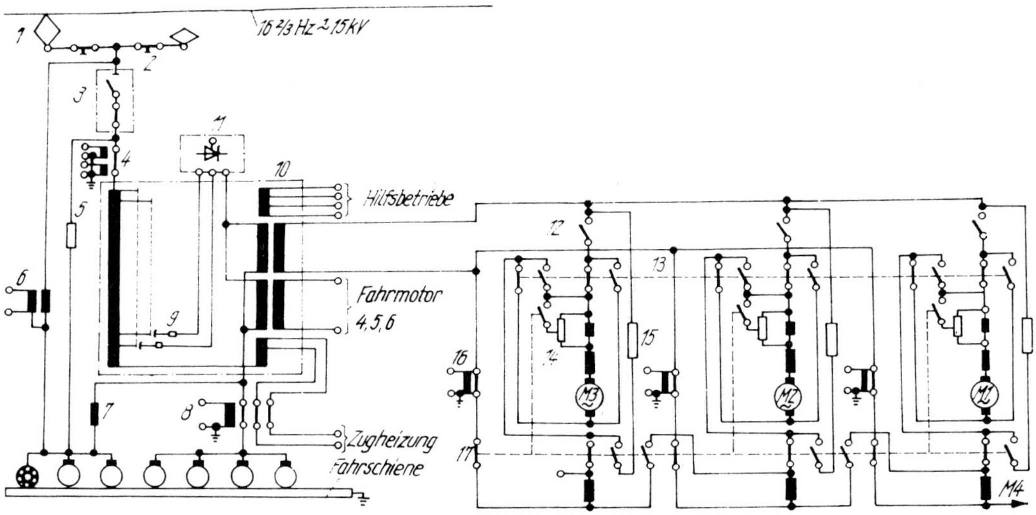

Bild 14.4/19 Schaltung der Hochspannungs- und Fahrmotorstromkreise der BR 155
1 Stromabnehmer, 2 Dachtrennschalter, 3 Hauptschalter, 4 Fahrleitungsstromwandler, 5 Überspannungsableiter, 6 Fahrleitungsspannungswandler, 7 Erdungsdrossel, 8 Erdstromwandler, 9 Stufenwähler, 10 Haupttransformator, 11 Thyristorsteller, 12 Fahrmotortrennschütz, 13 Richtungswender, 14 Wendefeldparallelwiderstand, 15 Bremswiderstand, 16 Motorstromwandler, 17 Fahr- und Bremswender

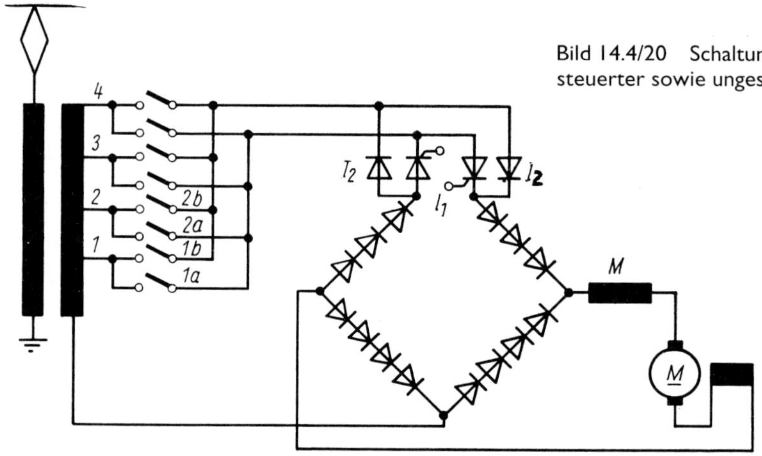

Bild 14.4/20 Schaltung mit Schaltwerk und halbgesteuerter sowie ungesteuerter Brücke

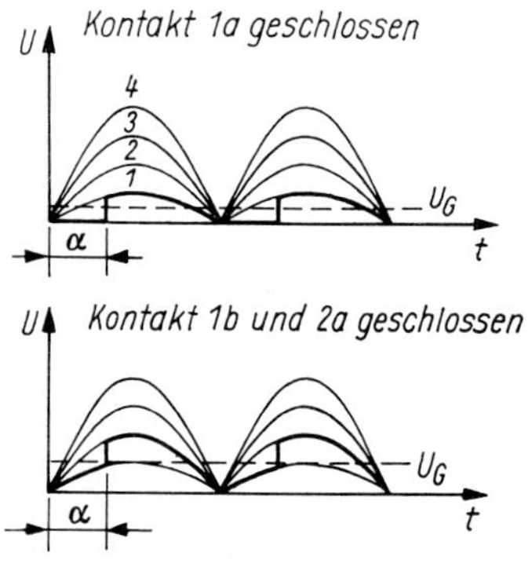

ert. Ein Stufenkurzschluß wird dadurch verhindert, daß je Halbwelle immer nur I_{11} und I_{21} bzw. I_{12} und I_{22} angesteuert werden. Wenn I_2 voll ausgesteuert ist, liegt am Fahrmotor die volle Spannung von Anzapfung 2. Dann wird I_1 gesperrt und der Wähler in Stellung 3 geschaltet. I_1 wird wieder angesteuert und die Spannung in bekannter Weise wieder erhöht, während I_2 voll ausgesteuert bleibt. Bei dieser Steuerung muß dafür gesorgt werden, daß immer mindestens ein Thyristor mit Sicherheit angesteuert ist. Andernfalls werden die Thyri-

storen bei der Stellung des Wählers auf einer hohen Transformatorstufe und Unterbrechung der Ansteuerung aller Thyristoren durch Überschreiten der zulässigen Grenzspannung zerstört. Den zeitabhängigen Spannungsverlauf der Schaltung zeigt das Bild 14.4/18. Der Oberwellenanteil und der Blindstrombedarf weisen relativ günstige Werte auf, die sich nur unmerklich von denen einer Direktmotorlokomotive unterscheiden.
Anwendung hat diese Schaltung bei den $16^2/_3$-Hz-Lokomotiven der Baureihen 112, 143, 155 und 156 der DR gefunden (Bild 14.4/19). [167]

– Schaltungen für Mischstrommotoren
Am Fahrmotor (Bild 14.4/20) liegt Spannung an, sobald der Schalter 1a geschlossen und die Thyristoren I_1 angesteuert sind. Sie steigt stufenlos bis zum vollen Wert der Transformatoranzapfung 1 an. Sodann schließt der Kontakt 1b, wodurch die Thyristoren I_1 von den Dioden I_2 überbrückt werden. Die Ansteuerung der Thyristoren I_1 wird gesperrt, und der Schalter 1a öffnet. Kurz danach schließt Kontakt 2a. I_1 wird erneut angesteuert und die Spannung kontinuierlich von der Höhe der Transformatoranzapfung 1 auf die der Transformatoranzapfung 2 erhöht.
Auch hier ist der Blindleistungsbedarf bei Teilaussteuerung des Stromrichters verhältnismäßig gering.

14.4.6 Steuerung mit Antrieb durch Asynchronmotoren

Vorteile der Drehstromantriebstechnik (siehe auch Tabelle 13.2/2):
- Das Fehlen eines Kommutierungsapparats sowie die dadurch und infolge des robusten Läuferaufbaus möglichen hohen Drehzahlen ergeben bei gleicher Leistung eine starke Verminderung von Masse und Volumen des Fahrmotors. Damit werden leichtere Drehgestelle mit kürzerem Radsatzabstand möglich, was die Beanspruchung des Gleises verringert und den Einsatz für höchste Geschwindigkeiten erleichtert.
- Andererseits wird in gleichen Massen- und Volumengrenzen die Installation höherer Leistungen möglich, was Dauerzugkräfte bis an die Kraftschlußgrenze und hohe Restzugkräfte bei Höchstgeschwindigkeit realisierbar macht. Die infolge der steilen Drehmoment-Drehzahl-Charakteristik geringe Schleuderneigung gestattet eine hohe Kraftschlußausnutzung.
- Die Eignung für hohe Geschwindigkeiten und die Realisierbarkeit hoher Zugkräfte erlauben einen universellen Einsatz der Lokomotiven.
- Das Fehlen eines Kommutierungsapparats und die kontaktlose Leistungsregelung senken den Instandhaltungsaufwand erheblich und erhöhen die Zuverlässigkeit.
- Die zur Umwandlung der einphasigen Fahrleitungsspannung in Drehstrom zur Verfügung stehenden Halbleiterschaltungen ermöglichen die Leistungsentnahme aus dem Fahrleitungsnetz mit einem Leistungsfaktor cos φ nahe 1 in einem weiten Bereich und damit eine Entlastung der Stromversorgungseinrichtungen von Blindstrom.
- Der Drehstrommotor kann ohne Umschaltung vom Motor- in den Generatorbetrieb übergehen und ermöglicht mit den Halbleiterschaltungen die Realisierung eines Netzbremsbetriebs.

Forderungen an die Leistungssteuerung:
- Die Leistungssteuerung muß den Einphasenwechselstrom des Fahrleitungsnetzes in Drehstrom umwandeln.
- Sie muß die Frequenz des Drehstromnetzes verändern, da nur über diese eine Beeinflussung der Drehzahl des Drehfeldmotors möglich ist, die den Anforderungen des Bahnbetriebs an eine Geschwindigkeitssteuerung entspricht.
- Um den Asynchronmotor optimal auszulegen, muß nach Abschn. 13.2.3 die Spannung des Drehstromnetzes proportional zur Frequenz verstellt werden. [39] Im Interesse einer optimalen Bemessung des Umrichters und des Motors wird im oberen Geschwindigkeitsbereich auf die Erfüllung dieser Bedingung verzichtet und der Motor mit geschwächtem Feld betrieben. Das Triebfahrzeug mit Asynchronmotorantrieb erhält damit die von den Kommutatormaschinen her bekannte Zugkraft-Geschwindigkeits-Charakteristik. Im Gegensatz zu den Lokomotiven mit Kommutator, bei denen sich der hyperbolische Abfall der Zugkraft aus der Charakteristik des Motors ergibt, muß dieser bei Antrieb mit Asynchronmotoren durch eine geeignete Regelung von Frequenz und Schlupf erzwungen werden, da der Asynchronmotor seine natürliche steile Charakteristik beibehält (Bild 14.4/21). [226] Beim Schleudern muß durch Eingriff in die Regelung der natürlichen steilen Charakteristik der Vorrang vor der durch die Regelung erzwungenen hyperbolischen Charakteristik eingeräumt werden.

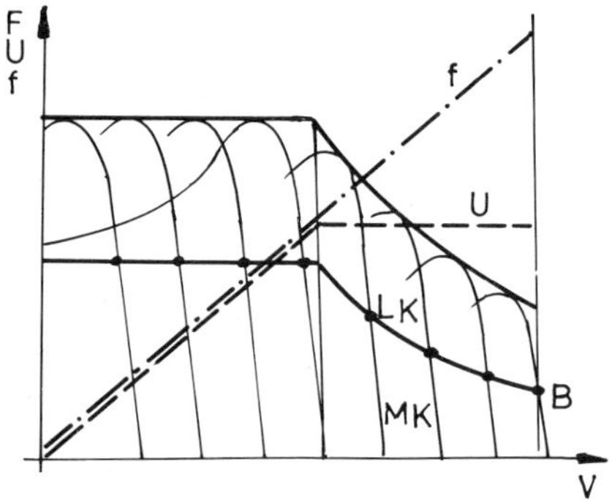

Bild 14.4/21 Zugkraft-Geschwindigkeitscharakteristik des Asynchronmotors und der Lok
B Betriebspunkte, *F* Zugkraft, *f* Frequenz, LK Kennlinie der Lok, MK Motorkennlinie, *U* Spannung, *V* Geschwindigkeit

- Der Umrichter soll möglichst eine Übereinstimmung der Phasenlage von Fahrleitungsspannung und -strom sowohl im Fahr- als auch im Bremsbetrieb bewirken.
- Der Umrichter soll den Motoren einen möglichst sinusförmigen Strom zur Verfügung stellen, um Pendelmomente und erhöhte Erwärmungen durch Oberwellen zu vermeiden. Andererseits soll er dem Einphasennetz einen der Sinusform weitgehend angeglichenen Strom entnehmen bzw. im Bremsbetrieb an dieses zurückliefern, um die Verzerrungsleistung und die elektromagnetische Beeinflussung von Informationseinrichtungen klein zu halten.

Prinzipieller Aufbau der Leistungssteuerungen
Infolge der Einphasigkeit des Fahrleitungsnetzes und seiner relativ niedrigen Frequenz scheiden Direktumrichter zur Frequenz- und Phasenwandlung aus. Es kommen nur Zwischenkreisumrichter in Frage (Abschn. 10.8). Sie bestehen aus den Hauptbaugruppen
- Netzstromrichter,
- Zwischenkreis,
- Maschinenstromrichter (Bild 14.4/22).

Aufgaben des Netzstromrichters sind
- die Gleichrichtung des Wechselstroms und die Bereitstellung eines dem Motorstromrichter angepaßten Gleichspannungssystems sowie je nach den Anforderungen im Hinblick auf Netzrückwirkungen ggf.
- die Beeinflussung der Phasenlage zwischen Einphasenwechselspannung und -strom und
- die Beeinflussung der Stromkurve in Richtung eines möglichst sinusförmigen Verlaufs.

Der Zwischenkreis hat die Aufgabe, die Differenzen zwischen den Augenblickswerten der pulsierenden Leistung des Einphasennetzes und der konstanten des Drehstromnetzes durch Energiespeicherung auszugleichen und die Gleichgrößen des Zwischenkreises zu glätten. Als Energiespeicher dienen
- bei Gleichspannungszwischenkreisen Kondensatoren,
- bei Gleichstromzwischenkreisen Drosseln.

Der Maschinenstromrichter hat die Aufgabe, die Gleichspannung bzw. den -strom zyklisch im Sinne eines Drehstromsystems auf die Eingänge der Drehstrommaschine zu schalten und dabei je nach Umrichterprinzip und Anforderung die Kurvenform des Drehstroms zu beeinflussen.
Zur praktischen Realisierung der Netz- und Maschinenstromrichter wurden verschiedene Schaltungen vorgeschlagen und zum Teil realisiert, die mit unterschiedlichem Aufwand mehr oder wenig hohen Ansprüchen genügen.

a) Umrichter mit Gleichspannungszwischenkreis
Die Stellung von Spannung und Frequenz ist prinzipiell auf zwei verschiedene Arten möglich:
- Spannungsstellung im Netzstromrichter, Frequenzstellung im Motorstromrichter,
- Frequenz- und Spannungsstellung im Maschinenstromrichter.

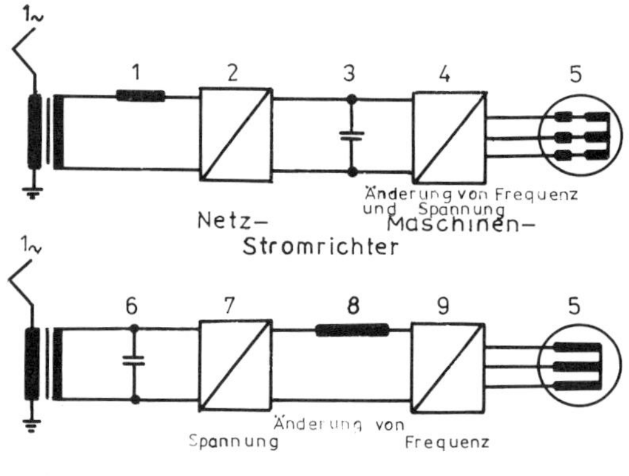

Bild 14.4/22 Umrichtersysteme für Wechselstrom-Triebfahrzeuge – Grundsätzlicher Aufbau
1 Netzdrossel, 2 Vierquadrantensteller, 3 Gleichspannungszwischenkreis (Konstantspannungssystem), 4 Pulswechselrichter, 5 Drehstrom-Asynchronmotor, 6 Netzkondensator, 7 Pulsgleichrichter, 8 Gleichstromzwischenkreis (Konstantstromsystem), 9 Phasenfolgewechselrichter

Wegen der hohen Steuerblindleistung und der starken Oberwellenbelastung des Netzes findet die erstgenannte Variante bei modernen und leistungsstarken Fahrzeugen kaum noch Anwendung.

– Netzstromrichter
Im einfachsten Fall kann ein ungesteuerter Gleichrichter verwendet werden, wenn der Motorstromrichter für die mit der Netzspannung veränderliche Zwischenkreisspannung ausgelegt ist und auf Netzbremsung verzichtet wird.
Wegen der Auslegung des Motorstromrichters wird jedoch in der Regel im Netzstromrichter eine Spannungsstellung zum Ausgleich der Schwankungen der Fahrleitungsspannung vorgesehen. In diesem Fall stellt bei Verzicht auf eine Netzbremsung eine einzige unsymmetrische halbgesteuerte Brücke (Bild 10.7/7 c) die aufwandärmste Lösung dar. Der Leistungsfaktor des Netzstroms liegt jedoch selbst bei Vollaussteuerung nicht über 0,81…0,84.
Zur Verbesserung des Leistungsfaktors werden Folgeschaltungen (Abschn. 10.9.3, Bild 10.8.3, Beispiel 1) einer nicht steuerbaren und einer unsymmetrischen halbgesteuerten Brücke angewendet. Die für den Rangier- und leichten Streckendienst vorgesehene Lokomotive der Baureihe 1063 der ÖBB ist z. B. mit einem derartigen Netzstromrichter ausgerüstet. [227]
Eine weitere Erhöhung des Leistungsfaktors auf 0,9…0,96 ist erzielbar, wenn die halbgesteuerte Brücke löschbar ausgeführt wird (Abschn. 10.9.3, Bilder 10.9/8, 10.9/9 und 10.8/3, Beispiel 2).
Der Netzbremsbetrieb erfordert die Anwendung eines antiparallelen Netzstromrichters, um die umgekehrte Stromrichtung mit einer vollgesteuerten Brücke zu ermöglichen, deren Leistungsfaktor jedoch bei Gleichrichterbetrieb relativ ungünstig ist.

Allen vorgenannten Ausführungen ist ein hoher Oberwellenanteil des Stroms eigen. Die hinsichtlich Leistungsfaktor und Oberwellengehalt günstigste Ausführung ($\cos \varphi = 0{,}98\ldots0{,}99$) stellt die vollgesteuerte, löschbare Brückenschaltung im Pulsbetrieb dar (Abschn. 10.9.3). In der Ausführung als 4-Quadrantensteller (Bilder 10.9/10 und 10.8/3, Beispiel 3) ermöglicht sie den Netzbremsbetrieb.

– Maschinenstromrichter
Bei Spannungsstellung im Netzstromrichter kann getakteter Betrieb angewendet werden. Die einzelnen an gleichem Gleichspannungspotential liegenden Thyristoren der Drehstrom-(Sechspuls-)brücke werden zyklisch um $^2/_3\,\pi$ versetzt gezündet.
Die sich aus Rechteckblöcken zusammensetzende Motorspannung hat im Motor Pendelmomente und eine erhöhte Erwärmung zur Folge. Durch das Pulsen der Spannung läßt sich bei löschbaren Dreiphasenwechselrichtern insbesondere der Gehalt an niederfrequenten Oberwellen im Motorstrom beträchtlich verringern und speziell im niedrigen Drehzahlbereich die Kurvenform des Stromes weitgehend der Sinusform annähern (Bild 10.8/4). Die Zahl der Pulse pro Halbwelle, die Pulsfrequenz, wird dabei häufig mit sinkender Frequenz des Drehstroms, d. h. im niedrigen Geschwindigkeitsbereich, erhöht.
Durch Veränderung des Einschaltverhältnisses läßt sich neben der Kurvenform die Wechselspannung verbessern und die gewünschte Frequenz-Spannungsreglung allein mit dem Motorstromrichter erzielen. Auf die Spannungsstellung im Netzstromrichter kann dann verzichtet werden. Als Beispiel zeigt Bild 14.4/23 die Prinzipschaltung der Baureihe 120 der DB. [3] Die Lokomotive besitzt je Drehgestell ein unabhängiges Umrichtersystem. Eine unterschiedliche Ansteuerung der beiden Systeme erlaubt die Anpassung der Zugkraft an die infolge des Zugkraftmoments unterschiedliche Belastung der beiden Drehgestelle. In beiden Umrichtersystemen arbeiten zwei aus getrennten Transformatorsekundärwicklungen gespeiste 4-Quadrantensteller (Bild 10.9/10) als Netzstromrichter auf einen Gleichspannungszwischenkreis. Die beiden 4-Quadrantensteller werden versetzt getaktet, so daß sich die Frequenz der Oberwellen im Netzstrom verdoppelt, was den Aufwand für eventuelle Störstromfilter reduziert.
Die beiden 4-Quadrantensteller sind im Zwischenkreis parallelgeschaltet und besitzen einen gemeinsamen auf die doppelte Netzfrequenz abgestimmten Saugkreis. Beim Einschalten der Anlage wird der Zwischenkreiskondensator über einen mit einem Schütz ausschaltbaren Widerstand zur Dämpfung des Ladestromstoßes aufgeladen.
Die beiden Drehstromasynchronmotoren eines Drehgestells werden durch zwei drehstromseitig parallelgeschaltete Pulswechselrichter aus dem gemeinsamen Zwischenkreis gespeist. Die Pulswechselrichter arbeiten nach dem Unterschwingungsverfahren (Bild 10.8/4) und werden gemeinsam geregelt. Im unteren Geschwindigkeitsbereich erfolgt durch Spannungs- und Frequenzstel-

14.4.7 Steuerung mit Antrieb durch Synchronmotoren

Die Leistungssteuerung besteht wie bei den Triebfahrzeugen mit Asynchronmotoren aus den gleichen Hauptbaugruppen:
- Netzstromrichter,
- Zwischenkreis,
- Maschinenstromrichter.

Es finden ausschließlich Zwischenkreise mit eingeprägtem Strom Verwendung.
Die mit der Fahrgeschwindigkeit steigende Schaltfrequenz des Wechselrichters wird durch den Polradgeber selbsttätig gesteuert. Unterhalb des Nennpunkts wird der Zwischenkreisstrom bei konstant gehaltenem Erregerstrom durch Aussteuerung der Netzstromrichter auf den Wert eingeregelt, der dem verlangten Drehmoment entspricht. Oberhalb des Nennpunkts wird der Erregerstrom mit dem besonderen Erregerstromrichter herabgesteuert.

Maschinenstromrichter
Als Maschinenstromrichter finden vollgesteuerte Drehstrombrückenschaltungen Anwendung, die, gesteuert vom Polradstellungsgeber, die Ständerwicklung so mit Stromblöcken beaufschlagen, daß Erregerfeld und Ständerstrombelag im Bereich des maximalen Drehmoments arbeiten.
Die Ströme in der rotierenden Erregerwicklung erzeugen ein Drehfeld, das in der Ständerwicklung Spannungen induziert. Diese Spannungen ermöglichen es, den Maschinenstromrichter oberhalb einer Mindestdrehzahl lastgeführt zu betreiben. Daher sind keinerlei Kommutierungshilfsmittel nötig und an die Freiwerdezeiten der Thyristoren werden keine hohen Ansprüche gestellt.
Die Notwendigkeit, daß Erregerfeld und Ständerstrombelag eine bestimmte Lage zueinander einnehmen müssen, verbietet ein Pulsen des Ständerstroms als Mittel zur Verringerung der hohen Pendelmomente. Zu ihrer Verringerung werden daher häufig höherpulsige Betriebsformen angewendet, z. B. durch Verwendung von Synchronmotoren mit zwei um 30° versetzten Dreiphasenwicklungen (Baureihen BB 26 000 und BB 10 004 der SNCF).
Wegen der von der Polradlage abhängigen Steuerung des Wechselrichters ist ein Parallelbetrieb mehrerer Synchronmaschinen am gleichen Wechselrichter nicht möglich, da die Polradlagen zweier Maschinen infolge der unterschiedlichen Radreifendurchmesser und der mechanischen Schlupfe in der Regel ungleich sind. Jede Maschine benötigt daher ihren eigenen Stromrichter. Zur Verringerung des Aufwands kommen daher häufig Monomoteurantriebe zum Einsatz (Baureihen BB 10 004 und BB 26 000 der SNCF).
Im Bereich unterhalb 3...4 % der Nenndrehzahl reicht die vom Erregerfeld induzierte Spannung nicht mehr für eine Lastkommutierung aus. Es muß zwangskommutiert werden. [43], [190] Bei reinen Wechselstromlokomotiven können zur Bereitstellung der dafür nötigen negativen Spannungen die Spannungen des Wechselstromnetzes genutzt werden, indem der Netzstromrichter kurzzeitig in Wechselrichterbetrieb gesteuert wird. Bei Zweisystemlokomotiven braucht man Kommutierungskondensatoren und Hilfsthyristoren, die allerdings relativ klein bemessen sein und oberhalb 0,04 V_{max} außer Betrieb genommen werden können. Sie verursachen dann keine zusätzlichen Verluste mehr.

Netzstromrichter
Als Netzstromrichter können je nach den Anforderungen an die Netzfreundlichkeit und die Rückspeisefähigkeit prinzipiell die gleichen Schaltungen wie bei den Asynchronantrieben mit Gleichstromzwischenkreis Verwendung finden.

Beispiele ausgeführter Synchronmotorantriebe [42], [43], [190]

a) Versuchslok BB 10 004 der SNCF für reinen Wechselstrombetrieb
Die Schaltung für einen der beiden Motoren (Monomoteurbetrieb) zeigt Bild 14.4/27. Der Netzstromrichter bildet eine Folgeschaltung aus einer halb- und einer vollgesteuerten Brücke, wobei letztere durch Umsteuerung in Wechselrichterbetrieb der Zwangskommutierung im unteren Drehzahlbereich und zur Netzbremsung dient. Die Hilfsthyristoren HT bilden während der Zwangskommutierung des einen Systems den Freilauf für das nichtkommutierende, indem sie mit den Glättungsdrosseln dessen Stromführung aufrechterhalten.

b) TGV-Atlantik der SNCF (Bild 14.4/28)
Der Gleichstromzwischenkreis des Zweisystemtriebfahrzeugs wird am Gleichstromnetz über einen Pulssteller (St), am Wechselstromnetz über zwei halbgesteuerte Brücken (B_1, B_2) in Folgeschaltung gespeist. Eine Netzbremsung ist nicht vorgesehen. Die Maschinenstromrichter liegen in Reihe geschaltet im Zwischenstromkreis.

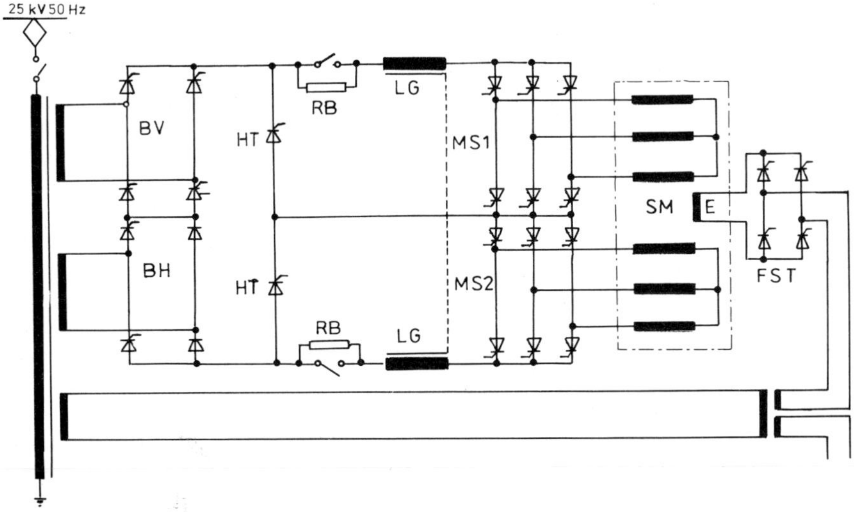

Bild 14.4/27 Schaltung der Traktionsstromkreise der Lok BB 10 004 der SNCF
BH halbgesteuerte Brücke, BV vollgesteuerte Brücke, E Erregerwicklung, FST Feldsteller, HT Hilfsthyristoren, LG Glättungsdrossel, MS Maschinenstromrichter, RB Bremswiderstand, SM Synchronmaschine

Bild 14.4/28 Schaltung der Traktionskreise des TGV/A der SNCF
B1, B2 halbgesteuerte Brücken des Netzstromrichters, C Kommutierungskondensator, E Erregerwicklung, FST Feldsteller, HT Hilfsthyristor, L Glättungsdrossel, MS Maschinenstromrichter, RB Bremswiderstände, SK Saugkreis, SM Synchronmaschinen, ST Pulssteller

Der Zwangskommutierung dienen an den Sternpunkt angeschlossene Kondensatoren und je zwei Hilfsthyristoren HT.

14.5 Elektrodynamische Bremsung

14.5.1 Allgemeines

[72], [176], [193], [194], [237]

Die ständig steigende Antriebsleistung der Triebfahrzeuge für den Nah- und den Fernverkehr bedingt auch erhöhte Anforderungen an die Brems-

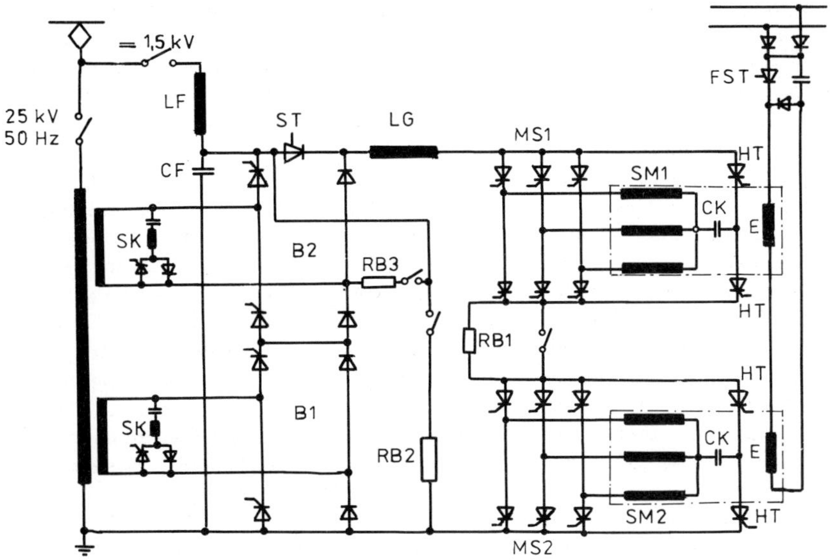

systeme. Der Bremsweg darf auch bei höheren Geschwindigkeiten ein bestimmtes Maß nicht überschreiten. Die in der Zugmasse gespeicherte kinetische Energie ist dem Quadrat der Fahrgeschwindigkeit proportional. Die Abfuhr der Bremsenergie hat unter diesen Bedingungen besondere Bedeutung.

Neben den stets vorhandenen mechanischen Bremssystemen bietet sich bei elektrischen Triebfahrzeugen die Möglichkeit der elektrodynamischen Bremsung an, d. h., die Fahrmotoren werden beim Bremsen als Generatoren betrieben. Die elektrische Energie wird in Bremswiderständen in Wärme umgesetzt und abgeführt (Widerstandsbremse) oder in das Bahnnetz zurückgespeist (Netzbremse). Trotz des Mehraufwands hat die elektrische Bremse gegenüber der mechanischen wesentliche Vorteile:

- Herabsetzung des Bremsklotzverschleißes (Bremsstaubanfall) und damit der Unterhaltungskosten,
- Schonung der Radreifen, insbesondere ihre thermische Entlastung, wodurch das Lösen der Radreifen verhindert und die Schädigung der Laufflächen vermindert wird,
- günstigere Bremscharakteristik, insbesondere im Hinblick auf die Gefahr des Gleitens,
- leichte Steuer- und Regelbarkeit, d. h. feinstufigeres Einstellen der Bremskraft.

Die mechanische Klotzbremse hat mit abnehmender Geschwindigkeit eine zunehmende Bremskraft (insbesondere die Klotzbremse, weniger ausgeprägt die Scheibenbremse), wodurch ein beginnender Gleitvorgang noch verstärkt wird. Die elektrodynamische Bremse konventioneller Triebfahrzeuge hat in der Regel bei abnehmender Geschwindigkeit eine fallende Bremskraftkennlinie, wodurch sich ein beginnender Gleitvorgang von selbst wieder fängt. Andererseits kann man die Tatsache, daß bei der Widerstandsbremse dieser Fahrzeuge die Bremskraft im unteren Geschwindigkeitsbereich infolge der Sättigung des Feldes gegen Null geht, als Nachteil ansehen. Hier bringt eine geschickte Kombination mit der Druckluftbremse Abhilfe, wenn die Summe beider Bremswirkungen eine konstante Bremskraft ergibt. Bei den modernen Fahrzeugen mit Pulsstellersteuerung bzw. mit Antrieb durch Drehstrommotoren wurde dieser Nachteil der abfallenden Bremskraft beseitigt. Sie gestatten die Erzeugung hoher Bremskräfte bis herab zum Stillstand.

Bei modernen Triebfahrzeugen mit kontinuierlich einstellbarer Bremskraft und automatischer Regelung (mit Gleitschutz) wird für den Kraftschluß zwischen Rad und Schiene beim Bremsen als maximal zulässiger Wert $\mu = 0{,}17$ zugrunde gelegt. Werden noch höhere Bremskräfte erforderlich, als dieser Wert gestattet, so müssen vom Kraftschluß Rad/Schiene unabhängige Bremssysteme (Magnetschienenbremse, auf die Schiene wirkende Wirbelstrombremse) angewendet werden.

Je nach dem Zweck der Bremsung unterscheidet man

- die Gefällebremsung, bei der ein Zug auf einer bestimmten Geschwindigkeit im Gefälle gehalten wird. Die zur Verfügung stehende elektrische Bremsleistung entspricht der Dauerleistung.
- die Verzögerungsbremsung, bei der ein Zug aus einer höheren Geschwindigkeit auf eine niedrigere oder bis zum Stillstand verzögert wird. Bei der anzusetzenden Bremskraft wird vielfach die Überlastungsfähigkeit des elektrischen Bremssystems in Anspruch genommen.

14.5.2 Widerstandsbremsung bei Gleich- und Wechselstromtriebfahrzeugen mit Kommutatormotoren

Die elektrodynamische Widerstandsbremse [221] teilt man ein:

a) nach der Quelle der Erregerleistung in
   - netzspannungsabhängige Systeme, bei denen die Erregerleistung aus der Fahrleitung bezogen wird (Ausfall der Fahrleitungsspannung ergibt den Ausfall der Bremswirkung),
   - netzspannungsunabhängige Systeme, die ihre Erregerleistung aus dem Fahrzeug selbst beziehen.

Für die Einstufung in diese beiden Kategorien ist ebenfalls die Art der Abfuhr der Bremsenergie aus dem Fahrzeug maßgebend. Netzbremsen sind netzabhängig, Widerstandsbremsen unabhängig. Bei einigen Bahnen hat die Sicherheit der Fahrleitungsspannung einen solchen Grad erreicht, daß sie netzspannungsabhängige Systeme hinsichtlich der Anrechnung der Bremskräfte wie unabhängige behandeln.

b) nach der Art der Erreger in
- fremderregte Systeme, deren Erregung aus einer fremden Spannungsquelle (Fahrleitung, Batterie) herrührt (bei Vollbahntriebfahrzeugen überwiegend angewendet),

- selbsterregte Systeme, die durch die eigene Ankerspannung, hervorgerufen durch das remanente Magnetfeld, erregt werden (Unsicherheit der Remanenz ergibt lange Ansprechzeiten bzw. erfordert Sondermaßnahmen). Da bei Wechselstrom-Kommutatormotoren ein remanentes Magnetfeld nicht mit Sicherheit vorausgesetzt werden kann, ist hier mindestens eine Vorerregung aus einer fremden Spannungsquelle erforderlich.
- kompounderregte Systeme, die teils fremd-, teils selbsterregt werden.

c) nach der Art des Erregerstroms in
- gleichstromerregte Bremsen mit Erregung aus der Fahrleitung (bei Wechselstromtriebfahrzeugen über den Transformator und einen Gleichrichter), aus der Batterie oder aus einem Erregergenerator,
- wechselstromerregte Bremsen, deren Erregung aus der Fahrleitung über den Transformator kommt.

Widerstandsbremsung bei Gleichstromfahrmotoren

a) Selbsterregte Widerstandsbremse (Bild 14.5/1)
Der Fahrmotor wird zur Bremsung vom Netz getrennt und arbeitet bei umgepolter Anker- oder Feldwicklung als selbsterregter Reihenschlußgenerator auf den Bremswiderstand.
Der Generator erregt sich aufgrund der Remanenz selbst, erzeugt eine von der Fahrgeschwindigkeit abhängige Spannung U_G und treibt einen vom Bremswiderstand bestimmten Strom an, der sich aus dem Schnittpunkt der Leerlaufkennlinie des Generators mit der Widerstandgeraden ergibt (Bild 14.5/2):

$$E = f(I) = I(R_G + R_B)$$

I Generatorstrom
E Leerlaufspannung des Generators
R_G Innenwiderstand des Generators
R_B Bremswiderstand

Mit sinkender Fahrgeschwindigkeit verringert sich U_G. Zur Aufrechterhaltung eines gleichbleibenden Bremsstroms (Bremskraft) ist der Bremswiderstand zu verringern, bis der Generator auf einen Kurzschluß arbeitet und nur noch der Innenwiderstand des Motors die Größe des Stromes bestimmt (Kurzschlußbremse). Das Triebfahrzeug wird somit durch das stufenweise Abschalten des

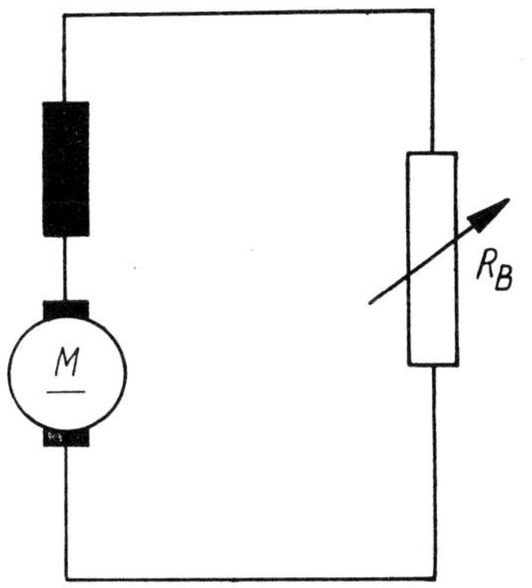

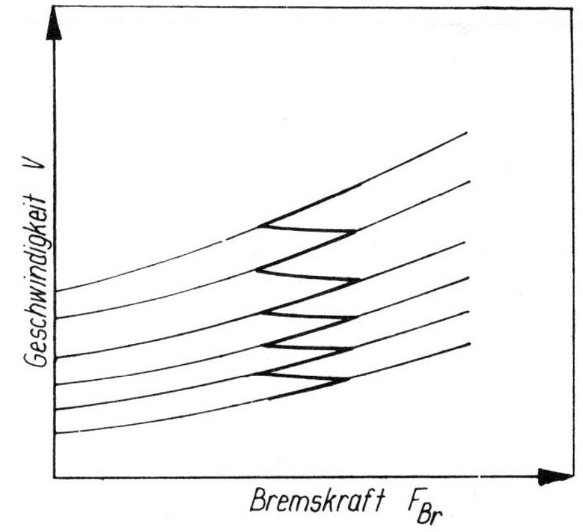

Bild 14.5/1 Selbsterregte Widerstandsbremse

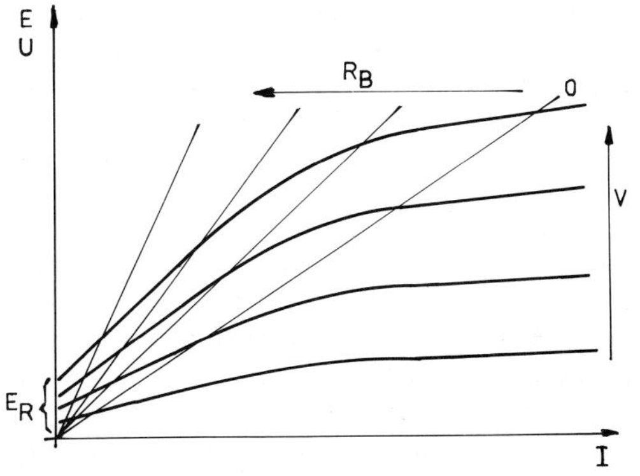

Bild 14.5/2 Leerlaufkennlinie des Generators
E_R Remanenzspannung, R_B Größe des Bremswiderstands

Bremswiderstands (Bremskraftsprünge) abgebremst. Die Generatorspannung U_G sinkt im unteren Geschwindigkeitsbereich so stark, daß trotz Kurzschluß keine nennenswerte Bremskraft mehr wirksam wird.

Der Aufbau des Feldes über die Remanenz braucht Zeit, weshalb die volle Bremskraft nicht sofort zur Verfügung steht (Abhilfe durch Vorerregung).

Trotz der genannten Nachteile hat die selbsterregte Widerstandsbremse wegen des einfachen Aufbaus und der Netzunabhängigkeit breite Anwendung gefunden. Die Ausnutzung der Reibungsgrenze, die Bremsverzögerung und der Fahrkomfort hängen wesentlich von der Anzahl der Bremsstufen ab. Die anzustrebende große Stufenzahl erfordert bei kontaktbehafteten Schaltgeräten einen großen Aufwand für die Unterteilung des Bremswiderstands (meist Anfahrwiderstand mit anderer Stufung) und das Schalten der einzelnen Stufen. Bei mehrmotorigen Triebfahrzeugen ist eine Begrenzung des Aufwands durch Zuordnung mehrerer Fahrmotoren oder Fahrmotorgruppen (Halbspannungsmotoren) auf einen Bremswiderstand möglich. Die Unterschiede der Leerlaufkennlinien und der Remanenz (zeitlich unterschiedlicher Einsatz der Selbsterregung) bedingen jedoch spezielle Schaltungen.

In der Kreuzschaltung (Bild 14.5/3) arbeiten zwei Motorgruppen parallel auf einen Bremswiderstand, und die Anker der einen Gruppe sind mit den Feldern der anderen Gruppe zusammengeschaltet. Die verkreuzte Schaltung von Anker- und Feldwicklungen vermeidet die Überlastung einer Motorgruppe (bei reiner Parallelschaltung möglich). Die Belastungsänderung einer Motorgruppe bewirkt eine gleichartige Feldänderung der anderen, wodurch beide Gruppen sich angleichen. Der Nachteil der einfachen Kreuzschaltung besteht im Ausbleiben der Bremswirkung des gesamten Fahrzeugs bei Ausfall nur einer Motorgruppe. Sind im Fahrzeug mehrere voneinander unabhängige Bremskreise vorhanden, so ist dieser Nachteil vertretbar. Bei Fahrzeugen mit nur einem Bremskreis ist die unzureichende Betriebssicherheit jedoch meist nicht akzeptabel. Eine Abhilfe schafft ein Ausgleichwiderstand zwischen den Anker- und Feldwicklungen der Motorgruppen. Bei Ausfall einer Motorgruppe bleibt die andere über den Ausgleichwiderstand funktionstüchtig.

Eine wesentliche Verbesserung der selbsterregten Widerstandsbremse ist mit dem Gleichstromsteller möglich (Bild 14.5/4). [58], [63], [81], [82], [92], [118], [134], [245], [253] Im Gegensatz zur Fahrschaltung, (Anordnung des Gleichstromstellers im Längszweig) wird der Gleichstromsteller in der Bremsschaltung parallel zu Fahrmotor und Bremswiderstand geschaltet (Anordnung im Querzweig). Die Wirkungsweise des Gleichstromstellers (intermittierendes Öffnen und Schließen eines Schalters) erlaubt eine sehr feinstufige Verände-

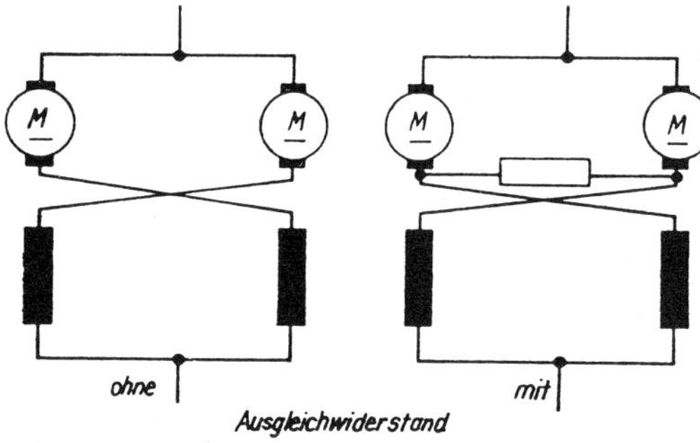

Bild 14.5/3 Kreuzschaltung

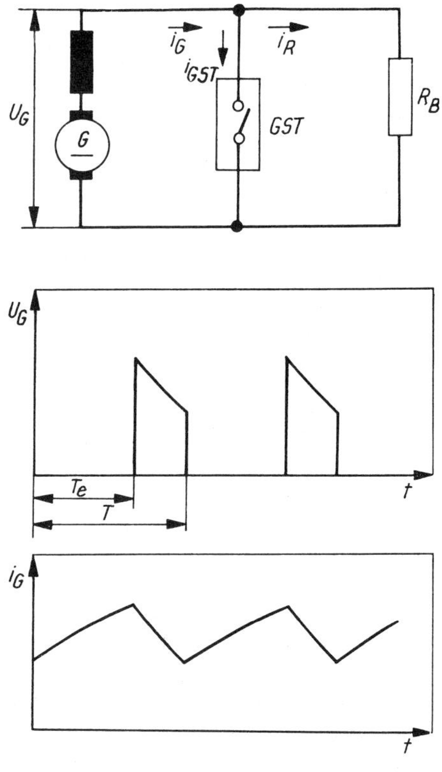

Bild 14.5/4 Grundschaltung der Widerstandsbremse mit Gleichstromsteller

rung des wirksamen Bremswiderstands von Null bis zum Maximalwert (Abschn. 10.7.4). Damit sind eine optimale Ausnutzung der Reibungsgrenze, eine große Bremsverzögerung und ein hoher Fahrkomfort (ruckfreies Bremsen) möglich.

Der Gleichstromsteller gestattet bei der Anordnung im Querzweig auch eine Abbremsung bis fast zum Stillstand des Fahrzeugs. Während der Gleichstromsteller in der Fahrschaltung als Spannungs-Abwärtstransformator wirkt, stellt er in der Bremsschaltung einen Strom-Aufwärtstransformator dar. Bei durchgesteuertem Gleichstromsteller (geschlossener Schalter) ist der generatorisch arbeitende Fahrmotor kurzgeschlossen, der Generatorstrom steigt an, und in den Induktivitäten des Kreises wird Energie gespeichert. Im gesperrten Zustand des Gleichstromstellers (offener Schalter) fließt die momentan erzeugte Energie in den Bremswiderstand. Somit kann bis zu sehr kleinen Fahrgeschwindigkeiten Energie in den Bremswiderstand geliefert werden. Die Bremskraft ist fast bis zum Stillstand des Fahrzeugs wirksam.

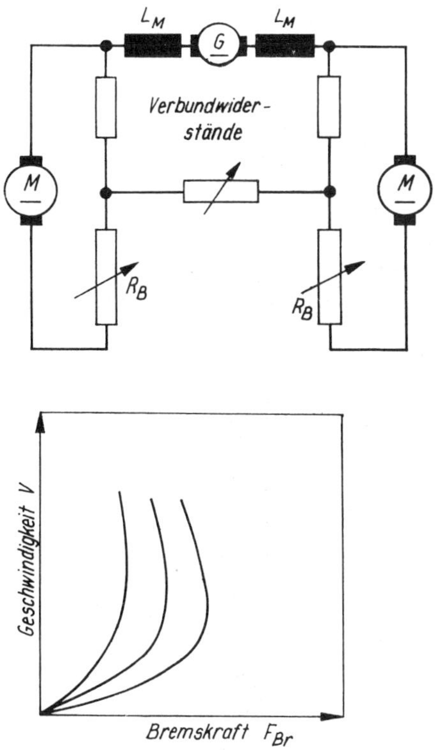

Bild 14.5/5 Fremderregte Widerstandsbremse

b) Fremderregte Widerstandsbremse

Zur Vermeidung des Schaltgeräteaufwands bei der herkömmlichen Technik der selbsterregten Widerstandsbremse, zur Erzielung einer gleichbleibenden Bremskraft und wegen der Möglichkeit der besseren Abbremsung bis zum Stillstand des Fahrzeugs benutzt man die Fremderregung. Dazu ist die Unabhängigkeit von Feld- und Ankerstrom (Bremsstrom) erforderlich, d. h. die Fremderregung der Feldwicklung des Reihenschlußgenerators. Die Netzunabhängigkeit wird dabei meist aufgegeben (netzabhängiger Erregerumformer). Mit der fremderregten Widerstandsbremse kann eine gleichbleibende Bremskraft über einen weiten Geschwindigkeitsbereich ohne Stufung des Bremswiderstands aufrechterhalten werden.

In der Schaltung im Bild 14.5/5 sind Anker- und Feldstrom über einen Verbundwiderstand galvanisch gekoppelt. Die Kopplung wirkt stabilisierend auf die Bremskraft. Mit sinkender Fahrgeschwindigkeit fallen die generatorische Spannung, der Bremsstrom und damit der Spannungsabfall über dem Verbundwiderstand. Damit nehmen der Erregerstrom, die generatorische Spannung und der Bremsstrom wieder zu. Der Spannungsabfall über dem Verbundwiderstand steuert die Größe des Erregerstroms in Abhängigkeit vom Bremsstrom. Im unteren Geschwindigkeitsbereich ist die gleichbleibende Bremskraft nicht mehr aufrechtzuerhalten, so daß eine zusätzliche geringe Stufung des Bremswiderstandes erforderlich wird.

Damit die gebremsten Radsätze weniger zum Blockieren neigen, werden den einzelnen Motoren zunehmend gesonderte Bremswiderstände zugeordnet.

Widerstandsbremsung bei Einphasen-Wechselstrommotoren

Beim Umschalten auf elektrisches Bremsen werden bei jedem Fahrmotor die Läuferwicklung, die Kompensationswicklung und die Wendepolwicklung von der Erregerwicklung und vom Lokomotivtransformator getrennt und an den jeweils zugehörigen Bremswiderstand angeschlossen (Bremsstromkreis).

Die Wendefeld-Parallelwiderstände (Shunts) werden beim Bremsen mit Wechselstrom durch Drosselspulen ersetzt, um die Wendepole der Wechselstromerzeugung (transformatorische Lamellenspannung) anzupassen. Bei Gleichstromerzeugung werden sie ab- oder auf einen kleineren Wert umgeschaltet, um einen für die Gleichstromkommutierung erforderlichen Wert zu erhalten. Die Erregerwicklungen nahezu aller Fahrmotoren werden durch Fahrbremswender in Reihe geschaltet und an die Fremderregungsquelle gelegt (Erregungsstromkreis). Bei Wechselstromtriebfahrzeugen ist der Bremswiderstand immer zusätzlich erforderlich. Seine Bremsleistung wird durch das Einbauvolumen und die Masse begrenzt. So wurde beispielsweise als Spitzenwert bei einer sechsachsigen Lokomotive mit 7 400 kW Dauerleistung eine Bremsleistung von 4 800 kW (dauernd) und 9 600 kW (kurzzeitig) ausgeführt. Dabei betrug die zusätzliche Masse für die Bremswiderstände, deren Belüftung, die Erregereinrichtung, die Fahrbremswender und die Bremskraftregelung etwa 3 900 kg.

Es hat sich als vorteilhaft erwiesen, je Fahrmotor einen separaten Bremsstromkreis vorzusehen, weil so auch bei relativ hoher Haftreibungsausnutzung schon ein guter Gleitschutz gewährleistet wird, denn der Läufer eines ins Gleiten gekommenen Radsatzes liefert sofort weniger Bremsstrom und stabilisiert sich damit selbsttätig. Die Bremskraft wird in Abhängigkeit von der Fahrgeschwindigkeit durch Verändern der Erregerspannung der Fahrmotoren geregelt. Um über den ganzen Geschwindigkeitsbereich ein konstantes Bremsmoment zu erhalten, muß durch eine geeignete Regelung das Produkt Ankerstrom mal Erregerstrom oder angenähert die Summe aus Konstante mal Ankerstrom + Konstante mal Erregerstrom konstant gehalten werden.

Zur Erzielung einer gleichbleibenden Bremswirkung in einem großen Geschwindigkeitsbereich (bis zu kleinen Geschwindigkeiten) ist zusätzlich zur Steuerung der Erregung eine Grobsteuerung durch Umschalten des Bremswiderstands erforderlich.

Hinsichtlich der Quelle für die Fremderregung sind zwei verschiedene Lösungen gebräuchlich:

a) Speisung der in Reihe geschalteten Feldwicklungen direkt aus der Hilfsbetriebewicklung des Haupttranformators über eine Regeleinrichtung

Bei den Baureihen 110 und 140 der DB [77], [199] dient, dem damaligen Stand der Technik entsprechend, ein Magnetverstärker als Regeleinrichtung. Er steuert den Erregerstrom so, daß die von den vier als Generator arbeitenden Fahrmotoren abgegebene Spannung proportional dem Wert $\sqrt{V}$ (V = Fahrgeschwindigkeit) wird (Bedingung für eine von V unabhängige konstante Bremskraft). Der Verlauf $U \sim \sqrt{V}$ als Sollwert wird durch einen besonders gestalteten Tachometergenerator vorgegeben.

Bild 14.5/6 Schaltung der Bremskreise BR 155
1 Hilfsbetriebewicklung des Haupttransformators, 2 Erregergleichrichter, 3 Bremsschütz, 4 Erregerwicklung des Fahrmotors, 5 Wendefeldparallelwiderstand, 6 Motortrennschütz, 7 Bremswiderstand, 8 Gleichstromwandler, 9 Richtungswender, 10 Fahr- und Bremswender

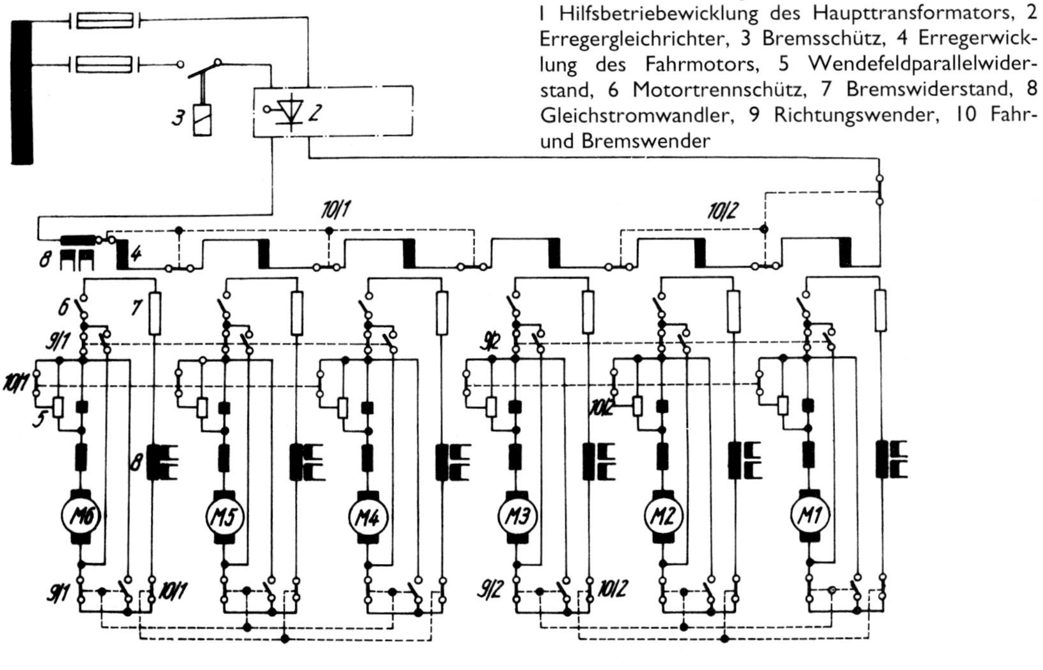

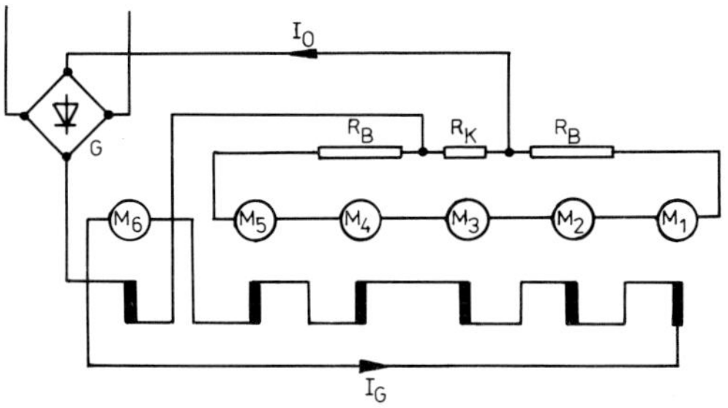

Bild 14.5/7 Schaltung der Bremskreise der BR 150

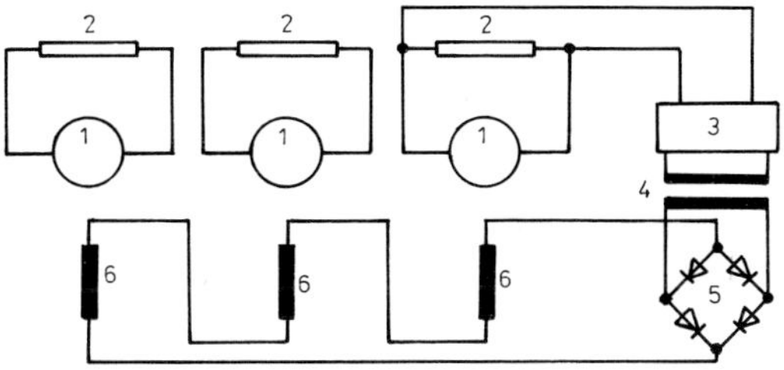

Bild 14.5/8
Fahrdrahtunabhängige Widerstandsbremse der BR 103
1 Fahrmotoren als Bremsgenerator,
2 Bremswiderstand,
3 Wechselrichter,
4 Transformator,
5 Gleichrichter,
6 Erregerwicklung

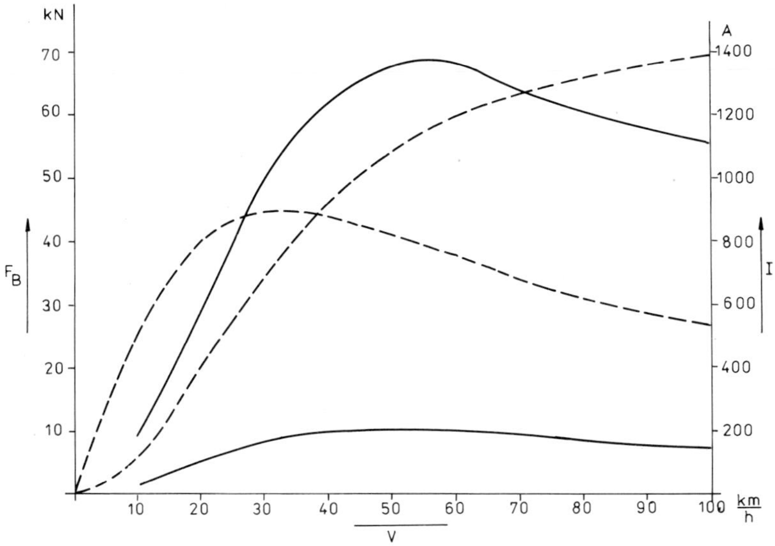

Bild 14.5/9
Bremskraftdiagramm der BR 155

Bei den Baureihen 112, 143, 155 und 156 der DR dient ein steuerbarer Thyristorgleichrichter der Regelung der Bremskraft (Bild 14.5/6).

b) Speisung der in Reihe geschalteten Feldwicklungen durch einen der als Erregergenerator arbeitenden Fahrmotoren, dessen Feld aus der Hilfsbetriebewicklung über eine Regeleinrichtung erregt wird

Bei den Baureihen 171 der DR und 150 der DB sind das Magnetverstärker. Aufgabe der Regeleinrichtung ist bei der Baureihe 150 (Bild 14.5/7, [85], [196]) lediglich die Ausregelung des Einflusses von Schwankungen der Fahrdrahtspannung und von Spannungsabfällen. Um die bei konstantem Erregerstrom mit der Geschwindigkeit in der dritten Potenz ansteigende Bremskraft-Geschwindigkeits-Kennlinie einer solchen mit annähernd konstanter Bremskraft anzunähern, sind Erregerstromkreis und Bremsstromkreis über einen gemeinsamen Verbundwiderstand gekoppelt. Der Spannungsabfall des mit der Geschwindigkeit quadratisch ansteigenden Bremsstroms bewirkt eine Herabsetzung des Erregerstroms und damit eine Minderung der Bremskraft (Bild 14.5/9).

Nachteilig bei dieser Speisung ist eine Verminderung der Gesamtbremskraft der Lokomotive, da der Erregergenerator wegen der geringen erforderlichen Erregerleistung für die übrigen Generatoren einen nur kleinen Beitrag zur Bremskraft leistet. Daher wird diese Lösung vor allem bei sechsachsigen Lokomotiven angewendet, weil hier die prozentuale Einbuße in Grenzen bleibt.

Bei der Baureihe 103 der DB kommt eine fahrdrahtunabhängige Widerstandsbremse zur Anwendung (Bild 14.5/8). [64], [66] Wegen der bei Wechselstrom-Kommutatorfahrmotoren unsicheren Remanenz findet zu Beginn der Bremsung kurzzeitig eine Anfangserregung (Stoßerregung) aus der Triebfahrzeugbatterie statt. Nach Ausbildung der Bremsströme wird die Erregerleistung für je drei Fahrmotoren einem der sechs Bremskreise durch Abgriff der Spannung an einem der Bremswiderstände entnommen. Ein Gleichstromumrichter, bestehend aus einem Thyristorwechselrichter, einem Transformator und einem ungesteuerten Gleichrichter, regelt die für den gewünschten Erregerstrom erforderliche Erregerspannung ein.

14.5.3 Nutzbremsung bei Gleich- und Wechselstromtriebfahrzeugen mit Kommutatormotoren

Eine Nutzbremsung (Netzbremse, Rekuperationsbremse) ist immer netzspannungsabhängig, d. h., das Bahnstromnetz (Fahrleitungsspeisebezirk) muß Spannung führen. Die beim Bremsen zurückgespeiste Energie muß einen Verbraucher finden, andernfalls ist diese Bremse wirkungslos. Bei der Bewertung eines Bremssystems hat der Sicherheitsfaktor große Bedeutung. Die Nutzbremse ist gegenüber einer netzspannungsabhängigen Widerstandsbremse deshalb im Nachteil. Daher wurden Kombinationen von Nutz- und Widerstandsbremse gebaut.
Bei der Nutzbremse wird jedoch die Leistung nicht wie bei der Widerstandsbremse durch ein zusätzliches Bauelement (Bremswiderstand) begrenzt. Hier ist die Belastbarkeit der Fahrmotoren als Generatoren maßgebend. Je nach Schaltung kann aber der Leistungsfaktor ungünstig sein.
Der mögliche Energierückgewinn im Nahverkehr beträgt 10...20 % (30 %).

Nutzbremsung bei Gleichstromtriebfahrzeugen
[49], [93], [119], [120], [148], [242]
Bei der konventionellen Nutzbremse (ohne Gleichstromsteller) ist die Funktionstüchtigkeit nur bei einer über der Netzspannung U_N liegenden Generatorspannung U_G ($U_G > U_N$) und einem fremderregten Reihenschlußgenerator gegeben. Die selbsterregte Reihenschlußmaschine ist wegen ihrer instabilen Arbeitsweise nicht für einen Generatorbetrieb am Netz geeignet. Unvermeidbare geringe Spannungsschwankungen im Netz bewirken bei ihr entweder ein unkontrolliertes Anwachsen des Generatorstroms oder den Netzkurzschluß über den Anker.

Die Reihenschlußmaschine wird bei Fremderregung mit Hilfe einer besonderen Erregermaschine für den Nutzbremsbetrieb brauchbar (Bild 14.5/10). Der Anker der Erregermaschine wird parallel zur Feldwicklung geschaltet. Die Erregermaschine führt die Summe oder die Differenz von Brems- und Erregerstrom, je nachdem, ob die Feldwicklung für den Bremsbetrieb umgepolt wird oder nicht. Die Verbundwicklung der Erregermaschine liegt im Bremsstromkreis und wirkt einer Bremsstromveränderung in einem weiten Geschwindigkeitsbereich entgegen. Die

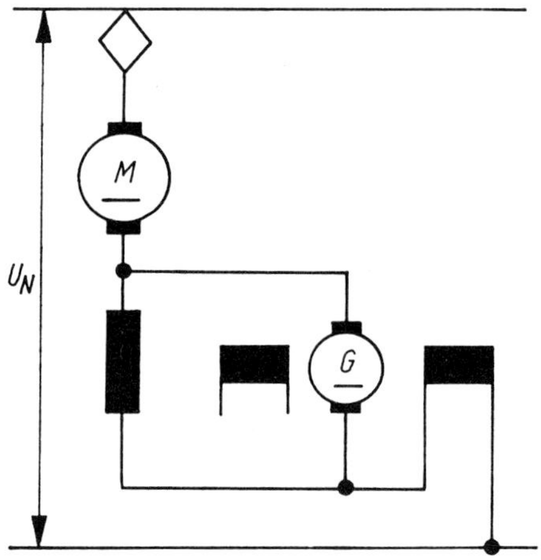

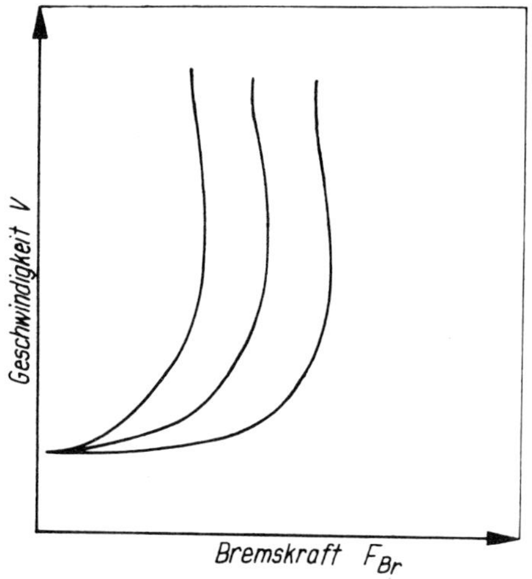

Bild 14.5/10 Nutzbremse in konventioneller Technik

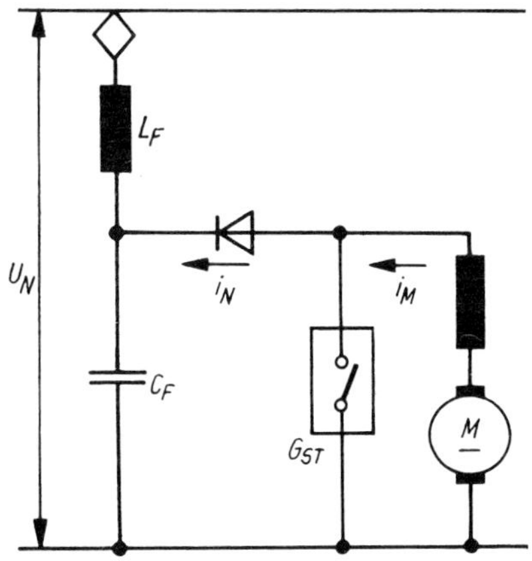

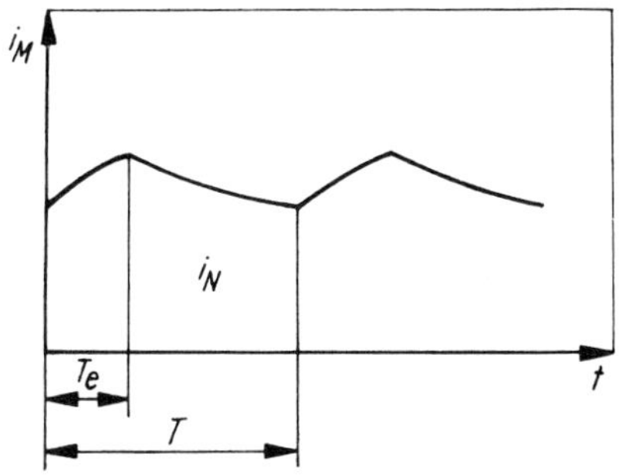

Bild 14.5/11 Nutzbremse mit Gleichstromsteller

Bremskurven entsprechen denen der fremderregten Widerstandsbremse, enden aber nicht bei der Geschwindigkeit Null, sondern oberhalb (Bremskraft nur, solange $U_G > U_N$). Eine Abbremsung bis zum Stillstand ist nicht möglich.

Eine einfachere Möglichkeit der Nutzbremsung mit Gleichstrom-Reihenschlußmaschinen bietet der Gleichstromsteller, der entsprechend der Grundschaltung für den Bremsbetrieb parallel zum Fahrmotor und zum Netz geschaltet wird (Bild 14.5/11). Aufgrund der Wirkung als Aufwärts-Stromtransformator ist die Speisung in das Netz bis zu sehr geringen Fahrgeschwindigkeiten möglich, obwohl $U_N > U_G$. Damit kann die selbsterregte Reihenschlußmaschine beibehalten werden. Die Stabilität des Bremsbetriebs erfordert, daß $U_N > U_G$, da bei $U_G > U_N$ der Gleichstromsteller nicht mehr steuern kann (Generatorstrom und -spannung steigen unkontrolliert an). Der Gleichstromsteller bietet somit gegenüber der herkömmlichen Nutzbremsschaltung die Vorteile des Bremsens bis zu sehr niedrigen Fahrgeschwindigkeiten und der Beibehaltung der Selbsterregung.

Für jede Art der Nutzbremsung (mit und ohne Gleichstromsteller) gilt die Abhängigkeit von der Aufnahmefähigkeit des speisenden Netzes. Bei den üblichen Netzen (Stromversorgung aus dem Landesnetz über ungesteuerte Gleichrichter, keine Rückspeisemöglichkeit) können nur andere Triebfahrzeuge als Aufnehmer fungieren. Da die Nichtaufnahmefähigkeit des Netzes immer gegeben sein kann, ist eine ausschließliche Anwendung der Nutzbremse wenig sinnvoll. Die Nutzbremse wird deshalb meist gemeinsam mit einer Widerstandsbremse angewendet. In Abhängigkeit von der Aufnahmefähigkeit des Netzes und dem Spannungsverhältnis U_N / U_G wird die Nutz- oder die Widerstandsbremse angewendet.

Die Anordnung des zusätzlichen Bremswiderstands ist auf dem Triebfahrzeug (größere Triebfahrzeugmasse, keine zusätzlichen Aufwendungen im Netz) oder stationär im Netz (keine Mehrmasse auf dem Triebfahrzeug, zusätzliche Aufwendungen im Netz) möglich. Je nach der Verwendung konventioneller oder nichtkonventioneller Technik (mit oder ohne Gleichstromsteller) unterscheidet man die kombinierte und die gemischte Nutz- und Widerstandsbremsung.

a) Kombinierte Nutz- und Widerstandsbremse

Bild 14.5/12 zeigt eine Kombination von Nutz- und fremderregter Widerstandsbremse. Die Nutz- oder die Widerstandsbremsung wird durch einen Umschalter eingeleitet. Der Umschalter prüft mit einem Spannungsvergleich selbsttätig die Möglichkeit der Nutzbremsung. Sind die erforderlichen Bedingungen (Aufnahmefähigkeit des Netzes, $U_N < U_G$ in Abhängigkeit von der Bremseinsatzgeschwindigkeit) nicht erfüllt, so findet eine Widerstandsbremsung statt. Aus mechanischen Gründen (Flattern bei Schwankungen der Netzspannung) wird der Umschalter konstruktiv so ausgelegt, daß er während einer Bremsung nur einmal schaltet. Sind die Bedingungen für die Nutzbremsung zu Beginn der Bremsung erfüllt, so tritt die Nutzbremsung bis zur kritischen Geschwindigkeit ($U_N \geqq U_G$) ein, danach wird auf die Widerstandsbremse umgeschaltet. Sind die Bedingungen für die Nutzbremsung bei Beginn der Bremsung dagegen nicht erfüllt, so gibt es eine reine Widerstandsbremsung.

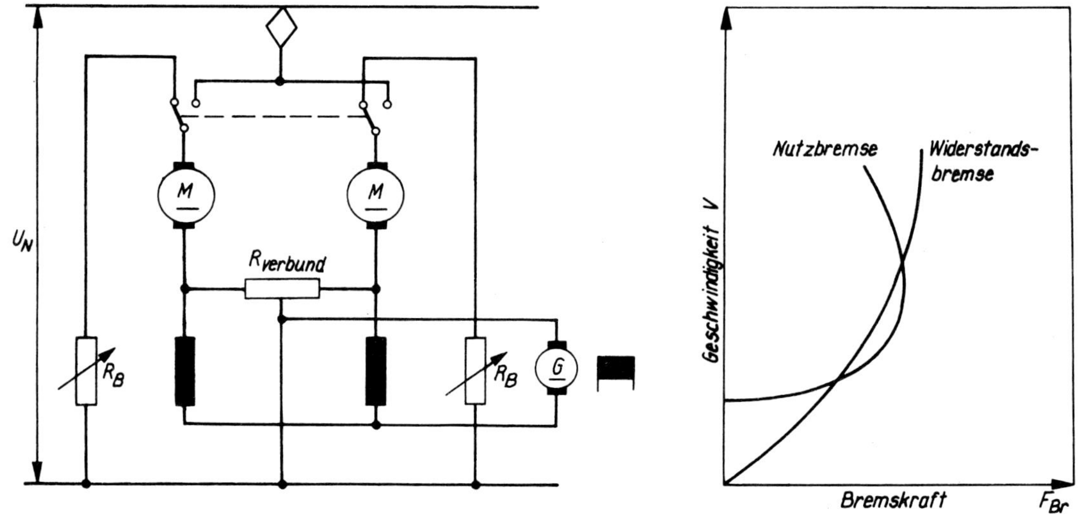

Bild 14.5/12 Kombinierte Nutz-Widerstandsbremse

b) Gemischte Nutz- und Widerstandsbremse (Bild 14.5/13)

Die Grundschaltung der Nutzbremse wird durch einen Parallelzweig mit der Reihenschaltung von Bremswiderstand und Bremsthyristor erweitert. Die Aufnahmefähigkeit des Netzes wird anhand der Spannungshöhe am Filterkondensator überprüft. (Die Kondensatorspannung steigt mit geringer werdender Aufnahmefähigkeit des Netzes.) Der Bremsthyristor wird in Abhängigkeit von der Spannung nur bei nicht vorhandener Aufnahmefähigkeit des Netzes gezündet. In jedem Takt des Gleichstromstellers wird während seiner Einschaltzeit die Gleichstrommaschine kurzgeschlossen und während der Ausschaltzeit der Bremsstrom nur in das Netz (reine Nutzbremse) oder nur in den Bremswiderstand (reine Widerstandsbremse) oder teilweise in das Netz und teilweise in den Widerstand (gemischte Bremse) gespeist.

Liegt zu Beginn der Ausschaltzeit ein aufnahmefähiges Netz vor, so findet nur eine Nutzbremsung statt. Geht die Aufnahmefähigkeit des Netzes noch während der Ausschaltzeit zurück, so steigt die Kondensatorspannung, der Bremsthyristor wird gezündet, und für den Rest des Taktes tritt die Widerstandsbremsung ein. Der Bremsthyristor sperrt mit Beginn des nächsten Taktes, da sein Haltestrom wegen des erneuten Einschaltens des Gleichstromstellers unterschritten wird.

Gegenüber der kombinierten Bremse ermöglicht die gemischte Bremse die Überprüfung und die Auswertung der Aufnahmefähigkeit des Netzes in jeder Periode oder Schaltfrequenz des Gleichstromstellers. Es wird jeweils nur soviel Bremsenergie im Bremswiderstand vernichtet, wie notwendig ist. In Abhängigkeit vom Netz werden die Anteile von Nutz- und Widerstandsbremsung optimal gemischt.

Die Baureihe 485 der DR besitzt eine von einem Gleichstromsteller gesteuerte selbsterregte Mischbremse. Im Bild 14.5/14 der Bremskreis für eine Motorgruppe dargestellt. Der Hauptthyristor liegt entsprechend der Grundschaltung für den Bremsbetrieb im Querzweig bzw. parallel zur Motorgruppe, und die Freilaufdiode FD ist so zwischen den Hauptthyristor HT und den Filterkondensator geschaltet, daß bei gezündetem HT kein Filterkondensator- bzw. Netzkurzschluß entsteht. Zur Steuerung der elektrodynamischen Bremse werden die Motorspannung und die Feldschwächung durch den HT und den FT wie im Fahrbetrieb gestellt. Zusätzlich wird im Bremsbetrieb die Bremsenergie zwischen dem Netz und dem Bremswiderstand über den Bremsthyristor BT aufgeteilt. Zu Beginn jeder Bremsung wird der HT so lange gezündet, bis sich ein ausreichend großer Motorstrom ausgebildet hat. Diesen Vorgang unterstützt und beschleunigt eine netzunabhängige Vorerregung. Nach Erreichen des zur Erregung notwendigen Motorstroms wird der HT wieder gelöscht, und anschließend beginnt der eigentliche Stellerbetrieb. Im Gegensatz zum Fahrbetrieb ist die Motorspannung während des Stellerbetriebs bei gezündetem HT Null, und der Motorstrom steigt aufgrund der generatorisch arbeitenden Fahrmotoren an. Bei gelöschtem HT fließt der Bremsstrom aufgrund der Induktivitäten im Motorkreis über die Freilaufdiode in das Netz. Dieser Nutzbremsbetrieb erfordert im Bahnenergieversorgungsnetz Verbraucher, die für die bei Bremsungen aus hohen Fahrgeschwindigkeiten angebotenen Bremsleistungen nicht immer vorhanden sind. Ein Teil der Bremsleistung wird deshalb bei Bremsungen aus Bremseinsatzgeschwindigkeiten über 42 km/h

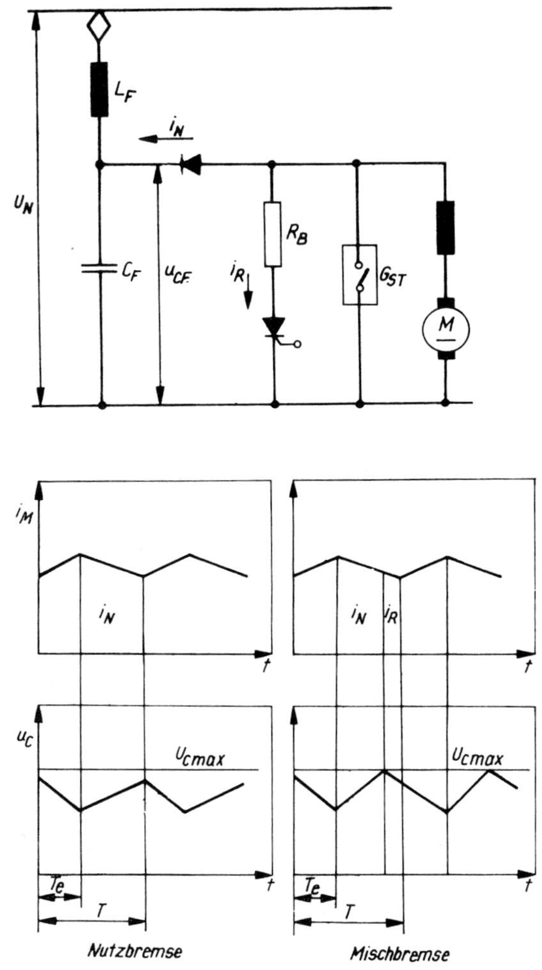

Bild 14.5/13 Gemischte Nutz-Widerstandsbremse

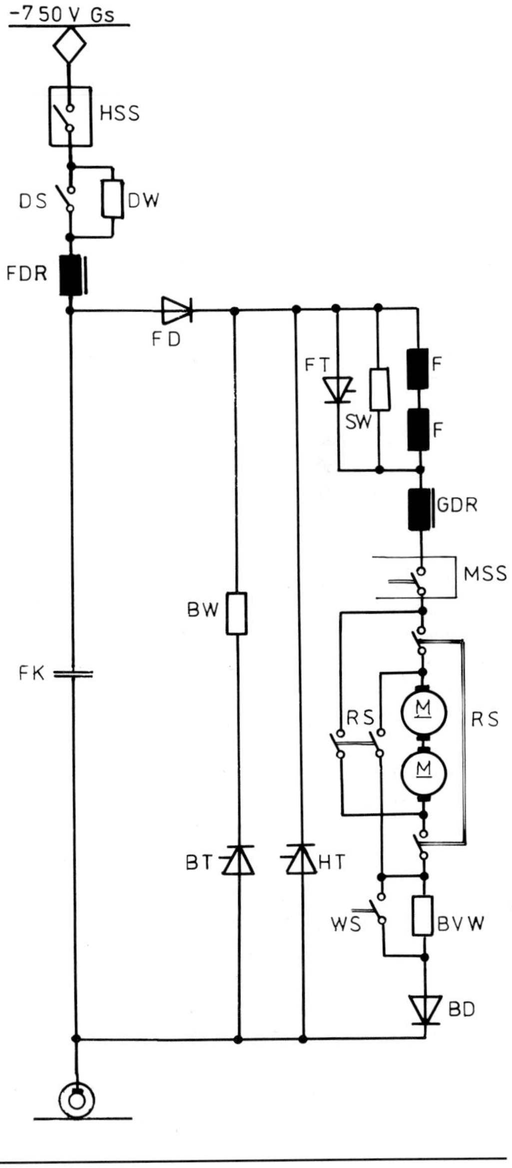

Bild 14.5/14 Bremskreis der BR 485 (dargestellt für eine Motorgruppe)
BD Bremsdiode, BT Bremsthyristor, BVW Bremsvorwiderstand, BW Bremswiderstand, DS Dämpfungsschütz, DW Dämpfungswiderstand, F Motorfeld, FD Freilaufdiode, FDR Filterdrossel, FK Filterkondensator, FT Feldthyristor, GDR Glättungsdrossel, HSS Hauptschnellschalter, HT Hauptthyristor, M Motoranker, MSS Motorschnellschalter, RS Richtungsschütz, SW Shuntierungswiderstand, WS Widerstandsschütz (HT, FT und BT ohne Löschkreis dargestellt)

über den Bremsvorwiderstand ständig in Wärme umgesetzt. Bei Bremseinsatzgeschwindigkeiten unter 42 km/h wird der Bremsvorwiderstand durch das Widerstandsschütz überbrückt.
Die Feldschwächung wird im Bremsbetrieb zur Regelung der Motorspannung genutzt, um bei allen Bremseinsatzgeschwindigkeiten die Motorspannung immer unter der aktuellen Filterkondensatorspannung zu halten, d. h., die Stabilitätsbedingung für die Nutzbremse wird eingehalten.
Bei einem nichtaufnahmefähigen Netz steigt die Spannung am Filterkondensator, und beim Erreichen eines bestimmten Grenzwerts wird der Bremswiderstand durch den gezündeten Bremsthyristor zugeschaltet. Je nach der Dauer der Nichtaufnahmefähigkeit des Netzes, die in jedem Takt des Gleichstromstellers alle 3,3 ms geprüft wird, ergibt sich eine Misch- oder reine Widerstandsbremse. Bei sehr niedriger Netzspannung, die eine im Nutzbremsbetrieb nicht mehr realisierbare Bremsleistung erfordern würde, wird das Dämpfungsschütz ausgeschaltet, das Fahrzeug durch den nun wirksamen Dämpfungswiderstand praktisch vom Netz getrennt und mit reiner Widerstandsbremse gebremst. Bei Bremseinsatzgeschwindigkeiten unter 20 km/h ist keine elektrodynamische Bremsung möglich.

Nutzbremsung bei Wechselstromtriebfahrzeugen [78], [221]
Die Aufnahmefähigkeit des Netzes ist bei Wechselstromspeisung im Gegensatz zu Gleichstrombahnen nicht so kritisch, weil die Unterwerksabschnitte größer sind und auch eine Rückspeisung über den Unterwerkstransformator hinaus möglich ist.
Die Nutzbremsung kommt heute nicht nur wegen der Energierückgewinnung in Betracht, sondern auch, um eine möglichst hohe Bremskraft verwirklichen zu können. Bei der Widerstandsbremse sind die immer mehr steigenden Anforderungen an die Bremsleistung, die Masse- und Einbauschwierigkeiten sowie die Wärmeabfuhr von den Widerständen kaum noch zu beherrschen. Der zu erwartende Energierückgewinn beträgt je nach Einsatz und Fahrprogramm nur 5...20 %.
Ein weiterer Vorteil der Netzbremse ist, daß die Bremskraft bei geeigneter Schaltung bis zum Stillstand des Triebfahrzeugs nahezu in voller Höhe aufrechterhalten werden kann. Dabei muß aber die Phasenlage des Erregerstroms wegen der Induktivität des Ankers in weiten Bereichen geändert werden.

Der Aufwand für eine Nutzbremse ist bei Triebfahrzeugen mit Einphasen-Kommutatormotoren beachtlich, der Nutzen allerdings nur wenig zufriedenstellend. Der Einphasen-Kommutatormotor ist aus Stabilitätsgründen als Generator nur mit Fremd- oder Nebenschlußerregung für die Netzbremsung geeignet. Bei Reihenschlußerregung ändert sich die Spannung in Abhängigkeit von der Belastung stark. Die Regelung wäre dabei sehr kompliziert. Bei Fremd- oder Nebenschlußerregung ergibt sich aber nahezu eine Nacheilung der erzeugten Spannung gegenüber der Netzspannung um 90°, die wegen der Induktivität der Erregerwicklung entsteht, wenn man diese über einen Transformator unmittelbar aus dem Netz speist.
Eine Rückspeisung ins Netz ist nur möglich, wenn die erzeugte Spannung größer als die Netzspannung ist und mit ihr in Frequenz und Phasenlage übereinstimmt. Die richtige Phasenlage kann z. B. durch Kondensatoren oder Drosseln hergestellt werden. Neben der phasenrichtigen Erregung sind weiter von Bedeutung: Kommutierung, Selbsterregungserscheinungen, Leistungsfaktor am Netz und Masseprobleme. Mit Selbsterregungserscheinungen ist hier der Zustand gemeint, bei dem die rückarbeitenden Motoren unter bestimmten Belastungen ein selbständiges Stromsystem mit netzfremder Frequenz bilden, dessen Überlagerung über den regulären Bremsstrom einen geordneten Bremsbetrieb unmöglich macht.
Hinsichtlich der Mittel, die zur Erzeugung einer phasenrichtigen Erregung angewendet werden, unterscheidet man die Kondensator- und die Drosselschaltung.

a) Kondensatorschaltungen
Es sind verschiedene Schaltungen ausgeführt worden. Bei allen hebt der Kondensator die Reaktanz der Feldwicklung auf und verschiebt damit den Vektor des Feldstroms in die Phasenlage der aufgedrückten Erregerspannung (Bild 14.5/16). Weil der Anker erst dann an die Stufenspannung des Transformators angeschlossen werden kann, wenn die Ankerspannung mit ihr übereinstimmt, muß bei einer Bremsung aus hoher Geschwindigkeit mit einer hohen Transformatorstufe begonnen werden. Die Kondensatorschaltung hat eine relativ harte Nebenschlußcharakteristik, deren Abschwächung durch einen Dämpfungswiderstand möglich ist. Die Bremskraftstöße beim Schalten von Stufe zu Stufe werden dadurch verringert. Bei einer Netzspannungsunterbrechung muß wegen der Resonanzabstimmung des Kondensators mit

den Feldern und der dadurch bedingten Möglichkeit der Selbsterregung sofort automatisch abgeschaltet werden. Die Kondensatorschaltung hat ein hohes Masse-Leistungs-Verhältnis (ungefähr 3,0 kg/kW), sehr steile Bremskraft-Geschwindigkeits-Kennlinien (Bild 14.5/15) und einen ungünstigen Leistungsfaktor außerhalb der Nenndrehzahl.

b) Drosselschaltungen
Sehr bekannt ist die sog. BEHN-ESCHENBURG-Schaltung. Die Feldwicklung wird hier fremderregt und der Anker über eine Drosselspule zur Begrenzung des Ankerstroms ans Netz gelegt (Bild 14.5/18). Die von der Drossel aufgenommene Spannung schließt im Zeigerdiagramm die offene Seite des Spannungsdreiecks aus der Transformator-Sekundärspannung (Netzspannung) und der Ankerspannung (erzeugte Spannung). Die Bremskraft-Geschwindigkeits-Kennlinien verlaufen nahezu horizontal (Bild 14.5/17), d. h., auf jeder Stufe kann bis zum Stillstand mit konstanter Bremskraft gebremst werden. Der Vorteil der BEHN-ESCHENBURG-Schaltung ist die hohe

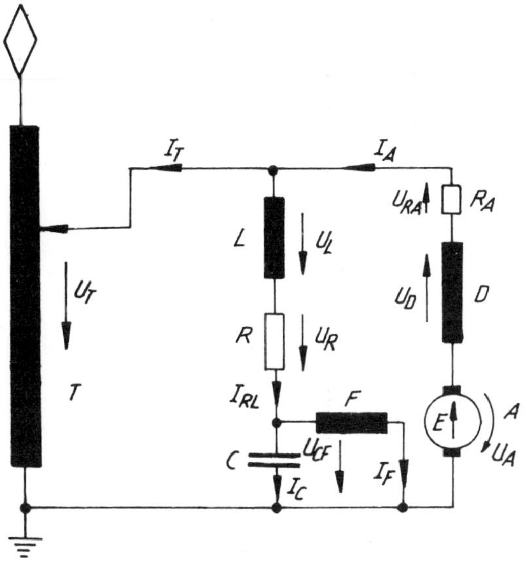

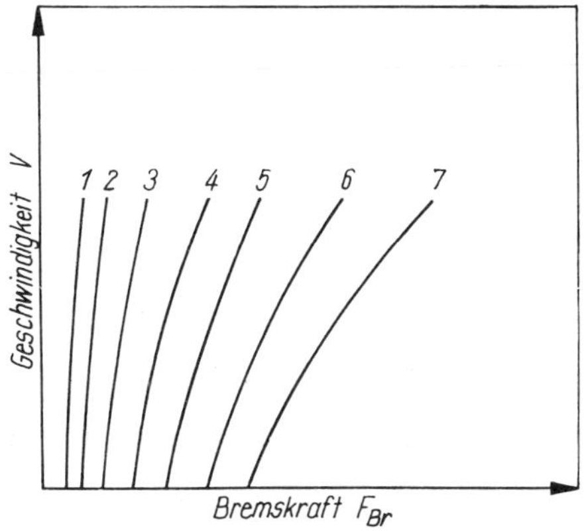

Bild 14.5/15 Bremskraft-Geschwindigkeits-Kurven der MFO-Schaltung

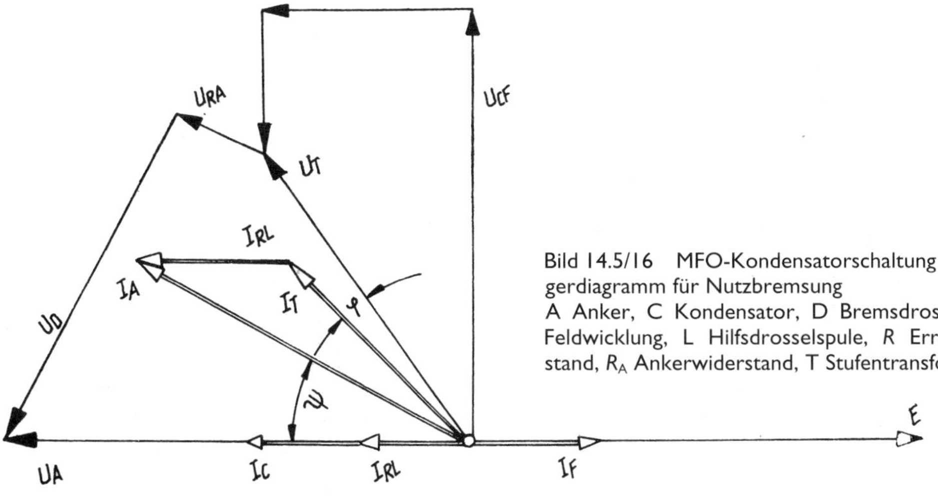

Bild 14.5/16 MFO-Kondensatorschaltung und Zeigerdiagramm für Nutzbremsung
A Anker, C Kondensator, D Bremsdrosselspule, F Feldwicklung, L Hilfsdrosselspule, *R* Erregerwiderstand, R_A Ankerwiderstand, T Stufentransformator

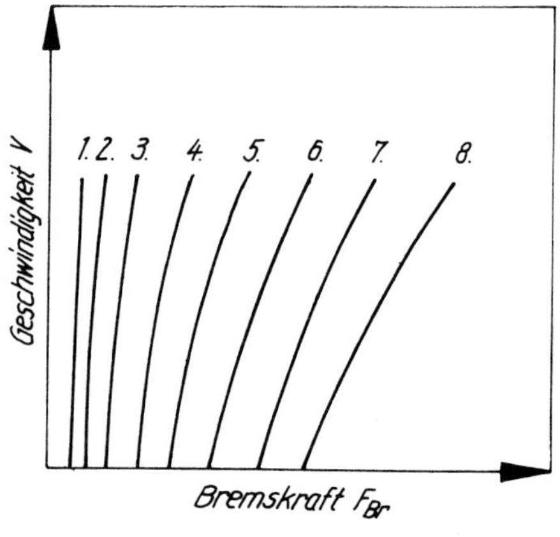

Bild 14.5/17 Bremskraft-Geschwindigkeitskurven der Drosselschaltung

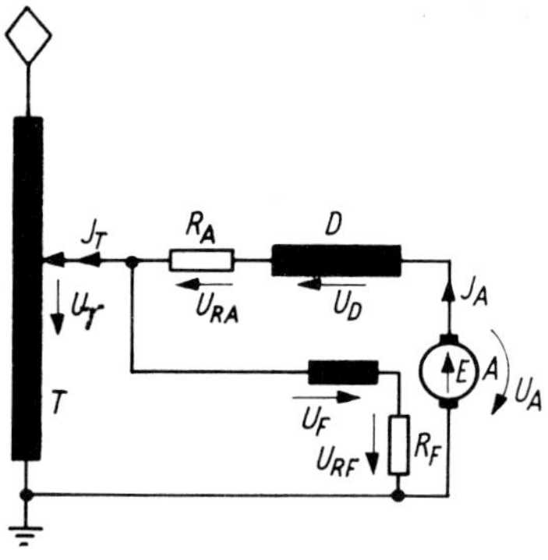

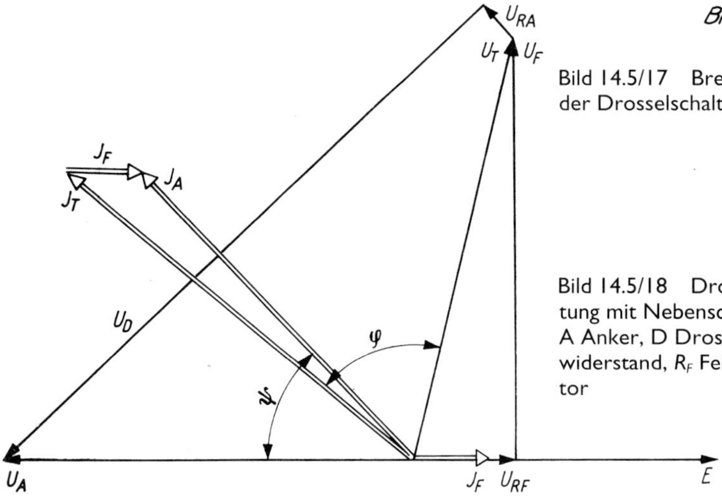

Bild 14.5/18 Drosselschaltung (Nutzbremsschaltung mit Nebenschlußerreger) und Zeigerdiagramm A Anker, D Drosselspule, F Feldwicklung, R_A Ankerwiderstand, R_F Feldwiderstand, T Stufentransformator

Betriebssicherheit, weil die Gefahr der Selbsterregung nicht besteht. Die Schaltung hat jedoch einen schlechten Leistungsfaktor ($\cos \varphi = 0{,}7$). Die Bremsdrossel im Ankerkreis führt den vollen Bremsstrom und hat deshalb ein hohes Masse-Leistungs-Verhältnis (ungefähr 3,6 kg/kW) zur Folge. Die Schaltung zeichnet sich durch große Einfachheit aus.

Weitere ausgeführte Schaltungen sind u. a. die Kompoundschaltung und die Erregermotorschaltung. Ferner gibt es kombinierte Nutz-Widerstands-Bremsschaltungen.

Bei der Nutzbremsung von Triebfahrzeugen mit Stromrichtern und Mischstromfahrmotoren verlagern sich die Probleme auf die Stromrichter und ihre Regelung, und der Übergang vom Gleichrichterbetrieb zum Wechselrichterbetrieb wird erforderlich. Wichtig sind z. B. die Gewährleistung der Wechselrichterstabilität bei der häufig stark schwankenden Fahrdrahtspannung, der Schutz und die Stromlücken. Daneben muß natürlich auch hier die Veränderung der Fahrmotor-Erregung bewirkt werden.

14.5.4 Widerstands- und Nutzbremsung bei Gleich- und Wechselstromtriebfahrzeugen in Drehstromantriebstechnik

Aus dem im Abschn. 14.4.6 für Triebfahrzeuge mit Drehstromantriebstechnik dargestellten grundsätzlich anderen Aufbau der Fahrsteuerung gegenüber der herkömmlichen Technik ergeben sich auch Veränderungen bei der elektrischen Bremsung.

Gleichstromtriebfahrzeuge

Die im Abschn. 14.3.2 beschriebenen Lösungen für die Drehstromantriebstechnik zur Fahrsteue-

rung von Gleichstromtriebfahrzeugen sind auch für ein elektrodynamisches Bremsen mit Rückspeisung in das Fahrleitungsnetz geeignet, sofern der Umrichter rückarbeitsfähig ist. Die in den Bildern 14.3/9 und 14.3/10 als Motorstromrichter eingesetzten Wechselrichter sind für die Rückspeisung geeignet. Die Asynchronfahrmotoren werden durch entsprechende Steuerung der Wechselrichter vom Motor- in den Generatorbetrieb gebracht. Die Rückspeisung der Bremsenergie geschieht beim Pulswechselrichter durch Umkehr des Stromes bei gleichbleibender Spannungsrichtung und beim Phasenfolgewechselrichter durch Beibehaltung der Stromrichtung und Umkehr der Spannung im Zwischenkreis. Die Netzstromrichter sind in beiden Bildern Einquadranten-Gleichstromsteller, die nicht rückarbeitsfähig sind. Die Rückarbeitsfähigkeit läßt sich für den Bremsbetrieb durch Mehrquadrantensteller oder durch eine kontaktbehaftete Umschaltung herstellen. Mit einem derart rückspeisefähigen Umrichter ist die elektrodynamische Bremse in der gleichen Form wie bei der Gleichstromstellersteuerung als gemischte Nutz-Widerstandsbremse ausführbar. Für das im Bild 14.3/11 dargestellte Nahverkehrsfahrzeug mit einem I-Umrichter wird die Rückarbeitsfähigkeit durch die mechanische Umschaltungdes Fahr-Bremsschützes bewirkt. Für den Bremsbetrieb bleiben die Kontakte des Fahr-Bremsschützes offen, so daß bei gezündetem Hauptthyristor der Bremskreis über die Bremsdiode geschlossen ist und der Bremsstrom sich aufbaut. Bei gelöschtem Hauptthyristor fließt der Bremsstrom über die Freilauf- und die Bremsdiode in das Netz. Bei nichtaufnahmefähigem Netz wird der Bremsthyristor gezündet und die Bremsenergie über den Bremswiderstand in Wärme umgesetzt. In Abhängigkeit von der Aufnahmefähigkeit des Netzes ergibt sich eine gemischte Nutz-Widerstandsbremse. Im oberen Geschwindigkeitsbereich werden die hohen Bremsspannungen über die Bremsvorwiderstände abgebaut, im unteren werden die Widerstände überbrückt. Wie bei der Gleichstromsteller-Bremsung ist auch hier die Abbremsung bis zu sehr kleinen Geschwindigkeiten herab mögich.
Von den ebenfalls im Abschn. 14.3.5 aufgeführten Nahverkehrsfahrzeugen mit U-Umrichter und den Vollbahnfahrzeugen ist nur die italienische Baureihe E 402 mit einer Nutzbremse ausgestattet. Alle anderen Fahrzeuge besitzen nur eine elektrodynamische Widerstandsbremse.

Wechselstromtriebfahrzeuge
Die folgenden Erläuterungen werden am Beispiel der Baureihe 120 der DB gegeben (Bild 14.4/23). Beim Netzbremsbetrieb wird den Drehstrom-Asynchronfahrmotoren (DAM) über die Regelung negativer Schlupf vorgegeben. Pulswechselrichter und Vierquadrantensteller arbeiten in der gleichen Weise wie beim Fahrbetrieb als Stellglieder. Die Amplitude des Stromwerts kehrt sich beim Bremsen um, und die Bremsenergie wird aus dem als Generator wirkenden DAM über den Umrichter in das Bahnnetz zurückgeliefert. Der Leistungsfaktor erreicht bei Leistungen über 20 % der Maximalleistung 0,98, und die Rückwirkungen auf das Netz sind gering.
Die Rückspeisung der Bremsenergie in das Netz ist mit keinem Zusatzaufwand verbunden und wird als vorteilhafte Lösung mit sehr hoher Verfügbarkeit beurteilt. Beim Bremsen werden die Geräte des Leistungskreises mechanisch nicht umgruppiert. Allein durch die Steuerung des Vierquadrantenstellers wird der Strom beim Bremsen in Gegenphase (und beim Fahren in Phase) mit der Netzspannung eingestellt.
Auf die Bedeutung einer effektiven Gleit- und Schleuderschutzregelung (mikroprozessorgesteuert) soll zur Sicherung einer optimalen Kraftschlußbeiwertausnutzung auch im Bremsbetrieb hingewiesen werden, weil dadurch ein wesentlicher Beitrag zur Schonung der Radsatzlaufflächen geleistet wird.
Bei einem Triebfahrzeug in Drehstromantriebstechnik besteht die Möglichkeit, die maximale Bremskraft bis zur Geschwindigkeit 0 km/h aufzubringen. Zur Ruckbegrenzung wird jedoch über die Regelung ein linearer Abfall der Bremskraft im Bereich 5 bis 0 km/h bewirkt.
In der Regel wird beim Bremsen die Spannung im Netz steigen. Bei einem weichen Bahnnetz ist es jedoch auch möglich, die Spannung beim Bremsen durch einen induktiven Phasenwinkel zu reduzieren und beim Fahren durch einen kapazitiven Phasenwinkel zu stützen.
Die Ausführung einer Nutzbremse gegenüber einer Widerstandsbremse erlaubte z. B. bei der Baureihe 120 der DB eine Leistungserhöhung von 3,3 auf 4,0 MW. Den Bremskraftverlauf zeigt Bild 22.2/2.
Bei Triebfahrzeugen in Drehstromantriebstechnik ist auch der Einbau einer Widerstandsbremse möglich. Der Bremswiderstand wird dann auf der Netzseite des Vierquadrantenstellers vorgesehen. Die Steuerung der Bremsleistung wird ebenfalls

mit dem Stromrichter vorgenommen. Eine netzunabhängige elektrische Bremse läßt sich, falls nötig, ausführen, indem die DAM von einer kleinen Zwischenkreisspannung erregt werden und diese schließlich von der Batterie bereitgestellt wird. Die Hilfsbetriebe erhalten ihre Speisung von der im Betriebszustand konstanten Zwischenkreisspannung. Beim Bau der Musterlokomotive der Baureihe 120 der DB wurde der Nachweis erbracht, daß unter den gegebenen Netzbedingungen auf die Bremswiderstände zugunsten einer Nutzbremse verzichtet werden kann. Der Wegfall der Bremswiderstände, der Belüftung und der Überwachung spart Masse, Volumen und Instandhaltungskosten ein.

14.6 Elektromechanische Schaltgeräte

14.6.1 Schütze

Das Schütz ist ein Schaltgerät, dessen Hauptkontakt einen Leistungsstromkreis schaltet und selbst durch einen Steuerstromkreis betätigt wird. Es ist im Prinzip ein fernbetätigter Schalter für hohe Stromstärken und besitzt meist mehrere Hilfskontakte für Steuerzwecke (Arbeits- und Ruhekontakte). Es wird ein- und zweipolig ausgeführt. Man unterscheidet elektromagnetische und elektropneumatische Schütze.

Elektromagnetische Schütze
Wesentliche Bestandteile eines elektromagnetischen Schützes (Bild 14.6/1) sind der feste Magnetkern mit der Spule und der bewegliche Eisenanker. Der Spulenstrom (Steuerstrom) bewirkt im Kern ein Magnetfeld, so daß der Anker angezogen wird und der damit verbundene Hauptkontakt den Betriebsstromkreis (Leistungsstromkreis) schließt. Der Kontakt wird durch einen Kniehebel mit einem Gelenkstück betätigt. Zunächst wird eine sehr rasche Kontaktbewegung hervorgerufen, die sich im letzten Teil des Schaltwegs verlangsamt, wobei eine hohe Anpreßkraft, d.h. ein hoher Kontaktdruck, erzeugt wird. Die Kontaktfeder am beweglichen Hauptkontakt sorgt für eine ausreichende Anpreßkraft auch bei in zulässigen Grenzen verschlissenen Kontaktstücken. Sie ist ferner für das Abwälzen der Kontakte beim Schaltvorgang erforderlich. Dabei findet die Kontaktgabe statt, und der Lichtbogen reißt an der Spitze des Schaltstücks ab, während der Dauerstrom nach dem Abwälzen der Kontaktstücke über eine vom Lichtbogen nicht angegriffene Fläche fließt. Das Schütz ist eingeschaltet, solange Steuerstrom fließt. Bei dessen Unterbrechung bewirkt eine Feder das schnelle Öffnen der Kontakte. Beim Abschalten kommt es zur Ausbildung eines Lichtbogens zwischen den Hauptkontakten. Die begleitende Wärme greift die Kontaktstücke an (Schmorstellen), sie werden rauh und uneben. Hierdurch erhöht sich der Kontakt-Übergangswiderstand, was eine weitere Erwärmung hervorruft und zum Verschweißen der Kontaktstücke führen kann. Eine rasche Löschung des Abschaltlichtbogens ist daher bei einem Schütz wichtig. Sie wird

Bild 14.6/1 Schematische Darstellung eines elektromagnetischen Schützes

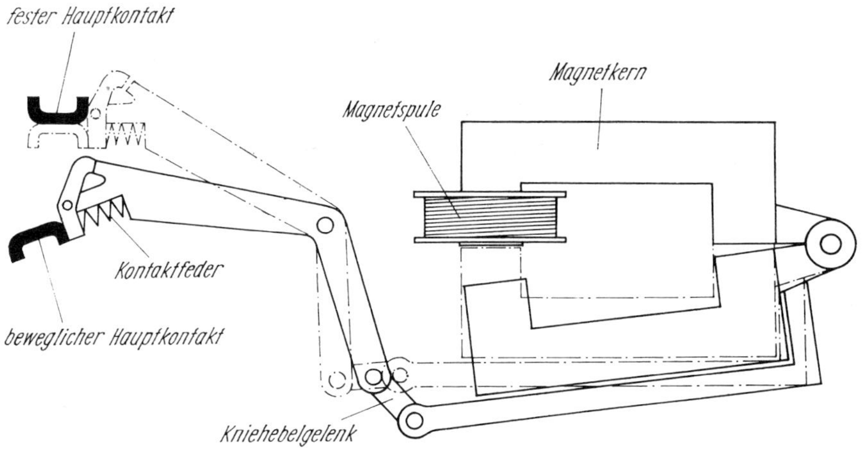

durch eine geeignete Gestaltung und schnelles Trennen der Kontaktstücke sowie die Funken-(Lichtbogen-)Kammer erfüllt. Die Kontaktstücke bestehen der guten Leitfähigkeit und der kleinen Übergangswiderstände wegen meist aus Kupfer.
Heute wird die Magnetspule überwiegend mit Gleichstrom gespeist, früher war bei 16-²/₃-Hz-Triebfahrzeugen auch die Versorgung mit 200 V, 16²/₃ Hz üblich. Gleichstrombetätigte Schütze besitzen meist einen sog. Haltewiderstand. Nach dem Einschalten wird dieser Widerstand mit den Hilfskontakten zu der Magnetspule in Reihe geschaltet und damit deren Stromaufnahme reduziert. Das ist möglich, weil zum Verbleiben im eingeschalteten Zustand ein kleinerer Strom (Haltestrom) als zum Einschalten gebraucht wird.

Elektropneumatische Schütze
Der Hauptkontakt wird mit einem druckluftbetätigten Kolben bewegt (Bild 14.6/2) und die Druckluftzufuhr durch ein Magnetventil gesteuert. Es wird meist Druckluft mit 0,5 MPa angewendet. Im eingeschalteten Zustand hält die Druckluft den Hauptkontakt ständig geschlossen. Wird die Betätigungsspannung für das Magnetventil unterbrochen, so sperrt es die Druckluftzufuhr ab und entlüftet den Antriebszylinder. Eine im Antriebszylinder eingebaute Ausschaltfeder öffnet dann den Hauptkontakt.
Als Beispiel zeigt das Bild 14.6/3 das als Motor-

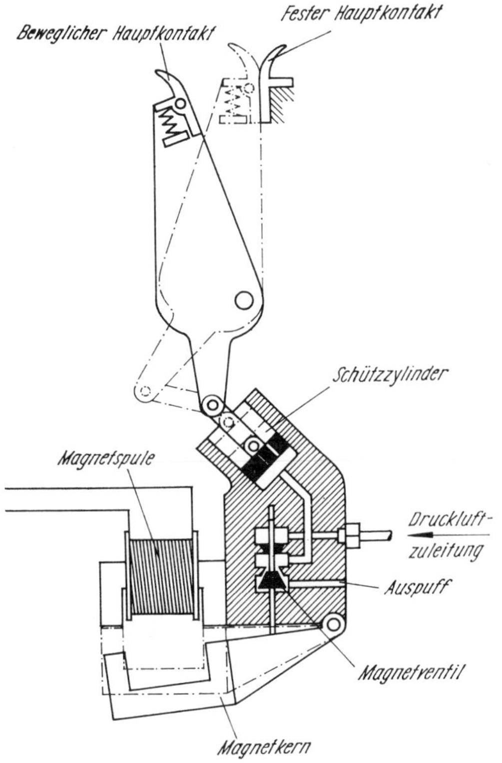

Bild 14.6/2 Schematische Darstellung eines elektropneumatischen Schützes

Bild 14.6/3 Motortrennschütz DLS 18a der BR 109/142 (Vorderansicht)

trennschütz eingesetzte elektropneumatische Schütz DLS 18 in der Baureihe 109/142 der DR.
Vorteile des elektropneumatischen Schützes gegenüber dem elektromagnetischen Schütz:
- Es sind größere Kontaktkräfte möglich.
- Das Einschalten ist weicher bzw. sanfter möglich, da die Luft gedrosselt in den Schaltzylinder eintritt und der Luftdruck im Zylinder infolge der Expansion erst allmählich ansteigt. Beim elektromagnetischen Schütz steigt die magnetische Kraft schnell an, um so mehr, je geringer der Luftspalt wird, so daß es zum Prellen der Kontakte kommen kann.
- Der Energieverbrauch ist geringer, da im eingeschalteten Zustand nur das Magnetventil unter Spannung steht und ein Luftverbrauch nur während des Einschaltens auftritt. Beim elektromagnetischen Schütz muß zur Aufrechterhaltung der Kontaktkraft immer ein beachtlicher Haltestrom fließen (je nach Schützgröße bis zu 120 W).
- Die Masse ist geringer.

Ein Nachteil des elektropneumatischen Schützes ist die Gefahr des Einfrierens im Winter bei ungenügender Lufttrocknung bzw. ungenügender Entwässerung des Luftsystems.
Bezüglich der Lichtbogenlöschung wird auf den Abschnitt 6.3, verwiesen. Von den dort beschriebenen Methoden kommen bei den Schützen zur Anwendung:
- die Verlängerung des Lichtbogens durch rasche Kontakttrennung, Funkenhörner, magnetische Beblasung und Funkenkamine mit Querstegen,
- die Kühlung durch die Wandungen der Funkenkamine,
- in zunehmendem Maße die Einschränkung der Bildung von Ionen durch Verwendung von Vakuumschaltkammern (Vakuumschütze).

14.6.2 Schaltwerke

Das Schaltwerk ist eine Baueinheit von Starkstromschaltern oder von einem Wähler mit Lastschaltern, wobei die Kontakte in einer bestimmten Reihenfolge geschlossen oder geöffnet werden. Dabei wird der vorgesehene Schalttakt auf rein mechanischem Weg eingehalten. Das Schaltwerk besitzt auch meist eine kleine Anzahl Steuerschalter für die Steuerkreise. Vor den Schaltwerken fanden Schützsteuerungen Anwendung. Um die Schaltreihenfolge der Schütze sicherzustellen, war eine Vielzahl von Steuerstromkontakten erforderlich.
Man unterscheidet:
- Niederspannungsschaltwerke, die bei niedrigen Spannungen große Ströme schalten. Ihre Kontakte führen Ströme bis zu 20 000 A, während die höchste Spannung etwa 1 000 V beträgt. Sie werden meist als Nockenschaltwerke ausgeführt.
- Hochspannungsschaltwerke, die bei hohen Spannungen nur relativ kleine Ströme schalten. Ihre Kontakte schalten Ströme bis 600 A, während die Höchstspannung 15 oder 25 kV erreicht. Sie werden am häufigsten in der Kombination Wähler/Lastschalter gebaut.

Niederspannungsschaltwerke älterer Ausführung wurden auch schon als Wähler (in Form eines Schlittenschaltwerks) mit Lastschaltern ausgeführt.
Weitere Einteilungsmöglichkeiten ergeben sich aus ihrer Aufgabe in der Steuerung. Man unterscheidet z. B. Hauptschaltwerke und Hilfsschaltwerke (Feinschaltwerk, Sonderbauform: Feinregler).

Nockenschaltwerke
Nockenschalter erlauben große Kontaktkräfte und -flächen und damit große Stromstärken. Den prinzipiellen Aufbau eines Nockenschalters zeigt

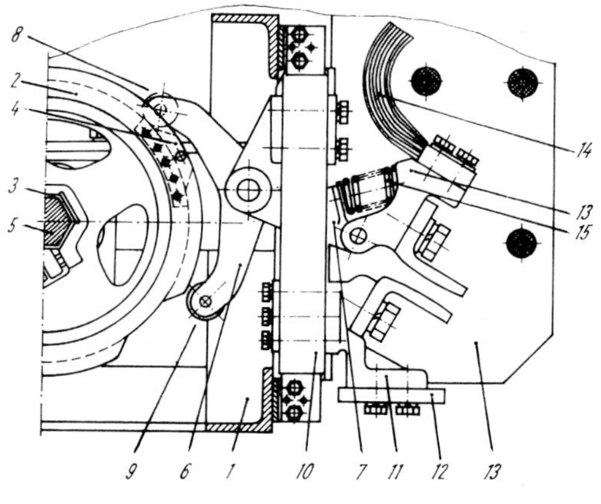

Bild 14.6/4 Nockenschalter für Schaltwerk LNSW 5
1 Schaltwerksrahmen, 2 Nockenring, 3 Hartpapierisolation, 4 Einschaltnocken, 5 Nockenwelle, 6 Rollenhebel, 7 Schalthebel, 8 Einschaltrolle, 9 Ausschaltrolle, 10 Befestigungsleiste aus Isolierstoff, 11 Kontaktblock mit festem Kontakt, 12 Anschlußschiene, 13 Kontakthebel mit beweglichem Kontakt, 14 flexibles Kupferband, 15 Druckfeder, 16 Isolierzwischenplatte

Bild 14.6/4. Die Nockenschaltwalze wird senkrecht oder waagerecht angeordnet und in Wälzlagern gelagert. Die Schaltwalze trägt isoliert befestigt die Nockenringe, die die eigentlichen Nockenschalter betätigen. Je nach dem erforderlichen Schaltvermögen werden die Schalter mit einer Funkenkammer versehen oder nicht. Der Rahmen des Schaltwerks ist meist eine Schweißkonstruktion aus Profilstählen.

Das Schaltwerk hat in der Regel elektromotorischen Antrieb. Es sind auch pneumatische Antriebe ausgeführt worden. Ältere Schaltwerke weisen reinen Handantrieb über Wellenleitungen und Getriebe auf. Die Schaltwerke besitzen meist einen Notantrieb in Form einer Handkurbel. Zumindest gibt es bei jedem Schaltwerk die Möglichkeit, es zur Revision und für Störungsfälle von Hand durchzuschalten. Der motorische Antrieb erfolgt über verschiedene Getriebe, unter anderem Maltesergetriebe. Das Schaltwerk besitzt eine Stellungs- bzw. Stufenmarkierung für die Störungssuche und zu Einstellzwecken.

Beispiele:

- Schaltwerk LNSW 5 (Bilder 14.6/5 und 14.6/6), Hauptschaltwerk für die Baureihe 109/142 der DR, Nennspannung 750 V, Stromart $16^{2}/_{3}$ Hz, Nennstrom 3 400 A, Masse 950 kg.
- Schaltwerk LNSW 4a (Bild 14.6/7). Feinschaltwerk für die Baureihe 109/142 der DR.

Stufenwähler mit Lastschaltern

Diese Bauart (Bild 14.6/8) wird als Hochspannungs- und als Niederspannungsschaltwerk eingesetzt. Es gibt Rundwähler (Rundschaltwerke) und Flachbahnwähler (Schlittenschaltwerke). Der Stufenwähler nimmt stets die stromlose Umschaltung der Transformatorenanzapfungen vor und wird immer an den Transformator angebaut. Bei beiden Ausführungen sind die zugehörigen Lastschalter in unmittelbarer Nähe angeordnet.

Bild 14.6/5
Hauptschaltwerk LNSW 5 (Vorderansicht)

Bild 14.6/6
Blick in den Maschinenraum der BR 109/142

a) Rundwähler
Das Bild 14.6/9 zeigt, wie das Kontaktsystem in ein kesselförmiges Gehäuse eingebaut ist. Zwischen Transformator und Stufenwähler befindet sich eine öldichte Hartpapierplatte, durch die die Transformatoranzapfungen zum Kontaktsystem geführt sind. Die Isolieröle von Wähler und Transformator werden getrennt gehalten, weil das Wähleröl infolge des Kontaktabriebs früher verschmutzt. Der Stufenwähler besitzt häufig ein Ausdehnungsgefäß und einen Buchholzschutz. Das Kontaktsystem des Wählers besteht aus Kontaktsegmenten, die in zwei konzentrischen Kreisen meist auf einer Gießharzplatte angeordnet sind, und aus zwei in einer parallelen Ebene gleichfalls konzentrisch angeordneten Kontaktringen. An die inneren Kontaktsegmente werden die ungeraden Transformatoranzapfungen und an die äußeren die geraden Anzapfungen angeschlossen. Oft werden etwa 30 Stufen vorgesehen. Die Stromführung zwischen den Segmenten und den zugehörigen Kontaktringen wird jeweils durch ein federbelastetes, meist silberplattiertes Kontaktrollenpaar gewährleistet. Dieses wird von einem Schaltarm geführt, der sich auf einer kreisförmi-

Bild 14.6/7
Feinschaltwerk LNSW 4a (Vorderansicht, Funkenkamine abgenommen)

Bild 14.6/8
Stufenwähler mit Lastschaltern und Antrieb

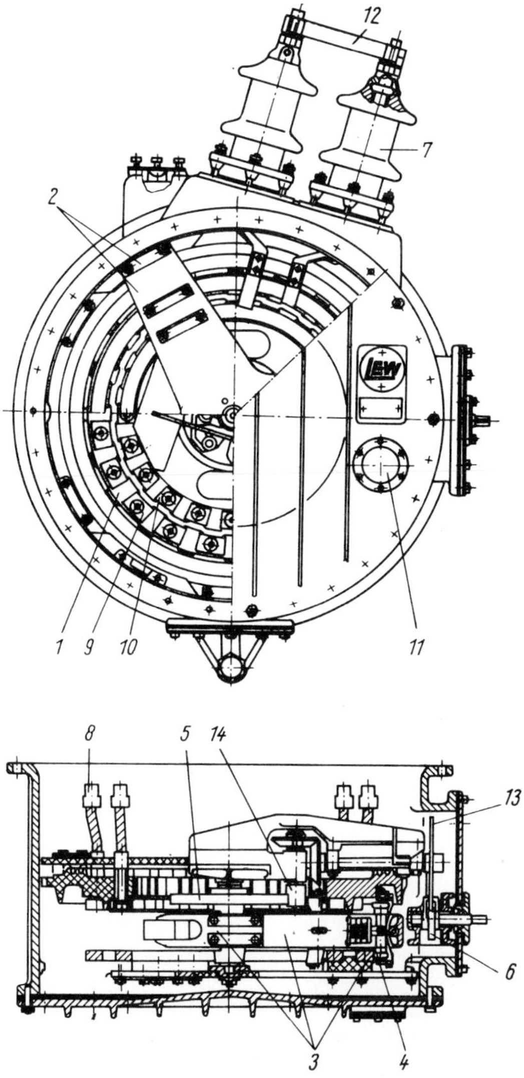

Bild 14.6/9 Stufenwähler
1 Kontaktplatte, 2 Kontaktstern, 3 Schaltarm, 4 Kontaktwelle, 5 Zahnrad, 6 Ringsegment, 7 Isolierkörper, 8 Verbindung, 9 Kontakt, 10 Kontakt, 11 Fenster, 12 Widerstand, 13 Malteserkreuz, 14 Ritzelwelle

gen Bahn zwischen der Gießharzplatte und dem davorliegenden dreiarmigen Hartpapierträger dreht, auf dem die Kontaktringe montiert sind. Die Kontakt- oder Sammelschienenringe sind mit je einem Hochspannungs-Durchführungsisolator verbunden und führen den Strom zu den Lastschaltern. Der Schaltarm wird durch ein Schrittgetriebe (Maltesergetriebe) und weitere Kegel- und Stirnradgetriebe bewegt.
Rundwähler finden Verwendung bei den Baureihen 103 und 141 der DB und 112, 143, 155 und 156 der DR.

b) Flachbahnwähler
Er hat eine gerade, gestreckte Kontakt-(Schalt-)Bahn und wird meist senkrecht am Transformatorkessel angebaut. Die Anzapfungen der Regel- oder Stufenwicklung des Transformators führen zu den festen Stufenkontakten auf der Kontaktplatte, die wiederum den Transformatorkessel vom Wählergehäuse öldicht abtrennt. Über die Stufenkontakte gleiten die Abnahmekontaktrollen in Isolieröl. Je nach Bauart sind es die Stufenwähler-Vorkontakte und/oder Hauptkontakte. Die Kontaktrollen verbinden die festen Stufenkontakte mit zwei Kontaktschienen (Sammelschienen) und führen den Strom zu den Lastschaltern. Beide Kontaktrollen werden durch Kettenantrieb oder Spindeln schrittweise bewegt. Außerdem sind für die Kontaktbewegung verschiedene Getriebe erforderlich.
Die Baureihen 110, 111, 140 und 150 der DB sind mit Flachbahnwählern ausgerüstet.

c) Lastschalter
In unmittelbarer Nähe der Wähler werden auf isolierenden Stützen zwei bis vier in Luft schaltende Lastschalter (Bild 14.6/10) montiert. Entsprechend dem Verwendungszweck sind es Vor- oder Hauptkontakt-Lastschalter. An gleicher Stelle befinden sich auch die Überschalt- und Dämpfungswiderstände. Jeder Lastschalter besitzt eine Lichtbogenlöscheinrichtung (Blasmagnet mit Funkenkammer). Das Schließen und das Öffnen des Schalters erfolgen durch Nocken. Eine Feder am beweglichen Kontaktstück hält den vorgeschriebenen Kontaktdruck aufrecht. Der Wähler und die Lastschalter werden gemeinsam angetrieben. Der Antrieb ist elektromotorisch oder auch pneumatisch (Luftstellmotor). Auf den Antriebswellen sitzen meist noch einige Hilfsschalter für Steuerzwecke. Auch bei dieser Bauart sind stets eine Durchschaltmöglichkeit, eine Stufenmarkierung und ein Übertragungsorgan für die Stufenanzeige im Führerpult wie beim Nockenschaltwerk vorgesehen.

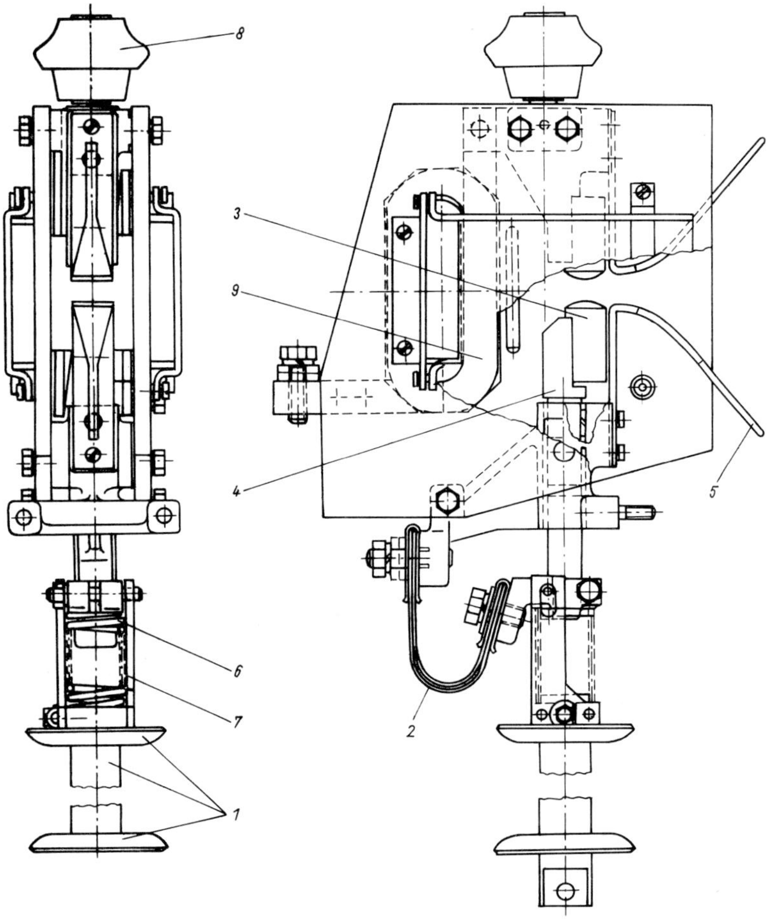

Bild 14.6/10
Lastschalter
1 Schaltstange, 2 Stromband, 3 Kontaktstück, 4 Kontaktschieber, 5 Funkenleithorn, 6 Druckfeder, 7 Führungsplatte, 8 Isolator, 9 Blasspule

14.6.3 Wender

Als Wender werden Schaltgeräte zur Umkehr der Stromrichtung in Leistungsstromkreisen bezeichnet. Zu unterscheiden sind Richtungs- und Bremswender.

Der Richtungswender bewirkt den Wechsel der Fahrtrichtung des elektrischen Triebfahrzeugs durch Umkehr der Stromrichtung in der Erregerwicklung der Fahrmotoren. Es gibt auch Bauformen, die zusätzlich durch besondere Bedienungselemente eine Abtrennung der Fahrmotoren von ihrer Rückleitung erlauben, was in Verbindung mit dem Trennschütz zum beidseitigen Abtrennen eines schadhaften Fahrmotors bei Schleppfahrt notwendig ist.

Bremswender sind zum Umschalten der Fahrmotoren vom Fahr- auf den Bremsbetrieb erforderlich.

Bild 14.6/11 Fahr-Bremswender ELU 18 der BR E 94

Bild 14.6/12 Richtungswender DRW 17 b

Wender älterer Ausführung besitzen Klotzschalter. Hierbei sind auf einer Welle mehrere Kontaktträger mit Klotzkontakten nebeneinander isoliert angeordnet. Die Welle dreht sich beim Schaltvorgang um etwa 30°. Dabei treffen die beweglichen Kontakte auf ihre Gegenstücke, die festen Kontakte. Die jeweils benachbarten Kontakte sind geschlossen oder geöffnet. Einen solchen Wender zeigt Bild 14.6/11. Die Kontakte werden als Wälzkontakte ausgeführt.

Wender werden auch als Schlittenschalter gebaut. Ein Schaltschlitten mit federnden Kontaktbrücken gleitet auf fest in einem Grundrahmen gelagerten Kontakten hin und her. Diese Bauform ermöglicht das Abklappen der Kontakte zum Abtrennen eines schadhaften Fahrmotors (Bild 14.6/12).

Wender gibt es auch mit Nockenschaltern. Diese Bauform kann sehr raumsparend, instandhaltungstechnisch günstig und erweiterungsfähig gestaltet werden.

Gemeinsam sind allen Bauformen der elektropneumatische Antrieb, dessen Vorzüge im Abschn. 14.6.1 erläutert wurden, und die Ausstattung mit Hilfskontakten. Sie dienen beispielsweise zur Endlagenkontrolle (damit die Hauptkontakte erst mit Strom belastet werden, wenn sie voll geschlossen sind) und zur Gewährleistung von Schaltabhängigkeiten (wie der zum zweiten Richtungswender oder zu den Trennschützen). Ein Wender wird meist zwei bis drei Fahrmotoren zugeordnet (Drehgestell).

15 Übertragungssteuerung

15.1 Aufgabe

Die Übertragungssteuerung überträgt Informationen zwischen dem Führerstand und den Aggregaten des Triebfahrzeugs sowie zwischen diesen Aggregaten und verarbeitet diese Informationen, um die Leistungs- und die Hilfsstromkreise zu beeinflussen. Sie

- übermittelt die von den Befehlsgebern erteilten Steuerbefehle an die Leistungs- und Hilfsstromkreise,
- verhindert durch Verriegelungsschaltungen unzulässige Schalthandlungen (z. B. außerhalb der Nullstellung des Schaltwerks Umschalten der Richtungswender und Einschalten der Trennschütze),
- erzwingt richtige Schaltfolgen,
- übt zum Teil Regelaufgaben aus und
- ermöglicht das Prüfen des Triebfahrzeugs.

15.2 Anforderungen

An die Übertragungssteuerung werden im wesentlichen folgende Anforderungen gestellt:

- hohe Funktionssicherheit,
- geringer Eigenbedarf,
- geringes Volumen,
- leichte Bedienbarkeit,
- einfache Montage und Instandhaltung,
- Möglichkeit hoher Verknüpfungsgrade,
- Möglichkeit der Fernwirkung (besonders bei Wendezug- und Vielfachsteuerung).

Die besten Voraussetzungen zur Erfüllung dieser Anforderungen bietet die Elektrotechnik, insbesondere die in den letzten Jahren stark an Bedeutung zunehmende Halbleiterelektronik und Mikrorechentechnik.

15.3 Prinzipielle Lösungen

Das Verhindern unzulässiger Schalthandlungen, das Abhängigmachen von Schaltvorgängen von der Erfüllung bestimmter Voraussetzungen und das Erzwingen genau festgelegter Schaltfolgen können auf verschiedenen Wegen realisiert werden.

Schaffung mechanischer Abhängigkeiten
Mechanische Bauelemente erzwingen eine bestimmte Schaltfolge bzw. machen ein Weiterschalten unmöglich, wenn vorausliegende Schaltvorgänge nicht realisiert worden sind.
Beispiel: Nockenwelle mit zwangsweise geschlossenen und geöffneten Schaltern.
Nachteil: Herstellung komplizierter Abhängigkeiten und solcher von räumlich getrennt liegenden Geräten nicht oder nur sehr aufwendig möglich.

Steuerungen mit elektromechanischen Bauelementen
Der Steuerstrom zur Beeinflussung eines Geräts (z. B. Leistungsschaltgerät, elektromagnetisches Ventil) wird über elektromechanische Hilfskontakte der Geräte geführt, die nur in der Stellung geschlossen sind, die die Voraussetzung für die Zulässigkeit der beabsichtigten Handlung ist. Analoge Größen werden mit Relais überwacht, deren Ansprechspannung einstellbar ist.

Steuerungen mit elektromechanischen Bauelementen gab es bis in die 70er Jahre bei fast allen Bahnen.

Nachteile:

- Die Hilfskontrakte und die sie verbindenen Steuerleitungen müssen zum Teil für relativ große Stromstärken ausgelegt sein. Eine Kapselung der Hilfskontakte ist daher vielfach nicht möglich.
- Bei umfangreichen Abhängigkeiten müssen die Steuersignale über die Hilfkontakte vieler, zum Teil entfernt liegender Geräte geführt werden, was lange und viele Steuerleitungen bedingt.
- Der Schaltzustand einzelner Geräte beeinflußt mehrere Steuerkreise, so daß diese Geräte mit mehreren Kontaktpaaren versehen sein müssen.
- Die Zuverlässigkeit elektromechanischer Kontakte ist unter den auf dem Triebfahrzeug herrschenden Bedingungen (Verschmutzung, Erschütterung) relativ gering, was zu häufigen Störungen Anlaß gibt.

Steuerungen mit fest verdrahteter Elektronik

Die den Zustand der Geräte kennzeichnenden Signale werden jeweils nur einmal mit elektromagnetischen Kontakten oder anderen, zum Teil berührungslos arbeitenden Sensoren gebildet, auf ein einheitliches Spannungsniveau umgesetzt und durch logische elektronische Bauelemente miteinander verknüpft. Beispiel: Baureihen 112, 143 und 155 der DR.

Abhängigkeits- und Verriegelungsschaltungen werden mit logischen Schaltgliedern (z. B. UND-, ODER-, NAND-Glieder, Speicherschaltkreise) hergestellt.

Analoge Größen werden mit Triggerschaltungen überwacht. Die verschiedensten Verstärkerschaltungen dienen der Bildung bestimmter Übertragungsfunktionen und bestimmten Zeitverhaltens. Es sind umfangreiche Verknüpfungen, die Automatisierung von Schalthandlungen und Regelungen möglich. Die Grundelemente der Schaltungen sind in Massenproduktion billig herstellbar und lassen sich relativ freizügig kombinieren. Der geringe Preis und die geringe Baugröße gestatten an sensitiven Stellen der Schaltung die Anwendung von Redundanzen zur Erhöhung der Zuverlässigkeit.

An verschiedenen Stellen der Schaltung angeordnete Leuchtdioden gestatten das Erkennen des Schaltungszustands und erleichtern die Diagnose.

Wegen des einheitlichen Signalpegels und weitgehend gleicher Steuer- und Regelfunktionen können gleiche Baugruppen (z. B. Stromabnehmer- und Hauptschaltersteuerung) in gleicher Form auf verschiedenen Triebfahrzeugbaureihen Verwendung finden.

Rechnersteuerungen

Die zu verarbeitenden Größen werden durch Sensoren erfaßt, digitalisiert und in Mikrorechnern nach bestimmten Programmen verarbeitet. Die Funktionen der logischen Schaltglieder der festverdrahteten Logik werden durch Boolsche Operationen in der Software erfüllt. Häufig finden hierarchisch gegliederte Mehrrechnersysteme Anwendung.

Die Zahl der Leitungen reduziert sich auf die Verbindungen zwischen den Rechnern und den peripheren Geräten sowie zwischen den Rechnern untereinander. Zur weiteren Einsparung von Leitungen werden an Stellen, an denen Informationen von mehreren benachbarten Geräten anfallen, Unterstationen angeordnet. Diese sammeln die Informationen und speisen sie in den Fahrzeugbus ein, der alle Rechner und Unterstationen verbindet. Vielfach werden die Signale mit Lichtwellenleiter übertragen, was die Möglichkeit elektromagnetischer Beeinflussung ausschließt.

Der hohe Integrationsgrad der Rechner und die reduzierte Zahl der Leitungen erhöhen die Zuverlässigkeit überdurchschnittlich. Die digitale Verarbeitung schließt Abweichungen durch Trift aus.

Da alle Abhängigkeiten nur in der Software bestehen, ist eine nachträgliche Änderung des Verhaltens der Steuerung ohne Eingriffe in die Hardware problemlos. Die an einem Fahrzeug (Baumuster) vorgenommene Optimierung der Software ist ohne weitere Anpaß- und Einstellarbeiten auf alle weiteren Fahrzeuge der Serie übertragbar. Durch Anpassen der Software an die spezifischen Bedingungen kann die gleiche Rechnerkonfiguration auf verschiedenen Triebfahrzeugbaureihen eingesetzt werden.

Das Vorhandensein aller Signale in einem Gerät, die hohe Verarbeitungsgeschwindigkeit und die große Speicherkapazität der Rechner ermöglichen neben den eigentlichen Steuer- und Regelaufgaben die Erfüllung umfangreicher Diagnosefunktionen. Sie reichen von der Identifizierung schadhafter Baugruppen über die Ausgabe alphanumerischer Empfehlungen für die Verhaltensweisen im Störfall bis zur Speicherung und zum späteren Abruf relevanter Größen vor und während der Störung.

15.5 Hauptschaltersteuerung

15.5.1 Aufgaben

Die Hauptschaltersteuerung ermöglicht
- das Ein- und Ausschalten des Hauptschalters,
- das selbsttätige Ausschalten des Hauptschalters bei außergewöhnlichen Ereignissen (z. B. beim Ansprechen von Schutzeinrichtungen),
- das selbsttätige Ausschalten des Hauptschalters, wenn der Steuerbefehl „Stromabnehmer senken" erteilt wird.

Sie verhindert das Einschalten, wenn Voraussetzungen nicht gegeben sind bzw. veranlaßt das Ausschalten, wenn sie nicht mehr erfüllt sind, z. B. das
- Vorhandensein eines ausreichenden Luftdrucks zum Ausschalten,
- Vorhandensein eines ausreichenden Drucks zum Heben der Stromabnehmer,
- Öffnen der durch Endschalter geschützten Zugänge zu hochspannungführenden Teilen des Triebfahrzeugs.

15.5.2 Pneumatisch-mechanische Hauptschaltersteuerung

Der Hauptschalter wird durch Handbetätigung eines zugleich der Stromabnehmersteuerung dienenden Ventils ein- und auf elektropneumatischem oder mechanischem Wege ausgeschaltet. Die Nachteile sind die gleichen wir bei der pneumatischen Stromabnehmersteuerung, so daß diese Steuerungsart bei neueren Fahrzeugen nicht mehr angewendet wird.

15.5.3 Elektropneumatische Hauptschaltersteuerung

Die Steuerbefehle „Hauptschalter ein" und „Hauptschalter aus" werden vom Befehlsgeber zu den Steuerelementen des Hauptschalters mit der elektrischen Steuerspannung übertragen. Die Steuerbefehle „Stromabnehmer heben" bzw. „Stromabnehmer senken" und „Hauptschalter ein" bzw. „Hauptschalter aus" werden über getrennte Befehlsgeber (Stromabnehmerwahlschalter bzw. Kipptastschalter „Stromabnehmer" und Kipptastschalter „Hauptschalter") gegeben.
Als Beispiel werden der Aufbau und die Wirkungsweise der elektropneumatischen Hauptschaltersteuerung bei der Baureihe 111 der DB beschrieben (Bild 15.5/1).
Die Steuerung ist so geschaltet, daß ein Einschalten des Hauptschalters erst dann möglich ist, wenn folgende Bedingungen erfüllt sind:
- Im Kessel des Hauptschalters ist der für ein sicheres Ausschalten nötige Druck (0,48...0,57 MPa) vorhanden.
- Einer der Stromabnehmer ist angesteuert. Dadurch wird verhindert, daß bei eingeschaltetem Hauptschalter mit den Stromabnehmern Leistung geschaltet wird.
- Der Fahrschalter des besetzten Führerstands steht in Stellung Null.
- Das Schaltwerk steht in Stufe Null. Dadurch wird verhindert, daß beim Zuschalten des Hauptschalters stoßartig eine hohe Spannung an die Fahrmotoren gelangen kann (z. B. wenn das Schaltwerk auf einer der oberen Fahrstufen hängengeblieben ist).
- Es hat keine Schutzeinrichtung angesprochen, die das Ausschalten des Hauptschalters verlangt.
- Eine der Fahrtrichtungen ist von dem Führerstand aus angesteuert, von dem aus auch der Hauptschalter angesteuert werden soll. Dadurch wird verhindert, daß der Hauptschalter von dem nicht besetzten Führerstand angesteuert werden kann.

Wenn im besetzten Führerstand
- der Fahrschalter (1) in Stellung Null steht,
- eine Fahrtrichtung angesteuert ist (Hilfsschütze Richtungsschalter (2) angezogen) und
- ein Stromabnehmer angesteuert ist (Hilfsschütz Stromabnehmer (3) eingeschaltet),

dann bringt das Betätigen des Kippschalters „Hauptschalter" (4) in Stellung Ein das Hilfsschütz „Hauptschalter" (5) zum Ansprechen. Unter der Voraussetzung, daß keine der auf den Hauptschalter wirkenden Schutzeinrichtungen
- Thyristorlastschalterschutz (6),
- Ölüberdruckschutz des Schaltwerks (7),
- Buchholzschutz Transformator (8),
- Überstromrelais Zugsammelschiene (9),
- Erdstromrelais (10),
- Überstromrelais Transformatorprimärstrom (11),
- Unterspannungsrelais (12),
- bei einem Teil der Lokomotive die vier Motorüberstromrelais,

angesprochen hat, das Schaltwerk (13) auf Stufe Null steht, der Druckwächter für den Hauptschalter (14) durch geschlossene Kontakte ausreichen-

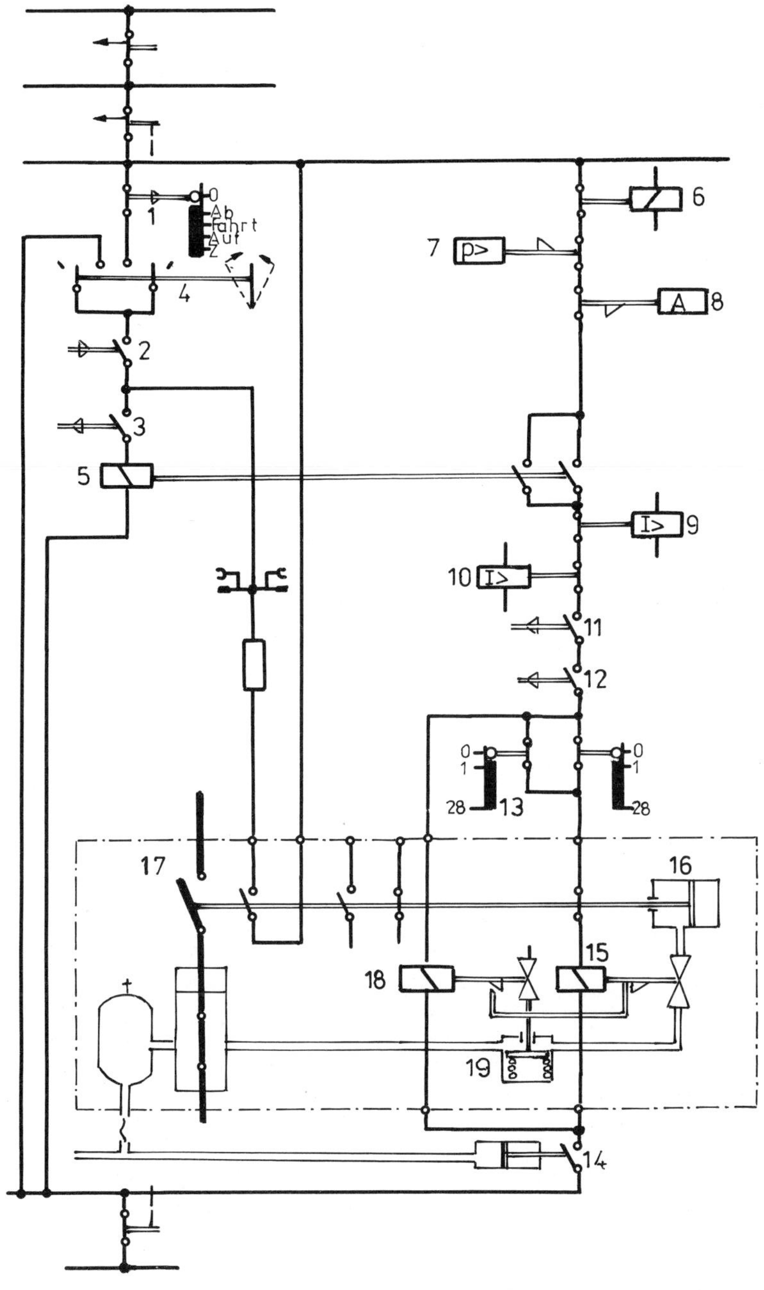

Bild 15.5/1
Elektropneumatische Hauptschaltersteuerung der BR 111
1 Fahrschalter, 2 Hilfsschütz Richtungsschalter, 3 Hilfsschütz Stromabnehmer, 4 Kipptaster „Hauptschalter", 5 Hilfsschütz „Hauptschalter", 6 Thyristorlastschalterschutz, 7 Überdruckschutz des Schaltwerks, 8 Buchholzschutz des Transformators, 9 Überstromrelais Zugsammelschiene, 10 Erdstromrelais, 11 Überstromrelais Transformatorprimärstrom, 12 Unterspannungsrelais, 13 Schaltwerk, 14 Druckwächter, Hauptschalter, 15 Einschaltmagnet, 16 Einschaltzylinder, 17 Hauptschalter, 18 Haltemagnet, 19 Mindestdruckwächter

den Luftdruck signalisiert und der Mindestdruckwächter (19) das Einschalten freigegeben hat, erhält der Einschaltmagnet (15) des Hauptschalters Spannung und öffnet das Einschaltventil. Der Einschaltzylinder (16) wird mit Druckluft beaufschlagt und schließt den Trennschalter des Hauptschalters (17). Ein Hilfsschalter des Hauptschalters unterbricht den Stromweg zum Einschaltventil. Der gleichzeitig mit dem Einschaltmagnet an Spannung gelegte Haltemagnet (18) hält den Hauptschalter weiterhin in eingeschaltetem Zustand. Ein weiterer Hilfskontakt des Hauptschal-

ters legt das Hilfsschütz „Hauptschalter“ über einen Haltewiderstand direkt an Spannung, so daß es auch beim Loslassen des Kipptasters „Hauptschalter“ eingeschaltet bleibt.
Das Ausschalten des Hauptschalters geschieht

- durch Betätigen des Kipptasters „Hauptschalter“ in Stellung Aus. Das Hilfsschütz Hauptschalter wird dann an Minusspannung gelegt und schaltet aus, dabei den Strom für den Haltemagnet unterbrechend,
- durch Ansprechen einer der o.a . Schutzeinrichtungen,
- durch Einleiten des Senkens des Stromabnehmers (Ausschalten des Hilfsschützes „Stromabnehmer“),
- Abfall des Hilfsschützes „Richtungsschalter“,
- Abfall des Drucks im Luftvorratsbehälter des Hauptschalters [Öffnen des Druckwächters (14) oder des Mindestdruckwächters (19)].

15.6 Richtungswendersteuerung

15.6.1 Aufgabe

Mit Hilfe der Richtungswendersteuerung werden die Fahrtrichtungswender der Triebfahrzeuge in die der gewünschten Fahrtrichtung entsprechende Stellung umgesteuert. Die Richtungswendersteuerung überwacht, daß das Ansteuern einer Fahrtrichtung nur vom besetzten Führerstand aus geschieht. Sie gewährleistet, daß die Fahrtrichtung nur bei offenen Motortrennschützen geändert wird, um ein Schalten des Richtungswenders unter Last zu vermeiden.

15.6.2 Aufbau und Wirkungsweise

Die Erfüllung der im Abschnitt 15.6.1 genannten Bedingungen wird häufig durch mechanische und zusätzliche elektrische Verriegelung erzwungen.
Bei den Lokomotiven der DR ist z. B. die Betätigung der Richtungswähler im Fahrschalter nur durch einen auf der Lok nur einmal vorhandenen Griff möglich, der sich nur in der zwischen der Vorwärts- und der Rückwärtsstellung gelegenen Nullstellung abziehen läßt. Dadurch wird die Nullstellung im unbesetzten Führerstand erzwungen. Der Griff läßt sich infolge mechanischer Verriegelung nur dann in eine der Fahrtrichtungen drehen, wenn der Stufen- oder der Geschwindigkeitswähler in Stellung Null steht, also keine Fahrleistung angesteuert ist. Umgekehrt ist nur dann eine Fahrstufe oder eine Fahrgeschwindigkeit anwählbar, wenn mit dem Richtungswähler eine Fahrtrichtung angesteuert ist.

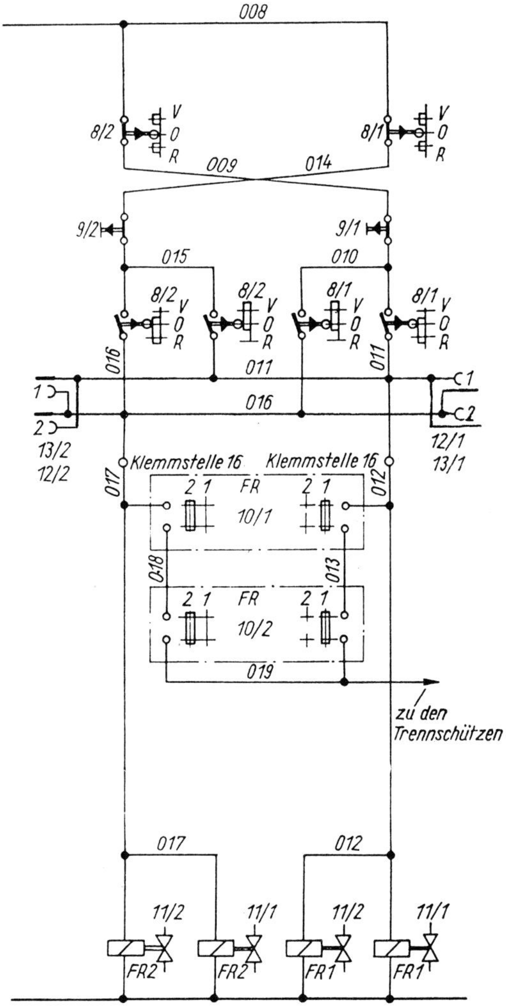

Bild 15.6/1 Richtungswendersteuerung der BR 109/142 mit und ohne Wendezugsteuerung
1 Leitungsschutzschalter Richtungswender und Trennschütze, 2 Kippschalter Sifastörung, 3 Sifaschaltkasten Druckwächter, 4 Druckwächter Hauptluftleitung, 5 Schalter am Absperrhahn Sifa, 6 Kippschalterüberbrückung zu 4, 7 Schalter Trennschützennotsteuerung, 8/1,2 Richtungssteuerwalze, 9/1,2 Tastschalter „Trennschütze aus“, 10/1,2 Richtungswenderkontrollkontakt, 11/1,2 Richtungswender, 12/1,2 Kupplungsdose Wendezugsteuerung, 13/1,2 Kupplungsstecker Wendezugsteuerung.

Zusätzlich werden elektrische Verriegelungen wirksam, indem z. B.
- der Steuerstrom für das Magnetventil des Richtungswenders über einen in Nullstellung geschlossenen Kontakt des Richtungswählers auf dem unbesetzten Führerstand geführt wird und der Steuerstrom für die Trennschütze beim Wechsel von einer Richtung in die andere in der dazwischenliegenden Nullstellung unterbrochen wird, so daß die Trennschütze vor Ausführung der Richtungsänderung öffnen (Baureihe 109/142 der DR, Bild 15.6/1),
- logische Signale entsprechend verknüpft werden (Baureihe 143 der DR).

Bei den Lokomotiven der Baureihe 111 der DB werden die gleichen Verriegelungen durch Kontakte von Hilfsschützen hergestellt.

15.7 Steuerung der Fahrbremswender

15.7.1 Aufgabe

Die Fahrbremswendersteuerung
- bewirkt das Umsteuern der Fahrbremswender in die Stellungen „Fahren“ oder „Bremsen“. Je nach der angesteuerten Stellung bauen die Fahrbremswender dann die Fahr- oder die Bremsschaltung des Motorstromkreises auf.
- sorgt dafür, daß die Fahrbremswender nur bei stromlosem Motorstromkreis umschalten können, d. h., daß die Fahr- oder Bremsstromkreise durch die ausgeschalteten Trennschütze unterbrochen sind. Ferner muß sich das Schütz für die Bremserregung in der Ausschaltstellung befinden.

15.7.2 Aufbau und Wirkungsweise

Die Steuerbefehle werden entweder von einem besonderen Befehlgeber am Führerpult erteilt, mit dem die Stellungen „Fahren“ oder „Bremsen“ angesteuert werden, oder sie werden aus der Fahr- oder Bremssteuerung bzw. der Geschwindigkeitsregelung bei Anwahl einer Fahrstufe oder einer Zugkraft bzw. einer Bremsstufe oder einer Bremskraft abgeleitet.

Zur Gewährleistung der Stromlosigkeit werden die Steuerströme über die Ruhekontakte der Trennschütze und des Erregerschützes geführt. Bei elektronischen Steuerungen kontrollieren logische Elemente die Einhaltung der Bedingungen für das Umschalten.

15.8 Trennschützsteuerung

15.8.1 Aufgabe

Die Trennschützsteuerung ermöglicht das Ein- und Ausschalten der Fahrmotorstromkreise. Sie verhindert das Einschalten der Trennschütze, wenn für das Schließen des Fahrmotorstromkreises Voraussetzungen nicht erfüllt sind:
- Es muß ein Fahrbefehl vorliegen.
- Das Schaltwerk muß auf Stufe 0 stehen (Nullstellungszwang), und der Hauptschalter muß eingeschaltet sein. Damit wird verhindert, daß die Fahrmotoren beim Einschalten der Trennschütze schlagartig an eine zu hohe Spannung gelegt werden.
- Sämtliche Richtungswender müssen eine der gleichen Fahrtrichtung entsprechende Stellung einnehmen, um zu vermeiden, daß einzelne Fahrmotoren mit ihrem Drehmoment gegeneinander arbeiten.
- Die Bremszylinder der pneumatischen Bremse müssen drucklos sein. Damit wird verhindert, daß mit fester Lokomotivbremse angefahren wird. Um ein Anfahren in größeren Steigungen zu erleichtern, läßt sich diese Bedingung durch Betätigung eines Tasters umgehen.
- In der Hauptluftleitung muß ein ausreichender Druck vorhanden sein, damit die Lokomotive nicht in Bewegung gesetzt werden kann, ohne daß die Voraussetzung zum Betätigen der pneumatischen Bremse vorhanden ist.
- Die Sicherheitsfahrschaltung muß eingeschaltet sein.
- Eventuell vorhandene Gleichrichterlüfter müssen arbeiten, um eine Belastung der Gleichrichter mit Fahrmotorstrom bei fehlender Kühlung zu verhindern.
- Die Fahrmotorlüfter müssen arbeiten. Bei verschiedenen Lokomotivbaureihen braucht diese Bedingung erst ab einer bestimmten Fahrstufe erfüllt zu sein.
- Die Transformatortemperaturüberwachung darf nicht angesprochen haben.

Verschiedene dieser Bedingungen sind überbrückbar, z. B.
- während des Prüfens der Lok (z. B. „Hauptschalter ein“),

– die Bremszylinderdrucküberwachung zur Erleichterung von Anfahrten in großen Steigungen.

Die Trennschützsteuerung muß das bewußte Abschalten einzelner Motoren ermöglichen (Störfall). Sie bewirkt im Störungsfall das Abschalten der Trennschütze und damit eine Unterbrechung des Fahrmotorstromkreises, z. B. beim Ansprechen der Schutzeinrichtung gegen Fahrmotorüberströme. Das gleiche tritt beim Entfallen einer der genannten Bedingungen ein.

Die Trennschützsteuerung ermöglicht im Notfall das sofortige Abschalten aller Trennschütze durch Betätigung des Nottasters „Trennschütze aus" oder das sofortige Stellen des Fahrschalters in die Stellung Null.

15.8.2 Aufbau

Bild 15.8/1 zeigt als Beispiel den Aufbau der Trennschützhauptsteuerung mit logischen elektronischen Bauelementen bei der Baureihe 143 der DR. Im zentralen Teil wird die Erfüllung der Bedingungen überprüft, die für alle Trennschütze gegeben sein müssen.

a) Es müssen erfüllt sein:

im Betriebzustand „Antreiben"

– die Übereinstimmung der Stellung der Fahrtrichtungswender mit der mit dem Richtungswähler angesteuerten Fahrtrichtung,
– die Stellung des Fahrbremswenders in Stellung „Fahren";

im Betriebszustand „Bremsen"

– die Übereinstimmung der Stellung der Fahrbremswender mit dem Befehl „Bremsen",
– die Endstellung der Richtungswender.

Die Erfüllung dieser Bedingungen wird durch die Signale W1EK = W2EK = H bestätigt.

b) ODER-Glied (2) gibt H-Signal ab, wenn ein Bremsbefehl anliegt ($\overline{b!}$ = L) oder im Betriebszustand Antreiben am Eingang von ODER-und-UND-Glied (1) nachstehende sechs Bedingungen erfüllt sind:

– Die selbsttätige Bremse und die Zusatzbremse sind gelöst (pVor> = L, pZB> = L) oder der ein Anfahren mit angelegter Bremse (in Steigun-

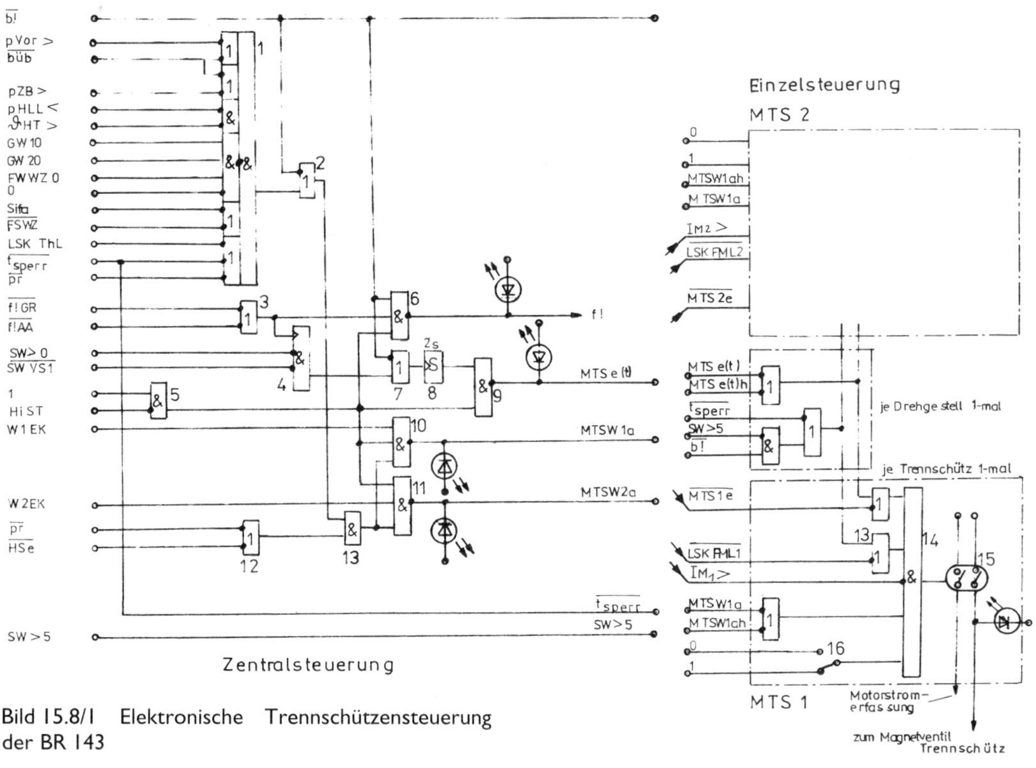

Bild 15.8/1 Elektronische Trennschützensteuerung der BR 143

gen) ermöglichende Taster „Bremsüberbrükkung" ist geschlossen ($\overline{\text{büb}}$ = L).
- In der Hauptluftleitung ist genügend Druck vorhanden (pHLL< = L).
- Der Haupttransformator weist keine Übertemperatur auf (ϑHT> = L).
- Entweder einer der Geschwindigkeitswähler steht auf einer Stufe > 0 (GW10 oder GW20 = L), oder die Fahrwalze im Wendezugsteuerwagen befindet sich in der Stellung Auf (FWWZO = L).
- Entweder die Sicherheitsfahrschaltung ist eingeschaltet oder überbrückt (Sifa a = L), oder der Richtungswähler im Wendezugsteuerwagen ist in eine Fahrtrichtung gestellt (FSWz = L).
- Entweder der Thyristorlüfter arbeitet ($\overline{\text{LSKThL}}$ = L), oder er befindet sich in der Anlaufphase ($\overline{\text{tsperr}}$ = L), oder der Strecken-Prüfumschalter steht in der Stellung Prüfen ($\overline{\text{pr}}$ = L).

Bei Erfüllung dieser Bedingungen gibt das ODER-und-UND-Glied (1) H-Signal ab.

c) Ist der Hauptschalter eingeschaltet ($\overline{\text{HSe}}$ = L) oder steht der Strecken-Prüfungsschalter in der Stellung Prüfen ($\overline{\text{pr}}$ = L), dann hat das H-Signal vom ODER-Glied (12) mit dem von (2) H-Signal am UND-Glied (13) zur Folge.

d) Bei Erfüllung von a) (WEK1 = H und WEK2 = H) und nicht angesteuerter Hilfssteuerung (HiST = L) geben die UND-Glieder (10) und (11) die Freigabe zum Einschalten der Trennschütze ab (MTSW a = L).

e) teht das Schaltwerk in Stufe 0 (SW .0 = $\overline{\text{SW VS1}}$ = L) und kommt das Signal Fahren
- entweder aus der Geschwindigkeitsregelung $\overline{\text{f!GR}}$ = L
- oder aus der Auf-Ab-Steuerung $\overline{\text{f!AA}}$ = L,

dann ruft die L/H-Flanke am Ausgang vom ODER-Glied (3) an UND-Glied (4) H-Signal hervor.

f) Das H-Signal von (4) ruft am Ausgang vom ODER-Glied (7) H-Signal hervor. Das gleiche bewirkt ein Bremsbefehl $\overline{\text{b!}}$ = L, der
- entweder aus der Geschwindigkeitsregelung
- oder bei Einleitung einer pneumatischen Bremsung mit dem Führerbremsventil erscheint.

Die L/H-Flanke von (7) ruft am Monoflop (8) für 2 s die Abgabe eines H-Signals und wenn die Hilfssteuerung nicht angewählt ist (HiST = L) über das UND-Glied (9) das zeitlich begrenzte Einschaltsignal $\overline{\text{MTSe(t)}}$ = L hervor.

g) Die Signale WEK = H aus a) und das Signal $\overline{\text{MTSe(t)}}$ = L aus f) gelangen zu den Trennschützeinzelsteuerungen. Das Trennschütz erhält Einschaltbefehl über das UND-Glied (14) und das Relais (15), wenn
- es nicht über den Schalter (16) bewußt abgeschaltet wurde,
- das zugehörige Fahrmotor-Überstromrelais nicht angesprochen hat (IM > = L),
- entweder der Fahrmotor Kühlluft erhält ($\overline{\text{LKS FML}}$ = L), oder sich der Fahrmotorlüfter in der Anlaufphase befindet ($\overline{\text{tsperr}}$ = L), oder auf einer Fahrstufe < 5 angefahren wird (SW > 5 = L) und kein Bremsbefehl anliegt ($\overline{\text{b!}}$ = H).

Nach dem Einschalten des Trennschützes hält sich nach dem Wegfall des zeitbegrenzten Signals $\overline{\text{MTSe(t)}}$ = L der Einschaltzustand durch das die Einschaltung bestätigende Signal $\overline{\text{MTSe}}$ = L.

15.9 Antriebs- und Bremssteuerung

15.9.1 Aufgabe

Aufgabe der Antriebs- und Bremssteuerung ist die Übermittlung von Steuerbefehlen an die Leistungssteuerung zur Realisierung eines bestimmten Fahrprogramms. Bei modernen Triebfahrzeugen liegen hier Regelaufgaben für Zug- und Bremskraft, Geschwindigkeit, Stromstärke, Schlupf usw. vor, bei denen die Grundaufgaben
- Ermittlung des Ist-Werts,
- Soll-Istwert-Vergleich und
- Beeinflussung der Regelstrecke

gelöst werden. Meist sind dem Geschwindigkeitsregelkreis die anderen unterlagert.

15.9.2 Einteilung

Je nach Umfang, in dem der Triebfahrzeugführer Aufgaben dieser Regelkreise übernimmt, spricht man von
- nichtselbsttätigen,
- teilselbsttätigen und
- selbsttätigen

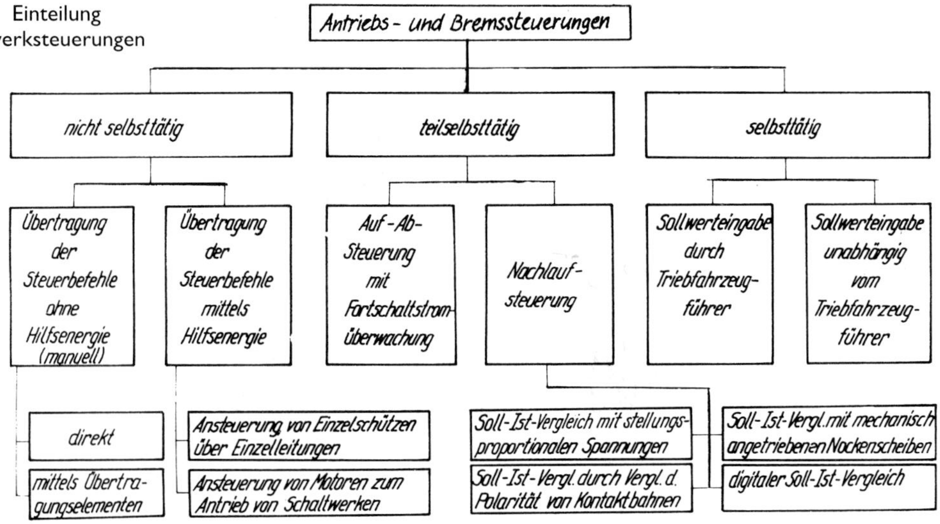

Bild 15.9/1 Einteilung der Schaltwerksteuerungen

Antriebs- und Bremssteuerungen, wobei die Übergänge fließend sind.
Bild 15.9/1 zeigt als Übersicht die Einteilung der Systeme. Als Hauptgesichtspunkt dient dabei der Grad der Selbsttätigkeit, d. h. der Umfang, in dem sie Überwachungs- und Regelaufgaben des Triebfahrzeugführers übernehmen. Als Nebengesichtspunkte für die Einteilung wurden u. a. die Art der Übertragung der Steuerbefehle, die Eingabe der Sollwerte usw. gewählt.

15.9.3 Nichtselbsttätige Steuerung ohne und mit Hilfsenergie

Die nichtselbsttätigen Steuerungen sind dadurch gekennzeichnet, daß der Triebfahrzeugführer den Soll-Istwert-Vergleich sowohl im überlagerten Geschwindigkeitsregelkreis als auch in den untergeordneten Regelkreisen selbst vornimmt und daraus Steuerbefehle an das Stellglied „Schaltwerk" ableitet. Er vergleicht die von Meßgeräten angezeigte Ist-Fahrgeschwindigkeit mit der im gewünschten Fahrprogramm vorgesehenen Sollgeschwindigkeit und erteilt bei Abweichungen Steuerbefehle an das Schaltwerk, um durch Änderung der von den Fahrmotoren ausgeübten Zugkraft diese Abweichungen zu verringern. Bei größeren Regelabweichungen der Geschwindigkeit (z. B. bei Anfahrten) regelt er zu ihrer schnellen Verringerung eine Zugkraft ein, die einerseits möglichst groß ist, andererseits einen durch die Konstruktion und den Kraftschlußbeiwert vorgegebenen Wert nicht überschreitet. Auch hier obliegt dem Triebfahrzeugführer wieder der Vergleich des von den Instrumenten angezeigten Istwerts (Strom, Zugkraft) mit dem ihm aus seiner Erfahrung bekannten oder vorgegebenen Sollwert.
Die Sollwert-Vorgabe und die gesamte Informationsverarbeitung erfolgen also durch den Triebfahrzeugführer. Er nimmt die von außerhalb des Triebfahrzeugs kommenden Informationen (Abfahrbefehl, Signalstellung, Angaben über die Strecke, Fahrplanangaben) auf, verarbeitet sie mit den aus dem Triebfahrzeug kommenden Informationen (Angaben der Meßinstrumente über Fahrgeschwindigkeit, Zugkraft, Stromstärken, Spannungen, Schaltwerkstellungen) und erteilt daraufhin die sich als zweckmäßig oder notwendig erweisenden Befehle. Die Richtigkeit dieser Befehle wird nur in geringem Umfang von besonderen Einrichtungen überwacht.
Alle diese Aufgaben erfordern vom Triebfahrzeugführer während der Anfahrt die ständige Kontrolle von Meßinstrumenten und halten ihn von der Beobachtung der Strecke ab.
Diese Steuerungen sind sehr einfach, belasten jedoch den Triebfahrzeugführer in erheblichem Maße und bergen die Gefahr von Fehlhandlungen in sich.

Nichtselbsttätige Steuerungen ohne Hilfsenergie
Die Übertragung der Steuerbefehle vom Befehlsgeber (Fahrschalter) zu den Steuerlementen ge-

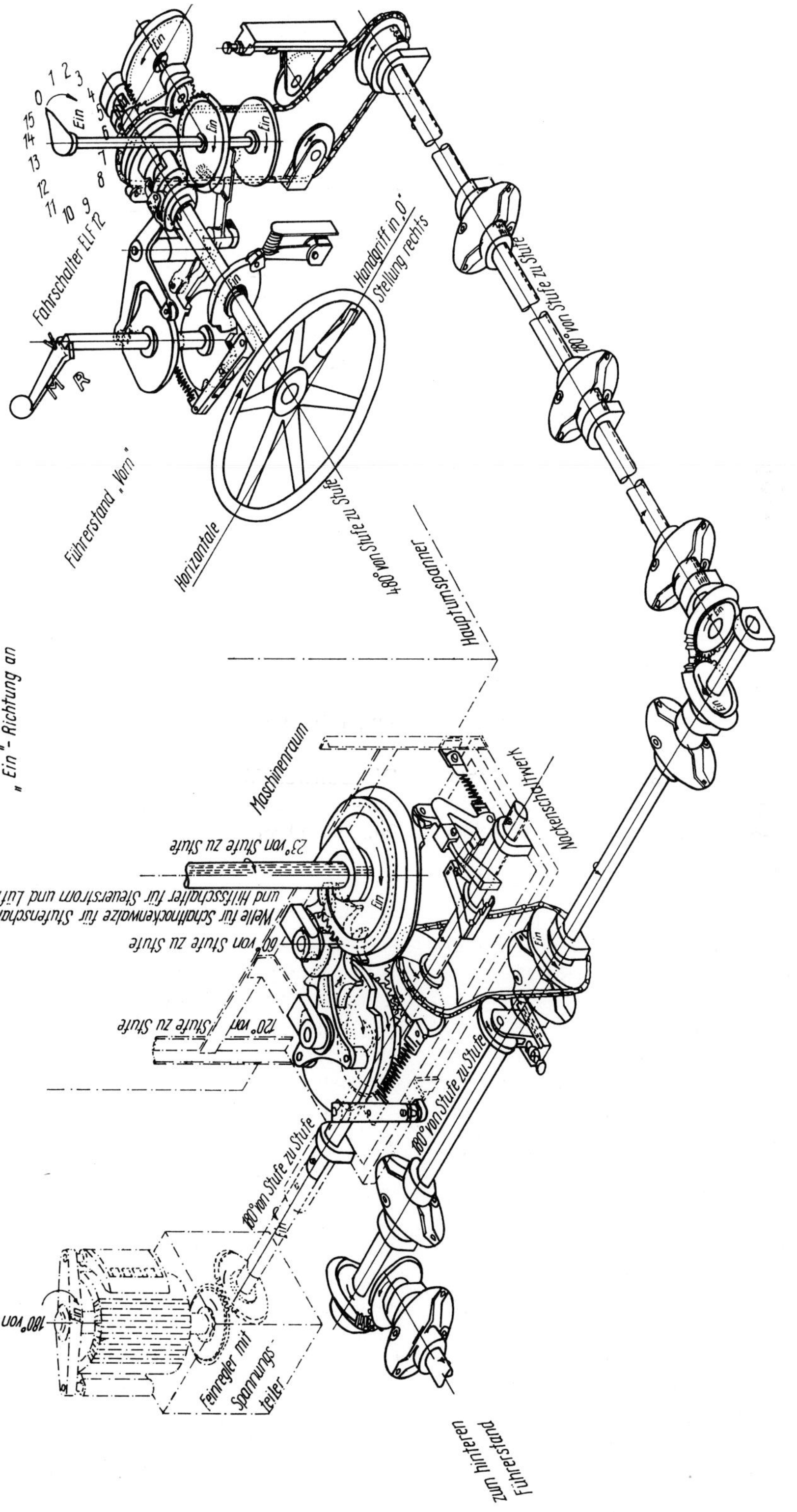

Bild 15.9/2 Feinreglersteuerung der BR E 44

schieht auf mechanischem Weg. Die mechanische Energie wird vom Triebfahrzeugführer aufgebracht, indem er den Befehlsgeber im Führerraum betätigt, der mit den Steuerelementen mechanisch verbunden ist. Mehrfach- und Wendezugsteuerung sind nicht möglich.
Durch Zusammenfassung der Einzelschalter zu einem Schaltwerk (Walzenschalter, Nockenschaltwerk) wird die richtige Schaltfolge unabhängig vom Triebfahrzeugführer gewährleistet.
Vorteile:
- Unabhängigkeit von einer Hilfsenergiequelle,
- große Betriebssicherheit.

Ein Beispiel für diese Ausführung war die im Bild 15.9/2 dargestellte Feinreglersteuerung der Baureihen E 44 und E 54 der DRG.

Nichtselbsttägige Steuerungen mit Hilfsenergie
Bei diesen Steuerungen werden die Steuerbefehle von den dezentralen Fahrschaltern zu den zentralen Steuerlementen der Fahrsteuerung mit fremder Hilfsenergie übertragen. In der Regel wird Elektroenergie dazu benutzt.
Vorteile:
- nur geringer Kraftaufwand durch den Triebfahrzeugführer für die Erteilung der Steuerbefehle,
- Steuerung ist für die Wendezug- und Vielfachsteuerung leicht zu erweitern.

Nachteile:
- größere Kompliziertheit und damit Störanfälligkeit,
- Notwendigkeit von Hilfsenergie.

Man benutzt entweder Einzelleitungen zur Übertragung der Steuerbefehle an Einzelschalter oder die Übertragung der Steuerbefehle an einen Motor, der das Schaltwerk antreibt.

a) Elektrische Übertragung der Steuerbefehle zu Einzelschaltern mit Einzelleitungen (Schützsteuerung)

Der Triebfahrzeugführer betätigt den Befehlsgeber (Fahrschalter) im Führerraum. Die Steuerbefehle werden elektrisch über eine Vielzahl von Einzelleitungen zu den Einzelschützen (elektromagnetische oder elektropneumatische Schütze) übertragen. Die richtige Reihenfolge der Befehlsgabe wird durch die Ausführung des Befehlsgebers als Walzen- oder Nockenschaltwerk gewährleistet. Die Kontrolle über die Ausführung der Steuerbefehle bewirken elektrische Verriegelungsschaltungen, indem die Steuerströme für jedes Schütz über Hilfskontakte der („feindlichen“) Schütze geführt werden, die eine bestimmte Stellung als Bedingung für das Einschalten des anzusteuernden Schützes einnehmen müssen. Bild 15.9/3 zeigt ein Beispiel einer derartigen Verriegelungsschaltung. Zur Verringerung des Hilfskontaktaufwands werden die Schütze vielfach zu Gruppen zusammengefaßt. [129] Nachteile dieser Steuerungen waren die Vielzahl der Hilfskontakte und die damit verbundene Störanfälligkeit. Dadurch ist auch die Zahl der Fahrstufen praktisch begrenzt. Anwendung fand diese Steuerungsart bei den Triebfahrzeugbaureihen 1041 und 1042 der ÖBB und Ra der SJ. [8], [28], [146], [188]

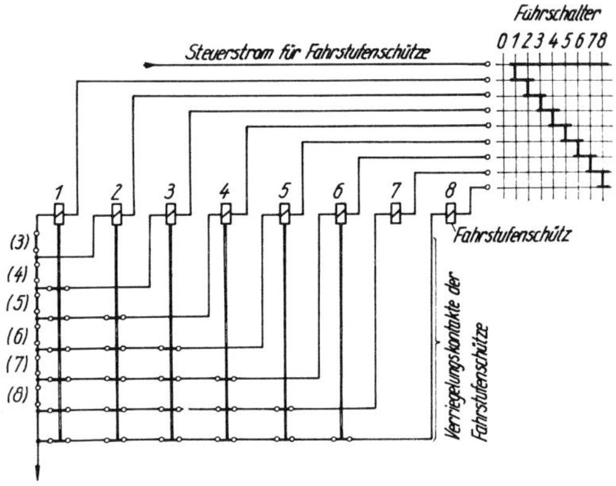

Bild 15.9/3 Elektrische Schützensteuerung (Beispiel ehemalige BR E 17)

b) Elektrische Übertragung der Steuerbefehle an einen Motor, der das Schaltwerk antreibt (Auf-Ab-Steuerung)

Der Befehlsgeber übermittelt an eine Antriebseinrichtung elektrisch Steuerbefehle, die einen Antrieb des Schaltwerks bewirken. Das Schaltwerk schaltet solange auf- oder abwärts, wie der jeweilige Steuerbefehl ansteht. Als Antriebseinrichtung finden Schaltmagnete (Altbaufahrzeuge der Berliner S-Bahn), Elektro- oder Druckluftmotoren Verwendung. Hilfskontakte gewährleisten auch bei Wegfall des Steuerbefehls das Weiterlaufen des Antriebsmotors, bis die nächste für den Dauerbetrieb zugelassene Fahrstufe erreicht ist. Vielfach lassen sich auch unterschiedliche Schaltgeschwindigkeiten ansteuern.
Vorteile:
- der geringe Bedarf an Steuerleitungen zur Über-

mittlung der Befehle vom Fahrschalter zum Schaltwerk, was insbesondere die Ausführung von Vielfach- und Wendezugbetrieb sehr erleichtert,
- der sehr einfache Aufbau des Befehlsgebers mit wenigen Kontakten.

Gegenüber den handgetriebenen Steuerungen läßt sich eine große und vor allem gleichmäßige Schaltgeschwindigkeit erreichen, was besonders im Nahverkehr die häufigen Anfahrvorgänge beschleunigt.

15.9.4 Teilselbsttätige Steuerung

Teilselbsttätige Steuerungen sind im wesentlichen dadurch gekennzeichnet, daß insbesondere in den untergeordneten Regelkreisen der Soll-Istwert-Vergleich durch selbsttätig arbeitende Einrichtungen wahrgenommen wird, während die Erfüllung dieser Aufgabe im überlagerten Geschwindigkeitsregelkreis nach wie vor dem Triebfahrzeugführer obliegt.

Teilselbsttätige Steuerungen übernehmen je nach dem Grad der Selbsttätigkeit folgende Funktionen:
- Einregelung eines bestimmten Fahrmotorstroms bzw. einer bestimmten Zugkraft beim Anfahren, so daß es nicht zum Ansprechen der Motorüberstromrelais kommen kann und bei normalem Kraftschluß auch ein Schleudern der Treibachsen vermieden wird,
- Überwachung und Einhaltung eines vorgegebenen Wertes des aus der Fahrleitung entnommenen Stroms,
- Verhinderung des Einstellens einer zu großen Fahrmotorspannung (bei Nutzung der Reservestufen),
- selbsttätiger Einlauf des Schaltwerks in eine vorher vom Triebfahrzeugführer angewählte Fahrstufe,
- selbsttätiger Rücklauf des Schaltwerks in die Fahrstufe 0 beim Auslösen der Trennschütze durch den Taster „Not aus“ oder beim Ansprechen der Überstromrelais sowie beim Ausschalten des Hauptschalters,
- Verhinderung des Überlaufes des Schaltwerks über die oberste Fahrstufe,
- selbsttätiges Anhalten des Schaltwerks in einer Fahrstufe oder selbsttätiges Zurückschalten in eine niedrigere Fahrstufe beim Einsetzen des Schleuderns der Treibachse.

In allen diesen Fällen ist der Schaltwerkantrieb motorisch. Bei modernen Triebfahrzeugen ohne elektromechanisches Schaltwerk bewirkt die Steuerung die gleichen Effekte durch die Einflußnahme auf den Anschnittswinkel (bei Wechselstromtriebfahrzeugen), auf die Pulsbreite (bei Gleichstromtriebfahrzeugen mit Pulsstellersteuerung) oder die Frequenz und die Spannung bzw. den Strom (bei Antrieben mit Drehstrommotoren).

Mit dem Nachteil der komplizierten Steuerung erkauft man sich bei den teilselbsttätigen Steuerungen den großen Vorteil einer Entlastung des Triebfahrzeugführers von Kontroll-, Steuer- und Regelaufgaben, so daß er seine Aufmerksamkeit in stärkerem Maße der Strecke widmen kann. Insbesondere entfällt während einer Anfahrt das ständige Beobachten der Schaltwerk-Stellungsanzeige und der Fahrmotorstrommesser.

Man unterscheidet zwei große Gruppen teilselbsttätiger Steuerungen, die grenzwertüberwachte Auf-Ab-Steuerung und die Nachlaufsteuerung.

Grenzwertüberwachte Auf-Ab-Steuerung

Die Steuerung arbeitet im Prinzip wie die im Abschn. 15.9.3 beschriebene Auf-Ab-Steuerung. Ein zusätzliches Relais, das sog. Fortschaltrelais oder ein Anfahrüberwachungsgerät, unterbricht während des Aufschaltens beim Überschreiten einer bestimmten Fahrmotorstromstärke (Fortschaltstrom) oder eines anderen Grenzwerts die Leitung zur Übertragung des Steuerbefehls „Schaltwerk auf“ an den Antriebsmotor des Schaltwerks (Bild 15.9/4), so daß dieser in der erreichten Fahrstufe verharrt oder bei einer Stellung zwischen den Fahrstufen nur noch bis in die nächste Fahrstufe weiterschaltet. Es gibt den Auf-Befehl wieder frei, wenn die Motorstromstärke mit zunehmender Fahrgeschwindigkeit entsprechend der Motorcharakteristik wieder unter den Wert der Fortschaltstromstärke abgesunken ist bzw. die anderen Grenzwerte unterschritten werden.

Der Fortschaltstrom wird so festgelegt, daß beim Überschalten auf die nächsthöhere Fahrstufe keine Gefahr des Überschreitens eines Stromgrenzwerts eintritt (z. B. Stromstärke, bei der die Motorüberstromrelais ansprechen oder bei der unter normalen Kraftschlußbedingungen Schleudern eintritt). In einigen Ausführungen wird die Größe des Fortschaltstroms in Abhängigkeit von der Geschwindigkeit verändert und so eine Anpassung an den Abfall des Kraftschlußbeiwerts mit zunehmender Fahrgeschwindigkeit geschaffen, oder die Größe des Fortschaltstroms kann beliebig beein-

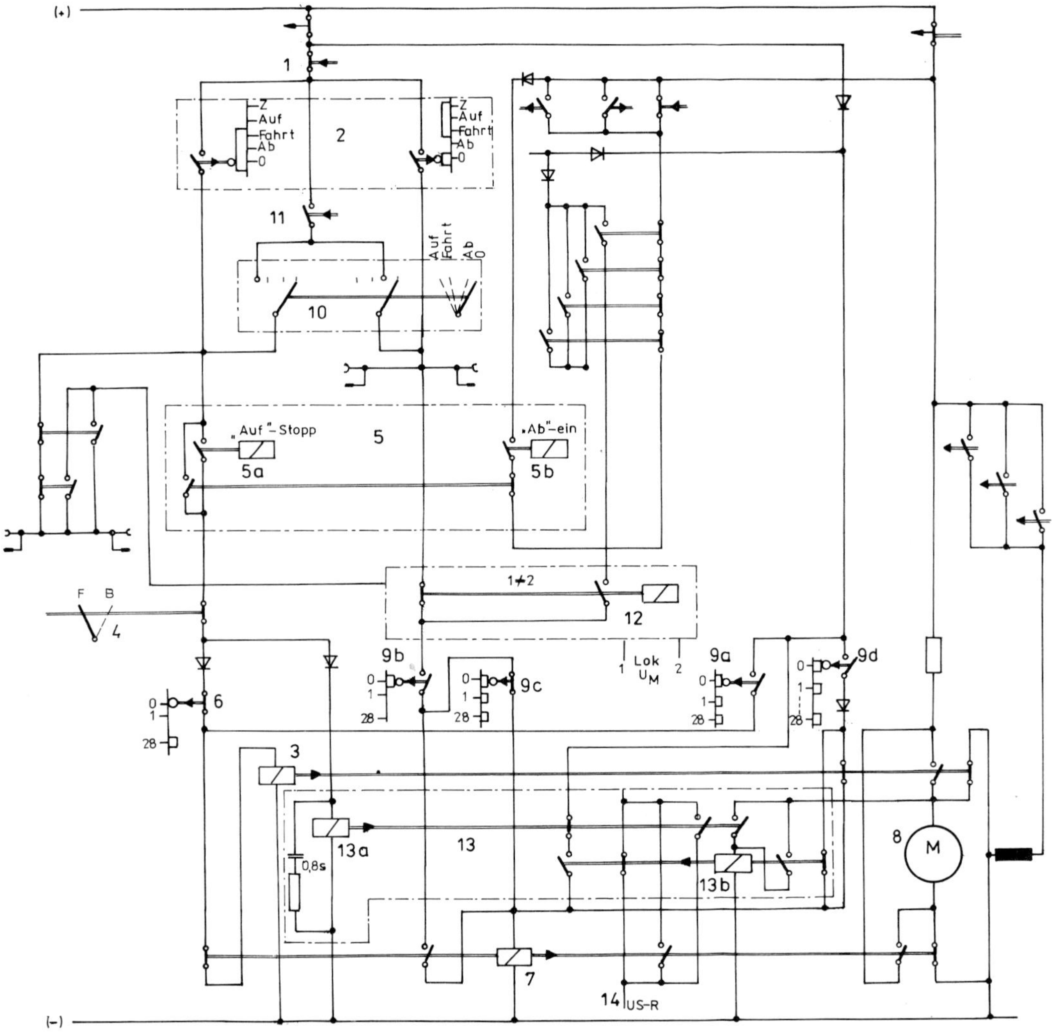

Bild 15.9/4 Auf-Ab-Steuerung der BR 111
1 Richtungsschütz, 2 Fahrschalter, 3 Auf-Schütz, 4 Fahr-Brems-Wender, 5 Anfahrüberwachungsgerät, 5a „Auf"-Stop-Relais, 5b „Ab"-Ein-Relais, 6 Schaltwerk, Hilfskontakt, 7 Abschütz, 8 Stellmotor (Schaltwerksantrieb), 9 a, b, c Schaltwerk, Hilfskontakte, 10 Hilfsfahrschalter, 11 Hilfsschütz „Hilfsfahrschalter", 12 Stufenüberwachungsgerät für Doppeltraktion, 13 Hochlaufsperre, 13a Überwachungsrelais für Auf-Schütz, 13b Überwachungsrelais für Stellmotor, 14 Unterspannungsrelais

flußt werden. So können z. B. bei den Triebfahrzeugen der Berliner S-Bahn, Baureihen 475 bis 477, zwei verschiedene Stufen der Anfahrbeschleunigung durch den Fortschaltstrom eingestellt werden. Damit läßt sich die Belastung des Fahrleitungsnetzes durch die hohen Anfahrstromspitzen bei Bedarf herabsetzen.
In einigen Ausführungen wird das Fortschalten durch Schleuderschutzrelais zusätzlich unterbrochen, wenn eine der Achsen durch Überschreiten des Kraftschlusses ins Schleudern gerät.
Fortschaltstromüberwachte Auf-Ab-Steuerungen wurden z. B. bei der Baureihe 155 der DR sowie bei der Baureihe 109/142 der DR im Wendezugbetrieb angewendet. Die Lokomotiven der Baureihe 111 der DB sind ebenfalls mit einer derartigen

grenzwertüberwachten Auf-Ab-Steuerung ausgerüstet (Bild 15.9/4).
Wird auf dem besetzten Führerstand (Richtungsschütz (1) angezogen) der Fahrschalter (2) in Stellung Auf oder in den Bereich Z bewegt, dann schaltet sich das Auf-Schütz (3) ein, wenn
- das Anfahrüberwachungsgerät (5) keinen Stop des Aufschaltens infolge Überschreitens eines Grenzwerts veranlaßt,
- die Fahr-Brems-Wender (4) in Stellung Fahren umgeschaltet haben,
- das Schaltwerk noch nicht die höchste Fahrstufe 28 erreicht hat,
- das Ab-Schütz (7) nicht angezogen hat.

Das Auf-Schütz legt den Anker des Schaltwerkmotors (8) an Spannung, so daß dieser das Schaltwerk in Richtung der höheren Fahrstufen antreibt.
Der Auftrag zum Aufschalten kann unterbrochen werden, wenn
- der Fahrschalter (3) in die Stellungen Fahrt, Ab oder Null zurückgenommen wird,
- das Anfahrüberwachungsgerät (5a) anspricht, weil
  - der im Bereich Z (Zugkraft) des Fahrschalters eingestellte Grenzwert der Zugkraft,
  - der voreingestellte Grenzwert des Transformator-Primärstroms,
  - der Grenzwert der Motorspannung,
  - der einen Schleudervorgang anzeigende Grenzwert der Differenz der Fahrmotorströme erreicht wurde. Die bisherige Stromzufuhr zum Auf-Schütz wird unterbrochen. Damit das Schaltwerk dadurch nicht zwischen zwei Fahrstufen stehenbleibt, sondern den Einlauf in die nächste Fahrstufe vollendet, erhält das Auf-Schütz über zwischen den Stufen geschlossene Hilfskontakte des Schaltwerks (9a) weiterhin Spannung.
- das Ab-Schütz anzieht. Das tritt z. B. ein, wenn das Anfahrüberwachungsgerät (5a) ein Überschreiten der überwachten Grenzwerte feststellt.

Wird der Fahrschalter in die Stellung Ab gebracht, erhält das Ab-Schütz Spannung, wenn
- das Schaltwerk (9b) nicht bereits auf Stufe 0 steht,
- das Schaltwerk (9c) eine Vollstufe erreicht hat,
- das Stufenüberwachungsgerät (12) nicht angesprochen hat.

Der Anker des Schaltwerkmotors (8) wird so an Spannung gelegt, daß er das Schaltwerk im Ab-Sinne antreibt. Das Ab-Schütz erhält auch auf den Vollstufen durch einen eigenen Haltekontakt Spannung.
Wird der Ab-Auftrag vor Erreichen einer Vollstufe zurückgenommen, dann sorgen Hilfskontakte am Fahrschalter (9d) dafür, daß das Ab-Schütz angezogen bleibt, bis die nächste volle Fahrstufe erreicht ist.
Die Auf- und Abschaltbefehle können statt mit dem Fahrschalter (2) auch mit dem Hilfsfahrschalter (10) erteilt werden, wenn das Hilfsschütz „Hilfsfahrschalter“ (11) durch Drücken der Drucktaste „Hilfsfahrschalter frei“ angezogen ist. Dazu muß der Fahrschalter in der Stellung Fahrt stehen (Abhängigkeiten nicht dargestellt).
Tritt bei Doppeltraktion infolge ungleicher Geschwindigkeiten des Schaltwerklaufs eine Differenz von mehr als drei Fahrstufen zwischen geführter und führender Lokomotive auf, so wird das vom Stufenüberwachungsgerät (12) durch Vergleich der Motorspannungen U_M festgestellt. Auf der Lokomotive mit der höheren Motorspannung zieht dieses Gerät an, legt das Ab-Schütz an Spannung und korrigiert somit die ungleichen Stufenzahlen.
Um ein unkontrolliertes Hochlaufen des Schaltwerks bei Störungen am Auf-Schütz (z. B. festgebrannte Kontakte im Einschaltzustand) zu vermeiden, ist eine Hochlaufsperre (13) vorgesehen. Bei Erteilen des Auf-Befehls zieht gleichzeitig mit dem Auf-Schütz das Überwachungsrelais für das Auf-Schütz (13a) an und legt das Überwachungsrelais für den Stellmotor (13b) an Spannung, das sich selbst hält, auch wenn (13a) abfällt. 0,8 s nach der Rücknahme des Auf-Befehls fällt das Überwachungsrelais für das Auf-Schütz (13a) ab. Bleibt das Auf-Schütz infolge der genannten Störung im Einschaltzustand, erhält das Ab-Schütz (7) über den Ruhekontakt des Relais (13a) und den Arbeitskontakt des Relais (13b) Spannung. Das Ab-Schütz schaltet in entgegengesetzter Richtung zum Auf-Schütz Spannung an den Schaltwerkmotor, so daß dieser stehenbleibt. Sollte auch das Ab-Schütz nicht funktionstüchtig sein und nicht anziehen, so unterbrechen die Ruhekontakte des Überwachungsrelais für das Auf-Schütz (13a) und des Ab-Schütz (7) sowie der Arbeitskontakt des Überwachungsrelais für den Stellmotor (13b) die Verbindung zum Unterspannungsrelais (14), so daß der Hauptschalter ausschaltet.

Nachlaufsteuerung
Der Triebfahrzeugführer wählt bei den Nachlaufsteuerungen aufgrund seiner Erfahrung mit dem Befehlsgeber (Fahrschalter) eine bestimmte Fahrstufe vor. Eine Nachlaufeinrichtung, die die vorge-

wählte Stellung am Fahrschalter (Sollwert) mit der am Schaltwerk erreichten (Istwert) vergleicht, erteilt je nach dem Ergebnis des Vergleichs dem Schaltwerk solange einen Auf- oder Ab-Befehl, bis Übereinstimmung zwischen den Stellungen von Fahrschalter und Schaltwerk besteht.
In der Regel sorgt ein Fortschaltrelais durch Unterbrechen des Aufschaltens dafür, daß ein bestimmter, manchmal geschwindigkeitsabhängiger Stromwert nicht überschritten wird (Anfahrt an der Kraftschlußgrenze). Zusätzlich sind mitunter Schleuderschutzeinrichtungen vorgesehen, die ebenfalls das Aufschalten unterbrechen, wenn die Treibachsen ins Schleudern geraten, oder bei längerer Fortdauer des Schleuderns sogar einen Ab-Befehl erteilen.
Einige prinzipielle Lösungen:

a) Soll-Ist-Vergleich durch Vergleich stellungsproportionaler Spannungspotentiale am Befehlsgeber und am Steuerelement

Der Fahrschalter und das Schaltwerk sind jeweils mit einem an gleicher Spannung liegenden Potentiometer ausgerüstet, dessen Abgriff von der Stellung des Fahrschalters bzw. des Schaltwerks gesteuert wird. Die an den Potentiometern abgegriffenen Spannungen werden verglichen. Aus dem Vorzeichen der Differenz der beiden Spannungen wird der Befehl zum Auf- oder Abschalten für den Schaltwerkmotor abgeleitet, aus der Größe der Differenz u. U. die Schaltwerkgeschwindigkeit. Die Differenzspannung wird entweder direkt an den Schaltwerkmotor gelegt oder steuert über ein polarisiertes Relais Auf- und Ab-Relais zum Schalten dieses Motors im gewünschten Drehsinn. Nachlaufsteuerungen dieses Prinzips hatten die Baumusterlokomotiven 110.001 und 110.002 der DB. [135] [195]

b) Soll-Ist-Vergleich durch Vergleich der Polarität von Kontaktbahnen am Fahrschalter und am Schaltwerk

Am Befehlsgeber (Fahrschalter) werden Kontaktbahnen mit einer für jede eingestellte Fahrstufe charakteristischen Polarität der Spannung belegt und dem Steuerelement (Nachlaufwalze des Schaltwerks) über Leitungen zugeführt. Die mit dem Schaltwerk gekuppelte Nachlaufwalze tastet diese Spannungen ab. Die Befehle zum Auf- oder Abschalten des Schaltwerkmotors werden aus der Polarität der abgegriffenen Spannungen mit Steuerrelais abgeleitet. Zur Verminderung der Zahl der Steuerleitungen werden die einzelnen Fahrstufen

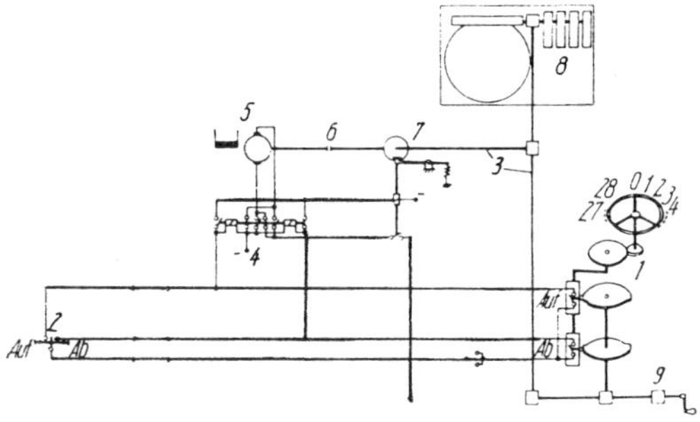

Bild 15.9/5 Nachlaufsteuerung mit mechanischer Welle (BR 110, 140, 141, 150)
1 Fahrschalter Triebfahrzeug, 2 Fahrschalter Steuerwagen, 3 mechanische Welle, 4 Steuerrelais „Auf-Ab“, 5 Schaltwerkmotor, 6 Rutschkupplung, 7 Rastenscheibe mit Sperrklinke, 8 Schaltwerk, 9 Aufsteckvorrichtung für Handkurbel

in über- oder untergeordnete Gruppen eingeteilt, denen bestimmte Kontaktbahnen entsprechen.
Ein Vorteil dieses Steuersystems ist, daß handelsübliche Relais mit einem normalen Bereich der Arbeitsspannung benutzt werden können. Von Nachteil sind jedoch die komplizierteren Kontaktabwicklungen am Fahrschalter und an der Nachlaufwalze, die große Anzahl von Relais und die Vielzahl von Kontakten.
Das Prinzip einer derartigen Steuerung wurde bei der Baureihe 109/142 der DR angewendet.

c) Soll-Ist-Vergleich durch mechanisch angetriebene Nockenscheiben (Bild 15.9/5)

Der Triebfahrzeugführer betätigt mit einem Handrad den Befehlsgeber (Fahrschalter), wodurch je nach Drehrichtung einer von zwei auf Kurvenscheiben laufenden Schaltern geschlossen wird und dadurch den Steuerbefehl „Schaltwerk auf“ bzw. „Schaltwerk ab“ an das Auf- bzw. Ab-Relais der Steuerelemente des Schaltwerkmotors elektrisch übertragen wird. Der Schaltwerkmotor läuft solange, bis eine an ihm befestigte mechanische Welle die Kurvenscheiben im Fahrschalter bis zum Öffnen der Nockenschalter nachgedreht hat. Das genaue Festhalten der Fahrstufen besorgen eine Rastenscheibe und die vom Schaltwerkmotor gesteuerte Sperrklinke.
Die mechanische Verbindungswelle zwischen Fahrschalter und Schaltwerk erlaubt im Störungsfall den Handbetrieb des Schaltwerks (Notsteuerung).

Das Prinzip der Nachlaufsteuerung mit mechanischer Welle wurde generell bei den Einheitslokomotiven der DB (Baureihen 110, 140, 141, 150) eingeführt. [100]

d) Soll-Ist-Vergleich auf digitalem Weg
Der Fahrschalter und das Schaltwerk sind mit je einem Impulsgeber ausgerüstet. Die bei Verdrehung des Fahrschalters und des Schaltwerks von den Impulsgebern erzeugten Impulse werden einem Auswertegerät zugeführt, das die vom Fahrschalter gekommenen Impulszahlen mit den vom Schaltwerk gekommenen vergleicht und aus dem Ergebnis einen Auf-, Ab- oder Halt-Befehl für den Schaltwerkantrieb ableitet.
Da die Impulserzeugung berührungslos (z. B. mit Schlitzinitiatoren) möglich ist, arbeitet diese Nachlaufsteuerung völlig kontaktlos und damit wartungs- und störungsfrei.
Ein Teil der Lokomotiven der Baureihe 150 der DB ist mit einer derartigen digitalen Nachlaufsteuerung ausgerüstet. Auch die Lokomotiven der Baureihe 155 der DR verwenden sie mit einer Stromregelung beim Anfahren. Der Sollwert des Stromes wird dabei in Abhängigkeit von der Fahrgeschwindigkeit entsprechend dem Kraftschlußbeiwertabfall selbsttätig verändert und kann zusätzlich vom Triebfahrzeugführer willkürlich eingestellt werden.

15.9.5 Selbsttätige Steuerung

Die selbsttätigen Steuerungen [4], [69], [76], [164] sind im wesentlichen dadurch gekennzeichnet, daß der Triebfahrzeugführer nicht mehr Funktionen von Regelkreisen ausübt, sondern sich auf die Eingabe von Sollwerten und die Kontrolle der richtigen Arbeit der Geräte beschränkt. In ersten Ausführungen wird bereits dem Triebfahrzeugführer die Eingabe der Sollwerte abgenommen, was dann Programmspeicher oder Prozeßrechner erledigen. Diese Geräte können entweder auf jedem Triebfahrzeug vorhanden sein oder sich an zentralen Steuerstellen des Netzes befinden und ihre Informationen über Linienleiter oder Funk auf das Fahrzeug übertragen.
In der Regel stellt der Triebfahrzeugführer den Sollwert der Fahrgeschwindigkeit ein. Die Geschwindigkeitsregeleinrichtung vergleicht den Sollwert mit dem Istwert und gibt je nach Größe und Vorzeichen der Abweichung einen Sollwert der Zugkraft oder der Bremskraft für den Zug- oder für den Bremskraftregelkreis ab. Ist der Geschwindigkeits-Sollwert viel größer als der Istwert (wie stets bei Anfahrten), so wird ein konstanter oder mit dem Kraftschlußbeiwert abfallender Wert der Zugkraft ausgeregelt. Bei Annäherung des Geschwindigkeits-Istwerts an den Sollwert wird die Zugkraft zur Vermeidung unzulässiger Rucke selbsttätig verringert.
Da die feste Vorgabe einer Zugkraft an der Kraftschlußgrenze infolge der vielen stochastischen Einflüsse auf den Kraftschlußbeiwert nur eine unvollständige Lösung des Problems „Anfahrt mit maximal möglicher Zugkraft“ sein kann, wird bei neueren Triebfahrzeugen die Größe des Schlupfes als Kriterium für die mögliche Zug- oder Bremskraftausübung genommen. Eine relativ hoch angegebene maximale Zug- oder Bremskraft wird in Abhängigkeit von der Größe des Schlupfes entsprechend und nur soweit wie erforderlich nach unten korrigiert.
Bild 15.9/6 zeigt die Einrichtung der Geschwindigkeitsregelung bei der Baureihe 143 der DR. Mit Hilfe der Potentiometer (1) im Geschwindigkeitswähler auf den Führerpulten und des Umkehrverstärkers (2) wird das Signal Soll-Geschwindigkeit $-U_{\mathrm{Vsoll}}$ gebildet. Durch verdrahtete Programmierung sorgt der Umkehrverstärker (2) für die Anpassung an die gewünschte Höchstgeschwindigkeit.
Die Impulsgeber (3) an zwei Lokradsätzen liefern Impulse mit geschwindigkeitsproportionaler Frequenz, die mit Schmitt-Trigger (4), Monoflop (5) und Verzögerungsglied 2. Ordnung (6) in eine geschwindigkeitsproportionale Gleichspannung umgewandelt werden. Eine Einstellbarkeit des Verstärkungsfaktors K bei (6) ermöglicht die Anpassung an den jeweiligen Raddurchmesser. Nach Minimalwertauswahl in (7) steht das, vom Schlupf abgesehen, geschwindigkeitsproportionale Gleichspannungssignal U_{Vist} zur Verfügung.
Im Addierer (8) wird daraus die Differenzgeschwindigkeit U_V gebildet. Daraus wird nach P-Bewertung in (9) der Proportionalteil und nach I-Bewertung im Integrator (10) der Integralteil des Zugkraftsollwerts gebildet, die nach Addition in (11) das Signal „Sollzugkraft“ U_{Zsoll} bilden.
Aus dem Signal U_{V} werden in den Schmitt-Triggern (12) die Signale $U > 0$ und $U < 0$ als Kriterium für eine auszuübende Zug- oder Bremskraft gebildet.
Negative Spannungen $-U_{\mathrm{Zsoll}}$ bilden für die Zugkraftregelung das Signal „Sollmotorstrom“ (U_{IMsoll} GR); positive Werte werden nach Frei-

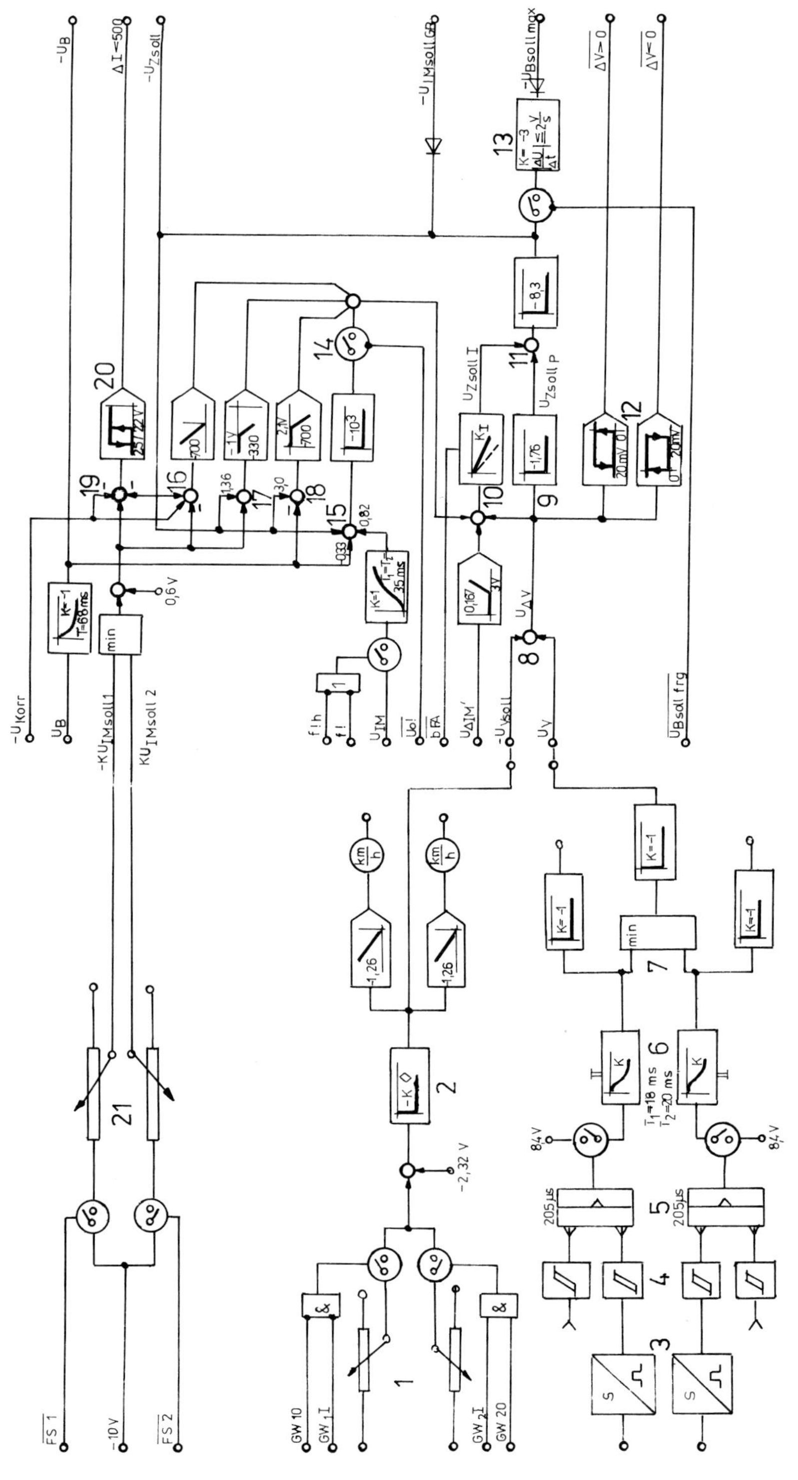

Bild 15.9/6 Geschwindigkeitsregelung der BR 143

gabe durch das Signal $\overline{U_{Bsoll}\,\mathrm{frg}}$ und Durchlaufen eines Rampengenerators (13) der Bremskraftregelung als Soll-Bremskraft-Signal $-U_{Bsoll\,max}$ zugeführt.

Auf den Integrator (10) wirken außer dem Wert U_V noch folgende begrenzende oder korrigierende Einflüsse:

- Das in der Verknüpfungsschaltung der Geschwindigkeitsregelung gebildete Signal $U_o!$ gibt mit Einschalter (14) die Anfangsbedingungen für (10) vor. U_{Zsoll} wird durch Addition im Addierer (15) so gesteuert, daß es dem Istwert des Motorstroms U_{IM} oder der Bremskraft $-U_B$ entspricht, wobei jeweils entsprechend dem Fahr- oder Bremszustand nur eine dieser Größen wirkt.
- Das aus dem Addierer (16) kommende Signal bewirkt, daß U_{Zsoll} nicht größer als das im Zugkraftwähler gebildete Signal „Maximalwert der Zugkraft" $K\,U_{IMsoll}$ werden kann, wobei entsprechend den Kraftschluß- und Schlupfbedingungen noch eine Korrekturspannung U_{Korr} aus der Baugruppe automatische Haftwertorientierung diesen Vorgabewert nach unten korrigiert.
- Durch das im Addierer (17) gebildete Signal wird erreicht, daß im Bremsbetrieb keine größeren Bremskräfte vorgegeben werden können, als sie der Stellung des Zugkraftwählers entsprechen. Damit wird die maximale Bremskraft durch Einstellung des Zugkraftwählers steuerbar.
- Das vom Addierer (18) abgegebene Signal bewirkt, daß die vorgegebene Bremskraft U_{Bsoll} nur einen bestimmten Betrag über dem Ist-Wert der Bremskraft U_B liegt.

Wenn bei Beharrungsfahrt die durch den Geschwindigkeitsregler ausgegebene Sollzugkraft U_{Zsoll} genügend weit unter dem durch den Zugkraftwähler (21) vorgegebenen Wert $K\,U_{IMsoll}$ liegt (ggf. durch U_{Korr} verringert), wird im Addierer (19) und im Schmitt-Trigger (20) das Signal $I < 500 = L$ abgegeben. Es bewirkt im Zugkraftregler über die Größe Z_{RGrob} auf den Vollstufen eine Verzögerung der Ansprechwerte der Trigger für die Drehrichtungsbestimmung des Schaltwerkmotors und damit eine gewisse Bevorzugung der Vollstufen.

In der Verriegelungs- und Verknüpfungsschaltung ist der Eingriff in die Geschwindigkeitsregelung vorgesehen. So ist es möglich

- diese durch eine Schalthandlung oder ein von außen kommendes Signal (z. B. von einem Bordrechner für die energiesparende Fahrweise) außer Betrieb zu nehmen, um in freien Auslauf überzugehen,
- zur Erleichterung einer energiesparenden Fahrweise den bedingten freien Auslauf einzustellen. Bei Erreichen der am Geschwindigkeitswähler eingestellten Geschwindigkeit wird selbsttätig in den Auslauf übergegangen.
- die selbsttätige Fahr- oder Bremsregelung außer Betrieb zu setzen.

Bild 15.9/7 gibt die Schaltung der der Geschwindigkeitsreglung nach Bild 15.9/6 unterlagerten Zugkraft- bzw. Fahrmotorstromregelung ohne die dazugehörigen Verknüpfungs- und Verrigelungsschaltungen wieder.

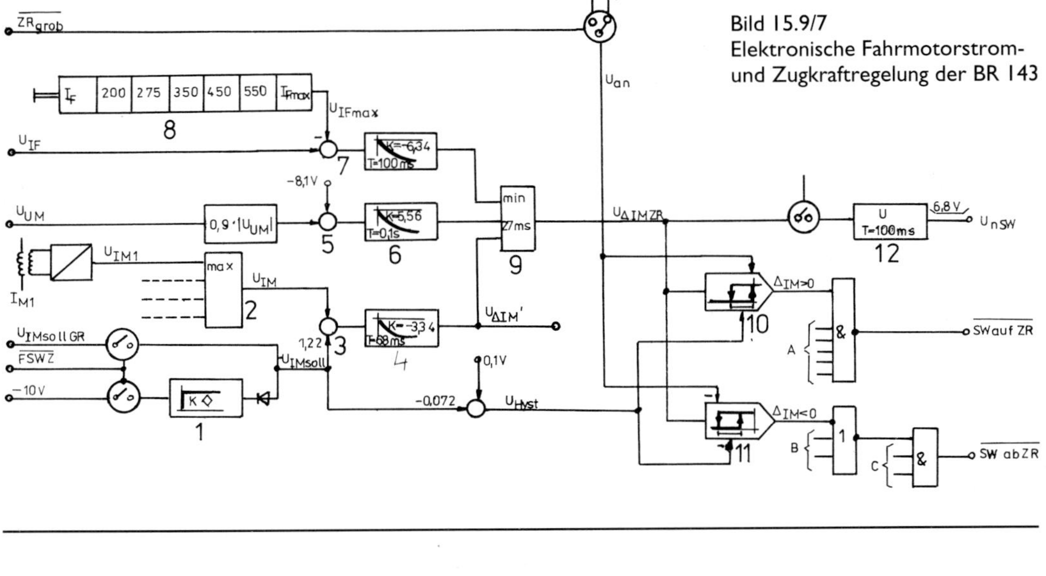

Bild 15.9/7
Elektronische Fahrmotorstrom- und Zugkraftregelung der BR 143

Je nachdem, ob vom Führerstand des Wendezugsteuerwagens aus gefahren wird ($\overline{FSWZ} = L$) oder von einem der Führerstände der Lok ($\overline{FSWZ} = H$), mit der Geschwindigkeitsregelung wird das Signal „Sollwert des Motorstroms" (U_{IMsoll}) aus einem durch verdrahtete Programmierung in (1) je nach Übersetzung der Lok festgelegten Wert oder durch das von der Geschwindigeitsregelung vorgegebene Signal $-U_{IMsollGR}$ gebildet.
Durch Maximalwertauswahl in (2) wird aus den den vier Fahrmotorströmen proportionalen Signalen $U_{IM1...4}$ das Signal „Motorstrom-Ist" U_{IM} abgeleitet.
Im Addierer (3) wird die Regelabweichung zwischen Soll- und Ist-Wert des Motorstroms ermittelt und nach Bewertung im Verzögerungsglied 1. Ordnung (4) das Signal U_{IM} gebildet.
Im Addierer (5) wird die Differenz aus fest vorgegebenem Grenzwert der Motorspannung und Ist-Wert der Motorspannung U abgeleitet und im P-T_1-Glied (6) bewertet. Das Ausgangssignal von (6) stellt die von der Größe der Motorspannung her noch zulässige Erhöhung des Motorstroms dar. Sie verhindert bei maximaler Fahrdrahtspannung das Fahren auf den oberen Schaltwerkstufen und damit eine spannungsgemäße Überbeanspruchung der Fahrmotoren.
Im Addierer (7) wird die Differenz aus dem in (8) einstellbaren Grenzwert des aus der Fahrleitung entnommenen Stromes I_{Fmax} und des Ist-Werts dieses Stromes I_F gebildet. Damit wird es möglich, einen vorgegebenen Grenzwert des Fahrleitungsstromes selbsttätig einzuhalten, wie es z. B. bei Überlastung der Bahnstromversorgungsanlagen (z. B. Ausfall eines Unterwerks) vorübergehend erforderlich werden kann.
Im Minimalwertbildner (9) wird aus den drei vorgenannten Werten der kleinste ausgewählt, er bestimmt als Signal U_{IMZR} die Größe der auszuregelnden Motorstromdifferenz.
Durch Triggerung in (10) und (11) wird darauf je nach Vorzeichen von U_{IMZR} das Signal zum Aufwärtsschalten des Schaltwerks ($\overline{SW \text{ auf } ZR} = L$) oder das Kommando zum Abwärtsschalten ($\overline{SW \text{ ab } ZR} = L$) an die Schaltwerkmotorsteuerung gegeben. Beim Auf-Befehl müssen aus der Verknüpfungsschaltung die Bedingungen A erfüllt sein:

- Auf-Signal vorhanden,
- Schaltwerk nicht übergelaufen,
- Triebfahrzeug schleudert nicht,
- Motortrennschütze angezogen.

Für den Ab-Befehl sind die Bedingungen B und C zu erfüllen:

- Ab-Signal vorhanden,
- Schaltwerk noch nicht in Stufe Null.

Nach Betragsbildung in (12) wird das Signal für die Drehzahl n des Schaltwerkmotors U_{nSW} abgegeben, das nach Pulsbreitenmodulation über einen Pulssteller die Spannung und damit die Drehzahl des Schaltwerkmotors, d. h. die Änderungsgeschwindigkeit der Fahrmotorspannung bestimmt.

15.9.6 Steuerung der elektrodynamischen Bremse

Die Steuerung soll gewährleisten

- die Weiterleitung der Information von den Eingabegliedern zu den Stellgliedern und die Verarbeitung dieser Informationen (Bremskraftstufe, Bremskraft-Sollwert),
- die Erfüllung der für das elektrodynamische Bremsen erforderlichen Bedingungen (Abschn. 15.7), z. B. das Arbeiten des Lüfters für die Bremswiderstände,
- die Einhaltung und Überwachung bestimmter Grenzwerte (maximaler Bremsstrom, Temperatur der Bremswiderstände),
- das Zusammenarbeiten mit der Druckluftbremse.

Hinsichtlich des Zusammenwirkens mit der Druckluftbremse der Lokomotive lauten die wesentlichen Forderungen:

- Auf der Lokomotive soll vorrangig die elektrodynamische Bremse zum Einsatz kommen, auch wenn die Bremsung nicht vom Triebfahrzeugführer eingeleitet wird (z. B. Notbremsung aus dem Zug oder Zwangsbremsung). Das soll möglichst ohne besondere zusätzliche Bedienungshandlungen geschehen. Wenn die elektrodynamische Bremse arbeitet, soll die Druckluftbremse der Lokomotive nicht oder nur mit verminderter Kraft wirken. Bei Ausfall der elektrischen Bremse (infolge Störung oder wegen der Fahrdrahtabhängigkeit) soll die pneumatische Bremse selbsttätig mit annähernd der gleichen Bremskraft die elektrische ersetzen.
- Bei parallelem Betrieb von elektrodynamischer Bremse der Lokomotive und Druckluftbremse des Zuges soll die elektrische Bremskraft zur Vermeidung von Zerrungen im Zug möglichst proportional der der Druckluftbremse sein. Das trifft auch für die unterschiedlichen Anstiegsgeschwindigkeiten der Druckluftbremse in den Stellungen G (Güterzug) und P bzw. R. (Reisezüge) zu.

– Bei gleichzeitiger Wirkung von elektrodynamischer und pneumatischer Bremse, wie es zur Erzielung hoher Bremswirkungen u. U. erforderlich ist, muß eine Überbremsung (Blockierung der Radsätze) vermieden werden. Andererseits sollen sich die beiden Bremssysteme mit ihren Bremskräften so ergänzen, daß der Kraftschlußbeiwert möglichst im gesamten Geschwindigkeitsbereich gut ausgenutzt wird.

Wie bei der Fahrsteuerung übernimmt die Bremssteuerung je nach dem Grad der Selbsttätigkeit einen mehr oder weniger großen Teil der Regelaufgaben.

Im einfachsten Falle stellt der Triebfahrzeugführer mit seinem Bedienungsorgan eine Bremsstufe ein. Es ergeben sich dann Bremskräfte entsprechend den natürlichen Kennlinien der Bremsschaltung, wobei lediglich Begrenzungen zur Einhaltung bestimmter Grenzwerte selbsttätig wirksam werden (z. B. Bremsleistung).

Bei den teilselbsttätigen Steuerungen stellt der Triebfahrzeugführer die gewünschte Bremskraft ein, die von den Regelorganen soweit konstant eingehalten wird, wie es die natürliche Kennlinie hergibt.

Bei den vollselbsttätigen Steuerungen kommen die Bremsbefehle und die Sollwerte aus der überlagerten Geschwindigkeitsregelung. Daneben bleibt jedoch die Möglichkeit der manuellen Eingabe erhalten.

Zur Erfüllung der Forderungen hinsichtlich der Zusammenarbeit von elektrischer und pneumatischer Bremse werden nachstehende zwei Verfahren häufig angewendet:

Mechanische Kupplung des Betätigungsorgans der elektrodynamischen Bremse mit dem der Druckluftbremse

Der Betätigungsgriff des Führerbremsventils ist durch eine Zahnradübertragung mit einer elektrischen Regelwalze des Bremsstellers verbunden. Bei Betätigung der pneumatischen Bremse wird dabei eine proportionale elektrische Bremskraft ausgesteuert. Zur alleinigen Bedienung der elektrischen Bremse läßt sich eine mechanische Kupplung ausklinken und die Regelwalze der elektrischen Bremse allein betätigen (z. B. für Gefällebremsungen). Beim Wirken der elektrischen Bremse (Vorhandensein von Bremsstrom) sperrt ein Magnetventil die Verbindung zwischen dem Steuerventil der Druckluftbremse und den Druckübersetzern bzw. den Bremszylindern. Bei Unwirksamwerden der elektrischen Bremse (z. B. infolge einer Störung oder wegen der Fahrdrahtabhängigkeit bzw. des Abschaltens im unteren Geschwindigkeitsbereich infolge abfallender elektrischer Bremskraft) öffnet das Magnetventil und läßt die Druckluft vom Steuerventil zu den Druckübersetzern bzw. Bremszylindern.

Die zeit- und kraftmäßige Anpassung der elektrodynamischen Bremse an die pneumatische erfordert zusätzliche Schaltelemente (z. B. zur Realisierung des verzögerten Bremsanstiegs in der Stellung G, des zusätzlichen Wirkens der Druckluftbremse mit niedriger Abbremsung in der Stellung R), desgleichen das Wirksamwerden der elektrischen Bremse bei nicht vom Triebfahrzeugführer eingeleiteten Bremsungen.

Diese Art der Bremssteuerung kommt bei vielen Baureihen der DB zur Anwendung.

Ableitung der Steuergröße für die elektrische Bremsung aus dem Druck der pneumatischen Bremse

Ein Druck-Strom-Inverter bildet aus dem Vorsteuerdruck der pneumatischen Bremse ein dem Druck proportionales elektrisches Spannungssignal, das als Steuergröße für die elektrodynamische Bremse dient. Eine getrennte Steuerung der elektrischen Bremse ist nur über ein besonderes Stellglied möglich bzw. bei Lokomotiven mit Geschwindigkeitsregelung durch einfaches Einstellen eines niedrigeren Geschwindkeits-Sollwerts.

Bild 15.9/8 zeigt das Schema des Zusammenwirkens zwischen elektrodynamischer und pneumatischer Bremse bei der Baureihe 155 der DR.

Der Druck-Strom-Inverter (3) ist an die Leitung zwischen dem Steuerventil der pneumatischen

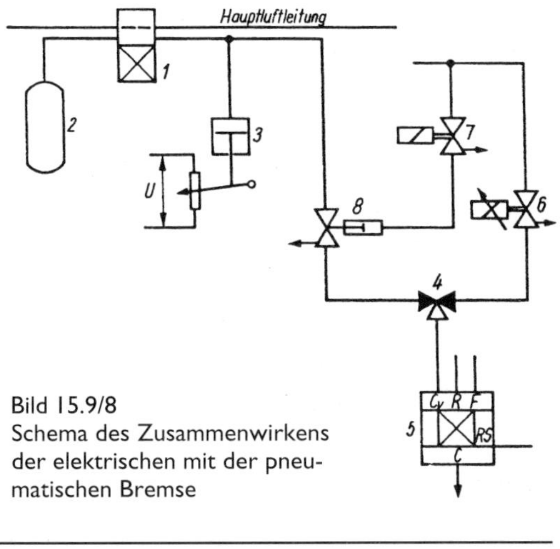

Bild 15.9/8
Schema des Zusammenwirkens der elektrischen mit der pneumatischen Bremse

Bremse (1) und deren Druckübersetzer (5) angeschlossen. Der Druck steuert einen Potentiometerabgriff, wodurch der Druck in ein proportionales analoges Spannungssignal umgesetzt wird. Dieses Signal wird in der elektronischen Steuerung der elektrodynamischen Bremse ausgewertet und steuert die elektrodynamische Bremskraft proportional zum Vorsteuerdruck. Damit wird die elektrodynamische Bremse ohne besondere Zusatzeinrichtungen zeit- und kraftmäßig richtig zur pneumatischen Bremskraft gesteuert.

Der Ausgleich des geschwindigkeitsabhängigen Verlaufs der elektrodynamischen Bremskraft und das selbsttätige Einschalten der pneumatischen Bremse erfolgen durch das vom Bremsstrom elektrisch gesteuerte Ventil (7) und das damit pneumatisch gesteuerte Ventil (8).

Zusammenwirken:

Beim Einleiten einer pneumatischen Bremsung durch das Senken des Hauptluftleitungsdrucks (mit dem Führerbremsventil, durch Not- oder Zwangsbremsung) gibt das Steuerventil (1) entsprechend der Drucksenkung einen Vorsteuerdruck ab. Dieser beaufschlagt

- über das geöffnete Ventil (8) und das Doppelrückschlagventil (4) den Druckübersetzer (5), der die Bremszylinder mit einem entsprechenden Druck beschickt. Die pneumatische Bremse setzt ein.
- den Druckmeßumformer (3), der ein Spannungssignal an die elektronische Steuerung der elektrischen Bremse abgibt, so daß die elektrische Bremse einsetzt. Der Bremsstrom steigt auf einen Wert entsprechend dem Vorsteuerdruck.

Der Bremsstrom erregt das Ventil (7). Es öffnet und schließt mit Druckluft das Ventil (8), das damit den Vorsteuerdruck von den Druckübersetzern absperrt und die Leitung zu ihnen entlüftet. Der Bremszylinderdruck sinkt auf Null ab. Bei Ausfall der elektrodynamischen Bremse sperrt das Ventil (7) und öffnet das Ventil (8), so daß sich die pneumatische Bremskraft unter dem Einfluß des wieder zu den Druckübersetzern gelangenden Vorsteuerdrucks erneut aufbaut. Erreicht die elektrische Bremskraft nicht den durch den Vorsteuerdruck vorgegebenen Wert (z. B. im unteren Geschwindigkeitsbereich), so steuert die elektronische Regeleinrichtung mit dem Bremsstromventil (6) Druckluft über das Doppelrückschlagventil (4) zu dem Druckübersetzer (5). Die pneumatische Bremskraft setzt ein und ergänzt die elektrodynamische Bremskraft zu dem durch den Vorsteuerdruck vorgegebenen Wert (Bild 15.9/9).

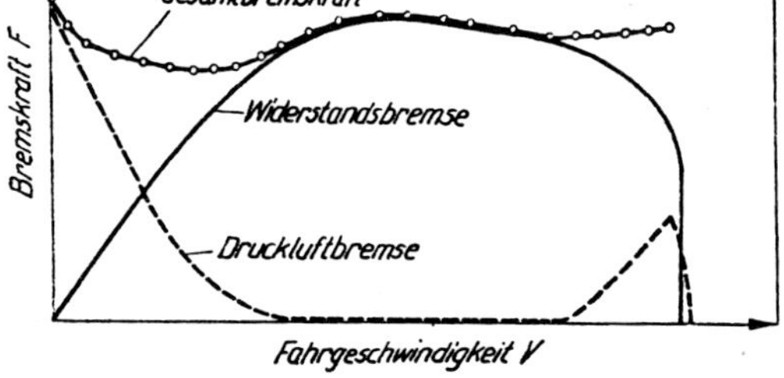

Bild 15.9/9 Zusammenwirken von elektrischer und pneumatischer Bremse

15.10 Hilfsbetriebesteuerung

15.10.1 Aufgaben

Die Aufgaben der Hilfsbetriebesteuerung sind:

- Übertragung der Steuerbefehle an Steuerelemente der Leistungskreise der Hilfsbetriebe,
- Herstellen von Abhängigkeiten und zum Teil selbsttätiges Arbeiten.

15.10.2 Steuerung des Gleichstromversorgungsgeräts

Das bei Wechselstromtriebfahrzeugen der Gleichstromversorgung dienende Gleichstromversorgungsgerät liegt meist nach Einschalten des Hauptschalters sofort an Hilfsbetriebespannung. Im Schadensfall wird es mit seinem handbetätigten Netzschalter abgeschaltet. Eine besondere Einschaltsteuerung des Gleichstromversorgungsgeräts gibt es nicht.

15.10.3 Transformator-Ölpumpen-Steuerung

Die Ölpumpe erhält bei Wechselstromtriebfahrzeugen in der Regel durch Einschalten des Hauptschalters oder bei Drehstromhilfsbetriebenetzen nach Erreichen der Speisefähigkeit der Drehstromquelle (Hochlauf des Umformers bzw. Einschalten des Umrichters) sofort Hilfsbetriebespannung. Ausgeschaltet wird sie mit dem Ausschalten des

Hauptschalters bzw. der Drehstromversorgung. Der Betrieb der Ölpumpe ist auch bei eingeschalteter Schuppenspannung möglich.

15.10.4 Steuerung des Hilfsbetriebeumformers

Die Umformersteuerung hat zu gewährleisten, daß
- ein Ein- oder Ausschaltbefehl für den Umformer nur vom besetzten Führerstand aus erteilt werden kann,
- das Einschalten des Umformers nur möglich ist, wenn der Hauptschalter eingeschaltet oder die Stromversorgung über den Prüfumschalter aus der Schuppenstromversorgungsanlage gewährleistet ist,
- das Einschalten des Umformers nur möglich ist, wenn keine der Schutzeinrichtungen angesprochen hat.

Die Steuerung muß dafür sorgen, daß der Umformer ohne Belastung des Generators anläuft, indem sie die Erregung des Generators erst nach dem Anlauf zuschaltet.

Bei Vorhandensein einer Spannungsumschalteinrichtung, was infolge der großen Spannungsschwankungen in den Fahrleitungsnetzten bei Wechselstromtriebfahrzeugen sehr häufig der Fall ist, hat die Umformersteuerung dafür zu sorgen, daß der Umformer in der niedrigen Spannungsstufe anläuft und während des Betriebs je nach der Größe der Fahrleitungsspannung an die Transformatoranzapfung mit der höheren oder niedrigeren Spannung angeschlossen wird.

Wenn der Umformermotor ein Asynchronmotor mit Kondensatorhilfsphase ist, schaltet die Steuerung in Abhängigkeit von der Belastung häufig Kondensatoren zu oder ab.

Die Umformer sind meist so ausgelegt, daß sie nicht in der Lage sind, die Anlaufströme mehrerer gleichzeitig anlaufender Hilfsbetriebemotoren zu liefern. Der Anlauf muß entweder über Anlaßeinrichtungen oder zeitlich gestaffelt vor sich gehen, was die Steuerung zu gewährleisten hat.

15.10.5 Steuerung des Hilfsbetriebeumrichters

Bei Triebfahrzeugen, deren Drehstrombordnetz aus statischen Umrichtern gespeist wird, hat die Steuerung im Prinzip die Erfüllung der gleichen Voraussetzungen wie in Abschn. 15.10.4 zu überwachen. Darüber hinaus
- wird der Anlaufstrom bei Anlauf der an das Bordnetz angeschlossenen Hilfsmaschinen (z. B. Kompressor) durch allmähliches Hochregeln von Spannung und Frequenz begrenzt,
- werden Frequenz und Spannung so geregelt, daß die Lüfterleistung der Kühllufttemperatur und der Belastung der zu kühlenden Aggregate angepaßt wird. Vielfach wird auch die Wicklungstemperatur der zu kühlenden Maschine als Regelgröße benutzt.

15.10.6 Steuerung des Hauptluftverdichters

Die Hauptluftverdichtersteuerung gestattet das Ein- und Ausschalten des Hauptluftverdichters. Sie gewährleistet in Abhängigkeit vom Druck im Hauptluftbehälter das selbsttätige Zu- und Abschalten des Kompressors.

Ein Druckschalter unterbricht bei Erreichen eines oberen Grenzwerts (meist 1 MPa) den Strom für das Einschaltschütz des Verdichtermotors und gibt ihn wieder frei, wenn der Druck auf einen unteren Grenzwert (meist 0,85 MPa) abgesunken ist.

Bei Vielfachtraktion muß der Druckwächter des führenden Fahrzeugs diese Funktion auch für die geführten Triebfahrzeuge übernehmen, da der Luftverdichter des Triebfahrzeugs, dessen Druckwächter infolge der unvermeidlichen Ansprechtoleranzen zuerst anspricht, bei autarker Steuerung jedes einzelnen Triebfahrzeugs die gesamte Pumparbeit übernehmen würde.

Um dem Triebfahrzeugführer die Möglichkeit zu geben, vor dem Befahren von Streckenabschnitten, auf denen der Hauptschalter auszuschalten ist (z. B. Unterwerktrennstellen), die Hauptluftbehälter noch einmal vollständig aufzufüllen, kann er den Verdichter bei manchen Baureihen mit einer Umgehungsschaltung für den Druckwächter willkürlich ein- und ausschalten. Die Einhaltung des oberen Grenzdrucks ist dann oftmals seiner Aufmerksamkeit überlassen. Die Umgehungsschaltung kann auch bei gestörtem Druckwächter benutzt werden. Läuft der Hauptluftverdichtermotor über einen Anlaufwiderstand an, schaltet die Steuereinrichtung ihn nach dem Hochlaufen ab. Bei der Baureihe 111 der DB wird der Anlaufwiderstand durch einen pneumatisch betätigten Anlaßschalter in mehreren Stufen abgeschaltet.

Bei Lokomotiven mit statischem Hilfsbetriebeumrichter erfolgt der Hochlauf des Asynchronmotors für den Kompressor durch die Steuerung von Frequenz und Spannung. Dazu ist dem häufiger anlaufenden Hauptkompressor meist ein eigener Umrichter zugeordnet.

15.10.7 Lüftersteuerung

Aufgabe der Lüftersteuerung ist es,
- das Ein- und Ausschalten der Antriebsmotoren der Lüfter (Fahrmotorenlüfter, Ölkühlerlüfter, Gleichrichterlüfter) zu ermöglichen,
- in bestimmten Belastungsfällen der Hauptstromkreise ein zwangsweises Einschalten der Lüfter zu bewirken, um thermische Überlastungen durch versehentliches Unterlassen des Einschaltens durch den Triebfahrzeugführer zu vermeiden,
- bei Bedarf den Anlauf über Anlaßwiderstände zu gewährleisten,
- bei großen Lüfterleistungen, insbesondere bei der Speisung der Hilfsbetriebe aus Umformern, einen gestaffelten Anlauf der einzelnen Hilfsbetriebemotoren zu bewirken, um eine Überlastung des Umformers durch die zusammenfallenden Anlaßstromspitzen zu vermeiden,
- bei einigen Bauarten eine Einstellung der Speisespannung und damit der Lüfterleistung in Abhängigkeit von der Außentemperatur zu ermöglichen (Sommer-Winter-Schaltung).

Zur Ernergieeinsparung (ca. 5 %) werden bei der Speisung des Drehstromnetzes aus statischen Umrichtern Frequenz und Spannung der Lüftermotoren und damit ihre Drehzahl und Leistungsaufnahme
- entweder abhängig von Kühllufttemperatur und Belastung der zu kühlenden Maschine,
- oder abhängig von der Temperatur der zu kühlenden Maschine so gesteuert, daß die Kühlwirkung gerade nur so groß wie erforderlich ist.

15.10.8 Steuerung des Bremswiderstandslüfters

Die Steuerung des Bremswiderstandslüfters hat die Aufgabe, das Einschalten der Lüftermotoren bei Belastung der Bremswiderstände mit Bremsstrom zu gewährleisten.

In den Fällen, in denen die thermische Überlastungsfähigkeit der Bremswiderstände in Anspruch genommen wird, muß die Steuerung der Bremswiderstandslüfter ein Nachlüften der Bremswiderstände nach Abschluß einer Bremsung gewährleisten, damit die volle Einsatzbereitschaft (einschließlich der Überlastungsfähigkeit) der Widerstände wiederhergestellt wird.

Die einfachste Art der Steuerung, die praktisch keinen Aufwand erfordert, ist der direkte Anschluß der Lüftermotoren parallel zu den Bremswiderständen. Die Lüftermotoren werden dann durch den vom Bremsstrom in den Widerständen erzeugten Spannungsabfall selbsttätig angetrieben. Die Lüfterleistung ist wegen des mit der Bremsleistung veränderlichen Spannungsabfalls variabel. Neben der Einfachheit der Steuerung ist von Vorteil, daß die Lüftermotoren mit Bremsenergie arbeiten, also kein zusätzlicher Verbrauch eintritt. Ein Nachbelüften der Widerstände ist allerdings nicht möglich.

Bei Speisung der Lüftermotoren aus dem Hilfsbetriebenetz des Triebfahrzeugs erhalten die Lüftermotoren den Befehl zum Anlaufen aus der Bremssteuerung, z. B. durch Hilfskontakte des Fahr-Brems-Wenders. Hier läßt sich ein Nachbelüften in einfacher Weise bewerkstelligen.

15.10.9 Steuerung der zentralen elektrischen Zugsammelschiene (Zugheizung)

Bei älteren elektrischen Lokomotiven war die Heizsteuerung für die Ansteuerung von zwei Heizstufen (800 und 1 000 V) ausgelegt. Bei den neueren Lokomotiven wurde auf die zweite Spannungsstufe verzichtet, da die Heizleistung der Züge von Thermostaten in den einzelnen Wagen geregelt wird.

Die Heizsteuerung muß
- dem Triebfahrzeugführer das Ein- und Ausschalten der Zuheizung ermöglichen,
- bei Überlastung und Kurzschlüssen die Heizung abschalten und
- sofern aus Gründen der Betriebssicherheit (Arbeitsschutz) von einigen Bahnen verlangt, das erneute Unterspannungsetzen eines einmal spannungslos gewordenen Zugheizstromkreises nur durch eine bewußte Einschalthandlung des Triebfahrzeugführers zulassen.

15.11 Mehrfach- und Wendezugsteuerung

15.11.1 Aufgaben

Die Mehrfachsteuerung ermöglicht die Betriebsart Vielfachtraktion, d. h. die Beförderung besonders schwerer oder schnellfahrender Züge mit mehreren Triebfahrzeugen, wobei sämtliche Triebfahrzeuge des Zuges vom Spitzentriebfahrzeug mit gesteuert werden.
Um die Zugkräfte der einzelnen Triebfahrzeuge gleichmäßig auf den Zug zu verteilen, werden die Triebfahrzeuge mitunter im Zug verteilt. Die Anzahl der einsetzbaren Triebfahrzeuge ist durch die abgebbare und übertragbare Steuerleistung des Spitzentriebfahrzeugs begrenzt.
Die Doppeltraktion ist die einfachste Form der Vielfachtraktion, bei der zwei Triebfahrzeuge an der Zugspitze fahren, wobei das zweite Triebfahrzeug unbesetzt ist und vom Spitzentriebfahrzeug mit gesteuert wird.
Die Wendezugsteuerung ermöglicht die Betriebsart Wendezugbetrieb, d. h. die Beförderung von geschlossenen Reisezügen, an deren einem Ende sich das Triebfahrzeug und am anderen Ende der Wendezugsteuerwagen befindet. Je nach der Stellung des Triebfahrzeugs im Zug (Zugspitze bzw. -schluß) wird das Triebfahrzeug von seinem Führerraum bzw. dem des Wendezugsteuerwagens aus gesteuert. Weiteres zum Wendezugbetrieb ist in der Literatur [136] enthalten.

15.11.2 Prinzip

Die Steuerbefehle für die Stromabnehmer-, Hauptschalter-, Richtungswender-, Trennschütz-, Schaltwerk- und Hilfsbetriebesteuerung
- bei Mehrfachsteuerung vom Spitzentriebfahrzeug zu den übrigen, im Zug fahrenden, unbesetzten Triebfahrzeugen oder
- bei Wendezugsteuerung vom an der Zugspitze fahrenden Wendezugsteuerwagen zu dem am Zugschluß eingestellten unbesetzten Triebfahrzeug

werden übertragen.
- parallel über vieladrige Leitungen oder
- zeitmultiplex über ein Leiterpaar, Lichtwellenleiter, die Zugsammelschiene der zentralen Energieversorgung oder drahtlos über Funk.

15.11.3 Aufbau

Die Ausrüstung der Triebfahrzeuge unterscheidet sich entsprechend der Übertragungsart der Steuerbefehle.

Übertragung der Steuerbefehle mit Vielfachleitung
Die Triebfahrzeugstirnseiten sind mit Steuerstromkupplungen versehen, mit denen die zur Bedienung des unbesetzten Triebfahrzeugs notwendigen Steuerbefehle weitergeleitet werden. Für die Betriebsarten Vielfachtraktion bzw. Wendezugbetrieb ist die Vielfachleitung zwischen den Triebfahrzeugen und den Wagen bzw. dem Triebfahrzeug, den Wagen und dem Wendezugsteuerwagen zu kuppeln. Die Übertragung der Steuerbefehle mit einer Vielfachleitung ist das zur Zeit verbreitetste Verfahren. Die DB verwendet z. B. 36polige, die DR 34polige Kupplungen.

Multiplexe Übertragung der Steuerbefehle
Wegen der Vielzahl der Befehle, die zur Steuerung eines Triebfahrzeugs nötig sind, wird meist eine zeitmultiplexe Übertragung angewendet.
Eine elektronische Einrichtung auf dem steuernden Fahrzeug fragt die Eingänge von den Befehlsgebern zyklisch ab und schaltet sie in Form von L/O-Signalen auf die Übertragungsleitung. Eine synchron dazu arbeitende Einrichtung auf dem gesteuerten Fahrzeug leitet die ankommenden Signale über Speicher zu den Stellgliedern des Triebfahrzeugs. Bild 15.11/1 zeigt das Prinzip der Übertragung, wobei die elektronische Einrichtung durch eine elektromechanisch arbeitende (umlaufender Schaltarm) symbolisiert wird. In gleicher Weise werden in umgekehrter Richtung Rückmeldungen übertragen. Besondere Synchronisierimpulse gewährleisten ein synchrones Arbeiten von Sender und Empfänger.
Zur Kontrolle einer richtigen Signalübertragung werden im Sender und im Empfänger Prüfgrößen

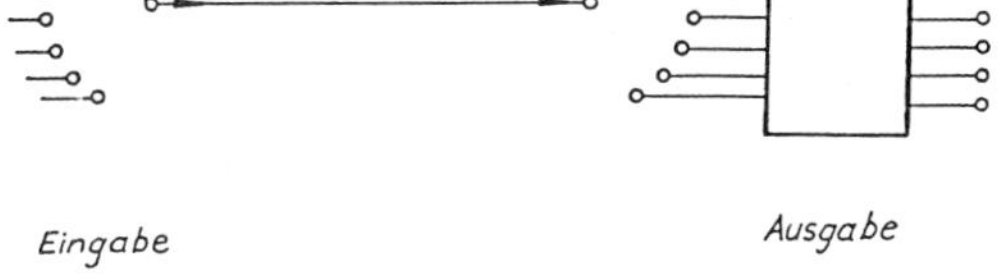

Bild 15.11/1 Prinzip des zeitmultiplexen Datenübertragungsverfahrens

errechnet. Die vom Sender ermittelten und mit übertragenen Prüfsignale werden mit den im Empfänger errechneten verglichen. Nur bei Übereinstimmung werden sie an die Steuereinrichtungen weitergegeben. Bei Nichtübereinstimmung bleibt die vorherige Information gespeichert, bei Abweichungen mehrmals hintereinander wird eine Störung angenommen und eine Reaktion des Triebfahrzeugs zur sicheren Seite hin veranlaßt.

Die Übertragung einfacher Ein-Aus-Informationen erfordert jeweils nur 1 Bit. Zur Übermittlung analoger Größen sind mehrere Bit (meist 8) zu übertragen. Um auf dem gleichen Aderpaar Befehle und Rückmeldungen gleichzeitig übertragen zu können, werden unterschiedliche Frequenzkanäle benutzt.

Die DB und die DR verwenden die von der Firma ABB entwickelte zeitmultiplexe Wendezugsteuerung (ZWS). Für die Befehlsübertragung wird ein Frequenzkanal mit der Mittenfrequenz von 93,6 kHz, für die Rückmeldung ein solcher mit einer Mittenfrequenz von 117,6 kHz verwendet, da auf dem gleichen Aderpaar noch Sprache übertragen wird. Die L- und die O-Signale werden durch eine obere und eine untere Frequenz mit einem Abstand von 4,8 kHz dargestellt.

Ein Telegramm (entspricht einem Abfragezyklus, d. h. einem Umlauf des Schalterarms im

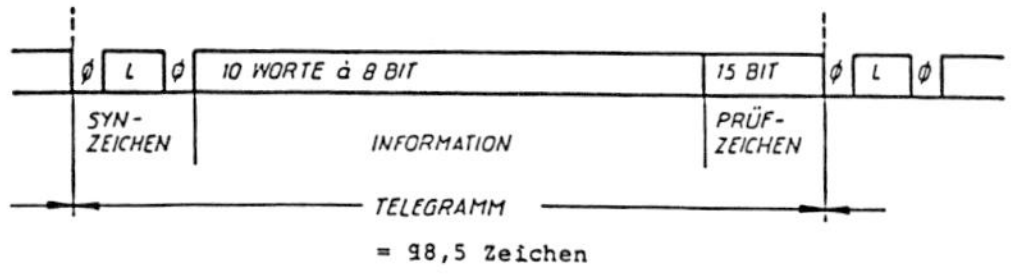

Bild 15.11/2 Aufbau eines Dateitelegrammes

Bild 15.11/1) besteht aus 10 Wörtern zu je 8 Bit. Dazu kommen 3 Synchronisierbits aus einem L-Signal $1\,{}^1/_2$facher Dauer und flankierenden O-Signalen und das Prüfzeichen von 15 Bit. Bild 15.11/2 zeigt den vollständigen aus 98,5 Zeichenlängen bestehenden Telegrammaufbau.

Da die Übertragungsgeschwindigkeit 1200 Baud (bit/s) beträgt, ergibt sich für die Übertragung eines vollständigen Telegramms eine Zeit von

Bild 15.11/3 Prinzipschaltung der zeitmultiplexen Wendezugsteuerung von DB und DR
1 Eingabebaugruppe: 1/1...1/10 Eingabekarte, 1/11 Anpassungsbaugruppe, 1/12 Speicher, 2 Bus, 3 Telegrammbildung: 3/1 Steuerteil, 3/2 Anwahl, 3/3 P/S-Schieberegister, 3/4 Prüfzeichenrechner, 3/5 Zeichenzähler, 3/6 Wortzähler, 4 Modem: 4/1 Kanalumschaltung, 4/2 Multiplizierer, 4/3 Addierer, 5 Doppelfilter, 6 Endstufe

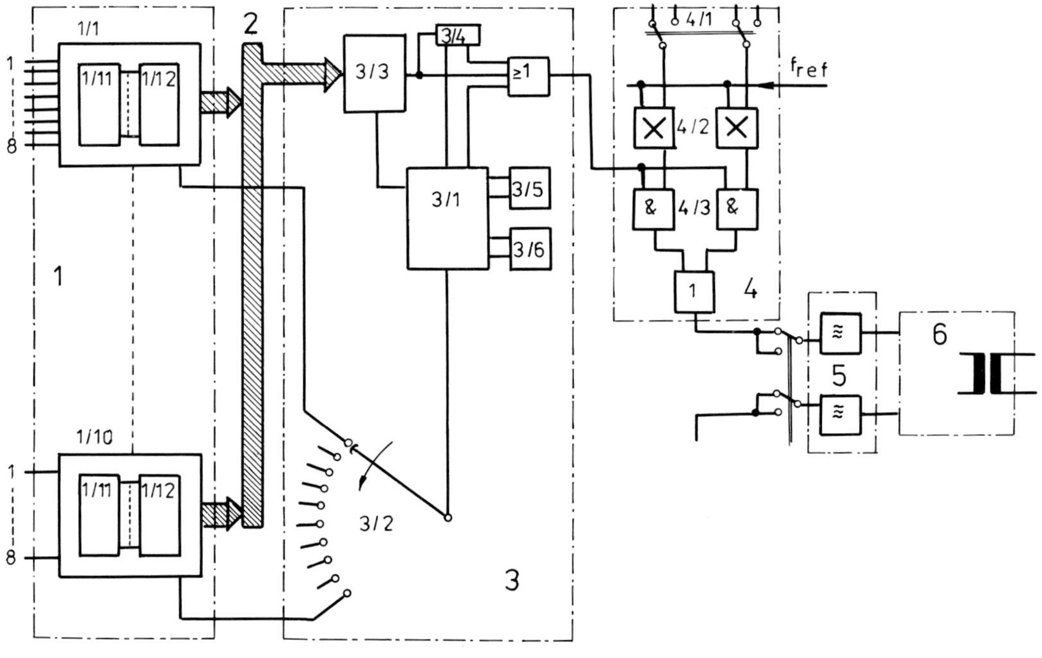

82 ms. Damit werden je Sekunde 12 Telegramme übertragen, was in Anbetracht der Reaktionszeiten des Triebfahrzeugführers und der Eigenzeiten der Stellglieder des Triebfahrzeugs praktisch einer kontinuierlichen Befehlsübertragung gleichkommt.

Einige Befehle und Meldungen besonderer Bedeutung werden in einem Telegramm zweifach übertragen und vor der Ausgabe auf Übereinstimmung überwacht.

Bild 15.11/3 zeigt ein vereinfachtes Blockschaltbild der Einrichtung. Jeweils 8 Eingangssignale werden auf 10 Eingabekarten (1/1...1/10) spannungsmäßig dem Pegel der ZWS-Elektronik angepaßt (1/11), d. h., je Karte werden jeweils 8 Einzelinformationen oder eine analoge Information verarbeitet. Die angepaßten Signale werden in einem Speicher (1/12) zwischengespeichert.

Die Tri-State-Ausgänge der 10 Eingabekarten sind parallel an den Eingabebus (2) geschaltet. Dieser Bus wird an den Befehls-Melde-Sender (3) geführt. Das Steuerteil (3/1) aktiviert nacheinander die Ausgänge der 10 Einzelkarten, die ihre 8-bit-Informationen an den Bus schalten. Die Informationen werden in ein 8-bit-Schieberegister (3/3) übernommen und seriell ausgetaktet. Nach jeweils 8 Zeichen, ermittelt durch den Zeichenzähler (3/5), wird die nächste Karte angewählt (3/2). Parallel dazu ermittelt der Prüfzeichenrechner (3/4) das Prüfzeichen. Nachdem der Wortzähler (3/6) die Abarbeitung aller 10 Karten festgestellt hat, veranlaßt das Steuerteil das Anhängen der Prüfzeichen an die Informationszeichen.

Im Gerät MODEM (4) wird das serielle L/O-Telegramm in die den L- und O-Werten entsprechenden Frequenzen umgesetzt. Je nachdem, ob sich das Modem im führenden oder im geführten Fahrzeug befindet, gibt der Kanalumschalter (4/1) Signale auf die Multiplizierer (4/2), die diese veranlassen, aus der Referenzfrequenz f_{rev} die den Signalen L und O entsprechenden oberen und unteren Frequenzen f_o und f_u des jeweiligen Frequenzkanals zu bilden. In den Addierern (4/3) werden die L- und O-Signale dann in Blöcke mit den Frequenzen f_o und f_u umgesetzt. Danach werden die frequenzmodulierten rechteckförmigen Signalblöcke im Filter (5) von Vielfachen der Grundschwingung befreit und der Kanalendstufe (6) zugeführt, von wo sie mit Übertragern auf die Übertragungsleitung gelangen.

Empfangene Signale werden in dem Gerät MODEM demoduliert und danach regeneriert, wobei sie auf Übertragungsstörungen überprüft werden. Nach einer Serie-Parallel-Umwandlung gelangen die Signale dann in den Ausgabespeicher.

16 Hilfsbetriebe

16.1 Arten und Aufgaben

Hilfsbetriebe [100], [249] sind Einrichtungen der Triebfahrzeuge zur
- Versorgung des Bordnetzes mit elektrischer Energie,
- Energiespeicherung,
- Erzeugung der Druckluft für elektropneumatische Geräte und die Druckluftbremse,
- Gewährleistung einer erhöhten Auslastung der Hauptaggregate (Transformator, Fahrmotoren, Gleichrichter, Drosseln und Widerstände) durch verstärkte Kühlung.

Man unterscheidet zwischen Einrichtungen mit von der Fahrleitungsspannung unabhängiger und abhängiger Stromversorgung. Erstere umfassen die Stromkreise, die auch bei Ausfall der Fahrleitungsspannung bzw. bei gesenktem Stromabnehmer funktionstüchtig sein müssen:
- Steuerstromkreise (z. B. zur Auslösung des Hauptschalters, zum Absteuern des Schaltwerks, zum Heben des Stromabnehmers),
- Sicherheitsfahrschaltung, Zugbeeinflussungseinrichtung,
- Signal- und Fahrzeuginnenbeleuchtung,
- Drucklufterzeugung für das erstmalige Heben des Stromabnehmers und Einschalten des Hauptschalters,
- Bremswiderstandslüfter bei fahrdrahtunabhängigen elektrodynamischen Bremsen.

Stromquelle für die Gleichstromversorgung ist der Akkumulator in Verbindung mit einer Ladeeinrichtung bzw. beim Bremswiderstandslüfter der Bremsstromkreis.
Von der Fahrleitungsspannung abhängig sind die Versorgung der Hilfsmachinen mit Arbeitsstrom sowie die Speisung der Ladegeräte und sonstigen Verbraucher (z. B. Führerstandsheizung). Bei Wechselstromtriebfahrzeugen ist der Transformator der Energielieferant für diese Verbrauchergruppe.
Eine Übersicht über die Untergliederung der Hilfsbetriebe gibt Tabelle 16.1/1. Dabei ist anzumerken, daß die Stromversorgung für die Informationselektronik der Triebfahrzeuge in der Regel nicht den Hilfsbetrieben zugeordnet wird, sondern dem Elektronikteil.

16.2 Gleichstromversorgung

16.2.1 Akkumulatoren

Bei elektrischen Triebfahrzeugen dienen Akkumulatoren als Hilfsenergiequelle für Schaltvorgänge bzw. Verbraucher, die unabhängig von der Fahrleitungsspannung betrieben werden müssen. Die schaltungstechnische Einheit mehrerer solcher Akkumulatoren bilden die sog. Steuerstrombatterie.
Akkumulatoren [222] (Sekundärelemente) wandeln bei Gleichstromzufuhr (Ladung) elektrische Energie in chemische um (Energiespeicherung) und bei Anschluß eines Stromverbrauchers (Entladung) chemische Energie in elektrische zurück. Der Stromfluß ist bei der Entladung entgegengesetzt wie bei der Ladung.
Eine Batterie ist eine zur Lieferung elektrischer Energie bestimmte Zusammenstellung elektrisch miteinander verbundener Zellen (Akkumulatoren). Die Zellen bestehen aus einem Hartgummi-

Tabelle 16.1/1 Untergliederung der Hilfsbetriebe

Hilfsbetriebe				
Stromversorgungsanlagen		Luftversorgungs- und Kühlanlagen		
Gleichstromversorgung (Bordnetz)	Stromversorgung der Hilfsmaschinen	Druckluftversorgung	Lüfter	Pumpen und Kühler für Öl und Wasser
Akkumulatoren – Bleiakkumulatoren – Stahlakkumulatoren – sonstige Akkumulatoren	direkte Versorgung (aus Haupttrafo)	Hauptluftverdichter – Hubkolbenverdichter – Schraubenverdichter	Fahrmotorenlüfter	Pumpen für Transformatoren und Leistungshalbleiter
			Transformatorlüfter	
	über rotierende Umformer		Bremswiderstandslüfter*)	
Ladeeinrichtungen – Ladegleichrichter – Ladegeneratoren – Ladegeräte	über Stromrichter – Gleichrichter – Umrichter	Hilfsluftverdichter	sonstige Lüfter	Kühler für Transformatoren und Leistungshalbleiter
			*) ggf. aus Bremswiderstand gespeist	

oder Kunststoffgefäß und sind mit einem Elektrolyt gefüllt. In ihn tauchen je eine positive und eine negative Platte (Elektrode) ein, deren Aufbau gitter- oder netzartig ist. Die Elektroden sind durch strom- und elektrolytdurchlässige Scheider (Separatoren) getrennt, wodurch ein gegenseitiges Berühren und damit ein Plattenschluß verhindert werden. Das Plattenmaterial ist meist Blei oder Nikkel-Kadmium bzw. Nickel-Eisen (Stahlakkumulator).

Bleiakkumulatoren haben als Elektrolyt verdünnte Schwefelsäure (H_2SO_4), Stahlakkumulatoren verdünnte Kalilauge (KOH).

Vorteile der Bleiakkumulatoren gegenüber den Stahlakkumulatoren:

- geringere Anschaffungskosten,
- Zellenspannung ist mit 2 V höher als bei den Stahlakkumulatoren mit 1,2 V,
- Enladespannung ist weniger stromabhängig,
- geringerer Raumbedarf bei gleicher Batteriespannung.

Insbesondere der letzte Vorteil ist für Triebfahrzeuge wichtig. Deshalb werden Bleiakkumulatoren am häufigsten verwendet.

Nachteile der Bleiakkumulatoren gegenüber Stahlakkumulatoren:

- Abfall der Elektrolytdichte bei der Entladung, dadurch größere Anfälligkeit gegen tiefere Temperaturen infolge möglicher Eisbildung in der Zelle,
- geringere Korrosionsbeständigkeit des Trägermaterials, insbesondere bei längerer Lagerung in ungeladenem Zustand (länger als 0,5 Jahre), verursacht erhöhte Gitterkorrosion und bleibende Schädigung,
- Schädigung der Elektroden durch Gasbildung,
- größere Empfindlichkeit gegen rauhe Behandlung und zu geringe oder zu reichliche Ladung.

Bei Bleiakkumulatoren sind deshalb ein guter Ladezustand und ein geeignetes Laderegime besonders wichtig.

Die unterschiedlichen Varianten der Bleiakkumulatoren werden durch die Gestaltung der positiven Platten charakterisiert. Positive Plattenarten sind

- Großoberflächenplatten (Gro) mit vielen Rippen zur Oberflächenvergrößerung,
- Gitterplatten (Gi) mit engmaschigem Gitterträger aus Hartblei und eingestrichener aktiver Masse,
- Panzerplatten (Pz) mit aktiver Masse in nebeneinanderliegenden, säuredurchlässigen perforierten Kunststoffröhrchen,
- Gewebetaschen (Gt) mit prinzipiell gleicher Form als Weiterentwicklung der Panzerplattenzellen für den bevorzugten Einsatz als Antriebsbatterie.

Die negative Elektrode ist jeweils als Gitterplatte ausgeführt.

Wesentliche Kennwerte von Akkumulatoren:

- Die Kapazität (Maßeinheit Ah) kennzeichnet

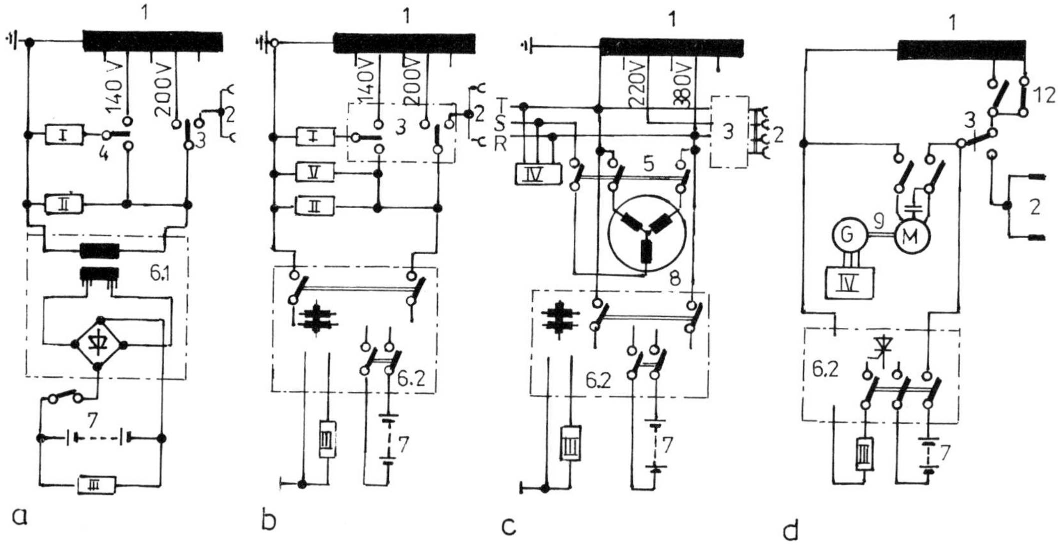

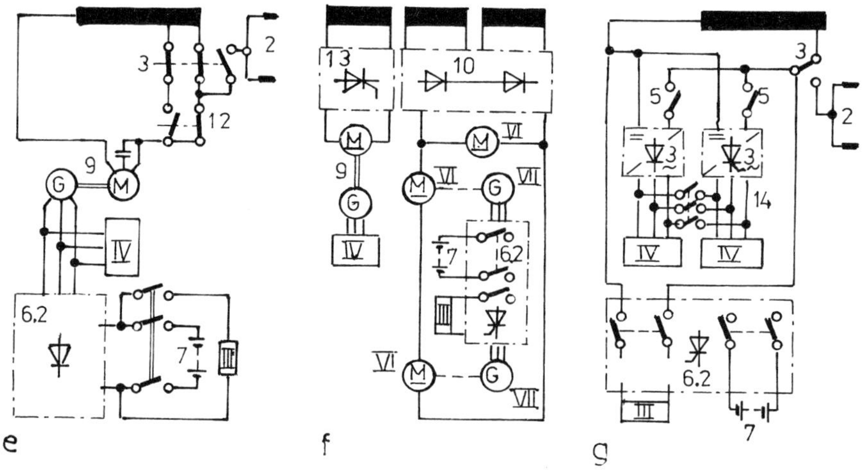

Bild 16.2/3
Gleichstromversorgung und Stromversorgung der Hilfsmaschinen – Prinzipschaltungen
a) BR E 44 und E 94
b) BR 109/142
c) BR 171
d) BR 155
e) BR 143
f) BR 180
g) Variante für Drehstromlok
1 Haupttransformator, 2 Fremdeinspeisung (Schuppenanschluß), 3 Hilfsbetriebeumschalter, 4 Sommer-Winter-Schalter, 5 Hauptschütz, 6.1. Gleichstromversorgung (ungeregelt), 6.2. Gleichstromversorgung (geregelt), 7 Batterie, 8 Arno-Umformer, 9 Zwei-Maschinen-Umformer, 10 Hauptgleichrichter, 11 Bordnetzumrichter, 12 Spannungsumschaltung, 13 steuerbarer Gleichrichter, 14 Kuppelschalter, I Einphasenreihenschlußmotoren für Spannungsumschaltung, II Einphasenreihenschlußmotoren für volle Spannung, III Gleichstrombordnetz, IV Drehstrommotoren, V Einphasen-Asynchronmotoren mit Hilfsphase, VI Gleichstrommotoren, VII Ladegenerator

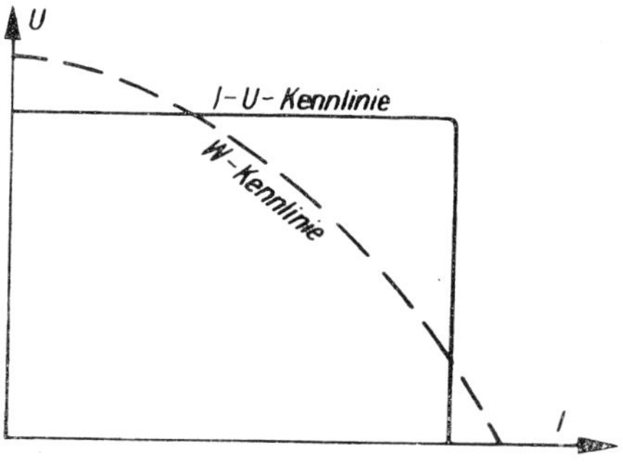

Bild 16.2/4 *W*- und *I-U*-Ladekennlinie

stromverbraucher (Relais, Schütze, Elektronikstromversorgung) sowie zur Ladung der parallel dazu liegenden Batterie dient. Das Prizipschaltbild des Gerätes ist im Bild 16.2/5a, die Ansicht im Bild 16.2/5b dargestellt.
Schaltungstechnischer Aufbau des Geräts:
Im Leistungskreis transformiert ein Isoliertransformator die Eingangsspannung von ca. 400 V, $16^2/_3$ Hz auf den für den Stromrichter erforderlichen Wert herab. Als Stromrichter dient eine einphasige, halbgesteuerte Brücke. Die TSE-Beschaltung, eine überflinke Sicherung und Schutzgleichrichter schützen die Halbleiterbauelemente.
Im Gleichstromkreis sind zwei Glättungsdrosseln und ein Shunt zur Strom-Istwert-Erfassung angeordnet. Eine Spannungsüberwachung schützt die Verbraucher vor unzulässigen Spannungsüberhöhungen.
Die Ansteuer- und Regelelektronik besteht aus einem Spannungsregelkreis mit unterlagertem Stromregelkreis, dem Steuersatz, der Sollwertquelle, der Anlaufstufe und dem Netzteil. Die Bauelemente der Steuer- und Regelelektronik sind auf zwei Leiterplatten zusammengefaßt. Als Spannungs- und Stromregler kommen integrierte Operationsverstärker zum Einsatz, und auch die Sollwertquelle ist als integrierter Schaltkreis ausgeführt.

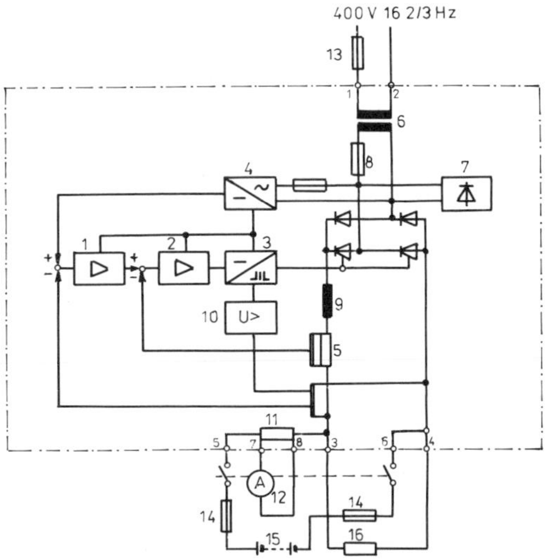

Bild 16.2/5
Steuerstromversorgungsgerät der BR 155 (Prinzipschaltbild mit angeschlossener Batterie und Verbraucher)
1 Spannungsregler,
2 Stromregler,
3 Ansteuereinrichtung,
4 Netzteil mit Sollwertquelle,
5 Stromistwerterfassung (Shunt),
6 Isoliertransformator,
7 Schutzgleichrichter,
8 überflinke Sicherung,
9 Glättungsdrossel,
10 Spannungsüberwachung,
11 Meßshunt,
12 Batteriestrommesser,
13 Eingangssicherung,
14 Batteriesicherung,
15 Batterie,
16 Verbraucher

16.3 Stromversorgung der Hilfsmaschinen

Der Begriff Hilfsbetriebe umfaßt auch die Einrichtungen, die die verstärkte Wärmeabfuhr bei den Hauptaggregaten ermöglichen bzw. zur Druckluftversorgung dienen. Das sind im wesentlichen die Luftversorgungs- und Kühlanlagen, also Verdichter, Lüfter und Pumpen, die durch Elektromotoren angetrieben werden (Tabelle 16.1/1). Sie werden als Hilfsmaschinen bezeichnet.
Bis vor kurzem wurden bei Gleichstromtriebfahrzeugen Gleichstrommotoren und bei Wechselstromtriebfahrzeugen vorwiegend Wechselstrom-Direktmotoren eingesetzt. Die Stromversorgung der Hilfsmaschinen erfolgt damit in der für das gesamte Fahrzeug vorgesehenen Stromart. Lediglich die Spannung wurde auf ein für die Motoren geeignetes Maß herabgesetzt.
Bei Gleichstromtriebfahrzeugen wurden zum Teil Vollspannungsmotoren angewendet (die Hilfsmaschinen sind für die volle Fahrleitungsspannung ausgelegt). Das trifft vorwiegend auf Gleichstromsysteme bis 1 500 V zu. Insbesondere bei Spannungen über 1 500 bis 3 000 V werden Halbspannungsmotoren eingesetzt. Dabei sind jeweils zwei Motoren in Reihe geschaltet, die manchmal auch direkt als Doppelmotoren ausgebildet sind (für größere Leistungen), so daß ein Einzelmotor jeweils nur mit halber Spannung betrieben wird. Halbspannungsmotoren haben z. B. die Zweisystemlokomotiven der Baureihe 180 der DR als Antrieb für die Lüfter.
Andere Kriterien bedingen eine vom Primär-Stromsystem abweichende Stromart. Das sind Forderungen nach
- geringem Platzbedarf und kleiner Masse,
- geringen Energiekosten und gutem Wirkungsgrad,
- niedrigen Anschaffungskosten,
- kleinem Instandhaltungsaufwand und manchmal
- leichter Regelbarkeit.

Nicht alle Vorteile sind in einer Motorenart zu vereinigen, deshalb finden verschiedene Stromversorgungsvarianten Anwendung. Eine Darstellung der wesentlichsten Arten der Stromversorgung für Hilfsmaschinen von Wechselstromtriebfahrzeugen enthalten die Bilder 16.2/3 a...g. Die Varianten sind zum Teil vom technischen Entwicklungsstand abhängig.

16.3.1 Direkte Stromversorgung

Die Bilder 16.2/3 a und b zeigen Einphasen-Reihenschluß-Kommutatormotoren, die direkt aus Anzapfungen des Haupttransformators mit Strom versorgt werden.
Vorteile:
- keine zusätzlichen Aggregate für die Stromversorgung,
- einfache Möglichkeit der Spannungsumschaltung (Sommer-Winter-Schaltung) und dadurch
- Energieeinsparung im Winterbetrieb bei verminderter Leistung wegen geringeren Kühlluftbedarfs.

Nachteile:
- hohe Wartungs- und Instandhaltungskosten für den Kommutator und den Bürstenapparat,
- Zugänglichkeit zum Kommutator unbedingt erforderlich, deshalb für Einsatz als Tauchmotor von Ölpumpen schlecht geeignet.

Die Spannungsumschaltung geschieht im Bild 16.2/3a mit dem Sommer-Winter-Schalter (4), im Bild 16.2/3b mit dem Hilfsbetriebeumschalter (3). Bei den Lokomotiven der Baureihe 111 der DB sorgen besondere Lüfterschütze „stark“ und „schwach“ für die Spannungsumschaltung. Sie werden vom Führerstand aus durch einen Kippschalter oder zwangsweise in Abhängigkeit von der eingeschalteten Fahrstufe angesteuert.
Bei direkter Stromversorgung werden auch Einphasen-Asynchronmotoren verwendet. Ihrem Vorteil der geringen Wartungs- und Instandhaltungskosten (kein Kommutator und kein Bürstenapparat) steht der Nachteil gegenüber, daß der Anlauf und die Drehzahlreglung eines zusätzlichen Aufwands bedürfen. Der Anlauf wird durch eine Kondensator-, Drossel- oder Widerstandshilfsphase ermöglicht. Die gebräuchlichste Variante ist eine ständig eingeschaltete Kondensator-Hilfsphase. Das Anlaufmoment ist dabei zwar geringer als bei abschaltbarer Kondensator-Hilfsphase, aber die Kondensatorbattereie wird kleiner, und es sind keine zusätzlichen Schaltgeräte notwendig. Das geringe Anlaufmoment beschränkt den Einsatz vorwiegend auf den Antrieb von Ölpumpen (z. B. Baureihen 109/142 der DR, 111 der DB) und Ölkühlerlüftern (z. B. Baureihe 141 der DB). Da eine Drehzahlreglung nur durch Polumschaltung möglich ist, wird sie wegen des großen Aufwands nicht verwendet.

16.3.2 Stromversorgung mit Umformer

Die Varianten in den Bildern 16.2/3c...e ermöglichen die Verwendung handelsüblicher Drehstrom-Kurzschlußläufermotoren für 50 Hz.
Vorteile:
- geringe Anschaffungs-, Wartungs- und Instandhaltungskosten (kein Kommutator, kein Bürstenapparat),
- geringer Platzbedarf,
- geringe Masse,
- Robustheit.

Von Nachteil ist der zusätzliche Aufwand für die Drehstromerzeugung aus Einphasenwechselstrom.

Drehstromerzeugung mit Arno-Umformer
(Bild 16.2/3c)
Sie ist nur anwendbar, wenn die Frequenz des Primärstromsystems ebenfalls 50 Hz beträgt, d. h., wenn lediglich eine Phasenspaltung erforderlich ist (Abschn. 13.2.5). Diese Variante wurde bei der Baureihe 171 der DR ausgeführt. Gegenüber einem Motorgenerator besteht der Vorteil der geringeren Masse und des niedrigeren Platzbedarfs. Er wird mit dem Nachteil eines unsymmetrischen Drehstromnetzes und der Notwendigkeit leistungsmäßig überdimensionierter Hilfsmaschinen erkauft.

Drehstromerzeugung mit Motorgenerator
(Bild 16.2/3 d und e)
Diese Art wird vorwiegend auf $16^2/_3$-Hz-Triebfahrzeugen zur Speisung der 50-Hz-Drehstrommotoren angewendet. Anwendungsbeispiele finden sich auf den Triebfahrzeugen der Schwedischen Staatsbahn (SJ) und der Baureihen 112, 143 und 155 der DR (Bild 16.3/1). Die bei der DR eingesetzte Umformerbauart besteht aus einem Einphasen-Asynchronmotor mit Kondensator-Hilfsphase und einem elektronisch geregelten Konstantspannungsgenerator. Die Frequenzänderung von $16^2/_3$ auf 50 Hz wird durch das Verhältnis der Polpaarzahlen bewirkt. Die zulässigen Spannungsschwankungen für das Triebfahrzeug bleiben ohne Einfluß auf die Frequenz, da die Drehzahl von Einphasen-Asynchronmotoren nahezu unabhängig von der Spannung ist. Diese Umformerbauart ist kommutatorlos und besitzt lediglich Schleifringe für die Erregung des Generators. Die Konstruktion ist damit wartungs- und verschleißarm. Allerdings ist eine drehzahlabhängige Ab- und Zuschaltung bei primärseitigen Spannungslücken erforderlich. Die Drehzahlregelung umformergespeister Drehstrommotoren ist nur über eine Polumschaltung möglich und aufgrund des Aufwands wenig gebräuchlich.

Bild 16.3/1 Umformer der BR 155

16.3.3 Stromversorgung über Gleichrichter

Die Entwicklung der Halbleitertechnik (Si-Gleichrichterdioden) ermöglichte auf Wechselstromtriebfahrzeugen den Einsatz von Motoren für welligen Gleichstrom (Mischstrom).
Vorteile:
- Masse und Volumen betragen nur 75 % der von Einphasenmotoren,
- bessere Kommutierungsverhältnisse (insbesondere gegenüber 50 Hz) für die Hilfsmaschinen.

Nachteile:
- zusätzlicher Aufwand für Hilfsbetriebegleichrichter und Glättung,

– zusätzliche Masse und zusätzliches Volumen für diese Einrichtungen, wodurch der diesbezügliche Vorteil bei den Motoren teilweise kompensiert wird.

Die Stromversorgung der Hilfsmaschinen über Gleichrichter wird daher vorwiegend bei 50-Hz-Triebfahrzeugen (z. B. Baureihe V 43 der MÁV [205]), bei Mehrsystemtriebfahrzeugen (z. B. Baureihe 180 der DR, Bild 16.2/3f), bei Betrieb im Wechselstromsystem und bei besonderen Schaltungsanforderungen (z. B. Baureihe 103 der DB, Bild 16.3/2, [64]) angewendet. Im letztgenannten Fall ermöglichen Mischstrommotoren bei fahrdrahtunabhängigem Bremsbetrieb die Speisung der Lüftermotoren mit Gleichspannung, die vom Bremswiderstand abgegriffen wird.

16.3.4 Stromversorgung über Umrichter

Mit steuerbaren Leistungsgleichrichtern (Thyristoren) ist die Erzeugung von Drehstrom aus $16^2/_3$-Hz-Einphasenwechselstrom und Gleichstrom möglich. Hierzu kommen Umrichter zum Einsatz, die als Bordnetz- oder Hilfsbetriebeumrichter bezeichnet werden und prinzipell wie die Traktionsumrichter (Abschn. 18.5) aufgebaut sind.

Ein Drehstrombordnetzumrichter besteht in der Regel aus folgenden Komponenten:

- Speisestromrichter (eventuell mit Eingangsfilter)
- Zwischenkreis- und
- Drehstrom-Wechselrichter.

Bild 16.3/2 Hilfsbetriebeschaltung der BR 103
1 Hilfsbetriebewicklung des Haupttransformators, 2 Prüfumschalter, 3 Steckdose für Fremdeinspeisung, 4 Umschaltschütz „Winter-Sommer“ für Lüfter, 5 Hilfsbetriebegleichrichter, 6 Glättungsdrossel, 7 Anlaßschalter und Anlaßwiderstände, 8 Bremswiderstand, 9 Sperrdioden, 10 Schütz für Gleich- und Wechselrichter, 11 Lüfterschütz für fahrdrahtunabhängige Bremse, 12 Antriebsmotor für Fahrmotorlüfter, 13 Antriebsmotor für Ölkühlerlüfter, 14 Antriebsmotor für Gleich- und Wechselrichterlüfter, 15 Antriebsmotor für Bremswiderstandslüfter, 16 Kleinselbstschalter für die Hilfsbetriebemotoren, 17 Motor für Hauptluftverdichter, 18 Gleichrichter für Hauptluftverdichter, 19 Motor für Ölpumpe, 20 Kondensator für Hilfsphase des Ölpumpenmotors

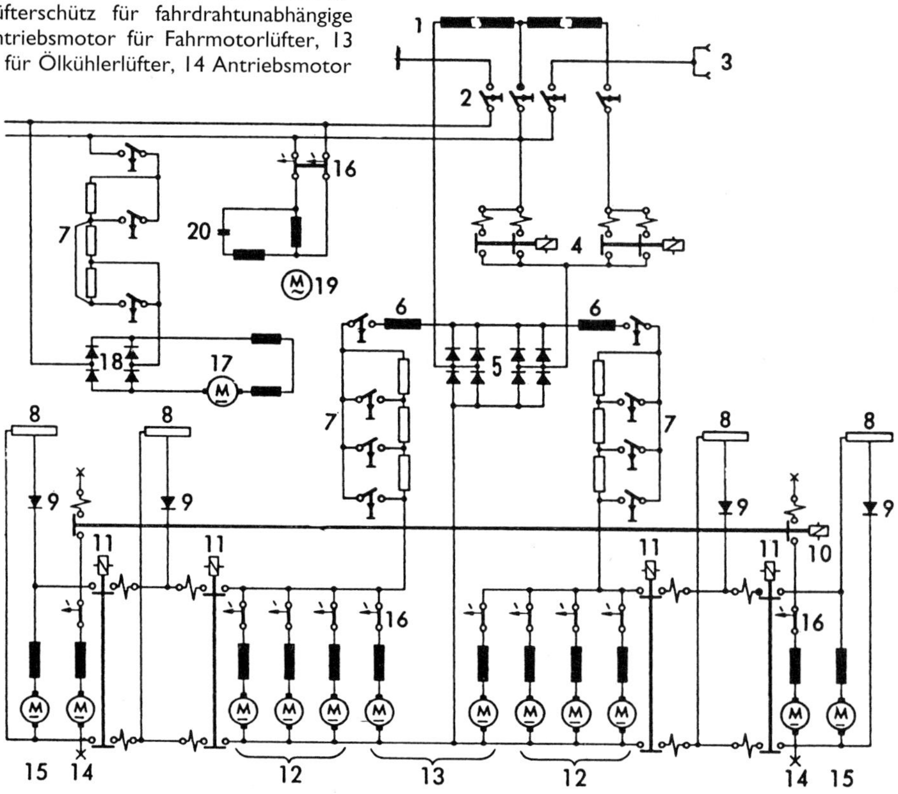

Nach der Ausführungsart werden
- Direktumrichter und
- Zwischenkreisumrichter

unterschieden, wobei letztere vorwiegend zum Einsatz kommen. Diese teilen sich nach der Art des Zwischenkreises ein in
- Umrichter mit eingeprägter Spannung (U-Umrichter, konstante Zwischenkreisspannung) und
- Umrichter mit eingeprägtem Strom (I-Umrichter, konstanter Zwischenkreisstrom).

Entsprechend den Bauteilen im Hauptkreis gibt es
- Transistorumrichter und
- Thyristorumrichter.

Nach dem Löschprinzip der Wechselrichter unterscheidet man Geräte mit
- Einzellöschung und
- Summenlöschung.

In jüngster Zeit haben sich infolge der Weiterentwicklung der Halbleitertechnik technisch elegantere Lösungen durch den Einsatz von GTO-Thyristoren ergeben (Abschn. 10.3.3).

Im Bild 16.3/3 wird am Beispiel der Drehstromlokomotive der Baureihe 120 der DB ein U-Umrichter mit GTO-Summenlöschung im Prinzip dargestellt.

Neueste Entwicklungen bringen weitere Schaltungsvereinfachungen durch die GTO-Thyristoren in den Hauptzweigen. Bordnetzumrichter für Drehstrom-Hilfsmaschinen haben gegenüber den rotierenden Umformern erhebliche Vorteile:
- Masseeinsparungen (Verhältnis zwischen rotierendem Umformer und Umrichter im mittleren Leistungsbereich von 40 kW ca. 2:1).
- Der Wirkungsgrad des Umrichters ist etwa 10...15 % besser als der des Umformers.
- Die Anwendung von Umrichtern bietet die Möglichkeit der Anpassung an besondere Einbauverhältnisse, die beim Umformer nicht gegeben sind.
- Entsprechende Steuerverfahren ermöglichen den Betrieb der Drehstromhilfsmaschine mit variabler Spannung und Frequenz und somit eine energiesparende Anpassung der Drehzahl an die Temperaturbedingungen bzw. einen stoßfreien Anlauf der Motoren. Die Energieeinsparung kann 3...5 % des Gesamtverbrauchs der Lokomotive betragen.
- Die Leistung für die Hilfsbetriebe kann auf mehrere Umrichter aufgeteilt werden, die, entsprechend überdimensioniert, eine gegenseitige Redundanz darstellen (Bild 16.2/3g). Im Regelfall werden die Lüfter entsprechend dem Kühlluftbedarf (abhängig von Temperatur und Belastung) mit variabler Frequenz und Spannung betrieben. Beim Luftverdichter werden die Frequenz und die Spannung nur für den Anlauf variiert. Im Havariefall werden beide Verbraucherarten am gleichen Umrichter an konstanter Frequenz und Spannung betrieben, und nur beim Anlauf wird die f-U-Reglung angewendet.

Bei fallenden Thyristorpreisen stellt die Stromversorgung über Umrichter die optimale Variante dar. Tabelle 16.3/1 enthält eine Gegenüberstellung von Vor- und Nachteilen der Stromversorgungsvarianten.

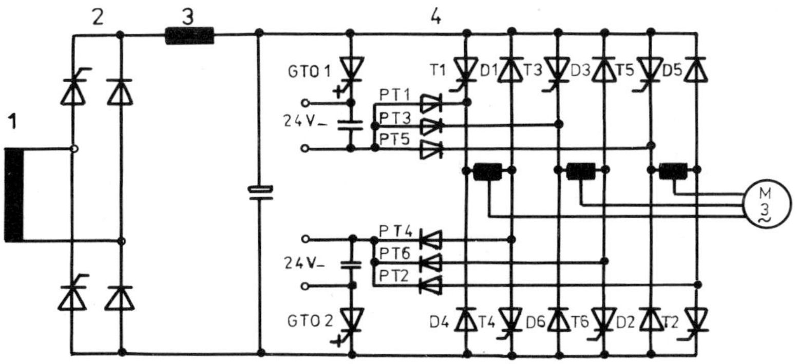

Bild 16.3/3 Bordnetzumrichter
Umrichter mit Gleichspannungszwischenkreis
Wechselrichter mit GTO-Summenlöschung
D Rücklaufdiode, GTO Abschaltthyristor, PT Phasenauswahlthyristor, T Hauptthyristor, 1 Haupttransformator, 2 Netzstromrichter (halbgesteuerte Brücke), 3 Gleichspannungszwischenkreis, 4 Wechselrichter mit GTO-Summenlöschung

Tabelle 16.3/1 Vergleich typischer Stromversorgungsvarianten

		Direkte Stromversorgung $16^2/_3$ Hz	Stromversorgung über rotierenden Umformer	Stromversorgung über Halbleitergleichrichter	Stromversorgung über statischen Umrichter
		Einphasen-Reihenschlußmotoren	50-Hz-Drehstrommotoren	Gleichstrommotoren	50-Hz-Drehstrommotoren
Stromversorgung	Kosten	–	mittel	mittel	hoch
	Masse- und Platzbedarf	–	hoch	klein	mittel
	zusätzlicher Aufwand	–	Hilfsphase für 1-Phasen-Asynchronmotor	Glättungsdrosseln	Gleichstromzwischenkreis
	Wartung	–	gering	nahezu Null	Glättungs- u. Steuereinrichtung nahezu Null
Hilfsmaschinen	Kosten	hoch	gering	hoch	gering
	Masse- und Platzbedarf	hoch	klein	mittel	klein
	Wartung	hoch	gering	hoch	gering

16.4 Druckluftversorgungseinrichtungen

Druckluftversorgungseinrichtungen im Sinne der Hilfsbetriebe sind

- der Hauptluftverdichter und
- der Hilfsluftverdichter.

Aufgabe der Hauptluftverdichter ist die Erzeugung der Druckluft für

- die Druckluftbremse,
- die elektropneumatischen Geräte der Lokomotive,
- die pneumatischen Einrichtungen des Wagenzuges (z. B. Einrichtungen zum Öffnen und Schließen der Türen der Wagen, Luftfederungen).

Als Antriebsmotoren dienen

- Reihenschluß-Kommutatormotoren für Wechsel- und Gleichstrom mit Einschaltung über Anlaßwiderstände (mehr oder weniger feinstufig),
- Drehstrommotoren (werden zum erleichterten Anlauf ggf. durch ein sog. Leerlaufventil entlastet und erst nach Erreichen der Nenndrehzahl mit Verdichterarbeit belastet bzw. bei Speisung über Umrichter durch variable Spannung und Frequenz hochgefahren).

Aufgabe der Hilfsluftverdichter ist die Drucklufterzeugung zum Aufrüsten des Triebfahrzeugs, d. h. zum Heben des Stromabnehmers und Einschalten des Hauptschalters. Als Antriebsmotoren finden Gleichstrommotoren Verwendung (gespeist aus dem Gleichstrom-Bordnetz, da zum Zeitpunkt des Aufrüstens keine Wechselspannung vorhanden ist). Nähere Ausführungen über Luftverdichter siehe Abschn. 20.2.

16.5 Kühleinrichtungen

Ihre Aufgabe ist die Abfuhr der in den elektrischen Maschinen, Transformatoren, Drosseln, Widerständen, Stromrichtern usw. erzeugten Verlustwärmemengen. Die Größenordnung der abzuführenden Verluste in Form von Wärmeenergie zeigt das nachstehende Beispiel einer sechsachsigen Lokomotive mit einer Stundenleistung von

Tabelle 16.5/1 Kühlluftbedarf einiger Triebfahrzeuge (Grundlage: Fördermenge der installierten Lüfter)

Baureihe	Dauerleistung	Kühlluftbedarf					
		Fahrmotorlüftung	Ölkühlerlüftung	Bremswiderstandslüftung	Stromrichterlüftung	Summe	spezifischer Wert
	kW	m³/min	m³/min	m³/min	m³/min	m³/min	m³/min · kW
110/140	3 620	648	395	467	–	1 510	0,417
109/142	2 740	600	175	–	–	775	0,283
171	3 300	720[1)]	276[2)]	600	336	1 656	0,502
155	5 100	828	2 × 156[3)]	540	38	1 718	0,337
143	3 540	552	2 × 142/63[3)]	540	38	1 414	0,399

1) mit Drosselüftung
2) Abluft verbleibt zur Verringerung der Gesamtluftmenge im Maschinenraum
3) zwei Werte infolge Einsatz polumschaltbarer Asynchronmotoren mit zwei verschiedenen Drehzahlen

6 × 900 kW = 5 400 kW. Der angenommene Fahrmotorwirkungsgrad von $\eta_F = 0{,}92$ bedeutet eine Fahrmotorverlustleistung von

$$P_{VF} = \frac{5400}{0{,}92} - 5400 \approx 470 \text{ kW}$$

Für die Lokomotive mit der o. g. Stundenleistung und einem Lokomotivwirkungsgrad $\eta_L = 0{,}8$ folgt die Gesamtverlustleistung analog zu 1 350 kW.
Die daraus resultierende Wärmemenge ist soweit abzuführen, daß die zulässigen Temperaturen der Aggregate nicht überschritten werden.
Die Wärmeabfuhr erfolgt durch
- Wärmeleitung,
- Wärmestrahlung,
- Konvektion.

Ein wesentlicher Faktor zur Begünstigung der Wärmeabfuhr – eine große Oberfläche des Wärmeerzeugers – kann auf Triebfahrzeugen nicht realisiert werden, da die Einbaumaße und Massen begrenzt sind. Verwendbare Größen und Massen sind nur durch intensive Femdbelüftung erreichbar. Das erfordert eine ausreichende Kühlluftzufuhr. Darin liegt der hohe Kühlluftverbrauch elektrischer Triebfahrzeuge begründet, den Tabelle 16.5/1 zeigt. Der Verbrauch der Verdichter wurde nicht berücksichtigt, weil dieser gegenüber den Lüftern vernachlässigbar klein ist.

16.5.1 Kühlluftführung

Die Kühlluft wird in der Regel durch Lüftungsgitter angesaugt, die in den Maschinenraum-Seitenwänden oder in den Dachschrägen angeordnet sind. Aufgabe der Gitter sind das Fernhalten und das Abscheiden von Schmutz, Schnee und Nässe, weshalb häufig noch zusätzliche Gaze oder Filtereinsätze auf der Luftaustrittsseite angeordnet werden. Bild 16.5/1 a zeigt eine solches Lüftungsgitter, das als Mehrfachdüsenlüftungsgitter bezeichnet wird, im Schnitt. Durch die mehrfache Richtungsänderung der Luft, Anprallflächen und strömungstote Räume gelingt es, die Luft von den groben Partikeln zu befreien. Man bemißt die Lüftungsgitter so zahlreich und so groß wie möglich, damit die Luftdurchtrittsgeschwindigkeit und der Unterdruck im Maschinenraum minimal werden. Luftgeschwindigkeiten von 2 m/s sollen möglichst nicht überschritten werden. Kleinere Werte (≦ 1,75 m/s) sind anzustreben. Höhere Werte setzen den Abscheidegrad stark herab.
Bei einer neueren Konstruktion, den Fliehkraft-Sedimentations-Abscheidegittern (Bild 16.5/1 b), werden durch eine kompliziertere Profilgestaltung ein um ca. 30 % niedrigerer Druckverlust und ein zwei- bis dreimal höherer Abscheidegrad für feinste Flüssigkeitspartikel bei gleicher Staubabscheidung erreicht.
Bezüglich der Kühlluftführung können bei den elektrischen Lokomotiven zwei grundsätzliche Varianten unterschieden werden:
- Entnahme der Kühlluft für die zu kühlenden Aggregate aus dem Maschinenraum bei Ansaugung von außen über Lüftungsgitter (und ggf.

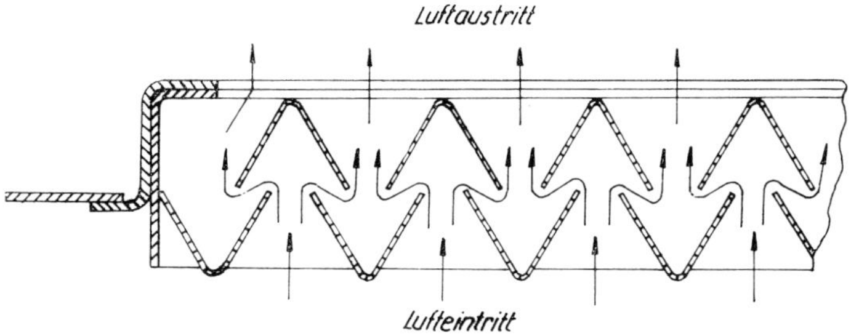

Bild 16.5/1a
Querschnitt eines Lüftungsgitters (Mehrfachdüsenlüftungsgitter)

Filter). Der Maschinenraum dient hier als Beruhigungskammer und verschmutzt leicht. Charakteristische Beispiele sind die Lokomotivbaureihen 109/142 und 155 der DR sowie 103, 110 und 140 der DB.

- Vom Maschinenraum getrennte Kühlluftführung über Kanäle oder Kammern mit direkter Außenansaugung über Ansauggitter in den Maschinenraum-Seitenwänden oder den Dachschrägen zur Gewährleistung einer weitgehenden Staub- und Nässefreiheit des Maschinenraums. Beispiele hierfür sind die Baureihen 111 der DB sowie 112 und 143 der DR, wobei für letztere die Transformatorbelüftung im Bild 16.5/2 a und die Fahrmotorbelüftung im Bild 16.5/2 b dargestellt ist.

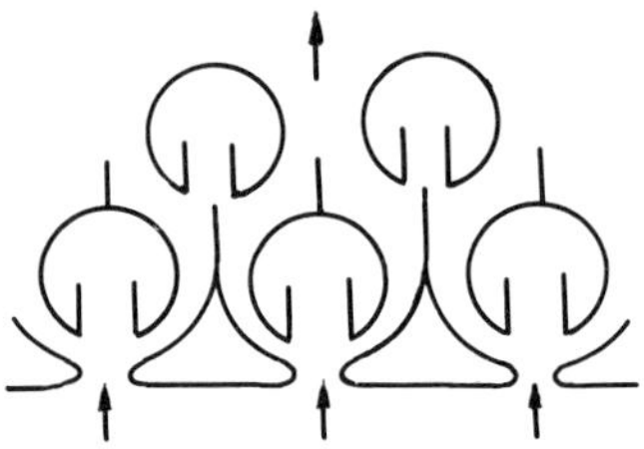

Bild 16.5/1 b
Prinzipdarstellung eines Fliehkraft-Sedimentationsabscheiders

Bild 16.5/2a Transformatorbelüftung der BR 143

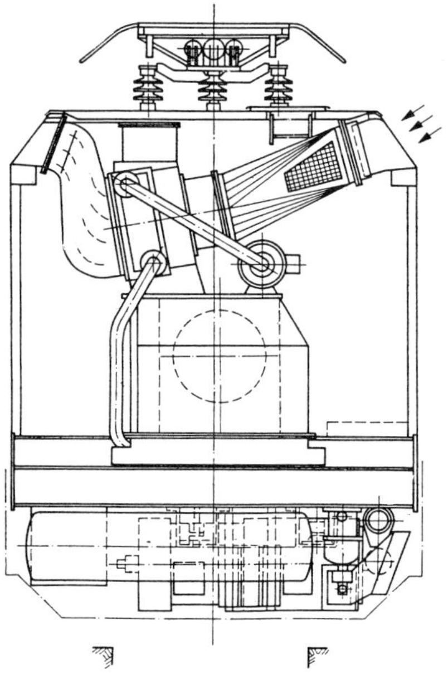

Bild 16.5/2b Fahrmotorenbelüftung der BR 143

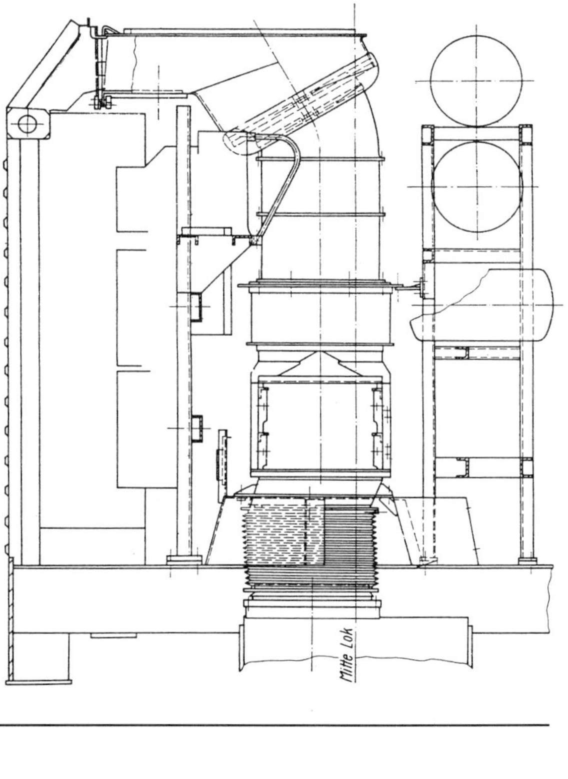

Beide Varianten werden zum Teil gemischt angewendet, indem mehrere Aggregate ihre Kühlluft aus dem Maschinenraum (meist die Fahrmotoren) erhalten, während andere (z. B. der Bremswiderstand und der Ölkühler) getrennt vom Maschinenraum belüftet werden. Meist werden hierfür solche Aggregate ausgewählt, die gegen Verschmutzung und Feuchtigkeit weniger empfindlich sind. Beispiele hierfür sind die Baureihen 155 und 171 der DR. In allen Fällen stellt die Kühlluftführung einen Kompromiß zur Gewährleistung der für das jeweilige Fahrzeug optimalen Ausführung dar.
Dabei ist zu beachten, daß
- eine hochliegende Ansaugung die Staubfreiheit der Ansaugluft verbessert, die Anordnung in der Dachschräge jedoch die Gefahr des Wasser- und Schnee-Einzugs vergrößert,
- eine große Ansaugfläche günstig für die Gewährleistung niedriger Luftgeschwindigkeiten ist, bei Kammerausführung jedoch zwangsläufig viel Einbauraum beansprucht,
- der zusätzliche Einsatz von Filtermatten größere Staub- und Nässefreiheit ermöglicht, aber Druckverlust verursacht und instandhaltungsaufwendig ist,
- im Maschinenraum möglichst kein Unterdruck entsteht, weil sonst dessen Verschmutzung begünstigt wird,
- eine gewisse Luftabfuhr aus dem Maschinenraum auch bei dem Luftkammersystem erforderlich ist, um die Wärme der nicht unmittelbar im Kühlluftstrom liegenden Verlustquellen (z. B. Stromschienen, Wendefeldparallelwiderstände) zu entfernen. Hierzu dienen Bypässe aus den Luftkanälen für die direkte Belüfung.

Die Kanal- oder Kammerbelüftung gewährleistet im allgemeinen die beste Belüftung, da der Kühlluftstrom direkt zu den Wärmeerzeugern geführt wird. Voraussetzung ist jedoch, daß die Kühlluft einen hohen Reinheitsgrad hat. Anderenfalls können Störungen an den zu kühlenden Aggregaten (z. B. Fahrmotorausfälle durch Isolationswertminderung) auftreten. Wenn die konventionellen Einrichtungen, wie Lüftungsgitter und Filter, zur Luftreinigung nicht ausreichen, werden neuerdings sog. Zyklonabscheider in den Kühlluftstrom auf der Druckseite der Axiallüfter eingeschaltet. Dabei verleiht ein Leitapparat der durchfließenden Kühlluft eine Geschwindigkeitskomponente in Umfangsrichtung, worauf sich die Luft spiralförmig durch den Zyklon bewegt und Verunreinigungen wegen der höheren spezifischen Masse durch die Fliehkraft stärker als die Luft in radialer Richtung beschleunigt und an die Außenwand des Zyklons gedrückt werden. Damit sammelt sich dort Luft mit hohem Verunreinigungsgrad, während die Luft im Bereich der Innenwand sauber ist. Die verunreinigte Luft wird seitlich abgeleitet und die saubere in einem nachgeschalteten Leitapparat wieder axial ausgerichtet (Bild 16.5/3). Der Luftverlust durch Ableitung der verunreinigten Luft ist kleiner als 5 %. Derartige Abscheider hatten erstmalig die Lokomotiven der Baureihe 1043 der ÖBB.

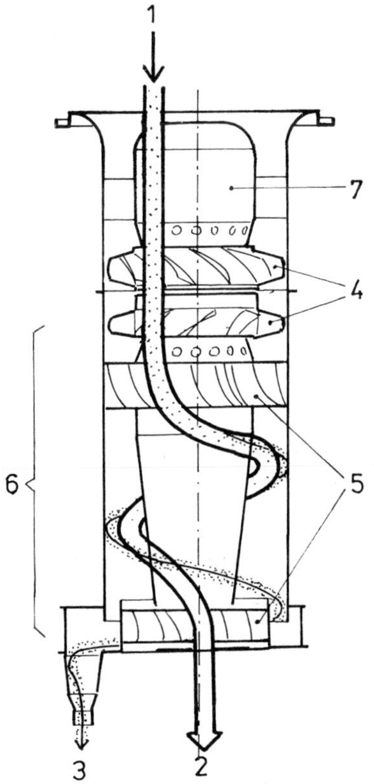

Bild 16.5/3 Axiallüfter mit Zyklon
1 verunreinigte Luft, 2 gereinigte Luft, 3 mit Verunreinigungen angereicherte Luft, 4 Lüfterräder, 5 Leitapparat, 6 Zyklon, 7 Lüftermotor

Bei Triebwagen bereiten eine hochliegende Ansaugung und Zufuhr der Kühlluft zu den unter den Fahrgasträumen liegenden Fahrmotoren räumliche Probleme. In jüngerer Zeit wurde daher bei Antrieb durch Drehstrommotoren eine Wasserkühlung des Ständers angewendet. Eine Pumpe fördert das mit Frost- und Korrosionsschutzmittel versetzte Kühlwasser zu einem Wasser-Luft-Wärmetauscher, der an einer günstigen Stelle für die

ratur der Kühlluft und der Belastung der zu kühlenden Motoren erheblich. Bereits bei den älteren Lokomotiven mit Einphasenreihenschlußmotoren für die Hilfsbetriebe gab es eine unterschiedliche Belüftung im Sommer und im Winter durch Anlegen unterschiedlich hoher Spannung. Heute ist mit entsprechend gesteuerten Bordnetzumrichtern eine direkte temperaturabhängige Lüftersteuerung möglich, die eine erhebliche Energieeinsparung bedeutet (3...5 % des Gesamtverbrauchs der Lokomotive).

16.5.3 Ölkühler

Der Ölkühler ist ein als Rohrsystem mit Kühlrippen ausgebildetes Kühlelement zur Abkühlung des erwärmten Transformatoröls. Den Öldurchfluß bewirkt eine Ölpumpe. Eine intensive Kühlung wird durch zusätzliche Belüftung erzielt.
Die Ölkühler werden direkt am Transformator, auf diesem oder als getrennte Baugruppe angeordnet. Bei Triebwagentransformatoren unter dem Wagenfußboden bilden sie oft nur Kühltaschen am Transformatorkessel, die durch den Fahrtwind belüftet werden. Bei großen Transformatorleistungen werden auch dort gesonderte Ölkühler eingesetzt.

Die Bilder 16.5/6 a und b zeigen als Beispiel den Ölkreislauf der Lokomotivbaureihe 143 der DR.

16.5.4 Ölpumpe

Aufgabe der Ölpumpe ist die Umwälzung des Isolieröls zur Kühlung, da die natürliche Strömungsgeschwindigkeit des Öls infolge seiner Erwärmung zu gering ist. Das im Transformator erwärmte Öl wird oben abgesaugt, dem Ölkühler zugeführt und nach Abkühlung in den Transformator zurückgeleitet. Die Ölpumpe schaltet sofort ein, wenn der Transformator an Spannung gelegt wird (mit dem Einschalten des Hauptschalters). Damit ist der Ölumlauf unabhängig von der Belastung und Erwärmung des Transformators. Dadurch wird eine unterschiedliche Erwärmung einzelner Stellen der Transformatorwicklung verhindert.
Die Ölpumpen mit Kommutatormotoren der Altbaulokomotiven der DRG (Baureihen E 04, E 18, E 44 und E 94) waren einstufige Kreiselpumpen mit angeflanschtem Motor. Angetrieben wurden diese Pumpen durch einen Vertikalmotor (Einphasen-Reihenschluß-Kommutatormotor mit Wendefeld- und Kompensationswicklung).

Bild 16.5/6a Ölkühlkreislauf der BR 143, Lüfter und Ölpumpe

Bild 16.5/6b Ölkühlkreislauf der BR 143, Ölkühler

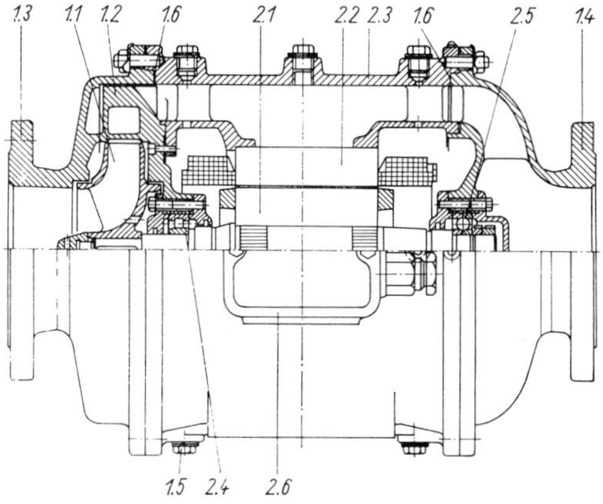

Bild 16.5/7 Ölpumpe
1 Pumpe, 1.1 Laufrad, 1.2 Leitapparat, 1.3 Saugdeckel, 1.4 Druckdeckel, 1.5 Entlüftungs- und Entleerungsöffnungen, 1.6 Dichtung, 2 Motor, 2.1 Läufer mit Welle, 2.2 Ständerblechpaket mit Wicklung, 2.3 doppelwandiges Gehäuse, 2.4 Zylinderrollenlager, 2.5 Rillenkugellager, 2.6 Klemmenkasten

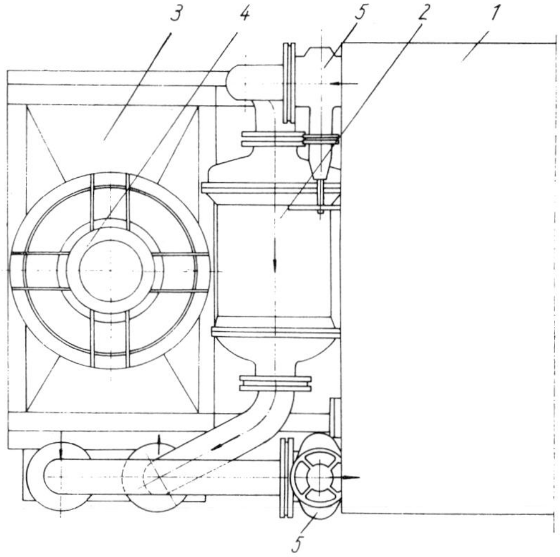

Bild 16.5/8 Transformatorkühlkreislauf bei der BR 109/142 (Draufsicht)
1 Transformator, 2 Ölpumpe, 3 Ölkühler (liegend), 4 Lüfter (stehend), 5 Absperrschieber

Bei den Ölpumpen mit Induktions- oder Drehstrommotoren der neueren Lokomotiven der DR bilden Motor und Pumpe eine Einheit (Bild 16.5/7). Sie sind ohne Grundplatte am Rohrsystem befestigt. Es ist keine Kupplung erforderlich. Die Pumpe ist eine stopfbuchsenlose, einstufige Kreiselpumpe, die in Strömungsrichtung vor dem Motor angeordnet wurde. Das radiale Laufrad mit räumlich gekrümmten Schaufeln ist auf der gemeinsamen Pumpen- und Motorwelle befestigt. Entlastungsbohrungen auf der Laufradrückseite gleichen den Axialschub aus, so daß dieser gering ist. Das nachgeschaltete Leitrad dient der Druckminderung und der Umlenkung des Förderstroms aus der radialen in die axiale Richtung. Es verhindert ein Kreisen des ausgetretenen Öls. Die Motoren sind bei den Baureihen 109/142 der DR sowie 110, 111, 140 und 150 der DB als Einphasen-Asynchronmotor mit Hilfsphase, bei den Baureihen 171, 155 und 143 der DR als Drehstrommotor mit Naßläufer ausgebildet. Das Motorinnere ist vollständig mit Öl gefüllt. Dadurch werden eine gute Kühlung sowie die Schmierung der Lager erzielt. Als Beispiel ist im Bild 16.5/8 der Transformatorölkreislauf der Baureihe 109/142 der DR schematisch dargestellt.

17 Überwachungs-einrichtungen

17.1 Meßeinrichtungen

Die Meßeinrichtungen haben die Aufgabe, die Größe wichtiger Parameter zur direkten Kontrolle des Betriebszustands anzuzeigen. Die während der Fahrt ständig zu beobachtenden Instrumente werden am Führerpult im direkten Sichtbereich des Triebfahrzeugführers, die übrigen außerhalb dieses Bereichs angeordnet.
Rundskaleninstrumente sind leichter ablesbar, was eine kleinere Skalenteilung möglich macht. Ihr Nachteil ist der große Platzbedarf. Flachprofilinstrumente beanspruchen dagegen wenig Platz, sind jedoch schlechter ablesbar.
Die Beleuchtungsstärke soll zur ausreichenden Erkennbarkeit in der Dämmerung und zur Vermeidung von Blendung bei Dunkelheit einstellbar sein. Man verwendet Glühlampen, äußere Lichtquellen oder Leuchtskalen (Elektrolumineszenz, UV-Licht).
Auf modernen Triebfahrzeugen werden Bildschirme angewendet, auf denen bestimmte Größen graphisch (z. B. in Säulenform) oder digital laufend angezeigt, andere per Tastendruck bei Bedarf abgerufen werden können.

17.1.1 Meßeinrichtungen für elektrische Größen

Meßgerätetypen:
- Drehspulmeßwerke für Gleichstrom oder gleichgerichteten Wechselstrom,
- Dreheisenmeßwerke für Wechselstrom.

Der Anschluß der Meßgeräte an Wechselstromkreise geschieht bei höheren Spannungen und Strömen über Meßwandler (Abschn. 7.8), an Gleichstromkreise über Spannungsteiler, Vor- oder Nebenwiderstände bzw. zur Vermeidung des Einschleppens höherer Spannungen in den Führerstand über Gleichspannungswandler (Transduktoren) mit Potentialtrennung (Abschn. 9).

Gemessene Größen auf elektrischen Triebfahrzeugen

a) Fahrleitungsspannung
Ihre Anzeige ist notwendig, um das Vorhandensein von Spannung in der Fahrleitung zu kontrollieren. Bei Wechselstromlokomotiven mit Reservefahrstufen zum Ausgleich von Unterspannung ist eine Überwachung der Fahrdrahtspannung bei Benutzung dieser Stufen nötig, sofern nicht die Fahrsteuerung die Einhaltung der maximal zulässigen Fahrmotorspannung selbsttätig gewährleistet.

b) Fahrleitungsstrom
Bei Wechselstromtriebfahrzeugen, bei denen die Fahrsteuerung den Fahrleitungsstrom nicht selbsttätig auf die vorgegebene Größe begrenzt, ist für den Triebfahrzeugführer die Kenntnis der Größe dieses Stromes notwendig, um das Ansprechen der Überstromschutzeinrichtung für den Transformator zu vermeiden und Begrenzungen des Fahrleitungsstroms einzuhalten (z. B. zur Vermeidung großer Spannungsabfälle am Ende langer Speiseabschnitte). Bei selbsttätiger Begrenzung des Fahrleitungsstroms kann u. U. auf diese Anzeige verzichtet werden.

c) Fahrmotorstrom
Wegen des gesetzmäßigen Zusammenhangs zwi-

schen dem Fahrmotorstrom und dem Drehmoment der Fahrmotoren ist auf den Anzeigeinstrumenten neben der Stromskala häufig noch eine Zugkraftskala vorhanden.
Die Anzeige des Fahrmotorstroms erlaubt dem Triebfahrzeugführer, die Inanspruchnahme der Überlastungsfähigkeit, der Kraftschlußausnutzung und des Fahrwiderstands zu beurteilen sowie nicht völlig gelöste Zugbremsen und die Wirksamkeit der elektrodynamischen Bremse zu erkennen. Bei älteren Lokomotivtypen ohne Schleuderanzeige bzw. Schleuderschutzeinrichtung erlaubte die Anzeige der Ströme aller Fahrmotoren das Erkennen des Schleuderns einzelner Treibradsätze. Bei neueren Lokomotiven mit solchen Einrichtungen wird meist nur der Strom eines Fahrmotors angezeigt.

d) Strom bzw. Spannung der zentralen Zugsammelschiene
Die Anzeige dieser Größen erlaubt dem Triebfahrzeugführer, den Einschaltzustand der zentralen Zugenergieversorgung zu erkennen. Bei älteren Lokomotiven mit mehreren Heizspannungsstufen machte sie das Erkennen der eingeschalteten Stufe und der Strombelastung bei begrenzter Heizleistung möglich. Heute wird häufig auf die Anzeige von Strom und Spannung verzichtet und der Einschaltzustand durch eine Meldeeinrichtung kenntlich gemacht.

e) Batteriestrom und -spannung
Ihre Anzeige ist zum Erkennen des Ladezustands der Batterie notwendig.

f) Isolationszustand
Bei erdfrei verlegten Stromkreisen wird der Isolationszustand (Bild 17.1/1) durch Messung der Spannung gegenüber der Fahrzeugmasse geprüft. Bei einseitig geerdeten Stromkreisen ist zuvor die Erdverbindung aufzutrennen. Das Meßgerät ist zur Prüfung beider Pole umschaltbar.

g) Arbeitsverbrauch
Die Messung des Verbrauchs elektrischer Energie ist selten, da sie infolge der starken Schwankungen des Leistungsverbrauchs mit den herkömmlichen Meßmitteln relativ ungenau und mit den modernen relativ teuer ist (Hilfsbetriebeleistung : Überlast-Traktionsleistung = 1:100). Es gibt Induktionszähler für Wechselstrom und elektrodynamische Zähler für Gleichstrom, neuerdings elektronische Zähler.

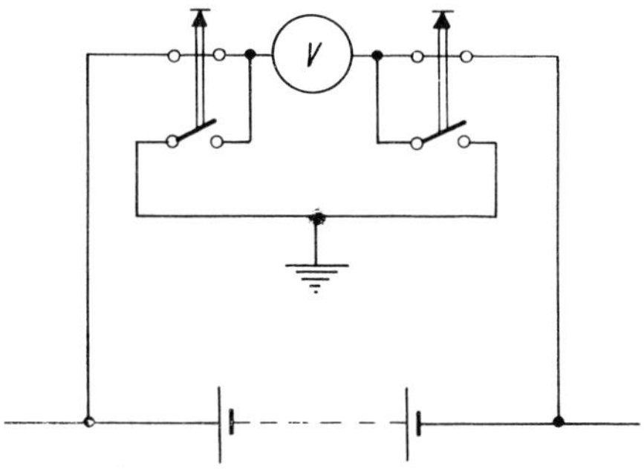

Bild 17.1/1 Schaltung zur Überprüfung des Isolationszustands der batteriegespeisten Stromkreise

17.1.2 Messung der Fahrgeschwindigkeit

Die ständige Überwachung der Fahrgeschwindigkeit ist aus Gründen der Betriebssicherheit und zur Einhaltung des Fahrplans wichtig.

Wirbelstromtachometer
Ein mehrpoliger, im Gehäuse drehbar angeordneter Dauermagnet wird von einer Fahrzeugachse (über eine biegsame Welle oder einen elektrischen Fernantrieb) angetrieben. Die Aluminiumtrommel in dem ringförmigen Luftspalt wird von seinem Magnetfeld durchsetzt. Bei Drehung des Dauermagneten werden in der Trommel Wirbelströme induziert, die zusammen mit dem Magnetfeld ein Drehmoment auf die Aluminiumtrommel ausüben. Dieses Drehmoment bewirkt entgegen einer Federkraft die Zeigerverstellung.

Wechselstromgererator mit Spannungsmesser
Der Wechselstromgeber wird an dem Deckel des Achslagergehäuses angeordnet. Die Radsatzwelle treibt über einen Mitnehmer den im Gehäuse des Gebers gelagerten mehrpoligen Dauermagneten an. Das drehende Magnetfeld induziert in der im Gehäuse fest angebrachten Wicklung eine Wechselspannung, deren Frequenz und Amplitude proportional der Drehzahl sind. Die Wechselspannung wird nach Gleichrichtung mit einem Drehspulmeßwerk mit Geschwindigkeitsskala gemessen. Der Einfluß unterschiedlicher Raddurchmesser (infolge Verschleiß und Profilberichtigung) wird in einer Radanpassungsdose mit ohmschen Widerständen korrigiert. Als Beispiel wird die Geschwindigkeitsmeßeinrichtung der Baureihe 109/142 der DR mit zwei Ständerwicklungen je

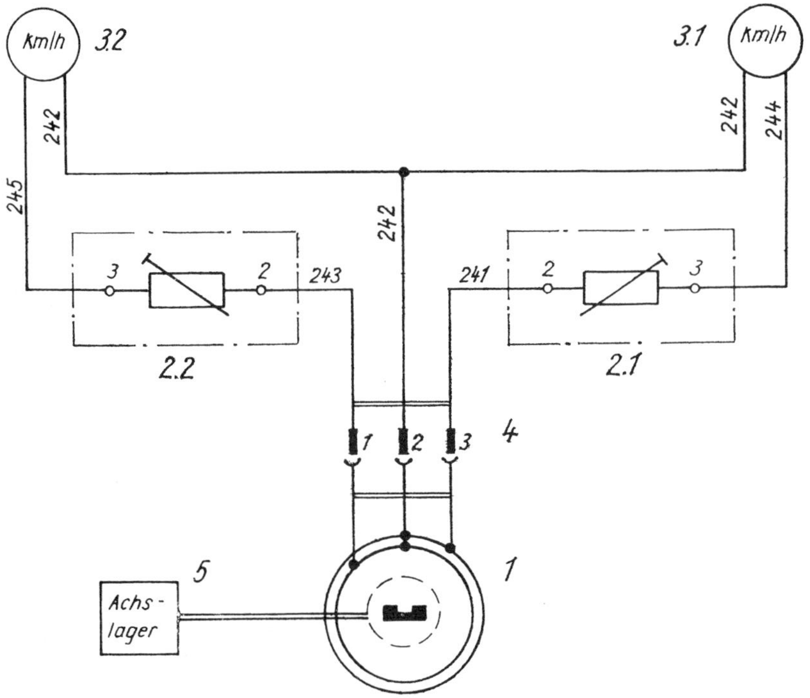

Bild 17.1/2
Schaltung der elektrischen Geschwindigkeitsmeßeinrichtung der BR 109/142
1 Wechselstromgenerator mit zwei getrennten Statorwicklungen und Rotorerregung mit Dauermagnet,
2 Radanpassungsdose mit Einstellwiderstand,
3 Anzeigegerät,
4 Anschlußstecker am Generator,
5 Antrieb

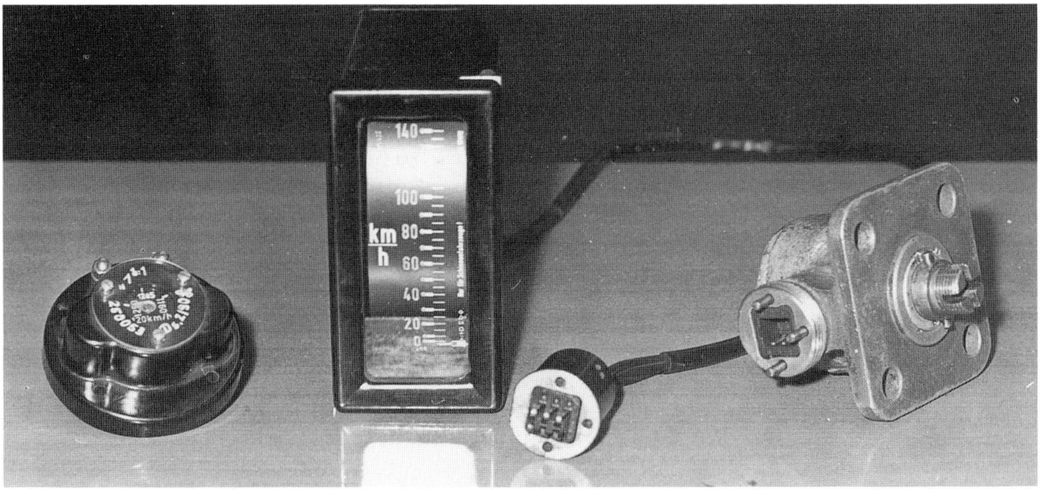

Bild 17.1/3 Geräte einer elektrischen Geschwindigkeitsmeßeinrichtung für 120 km/h
Von links nach rechts: Radanpassungsdose (Vorderansicht), Anzeigegerät, Generator und sechspoliger Anschlußstecker

Gebergenerator in den Bildern 17.1/2 und 17.1/3 dargestellt. Der Wechselstromausgang des Gebers ist nach einer Impulsformung mit einer digitalen Zähleinrichtung auch zur Wegmessung (z. B. für die Spurkranzschmierung usw.) geeignet.

Registrierende Geschwindigkeitsmesser
Häufig werden neben der Geschwindigkeit noch weitere Daten registriert, die die nachträgliche Rekonstruktion des Fahrverlaufs gestatten (Kontrolle der Fahrweise des Triebfahrzeugführers,

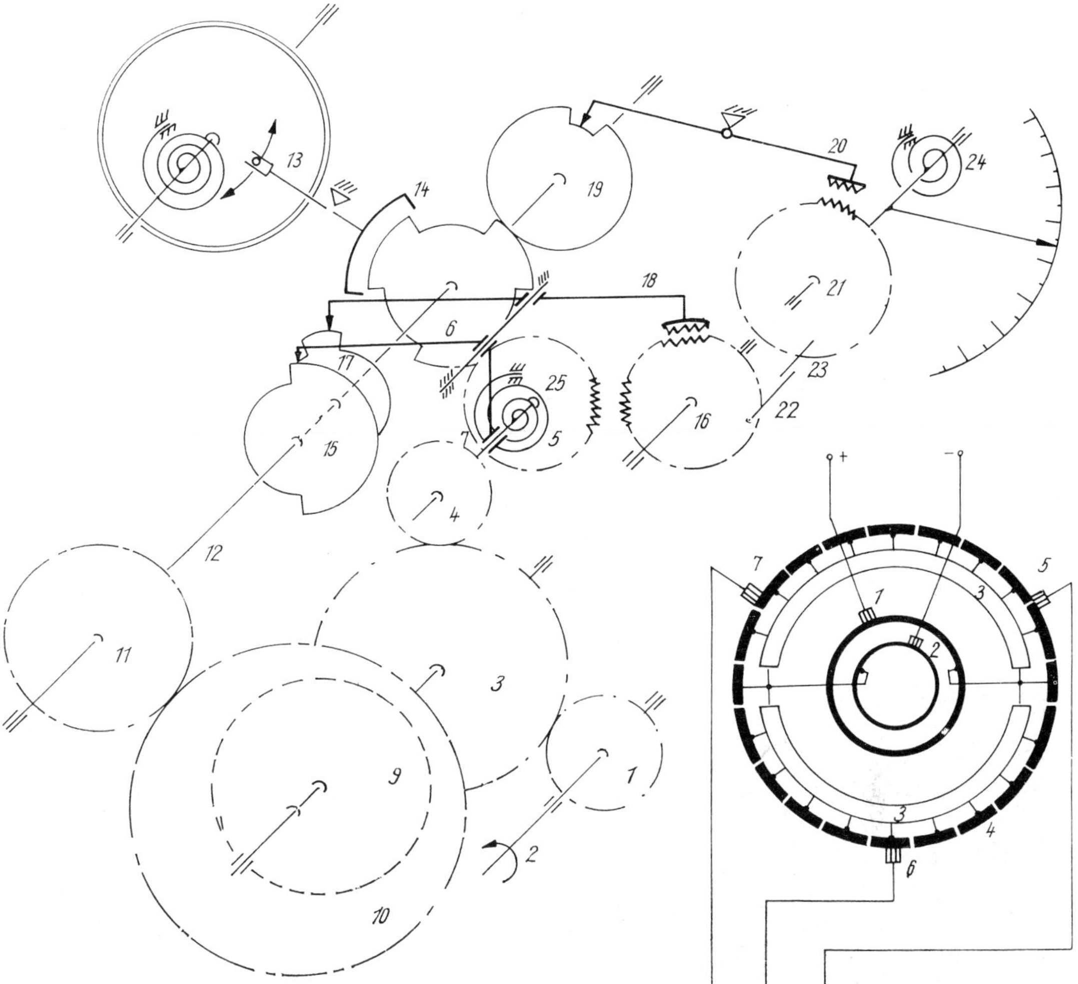

Bild 17.1/4 Prinzipschema der registrierenden Geschwindigkeitsmeßeinrichtung System Hasler
a) Geschwindigkeitsmeßwerk
b) elektrischer Fernantrieb
2 Eingangswelle für wegabhängigen Vorschub, 9 Federwerk für zeitabhängigen Vorschub, 12 zeitkonstant umlaufende Zeitwelle, 13 Unruhe, 14 Hemmung, 15 Nocken zur Steuerung der Meßzeit, 16 Meßzahnrad und -welle, 22,23 Stiftkupplung zwischen Meß- und Zeigerwelle, 24 Zeigerwelle

Analyse von Unfallhergängen, betriebsstatistische Analysen). Es sind dies meistens

- Zeitverlauf in Minuten und Sekunden,
- Druck in der Hauptluftleitung (Erkennen von Bremsvorgängen),
- Betätigungshandlungen des Triebfahrzeugführers,
- Wirksamwerden von Zugbeeinflussungseinrichtungen.

Als Registriermedium dient meist ein mit einer

dünnen Wachsschicht belegter Papierstreifen, in dessen Oberfläche Schreibstifte die Aufzeichnung einkratzen. Neuerdings finden in zunehmendem Maße magnetische (Magnetbänder, Disketten) oder elektronische Informationsträger Anwendung. Diese Art der Informationsspeicherung erlaubt eine automatische Auswertung und Wiederverwendung des Informationsträgers.

Die früher und auch heute noch sehr weit verbreiteten mechanischen Geschwindigkeitsregistriergeräte (z. B. Bauart Hasler) arbeiten meist nach folgendem Prinzip (Bild 17.1/4). Die Eingangswelle (2) des Meßgeräts wird direkt oder über einen elektrischen Fernantrieb (Bild 17.1/4b) von dem Fahrzeugradsatz angetrieben. Diese Eingangswelle wird, gesteuert durch ein Uhrwerk (13, 14), zyklisch für eine genau definierte Zeit über Zahnräder (1, 3, 4, 5) an eine Meßwelle (16) gekuppelt. Deren in der Meßzeit erreichter Verdrehwinkel ist ein Maß für die Geschwindigkeit. Dieser Verdrehwinkel wird jeweils am Ende der Meßzeit auf die Zeigerwelle (21) und den Schreibstiftantrieb übertragen. In den Pausen zwischen den Meßzeiten wird die Zeigerwelle in ihrer Lage festgehalten (19, 20). Die rasche Aufeinanderfolge der Meßvorgänge täuscht eine stetige Zeiger- und Schreibstiftauslenkung vor. Die mechanische Kupplung zwischen Eingangswelle und Schreibstift gestattet ohne Beeinflussung der Meßgenauigkeit die Ausübung der für ein Schreibwerk erforderlichen Kräfte sowie die Betätigung von Kontaktgebern zur geschwindigkeitsabhängigen Einschaltung von Geräten. Der während der Fahrt wegabhängige, im Stillstand des Fahrzeugs zeitabhängige Papiervorschub (9) ermöglicht die Gewinnung weiterer Informationen (z. B. Fahrweg, Stillstandszeit).

Neuere Geräte arbeiten vorwiegend auf elektronischer Basis. Ein am Achslager montierter und von der Radsatzwelle angetriebener Impulsgeber (optoelektronisch oder induktiv) liefert, meist auf mehreren, phasenverschobenen Kanälen, elektrische Impulse. Die Zahl der Impulse ist dem zurückgelegten Weg, ihre Frequenz der Geschwindigkeit proportional. Indem Impulse elektronisch ausgeblendet werden, ist eine Korrektur zur Berücksichtigung unterschiedlicher Raddurchmesser möglich. Die Impulse setzt ein Schrittmotor in einen wegabhängigen Papiervorschub um.

Nach Durchlaufen eines Frequenz-Spannungs-Wandlers steht die Geschwindigkeit auch als analoges Spannungssignal zur Verfügung, das der Steuerung des Servoantriebs für die Geschwindigkeitsregistrierung dient.

Die in digitaler und analoger Form vorliegenden Größen eignen sich außer zur Geschwindigkeitsanzeige u. a. zur Wegmessung sowie zur Festlegung von Geschwindigkeits- und Wegschaltpunkten.

Digitale Geschwindigkeitsmessung

Digitale Geschwindigkeitsmeßeinrichtungen werden fast ausschließlich in Verbindung mit Regeleinrichtungen eingesetzt, bei denen eine äußerst genaue Istwert-Erfassung der Geschwindigkeit im gesamten Bereich erforderlich ist. Die Möglichkeit zur Abzweigung einer Anzeige ist meist nur ein Nebenprodukt.

Arbeitsprinzip derartiger Einrichtungen:

- Erzeugung von Impulsen mit einer geschwindigkeitsproportionalen Frequenz (z. B. mit Schlitzinitiatoren und einer von der Achse angetriebenen Schlitzscheibe oder auf optoelektronischem Weg). Bei Messung an mehreren Radsätzen, wie sie bei Triebfahrzeugen mit Antrieb durch Drehstrommotoren üblich und notwendig ist, wird durch Minimumauswahl der Fehler durch Schlupf klein gehalten.
- Zählung der Impulse während einer genau vorgegebenen Meßzeit in einer elektronischen Zähleinrichtung.
- Festlegen der Meßzeit durch Zählung einer festgelegten Zahl von Impulsen, die in einem genau frequenzkonstanten Impulsgeber (Schwingquarz) erzeugt werden.
- Umsetzung des Zählerstands in einen Speicher nach Ablauf der Meßzeit und Beginn einer neuen Zählperiode.
- Umwandlung des Speicherstands in eine digitale Ziffernanzeige oder mit einem Digital-Analog-Umsetzer in eine geschwindigkeitsproportionale Ausgangsspannung, die mit üblichen Spannungsmessern oder graphisch auf einem Bildschirm analog als Geschwindigkeit angezeigt wird.

Bei ausreichend hoher geschwindigkeitsproportionaler Impulsfrequenz und genügend kleiner Meßzeit kann das diskontinuierliche Ausgangssignal als ein kontinuierliches Signal aufgefaßt werden.

17.1.3 Messen des Fahrwegs

Es wird die Anzahl der Radumdrehungen gezählt, wobei eine Eineichung des mit der Betriebszeit veränderlichen Laufkreisdurchmessers erforderlich ist. Gemessen wird entweder mit mechanischen Zählwerken (meist direkt am Achslagerdeckel montiert) oder elektrisch durch Zählung elektrischer Impulse, die je Radumdrehung oder Teilen davon erzeugt werden. Durch Schlupf entsteht ein nicht vermeidbarer Fehler, der sich nur durch ortsfeste Signalgeber korrigieren läßt.

17.1.4 Anzeige der Stellung des Schaltwerks

Bei Schaltwerken mit drehender Bewegung wird die Winkelstellung der Schaltwerkswelle auf den Führerstand übertragen und angezeigt:

- mechanisch mit einer Verbindungswelle, die z. B. bei der Baureihe 110 der DB zugleich die Antriebswelle für den Handantrieb des Schaltwerkes ist,
- elektromagnetisch mit Drehmeldern.

Als Beispiel wird die auf der Baureihe 109/142 der DR angewendete Ausführung beschrieben (Bilder 17.1/5 bis 17.1/8). Die Einrichtung besteht aus drei Drehmeldern, von denen einer als Geber mit der Schaltwerkswelle gekuppelt ist und zwei als Empfänger für die beiden Führerstände mit Zeiger und Skala versehen sind. Die Magnetfelder der in die parallelgeschalteten Einphasenwicklungen des Läufers eingespeisten Wechselströme induzieren in den Dreiphasenwicklungen der Ständer Spannungen (Maximim bei axialer

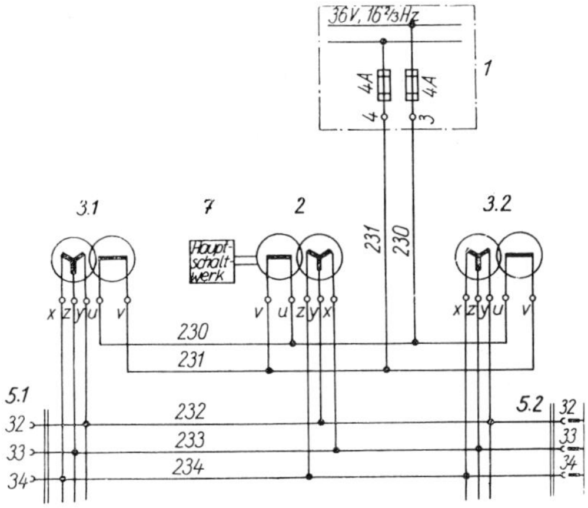

Bild 17.1/5 Schaltung der Fahrstufenanzeigeeinrichtung der BR 109/142
1 Stromversorgungsgerät, 2 Fahrstufengeber, 3 Fahrstufenempfänger, 5 Steuerstromkupplungsdose für Doppeltraktion, 7 Antrieb für Fahrstufengeber

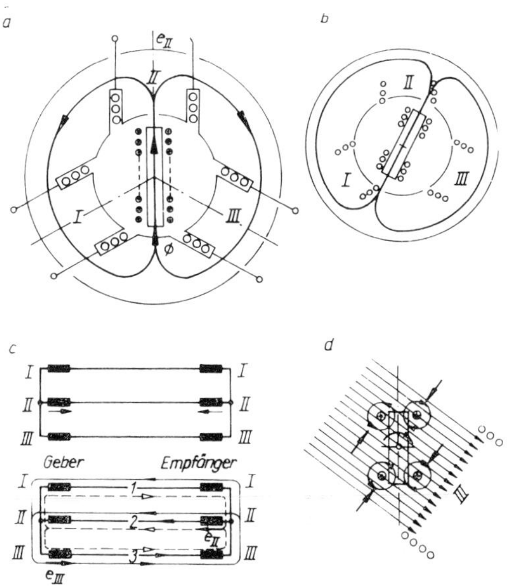

Bild 17.1/6 Wirkungsweise des Drehmelders

Bild 17.1/7 Drehmelder als Fahrstufengeber bei der BR 109/142

Bild 17.1/8 Drehmelder als Fahrstufenanzeige bei der BR 109/142

Lage, Wicklung II in Bild 17.1/6a). Bei Nichtübereinstimmung der Lage von Läufer und Ständer im Geber und im Empfänger sind die Spannungen in den Phasen der gegeneinandergeschalteten Dreiphasenwicklungen ungleich groß und verursachen Ausgleichströme (Bild 17.1/6c unten), die mit dem Feld der Einphasenwicklung im Empfänger ein Drehmoment und eine Verdrehung des Läufers hervorrufen (Bild 17.1/6 d), bis bei übereinstimmender Lage die Phasenspannungen gleich sind und Ausgleichströme und Drehmoment zu Null werden.

17.1.5 Messen der Drücke in der pneumatischen Bremseinrichtung

Anzuzeigen ist zur Kontrolle der Betriebsbereitschaft und der Funktion der pneumatischen Bremse mindestens der Druck in
- der Hauptluftleitung,
- dem Hauptluftbehälter,
- den Bremszylindern.

Bei mehreren voneinander unabhängigen Bremssystemen ist der Bremszylinderdruck jedes Bremssystems zu messen, entweder durch besondere Instrumente oder ein Doppelinstrument. Die Instrumente für Hauptluftleitung und -behälter müssen bei den Nennwerten des Drucks (0,5 MPa bzw. 0,8 oder 1 MPa) eine Markierung besitzen. Meistens finden Röhrenfedermanometer Anwendung.

17.1.6 Messen des Ölstands in den Transformatoren

Am Transformatorkessel bzw. am Ölausdehnungsgefäß befindet sich eine Ölstandsanzeige (Schauglas) mit Marken für den minimalen Ölstand (für verschiedene Temperaturen). Die Anzeige wird nicht zum Führerstand geführt, da keine ständige Kontrolle erforderlich ist.

17.2 Schutzeinrichtungen

Aufgabe der Schutzeinrichtungen ist die Überwachung von Größen, die für ein betriebs- und funktionssicheres Arbeiten des Triebfahrzeugs von Bedeutung sind. Bei Abweichung von den vorgegebenen Grenzwerten erfolgt
- die Abgabe von Warnsignalen,
- ein selbsttätiges Abschalten des gefährdeten Anlagenteils bzw. des gesamten Triebfahrzeugs von der Spannung oder
- ein selbsttätiger Eingriff in die Fahrzeugsteuerung, z. B. eine Betätigung der Bremse, eine Verringerung der Zugkraft usw.

17.2.1 Schutz gegen Unterspannung in der Fahrleitung

Dieser Schutz ist erforderlich,
- weil bei zu niedriger Fahrdrahtspannung die Hilfsbetriebemotoren (Gleichstrom- oder Einphasenwechselstrommotoren) mit zu niedriger Drehzahl laufen und dadurch z. B. eine ungenügende Kühlluftförderung der Lüfter, eine nicht ausreichende Ölumwälzung im Transformator und eine zu geringe Drucklufterzeugung für die Bremse die Folge sein können,
- da bei plötzlicher Rückkehr der Fahrleitungsspannung, z. B. nach einer Überlastungsschaltung des Unterwerks, unzulässig große Spannungssprünge an den Fahr- und Hilfsbetriebemotoren auftreten würden, wenn diese nicht vorher abgeschaltet worden wären (Gefahr der Kommutatorüberschläge),
- um nach einer Kurzschlußabschaltung der Fahrleitung sie unbeeinflußt von den Transformatoren der Triebfahrzeuge prüfen zu können,
- da bei plötzlicher Rückkehr der Fahrleitungsspannung die sich überlagernden Einschaltstromstöße der unabgeschaltet am Netz hängenden Transformatoren mehrerer Triebfahrzeuge sofort eine Überstromauslösung des Unterwerks zur Folge hätten (Einschaltspitzenstrom je Lokomotive u. U. 800...900 A),
- weil die Zugkraftregeleinrichtungen der Triebfahrzeuge versuchen würden, die eingestellte Zugkraft aufrechtzuerhalten. Ein weiterer Anstieg des Primärstroms und damit des Spannungsabfalls in der Fahrleitung wäre die Folge.

Der Unterspannungsschutz wirkt auf den Triebfahrzeughauptschalter. Zur Verhinderung des Ansprechens bei kurzzeitigen Spannungsunterbrechungen (z. B. beim Springen des Stromabnehmers) wird der Ausschaltbefehl zeitverzögert an den Hauptschalter gegeben.

Bild 17.2/1 zeigt den Aufbau einer aus Relais aufgebauten Unterspannungsschutzeinrichtung. Das Relais (3.3) spricht bei einer mit dem Widerstand (3.5) einstellbaren Spannung an und bewirkt damit das Anziehen des abfallverzögerten Zeitrelais.

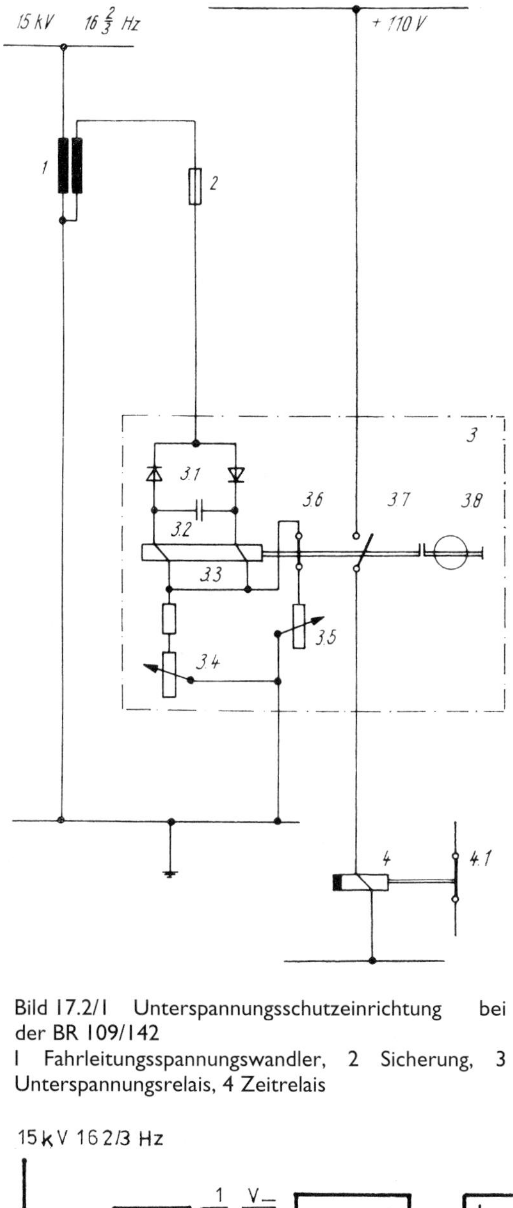

Bild 17.2/1 Unterspannungsschutzeinrichtung bei der BR 109/142
1 Fahrleitungsspannungswandler, 2 Sicherung, 3 Unterspannungsrelais, 4 Zeitrelais

Das Relais (3.3) fällt ab bei einer Spannung, die mit dem im Selbsthaltekreis liegenden Widerstand (3.4) einstellbar ist und schaltet damit das abfallverzögerte Zeitrelais von der Spannung. Nach einer Verzögerungszeit bewirkt dessen Abfall mit dem Kontakt (4.1) das Ausschalten des Hauptschalters.

Bei neueren Lokomotiven (z. B. Baureihe 143 der DR) übernimmt eine elektronische Schwellwertschaltung die Aufgabe des Unterspannungsrelais (Bild 17.2/2). Das von ihr bei Fahrdrahtspannungen kleiner als der Grenzwert abgegebene O-Signal bewirkt am Ausgang des Verzögerungsglieds nach der Verzögerungszeit ein L-Signal, das über die Logikschaltung der Hauptschaltersteuerung den Hauptschalter abschaltet.

17.2.2 Schutz gegen Überspannung in der Fahrleitung

Er ist nur gegen hohe Überspannungen (z. B. atmosphärische Überspannungen) vorgesehen, da im Betrieb Überspannungen über den zugelassenen Toleranzbereich hinaus durch die Schaltung der Stromversorgungsanlagen nicht möglich sind. Es werden fast ausschließlich Überspannungsableiter (Abschn. 5.3) angewendet.

17.2.3 Schutz des gesamten Fahrzeugs gegen Überströme und Kurzschluß

Der in das Fahrzeug vom Stromabnehmer her eintretende Strom wird überwacht. Die Schutzeinrichtung muß

– die Inanspruchnahme der thermischen Überlastungsfähigkeit des Fahrzeugs gestatten,

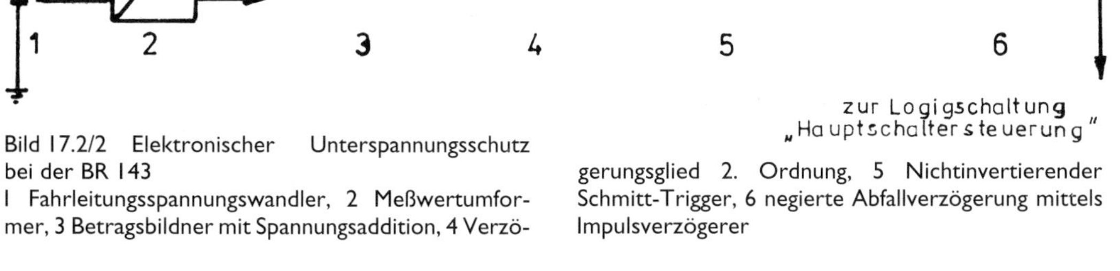

Bild 17.2/2 Elektronischer Unterspannungsschutz bei der BR 143
1 Fahrleitungsspannungswandler, 2 Meßwertumformer, 3 Betragsbildner mit Spannungsaddition, 4 Verzögerungsglied 2. Ordnung, 5 Nichtinvertierender Schmitt-Trigger, 6 negierte Abfallverzögerung mittels Impulsverzögerer

Bild 17.2/5
Niederspannungs-Hochleistungssicherung
Von rechts nach links: Sicherung vollständig, Unterteil, Schmelzeinsatz

nungs-Hochleistungssicherungen mit rüttelsicheren Messerverbindungen (Bild 17.2/5) angewendet. Schraub- oder Patronensicherungen bergen die Gefahr des Lösens infolge von Erschütterungen in sich. Schmelzsicherungen finden überwiegend bei Gleich- und Einphasenwechselstrommotoren Anwendung, seltener bei Drehstrommotoren, da hier die Gefahr des Zweiphasenlaufs beim Ansprechen nur einer Sicherung besteht. Wegen der Belastung mit Anlaufströmen werden ausschließlich Sicherungen mit träger Charakteristik eingesetzt. Sie bieten infolge der zu langen Ansprechzeiten (bei 1,3...1,5 I_{nenn} fast 1 h) keinen ausreichenden Schutz gegen Überströme geringer Größe (z. B. durch teilweise Windungsschlüsse). Werden bei Drehstrommotoren trotzdem Schmelzsicherungen benutzt, dann meist in Verbindung mit einer Temperaturüberwachung der Wicklungen als Schutz gegen geringe Überströme und Zweiphasenlauf.

Motorschutzschalter
Sie sind meist dreipolige Schutzschalter. Je Pol ist ein thermischer Überstromauslöser (meist auf Bimetall- oder Schmelzlotbasis) zum Schutz gegen längere Überlastungen geringer Größe mit einer Einstellbarkeit zur Anpassung an die Charakteristik des Motors vorhanden, ferner je Pol ein magnetischer Überstromauslöser zum raschen Abschalten bei kurzschlußartigen Überströmen. Sie bieten einen vollständigeren Schutz als Schmelzsicherungen.

Temperaturüberwachung der Wicklungen
Siehe Abschn. 17.2.4.

17.2.6 Überstrom- und Kurzschlußschutz der Steuerstromkreise

Die Schutzeinrichtungen müssen entsprechend dem Querschnitt der nachgeschalteten Leitungen bemessen werden. Die Ansprechstromstärke hintereinander geschalteter Schutzeinrichtungen ist zu staffeln.

Schmelzsicherungen
Für größere Stromstärken werden NH-Sicherungen, für kleinere Feinsicherungen mit einem in ein Glasröhrchen eingeschmolzenen Schmelzdraht verwendet. Schraubsicherungen sind wegen der Gefahr des Lockerns selten.

Leitungsschutzschalter
Sie sind Selbstschalter mit einem magnetischen (für die unverzögerte Kurzschlußauslösung) und einem thermischen Auslösesystem (für die verzö-

Bild 17.2/6 Leitungsschutzschalter Typ Lsb 1
Links: Schalter ohne Kappe, eingeschaltet, mit Ansicht auf Schaltkammerseite
Rechts: Frontansicht im Einbauzustand, ausgeschaltet

gerte Überstromauslösung). Sie ermöglichen neben dem Überstromschutz die willkürliche Abschaltung des betreffenden Stromkreises und bieten eine bessere Anpassung der Auslösecharakteristik an die Überlastkennlinie des zu schützenden Bauteils. Ihr Nachteil ist das relativ begrenzte Ausschaltvermögen infolge der gedrängten Bauweise (Bild 17.2/6).

17.2.7 Schutz von Stromkreisen, die im Normalbetrieb geerdet sind

In Stromkreisen, die im Normalbetrieb geerdet sind (wie z. B. Fahrmotorstromkreise bei der Speisung aus Transformatoren mit Sparschaltung und Stromkreise der zentralen Zugenergieversorgung), stellt jeder Erdschluß einen Kurzschluß dar. Bei einem großen Widerstand der Kurzschlußbahn lösen die Überstromschutzeinrichtungen nicht aus, da sie nur auf Überstrom eingestellt sind, der im Normalbetrieb auftritt. Daher sind bessere Überwachungseinrichtungen zur Verhütung schwerer Beschädigungen erforderlich. Sie arbeiten nach dem Prinzip des Vergleichs des in das Fahrzeug eintretenden Stromes mit dem auf den vorgesehenen Wegen austretenden Strömen

- entweder durch Gegeneinanderschalten der Sekundärspannungen zweier Wandler, die den Eingangs- und den Ausgangsstrom erfassen, oder
- durch Kompensation der magnetischen Durchflutung, die von den aus- und eintretenden Strömen in einem Mehrwicklungswandler hervorgerufen werden.

Ein Beispiel für eine nach dem erstgenannten Prinzp arbeitende Einrichtung zeigt Bild 17.2/7. Der in die Lokomotive eintretende Fahrleitungsstrom wird im Fahrleitungsstromwandler (1) erfaßt, der aus der Lokomotive austretende durch den Erdstromwandler (6). Seine beiden Primärwicklungen sind so angeschlossen, daß sich die Durchflutungen des zur Zugsammelschiene (7) fließenden und durch die Fahrschiene (9) von dieser zurückfließenden Stromes kompensieren. Der Erdstrom-Meßumformer (10) ist in den Mittelzweig der durch die beiden Sekundärwicklungen gebildeten Brücke geschaltet und erhält im Regelfall keinen Strom. Bei einem Erdschluß im Primärkreis des Haupttransformators (Stufentransformator (2), Primärwicklung des Leistungstransformators (5), Stufenwähler (3), Thyristorschaltwerk (4)) fließt ein Teil des Fahrleitungsstroms über die Schutzerde zur Fahrschiene. Das Gleichgewicht in der Brückenschaltung wird gestört. Der Meßumformer gibt einen Strom an die elektronische Erdschlußschutzeinrichtung (11) ab, die einen Ausschaltbefehl an den Hauptschalter (12) erteilt.

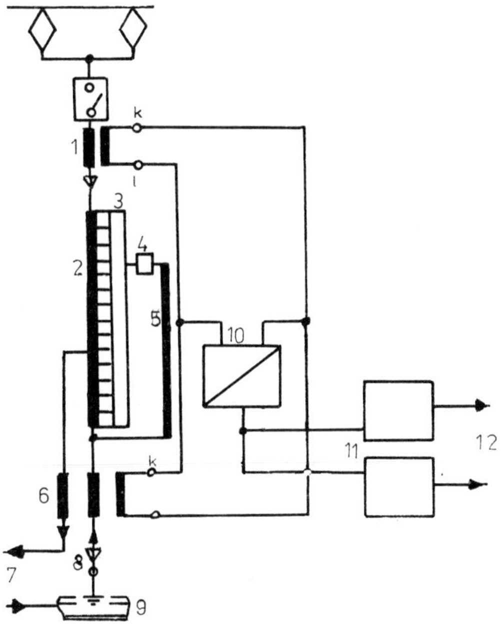

Bild 17.2/7 Erdschlußschutz der Primärkreise bei der BR 143
1 Fahrleitungsstromwandler, 2 Stufentransformator, 3 Stufenwähler, 4 Thyristorschaltwerk, 5 Primärwicklung des Leistungstransformators, 6 Erdstromwandler, 7 zur Zugsammelschiene, 8 Betriebserde, 9 Fahrschiene, 10 Meßumformer, 11 elektronische Erdschlußschutzeinrichtung, 12 zur Hauptschaltersteuerung

17.2.8 Schutz von Stromkreisen, die im Normalbetrieb nicht geerdet sind

Ein Erdschluß stellt noch keine Betriebsgefahr dar, jedoch ist eine Meldung erforderlich, da bei einem weiteren Erdschluß an einer Stelle anderen Potentials ein Kurzschluß und damit eine Betriebsstörung eintreten. Zur Überwachung wird zwischen das zu schützende Teil und Erde ein Erdschlußrelais geschaltet, das bei einem Erdschluß Spannung erhält und anspricht. Der Erdschlußschutz der Baureihe 143 der DR ist im Bild 17.2/8 dargestellt. Durch den Anschluß des Erdschlußre-

17.2.13 Schutz gegen unvorschriftsmäßigen Luftdruck

Druckgesteuerte Schalter (Druckwächter) schalten das Triebfahrzeug spannungslos, bevor der Druck zum Abschalten des Drucklufthauptschalters unter den Mindestabschaltdruck sinkt. Desgleichen bewirken Druckwächter das Abschalten des Hauptschalters, wenn der Mindestdruck zum Anheben der Stromabnehmer nicht mehr vorhanden ist. Damit wird das Abbrennen der Fahrleitung durch Ziehen von Funken wegen des langsam absinkenden Stromabnehmers verhindert.
Druckwächter verhindern mit Kontakten im Steuerstromkreis der Trennschütze das Anfahren des Triebfahrzeugs, wenn kein ausreichender Druck zur Betätigung der pneumatischen Bremse vorhanden ist. Sie bewirken das Abschalten der Leistung, wenn der Druck in der Hauptluftleitung unter einen bestimmten Wert sinkt (z. B. bei Notbremsungen aus dem Zug, Zugtrennungen, Ansprechen der Sicherheitsfahrschaltung und der Zugbeeinflussung), um eine Verlängerung des Bremsweges infolge Weiterwirkens der Antriebskraft zu vermeiden.
Druckwächter verhindern schließlich das Einschalten der Fahrmotortrennschütze bzw. lösen diese aus, wenn Druck in den Bremszylindern vorhanden ist, um eine Beschädigung der Fahrmotoren durch Anlegen von Spannung im festgebremsten Zustand zu vermeiden. Zur Erleichterung des Anfahrens in Steigungen ist dieser Schutz jedoch durch Kippschalter bewußt überbrückbar.

17.2.14 Schleuderschutzeinrichtungen

Aufgabe der Schleuderschutzeinrichtungen sind das Erfassen des Schleuderns der Radsätze sowie die Anzeige und/oder die entsprechende selbsttätige Einleitung von Gegenmaßnahmen. Die Schleuderschutzeinrichtung muß vor dem Erreichen hoher Schleuderdrehzahlen wirksam werden, also vor einem bestimmten Grenzwert des Schlupfes.
Schleuderschutzeinrichtungen erleichtern die Anwendung von Zugkräften an der Kraftschlußgrenze und ermöglichen dem Triebfahrzeugführer, Schleudervorgänge zu erkennen bzw. entlasten sie ihn von der ständigen Beobachtung der Instrumente. Besondere Bedeutung haben derartige Einrichtungen bei unbesetzten Triebfahrzeugen im Wendezugbetrieb und in der Vielfachtraktion, wo die Möglichkeit zum Erkennen von Schleudervorgängen anhand der Anzeige der Motorstrommesser nicht gegeben ist. Schleuderschutzeinrichtungen verhindern schwere Schäden an den Triebfahrzeugen und Schienen.
Es gibt verschiedene Verfahren zum Erfassen von Schleudervorgängen.

Vergleich der Drehzahlen der Radsätze
Dieses Verfahren hat folgende Nachteile:
- Das Prinzip kann nur dann genaue Schlupfwerte liefern, wenn ein nicht angetriebener Vergleichsradsatz vorhanden ist. Bei nur angetriebenen Radsätzen wirkt der Schlupf verfälschend. Ein plötzlich auftretendes Allachsschleudern wird u. U. nicht erkannt. Versuche zum Erfassen des genauen Wertes der translatorischen Geschwindigkeit mittels anderer Verfahren (z. B. Radar) haben sich noch nicht breit durchgesetzt.
- Die genaue Geschwindigkeitsmessung ist besonders im unteren Bereich nur relativ ungenau möglich, wenn nicht hochwertige digitale Meßeinrichtungen zur Verfügung stehen.
- Zur genauen Erfassung der Drehzahlen sind mehrere Einrichtungen erforderlich.
- Bedingung für das Ansprechen der Einrichtung ist eine Drehzahldifferenz, d. h., ein Schleudern muß bereits aufgetreten sein.
- Wenn nicht besondere Abgleicheinrichtungen vorgesehen werden sollen, ist die Einrichtung durch Radreifendurchmesserunterschiede unempfindlich.
- Das Prinzip ist nicht anwendbar, wenn nur gekuppelte Radsätze vorhanden sind. Das ist bei elektrischen Triebfahrzeugen heute jedoch kaum der Fall.

Erfassen der Drehbeschleunigung der angetriebenen Radsätze
Nachteile dieses Verfahrens sind die Schwierigkeiten bei der meßtechnischen Erfassung der Drehbeschleunigung und die problematische Unterscheidung der Drehbeschleunigung bei raschen Anfahrten vor der ungewollten bei einsetzendem Schleudern. Vorteilhaft ist, daß ein Ansprechen bereits beim Entstehen des Schleuderns eintritt und dieses Verfahrenn auch für gekuppelte Radsätze geeignet ist.

Erfassen unterschiedlicher Drehzahlen der Radsätze durch Vergleich elektrischer Größen der Fahrmotoren
Bei einem Anstieg der Drehzahl fällt der Fahrmo-

torstrom und steigt der Spannungsabfall über der Ankerwicklung, so daß er über der Hauptfeldwicklung sinkt. Die Differenz einer der drei Größen zwischen Motoren unterschiedlicher Drehzahl dient als Indikator für das Schleudern. Die unvermeidlichen Unterschiede in den Kennlinien der Motoren und die Toleranzen der Treibraddurchmesser bedingen eine gewisse Unempfindlichkeit. Ein Ansprechen geschieht erst bei fortgeschrittenem Schleudern. Von Vorteil ist die einfache Erfassung der Meßwerte.

Erfassen der bei Fahrt an der Kraftschlußgrenze auftretenden hochfrequenten mechanischen Schwingungen im Antriebssystem
Die bisherigen Systeme erfassen mit Kraftmeßeinrichtungen die Reaktionen derartiger Schwingungen in der Aufhängung des Fahrmotors im Drehgestell.
Die Schleuderschutzeinrichtung kann auf unterschiedliche Weise wirksam werden:
- Eine Anzeigelampe auf dem Führerpult meldet das Schleudern und fordert den Triebfahrzeugführer zum Eingriff in die Steuerung auf (Zurückschalten der Leistung, Betätigung der Schleuderschutzbremse).
- Die Schleuderschutzeinrichtung bewirkt ein vorübergehendes selbsttätiges Anlegen der pneumatischen Bremse mit geringem Druck (1...1,5 daN/cm^2) an sämtlichen Radsätzen oder besser nur an dem schleudernden (Schleuderschutzbremse). Die Bremskraft kompensiert einen Teil der vom Fahrmotor aufgebrachten Zugkraft und entlastet damit die Kraftschlußverbindung Treibrad–Schiene. [160]
- Die Schleuderschutzeinrichtung blockiert selbsttätig eine weitere Spannungserhöhung am Fahrmotor durch Unterbrechung des Aufschaltvorgangs bzw. senkt sie selbsttätig die Spannung durch Einleitung des Zurückschaltens. Besonders bei Triebfahrzeugen mit elektronischer Steuerung der Fahrmotorspannung (Abschnitt- oder Pulsstellersteuerung bzw. Drehstromantrieb) ist eine rasche Wirkung erzielbar.
- Moderne elektronische Einrichtungen mit Zugkraftregelung geben selbsttätig einen solchen Zugkraft- bzw. Motorstrom-Sollwert vor, daß zwischen dem das Zugkraftmoment am meisten entlasteten und dem am stärksten belasteten Radsatz eine bestimmte Drehzahldifferenz nicht überschritten wird.
- Die Schleuderschutzeinrichtung setzt mechanische Achsbelastungseinrichtungen bei den schleudernden Radsätzen in Gang. Die damit verbundene Achsfahrmassenminderung bei den anderen Radsätzen kann diese u. U. zum Schleudern bringen.
- Die Schleuderschutzeinrichtung bewirkt selbsttätig das Sanden. Das ist nur möglich, wenn der Schleudervorgang schon während des Entstehens erfaßt wird, da sonst starke mechanische Beanspruchungen im Antriebssystem auftreten.

17.2.15 Sicherheitsfahrschaltungen

Sie überwachen periodisch oder kontinuierlich die Wachsamkeit des Triebfahrzeugführers und sind insbesondere bei Triebfahrzeugen mit nur einem Mann Besatzung von Bedeutung. [191] Vom Prinzip ihres Wirkens her unterscheidet man:

Sicherheitsfahrschaltung mit Dauerbetätigung
Der Triebfahrzeugführer muß während der gesamten Fahrt ein Schaltorgan in einer bestimmten Lage halten (z. B. Betätigung eines Druckschalters gegen eine Federkraft, Halten eines federbelasteten Hebels in einer bestimmten Lage). Beim Ausbleiben der Betätigung schaltet das Schaltorgan nach vorheriger optischer bzw. akustischer Warnung nach einem bestimmten Fahrweg (wegabhängige Sicherheitsfahrschaltung) oder einer bestimmten Fahrzeit (zeitabhängige Sicherheitsfahrschaltung) selbsttätig die Leistung ab und die Bremse ein.
Die Dauerbetätigung ermöglicht ein beabsichtigtes Festlegen des Schaltorgans bzw. eine unbeabsichtigte Betätigung (z. B. durch einen ohnmächtigen Lokomotivführer).

Sicherheitsfahrschaltung mit Wachsamkeitskontrolle
Eine zusätzliche Einrichtung erfordert vom Triebfahrzeugführer vor Ablauf eines bestimmten Fahrwegs (wegabhängige Wachsamkeitskontrolle) bzw. einer bestimmten Zeit (zeitabhängige Wachsamkeitskontrolle) das kurze Betätigen eines Schaltorgans oder das kurze Nichtbetätigen eines sonst dauernd zu betätigenden. Die Kontrollintervalle und Wirkzeiten werden häufig von der Fahrgeschwindigkeit abhängig gemacht, um die zurückgelegten Fahrwege mit einem nicht wachsamen Lokführer nicht zu groß werden zu lassen. Das Ausbleiben dieser Handlung (und im letzteren Falle auch das Ausbleiben der Dauerbetätigung) führt nach einer Warnung zur Leistungsab-

schaltung und zur Bremsung (weg- oder zeitabhängig). Dadurch wird ein beabsichtigtes oder unbeabsichtigtes Wirkungslosmachen vermieden. Von Nachteil ist die zusätzliche Belastung des Triebfahrzeugführers. Daher wird die Einrichtung erst bei Überschreiten einer gewissen Fahrgeschwindigkeit selbsttätig eingeschaltet, um den Triebfahrzeugführer z. B. bei Rangierfahrten mit niedriger Geschwindigkeit nicht abzulenken.

Sicherheitsfahrschaltung mit Aufforderung zur Wachsamkeitsbekundung

Sicherheitsfahrschaltungen, die das Bekunden der Wachsamkeit nur vor Ablauf einer bestimmten Kontrollzeit (-weg) fordern, innerhalb dieser Zeiten jedoch zu beliebigen Zeitpunkten zulassen, unterliegen der Gefahr einer rhythmischen Betätigung im Unterbewußtsein, ohne daß noch die erforderliche Wachsamkeit vorhanden ist. Aus diesem Grunde sehen weiterentwickelte Anlagen vor, daß die Betätigung erst nach einer Aufforderung durch die Einrichtung erfolgen darf, was eine unbewußte Betätigung erheblich erschwert, insbesondere dann, wenn die Aufforderungsintervalle in gewissen Grenzen ungleich groß gestaltet werden.

Sonstige Wirkprinzipien

Die häufige Betätigung der Sicherheitsfahrschaltung lenkt den Triebfahrzeugführer zu stark von seiner eigentlichen Aufgabe ab bzw. führt zu zu starker Belastung. Daher wurden Einrichtungen entwickelt, die diese möglichst einschränken:

- Eine elektronische Einrichtung wertet über eine kapazitive Ankopplung auch beliebige andere Betätigungshandlungen anderer Steuerorgane als Bekundung der Wachsamkeit.
- Die Wachsamkeit wird durch Abverlangen nicht im Unterbewußtsein auszuführender logischer Handlungen nur vor Gefahrenpunkten der Strecke kontrolliert. Die Abfragung erfolgt von der Strecke (Beeinflussungsmagnete) oder vom Fahrzeug aus (entsprechend einem mit dem Fahrweg ablaufenden eingespeicherten Programm).
- Überwachung physiologischer Funktionen des Triebfahrzeugführers, die nur im wachen Zustand ablaufen (z. B. die Bewegung der Augenlider) mit elektronischen Einrichtungnen.

Derartige Einrichtungen sind bisher nicht zur breiten Einführung gelangt.

Während bei älteren Fahrzeugen die Sicherheitsfahrschaltungen aus elektromechanischen Bauelementen aufgebaut waren, arbeiten sie bei neueren Triebfahrzeugen ausschließlich mit elektronischen. Bild 17.2/13 zeigt die Schaltung, Bild 17.2/12 das Zeitdiagramm der Signale einer zeitabhängigen Sicherheitsfahrschaltung mit zeitabhängiger Wachsamkeitskontrolle nach dem Aufforderungsprinzip, wie sie bei Lokomotiven der DR angewendet wird. Im Bild 17.2/12 sind

- im Teil a die Vorgänge bei nicht betätigtem Taster der Sicherheitsfahrschaltung,
- im Teil b die bei Betätigung des Tasters und
- im Teil c die bei Bekundung der Wachsamkeit dargestellt.

Aus dem Zeitablaufplan ist ersichtlich, daß

- bei Nichtbetätigung eines Tasters nach 2,5 s eine akustische Warnung und nach 5 s eine Zwangsbremsung eintreten,
- bei Dauerbetätigung von mehr als 25 s die Aufforderung zur Bekundung der Wachsamkeit erteilt und bei deren Unterbleiben nach 2,5 s und 5 s die akustische Signalgebung bzw. die Zwangsbremsung eingeleitet wird,
- bei Bekundung der Wachsamkeit durch kurzes Loslassen der Taster die Überwachungszeit von 25 s erneut anläuft bzw. bei längerem Loslassen die 2,5-s- und 5-s-Frist einsetzt,
- eine Bekundung der Wachsamkeit vor der Aufforderung unwirksam bleibt.

Bild 17.2/12 Signal-Zeitdiagramm der Sicherheitsfahrschaltung nach Bild 17.2/13
1 Richtungswender in Stellung „Vorwärts", 2 Überschreiten der Einschaltgeschwindigkeit von 4 km/h, 3 Ausgabe akustisches Signal, 4 Bremsung, 5 Betätigung eines Sifa-Tasters vor Bremsung, 6 Aufleuchten der Sifa-Lampe, Aufforderung zur Bekundung der Wachsamkeit, 7 akustisches Signal, 8/9 Bekundung der Wachsamkeit vor Bremsung durch kurze Tasterbetätigung, 10 Aufforderung

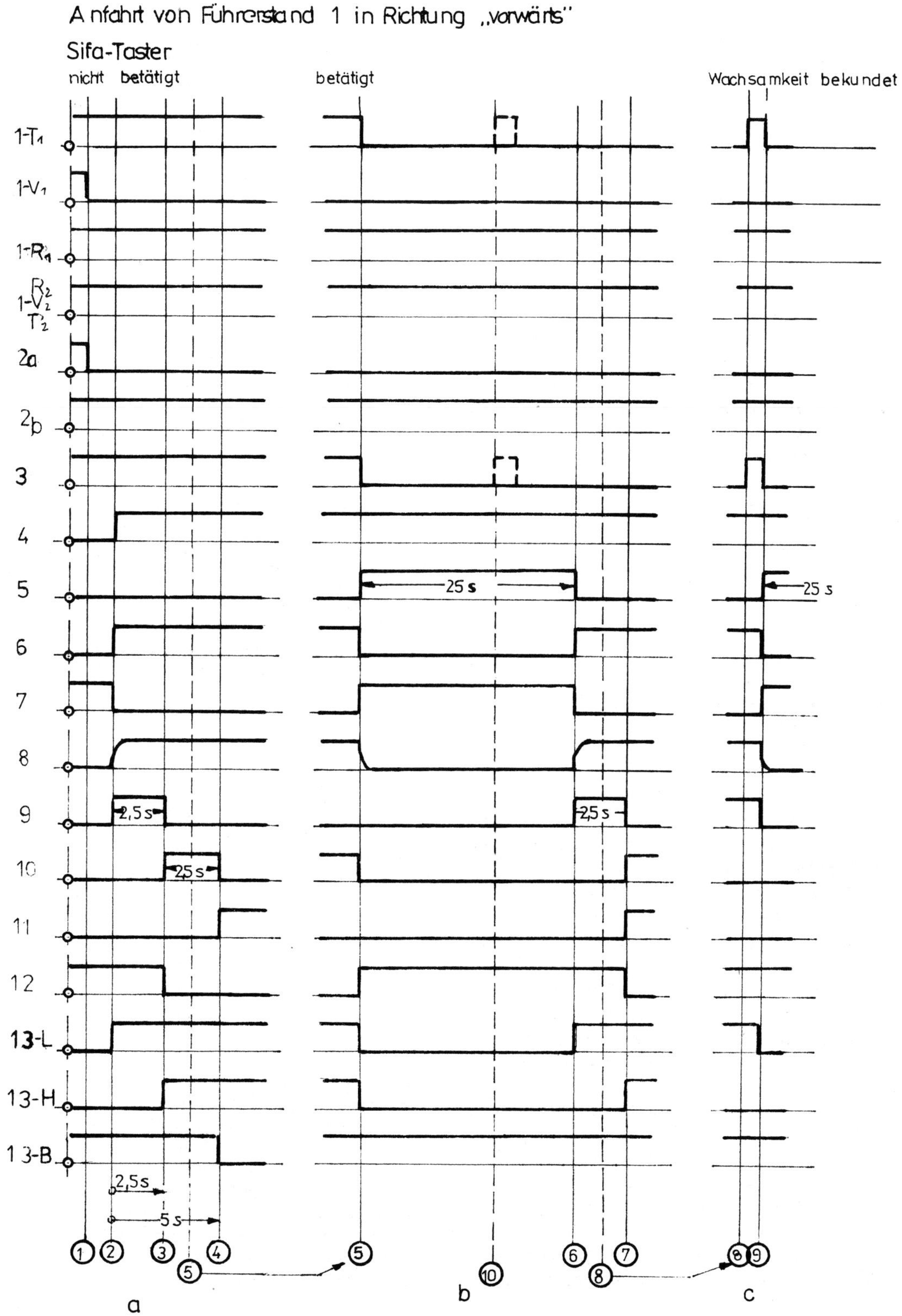
Anfahrt von Führerstand 1 in Richtung „vorwärts"
Sifa-Taster
nicht betätigt
betätigt
Wachsamkeit bekundet
1-T1
1-V1
1-R1
R2
1-V2
T2
2a
2b
3
4
5
6
7
8
9
10
11
12
13-L
13-H
13-B
25 s
25 s
2,5 s
25 s
2,5 s
25 s
2,5 s
5 s
1
2
3
4
5
5
10
6
8
7
8
9
a
b
c

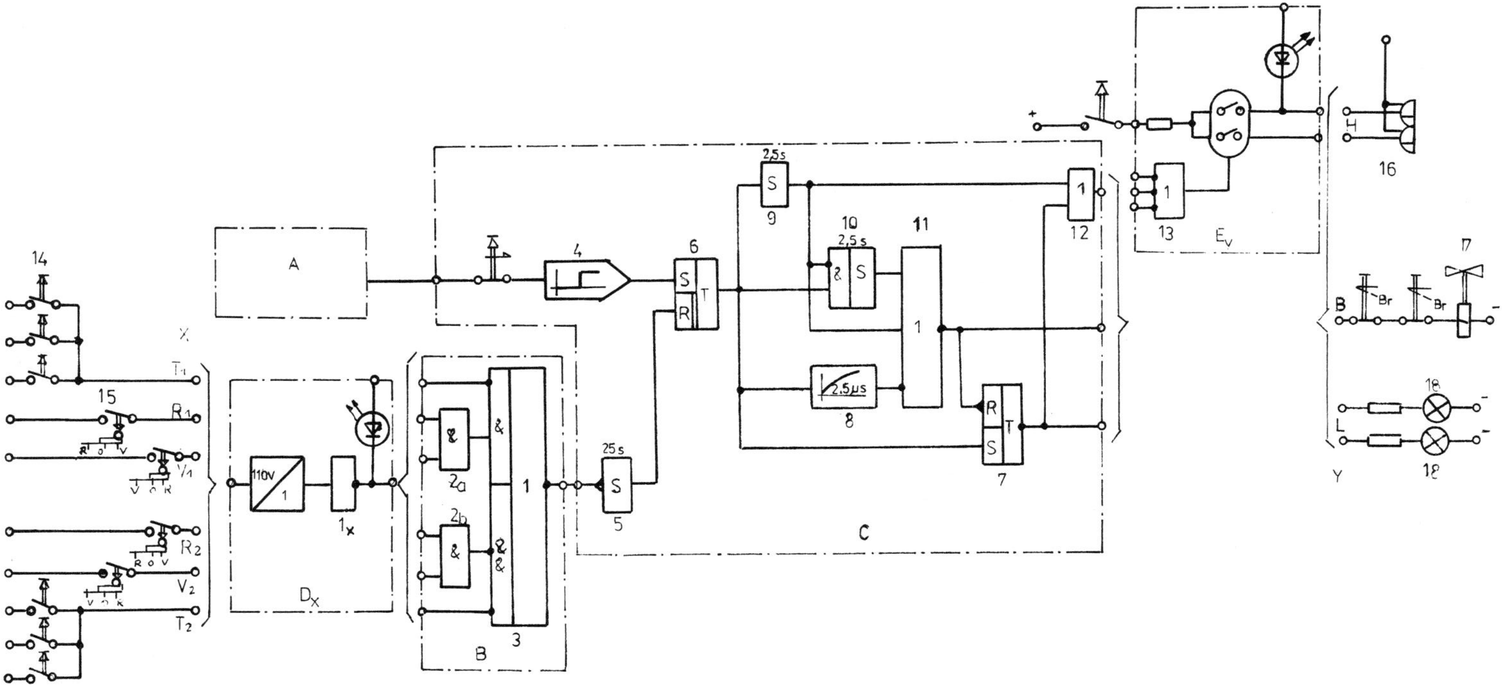

Bild 17.2/13 Zeitabhängige Sicherheitsfahrschaltung mit zeitabhängiger Wachsamkeitskontrolle nach Aufforderungsprinzip
(A) Geschwindigkeitserfassung, (B) Selektion Sifa-Taster, (C) Sicherheitsfahrschaltung, (D) Eingabebaugruppen, (E) Ausgabebaugruppen, 1 NEIN-Glied, 2 UND-Glied, 3 UND-NOR-Glied, 4 Komparator, 5 H/L-flankengetriggertes Monoflop, 6 RS-Flip-Flop, 7 RS-Flip-Flop, 8 Verzögerungsglied erster Ordnung, 9 Impulsverkürzer, 10 Impulsverkürzer, 11 NOR-Glied, 12 ODER-Glied, 13 ODER-Glied mit inversen Eingängen, 14 Sifa-Taster, 15 Richtungskontakte am Fahrschalter, 16 Sifa-Hupe, 17 Entlüftungsventil, 18 Sifa-Lampe

17.2.16 Zugbeeinflussungseinrichtungen

Sie haben die Aufgabe, das Verhalten des Triebfahrzeugführers gegenüber Signalen zu überwachen. Daneben üben sie zum Teil weitere Aufgaben aus (z. B. die Übertragung von Informationen von einer ortsfesten Anlage zum Führerstand). Man unterscheidet zwei Hauptarten der Zugbeeinflussung:

Punktförmige Zugbeeinflussung
Die Überwachung und Beeinflussung des Triebfahrzeugs erfolgen nur an diskreten Punkten der Strecke. Fahrzeuginterne Einrichtungen überwachen die Einhaltung bestimmter Geschwindigkeits-Weg- oder Geschwindigkeits-Zeit-Funktionen zwischen den Beeinflussungspunkten. Das System hat den Vorteil eines relativ einfachen Aufbaus der ortsfesten Anlagen, jedoch den Nachteil, daß bei einem Signalbildwechsel keine Beeinflussung zwischen den vorgegebenen Punkten und keine Informationsübertragung außerhalb des Kontrollbereichs möglich sind.

Linienförmige Zugbeeinflussung
Bei diesem System findet eine ständige Informationsübertragung zum Fahrzeug statt. Die Überwachung und Beeinflussung erfolgen entlang der ganzen Strecke. Das bietet folgende Vorteile:
- höhere Sicherheit,
- durch ständige Kenntnis des zu erwartenden Signalzustands hat der Triebfahrzeugführer die Möglichkeit einer wirtschaftlichen Fahrweise,
- durch kontinuierliche Vorgabe der zu fahrenden Geschwindigkeit von einer ortsfesten Steueranlage aus kann die wirtschaftliche Fahrweise unabhängig von den subjektiven Einflüssen des Triebfahrzeugführers erzwungen und unnötiges Halten vermieden werden,
- die Möglichkeit eines automatischen Zugbetriebs.

Von Nachteil sind die erheblich höheren Kosten für die ortsfeste Anlage.
Hauptarten der Informationsübertragung sind:

a) Schienengebundene Informationsübertragung
Die Signalströme fließen in den Schienen. Dieser Gleisstromkreis kann zugleich der Gleisfreimeldung und der Überwachung auf Schienenbruch dienen. Es sind nur niedrige Signalfrequenzen anwendbar, wodurch die Zahl der übertragbaren Informationen eingeschränkt wird. Die Reichweite ist begrenzt.

b) Informationsübertragung durch Linienleiter
Die Informationen werden durch besondere im oder am Gleis verlegte Kabel übertragen. Es sind höhere Frequenzen anwendbar, was eine größere übertragbare Informationsmenge ergibt. Durch Kreuzen der Linienleiter (Schleifenbildung) ist eine Erfassung des vom Fahrzeug zurückgelegten Weges unbeeinflußt vom Schlupf der Treibräder möglich.
Die Übertragung von den ortsfesten Signalstromkreisen (Schiene oder Linienleiter) zum Triebfahrzeug verläuft ausschließlich induktiv über Empfangsspulen oder Antennen am Triebfahrzeug. Bei wenigen zu übertragenden Informationen werden die Frequenzen der Signalströme kodiert, bei vielen die Impulse.

c) Informationsübertragung durch Funk
Sie bereitet gewisse Probleme bei längeren Tunnelstrecken und ermöglicht keine Ortung des Zuges.

Beispiele:
a) Mechanische Fahrsperre der Berliner S-Bahn
Ein am Wagen befestigter Hebel ragt über die Fahrzeugbegrenzung und schlägt bei Vorbeifahrt an einem haltzeigenden Signal gegen eine Anschlagschiene, die bei Haltesignal in den Bereich zwischen der Umgrenzung des Lichtraumes und der Fahrzeugbegrenzung ragt. Der dadurch nach rückwärts gedrehte Hebel öffnet mit einer Nockenscheibe ein Ventil, das die Hauptluftleitung entlüftet und damit eine Schnellbremsung und über einen Druckschalter die Abschaltung der Antriebsleistung einleitet. Die Einschaltung der Einrichtung am führenden Triebwagen wird durch die Kupplung mit dem Absperrhahn der Hauptluftleitung erzwungen. Der Nachteil dieser sehr einfachen Einrichtung ist, daß sie erst am Haltsignal wirkt. Der Bremsweg führt bereits in den durch das Haltsignal zu schützenden Gefahrenbereich hinter dem Hauptsignal. Daher ist das System nur für relativ niedrige Höchstgeschwindigkeiten mit kurzen Bremswegen geeignet.

b) Induktive punktförmige Zugbeeinflussungseinrichtung (Bauformen I 60, Icret, PZ 80), angewendet u. a. bei DB, ÖBB, DR, CFR
Die Information wird von der ortsfesten Anlage auf das Fahrzeug über ein magnetisches Feld übertragen. Vorteile dieser Übertragungsart sind das Fehlen von mechanisch sich berührenden Teilen und die Vermeidung jeglichen Verschleißes. Es ra-

gen keine Teile in den Raum zwischen der Fahrzeugbegrenzung und der Lichtraumumgrenzung. Ferner sind keine witterungsbedingten Beeinflussungen möglich.

Das Übertragungsprinzip ist im Bild 17.2/14 gezeigt. Auf dem Fahrzeug erzeugen drei statische Frequenzgeneratoren (1) Wechselspannungen mit den Frequenzen 2 000, 1 000 und 500 Hz. Die Frequenzgeneratoren speisen drei Reihenresonanzkreise aus Kondensatoren (2) und Spulen (3), die auf einem gemeinsamen Eisenkern (4), dem Fahrzeugmagneten, angebracht sind. Die Relais (5) im Resonanzstromkreis werden durch den Resonanzstrom erregt. Neben dem Gleis liegen auf eine der drei Frequenzen abgestimmte Resonanzkreise, bestehend aus dem Kondensator (6) und der auf dem Gleismagneten (7) angebrachten Spule (8). Der Kondensator ist in Abhängigkeit von der Signalstellung durch den Schalter (9) überbrückt oder

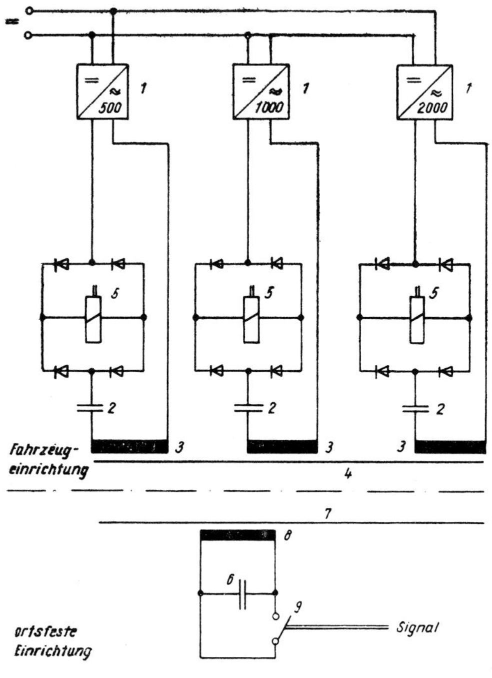

Bild 17.2/14 Prinzip des punktförmigen Zugbeeinflussungssystems „Indusi“
1 Frequenzgeneratoren, 2 Kondensatoren der Fahrzeugresonanzkreise, 3 Spulen auf Fahrzeugmagnet, 4 Fahrzeugmagnet, 5 Relais, 6 Kondensator des Gleisresonanzkreises, 7 Gleismagnet, 8 Spule auf Gleismagnet, 9 signalbetätigter Überbrückungsschalter

wirksam. Bei der Bewegung des Fahrzeugmagneten über den Gleismagnet tritt eine induktive Kopplung der beiden Stromkreise ein. Das Dreifrequenzmagnetfeld des Fahrzeugmagneten induziert in der Gleismagnetspule Spannungen aller drei Frequenzen. Bei nicht überbrücktem Kondensator ruft die Spannung, die mit der Eigenfrequenz des Gleisstromkreises übereinstimmt, im Gleisresonanzkreis einen Strom hervor, dessen Magnetfeld auf den Fahrzeugmagnet zurückwirkt und dort den Strom der betreffenden Frequenz schwächt. Das Relais fällt ab und bewirkt eine bestimmte Beeinflussung.

Bei Vorbeifahrt an einem haltankündigenden Vorsignal oder einem Lichthauptsignal, das die Herabsetzung der Geschwindigkeit fordert, bewirkt der 1 000-Hz-Gleismagnet den Abfall des 1 000-Hz-Relais. Das Aufleuchten einer Meldelampe fordert den Triebfahrzeugführer zur Betätigung der Wachsamkeitstaste auf. Unberbleibt diese, setzt nach ca. 4 s eine Zwangsbremsung ein. Gleichzeitig beginnt eine quasikontinuierliche Geschwindigkeitsüberwachung entsprechend einer vorgegebenen, auf eine niedrigere Geschwindigkeit abfallenden und dann konstant bleibenden Geschwindigkeits-Weg- bzw. Geschwindigkeits-Zeit-Kurve. Der Verlauf dieser Kurve ist abhängig von dem vor der Fahrt eingestellten Programm, das entsprechend der Zugart gewählt wird. Bei Überschreitung der durch die Kurve vorgegebenen Geschwindigkeit setzt eine Zwangsbremsung ein. Die Geschwindigkeitsüberwachung kann in einem bestimmten Abstand hinter dem 1 000-Hz-Magneten gelöscht werden (z. B. beim Freiwerden des Hauptsignals).

Ein 500-Hz-Gleismagnet zwischen Vor- und Hauptsignal bewirkt eine weitere Geschwindigkeitskontrolle auf eine noch geringere Geschwindigkeit.

Das Vorbeifahren an einem 2 000-Hz-Magneten am haltzeigenden Hauptsignal hat die sofortige Zwangsbremsung zur Folge. Sie kann durch Betätigen des Befehlsschalters verhindert werden, wenn z. B. am haltzeigenden Signal auf schriftlichen Befehl oder Ersatzsignal vorbeigefahren werden soll. Die Vorbeifahrgeschwindigkeit darf dabei einen bestimmten Höchstbetrag nicht übersteigen.

Je nach dem eingestellten Programm wird entlang der gesamten Strecke die diesem entsprechende Höchstgeschwindigkeit überwacht. Alle Beeinflussungen durch Gleismagnete, die Betätigung der Tasten, Zwangsbremsungen, der Geschwindig-

keits-Weg-Verlauf und die Zeit sowie andere Vorgänge und Größen werden registriert.
Die Kontrolle der Geschwindigkeit (z. B. an Langsamfahrstellen) ist durch Erweiterung der ortsfesten Einrichtungen um einen Schaltmagnet und aktive Bauteile (Zeitrelais) möglich.
Die Vorteile der punktförmigen Zugbeeinflussung sind, daß die Streckeneinrichtung außer bei der Geschwindigkeitsüberwachung keine Stromversorgung benötigt und keine beweglichen Teile an der Strecke (mit Ausnahme des signalbetätigten Schalters) vorhanden sind. Von Nachteil ist, daß nur drei Informationen übertragbar sind, was für vielbegriffige Signalsysteme nicht ausreicht.

c) Prinzip einer linienförmigen Zugbeeinflussung
Eine ortsfeste Steuerzentrale (1) (Bild 17.2/15) gibt die Information an das Triebfahrzeug aus. Sie wird in (2) kodiert. Der kodierte Strom wird (z. B. als Impulstelegramm) in den Linienleiter (3) eingespeist. Die kodierte Information wird von den Triebfahrzeugempfangsspulen (4) induktiv aufgenommen. Nach einer Verstärkung des Signals in (5) und seiner Dekodierung in (6) wird die Information angezeigt, z. B. die zu erreichende Fahrgeschwindigkeit am Ende eines bestimmten Weges in einer Anzeigeeinrichtung (10). Gleichzeitig wird die Information dem Bremskurvenspeicher (7) zugeführt, der die zulässige Sollgeschwindigkeit in Abhängigkeit von eingespeicherten Angaben über die Bremsart, das Bremsvermögen usw. in eine Anzeigeeinrichtung (11) gibt. Die Überwachungseinrichtung (8) vergleicht die Soll- und die Ist-Geschwindigkeit und gibt bei zu hoher Ist-Geschwindigkeit nach einer Warnung über die Beeinflussungseinrichtung (9) die Steuerkommandos an die Fahrzeugsteuerung (12) und die Bremssteuerung (13).
Durch eine entsprechende Kodierung sind mehrere Triebfahrzeuge in einem Streckenabschnitt über einen Linienleiter getrennt ansprechbar. Die Linienleiter können bei entsprechender Gestaltung u.U. auch zur Rückübertragung von Informationen vom Triebfahrzeug zur ortsfesten Steueranlage benutzt werden (z. B. zur Meldung des Standorts).

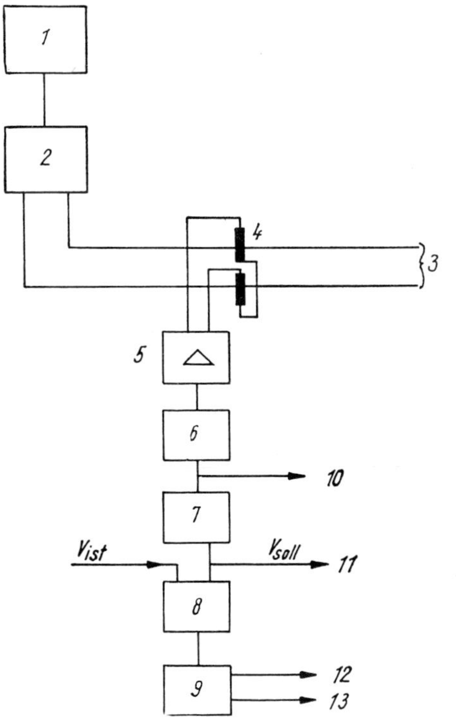

Bild 17.2/15 Prinzip einer linienförmigen Zugbeeinflussung
1 ortsfeste Steuerzentrale, 2 Kodiereinrichtung, 3 Linienleiter, 4 Fahrzeugempfangsspulen, 5 Verstärker, 6 Dekodiereinrichtung, 7 Bremskurvenspeicher, 8 Überwachungseinrichtung, 9 Beeinflussungseinrichtung, 10 zur Anzeigeeinrichtung für Information, 11 zur Anzeigeeinrichtung für Soll-Geschwindigkeit, 12 zur Fahrsteuerung, 13 zur Bremssteuerung

Als ein Beispiel hierfür wird die bei der DB, der DR, den ÖBB und der RENFE angewendete Linienzugbeeinflussung LZB 80 beschrieben.
Linienleiter, die zwischen den Schienen liegen, übertragen die Informationen zwischen dem ortsfesten Streckengerät und dem Fahrzeug. Innerhalb eines Bereichs, der bis zu 12 700 m lang sein kann, werden durch Kreuzen der Leiter Abschnitte von 100 m Länge gebildet. In der Richtung Strecke – Fahrzeug werden die 83,5 bit langen Informationen mit einer Mittenfrequenz von 36 kHz (L-Signal 35,6 kHZ, 0-Signal 36,4 kHz) bei einer Telegrafiegeschwindigkeit von 1 200 Baud übertragen. Die Informationen vom Fahrzeug zum Streckengerät werden mit 56 kHz (L = 55,8, 0 = 56,2 kHz) bei einer Telegrafiegeschwindigkeit von 600 Baud und einer Telegrammlänge von 41,5 bit übertragen.
Das Fahrzeuggerät besteht im Kern aus drei Rechnern, die unabhängig voneinander die Eingabedaten verarbeiten. Die Ergebnisse von zwei Rechnern werden verglichen und nur bei Übereinstimmung zur Weiterverarbeitung ausgegeben. Der

dritte Rechner wirkt als heiße Redundanz. Die drei Rechner arbeiten synchron, aber zeitlich versetzt, so daß eventuell auf alle drei wirkende Störbeeinflussungen von außen zu unterschiedlichen Ergebnissen führen und damit erkannt werden. Zwei zueinander redundante Empfangsantennenpaare nehmen das Telegramm vom Linienleiter auf und führen es über einen Verstärker einem Demodulator und einem Serien-Parallel-Wandler der zentralen Logik zu. Ferner übermitteln sie die Informationen über das Passieren von Kreuzungsstellen des Linienleiters und den Wechsel von einem Bereich in den anderen. Aus diesen Informationen und der von zwei unabhängig arbeitenden Wegimpulsgebern gelieferten Feinortung innerhalb eines Abschnitts weiß das Fahrzeug seine genaue Position auf der Strecke.

Das empfangene Telegramm enthält
- das Synchronisierzeichen,
- die Adresse in Form der Kennummer des Bereichs und der Abschnittsnummer, in der sich das Fahrzeug bei der letzten Rückmeldung befand. Nur wenn diese Adresse mit dem vom Fahrzeug intern ermittelten Ort übereinstimmt oder höchstens um 5 Fahrorte hinter ihm liegt, betrachtet das Fahrzeug die Information als für sich bestimmt.
- die Sicherheitsinformation mit Angaben über die Fahrtrichtung, die Kennung und die Nummer der eingestellten Bremskurve,
- die Bremsinformation, die die Entfernung bis zum Bremseinsatzpunkt angibt,
- die Führungsgröße (Entfernung zwischen Fahrzeug und fiktivem Haltepunkt),
- die Zielinformation (Angabe der Zielentfernung und der dort zu erreichenden Zielgeschwindigkeit) als Information für den Triebfahrzeugführer,
- die Anzeigeinformation,
- Hilfsinformationen (u. a. Gruppenkennung, die die vom Fahrzeug bei der Rückmeldung zu sendenden Daten festlegt),
- Telegrammsicherung. Das Streckengerät rechnet aus den Nutz-bits des Telegramms eine Prüfgröße und hängt sie dem Telegramm als Sicherung an. Das Fahrzeuggerät führt die gleiche Rechnung mit den empfangenen Nutz-bits aus und vergleicht seine Prüfgröße mit der dem Telegramm angehängten. Nur bei Übereinstimmung wird das empfangene Telegramm zur Auswertung freigegeben.

Wenn das Fahrzeuggerät die Übereinstimmung zwischen Adresse und intern ermitteltem Ort festgestellt hat, sendet es ein Rückmeldetelegramm an das Streckengerät, dessen Inhalt von der Gruppenkennung abhängt. Es beinhaltet u. a.
- Synchronisationszeichen,
- Gruppenkennung,
- Fahrtortangabe (Abschnitt),
- Feinfahrort (Weg innerhalb des Abschnitts),
- Bremsart (Reise- oder Güterzug),
- Bremsvermögen in Form einer Bremskurven-Nummer,
- Ist-Geschwindigkeit,
- Betrieb- und Diagnose-Meldung,
- Telegrammsicherung

und ggf., meist bei Einfahrt in eine LZB-Strecke,
- Höchstgeschwindigkeit,
- Zuglänge,
- Zug-Nr.,
- Lok-Baureihe und Serien-Nr.

Die den Zug oder die Lok betreffenden Daten gibt der Triebfahrzeugführer vor Beginn der Fahrt in den Zugdateneinsteller auf dem Triebfahrzeug ein, von dem sie den Rechnern zugeführt werden.

Aus dem vom Fahrzeug gemeldeten Fahrort und dem Bremsvermögen sowie seiner Kenntnis über den nächsten fahrteinschränkenden Streckenpunkt ermittelt das Streckengerät die auf den Fahrort bezogene Sollgeschwindigkeit, indem die Bremskurve so in das Geschwindigkeitsprofil der Strecke gelegt wird, daß sie den fahrteinschränkenden Punkt berührt (Bild 17.2/16). Diese Sollgeschwindigkeit wird in Form der Führungsgröße X_G dem Fahrzeug übermittelt.

Aus der Bremskurven-Nummer und der Führungsgröße errechnet das Fahrzeuggerät die Sollgeschwindigkeit und eine in vorgegebenem Abstand darüber liegende Überwachungsgeschwindigkeit. Die Soll-Geschwindigkeit wird dem Triebfahrzeugführer gemeinsam mit der Ist-Geschwindigkeit in dem Doppelinstrument des modularen Führerstands-Anzeigegeräts (MFA) angezeigt. Das MFA gibt ferner die Informationen über Zielgeschwindigkeit (digital) und Zielentfernung (analog) aus.

Bei Überschreitung der Sollgeschwindigkeit reagiert das Fahrzeuggerät je nach der Größe der Überschreitung mit abgestuften Reaktionen:
- akustisches Warnsignal und Blinklicht bei geringer Überschreitung,
- kurze Bremsimpulse bei größerer Überschreitung einer konstanten Sollgeschwindigkeit,
- Zwangsbremsung bei Überschreiten der Überwachungsgeschwindigkeit.

Der Fahrverlauf, die Bedienhandlungen, die Be-

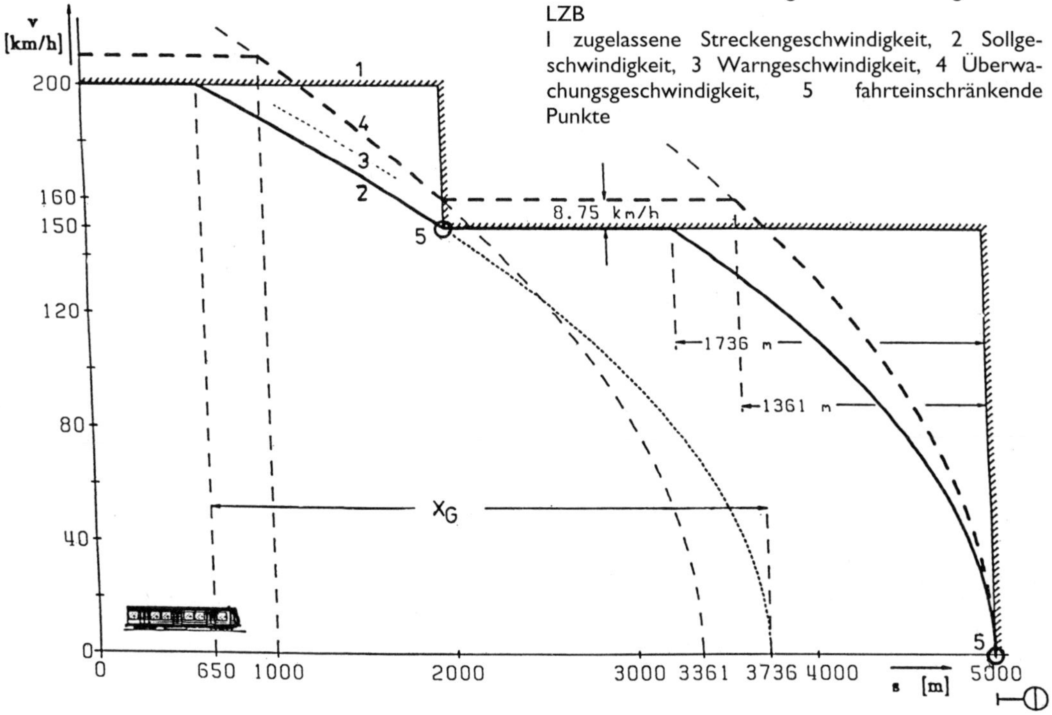

Bild 17.2/16 Geschwindigkeitsüberwachung bei LZB
1 zugelassene Streckengeschwindigkeit, 2 Sollgeschwindigkeit, 3 Warngeschwindigkeit, 4 Überwachungsgeschwindigkeit, 5 fahrteinschränkende Punkte

einflussungen usw. werden registriert (früher auf einem Papierstreifen, neuerdings auf einem elektronischen Speicher).
Sonderprogramme ermöglichen unter bestimmten Bedingungen die Vorbeifahrt an Haltepunkten, die signalisierte Fahrt auf falschem Gleis und das Fahren auf Sicht.
In die LZB-Einrichtung ist eine punktförmige Zugbeeinflussung der Bauart I 80 integriert. Sie dient der Fahrt auf nicht mit LZB ausgerüsteten Strecken und als Rückfallebene bei gestörter LZB.

17.2.17 Schutz gegen Berühren spannungsführender Teile

In Bereichen, die im normalen Betrieb nicht zugänglich sind (abgeschlossene elektrische Betriebsräume), können Schutzeinrichtungen gegen die zufällige Berührung spannungsführender Teile entfallen (Inneres von Schaltschränken, Hilfsgang von Lokomotiven, Raum hinter Abdekkungen). Zur Vermeidung von Berührungen nach der Entfernung von Absperrungen (Türen, Abdekkungen), werden Schutzmaßnahmen in Form von Endschaltern angewendet, die bei Öffnung der Absperrung den Triebfahrzeughauptschalter auslösen.

17.3 Melde- und Diagnoseeinrichtungen

17.3.1 Aufgaben

Warnung bei Betriebszuständen, die bei längerer Fortdauer zu Schäden führen, z. B.:
- Stellung des Schaltwerks auf Zwischenstufen, die nicht für den Dauerbetrieb ausgelegt sind,
- Transformatoröltemperatur zu hoch,
- Schleudern von Treibradsätzen usw.

Warnung bei Betriebszuständen, die bei längerer Dauer zum selbsttätigen Eingreifen von Schutzeinrichtungen führen, z. B.:
- Ansprechperiode der Sicherheitsfahrschaltung läuft ab und erforderte eine Betätigung,
- Die 1 000-Hz-Überwachung der punktförmigen induktiven Zugbeeinflussung bei Vorbei-

fahrt am haltankündigenden Vorsignal erfordert die Betätigung der Wachsamkeitstaste,
- schleichende Gasentwicklung im Buchholzschütz des Haupttransformators.

Kennzeichnung von Schaltzuständen, insbesondere solcher Geräte, die der direkten Beobachtung entzogen sind, z. B.:
- des Lokomotivhauptschalters,
- des pneumatischen Achsfahrmassenausgleichs,
- der Zugartwahl der induktiven Zugbeeinflussung,
- von Schutzeinrichtungen zum raschen Erkennen des gestörten Anlagenteils.

Bei den Triebfahrzeugen mit konventionellen Informationserfassungs- und -übertragungseinrichtungen beschränkt sich die Eingrenzung gestörter Anlagenteile meist auf größere Komplexe. Das mögliche Informationsvolumen von Meldelampen- und Meldetableauanzeigen ist begrenzt, was das rasche Erkennen von Störungsursachen und deren Behebung erschwert. An die Qualifikation des Personals werden erhebliche Anforderungen gestellt, insbesondere wenn mehrere Triebfahrzeugtypen unterschiedlicher Ausführung zu beherrschen sind.

Bei modernen Triebfahrzeugen mit Rechnersteuerungen erfassen Diagnoseeinrichtungen das gestörte Anlagenteil häufig bis zur kleinsten tauschbaren Baugruppe, zeigen dieses an und geben Empfehlungen zum Verhalten des Triebfahrzeugführers bzw. zur möglichen Behebung des Schadens. Fehler werden im Speicher des Diagnoserechners gespeichert, vielfach mit Angabe der kurz vor, während und nach dem Fehlereintritt vorliegenden Zustände des Fahrzeugs wie Ströme, Spannungen, Schalthandlungen usw. (Hystorienspeicher). Diese Daten kann das Werkstattpersonal mit transportablen Rechnern lesen oder ausdrucken; sie erleichtern bei den zunehmend komplexer und komplizierter werdenden Einrichtungen der Triebfahrzeuge das rasche Auffinden und Beseitigen von Fehlern (insbesondere solcher flüchtiger Natur).

17.3.2 Arten

Akustische Meldeeinrichtungen (Hupe, Wecker, Klingel)

Ihr Vorteil besteht darin, daß sie Aufmerksamkeit auch ohne besondere Hinwendung erwecken. Nachteile sind die begrenzte Anzahl der unterscheidbaren Warnsignale und die störende Wirkung bei Dauereinschaltung.

Ihrer spezifischen Vor- und Nachteile wegen werden akustische Meldeeinrichtungen nur zu Warnzwecken eingesetzt, wenn eine rasche Reaktion des Triebfahrzeugführers erforderlich ist.

Optische Meldeeinrichtungen

a) Schauzeichen und Fallklappen

Ihr Vorteil ist, daß sie auch bei Dauereinschaltung nicht stören. Nachteilig sind die geringe Aufmerksamkeit erregende Wirkung und ihr relativ großer Platzbedarf. Aus diesen Gründen werden sie nur zur Anzeige von Schaltzuständen, nicht zu Warnzwecken eingesetzt.

b) Meldeleuchten

Sie sind zur Erweckung von Aufmerksamkeit geeignet und bieten eine gute Unterscheidbarkeit verschiedenartiger Meldungen durch Anwendung von Symbolen, Farben, Beschriftungen, Blinken usw. Ihr Platzbedarf ist klein.

Von Nachteil sind bei Dauerbetrieb nachts die Blendgefahr und bei großer Umgebungshelligkeit am Tage die Gefahr des Übersehens. Anwendungsgebiete sind die Meldung von Schaltzuständen und Warnaufgaben mäßiger Dringlichkeit.

Meldeleuchten mit Warnaufgaben sind im unmittelbaren Blickfeld des Triebfahrzeugführers anzuordnen. Die Blickrichtung sollte nicht mehr als 20...30° von der normalen Blickrichtung zur Streckenbeobachtung abweichen. Meldeeinrichtungen ohne Warnaufgaben sollen sich außerhalb des Blickfelds befinden. Bei einer Meldung über das Ansprechen von Schutzeinrichtungen können nur eine Sammelmeldung im unmittelbaren Blickfeld und die Kennung der Schutzeinrichtung im Führerstand außerhalb des engeren Sichtbereichs oder am Gerät (z. B. durch Leuchtdioden) gegeben werden, um eine Sichtkontrolle zu erzwingen. Die Meldeleuchten sind so anzuordnen, daß keine Spiegelung in den Fenstern des Triebfahrzeugs möglich ist. Bei der Gestaltung der optischen Meldeeinrichtungen sollten folgende Grundsätze beachtet werden:
- Aufleuchten möglichst nur bei unnormalen Betriebszuständen. Dann ist jedoch eine Prüfmöglichkeit auf Funktionstüchtigkeit der Lampe nötig.
- Signalfarben müssen vermieden werden, um Täuschungen durch Nachbilder zu vermeiden.
- Die Möglichkeit zur Anpassung der Leuchtdichte an die Umgebungshelligkeit soll gegeben sein.

- Eine Abschirmung gegen direkte Sonneneinstrahlung ist anzubringen.
- Bei einer großen Anzahl von Meldungen, z. B. bei der Überwachung mehrerer Fahrzeuge (Triebwagen und Lokomotiven in Vielfachsteuerung) sind die Zusammenfassung mehrerer gleichartiger Störmeldungen zu Sammelmeldungen und die Kennzeichnung der eigentlichen Störung im gestörten Triebfahrzeug zweckmäßig (Erhöhung der Übersichtlichkeit und Einsparung von durchgehenden Meldeleitungen).
- Bei einer größeren Anzahl gleichartiger Meldungen sind die Zusammenfassung zu einer Meldelampe und das Abfragen des gestörten Bauteils mit einem Umschalter angebracht. Anstelle einzelner Meldelampen werden häufig Meldetableaus angewendet, bei denen das gestörte Bauteil, der Zustand oder die Art der Störung durch Farben, Symbole und Schriftzeichen gekennzeichnet wird. Bei neueren Triebfahrzeugen mit Rechnersteuerung setzt sich zunehmend die Bildschirmanzeige (z. B. Flüssigkristalldisplay) durch. Alphanumerische Anzeigen gestatten eine leicht erfaßbare Informationsaussage. Die Möglichkeit der Übertragung der Information auf einem Bus oder als serielles Impulstelegramm über eine Einzelleitung gestattet mit einem Minimum an Leitungsaufwand die Übermittlung einer großen Anzahl von Informationen.

18

Erdungseinrichtungen

Zwischen Triebfahrzeug und Fahrschiene muß eine leitende Verbindung den Stromfluß gewährleisten, und zwar

- bei Wechselstromtriebfahrzeugen von der Ausgangsklemme der Haupttransformatorprimärwicklung, bei Gleichstromtriebfahrzeugen von den Ausgangsklemmen der Fahr- und Hilfsbetiebemotoren zur Rückleitung des Fahrleitungsstroms über die Fahrschienen zum Unterwerk (Betriebserdung),
- bei Wechselstromtriebfahrzeugen von der Zugheizwicklung des Transformators zur Rückleitung des Stromes der zentralen Zugenergieversorgung über die Fahrschienen zurück zur Heizwicklung (Betriebserdung),
- bei Gleich- und Wechselstromtriebfahrzeugen von der Fahrzeugmasse (oder einer besonderen Schiene) zur Ableitung von Erdschlußströmen aus Teilen der elektrischen Einrichtung, die an der Fahrzeugmasse (oder der besonderen Erdschiene) geerdet sind und im Fehlerfall eine galvanische Verbindung mit den vom Fahrleitungsstrom durchflossenen Leitern erhalten (Schutzerdung).

18.1 Schutzerdung

Einer sicheren Schutzerdung dienen Erdverbindungen (Erdungsseile) zur Überbrückung von Unterbrechungen oder unsicheren Teilstrecken des Leitungswegs, z. B. zwischen dem Fahrzeugrahmen und dem Drehgestell, dem Drehgestell und der Achsbuchse. Sichere Erdverbindungen sind besonders bei den heute häufigen Gummi- und Plastikbauteilen von Bedeutung. Die Ableitung von der Achsbuchse zum Rad erfolgt über die Achslager.

18.2 Betriebserdung

Die Betriebserdleitung wurde bei älteren Fahrzeugen mit Gleitlagern an die Achsbuchsen geführt. Der Strom floß über die Gleitlagerschale zum Achsschenkel und von da über die Räder zur Fahrschiene. Gleitachslager sind unempfindlich gegen Stromdurchgang.

Rollenlager sind gegen einen längeren Durchgang größerer Ströme empfindlich. Er führt zur Zerstörung der Rollen- und Laufringoberflächen durch kleine Lichtbogenkrater bzw. punktförmige Aufhärtungen. [105] Deshalb ist die Überbrückung der Rollenlager durch besondere Erdungseinrichtungen nötig. Je nach der Ausführungsform drükken Erdungsbürsten aus Kohle oder Metall mit Hilfe von Federn

- horizontal gegen die Stirnfläche der Achsschenkel. [208] Diese bei der DB angewendete Ausführung hat die Vorteile guter Kontaktgabe und eines geringen Verschleißes infolge der kleinen Relativgeschwindigkeit zwischen der Erdungsbürste und der Gleitfläche am Achsschenkel. Von Nachteil ist der komplizierte Aufbau, wenn vom gleichen Achsschenkel noch andere Geber angetrieben werden sollen.
- radial gegen die Treibachswelle oder einen auf ihr angebrachten besonderen Gleitring (bei der DR üblich),
- axial gegen die Radreifenstirnfläche bzw. ge-

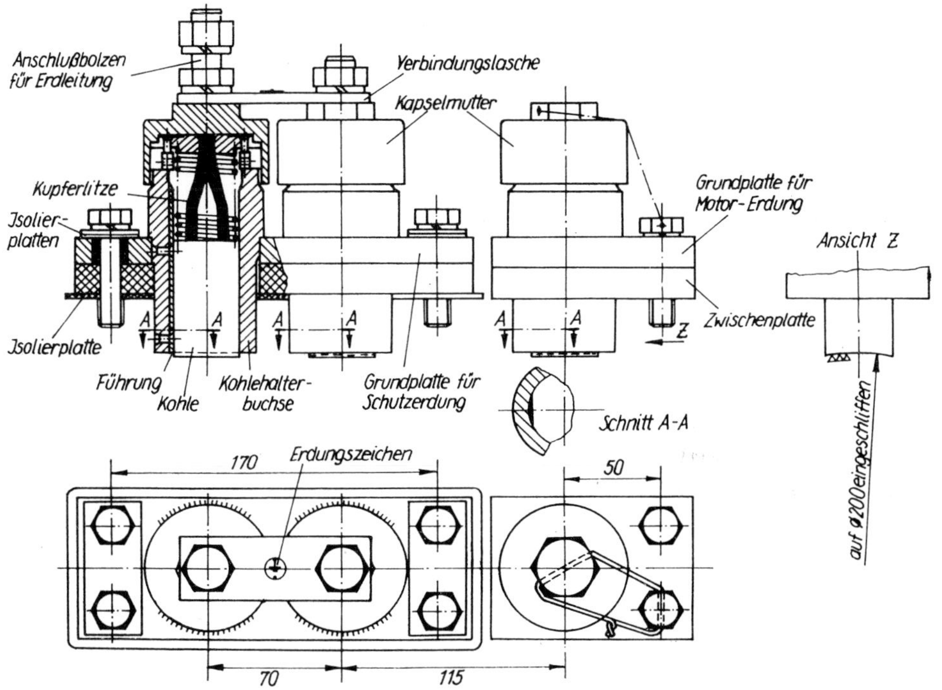

Bild 18.2/1 Erdkontakt der BR 109/142

gen besondere auf die Achswelle aufgesetzte Scheiben.

Eine von der Fahrzeugmasse isolierte Führung der Betriebserdleitung zum Erdungsapparat ist nötig, da sonst ein großer Teil des Betriebsstroms über die Fahrzeugmasse und die Schutzerdleitung fließen und die Rollenlager schädigen würde. [192]

Der Erdungsapparat wird meist staub- und feuchtigkeitsgeschützt in ein besonderes Gehäuse eingebaut.

Als Beispiel wird die Erdungseinrichtung der Baureihe 109/142 der DR im Bild 18.2/1 dargestellt. Erdungsbürsten (je zwei parallel) zwischen den Tatzlagern drücken radial auf die Treibachswelle.

18.3 Erdungsdrossel

Die getrennte Führung von Betriebs- und Schutzerde ist in einigen nachstehend aufgeführten Fällen ungünstig (Bild 18.3/1):

- Bei Windungsschlüssen in der Primärwicklung des Haupttransformators und Kurzschlüssen in den Sekundärkreisen des Transformators bei von der Primärwicklung getrennter Sekundärwicklung (z. B. Fahrmotorkurzschluß, Kurzschluß in der Zugsammelschiene) fließen bis zum Abschalten durch die Schutzeinrichtung sehr große Fahrleitungsströme, die an den Erdungsbürsten hohe Stromdichten und dadurch u. U. Schäden hervorrufen.
- Bei Erdschlüssen der Primärwicklung von Haupttranformatoren und spannungsseitigen Erdschlüssen in den Sekundärkreisen von Haupttransformatoren in Sparschaltung fließt ein hoher Fahrleitungsstrom über die Rollenlager. Der Sekundärstrom fließt zusätzlich über die Rollenlager, Radsätze und Erdungseinrichtungen zur Sekundärwicklung zurück. Die großen Ströme können zu hohen Spannungsabfäl-

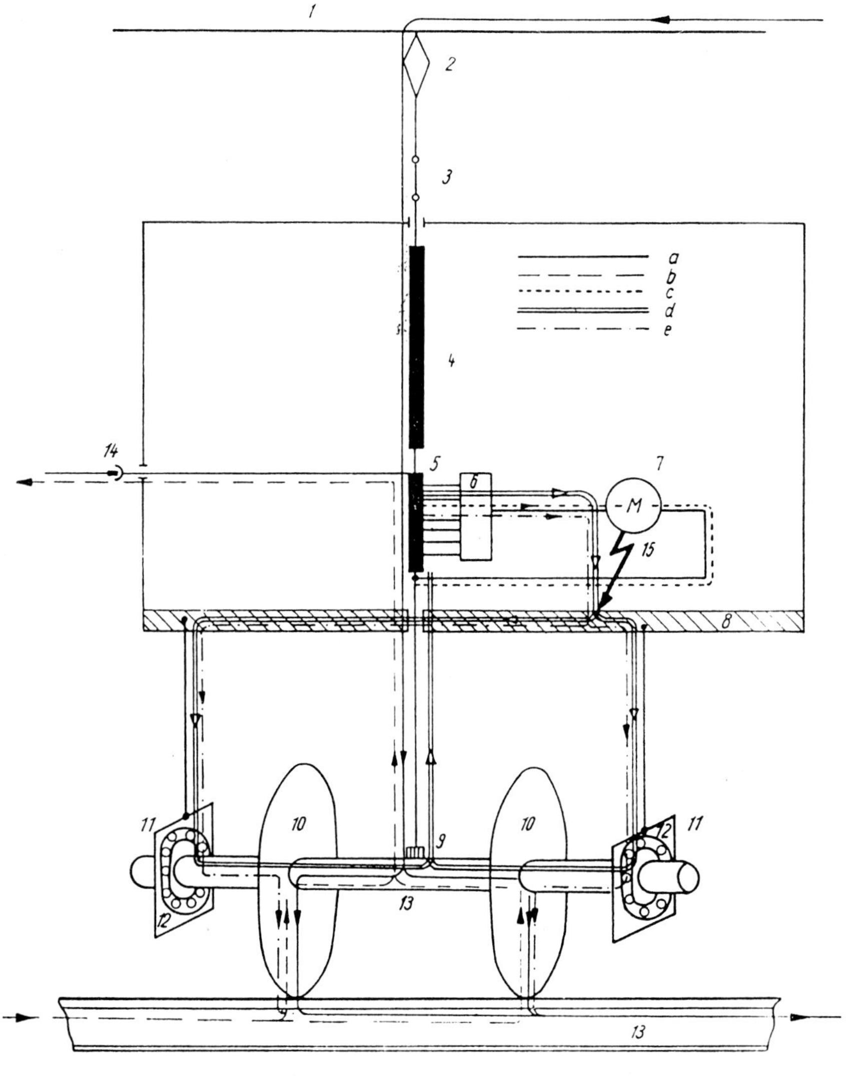

Bild 18.3/1 Verlauf des Stroms bei getrennter Betriebs- und Schutzerde
a) Fahrleitungsstrom bei Normalbetrieb
b) Zugheizstrom bei Normalbetrieb
c) Transformatorsekundärstrom bei Normalbetrieb
d) Transformatorsekundärstrom bei Erdschluß
e) Fahrleitungsstrom bei Erdschluß

1 Fahrleitung, 2 Stromabnehmer, 3 Hauptschalter, 4 Transformator-Primärwicklung, 5 Transformator-Sekundärwicklung, 6 Schaltwerk, 7 Fahrmotor, 8 Fahrzeugmasse, 9 Erdungsbürste der Betriebserde, 10 Rad, 11 Achsbuchse, 12 Rollenlager, 13 Achswelle, 14 Zugheizleitung, 15 Erdschluß

len an den Rollenlagern und unzulässigen Berührungsspannungen zwischen der Fahrzeugmasse und der Erde und trotz rascher Abschaltung zu Schäden an den Rollenlagern führen.

- Bei ungewollten Unterbrechungen der Betriebserde liegt die volle Fahrdrahtspannung an den nur schwach isolierten Ausgangsklemmen der Primärwicklung. Es besteht die Gefahr des Durchschlags zur Fahrzeugmasse und hoher Berührungsspannungen.

Eine Abhilfe schafft die Verbindung von Betriebserde und Schutzerde durch eine sättigbare Drossel

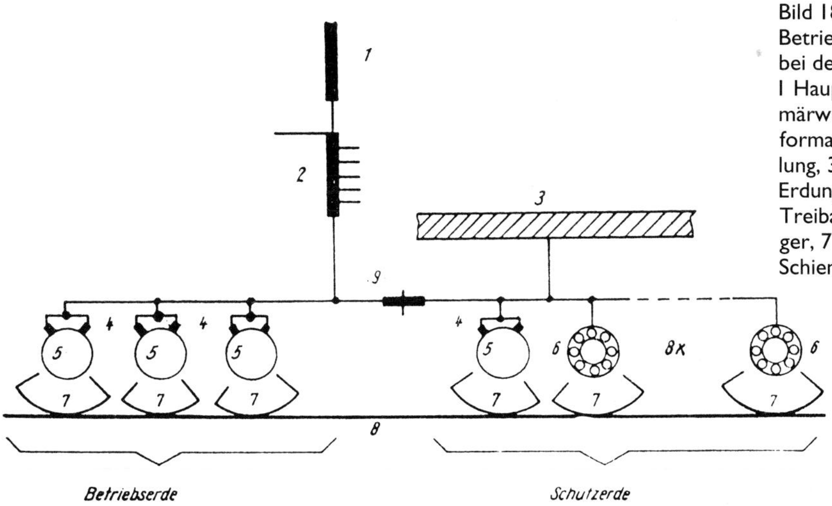

Bild 18.3/2
Betriebs- und Schutzerdung bei der BR 109/142
1 Haupttransformator-Primärwicklung, 2 Haupttransformator-Sekundärwicklung, 3 Fahrzeugmasse, 4 Erdungseinrichtungen, 5 Treibachswellen, 6 Rollenlager, 7 Treibräder, 8 Schiene, 9 Erdungsdrossel

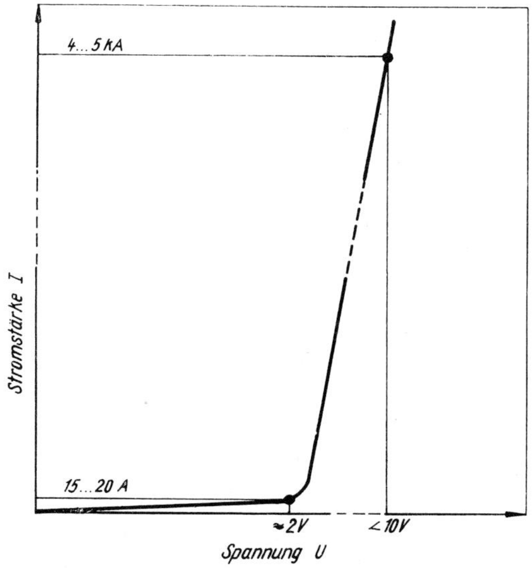

Bild 18.3/3 Kennlinie einer Erdungsdrossel

(Erdungsdrossel), die im Normalbetrieb eine ausreichende Trennung zwischen beiden Erden herstellt und im Fehlerfall beide Erden über einen relativ geringen Widerstand parallelschaltet. (Abschn. 8.3). Eine derartige Drossel läßt bei geringem Spannungsabfall (etwa 1 V) über den Erdungsbürsten nur einen ungefährlich kleinen Anteil des Betriebsstroms zur Schutzerde und über die Rollenlager fließen, bei größeren Spannungsabfällen über den Erdungsbürsten (hohe Ströme oder Unterbrechungen) infolge der Sättigung der Drossel jedoch einen großen. Bei einem hohen Spannungsabfall über den Rollenlagern läßt die Drossel Strom von der Schutzerde zur Betriebserde durch und entlastet dadurch die Schutzerde. Ein Beispiel für den Einbau einer Erddrossel ist im Bild 18.3/2, ein solches für eine Kennlinie im Bild 18.3/3 dargestellt. Die Betriebserdung erfolgt über drei Erdungsapparate mit je zwei Bürsten, die Schutzerdung über einen Erdungsapparat mit zwei Bürsten und alle acht Rollenlager. Die Verbindung zwischen der Schutz- und der Betriebserde wird durch die Erdungsdrossel hergestellt.

19

Antriebe

[113], [230]

19.1 Allgemeines

19.1.1 Aufgaben

- Übertragung des Drehmoments vom Fahrmotor auf die Treibradsätze,
- Wandlung von Drehmoment und Drehzahl. Die Anwendung schnellaufender Fahrmotoren ermöglicht kleinere Motormassen und einen geringeren Raumbedarf.
- Ausgleich von Relativbewegungen zwischen den im Fahrzeugrahmen beweglich gelagerten Radsätzen und den mehr oder weniger fest gelagerten Fahrmotoren.

19.1.2 Anforderungen

Die Bedeutung der einzelnen Anforderungen ist von dem spezifischen Einsatzzweck des Triebfahrzeugs abhängig. Bei Fahrzeugen für hohe Fahrgeschwindigkeiten sind insbesondere die dynamischen Gesichtspunkte von hoher Bedeutung.

- Der Antrieb soll winkelecht sein, d. h., bei senkrechten (beidseitigen und einseitigen) Bewegungen des Radsatzes und bei Querbewegungen soll der Läufer des Antriebsmotors keine Drehbewegung ausführen. Ist diese Bedingung nicht erfüllt, dann rufen vertikale Beschleunigungen des Treibradsatzes infolge des Trägheitsmoments des Läufers Drehmomente hervor, die die Antriebsteile stark belasten und den Kraftschluß zwischen Rad und Schiene zusätzlich beanspruchen (Einleitung von Schleudern).
- Der Antrieb soll im gesamten möglichen Bereich der gegenseitigen Lage von Fahrmotor und Treibradsatz die Drehbewegung gleichmäßig ohne überlagerte Schwankungen der Winkelgeschwindigkeit übertragen, um eine zusätzliche Belastung der Antriebsbauteile und Kraftschlußbeanspruchungen durch dynamische Kräfte infolge Trägheit der Bauteile zu vermeiden.
- Der Antrieb soll die beidseitigen oder einseitigen vertikalen Bewegungen des Treibradsatzes gegenüber dem Rahmen nicht oder nur wenig behindern, auch nicht infolge von Reibungskräften.
- Der Antrieb soll eine relativ zum Rahmen vorgesehene horizontale Bewegungsmöglichkeit des Treibradsatzes tunlichst nicht beeinträchtigen.
- Bei Fahrzeugen für sehr hohe Geschwindigkeiten soll die Masse des Motors zur Erzielung eines stabilen Fahrzeuglaufs in Fahrzeugquerrichtung weitgehend von der des Drehgestells entkoppelt sein.
- Die ungefederte Masse des Fahrzeugs (Treibradsatz) soll nur wenig oder gar nicht durch die Masse des Motors oder Teile des Antriebs vergrößert werden, um die hohen dynamischen Beanspruchungen des Oberbaus, der Antriebsteile und des Motors zu vermeiden, die an Unregelmäßigkeiten der Fahrbahn infolge der großen auftretenden Beschleunigungen entstehen.
- Es soll keine Blindfederarbeit auftreten.
- Der Antrieb muß drehrichtungsunabhängig sein.
- Bei Antrieb durch Einphasenwechselstrom-Kommutatormotoren soll der Antrieb eine drehelastische Übertragung des Drehmoments gewährleisten. Die Erfüllung dieser Forderungen ergibt:

  - Schonung der Kommutatoren der Fahrmotoren infolge der beim Anfahren noch bei Stillstand des Fahrzeugs einsetzenden Drehung des Läufers,
  - Schonung des Getriebes,
  - Dämpfung des pulsierenden Drehmoments,
  - Senkung der Geräusche durch Vermeidung des Abhebens der Zähne.
- Der Antrieb soll verschleißlos bzw. -arm sein.
- Der Antrieb soll nur geringen Platz beanspruchen und insbesondere den begrenzten Raum für den Fahrmotor nicht einschränken (Abschn. 12.4.2).
- Der Antrieb soll nur eine geringe Masse haben.
- Die Eigenfrequenzen des Antriebstrangs sollen so liegen, daß keine Resonanzen mit überlagerten Drehmomentpulsationen auftreten können.

19.1.3 Gliederung

Bild 19.1/1 gibt eine Übersicht über die prinzipiellen Bauarten der Antriebe.
Der Anteil der Masse, der den Treibradsatz statisch belastet, beträgt bei den
- Achsmotorantrieben 100 % (50 %),
- Tatzlagerantrieben ca. 50 %,
- Gestellmotorantrieben 0 %.

19.2 Achsmotorantriebe

Kennzeichen der Achsmotorantriebe ist der konzentrisch zur Radsatzwelle angeordnete Läufer des Fahrmotors. Die Radsatzwelle wird ohne zwischengeschaltetes Übersetzungsgetriebe angetrieben. Das Fehlen einer Übersetzung hat wegen der niedrigen Motordrehzahl eine große Masse und ein großes Volumen des Fahrmotors zur Folge. Wegen des Überwiegens der Nachteile wird diese Antriebsart nicht mehr angewendet.

19.2.1 Achsmotorantrieb ohne Hohlwelle

Der Läufer ist unabgefedert konzentrisch auf der Radsatzwelle angebracht. Der Ständer ist entweder ebenfalls unabgefedert auf dieser Welle gelagert (Bild 19.2/1b) oder im gefederten Fahrzeugteil befestigt.
Der Vorteil dieser Bauart ist das Fehlen jeglicher Übertragungselemente, ihre Nachteile sind
- große ungefederte Fahrzeugmasse,
- starke dynamische Beanspruchung des Motors,
- bei im gefederten Fahrzeugteil gelagerten Ständer die harte Fahrzeugfederung, um den Luft-

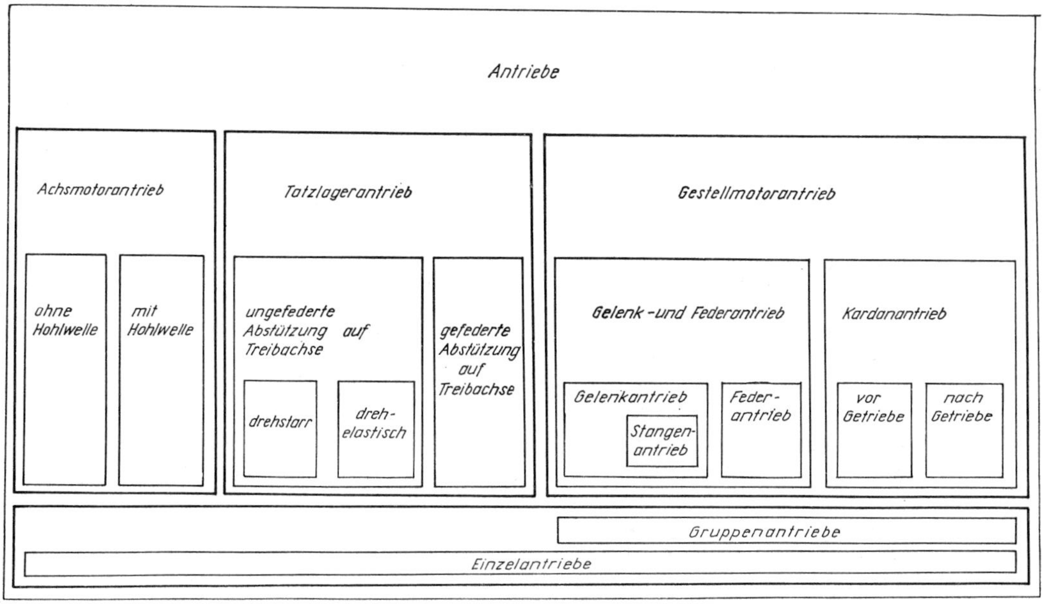

Bild 19.1/1 Übersicht über die prinzipiellen Antriebsarten

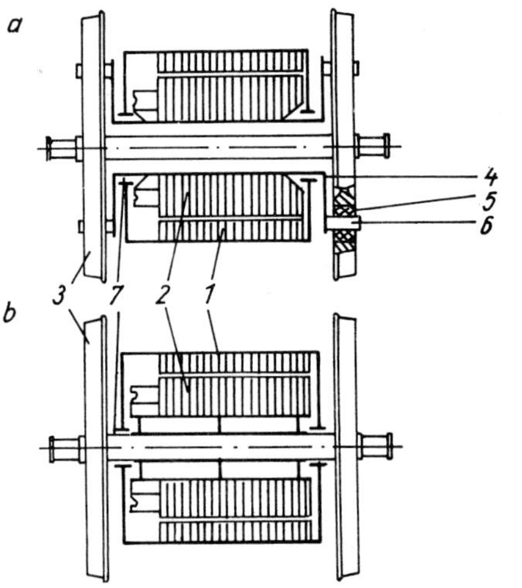

Bild 19.2/1 Antrieb durch Achsmotor (Prinzip)
1 Ständer, 2 Läufer, 3 Treibrad, 4 Hohlwelle, 5 Gummielemente oder andere federnde Elemente bzw. Gelenkmechanismen, 6 Mitnehmerzapfen, 7 Lagerung des Motors auf der Achse bzw. Hohlwelle

spalt zwischen Ständer und Läufer klein zu halten,
- der große Luftspalt.

19.2.2 Achsmotorantrieb mit Hohlwelle

Der Läufer ist konzentrisch auf einer Hohlwelle angebracht, die die Treibradsatzwelle umgibt. Die Hohlwelle stützt sich entweder über federnde Glieder auf die Radsatzwelle (Bild 19.2/1 a) ab, oder sie ist fest im gefederten Fahrzeugrahmen gelagert. Im letzteren Fall wird das Drehmoment von der Hohlwelle auf die Radsatzwelle über Gelenkmechanismen oder federnde Glieder übertragen. Ein derartiger Antrieb kam z. B. bei den Schnellfahrversuchen auf der Strecke Marienfelde–Zossen zum Einsatz (210 km/h). Die Wiederanwendung dieses Prinzips für Schnellstverkehrsfahrzeuge mit großen Treibradsatzdrehzahlen wird z. Z. diskutiert; sie wird durch die Entwicklung der Asynchronmotorantriebe und der Gummiantriebselemente begünstigt. Beispiel: Versuchslokomotive der Škoda-Werke. [53], [212]

19.3 Tatzlagerantriebe

Die Tatzlagerantriebe [10], [12], [113] sind die verbreitetste Antriebsform. Der Fahrmotor stützt sich bei ihnen mit einem Teil seiner Masse direkt (starr oder gefedert unter Zwischenschaltung einer Hohlwelle) auf die Radsatzwelle ab, mit dem anderen Teil auf den gefederten Fahrzeugteil (Drehgestellrahmen). Die Abstützung auf die Achswelle bzw. die Hohlwelle erfolgt durch am Ständergehäuse angebrachte Lager, die diese „tatzen"-artig umfassen. Die Abstützung auf den gefederten Teil ist gelenkig und gefedert (seltener starr).

19.3.1 Tatzlagerantrieb mit starrer Abstützung auf die Treibachswelle und drehstarrer Drehmomentübertragung

Die älteste und verbreitetste Form des Tatzlagerantriebs mit starrer Abstützung auf die Radsatzwelle (Bild 19.3/1) wurde und wird insbesondere bei Nahverkehrstriebfahrzeugen und Triebfahrzeugen für kleine Höchstgeschwindigkeiten angewendet. Die Abstützung auf die Welle des Treibradsatzes erfolgt ungefedert über die Tatzlager (Gleit-, neuerdings auch verstärkt Rollenlager). Bei der drehstarren Drehmomentübertragung sitzt das Kleinrad fest auf der Motorwelle. Der Großradkranz ist drehstarr mit dem Radsatz verbunden.
Dem Vorteil des einfachen, robusten Aufbaus stehen als Nachteile gegenüber:
- starke Vergrößerung der ungefederten Masse,
- große dynamische Beanspruchung der Getriebezähne und des Fahrmotors,
- Kraftschlußbeanspruchung infolge Winkelunechtheit.

Bei einer vertikalen Beschleunigung des Treibradsatzes dreht sich der Motor um den Momentanpol P. Die Lage von P ist durch die geometrische Anordnung und die Massenverteilung bestimmt und liegt etwa im Bereich der Aufhängung im Drehgestell (Bild 19.3/2a).
Die folgenden Ausführungen gehen von der Annahme aus, daß der Radsatz durch eine Schienenunebenheit bzw. das Fahrzeugtauchen relativ zum Pol P um h nach oben bewegt wird (Bild 19.3/2b). Ohne die Verzahnung im Getriebe (Annahme) würde dabei das Ritzel mit dem Punkt R am Großrad von G nach G′ gleiten. Der Motor

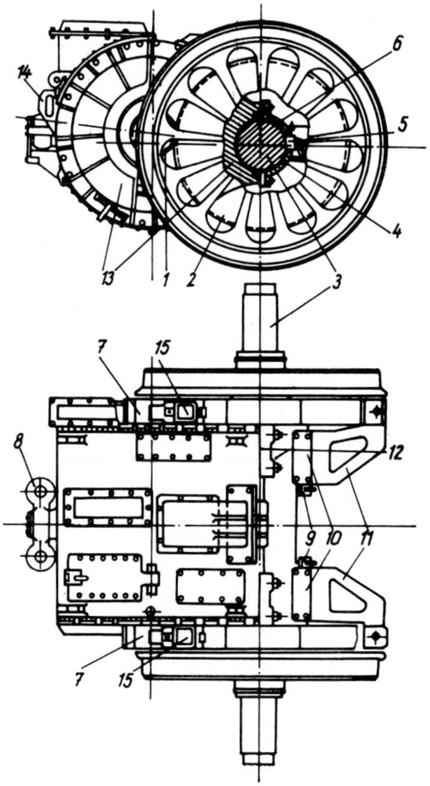

Bild 19.3/1 Anordnung des Tatzlagerantriebs bei der BR E 44 (ohne Zahnradschutzkasten dargestellt)
1 Ritzel, 2 Großrad, 3 Treibachswelle, 4 Tatzlagerdeckel, 5 Schmierpolster, 6 Tatzlagerschalen, 7 Zahnradschutzkasten, 8 Konsole zur Motorabstützung, 9 Schmiergefäß, 10 Deckel des Ölgefäßes, 11 Tragarm für Zahnradschutzkasten, 12 Tatzlagerdeckel, 13 Fahrmotor (Ständer und Lagerschild), 14 Notaufhängekonsole, 15 Nachfüllöffnung für Schmierstoff am Zahnradschutzkasten

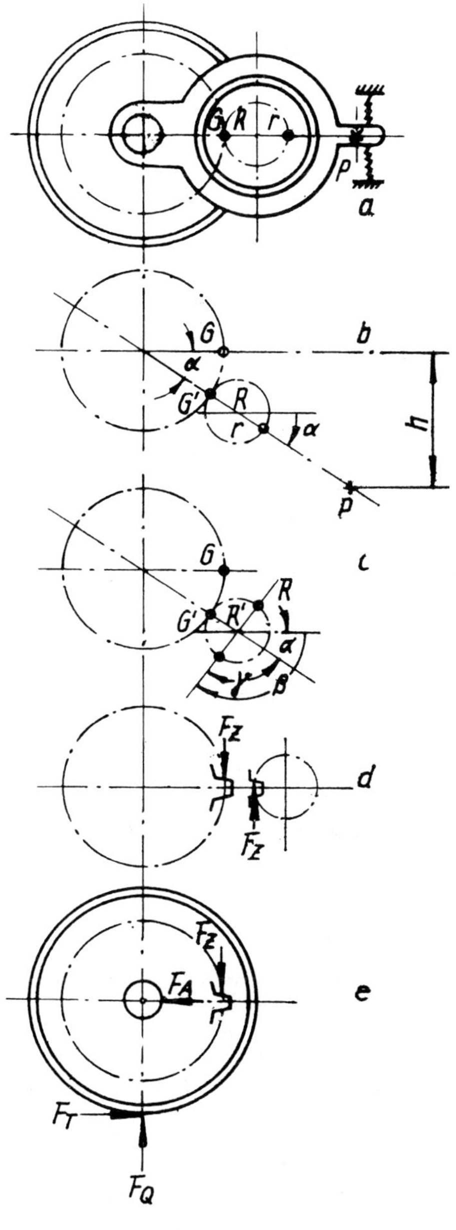

Bild 19.3/2 Dynamische Verhältnisse am Tatzlagerantrieb

(Ständer und Läufer) würde sich um den Winkel α neigen. Die Verzahnung erzwingt jedoch, daß das Ritzel am Großrad abrollt (Bild 19.3/2c). Es muß sein: $GG' = RR'$. Der Läufer muß sich also um einen Winkel $\beta > \alpha$ drehen. Die zusätzliche Relativdrehung des Läufers gegen den Ständer beträgt $\gamma = \beta - \alpha$. Infolge des Trägheitsmoments des Läufers sind an den Zähnen große Kräfte F_Z nötig, um ihn in Drehung zu versetzen (Bild 19.3/2d). Der Antrieb ist nicht winkelecht. Die Kräfte F_Z an den Zähnen des Großrades rufen wiederum Tangentialkräfte F_{RS} zwischen Rad und Schiene hervor, die sich den Zugkräften überlagern und ein Schleudern des Treibradsatzes einleiten können (Bild 19.3/2e).

Infolge der zusätzlich erzwungenen Drehbeschleu-

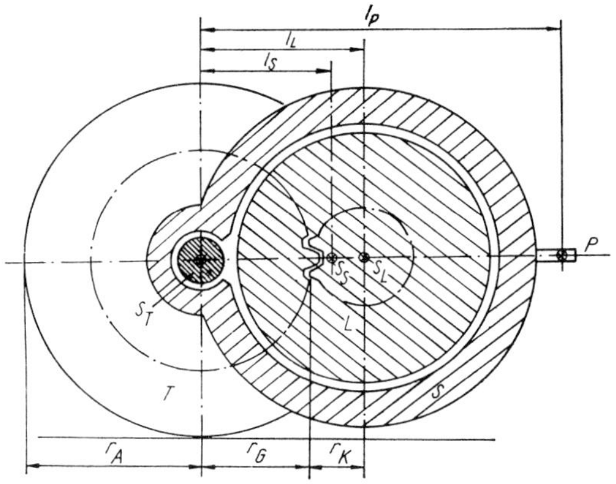

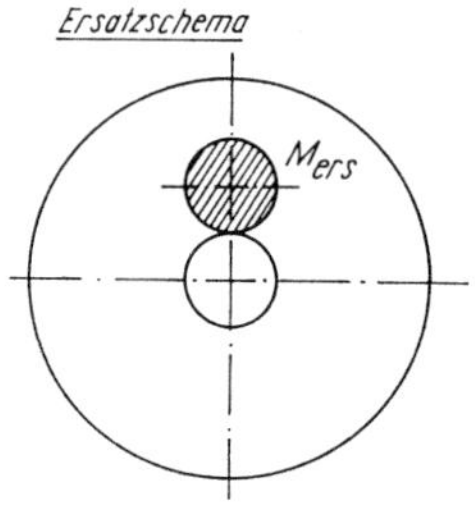

Bild 19.3/3
Prinzipschema des Tatzlagerantriebs
L Läufer, P Drehpol, S Ständer, S_S Schwerpunkt des Ständers, S_T Schwerpunkt der Treibachse, T Treibradsatz

nigung von Ritzel und Läufer ist die dynamisch wirksame ungefederte Masse des Motors erheblich größer als der statisch auf der Radsatzwelle ruhende Masseanteil des Motors.

Folgende Symbole werden verwendet:

I_L Trägheitsmoment des Läufers um seinen Schwerpunkt
I_S Trägheitsmoment des Ständers um seinen Schwerpunkt
m_L Masse des Läufers
m_S Masse des Ständers
m_T Masse des Treibradsatzes
$ü$ Übersetzungsverhältnis des Getriebes

Die Bedeutung der Symbole für die Maßangaben ist aus Bild 19.3/3 zu ersehen.

Abstand des Momentanpols der Drehbewegung des Motors von der Treibachswelle:

$$l_P = \frac{m_S l_S^2 + m_L l_L^2 + I_L (1+ü)\frac{l_L}{r_L} + I_S}{m_S l_S + m_L l_L} \qquad (19.3/1)$$

Bei vertikaler Beschleunigung $\ddot{x}_T$ des Treibradsatzes wirkt

- eine Kraft zwischen Treibachswelle und Tatzlager:

$$F_T = \ddot{x}_T \frac{m_L (l_P - l_L) + m_S (l_P - l_S) - I_L \frac{1+ü}{r_L}}{l_P} \qquad (19.3/2)$$

- eine Kraft zwischen den Zähnen von Groß- und Kleinrad:

$$F_Z = \ddot{x}_T \frac{I_L \frac{1+ü}{r_L}}{l_P} \qquad (19.3/3)$$

- auf den Motor die Gesamtkraft:

$$F_M = F_T + F_Z = \ddot{x}_T \frac{m_L (l_P - l_L) + m_S (l_P - l_S)}{l_P} \qquad (19.3/4)$$

Aus Gleichung (19.3/4) läßt sich die dynamisch wirksame Ersatzmasse des Motors (ungefederte Masse des Motors) ablesen:

$$m_{M,dyn} = \frac{m_L (l_P - l_L) + m_S (l_P - l_S)}{l_P} \qquad (19.3/5)$$

Die Anwendung dieser Gleichungen auf den Fahrmotor EBM 1012-107 und den Antrieb der Lokomotive der Baureihe 109 der DR unter der Annahme einer drehstarren Drehmomentübertragung (in Wirklichkeit handelt es sich um eine drehelastische Übertragung) soll die Verhältnisse zahlenmäßig veranschaulichen. Mit den Maßverhältnissen dieser Lokomotive ergibt sich

$$\frac{F_Z}{F_M} = 0{,}685 \approx 70\ \%$$

$$\frac{m_T + m_{M,dyn}}{m_T} = 2{,}095 \approx 2{,}1.$$

Danach werden rund 70 % der gesamten Stoßkraft über die Zahnräder auf den Motor übertragen und nur rund 30 % über die Tatzlager. Die dynamisch wirksame ungefederte Masse des Fahrmotors wird durch den Tatzlagerantrieb mit starrer Abstützung und drehstarrer Drehmomentübertragung auf das 2,1fache vergrößert.

19.3.2 Tatzlagerantrieb mit starrer Abstützung auf die Radsatzwelle und drehelastischer Drehmomentübertragung

In den Weg der Drehmomentübertragung ist ein federndes Glied eingeschaltet. Die Drehfederung wird aus Platzgründen meist zwischen der Großradnabe und dem Großradkranz, seltener im Ritzel oder in einer besonderen drehelastischen Kupplung zwischen Motorwelle und dem Ritzel untergebracht.

Vorteile einer derartigen Drehfederung:
- starke Verringerung der dynamischen Beanspruchungen der Zahnräder und des Läufers,
- Verringerung der Zahngeräusche,
- Verringerung der ungefederten Masse,
- Herabsetzung der Kraftschlußbeanspruchung,
- Schonung des Kommutators, da sich der Läufer beim Aufbringen eines Drehmoments bereits bei stehendem Fahrzeug gegenüber dem Ständer verdreht und dadurch noch nicht durch den Stromübergang erwärmte Lamellen unter die Bürste gelangen,
- Dämpfung der bei $16\,^2/_3$-Hz-Einphasenwechselstrom-Kommutatormotoren auftretenden Drehmomentpulsation von $33\,^1/_3$ Hz.

Bei der Beschleunigung des Treibradsatzes braucht der Läufer infolge der Winkelunechtheit nicht in vollem Umfang drehbeschleunigt zu werden. Bei sehr (theoretisch unendlich) weicher Drehfederung entfällt in den Gleichungen des Abschnitts 19.3/1 das Glied mit dem Faktor I_L. Für das in diesem Abschnitt angegebene Beispiel ergibt sich unter der Annahme einer unendlich weichen Drehfederung

$$\frac{F_Z}{F_M} = 0 \text{ und } \frac{m_T + m_{M,dyn}}{m_T} = 1{,}54.$$

Die Drehfederung beseitigt demnach die dynamische Zahnbelastung weitgehend und reduziert die dynamisch wirksame ungefederte Masse des Fahrzeugs. Bei der praktisch ausgeführten Härte der Drehfederung sowie infolge der Reibung zwischen Großradkranz und Großradkörper und von Schwingungen sind die Ergebnisse nicht ganz so gut ($F_Z > 0$). Jedoch bleibt die Verbesserung gegenüber dem drehstarren Antrieb erheblich.
Nachteile:
- komplizierterer Aufbau des Getriebes,
- zusätzliche Verschleißteile,
- nur Geradverzahnung oder schwache Schrägung im Getriebe möglich, da infolge der Relativbewegung zwischen Zahnkranz und Zahnradkörper eine Übertragung von Axialkräften aus der Schrägverzahnung ungünstig wirkt.

19.3.3 Konstruktiver Aufbau des Tatzlagerantriebs mit starrer Abstützung auf die Treibachswelle

Befestigung des Großrades auf dem Radsatz
- Die Großradnabe ist neben die Treibradnabe auf die Achswelle aufgepreßt (Längs- oder Radialpreßverbindung, Bild 19.3/4a). Zur Herabsetzung der starken Kerbwirkung durch die benachbarten Preßsitze werden Entlastungsmulden in der Achswelle bzw. starke Ausrundungen der Nabenenden vorgesehen.
- Die Großradnabe wird auf die verlängerte Nabe des Treibrades aufgepreßt, wodurch die Kerbwirkungen in der Achswelle herabgesetzt werden (Bild 19.3/4b). Diese Ausführung wird bei

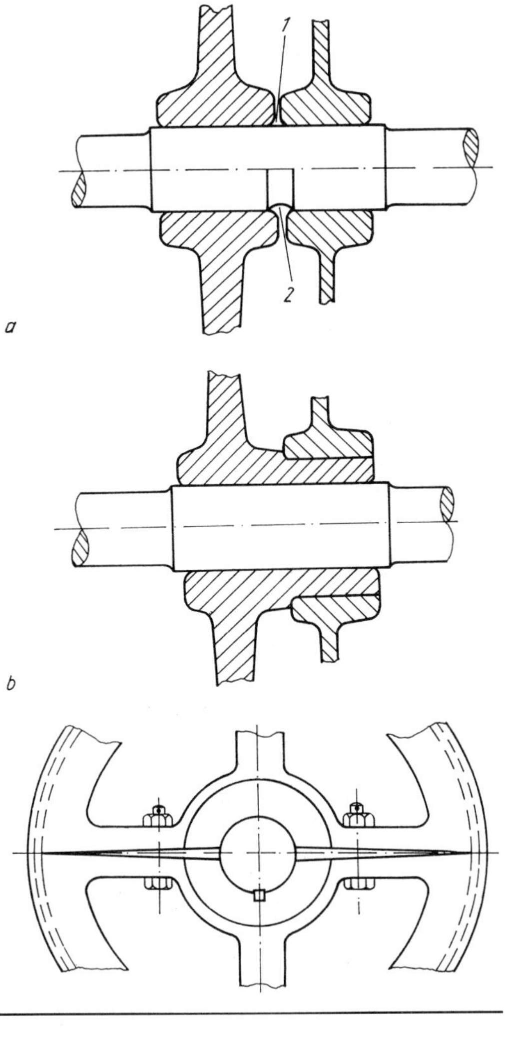

Bild 19.3/4 Befestigung des Großrades auf der Treibachse
a) Preßsitz auf Treibachswelle
1 Ausrundung der Nabe, 2 Entlastungsmulde in Achswelle
b) Preßsitz auf Treibachsnabe
c) geteiltes Großrad

hochbeanspruchten Getrieben fast ausschließlich angewendet.
- Das radial geteilte Großrad wird auf die Achswelle oder die verlängerte Radnabe aufgeschraubt. Das Drehmoment wird mit Haftkraft und Keil übertragen (Bild 19.3/4c). Geteilte Großräder werden infolge des Aufkommens der Ößabpreßverfahren in neuerer Zeit nicht mehr angewendet.

Anordnung der Zahnräder
- Der einseitige Antrieb wird bei Tatzlagerantrieben nur bei geringer Leistung angewendet. Bei der Übertragung großer Leistungen werden sehr breite Zahnräder nötig, die die Gefahr der Kantenpressung der Zähne infolge von Bauungenauigkeiten und der elastischen Verbiegung der Wellen mit sich bringen. Es wird meist eine Geradverzahnung oder nur eine solche mit geringer Schrägung benutzt, da die axiale Belastung der Motor- und Tatzlager schwer zu beherrschen ist.
- Der beidseitige Antrieb wird bei Tatzlagerantrieben hoher Leistung fast ausschließlich angewendet. Seine Vorteile sind:
  - schmalere Zahnräder mit geringerer Kantenpressung,
  - Möglichkeit der Schrägverzahnung mit größeren Schrägungswinkeln (Axialkräfte heben sich bei entgegengesetzter Schrägung beider Seiten auf),
  - bessere Eingriffsverhältnisse der Schrägverzahnung und damit geringere Zahnbelastung und geringerer Verschleiß,
  - geringere Getriebegeräusche der Schrägverzahnung.

Der Schrägungswinkel liegt zwischen 20 und 25°.

Tatzlager
- Abstützung eines Teiles der Motormasse,
- Übertragung der Reaktionskräfte zu den radialen und tangentialen Zahnkräften sowie der dynamischen Kräfte,
- Sicherung des konstanten Abstands der Zahnräder (Zentrale).

Gleitlager
Die Tatzlagergrundkörper sind meist mit dem Motorgehäuse fest verbunden. Die Lagerschalen aus Rotguß mit Weißmetallausguß werden in den Grundkörper eingelegt und durch den Tatzlagerdeckel abgeschlossen. Die deckelseitige Lagerschale ist zum Durchtritt des Schmierpolsters mit

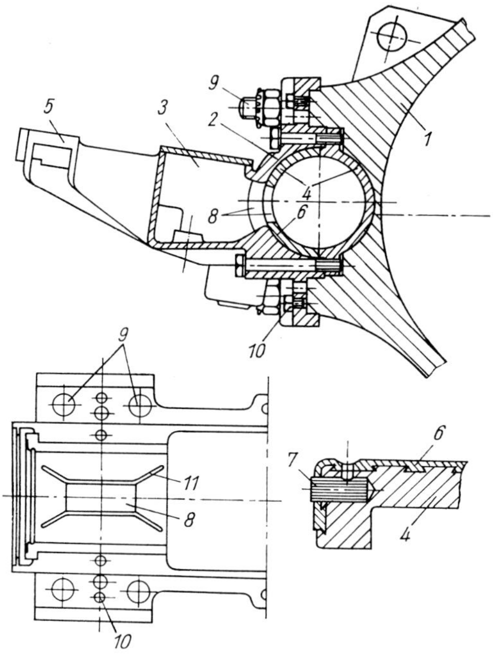

Bild 19.3/5 Tatzlager der BR E 44
1 Ständergehäuse des Fahrmotors, 2 Tatzlagerdeckel, 3 Ölgefäß der Tatzlagerschmierung, 4 Tatzlagerschalenkörper, 5 Haltearme für Zahnradschutzkasten, 6 Lagerschaleneinguß (Weißmetall), 7 Schmierdocht für Bundschmierung, 8 Durchbruch in der Lagerschale für Schmierpolster, 9 Befestigungsschraube zur Befestigung des Tatzlagers am Ständergehäuse, 10 Blindschraube, 11 Schmiernut

einem rechteckigen Fenster versehen. Das Schmierkissen mit seinen Dochten wird durch Federn gegen den Achswellenschenkel gedrückt. Als Beispiel wird im Bild 19.3/5 das Tatzlager der Baureihe E 44 der DRG dargestellt.

Rollenlager
Bei Triebwagen werden in der letzten Zeit in zunehmendem Maße Tatzrollenlager verwendet. Das Ölabpreßverfahren der Treibräder ermöglicht einen einfachen Lagertausch. Vorteile der Tatzrollenlager:
- Sie bedürfen durch ihre Fettdauerschmierung einer wesentlich geringeren Wartung, was besonders bei Triebzügen mit Allachsantrieb von Bedeutung ist.
- Der geringere Verschleiß der Rollenlager gewährleistet auch über längere Betriebszeiten

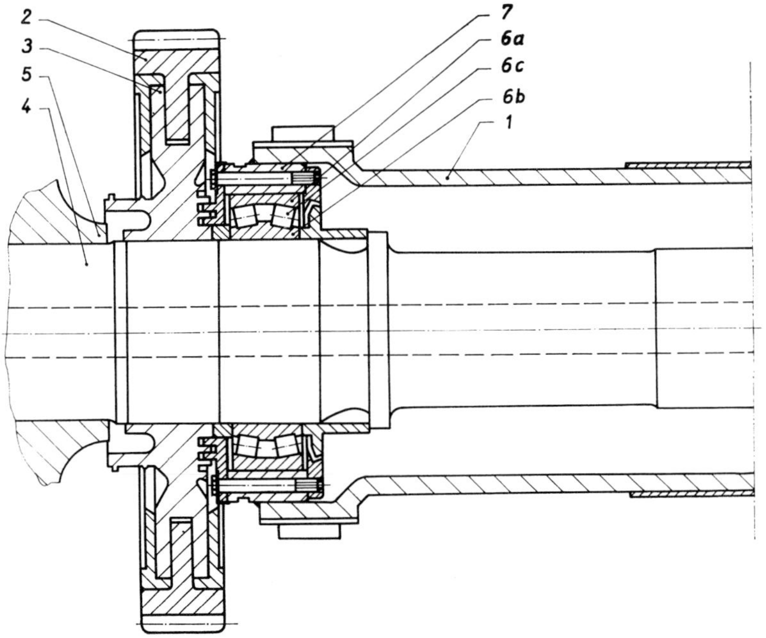

Bild 19.3/6
Tatzrollenlagerung eines Triebzugs (Ausführung mit gefedertem Großrad)
1 Ständergehäuse,
2 Großradkranz,
3 Großradkörper,
4 Treibachswelle,
5 Treibradnabe,
6 Pendelrollenlager,
7 Lagergehäuse

die genaue Einhaltung der Zentrale, was für die Arbeit der Zahnräder sehr wichtig ist.
- Durch die bessere Abdichtung der Lager treten geringere Schmierstoffverluste auf.

Nachteilig ist, daß die Radscheiben zum Tausch der Rollenlager demontiert werden müssen. Daher sind die Lager zur Vermeidung vorzeitiger Schäden und zum Erreichen einer langen Lebensdauer reichlich zu dimensionieren.

Das Beispiel einer Tatzlagerung, wie sie in ähnlicher Form bei dem Triebzug Baureihe 485 der Berliner S-Bahn angewendet wird, zeigt Bild 19.3/6.

Aufhängung des Motors im Fahrzeugrahmen
- Bewegungen des Motors um die Fahrzeuglängs- und -querachse bei den Tauch-, Nick- und Wankbewegungen müssen möglich sein.
- Der Motor muß eventuell vorgesehenen Querbewegungen des Treibradsatzes gegenüber dem Rahmen folgen können.
- Die Aufhängung soll die vom Radsatz über die Tatzlager und Zahnräder auf den Motor ausgeübten Stöße nur durch eine Federung gedämpft nur auf den Drehgestellrahmen übertragen.
- Die Aufhängung soll bei $16^2/_3$-Hz-Einphasenwechselstrom-Kommutormotoren das mit $33^1/_3$ Hz pulsierende Moment des Ständers nur stark verringert auf das Drehgestell übertragen.

Daher wird die Aufhängung fast ausschließlich gefedert und gelenkig ausgeführt. Als Beispiele werden nachstehend einige bei Triebfahrzeugen angewendete Konstruktionen gezeigt bzw. beschrieben:

a) Gummischubfedern

Der Motor stützt sich über eine oder zwei Gummischubfedern auf das Drehgestell ab (Baureihe 143 der DR, Bild 19.3/7). Die Lokomotiven der Baureihen 110, 111, 140, 141, 150 der DB benutzen eine ähnliche Konstruktion.

b) Federpendel (Bild 19.3/8).

c) Gummidruckfedern (Bild 19.3/9, Baureihe 109 und 142 der DR)

Die Motorkonsole stützt sich über zwei parallele oder eine aus Gummischeibenfedern aufgebaute Federsäule nach oben und unten gegenüber der am Drehgestellrahmen befestigten Konsole ab. Infolge der zusätzlichen Belastung durch die anteilige Motormasse werden unten härtere Scheibenfedern als oben vorgesehen.

d) Federkopf (Bild 19.3/10).

Dort, wo bei Bruch der Aufhängung ein Abstürzen des Motors möglich ist, sind Notabstützungen vorgesehen.

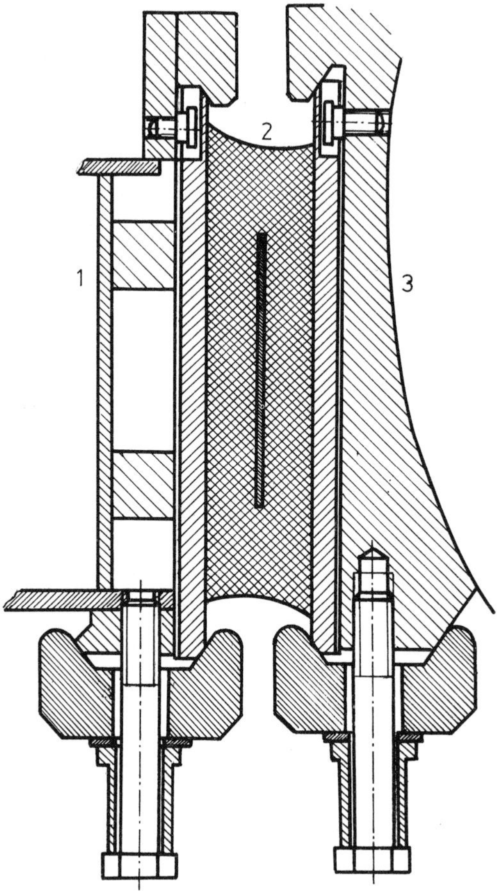

Drehfederung

Als Beispiel wird die bei der Baureihe 109/142 der DR angewendete Ausführung beschrieben (Bild 19.3/11). Am U-förmig ausgebildeten Umfang des Großradkörpers sind Aussparungen vorgesehen. Ein T-förmiger Zahnkranz mit ähnlichen Aussparungen am inneren Umfang gleitet unter Zwischenschaltung von auswechselbaren Gleittragringen auf dem Großradkörper. In den Aussparungen liegen durch Druckstücke und Führungsbolzen geführte Schraubenfedern, die das Drehmoment vom Großradkranz auf den Großradkörper übertragen. Ihr Hub wird durch Hubbegrenzungsbuchsen begrenzt. Bei der Baureihe 109 der DR bewegen sich infolge der Drehfederung bis zum Erreichen der Anfahrzugkraft 7 Lamellen des Kommutators unter den Bürsten hindurch.

Als Beispiel für Gummielemente, die beim Wirken eines Drehmoments auf Druck oder Schub beansprucht werden, sind im Bild 19.3/12 zwei Konstruktionen dargestellt worden. Das im Bild 19.3/13 dargestellte Beispiel ist eine Ausführung der SLM. Aus Platzgründen ist die Federung in dem Gehäuse außerhalb des Zahnkranzes untergebracht.

Als weiteres Beispiel ist im Bild 19.3/14 der Antrieb der Triebwagen Z 6006, 6007 und 6009 der SNCF abgebildet.

Bild 19.3/7
Schubfederaufhängung der Fahrmotoren der BR 143
1 Drehgestellrahmen, 2 Schubfeder, 3 Fahrmotorständergehäuse

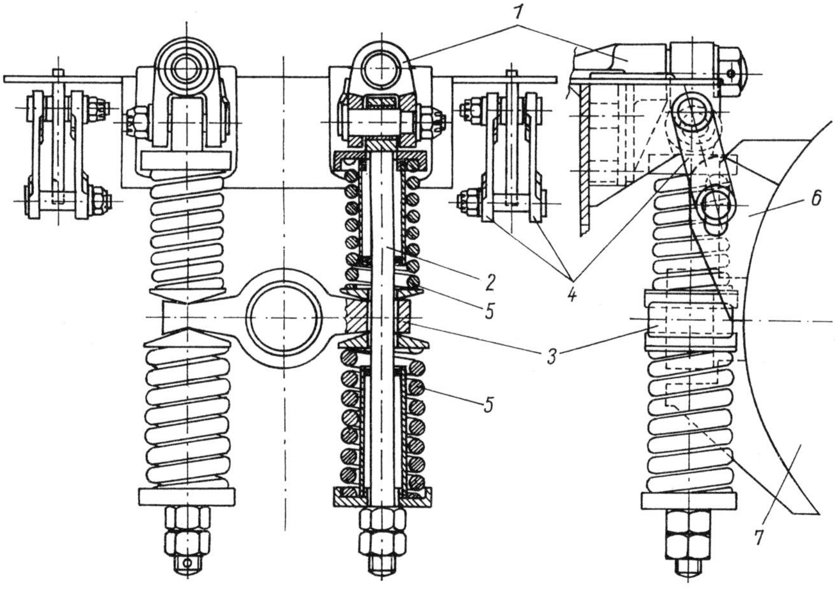

Bild 19.3/8
Aufhängung des Motors im Drehgestell bei der BR E 44
1 Konsole im Drehgestell, 2 Pendel, 3 Konsole am Fahrmotor, 4 Notaufhängelaschen, 5 Aufhängefederung, 6 Konsole der Notaufhängung am Fahrmotor, 7 Fahrmotor

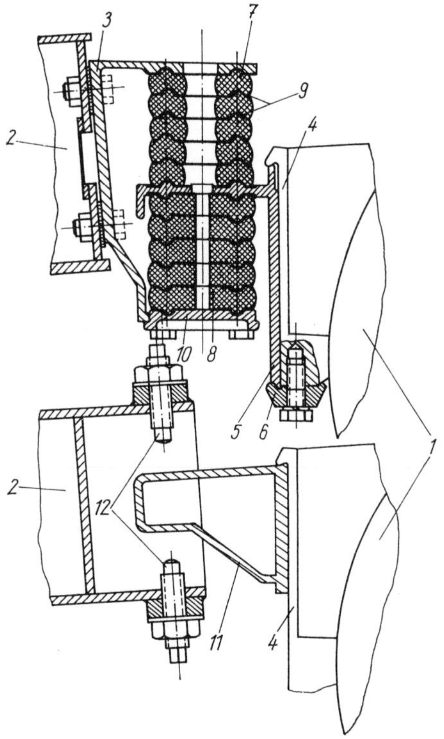

Bild 19.3/9 Aufhängung des Fahrmotors im Drehgestell bei der BR 109/142
1 Ständergehäuse des Fahrmotors, 2 mittlerer Drehgestellquerträger, 3 Tragbock, 4 Aufhängeplatte, 5 Konsole, 6 Klaue, 7 obere Gummifeder (mit großer Bohrung), 8 untere Gummifeder (mit kleiner Bohrung), 9 Sicherungsscheiben, 10 Spannplatte, 11 Notabstützbock, 12 Hubbegrenzungsschrauben

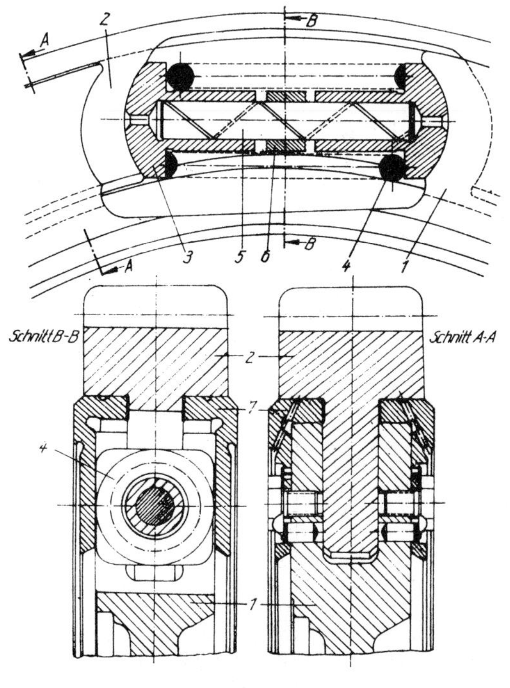

Bild 19.3/11 Großraddrehfederung bei der BR 109/142 (verbesserte Ausführung, unter Einwirkung eines Drehmomentes dargestellt)
1 Großradkörper, 2 Großradkranz, 3 Druckstück, 4 Feder, 5 Führungsbolzen, 6 Hubbegrenzung, 7 Tragringe

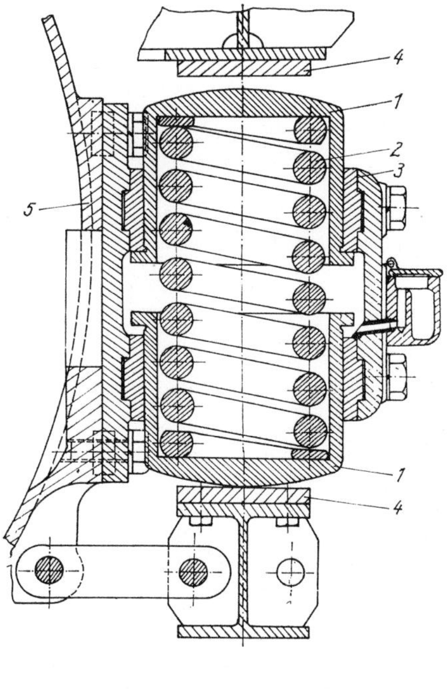

Bild 19.3/10 Aufhängung des Fahrmotors im Drehgestell bei der BR E 94
1 Federtöpfe, 2 Feder, 3 Federtopfführung, 4 Abstützungen im Drehgestell, 5 Fahrmotor

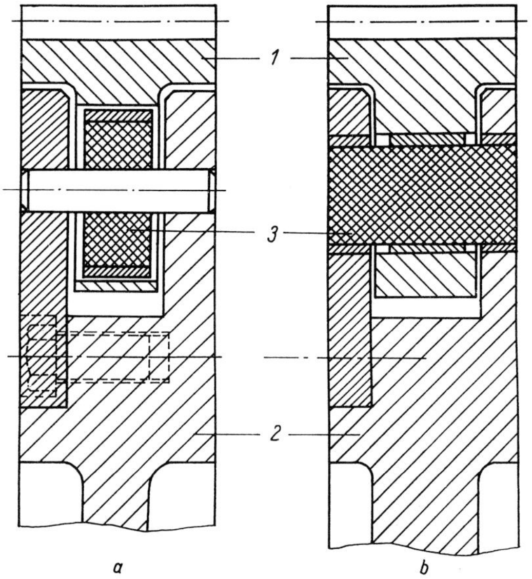

Bild 19.3/12 Großraddrehfederung mit federnden Gummielementen (Prinzip)
a) Beanspruchung der Gummielemente auf Druck
b) Beanspruchung der Gummielemente auf Schub
1 Großradkranz, 2 Großradkörper, 3 Gummielemente

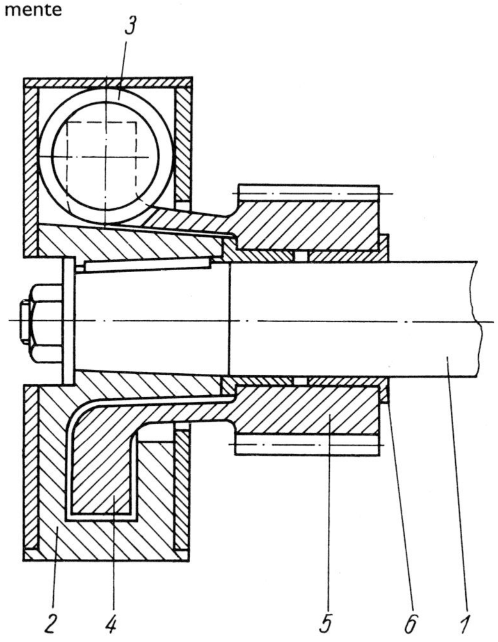

Bild 19.3/13 Drehfederung auf der Kleinradseite (Prinzip)
1 Fahrmotorwelle, 2 Drehfedergehäuse mit konischem Sitz auf der Motorwelle, 3 Feder, 4 Mitnehmerarme am Kleinrad, 5 Kleinrad, 6 Kleinradlagerung

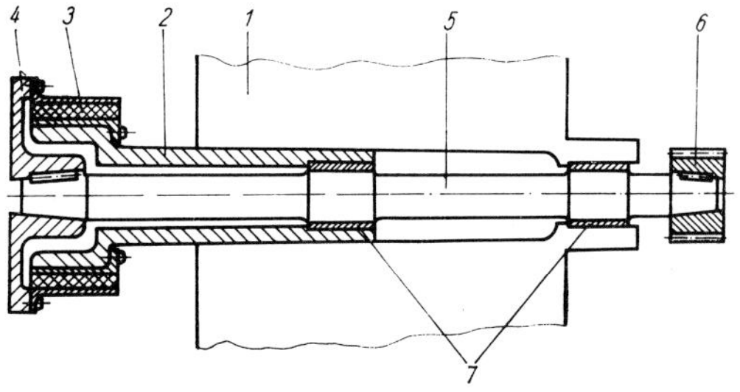

Bild 19.3/14 Drehfederung mit besonderer drehelastischer Kupplung (Prinzip)
1 Läufer, 2 Läuferhohlwelle, 3 Gummiringkupplung, 4 Flansch, 5 Ritzelwelle, 6 Ritzel, 7 Lagerung für Ritzelwelle

19.3.4 Tatzlagerantrieb mit elastischer Abstützung des Motors auf den Treibradsatz

Der Motor ruht mit Tatzlagern (Rollenlagern) auf einer Hohlwelle, die die Treibachswelle konzentrisch umgibt. Die Hohlwelle stützt sich über elastische Glieder (meist Gummielemente) auf den Treibradsatz ab. Bild 19.3/15 veranschaulicht das Prinzip.

Die elastischen Glieder ergeben in der Regel auch eine Drehelastizität und eine Elastizität in axialer

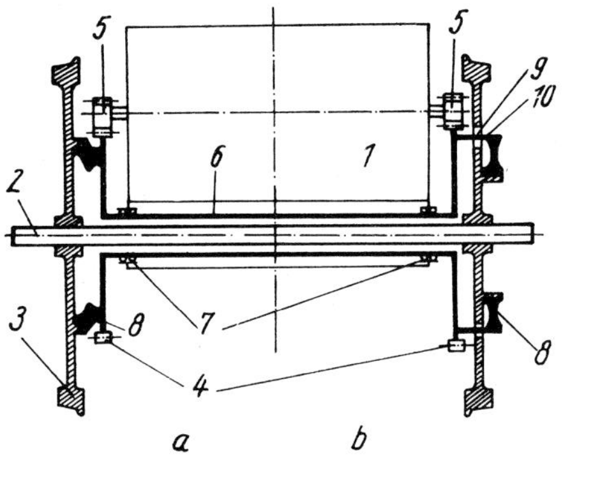

Bild 19.3/15 Prinzipskizze des beidseitig abgefederten drehelastischen Tatzlagerantriebs
a) mit innenliegender Ringfeder
b) mit außenliegender Ringfeder
1 Fahrmotor, 2 Achswelle, 3 Radscheibe, 4 Großrad, 5 Ritzel, 6 Hohlwelle, 7 (Hohlwellen-) Tatzlager, 8 Gummifederelemente, 9 Durchbruch in der Radscheibe, 10 Mitnehmerarme

Richtung. Die elastische Abstützung auf den Treibradsatz hat folgende Vorteile:

- Herabsetzung der auf die Tatzlager wirkenden vertikalen Beschleunigungen auf ca 25 %,
- starke Verringerung der dynamischen Kräfte zwischen Rad und Schiene in vertikaler und horizontaler Richtung,
- Dämpfung der Drehmomentpulsationen bei $16^2/_3$-Hz-Einphasenwechselstrom-Kommutatormotoren,
- gegenüber Gestellmotoren mit Ankerhohlwelle nur eine geringe Vergrößerung der Zentrale, da das Hohlwellenspiel nur etwa ein Drittel des Achfederwegs ausmacht.

Die konstruktiven Ausführungen werden anhand nachstehender Beispiele erläutert:

- Kegelringfederantrieb des LEW (Bild 19.3/16) [11] [14], [60]
  Das federnde Element ist eine geschlossene, ringförmige, zwischen Stahlringen einvulkanisierte Gummifeder. Das Drehmoment wird zur Ringfeder über Schraubverbindungen übertragen (Baureihen 143 und 155 der DR). Dazu sind die Stahlringe mit einem Flansch winkelförmig ausgebildet.
- Gummiringfederantrieb der SSW, angewendet bei den Baureihen 110, 111, 140, 141 und 150 der DB und mehrere Baureihen der ÖBB (Bild 19.3/17). [116], [117]
  Die Hohlwelle greift mit Mitnehmerarmen durch Öffnungen im Treibradkörper. Zwischen den Mitnehmerarmen und dem Treibrad sind vorgespannte, mit Metallteilen vulkanisierte Gummisegmente verschraubt. Dieses Prinzip wurde auch mit geschlossenem Gummiring ausgeführt.
- Weitere Formen der Gummielemente zeigt Bild 19.3/18.

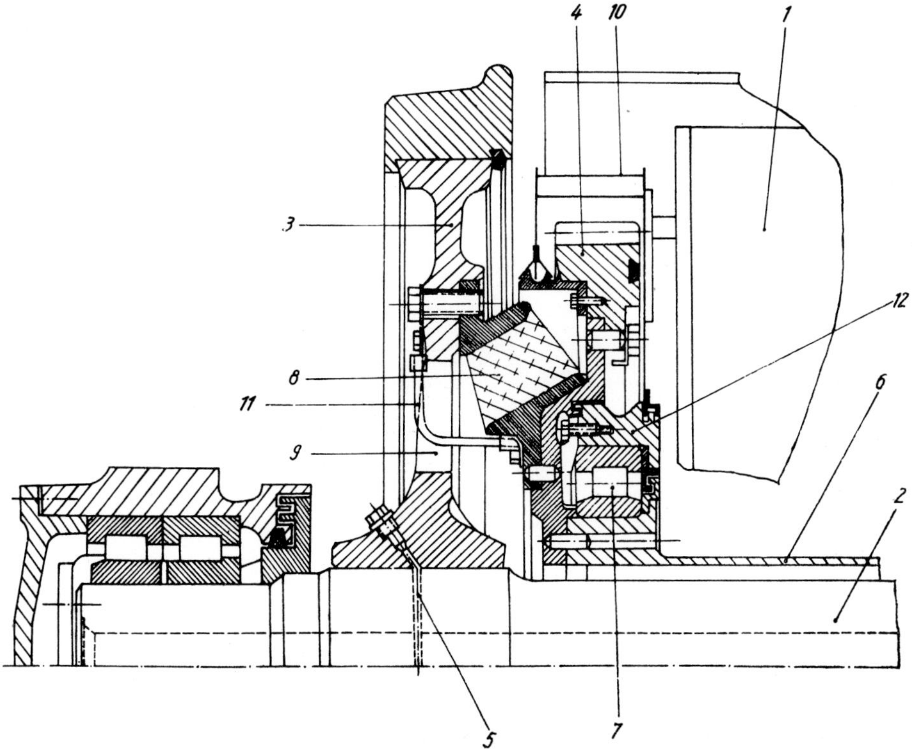

Bild 19.3/16 Kegelringfederantrieb des LEW
1 Fahrmotor, 2 Achswelle, 3 Radscheibe, 4 Großrad, 5 Ölpreßbohrung, 6 Hohlwelle, 7 Tatzlager, 8 Gummiringfeder, 9 Durchbruch durch Radscheibe zur Kontrolle der Ringfeder, 10 Zahnradschutzkasten, 11 Erdungsseil, 12 Hohlwellengehäuse

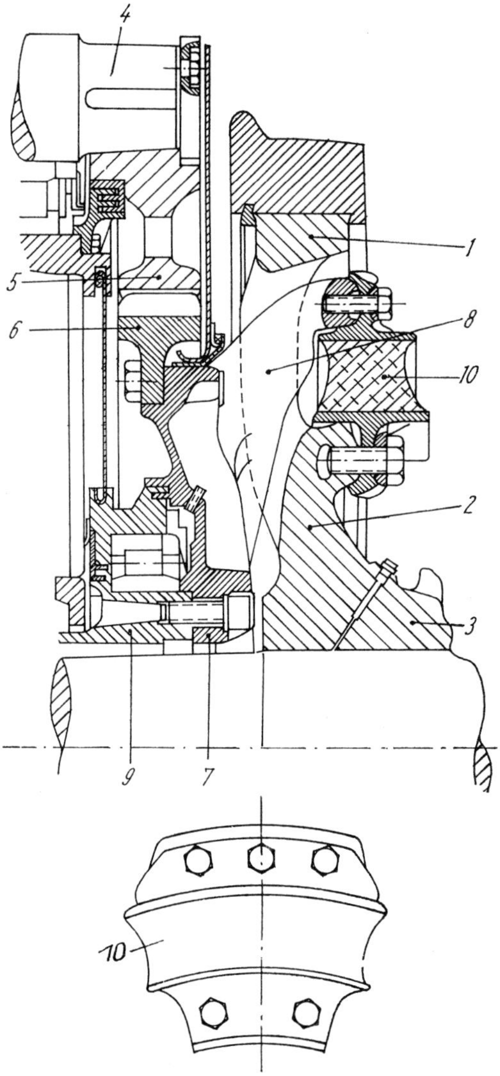

Bild 19.3/17 Gummiringfederantrieb der SSW
1 Treibradfelge, 2 Treibradkörper, 3 Treibradnabe, 4 Motorwelle, 5 Ritzel, 6 Großradkranz, 7 Großradkörper, 8 Auslegerarm am Großradkörper, 9 Hohlwelle, 10 Gummisegment

19.4 Gestellmotorantriebe

Die gesamte Masse des Motors ist im gefederten Fahrzeugteil gelagert. Den Ausgleich der Relativbewegungen zwischen Motor und Treibradsatz nehmen besondere Getriebeelemente vor. Die Gestellmotorantriebe haben den Vorteil der weitgehenden Verringerung der dynamisch wirksamen Massen, dafür jedoch den Nachteil eines komplizierten, vielteiligen Aufbaus.
Bei Triebfahrzeugen mit Geschwindigkeiten bis 200 km/h werden die Motoren meist im Drehgestellrahmen gelagert. Bei solchen für höhere Geschwindigkeiten muß das Drehgestell wegen eines stabilen Fahrzeugslaufs von der Motormasse entlastet werden. Der Fahrmotor wird daher am Fahrzeugkasten befestigt, und der Antrieb muß zusätzlich zu den Bewegungen des Treibradsatzes auch die Relativbewegungen der Drehgestelle gegenüber dem Fahrzeugkasten ausgleichen.

19.4.1 Gelenkwellenantriebe (Kardanantriebe)

Gelenkwellen gleichen die Relativbewegungen zwischen Motor und Treibradsatz aus. Die Gelenkwellenantriebe haben folgende Vorzüge:
- Es treten keine Fliehkräfte infolge von Exzentrizitäten auf.
- Sie eignen sich für höchste Geschwindigkeiten.

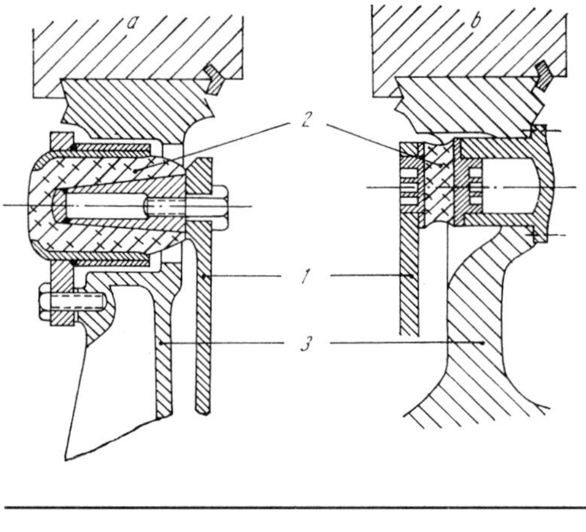

Bild 19.3/18 Federnde Abstützungen zwischen Hohlwelle und Treibrad (Prinzip)
a) Ausführung der MFO bei Triebwagen De 4/4 (Druckbeanspruchung der Gummielemente)
b) Ausführung der ASEA bei Triebwagen Xoa 5 der SJ (Schubbeanspruchung der Gummielemente)
1 Auslegerarme der Hohlwelle, 2 Gummielemente, 3 Treibradkörper

– Sie verursachen bei gegenseitiger Auslenkung von Motor und Radsatz nur geringe Reaktionskräfte.
– Bei der Montage werden keine besonders hohen Genauigkeitensanforderungen bezüglich der gegenseitigen Lage von Motor und Treibradsatz gestellt.

Ihr hauptsächlicher Nachteil ist, daß nur ein einseitiger Antrieb des Treibradsatzes möglich ist.

Kardanwelle zwischen Motor und Getriebe

Die Gelenkwelle verbindet die Motorwelle und das Getriebekleinrad. Das Ritzel ist in einem besonderen Getriebegehäuse untergebracht, das auf der Treibachswelle gelagert ist und sich mit einer Drehmomentstütze im Drehgestell abstützt. Die Anordnung der Kardanwelle vor dem Getriebe hat den Vorteil, daß die Gelenkwelle nur kleine Drehmomente zu übertragen hat und dadurch ihre Masse und die dynamischen Kräfte klein bleiben. Nachteilig ist, daß ein Getriebe mit tragendem Getriebegehäuse erforderlich wird und der Antrieb nicht genau winkelecht ist. Je nach der Lage der Gelenkwelle unterscheidet man zwei prinzipielle Ausführungen.

a) Die Fahrmotorwelle liegt parallel zur Treibradsatzwelle, d.h. quer zur Fahrzeuglängsachse (Bild 19.4/2).

Zur Erzielung einer ausreichenden Länge ist die Gelenkwelle meist im Inneren der hohlen Motor-

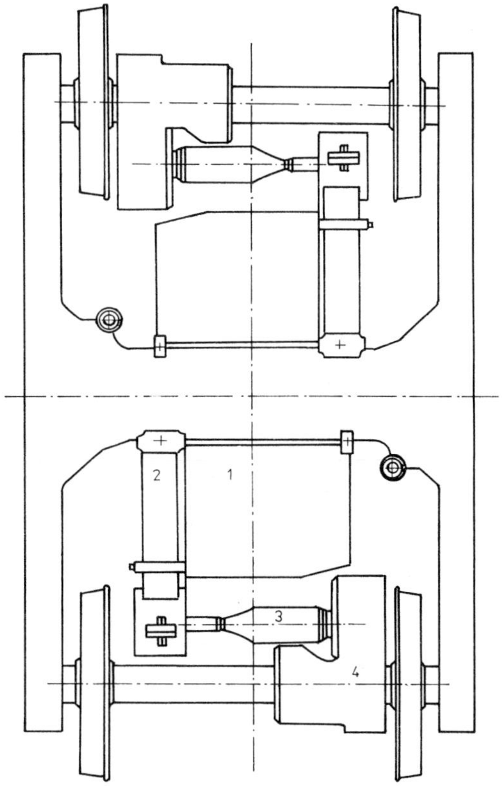

Bild 19.4/1 Kardanantrieb des TGV der SNCF
1 Fahrmotor, 2 Stirnradgetriebe, 3 Kardanwelle, 4 Kegelradgetriebe

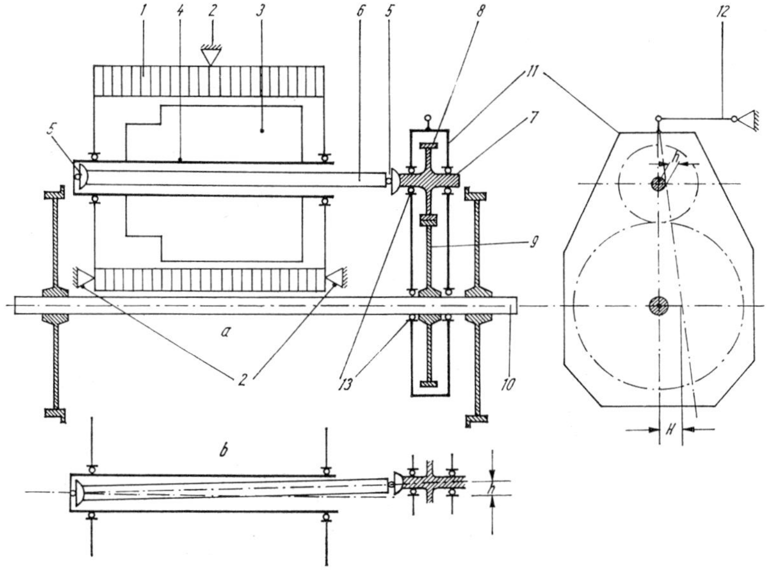

Bild 19.4/2
Prinzip des Kardanantriebs mit vor dem Getriebe liegender Kardanwelle
a) Mittelstellung
b) Treibachse ausgelenkt
1 Ständer, 2 Abstützung des Ständers im Drehgestell, 3 Läufer, 4 Läuferhohlwelle, 5 Gelenkkupplung, 6 Gelenkwelle, 7 Ritzelwelle, 8 Ritzel, 9 Großrad, 10 Treibachswelle, 11 Getriebegehäuse, 12 Aufhängung des Getriebegehäuses im Drehgestell (Drehmomentenstütze), 13 Lagerstellen

welle angeordnet. Das Getriebegehäuse ist auf der Seite des Kleinrads mit einer Drehmomentstütze im Fahrzeugrahmen aufgehängt. Bei einer vertikalen Relativbewegung zwischen Treibradsatz und dem Fahrzeugrahmen (H) macht das Ritzel nur einen Bruchteil der Bewegung (h) mit, wodurch sich geringe Gelenkwellenwinkel ergeben. Die Torsionselastizität der relativ dünnen Gelenkwelle ergibt eine gewisse Drehelastizität.
Bei den Antrieben der Hochgeschwindigkeitstriebzüge TGV der SNCF befindet sich die Gelenkwelle zwischen dem am Motor (am Fahrzeugkasten befestigt) angeflanschten Stirnradgetriebe und einem zweiten, auf dem Radsatz angeordneten (Bild 19.4/1).

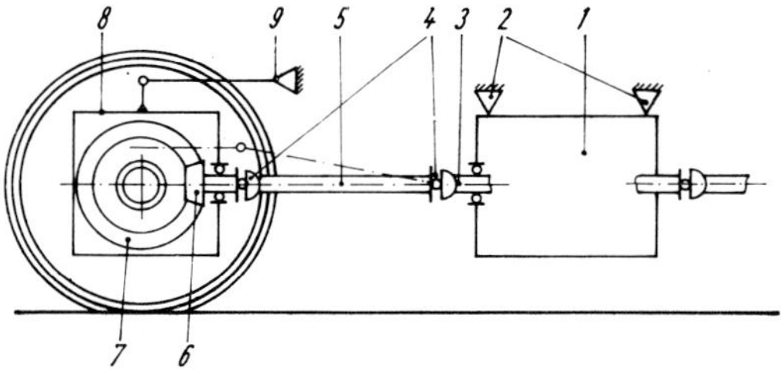

Bild 19.4/3 Prinzip des Kardanantriebs mit längsliegender Kardanwelle vor dem Getriebe
1 Motor, 2 Aufhängung des Motors im Fahrzeug, 3 Motorwelle, 4 Gelenkkupplung, 5 Gelenkwelle, 6 Kegelradritzel, 7 Großkegelrad, 8 Getriebegehäuse, 9 Drehmomentenstütze

b) Die Fahrmotorwelle liegt rechtwinklig zur Treibachswelle, d. h. parallel zur Fahrzeuglängsachse (Bild 19.4/3).

Bei dieser Ausführung ist ein Kegelradachsgetriebe erforderlich. Bei der Anordnung des Fahrmotors im Hauptrahmen eines Drehgestellfahrzeugs muß die Gelenkwelle auch die Bewegungen des Drehgestells gegen den Wagenkasten ausgleichen. Die in Längsrichtung des Fahrzeugs liegende Gelenkwelle fand besonders bei Triebwagen Anwendung, bei denen auch der Antrieb für zwei Radsätze von einem Fahrmotor aus üblich ist (innere Radsätze der Drehgestelle). Zum Beispiel werden die inneren Radsätze der Drehgestelle bei den Hochgeschwindigkeitszügen ETR 401 und 450 der FS durch je einen eigenen Motor angetrieben.
Bei der Hochgeschwindigkeitslok Elektra der BR werden beide Radsätze eines Drehgestells durch jeweils über den Drehgestellen am Fahrzeugkasten angeordnete Motoren angetrieben (Bild 19.4/4).

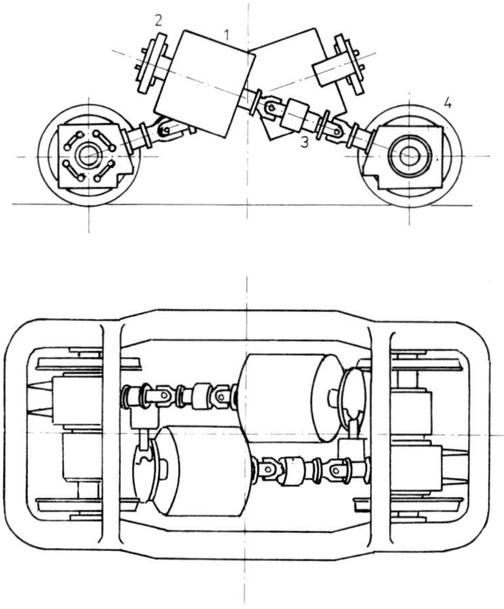

Bild 19.4/4 Kardanantrieb der Lok BR 196 „Electra" der BR
1 Fahrmotor, 2 Bremsscheiben, 3 Gelenkwelle, 4 Kegelradgetriebe

c) Beispiele für die konstruktive Ausführung einiger Antriebe

– Kardanantrieb der Firma Škoda
Er wird bei den Lokomotiven der Serie Ч 4 der SŽD und den Zweisystemlokomotiven der Baureihe 180 der DR sowie mehreren Baureihen der ČSD angewendet. Das Bild 19.4/5 zeigt das Prinzip und eine Schnittdarstellung. Als Kardangelenke dienen Kreuzgelenke. Im Inneren der hohlen Fahrmotorwelle (1) und des mit ihr verbundenen Hohlzylinders (2) befindet sich das topfförmige Schiebestück (3). Das Drehmoment wird von der Fahrmotorwelle mit den Keilen (2a) im Inneren der Fahrmotorwelle und den Keilnuten (2b) am äußeren Zylindermantel des Schiebestücks (3) übertragen. Das Gelenkkreuz (6) überträgt mit den Zapfen (5) über die Nadellager (4) und (7) das Drehmoment vom Schiebestück auf die Mitnehmer (8) der Kardanwelle (9) und erlaubt die Winkelbewegung. Das Schiebestück (3) läuft mit dem motorseitigen Kreuzgelenk in einem im Inneren der Motorwelle befindlichen Ölbad. Die Ge-

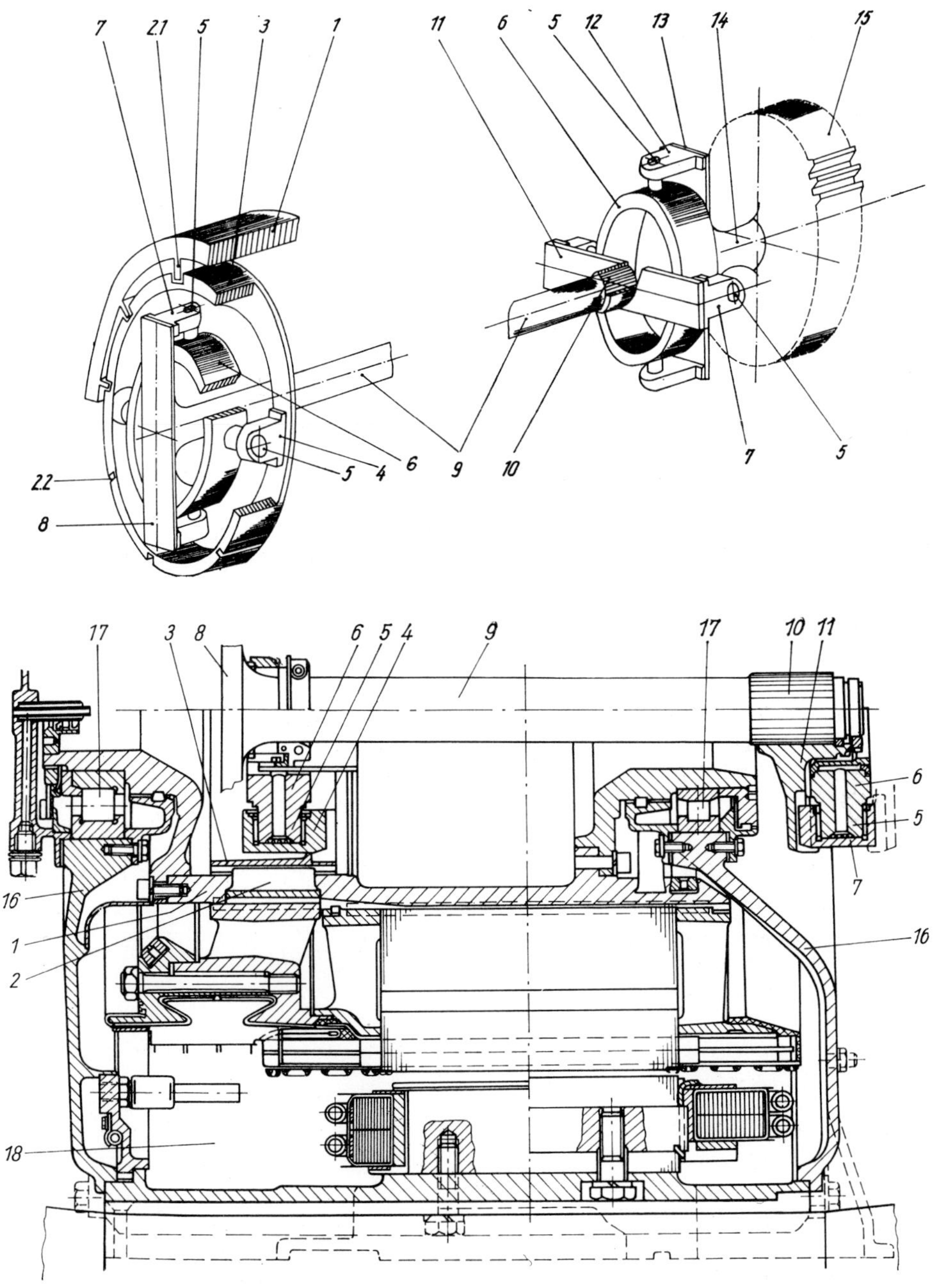

Bild 19.4/5 Škoda-Antrieb
a) Prinzipdarstellung
b) Schnittdarstellung
1 Läufergehäuse, 2 Schiebeverbindung, 2.1 Keile im Läufergehäuse, 2.2 Nuten im Schiebestück, 3 Schiebestück, 4.7 und 12 Kreuzgelenklager, 5 Zapfen am Kreuzstück, 6 Kreuzstück, 8 und 11 Mitnehmerarm an Gelenkwelle, 9 Gelenkwelle, 10 Keilwellenverbindung, 13 Mitnehmerarm an Ritzelwelle, 14 Ritzelwelle, 15 Ritzel, 16 Lagerschilde, 17 Läuferlager, 18 Ständer

lenkwelle (9) überträgt über ein ähnliches Kreuzgelenk das Drehmoment über die Kleinradwelle (14) auf das Kleinrad (15).

– Scheibenantrieb der Firma BBC (Bild 19.4/6, [102])

Er wurde u. a. bei den Lokomotiven Ae 4/4 251 und Ae 8/8 271 der BLS, Serie 121 der SNCB und vielen Triebwagentypen der BLS und SBB angewendet. Die Kardankupplung ist als elastische Scheibe ausgebildet. Die Winkelbewegung bei einer vertikalen Auslenkung des Ritzels gegenüber dem Motor wird durch die elastische Verformung der leicht konischen Stahlscheibe (3) aufgenommen. Die Motorhohlwelle (1) ist als kurzer Stummel in den Läufer eingepreßt. Diese Ausführungsform besitzt keine Verschleißteile, hat jedoch den Nachteil, daß keine oder nur eine sehr geringe Querverschieblichkeit zwischen dem Radsatz und dem Motor möglich ist.

– Lamellenantrieb der Firma Sécheron (Bild 19.4/7, [250])

Dieser Antrieb fand u. a. bei der Lokbaureihe E 499 der ČSD und den Triebwagen 4030 der ÖBB Anwendung. Die Winkelbewegung bei einer vertikalen Auslenkung des Ritzels gegenüber dem Motor wird durch die elastische Verformung von Stahllamellen (3) aufgenommen. Die Mitnehmerarme (4) sind mit den Wellen über Zahnkupplungen verbunden. Der Antrieb hat etwa die gleichen Vor- und Nachteile wie der von BBC.

– Antrieb der Firma ASEA (Bild 19.4/8 [146])

Er wurde u. a. bei der Lokomotivserie Rb 1 und den Triebwagen Xoa 6 der SJ und dem Lokomotivtyp 441 der JŽ eingesetzt. Die motorseitige Kupplung ist als Zahnkupplung ausgeführt und läuft in einem Ölbad. Sie erlaubt Winkel- und Axialbewegungen. Die getriebeseitige Kupplung ergibt als Gummibolzenkupplung eine zusätzliche Drehelastizität. (Die Eigenfrequenz der Ankerdrehschwingungen ist mit 6 Hz sehr niedrig.)

– Antrieb der Tokaido-Triebwagen der JR (Bild 19.4/9)

Die Gelenkwelle ist auf beiden Seiten durch im Ölbad laufende Zahnkupplungen mit der Motorhohlwelle und der Ritzelwelle verbunden. Sie erlaubt neben den Winkelbewegungen auch axiale Relativbewegungen.

Bild 19.4/6 BBC-Scheibenantrieb
1 Läuferhohlwelle, 2 Mitnehmerarm an Läuferhohlwelle, 3 Stahlscheibe, 4 Mitnehmerarm an Kardanwelle, 5 Kardanwelle, 6 Mitnehmerarm an Ritzelwelle, 7 Ritzelwelle

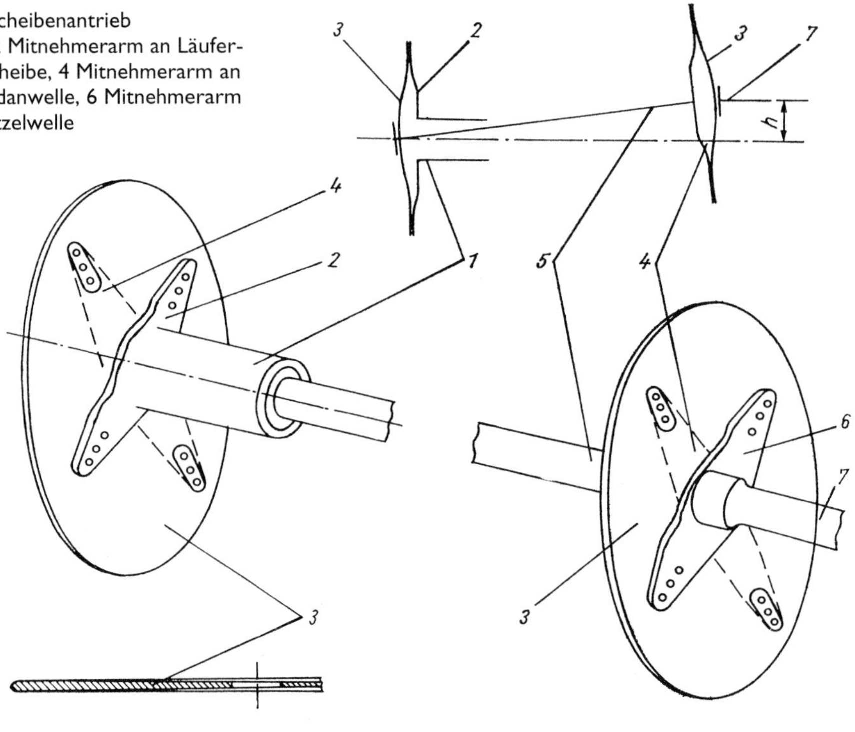

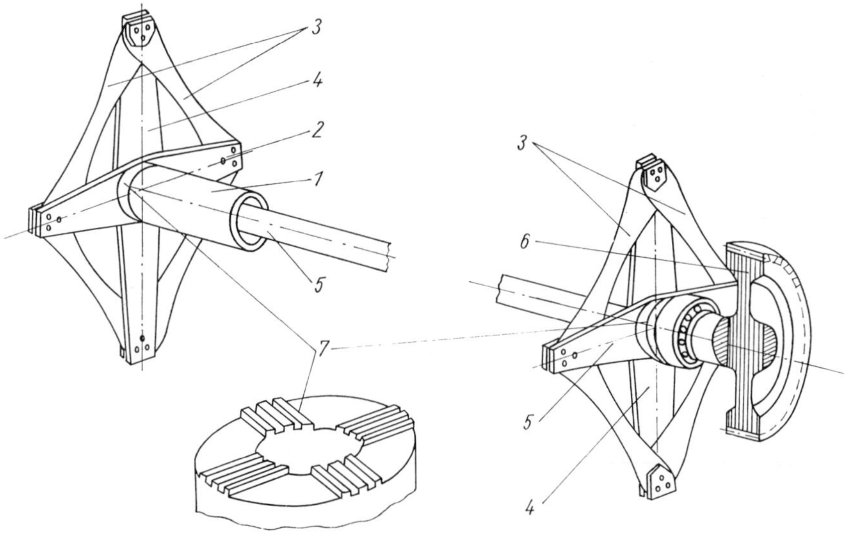

Bild 19.4/7 Sécheron-Lamellenantrieb
1 Läuferhohlwelle, 2 Mitnehmerarm an Läuferhohlwelle, 3 Stahllamellen, 4 Mitnehmerarm an Kardanwelle, 5 Kardanwelle, 6 Ritzel, 7 Zahnkupplung zwischen Mitnehmerarmen und Welle

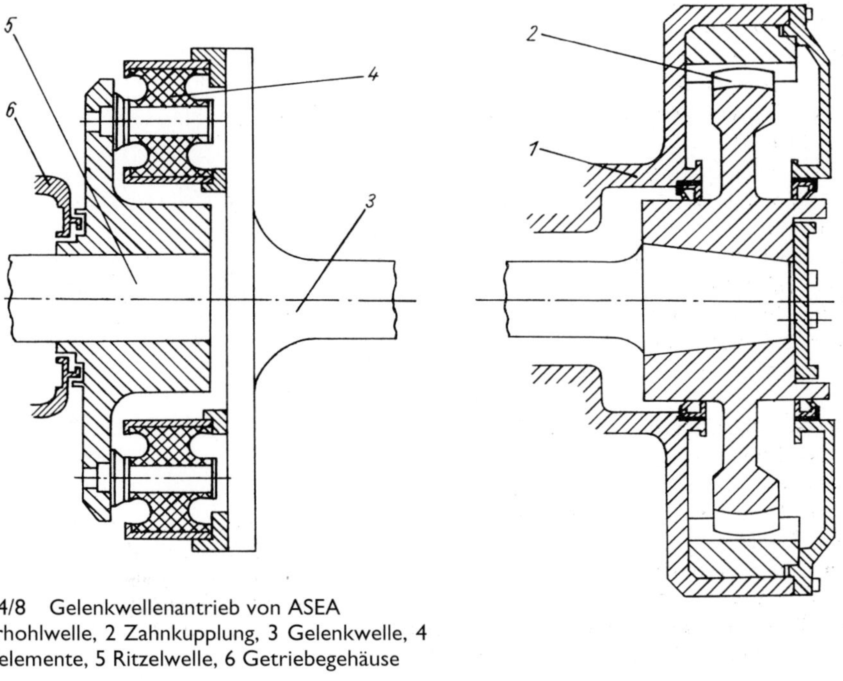

Bild 19.4/8 Gelenkwellenantrieb von ASEA
1 Läuferhohlwelle, 2 Zahnkupplung, 3 Gelenkwelle, 4 Gummielemente, 5 Ritzelwelle, 6 Getriebegehäuse

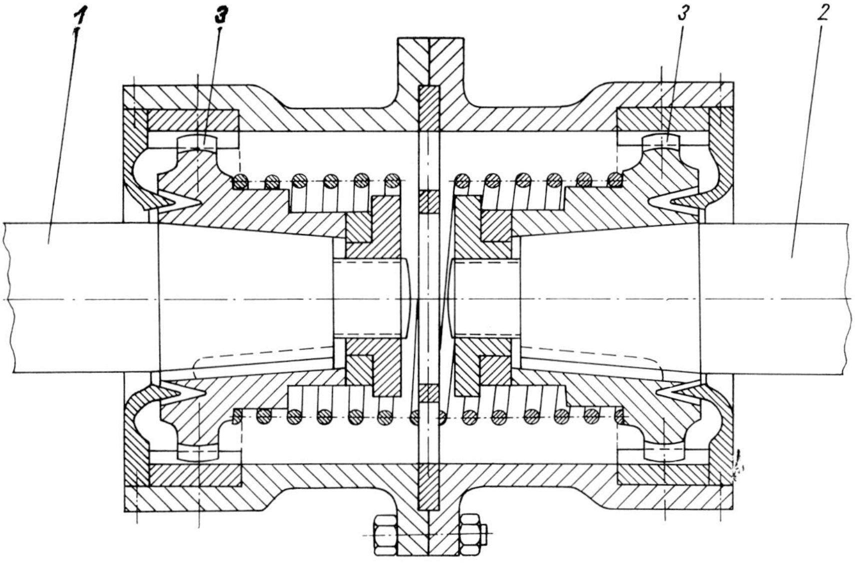

Bild 19.4/9 Gelenkwellenkupplung der Triebwagen der Tokaidostrecke der JR
1 Antriebswelle, 2 Abtriebswelle, 3 Zahnkupplungen

Kardanwelle zwischen Getriebe und Treibradsatz
Die prinzipielle Anordnung dieser Antriebsform wird im Bild 19.4/11 gezeigt. Das Getriebegroßrad ist meist auf einem am Motor (selten im Drehgestell) angebrachten Achsstummel drehbar gelagert. Zwischen dem Getriebegroßrad und der Radsatzwelle befindet sich die Gelenkwelle, die die erstere konzentrisch umgibt. Der Antrieb ist winkelecht. Es ist kein tragendes Getriebegehäuse erforderlich, da die Ritzelwelle (= Motorwelle) und die Großradachse im oder am gleichen Gehäuse (Motor) gelagert sind. Von Nachteil sind die größeren Massen infolge des größeren zu übertragenden Drehmoments und die kurze Lagerbasis für das Großrad.
Bei den Antrieben der Hochgeschwindigkeitstriebzüge ICE der DB (Bild 19.4/10) wird das Drehmoment über Ritzel und Zwischenrad auf eine Hohlwelle übertragen, die in einem mit dem Motor verbundenen Getriebegehäuse gelagert ist und die Bremsscheiben der pneumatischen Scheibenbremse trägt. Von hier wird das Drehmoment über die im Inneren der o.a. Hohlwelle befindliche, die Radsatzwelle umschließende Kardanhohlwelle

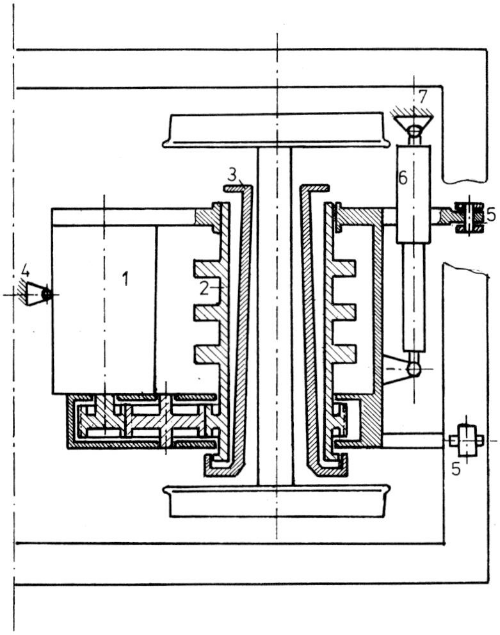

Bild 19.4/10 Kardanantrieb der ICE-Triebzüge
1 Fahrmotor, 2 Hohlwelle mit Bremsscheiben, 3 Kardanwelle, 4 Aufhängepunkt am Fahrzeugrahmen, 5 Pendelaufhängung am Drehgestellrahmen, 6 Querdämpfer, 7 Anlenkung des Querdämpfers am Fahrzeugrahmen

Bild 19.4/11
Prinzipdarstellung des Gelenkwellenantriebs mit Gelenkwelle nach dem Getriebe
a) Mittelstellung
b) Treibachse gegenüber Motor ausgelenkt
1 Großrad, 2 Ritzel, 3 Kardanwelle, 4 Kardankupplung, 5 Achse für Großradlagerung, 6 Fahrmotor, 7 Ständer, 8 Zahnradschutzkasten

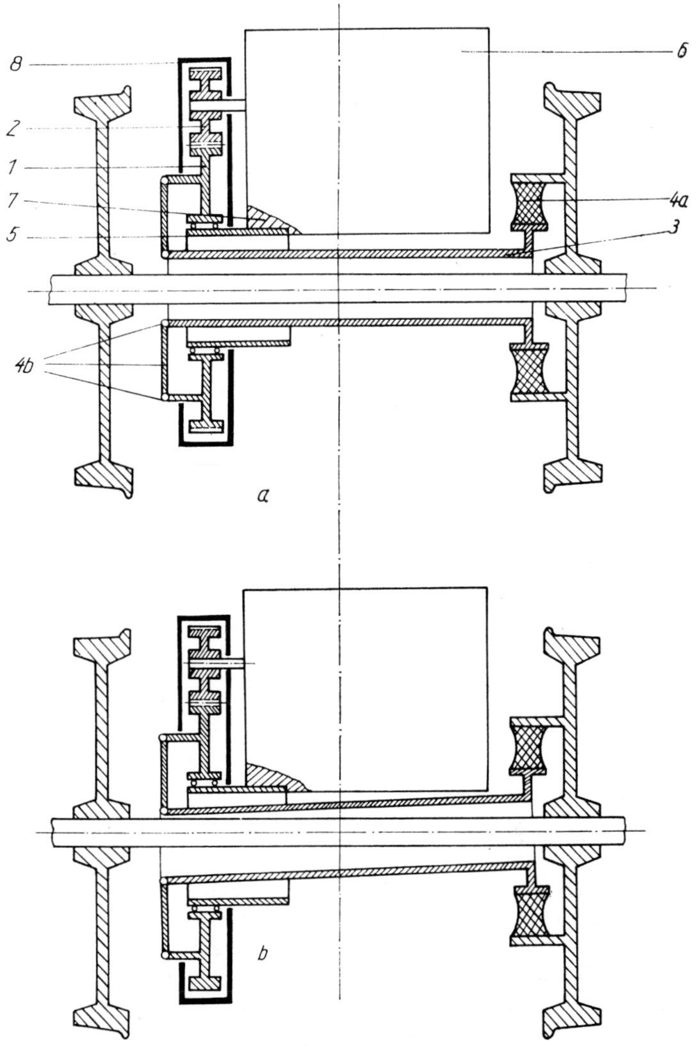

mit Gelenkkupplungen (je sechs Lenker) zum Treibradsatz weitergeleitet. Motor und Getriebe sind auf einer Seite am Fahrzeugkasten, auf der anderen mit Pendeln im Drehgestell aufgehängt. Dadurch wird das Drehgestell in vertikaler Richtung nur zu etwa einem Drittel durch die Motor- und Getriebemasse belastet. Die Pendelaufhängung und die Dämpferanlenkung am Fahrzeugkasten ergeben eine völlige Entkopplung dieser Massen von der des Drehgestells in horizontaler Richtung.

a) Antrieb von Jacquemin (Bild 19.4/12)
Verwendung fand dieser Antrieb u. a. bei den Lokomotivtypen BB 9 000, 12 000 und 67 000 (dieselelektrische Lokomotive) der SNCF. Die Kardangelenke sind verschleißfreie, in Silentbuchsen laufende Kreuzgelenke. Das Großrad (3) läuft rollengelagert auf einem die Radsatzwelle (9) konzentrisch umgebenden Achsstummel (1). Zwei Ausleger (4) am Großrad greifen mit silentblockumgebenen Zapfen (5) in das Innere einer die Treibachswelle konzentrisch umgebenden Trommel (7). Über zwei weitere um 90° dazu versetzt angeordnete Zapfen (5) und Ausleger wird das Drehmoment auf die die Radsatzwelle umgebende Hohlwelle übertragen, die es über eine ähnliche Kreuzgelenkkupplung an das Treibrad weitergibt.

Bild 19.4/12 Jacquemin-Antrieb
1 Achsstummel für Großradlagerung, 2 Großradlager, 3 Großrad, 4 Ausleger, 5 Zapfen, 6 Silentblocks, 7 Trommel, 8 Hohlwelle, 9 Treibachswelle

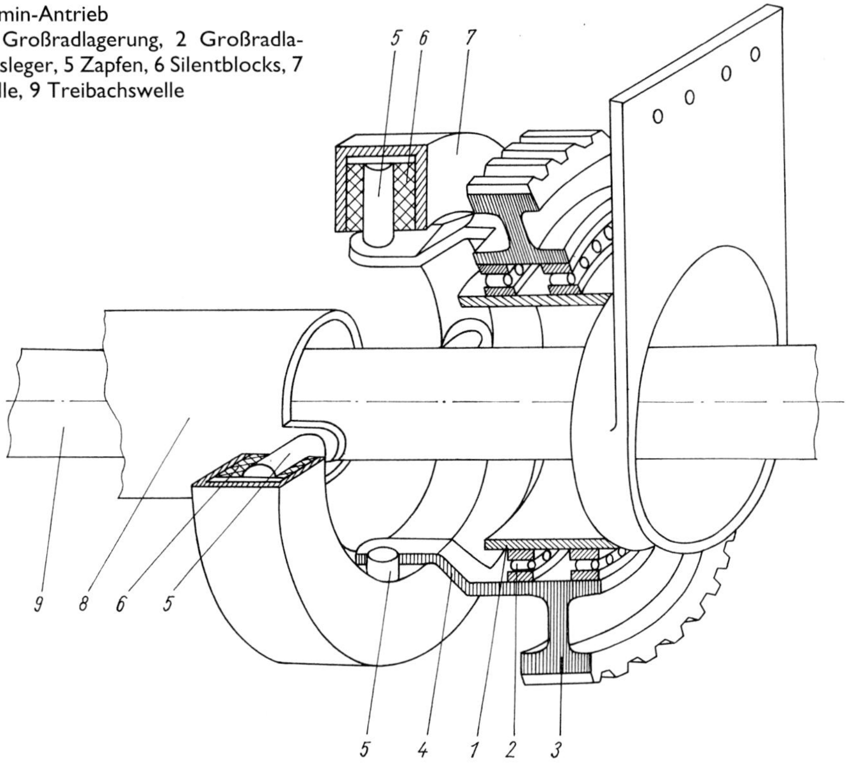

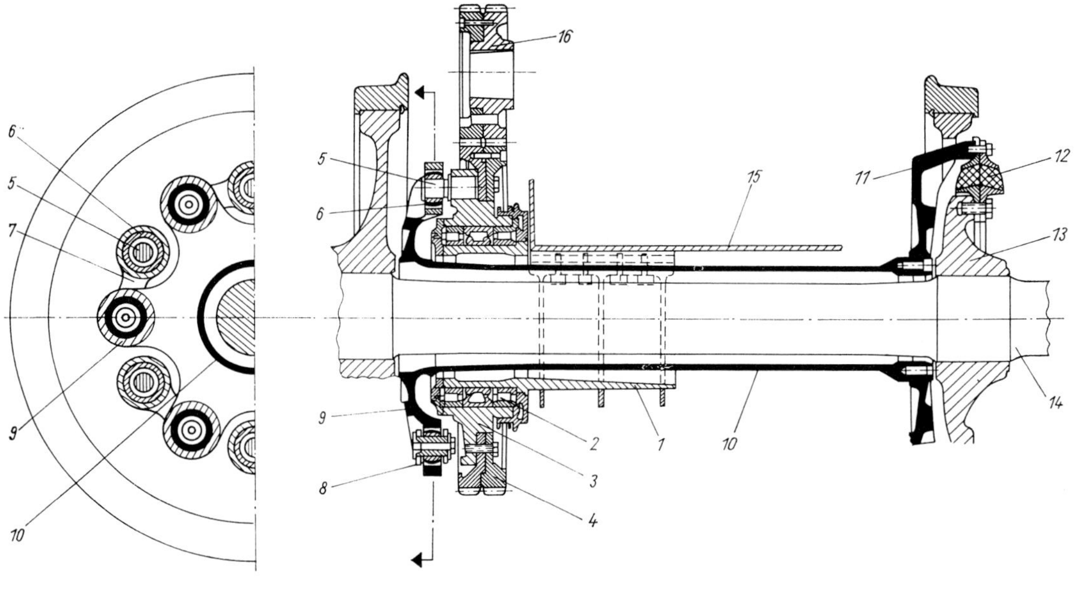

Bild 19.4/13 Gummi-Gelenk-Kardanantrieb der BBC
1 Hohlwellenachsstummel, 2 Großradlager, 3 Großradkörper, 4 Großrad, 5 Zapfen am Großrad, 6 und 8 sphärischer Silentblock, 7 Lenker, 9 Hohlwellenflansch, 10 Hohlwelle (Gelenkwelle), 11 Ausleger an Hohlwelle 12 Gummiringsegment, 13 Treibradkörper, 14 Treibachswelle, 15 Ständergehäuse, 16 Ritzel

b) Gummi-Gelenk-Kardankupplung der BBC (Bild 19.4/13, [121], [122])
Sie wurde u. a. bei der Baureihe 103 der DB angewendet. Das Großrad läuft auf einem Achsstummel, der am Fahrmotor angebracht ist und die Treibachswelle mit der Hohlwelle konzentrisch umgibt. Die Kupplungen zu beiden Seiten der Kardanhohlwelle sind verschieden ausgebildet und haben unterschiedliche Aufgaben. Die getriebeseitige Kupplung wird aus drei bis sechs silentblockgelagerten Lenkern gebildet. Sie erlauben die Axialbewegung zwischen der Hohlwelle (und Treibradsatz) und dem Getriebegroßrad sowie Winkelbewegungen. Die treibradseitige Kupplung ist als Gummikupplung (bestehend aus einzelnen ringförmigen Segmenten) ausgebildet und vermittelt neben einer Winkelbeweglichkeit die Drehelastizität.

19.4.2 Gelenk-(Verzweiger-) und Federantriebe

Eine die Treibachswelle umgebende Hohlwelle oder Hohlachse ist im Fahrmotorgehäuse oder im Fahrzeugrahmen gelagert. Die Hohlwelle bzw. der Hohlwellen- oder Achsstummel ist entweder drehbar gelagert oder feststehend mit einem darauf gelagerten, umlaufenden Großrad. Der Ausgleich der Bewegungen zwischen Radsatzwelle und Hohlwelle geschieht durch Verzweigermechanismen, Gleitflächen oder Federn. Ein großer Vorteil dieser Form ist der zweiseitige Antrieb.

Verzweigerantriebe
Die prinzipielle Anordnung der früher häufigen Verzweigerantriebe [115] ist im Bild 19.4/14 schematisch dargestellt. Die nicht genau winkeltreue

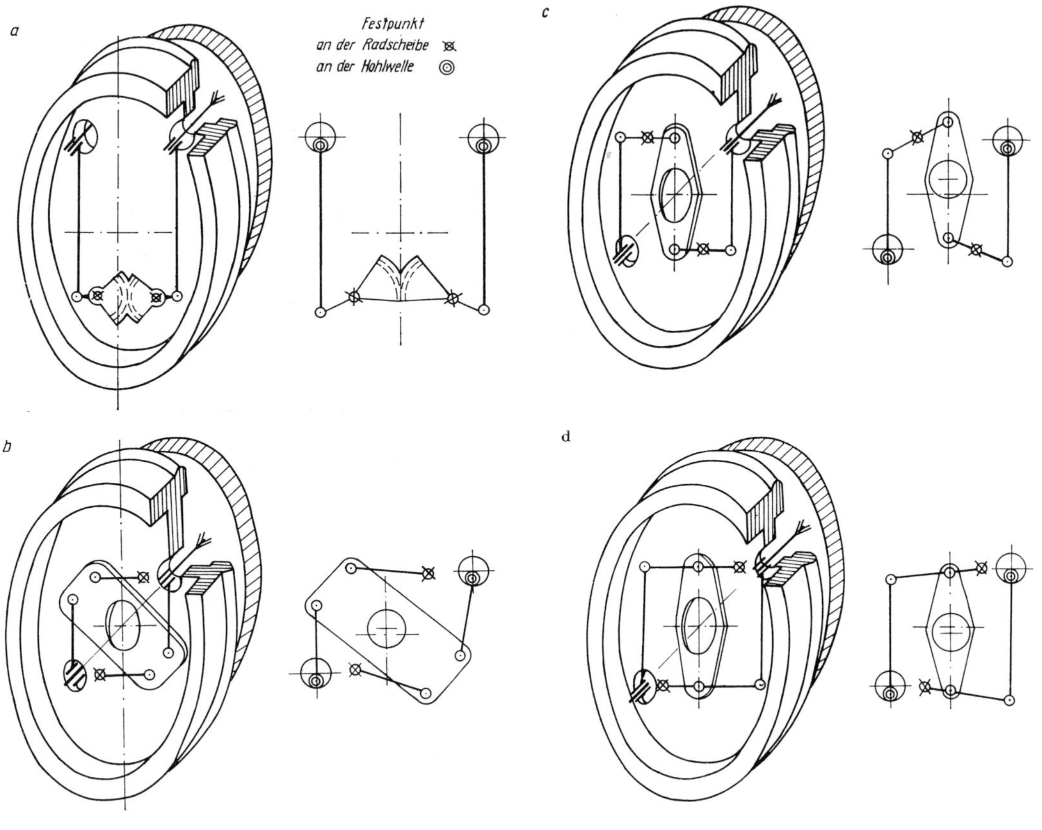

Bild 19.4/14 Beispiele für Verzweiger-(Gelenk-) Antriebe
a) Buchli-Antrieb
b) Alsthom-Gelenkstangenantrieb
c) Oerlikon-Gelenkstangenantrieb
d) SSW-Gelenkstangenantrieb

in der Großrad- oder in der Treibradebene. Ein Vorteil dieser Antriebe ist ihre zusätzliche Drehelastizität. Nachteilig ist, daß ein Teil der Federn des Antriebs parallel zur Primärfederung arbeitet und bei radialer Versetzung zwischen Hohlwelle und Achswelle Blindfederarbeit geleistet wird.

a) Federtopfantrieb nach Kleinow (Bild 19.4/17)
Ihn hatten z. B. die Lokomotivbaureihen E 04, E 18 und E 19 der DRG. Die Hohlwelle greift mit Auslegern zwischen die Speichen der Treibräder und überträgt das Drehmoment mit nach beiden Drehrichtungen wirkenden Federtöpfen (Bild 19.4/17 b). Bei einer vertikalen Verschiebung zwischen Hohlwelle und Radsatzwelle werden die senkrecht stehenden Federtöpfe zusammengedrückt, die waagerecht stehenden gleiten mit ihren balligen Böden an den parallelen Anschlagflächen der Speichen (Bild 19.4/17 c). Die Böden der Federtöpfe und die Anschlagflächen der Speichen sind zur Verschleißminderung gehärtet. Die Federn werden stets nur auf Druck belastet.
Nachteile:
– die ungünstigen Schmierungsverhältnisse infolge der offenen und ungeschützten Lage der Gleitflächen,
– die hohen radialen Belastungen der Federtöpfe durch Fliehkräfte bei hohen Fahrgeschwindigkeiten.

b) Westinghouse- und Sécheron-Federantrieb
Sie arbeiten mit teils durch Zug-, teils durch Druckkräfte belastete Schraubenfedern, die bei radialem Versatz auch auf Querbiegung beansprucht werden. Die Federn sind ebenfalls zwischen den Auslegern der Hohlwelle und den Speichen angeordnet.

c) BBC-Federantrieb (Bild 19.4/18)
Er wurde u. a. bei den Serien 1010 und 1110 der ÖBB sowie Ae 6/6 und Re 4/4 der SBB angewendet. Die Federn befinden sich im Inneren des Großrades. Das Großrad läuft in Pendelrollenlagern auf einem Achsstummel, der am Motorgehäuse angebracht ist. Im Großradkörper befinden sich die Federtöpfe, an denen die Arme eines auf die Treibradnabe aufgeschrumpften Mitnehmerkörpers angreifen und das Drehmoment übertragen. Die Federtöpfe und die Gleitflächen liegen geschützt im Getriebegehäuse. Die gute Schmierung durch das Getriebeöl garantiert einen geringen Verschleiß.

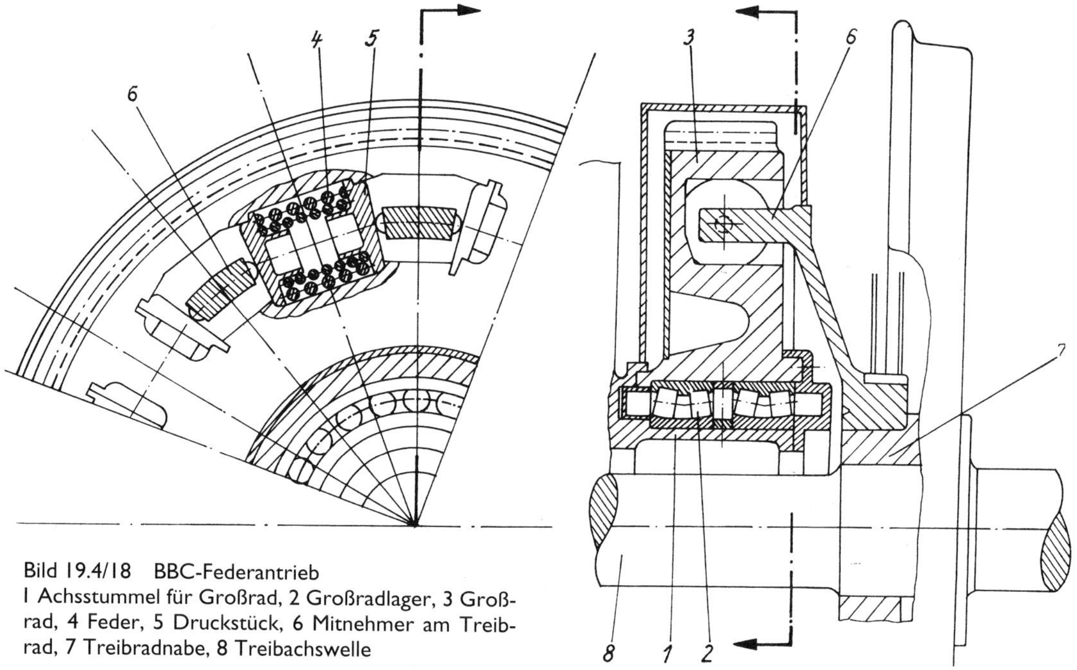

Bild 19.4/18 BBC-Federantrieb
1 Achsstummel für Großrad, 2 Großradlager, 3 Großrad, 4 Feder, 5 Druckstück, 6 Mitnehmer am Treibrad, 7 Treibradnabe, 8 Treibachswelle

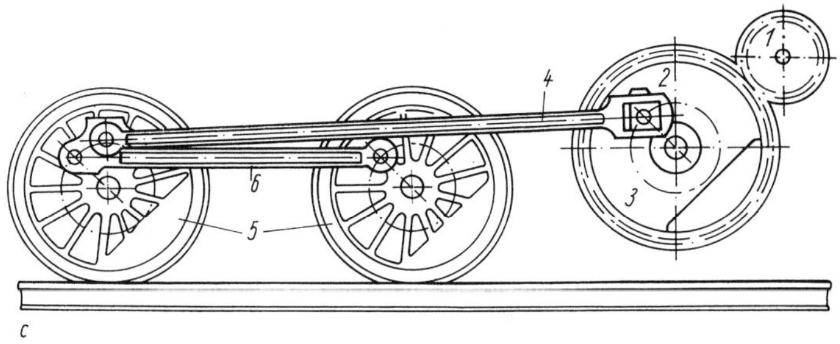

Bild 19.4/19
Schrägstangenantrieb
der BR E 77

d) Stangenantriebe

Stangenantriebe werden bei Neuentwicklungen nicht mehr angewendet, sie prägten jedoch anfangs für eine lange Zeit das Bild der Lokomotivantriebe. Der Motor ist im gefederten Fahrzeugteil (meist dem Lokomotivkasten bei Starrahmenlokomotiven) gelagert. Angetrieben werden die Teibradsätze

- über ein Untersetzungsgetriebe, die Blindwelle mit Kurbel und Stangen oder
- direkt von der Welle eines langsamlaufenden Motors mit einer Kurbel über Stangen.

Die Relativbewegung zwischen den Treibradsätzen und dem Rahmen wird ausgeglichen durch

- Kuppelstangen mit einer tiefliegenden Blindwelle,
- eine lange Schrägstange (Bild 19.4/19),
- Kulissenführung,
- Verteilergetriebe, z. B. nach Kando.

Nachteile der Stangenantriebe:

- große Massen,
- Unwuchtkräfte,
- ungünstige Schmierungsverhältnisse,
- Auftreten von Rüttelschwingungen infolge der großen Ankermassen, von Spielen in den Lagern und dem Fehlen von Dämpfkräften.

Als Beispiel für eine konstruktive Ausführung wurde im Bild 19.4/19 der Schrägstangenantrieb bei der Baureihe E 77 der DRG dargestellt.

19.4.3 Gruppenantriebe

Ein oder mehrere Fahrmotoren treiben zwei oder mehrere in Drehrichtung gekuppelte Treibradsätze an. Die Kupplung erfolgt durch

- die früher üblichen Stangenantriebe,
- Stirnzahnradgetriebe,
- Kegelradgetriebe (z.T. in Verbindung mit Kardanwellen).

Gruppenantriebe haben folgende Vorteile:

- Sie verhindern ein individuelles Schleudern einzelner Treibradsätze,
- Die Auswirkungen der Achsentlastung werden beseitigt, was gegenüber Fahrzeugen mit Einzelachsantrieb ohne besondere Maßnahmen gegen Achsentlastung einen Zugkraftgewinn von 7...10 % bringt.
- Es wird eine geringfügige Verbesserung der Kraftschlußnutzung aufgrund der statistischen Wahrscheinlichkeit der Verteilung des Kraftschlußbeiwerts möglich.
- Die Verringerung der Anzahl der Fahrmotoren und der dazugehörigen Geräte (Trennschütze, Richtungswender usw.) ergibt Einsparungen an Anschaffungs- und Instandhaltungskosten.

Nachteile der Gruppenantriebe:

- zusätzlicher Aufwand und zusätzliche Massen für das Getriebe,
- zusätzliche, teure Verschleißteile,
- die engen Toleranzen der Radreifendurchmesser zwingen zur Bearbeitung der gesamten Radsatzgruppe, wenn an einem Radsatz eine Profilberichtigung erforderlich wird.

Kupplung der Radsätze durch Stirnzahnräder

Die Zahnräder sind in einem tragenden Getriebegehäuse gelagert, das im Drehgestell angebracht ist. Die Radsätze werden durch Kardan-, Feder- oder Gelenkantriebe angetrieben, die zwischen die Großräder und die Treibradsätze eingeschaltet sind.

Bild 19.4/20 zeigt schematisch einige Ausführungsformen.

Die Eigenschaften der Antriebe mit umrichtergespeisten Drehstrommotoren gewährleisten einen Teil der o. a. Vorteile ohne die Nachteile, so daß die noch vor 15...20 Jahren bei Lokomotiven (insbesondere der SNCF) häufigen Monomoteurantriebe mit Stirnzahnrädern heute im Neubau nicht mehr angewendet werden.

Bild 19.4/20 Gruppenantriebe
a) Zwischenzahnrad zwischen den Ritzeln
b) Zwischenzahnräder zwischen Ritzel und Großrädern
c) Zwischenzahnräder zwischen den Großrädern
G Großrad, M Fahrmotor, R Ritzel, Z Zwischenzahnrad

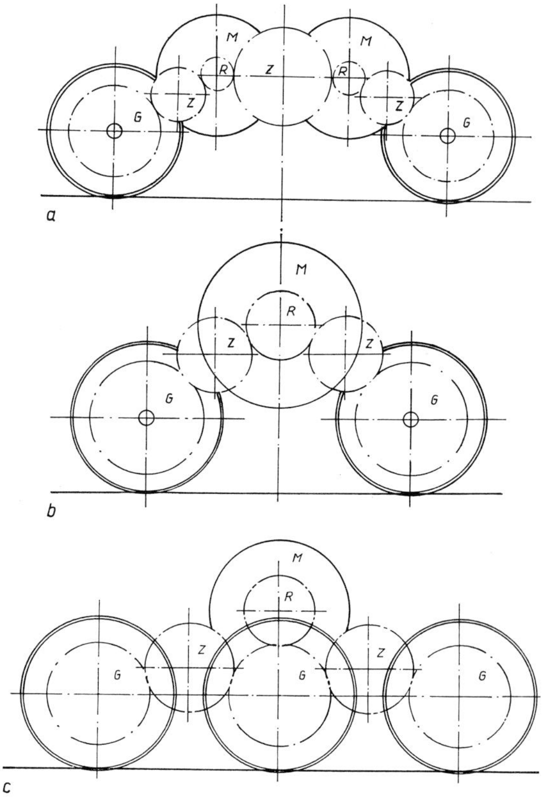

Kupplung durch Kegelradantriebe
Der Motor ist parallel zur Fahrzeuglängsachse angeordnet und treibt nach beiden Seiten je einen Radsatz über ein Kegelradgetriebe an. Der Motor ist im Drehgestell aufgehängt. Der Ausgleich der Vertikalbewegung geschieht durch Kardan-, Gelenk- oder Federantriebe.

a) Kardanwelle zwischen Motor und Getriebe (Bild 19.4/3)

Diese Lösung wurde z. B. bei den Triebwagen des Typs Yoa der SJ angewendet.

b) Kardanwelle zwischen Getriebe und Treibradsatz (Bild 19.4/21)

Diese Ausführung ist bei Straßen- und U-Bahnen häufig anzutreffen.

c) Kupplung durch Kurbel- und Stangenantriebe

Derartige Antriebe werden seit vielen Jahren nicht mehr angewendet.

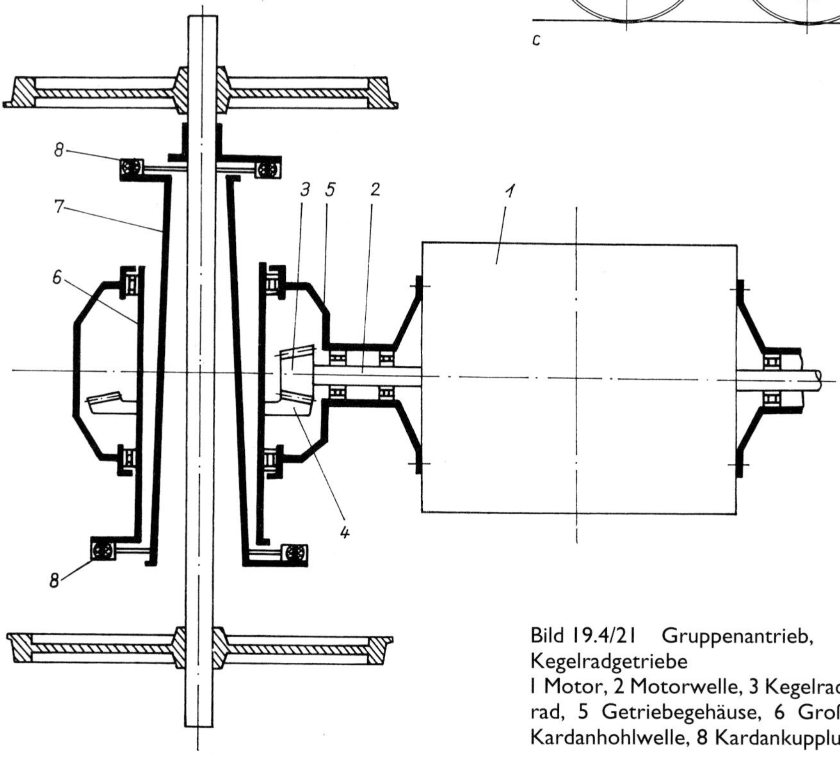

Bild 19.4/21 Gruppenantrieb, Kupplung durch Kegelradgetriebe
1 Motor, 2 Motorwelle, 3 Kegelradritzel, 4 Großkegelrad, 5 Getriebegehäuse, 6 Großrad-(hohl-)welle, 7 Kardanhohlwelle, 8 Kardankupplung

19.4.4 Antriebe mit veränderbarer Übersetzung

Die Umschaltung der Übersetzung ist meist nur bei stillstehendem Fahrzeug möglich. Veränderbare Übersetzungen werden fast nur bei Einmotordrehgestellen mit Gruppenantrieb der Radsätze angewendet, damit der Aufwand für die Umschaltgetriebe nur einmal auftritt. Der Vorteil der Umschaltbarkeit liegt darin, daß die Lokomotive sowohl im schweren Güterzugdienst als auch im Schnellzugdienst universell einsetzbar ist. Die komplizierteren Getriebe und die zusätzlichen Verschleißteile stellen allerdings nicht zu unterschätzende Nachteile dar. Die Umschaltbarkeit wurde bisher auf drei verschiedenen Wegen realisiert:

- axial verschiebbare Zahnräder,
- radial einrückbare Zahnräder,
- besondere Umschaltkupplungen.

Derartige Antriebe fanden besonders bei der SNCF Verwendung. Da umrichtergespeiste Drehstrommotoren einen großen Geschwindigkeitsbereich bei gleichzeitigem Aufbringen großer Zugkräfte überstreichen, haben sie bei Neuentwicklungen Antriebe mit umschaltbarer Übersetzung völlig verdrängt.

20

Druckluftversorgungsanlagen

20.1 Hauptbauteile

Die wichtigsten Verbraucher von Druckluft sind

- pneumatische Bremsen,
- elektrische Schaltgeräte (Hauptschalter, elektropneumatische Schütze, pneumatische Schaltwerksantriebe, pneumatische Richtungswenderantriebe),
- Stromabnehmerantrieb,
- pneumatische Hilfseinrichtungen (pneumatische Scheibenwischer, Sandstreuanlage, Achskraftausgleichseinrichtungen, Typhone, Türschließeinrichtungen).

Die Hauptteile der Druckluftversorgungseinrichtungen werden am Beispiel des im Bild 20.1/1 dargestellten Druckluftschemas behandelt:

- Der Hauptluftverdichter (1) erzeugt Druckluft (meist 1 MPa Druck). Die im Abschn. 15.10.5 behandelte Hauptluftverdichtersteuerung gewährleistet die Einhaltung dieses Drucks innerhalb bestimmter Grenzen (meist 0,8...1 MPa).
- Der Zwischenkühler (2) kühlt die Druckluft der Niederdruckstufe des Verdichters. Er ist häufig mit diesem organisch verbunden.
- Das Sicherheitsventil (3) schützt den Zwischenkühler vor zu hohem Druck bei Störungen in der Hochdruckstufe (z. B. Hängenbleiben von Ventilen).
- Das Sicherheitsventil (4) hinter dem Hauptluftverdichter schützt das Druckluftsystem vor Überdruck (z. B. bei einem Versagen der selbsttätigen Kompressordrucksteuerung). Unter Berücksichtigung der Druckstöße des Kompressors ist es auf einen etwas höheren als den Nenndruck eingestellt.
- Der Öl- und Kondensatabscheider (5) dient zur Abscheidung des aus dem Kompressor mitgerissenen Öls und von Kondensat. Zur Kondensation der in der komprimierten und erwärmten Luft enthaltenen Feuchtigkeit ist zwischen Kompressor und Abscheider häufig noch ein Luftkühler oder mindestens eine längere Rohrleitung angeordnet.
- Das Rückschlagventil (6) verhindert das Zurückströmen von Luft aus den Hauptluftbehältern zum Verdichter (z. B. bei einem Ventilbruch oder bei Fremdeinspeisung von Druckluft in die Hauptluftbehälterleitung). Das Zurückströmen ist auch in den Fällen zu verhindern, in denen die Druckseite zur Erleichterung des Anlaufs des Verdichters entlüftet wird.
- Das Sicherheitsventil (7) schützt das Druckluftsystem vor Überdruck.
- Die Hauptluftbehälter (8) speichern den Druckluftvorrat für Perioden großen Luftbedarfs (Füllen und Lösen der pneumatischen Bremse des Zuges). Ihr Fassungsvermögen muß der beabsichtigten Anhängemasse und dem Einsatzbereich (Reise- oder Güterzug) angepaßt sein. Sie erfüllen eine wichtige Nebenaufgabe, indem sie als Raum zur Beruhigung der Luft, zu deren weiterer Abkühlung und damit zur Wasserausscheidung durch Kondensation dienen.
- Die Entwässerungshähne (9) dienen zum Ablassen des im Hauptluftbehälter angesammelten Kondenswassers. Moderne Lokomotiven haben an ihrer Stelle periodisch arbeitende selbsttätige Ventile. In den Fällen, in denen ein großer Teil des Wassers durch intensive Kühlung schon vor und im Öl- oder Kondensatabscheider ausgeschieden wird, befinden sich die

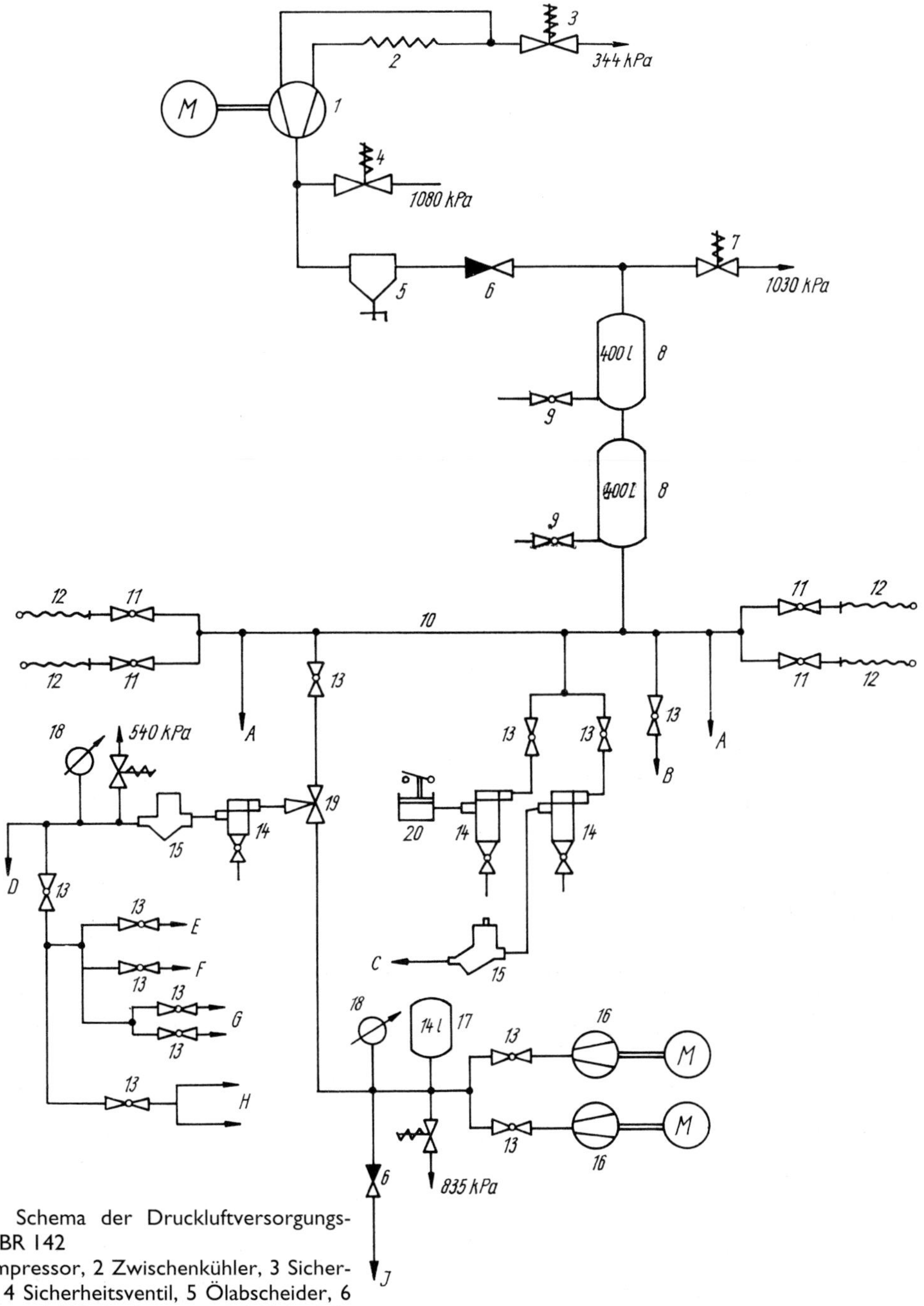

Bild 20.1/1 Schema der Druckluftversorgungsanlage der BR 142
1 Hauptkompressor, 2 Zwischenkühler, 3 Sicherheitsventil, 4 Sicherheitsventil, 5 Ölabscheider, 6 Rückschlagventil, 7 Sicherheitsventil, 8 Hauptluftbehälter, 9 Entwässerungsventil, 10 Hauptluftbehälterleitung, 11 Absperrventil, 12 Kupplungsschlauch, 13 Absperrventil, 14 Luftfilter, 15 Druckminderventil, 16 Hilfsluftverdichter, 17 Hilfsbetriebeluftbehälter, 18 Druckmesser, 19 Dreiwege-Umstellventil, 20 Druckschalter

Abgänge zu:
A Führerbremsventil der pneumatischen Bremse, B Thyphone, C Achslastausgleicheinrichtung, D Stromabnehmer, E elektropneumatische Schaltgeräte, F Schleuderschutzbremse, G Scheibenwischer, H Sandstreueinrichtung, I Lokomotivhauptschalter

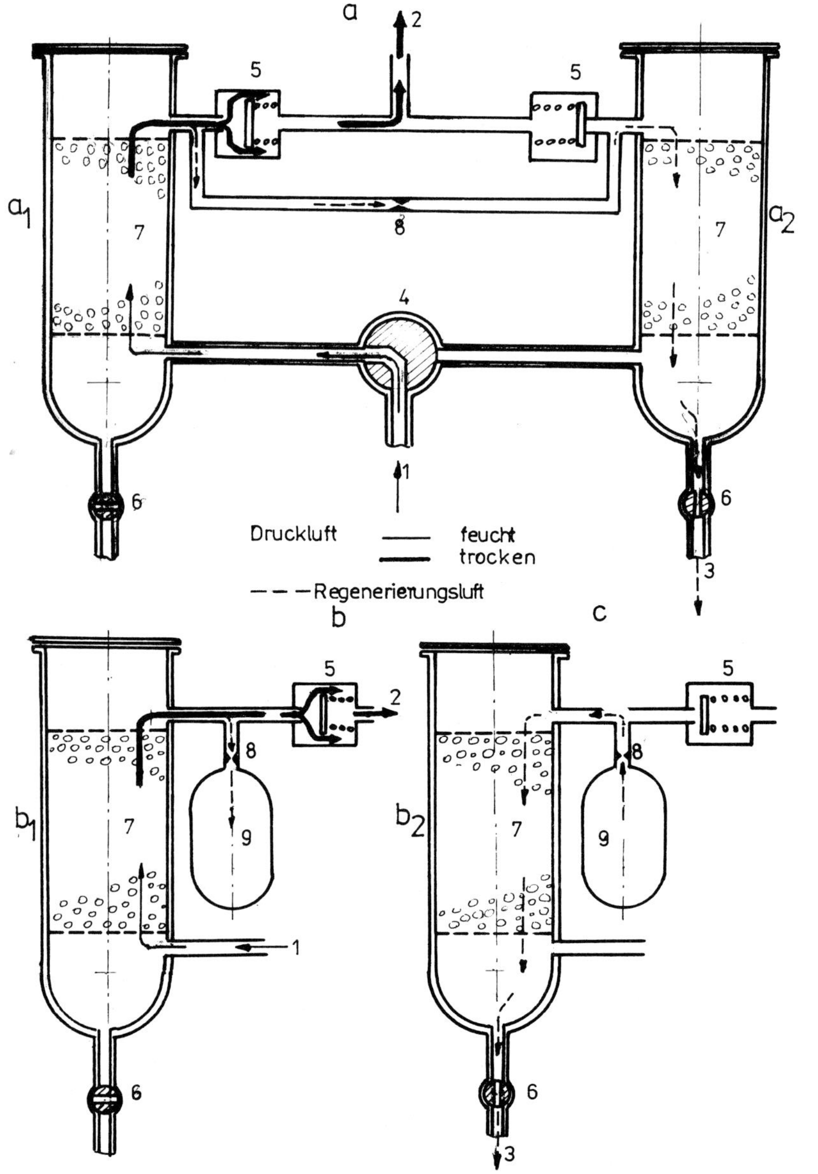

Bild 20.1/2 Lufttrocknungsanlagen nach dem Adsorbtionsprinzip
a Zweikammeranlage
a_1 Trocknung
a_2 Regenerierung
b Einkammeranlage
b_1 während der Trocknung
b_2 während der Regenerierung
1 vom Kompressor
2 zum Hauptluftbehälter
3 ins Freie
4 Umstellhahn
5 Rückschlagventil
6 Absperrhahn
7 Adsorbtionsmittel
8 Drosseldüse
9 Regenerierungsluftbehälter

selbsttätigen Entwässerungsventile bereits am Abscheider.

- Die Hauptluftbehälterleitung (10) verteilt die Luft an die Verbraucher.
- Die Absperrhähne (11) und die Kupplungsschläuche (12) leiten die Hauptluftbehälterluft an die Verbraucher im Zug weiter (z. B. Führerbremsventile des Wendezugsteuerwagens, Türschließeinrichtungen).
- Die Hilfskompressoren (16) versorgen die Lokomotive mit der zur Inbetriebsetzung nötigen Druckluft (Heben der Stromabnehmer, Einschalten des Hauptschalters). Bei älteren Lokomotiven diente dafür eine Handpumpe.
- Die Hilfsluftbehälter (17) speichern die Hilfsluft, die sie aus dem Hauptverorgungssystem oder vom Hilfskompressor erhalten.
- Das Kontrollmanometer (18) für den Hilfsluftdruck kontrolliert den Druck für die Steuergeräte (Hauptschalter).

- Der Dreiwegehahn (19) dient zur Umstellung der Hilfsluftversorgung aus dem Hilfskompressor oder dem Hauptluftsystem.
- Der Kompressordruckschalter (20) steuert das Aus- und Einschalten des Hauptluftverdichters (Abschn. 15.10.5).
- Die Luftfilter (14) reinigen die Luft vor dem Eintritt in die Geräte.
- Die Druckminderventile (15) setzen den Luftdruck auf den für die Geräte zulässigen Wert (meist 0,5 MPa) herab.
- Die Absperrventile (13) dienen zum Absperren schadhafter Geräte.

Verschiedentlich haben moderne Triebfahrzeuge spezielle Lufttrocknungsanlagen zur Entfernung des Wassers aus der komprimierten Luft. Diese intensive Entfeuchtung soll Schäden im Druckluftsystem durch Korrosion verringern und Störungen durch Einfrieren von Geräten im Winter vermeiden. Die Lufttrocknungsanlagen arbeiten meist mit absorbierenden Stoffen und sind regenerierungsfähig. Je nach den Betriebsbedingungen werden Ein- oder Zweikammeranlagen eingesetzt. Das Wirkprinzip ist aus Bild 20.1/2 ersichtlich. [62]

Zur Versorgung der Hilfseinrichtungen und Geräte sind vielfach Hilfsbetriebeluftbehälter über ein Druckminderventil an die Hauptluftbehälterleitung mit einem Rückschlagventil angeschlossen. Dadurch wird die Entlüftung der Hilfsgeräte bei einem Bruch der Hauptluftbehälterleitung verhindert.

20.2 Hauptluftverdichter

Es überwiegen zweistufige Kolbenverdichter, die ein Elektromotor über elastische Kupplungen oder Keilriemen antreibt. Der Luftverdichter und der Antriebsmotor sind zur Erleichterung der Montage meist auf einem gemeinsamen Tragrahmen gelagert, der sich – um die Übertragung von Körperschall zu verhindern – über elastische Elemente (Gummi) auf den Lokomotivrahmen abstützt. Zur Verringerung der thermischen Beanspruchung der Hochdruckstufe und zur Verbesserung des volumetrischen Wirkungsgrads wird häufig eine Zwischenkühlung zwischen Nieder- und Hochdruckstufe vorgenommen.

Bild 20.2/1 zeigt als Beispiel den Hauptluftverdichter der Baureihen 109/142 und 155 der DR. Seine Kurbelwelle ist in dem gegossenen Gehäuse in Zylinderrollenlagern gelagert. Sie treibt über Pleuelstangen zwei Niederdruck- und zwei Hochdruckkolben an. Die Saug- und Druckventile sind in den Zylinderköpfen untergebracht. Geschmiert wird das Triebwerk durch Schleuderschmierung mit einem an der Pleuelstange angebrachten Schöpfblech.

Neuerdings kommen in zunehmendem Maße Schraubenverdichter zur Anwendung. Ihre Vorteile sind:

- kleinerer Platzbedarf,
- geringere Vibration,
- stark herabgesetzte Geräuscherzeugung,
- niedrige Luftaustrittstemperatur und damit niedrigerer Wassergehalt,
- geringere Störanfälligkeit (keine Saug- und Druckventile),
- verminderter Verschleiß, da die druckerzeugenden Bauteile (Schrauben) durch einen Ölfilm getrennt sind.

Bild 20.2/2 zeigt das Schema eines Schraubenverdichters, Bild 20.2/3 den Aufbau und das Wirkprinzip.

20.3 Behälter und Leitungen

Die Hauptluftbehälter sind als Druckgefäße ausgebildet und prüfpflichtig. Sie bestehen aus einem geschweißten Rohrmantel mit angeschweißten Wölbböden und eingeschweißten Anschlußstutzen für den Luftein- und -austritt sowie Entwässerungsstutzen. Verschiedentlich haben größere Behälter Schauluken zur Kontrolle der inneren Wandungen (Korrosion). Die Hauptluftbehälter sind so anzubringen, daß die Luft an der höchsten Stelle des Behälters entnommen wird, die Behälter am Fahrzeug möglichst tief sitzen und wegen der Kühlung vom Fahrtwind bestrichen werden (Kondensation der Feuchtigkeit). Günstig für die Wasserabscheidung sind die Reihenschaltung mehrerer Behälter und die Luftentnahme aus dem letzten.

Die Entwässerungsventile an den Hauptluftbehältern sind entweder manuell, automatisch bei Druckschwankungen arbeitend (Bauart Knorr) oder elektrisch bedienbar (manuell oder selbsttätig beim Schalten des Kompressors Bauart DAKO). Damit die Entwässerungsventile nicht einfrieren, werden sie häufig beheizt.

Die Leitungen sind so zu verlegen, daß sich keine nicht zu entfernenden Wasseransammlungen bil-

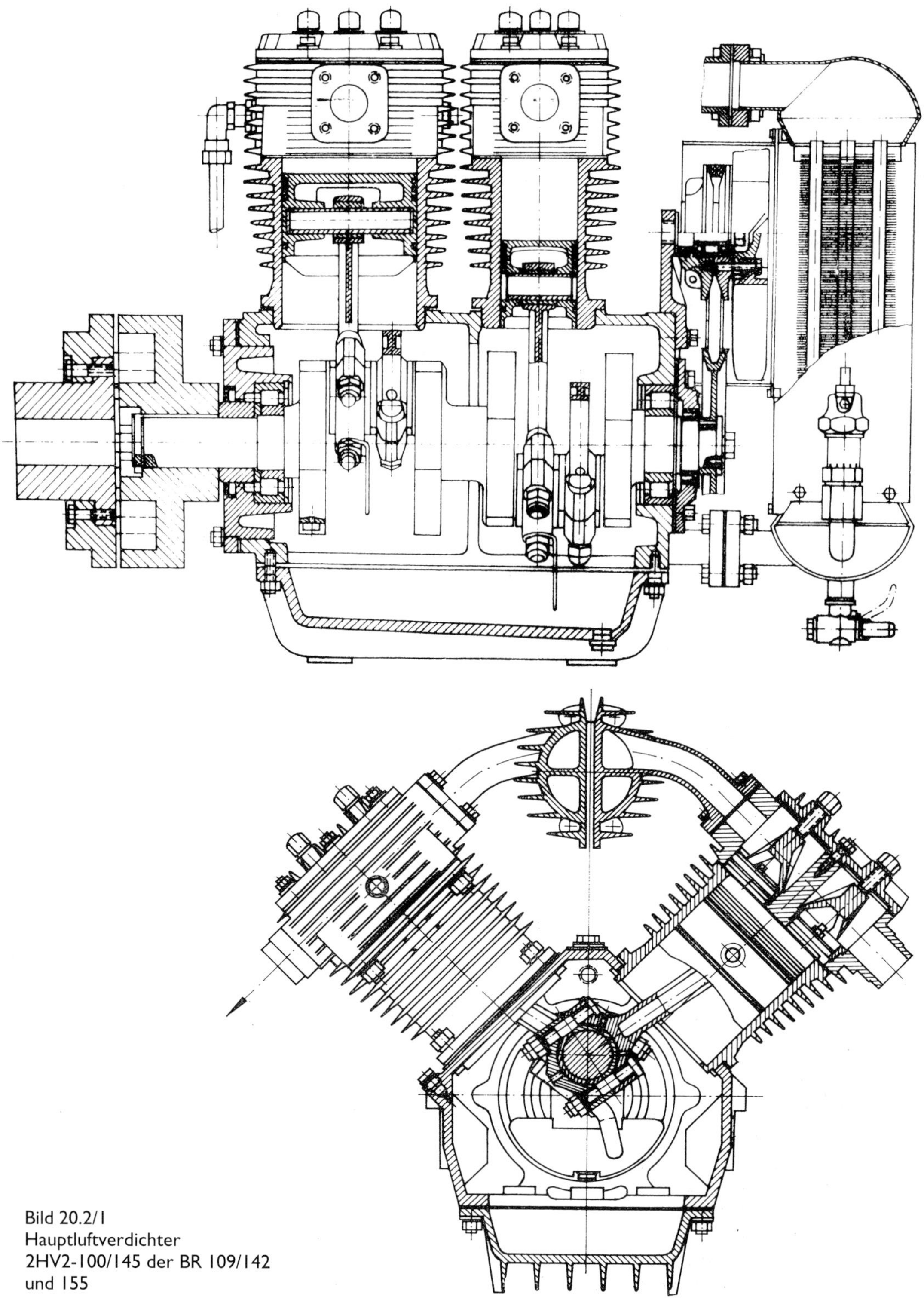

Bild 20.2/1
Hauptluftverdichter
2HV2-100/145 der BR 109/142
und 155

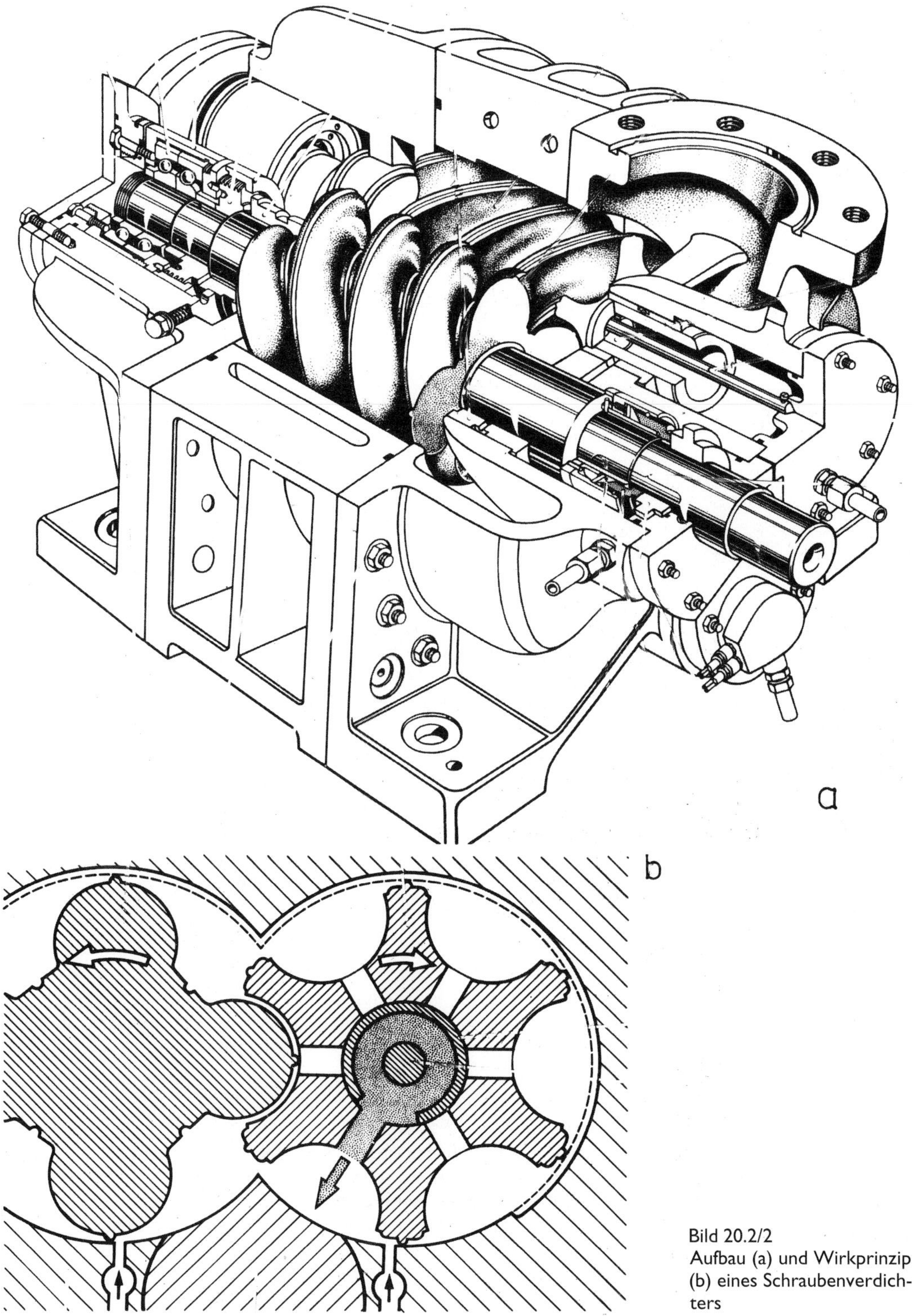

Bild 20.2/2
Aufbau (a) und Wirkprinzip (b) eines Schraubenverdichters

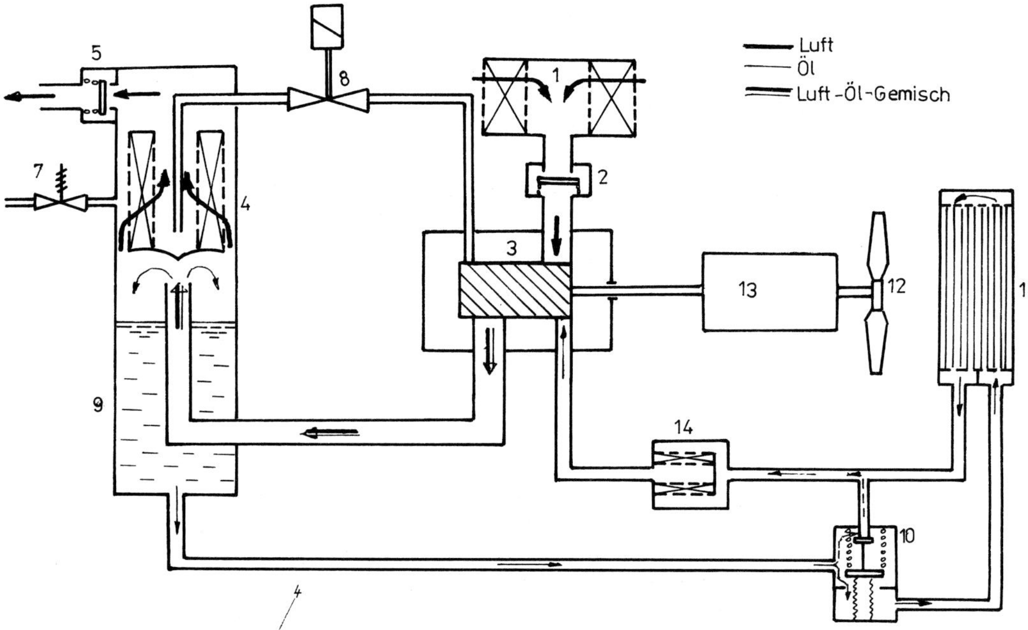

Bild 20.2/3 Schema einer Schraubenverdichteranlage
1 Luftansaugfilter, 2 Rückschlagventil, 3 Schraubenverdichter, 4 Ölabscheider, 5 Rückschlagventil, 6 zum Hauptluftbehälter, 7 Sicherheitsventil, 8 Magnetventil, 9 Ölvorrat, 10 Thermostat für Öltemperatur, 11 Ölkühler, 12 Lüfter, 13 Lüftermotor, 14 Ölfilter

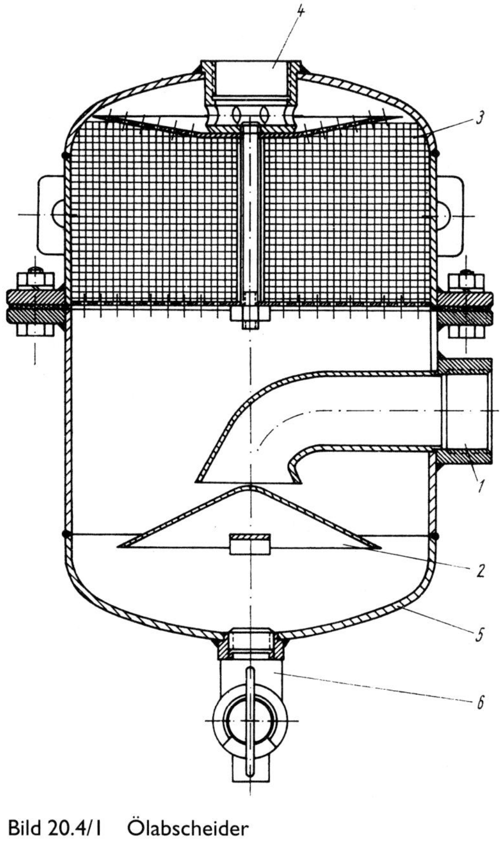

Bild 20.4/1 Ölabscheider
1 Einströmrohr, 2 Prallkegel, 3 Filtereinsatz, 4 Abströmanschluß, 5 Schlammsammelrohr, 6 Ablaßhahn

den können und ein Gefälle zu den Entwässerungsstellen vorhanden ist. Eine Unterteilung in handliche Längen soll den einfachen Ausbau zur Reparatur erleichtern.

20.4 *Kondensat- und Ölabscheider*

Die vom Hauptluftverdichter kommende, mit Öldämpfen und Feuchtigkeit angereicherte Luft (Bild 20.4/1) prallt nach ihrem Eintritt auf ein kegelförmiges Prallblech, wobei Öl- und Wassertropfen abgeschieden werden. Nach ihrer Umlenkung strömt die Luft durch einen Filtereinsatz aus vielen hundert Metallröhrchen zur weiteren Abscheidung von Öl und Wasser. Ein Ablaßhahn am Boden gestattet das Ablassen des Öl-Wasser-Gemischs. Der Abscheider ist in möglichst großer Entfernung vom Kompressor bzw. hinter einem Luftkühler einzubauen, um bis dahin die Flüssigkeitsteilchen abzukühlen und zu kondensieren.

Mechanische Zubehörteile

21.1 Sandstreueinrichtung

Aufgabe der Sandstreueinrichtung ist es, die Zugkraft bzw. die Bremswirkung durch künstliche Erhöhung des Kraftschlußbeiwerts zwischen Rad und Schiene von der Beschaffenheit der Schienenoberfläche unabhängig zu machen und ein Schleudern oder Gleiten zu verhindern. Dazu ist eine möglichst geringe, aber für die Kraftschlußverbesserung ausreichende Sandmenge (auch bei hohen Geschwindigkeiten der Triebfahrzeuge) sicher in die unmittelbare Nähe des Berührungspunkts zwischen Rad und Schiene zu bringen. In der Regel wird nur unter den führenden Radsätzen der Drehgestelle gesandet.
Die Sandstreueinrichtungen werden vorwiegend mit Luft aus der Hauptluftbehälterleitung mit elektrisch gesteuerten Ventilen betrieben. Hinsichtlich der Förderung des Sandes aus den Sandbehältern in die Sandstreurohre unterscheidet man folgende Systeme:

- Der Sand wird durch reine Ejektorwirkung in das Sandrohr befördert.
- Der Sand wird mit einer Düse aufgewirbelt und mit einer zweiten ausgeblasen.
- Das Aufwirbeln und Ausblasen geschehen mit einer einzigen Düse.

Bild 21.1/1 zeigt eine Sandstreueinrichtung nach dem zuerst genannten Prinzip. Das schräg nach oben gerichtete Gehäuse bildet mit dem abwärts geneigten Auslaufstutzen (Neigung 45 ± 15°) ein Knie, das den unbeabsichtigten Austritt von Sand während der Fahrt verhindert. Bei der Betätigung der Anstelleinrichtung strömt Druckluft in die Blasdüse. Der aus dem Düseneinsatz austretende

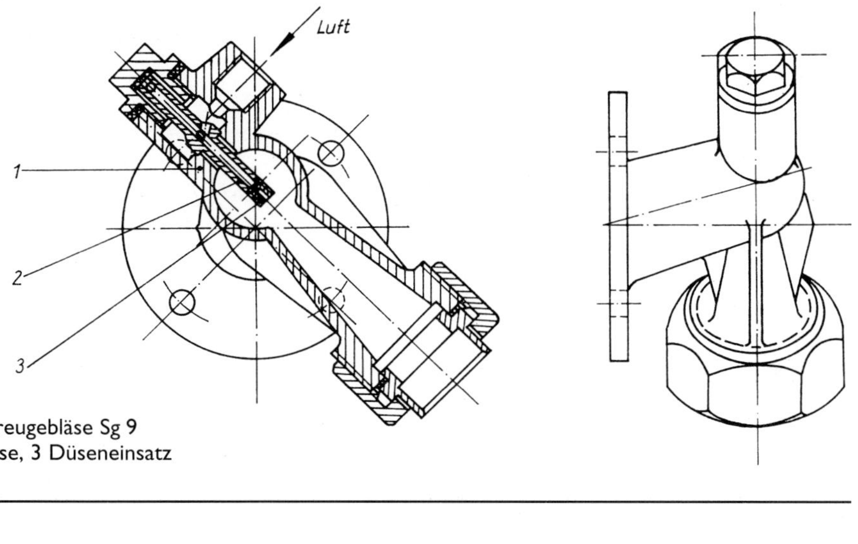

Bild 21.1/1 Sandstreugebläse Sg 9
1 Gehäuse, 2 Blasdüse, 3 Düseneinsatz

Luftstrom erzeugt in dem aufwärtsgerichteten Gehäuseteil einen Unterdruck und reißt den ständig nachrieselnden Sand über das Knie hinweg in den Auslaufstutzen. Die Nebenluft gelangt über den Sandkastendeckel und ein Rohr im Sandkasten unmittelbar vor den Gehäuseflansch.

Sandstreueinrichtungen, bei denen der Sand mit einer Düse aufgewirbelt und mit einer zweiten ausgeblasen wird, kommen bei verschiedenen Bahnverwaltungen zum Einsatz. Der Sandtreppe nach Bild 21.1/2 liegt z. B. dieses Funktionsprinzip zugrunde. Das Gehäuse ist so ausgebildet, daß der Steg zwischen Sandkammer und Auslaufstutzen ein Herausrieseln des Sandes verhindert. Erst wenn nach Betätigung der Anstelleinrichtung Druckluft in den Raum über der Düsenplatte und durch deren Düsenbohrung strömt, wird der hinter dem Steg liegende Sand durch die schräge Bohrung aufgewirbelt, um von der durch die senkrechte Bohrung strömenden Druckluft mitgerissen zu werden. Durch Öffnen des Sandkammerverschlusses kann feuchter Sand entfernt bzw. der Sandkasten entleert werden.

Bei der Anordnung der Sandstreuanlagen ist zu beachten, daß

- die Sandkästen möglichst am Lokomotivkasten befestigt werden, damit der Sand durch die Fahrerschütterung so wenig wie möglich festgerüttelt wird,
- die Sandrohre ein möglichst gleichmäßiges Gefälle sowie keine engen Radien aufweisen.

Es ist nur trockener, grobkörniger Sand ohne Ton- und Lehmanteile zu verwenden.

21.2 Spurkranzschmiereinrichtung

Die Einrichtung soll die Abnutzung der Spurkranz- und Schienenkopfflanken an der gemeinsamen Berührungsfläche durch Herabsetzen des Reibwerts vermindern, indem ein geeignetes Schmiermittel an die Berührungsfläche gesprüht und ein dünner Schmiermittelfilm zwischen den Reibpartnern erzeugt wird. Im Gegensatz zu statio-

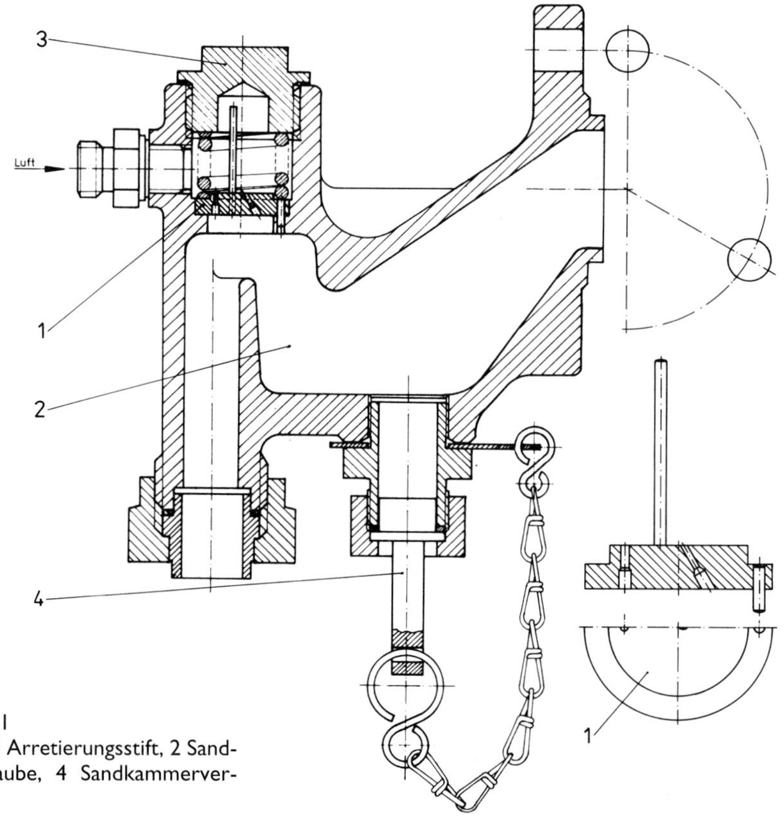

Bild 21.1/2 Sandtreppe SA1
1 Düsenplatte mit Griff- und Arretierungsstift, 2 Sandkammer, 3 Verschlußschraube, 4 Sandkammerverschluß

nären Anlagen, die am Gleisbogenanfang die innere Flanke des Schienenkopfs schmieren, benetzt die Spurkranzschmiereinrichtung der Triebfahrzeuge die Hohlkehle zwischen Lauffläche und Spurkranz. Damit wird Trockenreibung, die u. a.
- einen maximalen Verschleiß an der Spurkranzflanke und der Schienenkopfinnenfläche,
- einen hohen Fahrwiderstand (und damit einen hohen Traktionsenergieverbrauch),
- eine geringe Sicherheit gegen Entgleisung zur Folge hat, vermeidbar.

Die als Schmiermittel oft verwendeten Öle mit einer Reihe von Nachteilen (z. B. fließt das versprühte Öl von der Superkranzhohlkehle auch auf die Lauffläche und bewirkt dort eine unerwünschte Herabsetzung des Kraftschlußbeiwerts) werden immer mehr durch Schmierfette ersetzt. Wegen ihrer Konsistenz bleiben sie an der Oberfläche, auf die sie aufgebracht werden, haften. Verstärkt kommen biologisch abbaubare Fette zum Einsatz, da vom Arbeitsprinzip her nicht vermieden werden kann, daß Teile des Schmierstoffs in das Erdreich gelangen (z. B. durch Abspülen bei starkem Regen).

Geschmiert wird zweckmäßigerweise lediglich am jeweils führenden Radsatz des vorauslaufenden Drehgestells. Das Schmiermittel überträgt sich durch die Berührung zwischen Rad und Schiene auf die Spurkränze der folgenden Radsätze, auch auf die des Wagenzugs. Der Schmiervorgang wiederholt sich je nach Bauart nach gleichen Zeit- oder meist gleichen Wegabständen, wobei Dauer und Frequenz der Schmierimpulse oft wählbar ausgeführt werden. Bei älteren Konstruktionen fand die Schmierung, gesteuert durch die Auslenkung des Fahrzeugteils, nur bei der Fahrt durch den Gleisbogen statt. Diese Methode hat den Nachteil, daß zum Zeitpunkt des größten spezifischen Drucks zwischen Spurkranz und Schiene während des Einfahrens in den Bogen sich noch kein Schmierfilm gebildet hat.

Eine Spurkranzschmiereinrichtung besteht im wesentlichen aus:
- Steuergerät mit zugehörigen mechanischen oder elektrischen Gebern,
- Schmiermittelbehälter,
- Schmiermittelpumpe oder Fördereinrichtung,
- Leitungssystem,
- Sprühdüsen.

Angetrieben wird die Schmiermittelpumpe u. a.

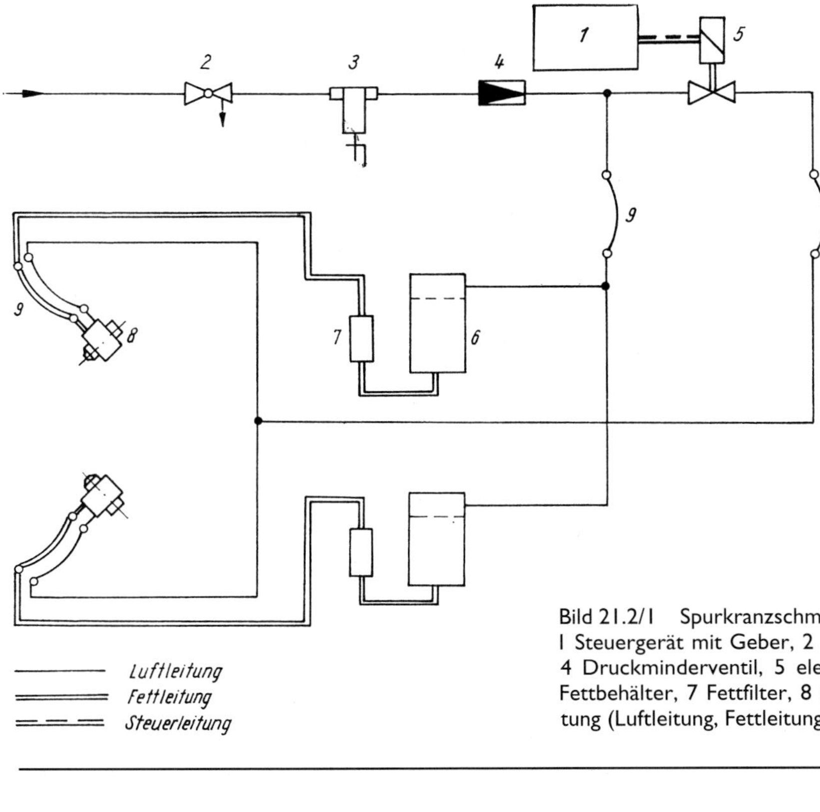

Bild 21.2/1 Spurkranzschmiereinrichtung
1 Steuergerät mit Geber, 2 Absperrhahn, 3 Luftfilter, 4 Druckminderventil, 5 elektrisches Anstellventil, 6 Fettbehälter, 7 Fettfilter, 8 Sprühdüse, 9 Schlauchleitung (Luftleitung, Fettleitung, Steuerleitung)

- mechanisch, von einem Radsatz aus,
- pneumatisch,
- mit einem Pendel in der Pumpe, das durch die Schlingerbewegung des Drehgestells angeregt wird.

Bei einigen Bauarten gelangt das Schmiermittel ohne Pumpe aus dem Vorratsbehälter durch das Leitungssystem zur Sprühdüse (z. B. durch Ejektorwirkung bei Verwendung von Öl oder durch Beaufschlagen des Vorratsbehälters mit Druckluft). Die geförderte Schmiermittelmenge kann je nach der Bauart verändert werden. Die Mischung mit der Luft erfolgt in bzw. unmittelbar nach dem Austritt aus der Sprühdüse.

Bild 21.2/2 zeigt die Stellung der bei der DR eingesetzten Schmierdüse zum Spurkranz, Bild 21.2/1 das Schema der Spurkranzschmiereinrichtung. Bei dieser wegabhängigen Schmiereinrichtung kann der spezifische Fettverbrauch eingestellt werden durch

- wählbare Impulsabstände (140 m, 200 m und teilweise 2 000 m Laufweg des Triebfahrzeugs),
- variierbare Impuls- (d. h. Sprüh-)dauer (1…4,5 s),
- veränderbaren Nadelhub.

Das Fett gelangt aus dem ständig mit Druckluft beaufschlagten Fettbehälter ohne Zwischenschaltung einer Pumpe in die Sprühdüse. Nach Betätigung des elektrischen Anstellventils (Teil 5 im Bild 21.2/1) bewegt die Druckluft die federbelastete Nadel der Sprühdüse (Teil 2 im Bild 21.2/3) bis zum einstellbaren Anschlag und gibt damit einen Ringspalt zwischen Nadel und Fettdüse frei, durch den das Fett austreten kann. Die gleichzeitig aus dem Ringspalt zwischen Misch- und Fettdüse ausströmende Luft zerstäubt das Fett.

Nachteilig wirkt sich die Abhängigkeit der Fettmengeneinstellung (durch Veränderung des Nadelhubs) von Temperatur, Druck und Genauigkeit des Ringspalts zwischen Nadel und Fettdüse aus. Als besser haben sich Spurkranzschmiereinrichtungen mit genau definierter Zumeßmenge des Schmiermittels bewährt, die es erlauben, die Schmiermittelmenge zu minimieren, ohne ihre Wirksamkeit zu beeinträchtigen.

21.3 Akustische Signalanlage

Die Signalpfeifen und die Schallsender (Typhone) sind in der Regel an die Hauptluftbehälterleitung angeschlossen und werden über Druckknopfventile in der Druckluftleitung von Hand bzw. durch

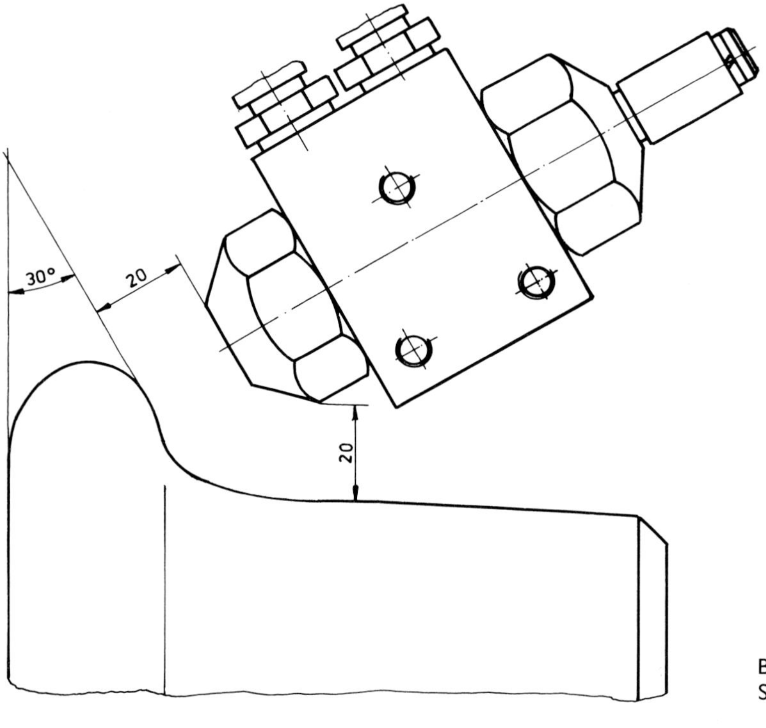

Bild 21.2/2
Stellung der Sprühdüse

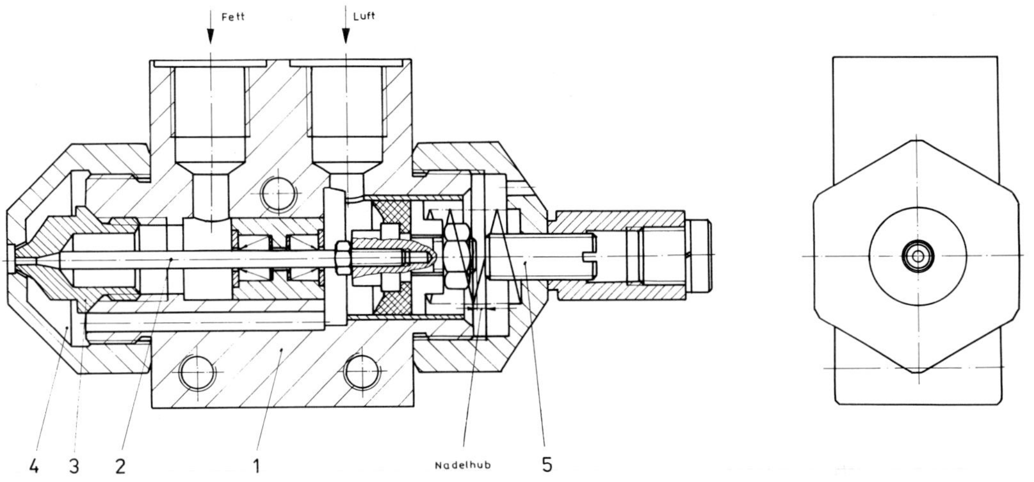

Bild 21.2/3 Sprühdüse
1 Gehäuse, 2 federbelastete Nadel, 3 Fettdüse, 4 Mischdüse, 5 Anschlag

Fuß betätigt. Immer mehr setzt sich die zusätzliche Betätigung mit einem elektrischen Handtaster, der auf ein Magnetventil wirkt, durch. Bei der Projektierung ist zu beachten:

- Die Luftleitung zwischen Ventil und Schallsender soll ein geringes Volumen haben, damit eine Zeichengabe ohne Nachklingen möglich wird.
- Die zugeführte Druckluft muß frei von Wasser, Öl und Fremdkörpern sein.

Die Tonfrequenz der Schallsender ist unter gleichen äußeren Bedingungen von der Form des Schalltrichters abhängig. Für die akustische Signalanlage aller Triebfahrzeuge im internationalen Verkehr gilt das UIC-Merkblatt Nr. 644. Seine Hauptforderungen lauten:

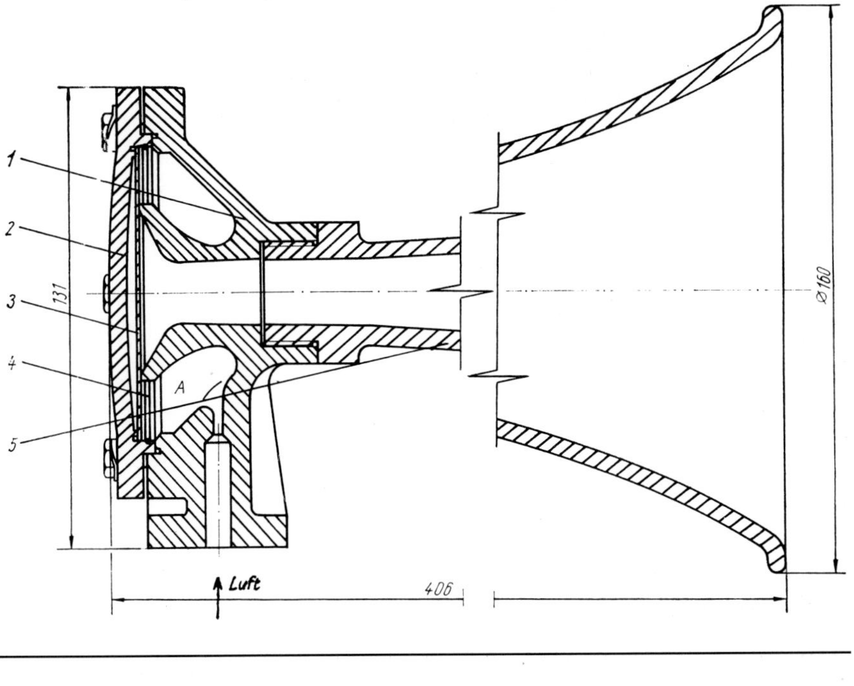

Bild 21.3/1 Schallsender der Tonfrequenz 370 Hz
A ringförmiger Raum
1 Gehäuse
2 Deckel
3 Membran
4 Sprengring
5 Schalltrichter 370 Hz

- Ein Triebfahrzeug muß mit zwei akustischen Signaleinrichtungen ausgerüstet sein, die nacheinander (ohne festgelegte Reihenfolge) betätigt werden können und Töne verschiedener Tonhöhe hervorbringen.
- Die Frequenz des tiefen Tones muß 370 ± 10 Hz, die des hohen 660 ± 15 Hz betragen.
- Der Schallpegel muß, gemessen im Abstand von 5 m in der akustischen Signalrichtung, zwischen 120 und 125 dB(A) betragen, wobei die Betätigung mit Druckluft (p = 0,7 MPa, Temperatur 20 °C) erfolgt.

Einen derartigen Schallsender zeigt Bild 21.3/1. Seine Membran liegt auf einer kreisringförmigen Lippe und wird durch den ständigen Wechsel des Drucks in dem ringförmigen Raum A zum Schwingen angeregt. Funktionsprinzip: Nach Betätigen des Ventils strömt Druckluft in den Raum A und biegt die Membran durch, so daß die Luft über den entstehenden Ringspalt in den Schalltrichter entweichen kann. Der Druck im Raum A baut sich ab, wodurch die Membran in die Ausgangslage zurückschwingt. Ein anders geformter, kürzerer Schalltrichter, mit dem der Grundkörper (Pos. 1 bis 4 des Bildes 21.3/1) anstelle des abgebildeten zu bestücken ist, erzeugt die hohe Frequenz von 660 Hz.

21.4 Scheibenreinigungsanlage

Zur Reinigung der Stirnscheiben bei Niederschlägen (Regen, Schnee) dienen Scheibenwischer, die mit Druckluft oder elektrisch angetrieben werden. Je nach der Ausführung des Gestänges, an dem das Wischerblatt befestigt ist, unterscheidet man Segmentwischer (Wischwinkel 60...90°) oder Parallelwischer. Die Wischfrequenz ist oft mit einer Steuereinrichtung einstellbar, die bei druckluftbetriebenen Wischern zum Teil gleichzeitig als Absperrorgan dient. Entscheidend für eine saubere Wischfläche sind das Gummiprofil, die Qualität des Gummis und der richtig bemessene Anpreßdruck des Wischerblatts, der im gesamten Geschwindigkeitsbereich zu gewährleisten ist.

Der im Bild 21.4/1 dargestellte Wischer hat eine Wischfrequenz von 10...100 Doppelhüben pro Minute und ist mit einer Rückstelleinrichtung versehen, die den Wischerhebel beim Abstellen immer in die Endlage gelangen läßt. Beim Ausbleiben der Druckluftzufuhr ist eine Betätigung mit Handhebel möglich.

Um verschmutzte Stirnscheiben auch während der Fahrt säubern zu können, kommt verschiedentlich eine Scheibenwaschanlage zum Einsatz. Hinsichtlich der Zufuhr des Waschmittels unterscheidet man zwei Varianten:

- Eine oder mehrere feststehende Spritzdüsen spritzen gegen die Scheibe. Das Auftreffen des Spritzstrahls wird u.U. vom Fahrtwind beeinträchtigt, was zu ungleicher Benetzung der Scheibe und erhöhtem Wasserverbrauch führt.
- Die Spritzdüsen sind an dem beweglichen Wischerblatt befestigt. Der Spritzstrahl trifft immer im gleichen Abstand zum Wischerblatt auf die Scheibe (Bild 21.4/1).

In der kalten Jahreszeit gibt man entweder dem Waschwasser einen Waschanlagenzusatz bei oder betreibt die Anlage mit Spiritus.

Die Flüssigkeit wird entweder durch Pumpen (z. B. Membranpumpen) oder durch Druckluft gefördert. Bei einem Teil der Lokomotiven der DB wird das Wasser durch Injektorwirkung aus dem Vorratsbehälter angesaugt.

Um auch in den Wintermonaten eine gute Sicht zu gewährleisten, werden die Stirnseiten beheizt. Hauptsächliche Systeme:

- Eine in Gummiprofil eingefaßte Heizscheibe liegt innen an der Stirnscheibe. Der Hohlraum zwischen Stirn- und Heizscheibe wird mit stromdurchflossenen Drähten, die Bestandteil der Heizscheibe sind, erwärmt, so daß die Stirnscheibe in dem von der Heizscheibe überdeckten Bereich eisfrei bleibt. Verschiedentlich sind die zwei Scheiben mit den zwischenliegenden Heizdrähten zu einem Verbund in einem gemeinsamen Rahmen zusammengefaßt. In diesem Fall kommt der Abdichtung des Hohlraums der Scheiben eine große Bedeutung zu, um ein Beschlagen zu vermeiden.
- Aus Festigkeitsgründen bestehen die Stirnscheiben aus mehreren Schichten Glas, die mit Kunststofffolien zusammengeklebt sind (Mehrscheibensicherheitsglas). Die dünnen Heizdrähte sind in eine dieser Folien eingebettet. Ein Beschlagen der Scheibe durch eingedrungene Feuchtigkeit wird damit vermieden. Der Durchmesser der Heizdrähte ist so klein, daß die Drähte aus der Entfernung des Lokomotivführers nicht mehr sichtbar sind.
- Die Scheiben werden mit einer dünnen, durchsichtigen Metallschicht bedampft, durch die Strom geleitet wird. Damit sie beim Putzen nicht beschädigt wird, befindet sie sich meist auf einer der inneren Scheiben des Mehrscheibensicherheitsglases.

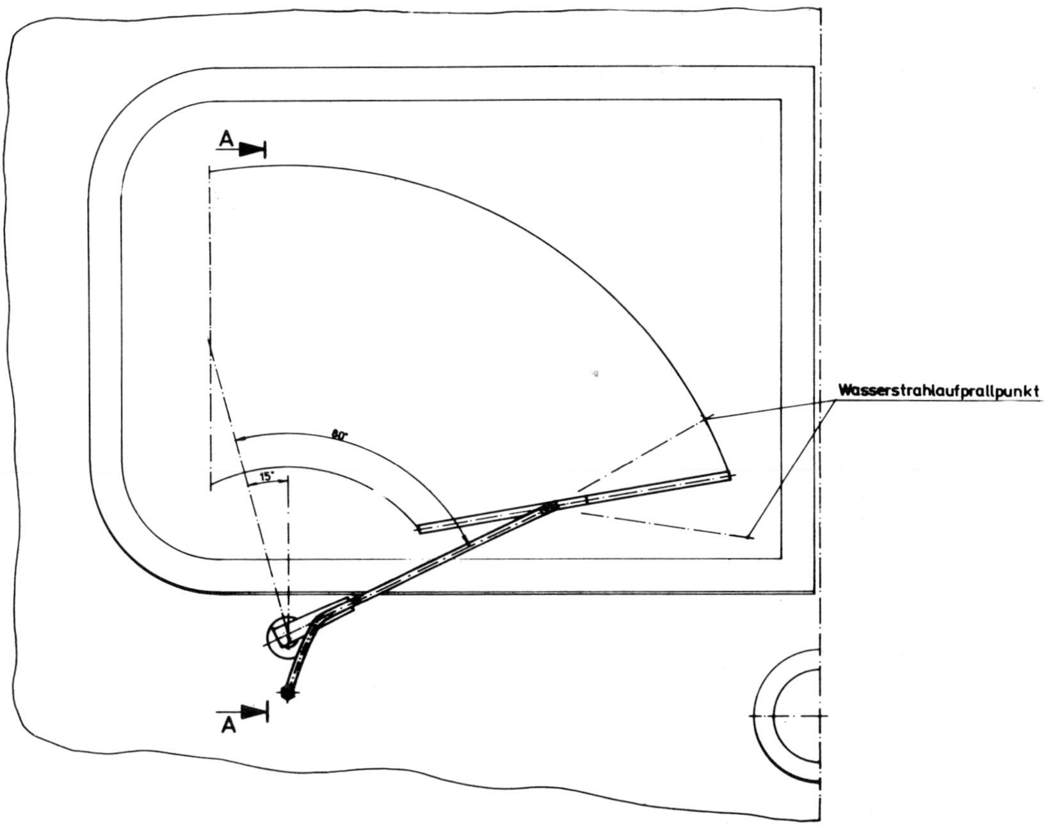

Bild 21.4/1 Scheibenreinigungsanlage der BR 143
1 Druckluftscheibenwischer, 2 Wischerhebel, 3 Wischerblatt, 4 Schlauch, 5 Zweistrahldüse

A-A
(Wischerhebel in Schnittebene gedreht)

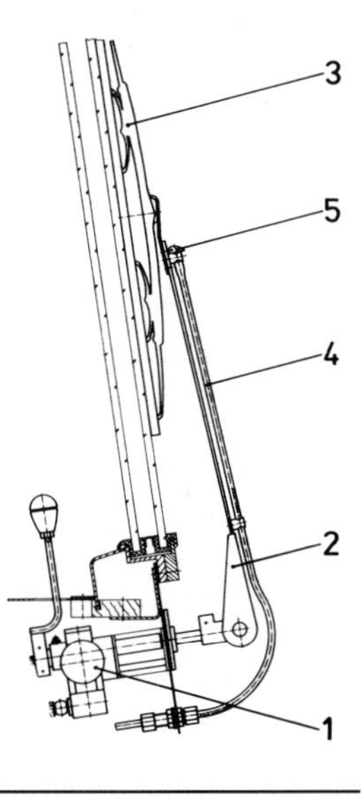

– Die Scheiben werden mit in einem Heizgerät erwärmter Luft beblasen. Dabei ist eine möglichst gleichmäßige Beaufschlagung der Scheibe wichtig, um Schäden durch Wärmespannungen zu vermeiden.

Die Scheibenheizung wird in der Regel so ausgeführt, daß in Abhängigkeit von der Außentemperatur verschiedene Heizstufen wählbar sind. Des weiteren wird die Heizleistung der Scheiben des in Fahrtrichtung hinteren Führerstands oftmals selbsttätig niedriger eingestellt, um zu hohe Temperaturen infolge der nicht vorhandenen Kühlung durch den Fahrtwind zu vermeiden.

22 Beispiele ausgeführter Lokomotiven

22.1. Baureihe 143 der DR

Hersteller: Kombinat LEW „Hans Beimler“ Hennigsdorf.
Indienststellung bei der DR: 1983 1. Baumuster als 212 001, 10/1983 auf 243 001 umgerüstet, 1984 Serienlokomotiven ab 243 002.
Aufgabe:
Die Lokomotiven der Baureihe 243 (jetzt 143) als Ablösetyp für die Baureihe 211/242 (jetzt 109/142) sind für folgende Betriebsprogramme ausgelegt:
- Güterzüge 1 800 t auf 5 ‰ Steigung mit 60 km/h,
- Güterzüge 1 000 t auf 5 ‰ Steigung mit 100 km/h,
- Reisezüge 800 t auf 5 ‰ Steigung mit 120 km/h.

22.1.1 Technische Daten

Hauptabmessungen (Bild 22.1/1)

– Begrenzungsprofil	II nach Anlagen F und G der BO, § 28
– Achsformel	Bo′Bo′
– Spurweite	1 435 mm
– Länge über Puffer	16 640 mm
– größte Breite des Lokkastens	2 970 mm
– größte Breite über Handstangen	3 120 mm
– Höhe über SO bei gesenkten Stromabnehmern und neuen Radreifen	4 630 mm
– Treibraddurchmesser neu	1 230 mm
voll abgenutzt	1 160 mm
– Achsstand im Drehgestell	3 300 mm
– Drehzapfenabstand	8 500 mm

Massen

– Dienstmasse bei vollen Vorräten	82 t ± 3 %
– Masse je Achse	max. 21 t

Betriebswerte, Leistungsdaten

– Fahrdrahtspannung	15 kV
– Frequenz	$16^2/_3$ Hz
– Stundenleistung	3 720 kW
– Dauerleistung	3 540 kW
– Zugkraft bei Stundenleistung	128 kN
– Zugkraft bei Dauerleistung	114 kN
– maximale Anfahrzugkraft bei $\mu = 0{,}33$	240 kN
– Geschwindigkeit bei Stundenleistung	102 km/h
– Geschwindigkeit bei Dauerleistung	107 km/h
– konstruktive Höchstgeschwindigkeit	125 km/h
– Übersetzungsverhältnis	1:2,72
– Dauerleistung der elektrischen Bremse	2 200 kW

Grenzen des Betriebseinsatzes

– kleinster Kurvenhalbmesser	
bei V_{max} = 20 km/h	140 m
bei V_{max} = 40 km/h	180 m
– befahrbare Weichen bei V_{max} = 40 km/h	49,190 – 1:7,5/1:6

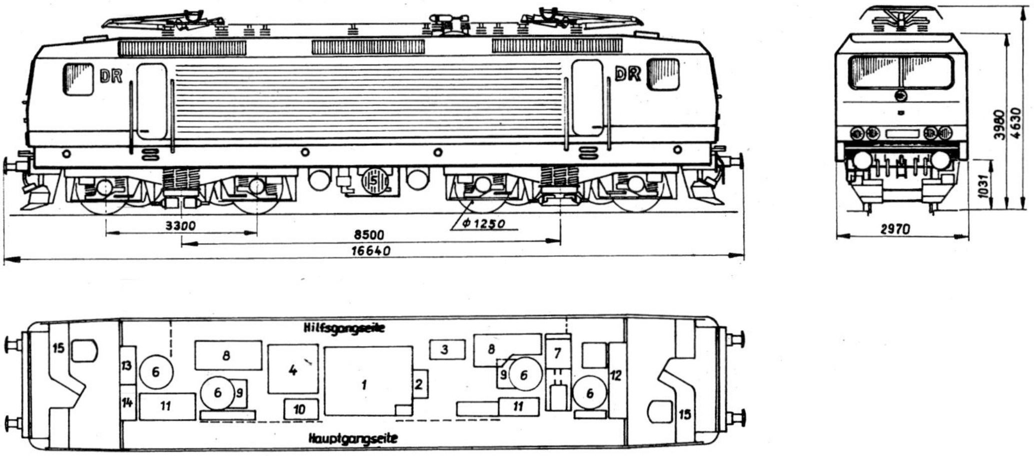

Bild 22.1/1 Maßbild, Geräteanordnung BR 143
1 Haupttransformator, Ölkühler, 2 Stufenwähler, 3 Thyristorsteller, 4 Bremswiderstand, 5 Umformer, 6 Fahrmotorenlüfter, 7 Luftverdichter, 8 Schaltgerätegerüst, 9 Bremserregergleichrichter, 10 Umformer-Regelung, Steuerstromversorgung, 11 Druckluftgeräte, 12 Steuerelektronik und Relais, 13 Zugbeeinflussung, 14 Kleiderschrank, Waschbecken, 15 Führerpult

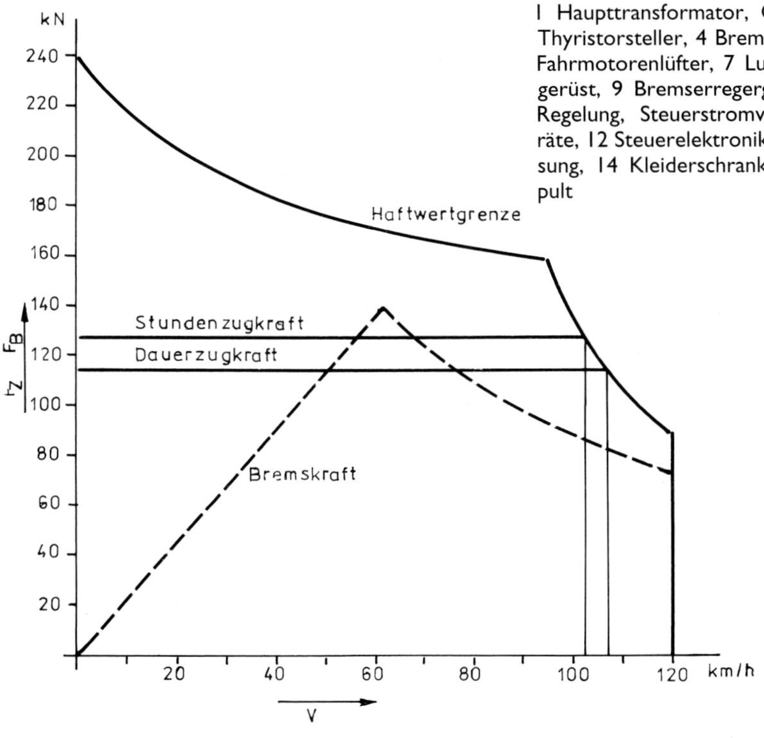

Bild 22.1/2
Zugkraft-Geschwindigkeits-Diagramm
Bremskraft-Geschwindigkeits-Diagramm der elektrodynamischen Bremse

- kleinster Anfahrbogen (konkav) $R = 400$ m
- kleinster Ablaufbogen (konvex) $R = 300$ m

Zugkraft-Geschwindigkeits- und Bremskraft-Geschwindigkeits-Diagramm siehe Bild 22.1./2.

22.1.2 Lokomotivkasten und Führerstand

Der Lokomotivkasten besteht aus einer Einheit von Maschinenraum und zwei Endführerständen. Er ist als Stahlleichtbaukonstruktion ausgeführt.

Die Seitenwände zwischen den Einstiegtüren, letztere münden in den Maschinenraum, wurden als geschlossene Flächen in den tragenden Verband einbezogen.
Eine durchgehende Längssickung dieser Flächen sorgt für die notwendige Festigkeit. Der Grundrahmen besteht aus den Rahmenwangen mit 6-mm-Stegblechen, die mit den ebenso dicken Blechen für Drehzapfenträger und Transformatorträger sowie mit den Zugkästen verschweißt wurden. Der Rohbauwagenkasten aus Stahl ist vollständig geschweißt. Der Maschinenraum wird durch vier abnehmbare Dachhauben abgedeckt, wobei sich unter den beiden äußeren die Ansaugkammern für die Fahrmotorenlüftung befinden (Bild 16.5/2). Die Dachquerträger sind mit den Seitenwänden des Lokkastens verschraubt.
Der Zugkasten zur Aufnahme der Pufferbohle ist für einen späteren Einbau der Mittelpufferkupplung vorbereitet. Zug- und Stoßkräfte werden von den Drehgestellen über die auf 600 mm über SO tiefangelenkten Drehzapfen in den Oberrahmen zur Zug- und Stoßvorrichtung übertragen.
Die Führerräume haben keine Außentüren, sondern können nur durch den Maschinenraum betreten werden, so daß keine Zugluft entsteht. Sie stellen gegenüber den vorangegangenen Baureihen einen wesentlich höheren Entwicklungsstand in ergonomischer und ästhetischer Sicht dar, wobei die Blickwinkel, die Sitz- und Stehpositionen sowie der Greifbereich der Lokomotivführer weitestgehend berücksichtigt wurden. Die Geräteanordnung im Führerraum ist gekennzeichnet durch einen an die Steuerungsart „Geschwindigkeitsregelung“ angepaßten Fahrschalter mit translatorischer Bedienungsrichtung und durch strikte Unterteilung der Bedienungs- und Anzeigeelemente in den den Greif- und Sichtbereichen entsprechenden Ebenen (Bedien- und Informationstableaus) bei bewußter Trennung der Stirn- und Seitenwandgesichtsfelder durch starke Pfosten (Bild 22.1/3). Der Führerstuhl ist in seiner Höhe verstellbar, längs verschiebbar und drehbar sowie in Längsrichtung parallelogramm-beweglich.
Im Führerraumdach befindet sich eine Lüftungsklappe. Außerdem ist ein Kühlgerät zur Teilklimatisierung vorhanden.

22.1.3 Laufwerk, Antrieb und Federung

Die zweiachsigen Drehgestelle besitzen einen an den Enden verschlossenen H-förmigen Rahmen. Seine Querschnitte sind kastenförmig.
Radsätze und Antriebe (Kegelringfederantrieb mit beidseitig angeordnetem schrägverzahntem Stirnradgetriebe) entsprechen weitestgehend der BR 155. Die Fahrmotoren sind jedoch im Gegensatz zu dieser Baureihe nicht über ringförmige Gummidruckfedern, sondern über Gummischubfedern im Drehgestell aufgehängt. Die Achsfederung erfolgt über Schraubenfedern mit in Reihe geschalteten Gummifedern. Die Federung ist vertikal gedämpft, die Achsführung besorgen Lemnis-

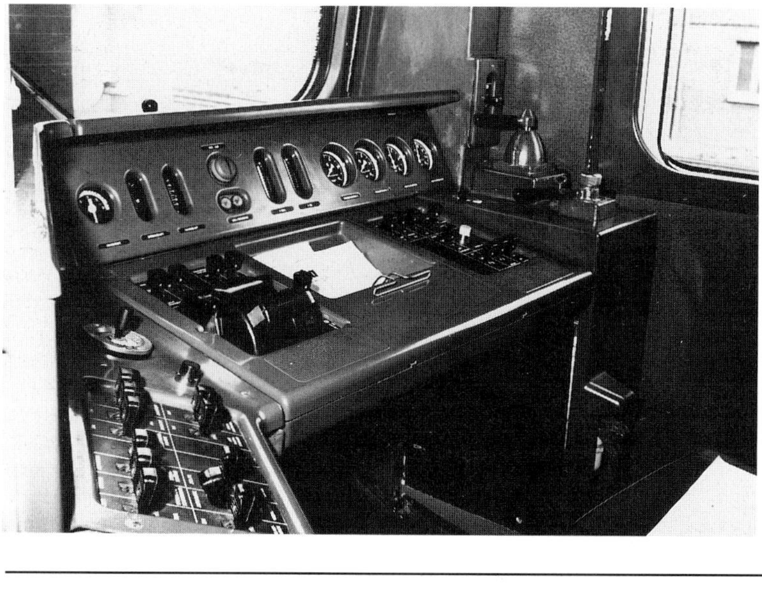

Bild 22.1/3
Führerraum BR 143

katenlenker. Der Lokkasten wird über eine Flexicoilfederung abgefedert. Seitliche elastische Anschläge auf dem Drehgestellrahmen begrenzen ein zu großes Wanken und zu große Vertikalbewegungen des Oberrahmens. Der Oberrahmen ist zum Drehgestell vertikal und horizontal gedämpft. Beide Drehgestelle sind durch eine elastische Querkupplung verbunden. Der Drehzapfen ist in Quer- und Längsrichtung elastisch gelagert.

22.1.4 Druckluftanlage und Bremse

Zur Drucklufterzeugung wird der Hauptluftverdichter 2 HV 2–100/145 verwendet, dessen Fördermenge 145 m^3/h beträgt. Er verdichtet in zwei Stufen auf einen Enddruck von 981 kPa. Die Druckluft wird einem Nachkühler unter dem Lokkasten zugeführt. Die zwei 400-l-Hauptluftbehälter und der vorgeschaltete Ölabscheider befinden sich ebenfalls unter dem Rahmen zwischen den Drehgestellen. Jedem Drehgestell ist außerdem ein 150-l-Bremsvorratsluftbehälter zugeordnet.
Zum Aufrüsten der Lokomotive dient der Hilfsluftverdichter AHS 1-40/70 mit einem Förderstrom von 6 m^3/h bei 981 kPa. Druckwächter überwachen den Hauptluftbehälter- und den Hauptluftleitungsdruck.
Die Bremseinrichtung besteht aus einer fahrdrahtabhängigen elektrischen Widerstandsbremse, einer selbsttätigen mehrlösigen Hochleistungsdruckluftbremse mit selbstregelnden Führerbremsventilen Dako-BS 4 bzw. Knorr D 2, einer nichtselbsttätigen Hochleistungs-Zusatzbremse und einer Ergänzungsbremse, die mit der Widerstandsbremse zusammenwirkt. Beide Führerbremsventilarten gewährleisten in der Hauptluftleitung einen Regelbetriebsdruck von 490 kPa ohne Nachregelung durch den Lokführer. Sie haben folgende Stellungen:
- Hochdruck-Füllstoß,
- Fahrt,
- Mittelstellung (Dichtheitsprobe),
- Betriebsbremsbereich,
- Verschlußstellung,
- Schnellbremsstellung.

Die selbsttätige (indirekte) Bremse arbeitet mit mehrstufigen Druckübersetzern Dü 24f. Diese setzen den Vorsteuerdruck in einen der eingestellten Zugart entsprechenden gleichen oder höheren Bremszylinderdruck um. Außerdem verändert sie unter Mitwirkung des Achslager-Bremsdruckreglers geschwindigkeitsabhängig den Druck in den Bremszylindern. Dabei ergeben sich folgende ausgesteuerte Höchstdruckwerte:

Stellung	Niedrig-abbremsung	Hoch-abbremsung
G	363 kPa	–
P	363 kPa	–
R	363 kPa	540 kPa

Für die nichtselbsttätige (direkte) Bremsung sind zwei Bremsventile Dako-BP vorhanden, die die Bremszylinder ebenfalls über die Druckübersetzer direkt beaufschlagen. Die außerdem vorhandene pneumatische Ergänzungsbremse wird dann automatisch zugeschaltet, wenn die elektrische Widerstandsbremse aufgrund ihres geschwindigkeitsabhängigen Bremskraftverlaufs nicht mehr wirksam genug ist.
Die Bremsausrüstung der Baureihe 143 entspricht prinzipiell der der BR 155. Ein bemerkenswerter Unterschied besteht jedoch darin, daß die Baureihe 143 mit einem elektronischen Gleitschutz Bauart DAKO ausgerüstet ist, der alle Radsätze einzeln überwacht. Beim Gleitvorgang wird durch kurzzeitiges Entlüften und beim Schleudervorgang durch kurzzeitiges Beaufschlagen der Bremszylinder des jeweiligen Radsatzes dessen Drehzahl an die Translationsgeschwindigkeit der Lokomotive weitgehend angepaßt.
Die Handbremse wirkt jeweils auf die zweite Achse des zugeordneten Drehgestells. Für eine Handbremse beträgt die Abbremsung 10,5 % bei einer Handkraft von 0,25 kN, also 21 % für beide Handbremsen.

22.1.5 Hochspannungsausrüstung

Die Lokomotiven sind mit zwei Halbscherenstromabnehmern des Types VSH 2 Form 3 bzw. Form 4 (Abschn. 5.2) ausgerüstet. Als Hauptschalter wird der bei der DR übliche Druckluftleistungsschalter DAT 4a (Abschn. 6.6) verwendet. Er arbeitet nach dem Ruhestromprinzip, indem beim Ausschalten der Haltestrom für die Ruhestromspule unterbrochen wird. Als Durchführung zum Maschinenraum dient der Zweikern-Durchführungsstromwandler FIPD 25 B mit einem Übersetzungsverhältnis von 750/5/5 A, an dessen Sekundärwicklung einerseits der Differentialschutz und andererseits der Oberstrommesser sowie der Strom-Meßwertumformer für die elektronische Überstromüberwachung angeschlossen sind. Die Spannung vor dem Hauptschalter erfaßt der Oberspannungswandler FGE 25 B. Er speist

die Fahrdrahtspannungsmesser und den Meßwertumformer für die elektronische Fahrdrahtspannungs-Erfassung.
In Lokmitte befindet sich der Haupttransformator BKWR 6301/15, ein ölgekühlter, dreischenkliger Kerntransformator für Hochspannungssteuerung. Der Stelltransformator besitzt 31 Anzapfungen, die in 500-V-Stufen den Bereich bis zur Fahrdrahtspannung gleichmäßig aufteilen. Neben dem Stelltransformator, der auch eine 1 000-V-Anzapfung für die Zugheizung besitzt, besteht der Transformator aus dem eigentlichen Leistungstransformator und einer Hilfsbetriebewicklung. Die Traktionsleistung beträgt 3 820 kVA, die Heizleistung 800 kVA und die Hilfsbetriebeleistung 93 kVA. Bei einer Gesamtmasse von 11,4 t ergibt sich ein Masse-Leistungsverhältnis, bezogen auf die Traktionsleistung, von 2,98 kg/kVA.
Parallel zum Haupttransformator ist ein Überspannungsableiter des Typs VB 20/5/16 R angeschlossen (Abschn. 5.3).

22.1.6 Leistungssteuerung

Die Leistungssteuerung erfolgt über das Hochspannungsschaltwerk LNSW 14, das aus einem Stufenwähler für 31 Spannungsstufen und dem Thyristorsteller XTS 44 besteht. Der Thyristorsteller ist eine Weiterentwicklung des Typs XTS 42 (Baureihe 155, Abschn. 14.4.5, Bild 14.4/13). Auch am Stufenwähler sind im Vergleich zum LNSW 12 der Baureihe 155 mehrere Verbesserungen zur Erhöhung der Zuverlässigkeit, z. B. Anordnung einer eigenen Ölumwälzpumpe mit Filter, eingeführt worden.
Das Schaltwerk ist für die Nennspannung von 15 kV und einen Dauerstrom von 450 A ausgelegt.
Zur Vermeidung von Störungen des Thyristorstellers beim Einsatz im Berliner Raum durch Gleichströme aus dem S-Bahnbetrieb, die beim Leerabschalten des Schaltwerks (offene Motortrennschütze) das Löschen der Thyristoren verhindern könnten, wird eine Grundbelastung, bestehend aus zwei Drosselspulen SD 3, an die Sekundärwicklung des Leistungstransformators geschaltet. Eingeschaltet werden sie durch zwei Schütze immer dann, wenn alle Motortrennschütze geöffnet sind bzw. die Fahrbremswender in Stellung „Bremsen“ stehen.
Weitere Elemente der Leistungssteuerung sind:
- vier Motortrennschütze Typ DLS 18b (Nennspannung 660 V, Dauerstrom 1 800 A) für das Ein- und Ausschalten der Fahrmotoren,

Bild 22.1/4 Schaltung der Hilfsbetriebe
1 Trafo-Hilfsbetriebewicklung, 2 Schuppenanschluß, 3 Strecke-Prüfumschalter, 4 Spannungsumschaltschütze, 5 Phasen-Frequenz-Umformer, 6 Fahrmotorenlüftermotoren, 7 Thyristorlüftermotoren, 8 Luftverdichtermotor, 9 Trafoölpumpenmotor, 10 Trafoölkühlerlüftermotoren, 11 Polumschaltung

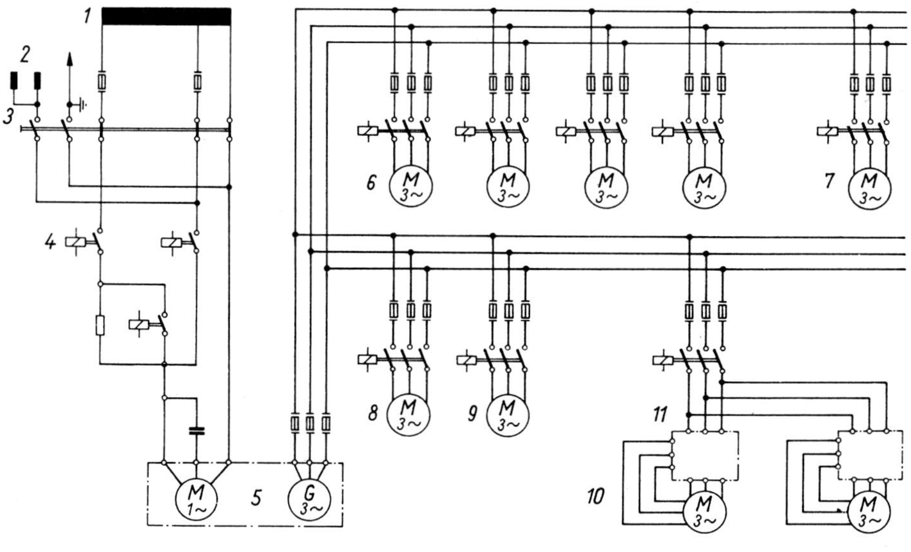

- zwei Richtungswender Typ WEPZ 26.8 F. 20.1.21.0. zur Änderung der Drehrichtung der Fahrmotoren und
- zwei Fahrbremswender Typ 26.6. F. 20.1.21.1. für das wechselweise Umschalten zwischen Fahren und Bremsen.

Die Wender sind für die gleichen Spannungs- und Stromwerte wie die Trennschütze bemessen.
Die Geräteanordnung der Lokomotive ist im Bild 22.1/4 dargestellt.
Als Fahrmotoren dienen fremdbelüftete, 12polige Einphasen-Reihenschlußmotoren für 16 $^{2}/_{3}$ Hz mit Wendefeld- und Kompensationswicklung vom Typ ECFB 1110-127 H. Ihre wichtigsten technischen Daten sind:

Leistung	930 kW	60 min	875 kW dd
Strom	2 000 A	60 min	1 880 A dd
Spannung	520 V		

Grenzbelastungen (Maximalwerte)

Anfahrstrom	3 500 A
Anfahrmoment	17,65 kNm
zulässige Drehzahl	1 550 min^{-1}
Bremsströme: Erregung	2 000 A
Anker	1 825 A

Die Materialien entsprechen der Wärmebeständigkeitsklasse F.

22.1.7 Elektrische Bremse

Die Baureihe 143 ist mit einer fahrdrahtabhängigen, fremderregten Widerstandsbremse ausgerüstet. Sie dient als Beharrungsbremse bei Gefällefahrten und als Verzögerungsbremse. Der Bremskraftverlauf ist im Bild 22.1./2 dargestellt. Infolge der Begrenzung des Erreger- und Ankerstroms der Fahrmotoren kann die elektrischen Widerstandsbremse nicht immer den vollen Wert der benötigten Bremskraft (Soll-Bremskraft) aufbringen. Deshalb wird nach ihrer vollen Aussteuerung die pneumatische Ergänzungsbremse über ein Bremsstromventil zugeschaltet, die die fehlende Bremskraft ergänzt. Diese Zuschaltung tritt nur dann ein, wenn die Bremsung über den Druckmeßumformer bei Betätigung des Führerbremsventils eingeleitet wurde. Bei Störungen in der elektrischen Widerstandsbremse kommt die Ergänzungsbremse voll zu Wirkung.
Alle vier Fahrmotoren sind an der Bremskrafterzeugung beteiligt. Dabei sind alle Felder in Reihe geschaltet, und jedem Motor ist ein Bremswiderstand zugeordnet. Damit bleibt die Bremse auch bei Ausfall eines Fahrmotors betriebsfähig. Die Bremserregung wird aus dem Bremserreger-Gleichrichter (EGGh 30/1000) gespeist, der an den Haupttransformator angeschlossen ist. Im Gegensatz zur Baureihe 155 ist er zweigeteilt. Die vier Bremswiderstände sind in einem Turm zusammengefaßt, der auch die Wendefeldshunts enthält und dessen Dauerleistung 2 200 kW beträgt.

22.1.8 Übertragungssteuerung

Die Übertragungssteuerung ist weitestgehend elektronisch ausgeführt. Zur Anwendung gelangen hochintegrierte Schaltkreise in LSL-Technik und diskrete Bauelemente. Sie sind entsprechend ihrem funktionellen Zusammenhang auf steckbaren Baugruppen angeordnet und in einem Elektronikschrank zusammengefaßt.
Die Lokomotive ist mit einer Haupt- und einer Hilfssteuerung ausgerüstet. Die Hauptsteuerung erfüllt alle Anforderungen an die Fahr-Brems-Steuerung. Ihr Hauptbedienungselement ist der Fahrschalter LNFB 61. Entsprechend der Konzeption der Hauptsteuerung als Geschwindigkeitsregelung mit unterlagerter Zugkraftregelung dient er zur Wahl der Fahrtrichtung und zur Einstellung von Geschwindigkeit und Zugkraft. Die Soll- und die Ist-Geschwindigkeit werden angezeigt, wobei die Wegimpulse über optoelektronische Impulsgeber an dem ersten und dem vierten Radsatz gewonnen werden. Die elektrische Bremse ist in die Geschwindigkeitsregelung einbezogen. Sie erhält daher ihren Sollwert nicht allein aus den vom Lokführer eingeleiteten Bremsvorgängen, sondern auch selbsttätig bei Überschreitung der vorgegebenen Fahrgeschwindigkeit.
Mit dem Zugkraftwähler können die Sollwerte für die Zug- und Bremskraft vorgegeben werden. Der 100-%-Einstellung sind Werte zugeordnet, die einem Kraftschlußbeiwert von $\mu = 0{,}33$ zwischen Rad und Schiene entsprechen. Eine gesonderte Einrichtung zur Haftwertorientierung erlaubt dem Lokführer die Einstellung des maximalen Wertes unabhängig von den konkreten Kraftschlußbedingungen. Sie steuert die Zugkraft so, daß insbesondere die vorauslaufende Achse an der Grenze des nutzbaren Schlupfbereichs fährt, wodurch die Schleuderneigung verringert wird.
Die Hilfssteuerung als redundante, zweite Steuerungsart dient zur Erhöhung der Zuverlässigkeit der Lokomotive. Sie ist als reine Auf-Ab-Steuerung ausgeführt und von der Hauptsteuerung weitestgehend unabhängig. Sie besitzt eigene Bedie-

nungselemente auf dem Fahrschalter bzw. an den Seitenfenstern sowie eine eigene Logik für die Ansteuerung des Schaltwerkmotors über Schütze. Der Übergang von der Haupt- auf die Hilfssteuerung und umgekehrt ist in jedem Betriebszustand ohne Zugkraftunterbrechung möglich.

Als Sonderprogramme sind vorhanden:

- freier Auslauf, Betätigung über Taster im Griff des Geschwindigkeitswählers, Lokomotive geht in den freien Auslauf über,
- bedingt freier Auslauf, Betätigung mittels Kipptaster, Lokomotive beschleunigt bis zur Sollgeschwindigkeit und geht dann in den freien Auslauf über,
- nur Fahren bzw. nur Bremsen, Betätigung durch entsprechende Taster, Eingriff in die Geschwindigkeitsregelung, so daß entweder die eine oder die andere Betriebsart wirksam wird.

Schließlich ist die Baureihe 143 mit Wendezugsteuerung ausgerüstet, wobei die Auf-Ab-Befehle des Steuerwagens in die Hauptsteuerung eingreifen. Die Signale werden über 34polige Steuerleitungen übertragen. Einige Lokomotiven wurden auf eine zeitmultiplexe Signalübertragung umgerüstet, die auch Doppeltraktion ermöglicht. Außerdem sind die Lokomotiven ab Nummer 801 für Doppeltraktion geeignet. Als Zusatzeinrichtung haben sie den Relaiskasten „Vielfachsteuerung", zum elektrischen Kuppeln beider Triebfahrzeuge über die Wendezugdosen ein Kabel „Vielfachsteuerung" sowie in ihrer Anzeige veränderte Leuchtmelder. Weitere Teilsteuerungen, wie die Stromabnehmer- und die Hauptschaltersteuerung, die Hilfsbetriebesteuerung und die Meß- und Schutzeinrichtungen, sind ebenfalls weitestgehend elektronisch ausgeführt.

22.1.9 Hilfsbetriebe

Die Schaltung der Hilfsbetriebe ist im Bild 22.1/4 dargestellt. Dabei kommen mit Ausnahme des aus dem Bremswiderstand gespeisten Bremswiderstandslüftermotors und des Hilfsluftverdichtermotors, die als Gleichstrommotoren ausgeführt sind, nur Drehstrommotoren zum Einsatz. Zur Drehstromerzeugung dient wie bei der Baureihe 155 ein rotierender Umformer, bestehend aus Einphasen-Asynchronmotor und Drehstrom-Konstantspannungsgenerator mit Umschalteinrichtung auf der Eingangsseite zum Ausgleich der Fahrdrahtspannungsschwankungen. Die für den Einphasen-Asynchronmotor notwendige Hilfsphase wird von acht Leistungskondensatoren mit je 293 μF gebildet. Im einzelnen sind folgende Hilfsmaschinen eingesetzt:

- 1 Phasen-Frequenz-Umformer, EUEBX 0608-6 A, 75 kVA, 975 min^{-1}, 380 V, 16 $^2/_3$ Hz, 260 A/380 V, 50 Hz, 114 A,
- 4 Asynchronmotoren für Fahrmotorenlüfter, KMR 112 M 2, 7,5 kW, 15,5 A, 380 V, 50 Hz, 2 890 min^{-1},
- 1 Gleichstrommotor für Bremswiderstandslüfter, MGC, 16L2 15 kW, 63 A, 270 V, 1 500 min^{-1},
- 1 Drehstrommotor für Luftverdichter, KMR 200 M6, 28 kW, 55 A, 380 V, 50 Hz, 970 min^{-1},
- 2 Drehstrommotoren für Transformatorlüfter, polumschaltbar, YM 100 L4-2/171, 3,5/3,0 kW, 7,4/6,4 A, 380 V, 50 Hz, 2 875/1 420 min^{-1},
- 1 Drehstrommotor für Thyristorsteller-Lüfter, YM 71 K2, 0,75 kW, 1,8 A, 380 V, 50 Hz, 280 min^{-1},
- 1 Ölpumpe für Haupttransformator, UT 125/210, Motor KMR 112 M4, 5,5 kW, 12,1 A, 380 V, 50 Hz, 1 430 min^{-1},
- 1 Gleichstrommotor für Hilfsluftverdichter MBC 90L1, 1,2 kW, 14 A, 110 V, 2 800 min^{-1},
- 1 Drehstrommotor für die Ölpumpe des Stufenwählers, Motor KMR 7 K8, 0,18 kW, 0,9 A, 380 V, 50 Hz, 690 min^{-1}.

Die von den Hilfsbetriebemotoren angetriebenen Lüfter sind alle Axiallüfter.

Das Prinzip der Fahrmotoren- und Transformatorbelüftung ist in den Bildern 16.5/2a und 2b (Abschn. 16.5.1) dargestellt. Die Hilfsbetriebestromkreise sind wie die Fahrmotorstromkreise erdfrei verlegt.

Über den Hilfsbetriebeumschalter kann die Stromversorgung zu Prüfzwecken auf die Schuppenspannungsanlage umgeschaltet werden. Die 110-V-Stromversorgung erfolgt nach der Prinzipschaltung im Bild 16.2/3e aus dem Phasen-Frequenz-Umformer und einem Gleichrichter in Drehstrombrückenschaltung mit einer Nenn-Ausgangs-Gleichspannung von 125 V bzw. aus der Steuerstrombatterie.

Die Stromversorgung der Elektronikausrüstung aus dem Gleichstrombordnetz übernehmen Schaltnetzteile. Sie ist als heiße Redundanz doppelt ausgeführt und ebenfalls im Schwenkrahmen des Elektronikschranks untergebracht.

22.1.10 Meß- und Schutzeinrichtungen

Zur Überwachung der Lokomotive sind folgende Einrichtungen vorhanden:
- Meßinstrumente im Führerstand für Fahrleitungsspannung und -strom, Zugkraft bzw. Motorstrom, Bremskraft, Fahrmotor-Temperatur, Ist- und Sollgeschwindigkeit, Fahrstufenanzeige,
- Meßinstrumente im Maschinenraum für Batteriespannung und -strom,
- Schutzeinrichtungen, die auf den Hauptschalter wirken.
  - Verriegelung für Stromabnehmer-Hauptschalter, Strecke/Prüfschalter-Hauptschalter, Schaltwerk-Hauptschalter und Hilfsgangtüren,
  - Druckwächter für Stromabnehmer, Hauptschalter,
  - Unterspannungs-, Überstrom-, Oberstrom-, Differentialstrom-, Schaltwerkfehlerstrom- und Zugsammelschienenstrom-Erfassung,
  - Buchholzschutz Haupttransformator und Stufenwähler,
  - Bremsspannung Fahrmotoranker, Schaltwerkkontrolle und Kontrolle Überbrückung Thyristorsteller,
- Schutz- und Überwachungseinrichtungen des Haupttransformators
  - Buchholzschutz mit Meldung und Auslösung,
  - Oberstrom- und Differenzstrom-Erfassung,
  - Überspannungsableiter,
  - Ölstands- und Temperaturanzeige,
  - Öldruck- und Temperaturwächter,
- Schutz- und Überwachungseinrichtungen des Schaltwerks: Überlaufüberwachung, Fehlerstrom-Erfassung, Buchholzschutz und Ölstandsanzeige für den Stufenwähler,
- Schutz- und Überwachungseinrichtungen, die auf die Motortrennschütze wirken
  - Luftströmungskontrolle für Thyristor- und Fahrmotorenlüfter,
  - Fahrmotorstrom- und Haupttransformatortemperatur-Überwachung,
  - Drucküberwachung für Hauptluftleitung, selbsttätige Bremse im Zustand Fahren und Zusatzbremse,
- Erdschlußüberwachungen: Differenzstrom-Erfassung, Erdschluß Traktionskreis, Erdschluß Hilfsbetriebekreis 16 $^{2}/_{3}$ Hz und 50 Hz.

Zur Anzeige des Betriebs- und Störungszustands sind vielfältige Meldeleuchten, Leuchtdioden u. a. vorhanden.

22.1.11 Sonstige Ausrüstungen

Die Lokomotiven sind mit
- einer zeitabhängigen Sicherheitsfahrschaltung, ab Lok-Nummer 152 mit einer nach dem Aufforderungsprinzip arbeitenden Wachsamkeitskontrolle,
- einer punktförmigen Zugbeeinflussungsanlage PZ 80 und
- einer Streckenfunkanlage MESA

ausgerüstet.

22.2 Baureihe 120 der DB in Drehstromantriebstechnik

[20], [124], [180], [181]

Hersteller: BBC, Krauss Maffei u. a. Firmen
Indienststellung bei der DB: 1979/80 5 Baumusterlokomotiven, 1987/88 60 Serienlokomotiven
Aufgabe:
Die Lokomotiven der BR 120 in DAT sind für den universellen Einsatz vorgesehen. Sie wurden für folgende Betriebsprogramme bei jeweils 5 N/kN Zugkraftüberschuß konzipiert:

– 700-t-Reisezüge	bei V = 160 km/h
– 2 700-t-Ganz-Güterzüge	bei V = 80 km/h
– 2 200-t-Frachtenzüge	bei V = 80 km/h
– 1 500-t-Schnellgüterzüge	bei V = 100 km/h.

Damit können diese vierachsigen Lokomotiven, das Zugförderungsprogramm aller bisherigen Standardlokomotiven der DB erfüllen.
Während der Erprobung wurde das Betriebsprogramm erweitert auf

– 500-t-Reisezüge	bei V = 200 km/h.

22.2.1 Technische Daten

Hauptabmessungen (Bild 22.2/1)

– Fahrzeugbegrenzung	Begrenzungsprofil der schweizerischen Normalspurbahnen
– Achsformel	Bo′Bo′
– Spurweite	1 435 mm
– Länge über Puffer	19 200 mm
– größte Breite des Lokkastens	3 000 mm

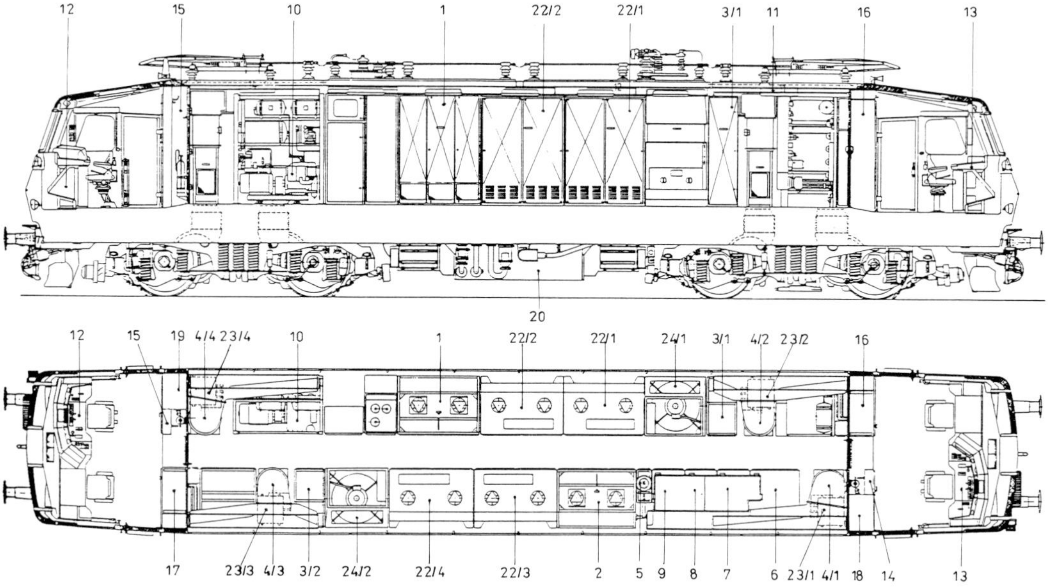

Bild 22.2/1 Maßbild und Geräteordnung BR 120
1,2 Fahr-Brems-Umschalter, Wandler, Saugkreiskondensator, 3/1,2 Schütze, Wandler, 4/1–4 Fahrmotorlüfter, 5 Hochspannungseinspeisung, 6 Hilfsbetriebe, Ladegerät, Heizung, 7 bis 9 Hilfsbetriebeumrichter für Drehstrombordnetze, 10 Kompressor, 11 Steuerstrom, Automaten, 12/13 Führertisch, 14/15 Buchfahrpläne, Feuerlöscher, Thermofach, Kleiderfach, 16/17 Steuerungselektronik, 18/19 Elektronikstromversorgung, Oberstromrelais, Sifa, 20 Transformator (unterflur), 22/1–4 Traktionsstromrichter, 23 Motorvordrossel, 24/1,2 Ölkühler für Transformator und Stromrichter

- Höhe über SO bei gesenkten Stromabnehmern und neuen Radreifen 4 380 mm
- Treibraddurchmesser neu/abgenutzt 1 250/1 170 mm
- Achsabstand im Drehgestell 2 800 mm
- Drehzapfenabstand 10 200 mm

Massen
- Dienstmasse mit Mittelpufferkupplung 84 t
- Achsfahrmasse (mittlere) 21 t

Antriebswerte, Leistungsdaten
- Fahrleitungsspannung 15 kV
- Frequenz $16^2/_3$ Hz
- Nennleistung (dauernd) 5 600 kW
- maximale Anfahrzugkraft (10 min) 340 bzw. 290 kN
- Übersetzung 22 : 106 = 1 : 4,28 bzw. 25 : 103 = 1 : 4,12
- Höchstgeschwindigkeit 200 bzw. 250 km/h

Bremse
- Druckluftbremse KE-GPR-E mZ
- Feststellbremse Federspeicher
- elektrische Bremse Netzbremse, 3,3 MW am Radumfang (Muster), 4,0 MW am Radumfang (Serie)

Grenzen für den Betriebseinsatz
- kleinster befahrbarer Krümmungshalbmesser $R = 100$ m
- kleinster befahrbarer Ablaufbogen $R = 200$ m

Zugkraft-Geschwindigkeits- und Bremskraft-Geschwindigkeits-Diagramm siehe Bild 22.2/2.

22.2.2 Lokomotivkasten und Führerstand

Rahmen und Kastenaufbau sind in Integralbauweise miteinander verschweißt.
Die tragende Struktur des Untergestells besteht aus zwei äußeren Längsträgern und einem Mittelträger. Erstere werden aus je zwei Rechteckrohren gebildet, die mit einem 4 mm dicken Stegblech verbunden sind. Der Teil zwischen Kopfträger und Drehzapfenträger ist als Kasten ausgebildet. Der Untergurt hat keine Kröpfung und dient als Auflage für die drei Flexicoilfedern der Brückenabstützung. Trafoquerträger und weitere leichte Querträger zur Aufnahme der Gerätegerüste vervollständigen den Rahmen.
Die Seitenwände im Bereich des Maschinenraums werden aus einem neuartigen Bauelement, der sog. Höckerplatte gebildet. Dabei wird auf das glatte Außenblech von der Innenseite ein mit kegelstumpfartigen Vertiefungen geformtes zweites Blech angeschweißt. Die so entstandene Seitenwand ist durch eine große Biege- und Schubstabilität gekennzeichnet und gewährleistet im Vergleich zur konventionellen Bauweise Masseeinsparungen. Diese Lösung trug wesentlich dazu bei, daß die Masse des mechanischen Teils der Lokomotive nicht mehr als 37 t ausmacht. Das Maschinenraumdach besteht aus vier abnehmbaren Sektionen aus Leichtmetall, die dicht auf die oberen Profile der Seitenwand und der Querträger aufgeschraubt sind. Sie sind voll begehbar und tragen die elektrische Dachausrüstung. Die Lokomotive besitzt einen Maschinenraum-Mittelgang.
Im Bereich der Führerräume wurde die bisherige Bauweise aus Außenblech und Abkantprofilen beibehalten. Die Führerräume entsprechen in Grundanordnung und Abmessungen den bei der DB erstmals in der BR 111 verwendeten. Das Führertischkonzept ist charakterisiert durch konsequente Einhaltung ergonomischer Gesichtspunkte. Der Informationsbereich ist in verschiedene Ebenen aufgeteilt, die fast senkrecht angeordnet sind. Der Aktionsbereich liegt vorrangig in der Waagerechten. Der Führertisch ist fertigungstechnisch aus dem Lokführerteil rechts und aus dem Beimannteil links zusammengesetzt und gewährleistet die universelle Anwendbarkeit des Lokführerteils. Die Führerräume haben ein Klimagerät.
Besonderer Wert wurde auf die Schall- und Wärmeisolierung gelegt. Da diese Lokomotiven auch auf Neubaustrecken mit vielen Tunnels verkehren, wurde noch während der Auslieferung der ersten Serienfahrzeuge ein besonderer Druckschutz für die Führerräume eingebaut. Dadurch wird den Beanspruchungen durch Zugbegegnungen im Tunnel Rechnung getragen und gewährleistet, daß sich bei äußeren Druckschwankungen der Druck im Führerraum nur langsam ändert (Abfall von 4 kPa auf 1 kPa in mehr als 40 s).

22.2.3 Laufwerk und Federung

Die zweiachsigen Drehgestelle sind durch Verwendung von Monobloc-Scheibenrädern, Radlagergehäusen aus Leichtmetall und einen extrem

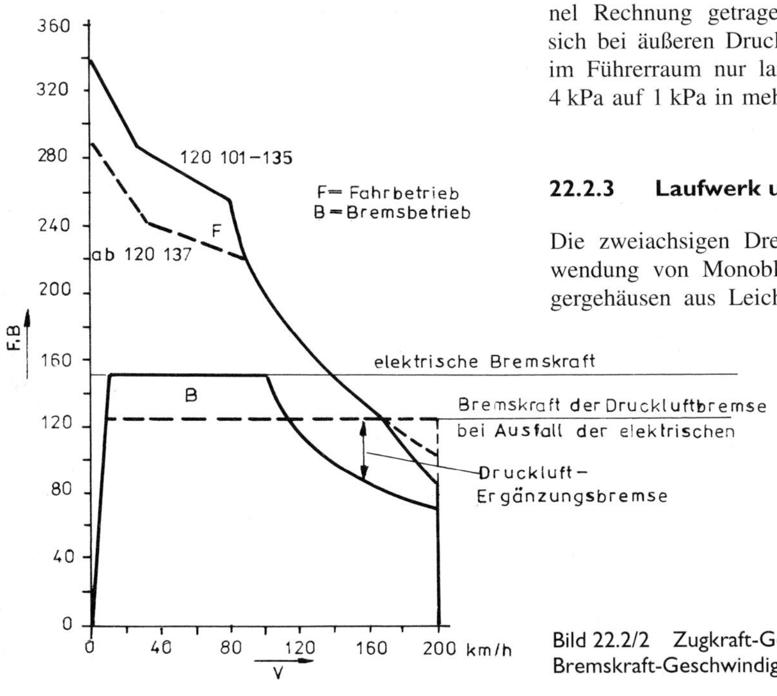

Bild 22.2/2 Zugkraft-Geschwindigkeits-Diagramm
Bremskraft-Geschwindigkeits-Diagramm

leichten Drehgestellrahmen gekennzeichnet, der aus zwei Lang- und drei Querträgern besteht. Die Radlager sind als zweireihige Zylinderrollenlager mit Fettschmierung ausgeführt. Die Radsatzführung erfolgt mit in Silentblocks gelagerten Lemniskatenlenkern, die ein freies Querspiel von + 20 mm zulassen.
Die Gestell-Fahrmotoren sind tiefliegend im Drehgestell mit Dreipunktlagerung eingebaut. Die Drehmomentübertragung erfolgt über einen Gummi-Kardanantrieb mit je sechs gegensinnig angeordneten Lenkern mit Spherilasticlagern auf der An- und Abtriebsseite der Hohlwelle. Die Getrieberäder sind pfeilverzahnt und geräuscharm.
Zusätzliche axiale Kräfte können nicht auftreten.
Der Kasten stützt sich über Flexicoilfedern ab.
Zur Dämpfung der Schwingungen sind hydraulische Dämpfer

- senkrecht zwischen Radsatzlager und Drehgestell,
- senkrecht zwischen Drehgestell und Lokomotivkasten,
- waagerecht quer zwischen Drehgestell und Lokomotivkasten und
- waagerecht längs zwischen Drehgestell und Lokomotivkasten

eingebaut, wobei Federung und Stoßdämpfer auf die Massenverhältnisse der Lokomotive abgestimmt sind.

22.2.4 Druckluftanlage und Bremse

Zur Drucklufterzeugung dient der Luftverdichter VV 450/150-10 mit einer Fördermenge von 150 m^3/h bei einem Enddruck von 981 kPa.
Als pneumatische Bremse dient eine selbsttätige, mehrlösige, zweistufige Druckluftbremse der Bauart KE-GPR, die bei den Baumusterlokomotiven über ein Führerbremsventil der Bauart GD, das auch bei der BR 111 eingebaut ist, und mit den Führerbremsventilen FGD1-P mit elektrischem Bremssteller und der Relaiseinheit RGD3 gesteuert wird. Die Serienlokomotiven haben das neue Führerbremsventil HD, das gegenüber der GD-Anlage viele Detailverbesserungen aufweist, aber ebenso aus zwei handbetätigten vorsteuernden Führerbremsventilen in den Führerständen und einer Relaiseinheit im Maschinenraum besteht. Die damit eingeleiteten Druckänderungen in der Hauptluftleitung wirken auf das Steuerventil KELak und von dort auf die beiden nachgeschalteten Druckübersetzer Dü 23a/2.1 mit den Bremszylinderdruckstufen von 3,8 und 8 bar. Durch den Einsatz von zwei Druckübersetzern wird bei Ausfall des Steuerkreises für ein Drehgestell der andere Steuerkreis nicht beeinflußt und somit die Sicherheit erhöht.
Die Umsteuerung der Bremszylinderdruckstufen 3,8 und 8 bar erfolgt nur in Stellung R des GPR-Umstellhahnes bei einer Geschwindigkeit von 55 km/h. In den Stellungen G und P bleibt die niedrige Abbremsung über den gesamten Geschwindigkeitsbereich erhalten.
Die nichtselbsttätige Bremse wird über Zusatzbremsventile Zb 04 eingeleitet, die mit einem einstufigen Druckübersetzer Dü 22/1.05 zusammenarbeiten. Zur Bremskrafterzeugung dienen je Rad zwei Bremszylinder mit automatischer Nachstellung für konstanten Bremsklotzhub, die über Hebel auf die Bremsklötze einwirken. Vier der 16 Bremszylinder (zwei pro Drehgestell) sind mit einem zusätzlichen Federspeicherzylinder als Feststellbremse ausgerüstet, die zum Anlegen der Bremse entlüftet und zum Lösen mit Druckluft beaufschlagt werden. Ein bedarfsweises Lösen von Hand ist möglich. Die Bremsgeräte sind in Schalttafelbauweise angeordnet.

22.2.5 Hochspannungsausrüstung

Die Baumusterlokomotiven wurden zunächst mit Einholmstromabnehmern des Typs SBS 80 ausgerüstet, deren Grundrahmen und Scherengestell aus korrosionsbeständiger Alu-Legierung besteht (Ganzaluminium-Bauweise). Dadurch wurde der für Geschwindigkeiten um 250 km/h notwendige Massegrenzwert eingehalten. Der Senkantrieb ist innerhalb des Rahmens angeordnet. Letzterer besitzt Vierpunktauflage. Die Druckluftzufuhr erfolgt über einen Hochspannungs-Luftschlauch. Der SBS 80 war mit Rahmenwippen ausgerüstet, wobei die Schleifstücke starr über die Alu-Auflaufhörner verbunden wurden.
Auf den Serienlokomotiven werden Stromabnehmer des Typs SBS 81 verwendet, auf die auch die Baumusterlokomotiven umgerüstet wurden. Diese Bauart ist eine Weiterentwicklung des Stromabnehmers SBS 65 (Einholmstromabnehmer mit Hubfeder- und Senkantrieb), indem dieser in seinem Antriebssystem an den Alu-Stromabnehmer SBS 80 angepaßt wurde.
Der bisher getrennt angeordnete Senkantrieb wurde auf den Rahmen verlagert, die Druckluftzufuhr erfolgt wiederum über einen isolierten Hoch-

spannungsschlauch. Mit diesem Stromabnehmer, der mit Scherendämpfern ausgestattet ist, erreichte die Lokomotive 120 001 die Höchstgeschwindigkeit von 265 km/h.

Als Hauptschalter wird der bei der DB übliche Druckluftleistungsschalter DBTF 20i200 für 200 MVA Abschaltleistung (Abschn. 6.4.3) eingesetzt.

Der Haupttransformator der Typenbezeichnung TLFB 6301 mit einer Nennleistung von 5 525 kVA bei 25 °C Außenluft und 85 °C Öltemperatur ist als Unterflurtransformator ausgeführt. Die Aufteilung der Sekundärwicklung in vier Teilwicklungen zur jeweiligen Speisung eines zugehörigen Umrichters gewährleistet eine symmetrische Beanspruchung auch bei Teillast. Neben den Traktionswicklungen sind zwei Hilfsbetriebewicklungen, eine für 885 V zur Speisung der Hilfsbetriebe-Umrichter und eine für 200 V, die die Führerraumklimatisierung und das Ladegerät versorgt, sowie eine 1 000-V-Heizwicklung vorhanden. Der Transformator hat eine relative Kurzschlußspannung von maximal 30 %, die für jede Sekundärwicklung gegen die Primärwicklung gilt.

Vor dem Transformator bzw. parallel zu dessen Primärwicklung ist ein Störstromfilter, bestehend aus einer LC-Kombination und einem Dämpfungswiderstand, angeordnet, damit die Störströme im 100-Hz- und im Tonfrequenzbereich in den für den ordnungsgemäßen Betrieb der Sicherungs- und Fernmeldeanlagen zulässigen Grenzen bleiben.

22.2.6 Leistungssteuerung

Die Leistungssteuerung hat nicht nur die Spannung zu variieren, sondern muß auch die Frequenz verstellen, damit eine feinstufige Drehzahländerung der Drehstromfahrmotoren zur Anpassung an das gewünschte *F-V*-Diagramm erreicht wird. Die Drehzahlregelung wird durch statische Umrichter, bestehend aus Vierquadrantensteller, Gleichspannungszwischenkreis und Pulswechselrichter, vorgenommen. Diese sind in vier parallele Module aufgeteilt, wobei je zwei motorseitig parallelgeschaltet sind und gemeinsam ein Drehgestell speisen.

Die zugehörige Prinzipschaltung ist im Bild 22.2/3 dargestellt. Nähere Erläuterungen sind im Abschnitt. 14.4.6 (Bild 14.4/23) enthalten.

22.2.7 Übertragungssteuerung/Leittechnik

Bei modernen Fahrzeugen mit elektronischer Leistungssteuerung (Umrichter) trifft der bei konventionellen Triebfahrzeugen gebräuchliche Begriff der Übertragungssteuerung nicht mehr voll zu. Bei der BR 120 spricht man deshalb von der Leittechnik.

Sie umfaßt die elektronischen Einrichtungen zur Umsetzung der Befehle des Triebfahrzeugführers für die Steuerung und Regelung der Lokomotive insgesamt (Lokleitebene) und für die Stromrichter-Ansteuerung zur Zug- und Bremskrafterzeugung (Antriebsleitebene). Sie beinhaltet außerdem Überwachungs- und Schutzeinrichtungen und ist in der Regel mit umfangreichen Diagnoseeinrichtungen verbunden.

Die Leittechnik der BR 120 gewährleistet eine kontinuierliche Regelung der Drehmomente der Asynchronmotoren von Null bis zu einem vorgegebenen Wert und dessen Konstanthaltung. Dabei kann diese Regelung nicht nach der natürlichen Motorkennlinie erfolgen, sondern erfordert die ständige Änderung von Spannung und Frequenz.

Die Antriebsleittechnik der BR 120 ist auf zwei unabhängige Teile aufgeteilt und entsprechend den Leistungskreisen den beiden Drehgestellen zugeordnet. Sie besteht aus einzelnen aufgabenorientierten Funktionsgruppen und ist ebenfalls im Bild 22.2/3 als Übersicht dargestellt.

Die Funktionsgruppen umfassen folgende Komplexe:

- Funktionsgruppe Z
  - zentrale Fahr-Bremslogik,
  - Fahrtrichtungslogik,
  - Zugkraftsollwertvorgabe,
  - zeitmultiplexe Doppeltraktions-Steuerung,
  - automatische Fahr-Bremssteuerung,
- Funktionsgruppe K
  - Ein-Ausgabe,
  - Schnittstelle zwischen konventionellen Signalen der Lokomotive und der Steuerungselektronik,
- Funktionsgruppe G
  - Freigabe für Ansteuerung der Schaltgeräte und der Leistungselektronik (Stromrichterregelung),
  - Rückmeldung von Schaltzuständen, Überwachung und Anzeige, Störungsregistrierung,
- Funktionsgruppe H
  - Drehmomentsollwert,
  - *F-V*-Charakteristik,

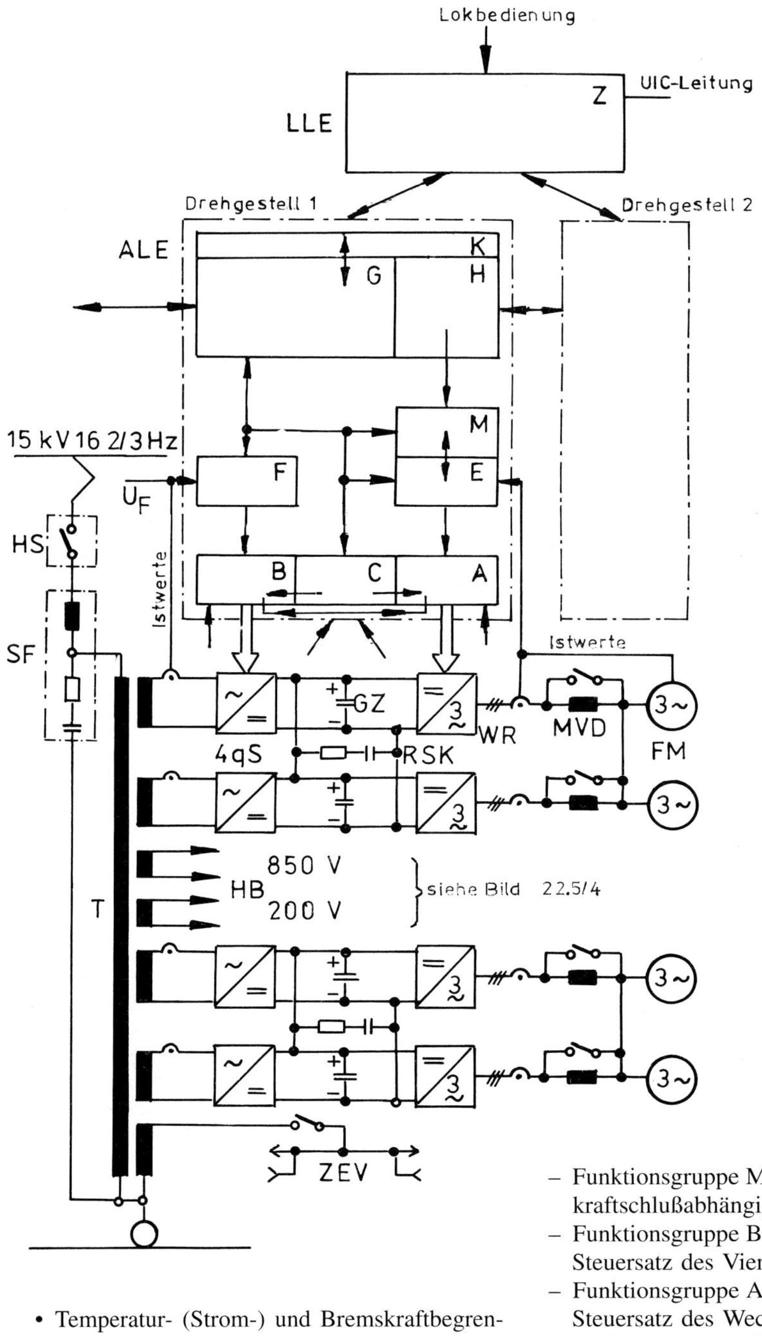

Bild 22.2/3
Prinzipschaltbild der Leistungssteuerung und der Leittechnik (Übertragungssteuerung)
A, B, C, E, F, G, H, K, M, Z Funktionsgruppen der Leittechnik
ALE Antriebsleitebene
FM Fahrmotor
GZ Gleichspannungszwischenkreis
HB Hilfsbetriebe
HS Hauptschalter
LLE Lokleitebene
MVD Motorvordrossel
SF Störstromfilter
T Transformator
WR Wechselrichter
ZEV Zentrale Energieversorgung
4qs Vierquadrantensteller

- Temperatur- (Strom-) und Bremskraftbegrenzung,

– Funktionsgruppe F
  interne Regelung des Vierquadrantenstellers (4qs),
– Funktionsgruppe E
  Wechselrichterregelung,
– Funktionsgruppe M
  kraftschlußabhängige Sollwertbegrenzung,
– Funktionsgruppe B
  Steuersatz des Vierquadrantenstellers (4qs),
– Funktionsgruppe A
  Steuersatz des Wechselrichters,
– Funktionsgruppe C
  Stromrichterschutz.

Die Beschreibung der einzelnen Funktionsgruppen übersteigt das Anliegen des Buches und bleibt der einschlägigen Fachliteratur vorbehalten. [124]

Zur Realisierung der Leittechnik wurde ein universelles Elektronik-Bausteinsystem, die Verkehrselektronik Baureihe IC-V, entwickelt.
Die Steckkarten der Funktionsgruppen sind in ein- oder zweizeiligen Baugruppenträgern untergebracht. Die Funktionsgruppen einer Drehgestellsteuerung sind auf einem Drehrahmen, der staubdicht in einem Schrank in der Führerraumrückwand eingebaut ist, angeordnet.
Entsprechende Kühleinrichtungen (Wärmetauscher und Lüfter) übernehmen die Wärmeabfuhr.

22.2.8 Hilfsbetriebe

Die Hilfsbetriebe werden ausschließlich durch Drehstrom-Asynchronmotoren mit Käfigläufern angetrieben. Dazu kommen normale 380-V-/50-Hz-Motoren zur Anwendung, die über drei Bordnetzumrichter mit Gleichspannungszwischenkreis und Wechselrichter mit GTO-Summenlöschung (Bild 16.3/3) gespeist werden. [20]
Die Stromversorgung dieser parallelgeschalteten Umrichter erfolgt aus der Hilfsbetriebewicklung des Haupttransformators mit 885 V, $16^2/_3$ Hz. Die Schaltung der Hilfsbetriebe ist aus dem Bild 22.2/4 ersichtlich.
Die Umrichter werden eingangsseitig durch den Überspannungsableiter vor unzulässigen Spannungsspitzen geschützt. Die Ausgangsspannung der Umrichter beträgt maximal 440 V, verkettet bei 60 Hz, die Gesamtleistung der angeschlossenen Motoren je Umrichter 43 kW. Ihre Aufteilung ist ebenfalls im Bild 22.2/4 erkennbar, wobei die Umrichter 1 und 2 jeweils einem Drehgestell zugeordnet sind. Ihre Steuerung bzw. Regelung ermöglicht ein spannungs- und frequenzgeregeltes Hochfahren aller Hilfsmaschinen. Beim Aufrüsten der Lokomotive werden zunächst nur die Eigenlüfter und die Stromrichter-Ölpumpe 1 auf eine Mindestdrehzahl gebracht. Die übrigen Hilfsbetriebe werden erst dann zugeschaltet, wenn die Traktionsumrichter arbeiten. In diesem Fall werden Spannung und Frequenz und damit die Drehzahl soweit gesenkt, daß die übrigen Hilfsmaschinen ohne zulässige Anlaufstromspitzen mit den Schützen S8 und S9 eingeschaltet werden können. Anschließend wird die Drehzahl auf einen Mindestwert erhöht und weiter in Abhängigkeit von der Temperatur geregelt. Dabei wird der Drehzahlsollwert für die Lüfter und Pumpen aus dem Fahr-Bremssollwert, der Außentemperatur und der Temperatur der Fahrmotoren, der Umrichter und des Transformators gebildet.
Der Umrichter 3 dient der Speisung der übrigen Hilfsbetriebemotoren.
Um das Anlaufmoment des Luftverdichtermotors zu vermindern, erfolgt dessen Hochlauf drucklos über ein geöffnetes Leerlaufventil.
Bei Ausfall des Umrichters 1 oder 2 wird der zugehörige Traktionsumrichter abgeschaltet, die Lokomotive ist jedoch mit dem nicht betroffenen Drehgestell beschränkt betriebsfähig. Bei Ausfall des Umrichters 3 werden dessen Verbraucher vom Umrichter 2 versorgt und die dem Umrichter 2 zugeordneten Verbraucher und Traktionskreise des Drehgestells 2 abgeschaltet.

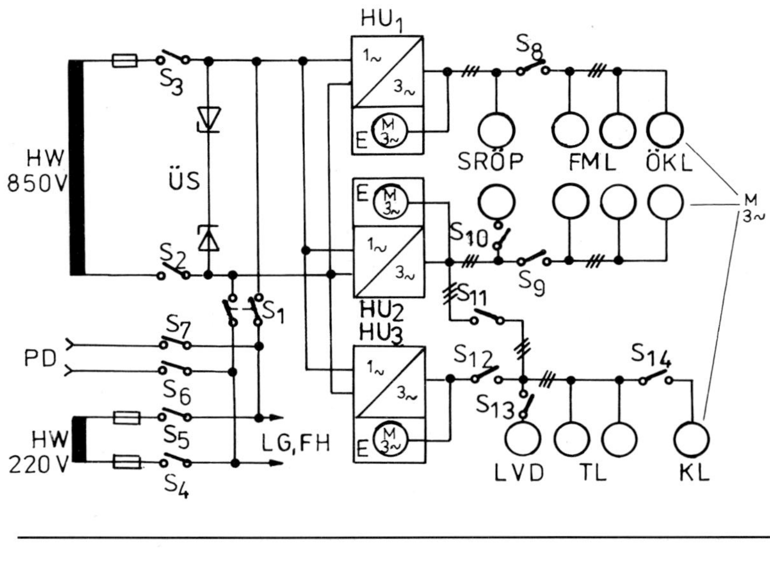

Bild 22.2/4
Schaltung der Hilfsbetriebe
E Eigenlüfter
FM Fahrmotorlüfter
HU Hilfsbetriebeumrichter
HW Hilfsbetriebewicklung
KL diverse Kleinlüfter
LVD Luftverdichter
ÖKL Öhlkühlerlüfter
PD Prüfkuppeldose
S1, S2, S3 Schütze für Prüfumschaltung
S4, S5, S6, S7 Prüfumschalter 220 V, $16^2/_3$ Hz
S8, S9 Lüfterschütz
S10, S11, S12 Umschaltschütz
S13 Luftverdichterschütz
S14 Schütz für Kleinlüfter
SRÖP Stromrichterölpumpe
TL Transformatorlüfter
ÜS Überspannungsschutz

Die jeweilige Umgruppierung erfolgt bei Störungen automatisch über die Schütze S9 bis S12. Von der 200-V-Wicklung des Haupttransformators werden das Batterieladegerät und die Führerraumheizung versorgt.
Über eine 200-V-Prüfkupplung können die Hilfsbetriebe durch Umschaltung der Schütze S1 bis S3 bzw. des Prüfumschalters S4 bis S7 aus einer stationären Stromversorgungsanlage gespeist werden, wobei die Umrichter mit verminderter Spannung arbeiten und die Hilfsmotoren nur ca. 30 % ihrer Nenndrehzahl erreichen.

Literaturverzeichnis

Im Literaturverzeichnis werden folgende Abkürzungen benutzt:

DET	Deutsche Eisenbahntechnik
EB	Elektrische Bahnen
ETR	Eisenbahntechnische Rundschau
ETZ	Elektrotechnische Zeitschrift
GA	Glasers Annalen
LdV	Leichtbau der Verkehrsfahrzeuge
RG	Railway Gazette
Schfzg	Schienenfahrzeuge

[1] Alexejew, A. F.: Elektrische Bahnmotoren, Berlin: Verlag Technik 1955.

[2] Amler, J.; Wagner, R.: Drehstromantriebstechnik für die neuen Nürnberger U-Bahnwagen. ETR. Darmstadt 30 (1981) 5, S. 396

[3] Appun, P.; Futterlieb, E.; Kommissari, K.; Marx, W.: Die elektrische Auslegung der Stromrichterausrüstung der Lokomotive 120 der Deutschen Bundesbahn, EB, München 80 (1982) 10, S. 290 und 11, S. 314

[4] Assmus, A.: Die Fahr- und Bremssteuerung der Lokomotive E 103, EB, München 43 (1972)7, S. 163

[5] Bala; Fetita; Lefter: Handbuch der Wickeltechnik elektrischer Maschinen. Berlin: Verlag Technik 1969

[6] Synchroner Bahnmotor mit Umrichterspeisung für Hochleistungs-Wechselstromlokomotiven. Elektrie, Berlin 22 (1969) 8, S. 135

[7] Bertels, S.; Herbert, W.: Hochgeschwindigkeitsstromabnehmer für den ICE, EB, München 89 (1991) 11, S. 436

[8] Bäzold, D.; Fiebig, G.: Elektrische Lokomotiven. DRG, DR, DB Berlin: transpress Verlagsgesellschaft 1992.

[9] Beck, H.-P.: GTO – Pulswechselrichter mit Wirkstromreglung für Schienenfahrzeuge mit Gleichspannungsspeisung. EB, München 86 (1988)3, S. 81

[10] Bendel, H.: Untersuchung dynamischer Vorgänge in Tatzlagerantrieben elektrisch angetriebener Schienenfahrzeuge. Dissertation Hochschule für Verkehrswesen Dresden 1970

[11] Bendel, H.: Die Erprobung des Kegelringfederantriebes der LEW. DET, Berlin 12 (1964)1, S. 17

[12] Bendel, H.: Kraftwirkungen am Schienenstoß und in Tatzlagerantrieben von Lokomotiven. DET, Berlin 20 (1972)1, S. 31

[13] Bettge, H.: Konstruktion und Fertigung von Vakuumschaltröhren. Siemens-Energietechnik 1981, Beiheft „Vakuumschalttechnik für Mittelspannung", S. 4

[14] Beyer, H.; Fischer, F.: Neuer vollelastischer Tatzlagerantrieb. DET, Berlin 11 (1963) 6, S. 255

[15] Bezold, K.-H.; Mues, M.; Nestler, J.: GTO-Thyristoren auf elektrischen Triebfahrzeugen – Grundlagen. EB, München 84 (1986)3, S. 75

[16] Bezold, K.-H.; Mues, M.; Nestler, J.: Anwendung von GTO-Thyristoren auf elektrischen Triebfahrzeugen. EB, München 84 (1968) 11, S. 333

[17] Bianchi, C.; Tacci, G.: Stromabnehmer für Gleichstrombahnen. EB, München 89 (1991) 11, S. 429

[18] Björklund, B.: Die Silizium-Gleichrichter-Lokomotive Rb 1 der Schwedischen Staatsbahnen. EB, München 33 (1962) 7, S. 161
[19] Blobelt, H. J.: Die Umrichterlokomotive mit selbstgesteuerten Stromrichtermotoren. DET, Berlin 16 (1968) 12, S. 604
[20] Böhm, H.; Krüger, G.: Drehstromhilfsbetriebeumrichter für Triebfahrzeuge am Beispiel der Lokomotive Baureihe 120 der Deutschen Bundesbahn. EB, München 50 (1979) 11, S. 306
[21] Böhm, H.; Zöllner, F.: Erprobung des stromgeführten Drehstromantriebssystems für 50 Hz-Triebfahrzeuge. EB, München 78 (1980) 4, S. 86
[22] Bogott, H.; Kitzmann, K.: Neue Triebzüge für das Stadtschnellbahnnetz in Berlin. LEW-Nachrichten, Hennigsdorf 19 (1988) 40, S. 5
[23] Bohli, D. U.; Steinmann, F.: Die Umrichterlokomotiven mit GTO-Thyristoren und Mikroprozessorsteuerung für die Schweizer Bahnen. GA, Berlin 111 (1987) 11/12, S. 401
[24] Bopp, K.: Belastungswiderstände für Motoren im Aussetzbetrieb. Technische Mitteilungen AEG-Telefunken, Berlin (1968) 1, S. 48
[25] Borgeaud: Achsdruckänderungen an Drehgestellokomotiven infolge der Zugkraft und Gegenmaßnahmen. SLM-Mitteilungen 1968.
[26] Brechbühler, M.; Stemmler, H.: Probleme bei der Entwicklung und Auslegung eines Oberleitungsversuchsfahrzeugs mit Asynchonfahrmotoren, EB, München 43 (1972) 5, S. 106
[27] Brenner, P.: Entwicklung von Fahrzeugen mit tragender Außenhaut unter besonderer Berücksichtigung der Leichtbauweise. Konstruktion im Maschinen- und Apparatebau, (1965) 7, S. 245
[28] Breyer, W.: Das Lokomotivbauprogramm der Österreichischen Bundesbahnen. EB, München 23 (1952) 11, S. 269, 12, S. 301
[29] Breyer: Die Stromabnehmer der ÖBB. EB, München 25 (1954) 11, S. 265
[30] Brüge, F.; Hohmuth, G.; Niehage, H.; Nowale, S.: Das stromgeführte Drehstromantriebssystem für Nah- und Fernverkehr. EB, München 80 (1982) 10, S. 286
[31] Buckel, R.: Oberschwingungen im Fahrleitungsnetz von Wechselstrombahnen. EB, München 38 (1967) 11. S. 248
[32] Buckel, R.: Elektromagnetische Umweltbeeinflussung durch Thyristorfahrzeuge. GA, Berlin 96 (1972) 2/3. S. 97
[33] Budig, P. K.: Der moderne Bahnmotor. DET, Berlin 7 (1959) 10, S. 508
[34] Budig, P. K.: Einfluß der Segmentspannung auf die Auslegung des Ankers von Kollektormaschinen. Elektrie, Berlin 19 (1966) 7, S. 288
[35] Budig, P. K.: Probleme der Mischstromspeisung von Kommutatormaschinen, Elektrie, Berlin 21 (1968) 6, S. 245
[36] Budig, P. K.: Aufbau, Wirkungsweise, Betriebsverhalten und Anwendungsmöglichkeiten von Linearmotoren. Elektrie, Berlin 23 (1970) 10, S. 335
[37] Budig, P. K.: Einsatzmöglichkeiten von Linearmotoren. Elektrie, Berlin 24 (1971) 6, S. 204
[38] Budig, P. K.: Elektrische Traktionsmotoren. Berlin: Verlag Technik 1975.
[39] Budig, P. K.: Drehzahlvariable Drehstromantriebe mit Asynchronmotoren. Berlin: Verlag Technik 1988.
[40] Cavagnaro, M.; Piro, G.: Die Entwicklungslinien der elektrischen Triebfahrzeuge bei den FS. EB, München 84 (1986) 8, S. 235
[41] Dieselfahrzeuge im Schienenverkehr, Darmstadt/Köln: Verlag Karl Röhrig 1954.
[42] Cossie, A.: Die Lokomotive BB 10004 mit selbstgeführten Synchronmotoren – Anwendung der Synchrontechnik bei der SNCF. EB, München 80 (1982) 7, S. 194
[43] Cossie, A.: Antriebstechnik mit Motoren ohne Kommutatoren – die Wahl der SNCF. EB, München 82 (1984) 1, S. 16
[44] Czerny, I.; Loos, R.: Hochbelastbare Bremswiderstandsgeräte für die elektrischen Lokomotiven E 10 und E 03. Siemens-Zeitschrift, München (1965), S. 603
[45] Depenbrock, M.: Einphasenstromrichter mit sinusförmigem Netzstrom und gut geglätteten Gleichgrößen. ETZ (A), Berlin 94 (1973) 8, S. 466
[46] Dreimann, K.: Vergleich der Umrichtersysteme der Triebfahrzeuge mit Drehstrom-Fahrmotoren, ETR, Darmstadt 27 (1978) 12, S. 799
[47] Dreimann, K.; Böhm, H.: Drehstrom-Kleinserie der Berliner Verkehrsbetriebe (BVG) – ein Meilenstein der Entwicklung der Drehstromantriebstechnik bei AEG-Telefunken. EB, München 79 (1981) 4, S. 110

[48] Ebeling, H.: Stromabnahme bei hohen Geschwindigkeiten – Probleme der Fahrleitungen und Stromabnehmer. EB, München 40 (1969) 2, S. 26

[49] Eisele, H.: Gemischte Nutz- und Widerstandsbremsung bei Untergrundbahnen. ETZ (A), Berlin 90 (1969) 26, S. 700

[50] Ernst, G.; Pitschel, Y.; Schröder, P.: Die elektrischen Ausrüstungen für die Steuerung und Regelung der Triebzüge BR 270. LEW-Nachrichten, Hennigsdorf 12 (1981) 29, S. 13

[51] Fabre, F.; Klose, A.; Somer, G.: Technical and economic conditions for the use of electric road vehicles. Brüssel, Luxemburg 1987.

[52] Falk, P.; Lößel, W.; Winden, R.: Die elektrische Ausrüstung der IEC-Prüfköpfe. EB, München 83 (1985) 10, S. 319

[53] Falk, V.; Eichinger, M.; Stajer, V.: Elektrische Lokomotive Škoda mit Asynchron-Fahrmotoren. Škoda Revue, Prag (1987) 2, S. 42

[54] Fiehn, H.; Weinhardt, M.; Zeevenhooven, N.: Drehstromversuchsfahrzeug der Niederländischen Eisenbahnen – Adhäsionsmessungen. EB, München 50 (1979) 12, S. 329

[55] Fischer, J. W.; Lößel, W.: Gesichtspunkte für die Bemessung von Netzfiltern bei Stromrichtertriebfahrzeugen im Wechselspannungsnetz. EB, München 85 (1987) 5, S. 148

[56] Förster, J.: Löschbare Fahrzeugstromrichter zur Netzentlastung und -stützung. EB, München 43 (1972) 1. S. 13

[57] Förster, J.: Netzrückwirkungen sektorgesteuerter Thyristorfahrzeuge. GA, Berlin 97 (1972) 2/3, S. 77

[58] Forstbauer, N.; Otzdorf, H.; Prottengeier, E.: Über den Einsatz von Gleichstromstellern zur Geschwindigkeitssteuerung von Nahverkehrsfahrzeugen. EB, München 40 (1969) 7, S. 148

[59] Gammert, R.: Die elektrische Ausrüstung der Drehstromlokomotive BR 120 der DB. EB, München 50 (1979) 10, S. 272

[60] Garitz, K. P.: Maßgerechte Gummi-Metallfedern für Lokomotivantriebe. LEW-Nachrichten, Hennigsdorf 19 (1988) 40, S. 17

[61] Gathmann, G.; Harprecht, W.; Weigel, W.: Übersicht über die jüngsten Entwicklungen der Drehstromantriebstechnik bei elektrischen Bahnen. EB, München 86 (1988) 1, S. 22

[62] Gerum, E.: Lufttrocknungsanlagen in Schienenfahrzeugen. ETR, Darmstadt 33 (1984) 11, S. 835

[63] Gierth, E.: Probleme der Konstruktion elektrischer Schnellfahrlokomotiven. Internationales Archiv für Verkehrswesen, (1964) 11/12

[64] Gierth, E.; Seibert, K. W.: Die elektrische Co'Co'-Schnellzuglokomotive der BR E 03 der Deutschen Bundesbahn. EB, München 36 (1965) 10, S. 230

[65] Gierth, E.; Manz, G.: Eigenschaften von Wechselstrom-Grenzleistungslokomotiven bei konventioneller Technik und bei Anwendung der Leistungselektronik. EB, München 43 (1972) 3, S. 58

[66] Gierth, E.: Die Serienlok der Baureihe 103 – ein weiterer Schritt zu hohen Leistungen elektrischer Lokomotiven der Deutschen Bundesbahn. EB, München 41 (1970) 6, S. 124

[67] Gießow, G.: Steuerausrüstungen für Untergrund- und Stadtschnellbahnen mit Bauelementen der Leistungselektronik. Der Stadtverkehr, Brackwede (1974) 1, S. 27

[68] Die 50-Hz-Gleichrichterlokomotiven E 211. EB, München 41 (1970) 2, S. 36

[69] Glück, H.: Fahrdynamische Gesichtspunkte zur automatischen Fahr- und Bremssteuerung. EB, München 43 (1972) 7, S. 147

[70] Göttinger: Der Scherenstromabnehmer für hohe Fahrgeschwindigkeiten. EB, München 24 (1953) 2, S. 36

[71] GOST 183-66, Tabelle 1

[72] Grafe, K.: Gleichstrommaschinen. Leipzig: Fachbuchverlag 1954.

[73] Gschwind, F. X.: Modellversuche über die Optimierung von Oberwellen-Bedämpfungsschaltungen für Thyristor-Triebfahrzeuge. EB, München 42 (1971) 6, S. 130

[74] Güldner, H.: Schwingkreisumrichter für die induktive Erwärmung. Elektrie, Berlin 26 (1973) 11, S. 586

[75] Gutt, H. J.: Wanderfeldmotoren im Vergleich zu Drehfeldmaschinen herkömmlicher Bauart. ETZ (A), Berlin 92 (1971) 6, S. 342

[76] Hackstein, H.: Die automatische Fahr- und Bremssteuerung. EB, München 43 (1972) 7, S. 146

[77] Hackstein, H.; Grünewald, G.; Lappla, H.: Die elektrische Bremse der Lokomotivbaureihe E 10 der Deutschen Bundesbahn. EB, München 33 (1962) 2, S. 29

[78] Hagen, G.: Neue Nutzbremsverfahren bei 16-2/3-Hz-Einphasenreihenschlußmotoren. EB, München 40 (1969) 3, S. 52

[79] Hegnauer, W.: Vergleich zwischen Niederspannungsssteuerung und Hochspannungssteuerung bei elektrischen Lokomotiven. EB, München 25 (1954) 4, S. 97

[80] Heiles: Wicklungen elektrischer Maschinen und ihre Herstellung. Berlin/Göttingen/Heidelberg: Springer 1953.

[81] Heintze, K.; Marten, F.: Gleichstromlokomotive für Fahrleitungsbetrieb mit Thyristorgleichstromsteller. EB, München 37 (1966) 6, S. 129

[82] Heintze, K.; Wagner, R.: Elektronische Gleichstromsteller zur Geschwindigkeitssteuerung von aus Fahrleitungen gespeisten Gleichstrom-Triebfahrzeugen. ETZ (A), Berlin (1966) 5, S. 165

[83] Heumann; Stumpe: Thyristoren. Stuttgart: Teubner 1969.

[84] Hilsenbeck, K.: Die Hilfsbetriebe bei Wechselstromtriebfahrzeugen. VDE-Fachberichte, 1952

[85] Hilsenbeck, K.: Die elektrische Widerstandsbremse der Lokomotive Baureihe E 50. EB, München 29 (1958) 8, S. 169

[86] Hitzenhammer, P.; Kratz, G.: GEAFLEX-Antrieb für die Schnellfahrlokomotive 1044.501 der ÖBB. Eisenbahntechnik, Wien (1987) 1, S. 10

[87] Hoffmann; Stocker: Thyristor-Handbuch. 3. Aufl., Berlin/Erlangen: Siemens-Verlagsbuchhandlung 1968.

[88] Hoffmann, A.; Koch, G.; Schulze, W.; Szepek, B.: Schaltüberspannungen bei schützengesteuerten Gleichstrom-Triebfahrzeugen und ihre Auswirkung auf die Isolation der Fahrmotoren. Elektrie, Berlin 26 (1973) 4, S. 213

[89] Holfert, W.; Wendet, W.: Über den Entwurf und die Berechnung von Glättungsdrosselspulen für Gleichrichterlokomotiven. Elektrie, Berlin 13 (1960) 6, S. 206

[90] Holfert, W.; Lojak, L.: LEW-Thyristor-Hochspannungsschaltwerk für Lokomotivtransformatoren. LEW-Nachrichten. Hennigsdorf, 1 (1969) 1, S. 12

[91] Holfert, W.; Lojak, L.: Hochspannungsschaltwerk für elektrische Triebfahrzeuge. DET, Berlin 17 (1969) 4, S. 184, 20 (1972) 11, S. 499

[92] Holfert, W.: Bedeutung des Gleichstromstellers für die Gleichstromtraktion. LEW-Nachrichten, Hennigsdorf (1972) 8, S. 15

[93] Hoppe, H.: Nachkriegsentwicklung der Berliner U-Bahnwagen und ihre Ausrüstungen. EB, München 38 (1967) 12, S. 266

[94] Hütte Bd. IV A. 28. Aufl. Berlin: Verlag Wilhelm Ernst und Sohn 1957.

[95] Ihle, G.; Rauschenbach, F.: Die elektrische Heizeinrichtung der Diesellokomotive V 162 003. EB, München 39 (1968) 5, S. 105

[96] Ivanov, I. I.: Elektrifizierung bei den SŽD. DET, Berlin 20 (1972) 12, S. 546

[97] Jäger, A.: Die elektrische Ausrüstung der Lokomotive Re 6/6 der Schweizerischen Bundesbahnen. EB, München 45 (1974) 11, S. 250

[98] Jamnicki, I.: Grundlagen für Bestimmung eines Ein-Holmstromabnehmers mit Berücksichtigung seiner digitalen Berechnung. EB, München 41 (1970) 12, S. 203

[99] Javorski: Wirtschaftlichkeitsgrenzen zwischen Diesel- und Elektrobetrieb bei der Eisenbahn. Wissenschaftl. Zeitschrift der Hochschule für Verkehrswesen, Dresden (1960) 3, S. 620

[100] Joachimsthaler, A.: Die elektrischen Einheitslokomotiven der Deutschen Bundesbahn. 2. Aufl., Frankfurt/M.: Verlag Vermögensverwaltung der Gewerkschaft Deutscher Lokomotivbeamter und Anwärter, GmbH.

[101] Joffe, A. B.: Elektrische Lokomotivantriebe. Berlin: Verlag Technik 1962.

[102] Käfer, H.: Der BBC-Scheibenantrieb. EB, München 25 (1954) 4, S. 92

[103] Kahlen, H.: Generatorischer Betrieb der Gleichstrom-Reihenschlußmaschine mit Hilfe eines Gleichstromstellers. ETZ (A), 92 (1971) 9, S. 534

[104] Kahler, P.; Amos, M.: Elektrische Triebfahrzeuge – Lehrbriefe der Hochschule für Verkehrswesen Dresden, Lehrbrief Nr. 3. Berlin: transpress Verlag für Verkehrswesen 1970.

[105] Kammerer, V.: Fortschritte im Eisenbahnwesen, Eisenbahn und wissenschaftliche Forschung. Jahrbuch des Eisenbahnwesens, Folge 12. Darmstadt: Verlag Karl Röhrig 1961.

[106] Kasparek, F.: Die elektrische Ausrüstung der neuen Wiener U-Bahnwagen. Eisenbahntechnik, Wien (1985) 4, S. 22

[107] Kasperowski, O.: Kontaktwerkstoffe für Stromabnehmer elektrischer Fahrzeuge. EB, München 34 (1963) 8, S. 170

[108] Katzer, G.: Entwicklung der DB-Schnellfahrstromabnehmer. Lok-Magazin, Stuttgart (1987) 147, S. 412

[109] Kehrmann, H.; Lienau, W.; Nill, R.: Vierquadrantensteller –eine netzfreundliche Einspeisung für Triebfahrzeuge mit Drehstromantrieb. EB, München 45 (1974) 6, S. 135

[110] Kesselring, F.: Theoretische Grundlagen zur Berechnung der Schaltgeräte. Sammlung Göschen, Bd. 711. Berlin: Verlag Walter de Gruyter & Co 1950

[111] Kiepfer, H. H.: Stromabnehmerversuche der Deutschen Bundesbahn mit Geschwindigkeiten bis 200 km/h. EB, München 36 (1965) 7, S. 158

[112] Kilb, E.: Neue Typenreihe elektrischer Streckenlokomotiven der Deutschen Bundesbahn E 10, E 40, E 41, E 50. EB, München 28 (1957) 1, S. 8

[113] Kilb, E.: Antriebe für elektrische Triebfahrzeuge, Elsners Taschenbuch für den maschinentechnischen Eisenbahndienst. Frankfurt/Berlin: Tetzlaff-Verlag 1965, S. 212, 1966, S. 61

[114] Klein, E.: Halbleiterbaustein der Energieelektronik. EB, München 40 (1969) 6, S. 137

[115] Kloß, G.: Verzweigungsmechanismen als Antriebselemente elektrischer Triebfahrzeuge. EB, München 24 (1953) 1, S. 1

[116] Kloß, G.: Der SSW-Gummiringfederantrieb. Zur Entwicklung der abgefederten Tatzlagermotoren. EB, München 24 (1953) 10, S. 256

[117] Kloß, G.: Das Betriebsverhalten des Siemens-Gummiringfederantriebes. GA, Berlin 82 (1958) 11, S. 362

[118] Knapp, P.: Der Gleichstromsteller zum Antrieb und Bremsen von Gleichstromfahrzeugen. Brown-Boveri-Mitteilungen, Baden (1970) 6/7, S. 252

[119] Kniffler, A.: Die elektrische Bremsung der Triebzüge auf der Hamburger S-Bahn. EB, München 24 (1953) 6, S. 151

[120] Kniffler, A.: Elektrische Nutzbremsung auf der Hamburger S-Bahn. EB, München 28 (1957) 4, S. 86

[121] Koch, W.: Der neue BBC-Gummi-Gelenk-Kardanantrieb für schnellfahrende Lokomotiven. EB, München 34 (1963) 5, S. 99

[122] Koch, W.: Die neue BBC-Gummigelenk-Kardankupplung und ihre Anwendung im Fahrzeugbau. EB, München 41 (1970) 3, S. 56 u. 4, S. 84

[123] Kocher, E.: Technische Aspekte der elektrischen Traktion. EB, München 85 (1987) 12, S. 406

[124] Köck, F.: Das Konzept der Leittechnik für die elektrische Lokomotive der BR 120 der Deutschen Bundesbahn. EB, München 82 (1984) 2, S. 56

[125] Köhler, K.: Bessere Blindleistungsverhältnisse im 16-2/3-Hz-Fahrleitungsnetz der DR beim Einsatz von Triebfahrzeugen mit Anschnittsteuerung. DET, Berlin 19 (1971) 10, S. 488

[126] Köhler, K.: Die Elektroenergieversorgung des Zuges durch die Diesellokomotive BR 132. Schfzg, Berlin 18 (1974) 1, S. 7

[127] Körber, J.: Grundlegende Gesichtspunkte für die Auslegung elektrischer Triebfahrzeuge mit asynchronen Fahrmotoren. EB, München 45 (1974) 3, S. 52

[128] Körber, J.: Die elektrische Lokomotive mit kommutatorlosen Fahrmotoren. ETR. Darmstadt 24 (1975) 7/8. S. 251

[129] Kollisch, G.: Verbesserte Verriegelung von Stufenschützen bei Lokomotivsteuerungen. EB, München 28 (1957) 10, S. 235

[130] Kother, H.: Bahnmotoren für Straßen-, Stadt- und Fernbahnen. Technische und Volkswirtschaftliche Berichte des Wirtschafts- und Verkehrsministeriums Nordrhein-Westfalen, 1954

[131] Kratz: Fahrmotoren und Antriebe bei elektrischen Triebfahrzeugen mit Drehstromantriebstechnik. GA, Berlin 104 (1980) 8/9, S. 283

[132] Krienitz: Der Bügelstromabnehmer. EB, München 21 (1950) 7, S. 169

[133] Krug, H.: Der Ersatz des Kommutators der Gleichstrommaschine durch einen Stromrichter. Elektrie, Berlin 21 (1968) 3, S. 104

[134] Krug, H.: Die Entwicklung von Antriebssystemen mit Gleichstrompulsstellern für Traktionszwecke. Elektrie, Berlin 23 (1970) 11, S. 388

[135] Kugler, H. D.: Die elektrische Ausrüstung der Lokomotive E 10.002. EB, München 25 (1954) 4, S. 76

[136] Länger, K.H.; Thomas, K.: Betriebserprobung der Tonfrequenz-Multiplex-Fernsteuerung (TMF) im Wendezugbetrieb. EB, München 41 (1970) 5, S. 107

[137] Läpple: Die Lichtbogenlöschung im körnigen Löschmittel mit HH-Sicherungen. ETZ, Frankfurt/M. 58 (1937), S. 369 u. 426

[138] Lappe, R.: Stromrichter. Berlin: Verlag Technik 1958

[139] Lappe, R.: Thyristor-Stromrichter für Antriebsregelungen. Berlin: Verlag Technik 1970

[140] Laube, P.: Das Betriebsverhalten des asynchronen Käfigläufermotors als Fahrmotor für Vollbahnlokomotiven. EB, München 39 (1968) 10, S. 227

[141] Lehotzky, P.: Die Fahrzeuge der U-Bahn Wien, heute und morgen. Eisenbahntechnik. Wien (1985) 4, S. 4

[142] Lentz, C.; Lößel, W.: Thyristorladeanlage für Fahrzeugbatterie. Siemens-Zeitschrift (1965) 6, S. 612

[143] v. Leuven, J.: Glättungswiderstand und Drosselinduktivität bei Mischstrommotoren. EB, München 39 (1968) 12, S. 291

[144] Lienhard, H.: Wasserstoff als neuer Energieträger, Technische Rundschau, Bern (1987) 37, S. 60

[145] Ließow, G.; Gölz, G.; Grimsbrecht, P.: Drehstromantriebssysteme für Bahnfahrzeuge. Technische Mitteilungen AEG-Telefunken, Berlin (1977) 1, S. 35

[146] Liljeblad, J.; Björklund, B.: Die elektrische Schnellzuglokomotive Ra der Schwedischen Staatsbahnen. EB, München 30 (1959) 5, S. 96

[147] Loch: Der elektrische Vollbahnbetrieb auf den deutschen Reichsbahnen. 1. Teil 1923

[148] Loderer, P.: Gemischte Nutz- und Widerstandsbremsung bei Gleichstromtriebfahrzeugen. EB, München 44 (1973) 8, S. 170

[149] Lößel, W.: Drehstromantrieb für Wechselstromtriebfahrzeuge. EB. München 48 (1977) 4, S. 82

[150] Lößel, W.; Fries, P.; Riger, H.: Wärmerohr-Kühlverfahren für Stromrichter zur Bremserregung elektrischer Triebfahrzeuge. EB, München 46 (1975) 2, S. 33

[151] Lojak, L.; Ebelt, R.: Thyristorhochspannungsschaltwerk LNSW 12. Schfzg, Berlin 18 (1974) 7. S. 241

[152] v. Madeyski, Th.: Elektrische Kraftübertragung bei Diesellokomotiven. EB, München 40 (1969) 5, S. 107

[153] Maeda, A.; Putz, U.: Die elektrischen Größen der blindstromsparenden Stromrichter auf Wechselstromtriebfahrzeugen. EB, München 42 (1971) 9, S. 200

[154] Maiss, K.-J.; Wagner, R.: Dreisystemlokomotiven der Zechen- und Hafenbahnbetriebe Ruhr-Mitte der RAG mit Drehstromantriebstechnik. EB, München 80 (1982) 10, S. 295

[155] Michalk, G.; Liebisch, R.: Expansionsschalter. Elektrie. Berlin 22 (1968) 3, S. 101

[156] Möller, H.: Neuentwickelte Stromabnehmer für neue Triebzüge der BR 270. EB, München 80 (1982) 6, S. 190

[157] Möltgen: Thyristoren in der technischen Anwendung, Bd. 2, Berlin/Erlangen: Siemens Verlagsbuchhandlung

[158] Möltgen, G.: Gradzahlige Oberschwingungen im Netzstrom zweipulsiger Stromrichter. EB, München 42 (1971) 8, S. 175

[159] Möltgen, G.: Eigenschaften des Stromrichters in zweipulsiger halbgesteuerter Brükkenschaltung. EB, München 39 (1968) 11, S. 256

[160] Müller, A. E.: Die Schleuderbremse, das einfachste Mittel zur Verhütung des Rädergleitens bei Schienentriebfahrzeugen. EB, München 22 (1951) 9.

[161] Müller, G.: Elektrische Maschinen, Grundlagen, Aufbau und Wirkungsweise. Berlin: Verlag Technik 1970.

[162] Müller, G.: Elektrische Maschinen, Theorie. Berlin: Verlag Technik 1967.

[163] Müller, H. D.: Beitrag zu mechanischen Problemen des Stromübergangs zwischen Kohlebürste und Kommutator. Elektrie, Berlin 24 (1971) 7, S. 273

[164] Müller, H. J.; Zimmer, R.: Die automatische Fahr- und Bremssteuerung des Triebzuges 420 der Deutschen Bundesbahn, Bauart AEG. EB, München 43 (1972) 7, S. 158

[165] Müller, P.: Elektrische Fahrzeugantriebe, Grundzüge der Theorie und Berechnung. Beiheft zur Zeitschrift „Elektrische Bahnen“, 1960

[166] Nagase, K.: Adhesion between the rails on running wheels of main lines - Result of investigations by slipping adhesion test bogie

[167] Narr, D.; Seyfarth, H.: 16 2/3-Hz-Lokomotive BR 250 für die DR. Schfzg, Berlin 18 (1974) 5, S. 165 u. 6, S. 191

[168] Nebelung, H. R.; Scholtis, G.; Joachimsthaler, A.: Weiterentwicklung der elektrischen Bremse bei den Lokomotiven E 10/E 40 der Deutschen Bundesbahn. EB, München 38 (1967) 11, S. 255

[169] Nibler: Dynamisches Verhalten von Fahrlei-

tung und Stromabnehmer bei elektrischen Hauptbahnen. EB, München 21 (1950) 10, S. 234

[170] Nikoloff, I.; Holfert, W.; Kraut, G.: Die elektrische Ausrüstung der neuen Triebzüge BR 270 für die S-Bahn der DDR-Hauptstadt Berlin. DET, Berlin 27 (1979) 10, S. 412

[171] Nikoloff, I.; Schiewer, M.; Seifert, E.: Gleichstromsteller für die Triebzüge BR 270 der Berliner S-Bahn. LEW-Nachrichten, Hennigsdorf 12 (1981) 29, S. 3

[172] Nürnberg, W.: Die Prüfung elektrischer Maschinen. 3. Aufl. Berlin/Göttingen/Heidelberg: Springer-Verlag 1955

[173] Ondarza, M.: Die Hochspannungssteuerung bei Wechselstromtriebfahrzeugen. EB, München 21 (1950) 9. S. 211

[174] ORE: Versuchsbericht des Forschungs- und Versuchsamtes des Internationalen Eisenbahnverbandes. Frage A 3. Verhalten der Stromabnehmer und der Fahrleitung bei hohen Geschwindigkeiten, Arbeitsergebnis Nr. 5

[175] Otterbach, H.: Über die Auswahl der Lüfter zur Fremdbelüftung elektrischer Fahrzeugmotoren. EB, München 28 (1957) 2. S. 34

[176] Peters, A.; Gladigau, A.: Elektrische Fahrzeugantriebe. München: Oldenbourg-Verlag 1960

[177] Philippow, E.: Taschenbuch Elektrotechnik, Bd. 1, Grundlagen. Berlin: Verlag Technik 1963.

[178] Philippow, E.: Taschenbuch Elektrotechnik, Bd. 2 Starkstromtechnik. 2. Aufl., Berlin: Verlag Technik 1967.

[179] Potavo; Lisicyn: Der Haftreibwert von Güterzug-Elektrolokomotiven. Trudi ZNII MPS, Folge 478, Moskau.

[180] Rappenglück, W.: Serienlokomotive Baureihe 120 der Deutschen Bundesbahn mit Drehstromantriebstechnik. EB, München 85 (1987) 6, S. 163

[181] Rappenglück; Kobelt: Die E 120 im Betriebseinsatz. ETR, Darmstadt 37 (1988) 7, S. 427

[182] Remmele, G.: Leistungsermittlung elektrischer Triebfahrzeugantriebe für beliebige Fahrprogramme. EB, München 40 (1969) 8, S. 172 u. 9, S. 202

[183] Resch, U.: Simulation des dynamischen Verhaltens von Oberleitung und Stromabnehmer bei hohen Geschwindigkeiten. EB, München 89 (1991) 11, S. 446

[184] Richter, R.: Elektrische Maschinen. Bd. 1 bis 4. Basel: Verlag Birkhäuser 1951. Bd. 5. Berlin/Göttingen/Heidelberg: Springer-Verlag 1950.

[185] Richter, R.: Lehrbuch der Wicklungen elektrischer Maschinen. Karlsruhe: Verlag G. Braun 1952.

[186] Riedel, H.: Auswirkung des Betriebes von Wechselstrombahnen auf Fernmeldeanlagen der Post. EB, München 38 (1967) 11, S. 250

[187] Rona, W.: Untersuchungen an zwangskommutierten Wechselstromstellern. ETZ (A), Berlin 93 (1972) 10, S. 560

[188] Rotter, R.: Die Lokomotivbaureihe 1141 als Abschluß einer 30jährigen Entwicklung Bo'Bo'-Lokomotiven bei den ÖBB. EB, München 30 (1959) 9, S. 193 u. 10, S. 231

[189] Rummich, E.: Beitrag zur Berechnung der Trag- und Führungseigenschaften von asynchronen Linearmotoren. EB, München 43 (1972) 11, S. 245

[190] Runge, W.: Bahnantriebssystem mit synchronen Fahrmotoren. EB, München 85 (1987) 7, S. 205

[191] Sachs, K.: Elektrische Triebfahrzeuge, Bd. 1 Frauenfeld: Verlag Huber & Co AG 1953.

[192] Sachs, K.: Elektrische Triebfahrzeuge. Bd.2, S. 141. Frauenfeld: Verlag Huber & Co AG 1953.

[193] Sachs, K.: Elektrische Triebfahrzeuge. Bd. 1. 2. Aufl. Berlin/Göttingen/Heidelberg: Springer-Verlag

[194] Sachs, K.: Elektrische Triebfahrzeuge. Bd. 2. 2. Aufl. Berlin/Göttingen/Heidelberg: Springer-Verlag

[195] Sandner, F.: Die elektrische Ausrüstung der Lokomotive E 10.001. EB, München 24 (1953) 6, S. 126

[196] Sandner, F.; Brauer, A.: Die elektrische Ausrüstung der schweren Güterzuglokomotive E 50 der Deutschen Bundesbahn. München 29 (1958) 7, S. 147

[197] Sattler, Ph. K.: Aus einem Einphasenwechselstromnetz über Siliziumgleichrichter gespeiste Bahnmotoren. EB, München 33 (1962) 5, S. 118

[198] Saurau: Die Entwicklung der elektrischen Lokomotiven und Triebwagen unter Berücksichtigung Österreichs. Wien: Verlag Staakmann 1927.

[199] Schaaf, H.: Die elektrische Ausrüstung der

Lokomotiven Baureihe E 10[1] und E 40 der Deutschen Bundesbahn. EB, München 28 (1957) 5, S. 97
[200] Schäfer, H. H.: Verbesserung des Leistungsfaktors in der Bahnstromversorgung durch Kondensatorbatterien beim Einsatz von Triebfahrzeugen mit Anschnittsteuerung. EB, München 41 (1970) 8, S. 172
[201] Schilling, G.: Beurteilung der Kommutierung rotierender elektrischer Maschinen auf Triebfahrzeugen. Schfzg, Berlin 16 (1972) 10, S. 352
[202] Schlemmert: 75 Jahre elektrische Lokomotiven. EB, München 25 (1954) 5, S. 101
[203] Schmied, P.: Erwägungen zur Einführung von Thyristorlokomotiven. Eisenbahntechnik, Wien (1972)1, S. 3, 2, S. 46 u. 3, S. 73
[204] Scholtis, G.: Nahverkehr und Drehstromantriebe – Aufgabe, Wünsche, Möglichkeiten. EB, München 50 (1979) 6, S. 159
[205] Schrumpf, C. E.: 50-Hz-Lokomotiven für die Ungarischen Staatsbahnen. EB, München 37 (1966) 3, S. 50
[206] Schulze, H.; Koettnitz, H.; Hieke, C.: Richtlinien für Wahl, Einbau und Erdung von Überspannungsableitern. Berlin: Verlag Technik 1957.
[207] Schwaiger: Der Bügelstromabnehmer. Maschinenbau und Wärmewirtschaft, 1949, S. 41
[208] Schweiger, L.: Die Erdkontaktausrüstung bei den Lokomotiven der Reihe E 10 der DB. EB, München 25 (1954) 9, S. 226
[209] Ein Jahrhundert Schweizer Bahnen. Frauenfeld: Verlag Huber & Co 1947
[210] Seidl, G.: Gleichstromumrichter für die elektrische Bremse der Serienlokomotive E 103. Siemens-Zeitschrift, 1971, Beiheft Bahntechnik, S. 150
[211] Sequenz: Die Wicklungen elektrischer Maschinen. Bd. II, Wenderwicklungen. Wien: Springer-Verlag 1952
[212] Siba, J.: Elektrische Lokomotiven für die Eisenbahnen der UdSSR. Škoda Revue, Prag (1987) 2, S. 29
[213] Sirotinski: Hochspannungstechnik. Bd. II. Berlin: Verlag Technik 1958.
[214] Spanneberg, H.: Ruhende elektrische Maschinentransformatoren und Wandler. Berlin: Verlag Technik 1971
[215] Spöhrer, W.: Der Magnetverstärker und seine Verwendung im Eisenbahnbetrieb. Der Eisenbahningenieur, Darmstadt 12 (1961) 11, S. 309
X [216] Spöhrer, W.: Elektrische Energieversorgung des Zuges bei Dieseltraktion. GA, Berlin 96 (1972) 2, S. 53
[217] Stark, P.: Die Kommutierung von Mischstrommotoren (Gleichrichtergespeiste Bahnmotoren). EB, München 33 (1962) 9, S. 210
[218] Stein, W.: Lichtbogenfreie Lastumschaltung mit Siliziumstrommotoren bei Stufentransformatoren. EB, München 34 (1963) 9, S. 204
[219] Stempina: Das dynamische Verhalten einer Lokomotivtreibachse mit Drehstromasynchronmotoren. EB, München 78 (1980) 5, S. 138
[220] Stockhausen: Fünfzig Jahre elektrische Vollbahnlokomotiven in Österreich und Deutschland. Wien: Ployer 1952.
[221] Stötzer, K. S.: Elektrische Bremsen moderner Wechselstromtriebfahrzeuge. GA, Berlin 95 (1971) 12, S. 384 und 96 (1972) 1, S. 23
[222] Stohn: Akkumulatoren und Akkumulatorenanlagen. Berlin: Verlag Techik 1959.
[223] Stolte: Die Entwicklung der elektrischen Vollbahnlokomotiven bei der Deutschen Reichsbahn. Leipzig: Fachbuchverlag 1956.
[224] Teich, W.: Elektrische Übertragung für Diesel- und Gasturbinenfahrzeuge mit Umrichter und Asynchronfahrmotoren. GA, Berlin 95 (1971) 7/8, S. 213
[225] Teich, W.: Dieselelektrische Triebfahrzeuge mit schleifringlosen Asynchronfahrmotoren. EB, München 43 (1972) 4, S. 74
[226] Teich, W.: Grundsätzliche Abhängigkeiten der Fahrmotor- und Wechselrichter-Dimensionierung beim Asynchronmotorantrieb. ETR, Darmstadt 24 (1975) 1/2, S. 44
[227] Teich, W.: Die elektrische Lokomotive 1063 der Österreichischen Bundesbahnen, Drehstromantriebstechnik für $16^2/_3$ Hz- und 50 Hz-Einspeisung, ETR, Darmstadt 33 (1984) 5, S. 451
[228] Teich, W.: Drehstrom-Antriebs-Technik, Entwicklung – heutiger Stand – Ausblick. GA, Berlin 113 (1989) 6/7, S. 241
[229] Tessier, M.: Die Entwicklung der elektrischen Zugförderung in Frankreich. DET, Berlin 10 (1962) 5, S. 214
[230] TGL 20675/02: Tabelle 9
[231] Timmel, H.: Der Wanderfeld-Linearmotor, eine bemerkenswerte Sonderform des In-

duktionsmotors. Elektrie, Berlin 21 (1968) 10, S. 398
[232] Timmel: Beitrag zum Quereffekt bei Kurzständerlinearmotoren. Elektrie, Berlin 26 (1973) 5, S. 258
[233] Tippe: Rundfunkstörungen durch elektrische Triebfahrzeuge, EB, München 23 (1952) 10, S. 254
[234] UIC-Merkblatt 608 VE 2. Ausgabe 1. 7. 1989
[235] Vakuumschalter auf Triebfahrzeugen. GEC-Review, Chelmsford 1 (1985) 2
[236] VEM-Handbuch Energieversorgung elektrischer Bahnen. Berlin: Verlag Technik 1975.
[237] VEM-Handbuch Die Technik der elektrischen Antriebe. Bd. I und II. Berlin: Verlag Technik
[238] Verbeek: Derzeitiger Wissensstand über Reibung und ihre Anwendung. Schienen der Welt, Brüssel 4 (1973) 6, S. 714
[239] Vogt, K. u. a.: Elektrische Maschinen. Berechnung rotierender elektrischer Maschinen. Berlin: Verlag Technik 1972.
[240] Voigt, R.: Elektrische Widerstände. Berlin: Verlag Technik 1959.
[241] Voß, U.: Schaltung zur Steuerung des Triebzuges BR 420 der Deutschen Bundesbahn. EB, München 40 (1969) 11, S. 255
[242] Wagner, R.: Möglichkeiten der Nutzbremsung von Gleichstromtriebfahrzeugen. Siemens-Zeitschrift, Berlin (1972) 8, S. 692
[243] Wagner, R.: Nahverkehrsbahnen mit Drehstromantriebstechnik. Eisenbahntechnik, Wien (1984) 2, S. 25
[244] Wagner, R.: Weiterentwicklung der Drehstromantriebstechnik. GA, Berlin 111 (1987) 11/12, S. 418
[245] Walter, K.; Wolf, G.: Der erste U-Bahnzug mit Gleichstromsteller-Steuerung in Deutschland. Der Stadtverkehr, Brackwede (1972) 1, S. 12
[246] Walther, H.: Shuntierungsverfahren für Mischstrommotoren. Elektrie, Berlin 22 (1969) 8, S. 327
[247] Wark, K.: Zweckmäßige Treppenwicklungen und andere Maßnahmen zur Steigerung der Ausnutzung von Gleichstrommaschinen. ETZ (A), 90 (1969) 3, S. 64
[248] Wechmann: Der elektrische Zugbetrieb der Deutschen Reichsbahn. Berlin: ROM-Verlag 1924.
[249] Wechselstromlokomotiven der DR. Fortsetzungsreihe in der Zeitschrift Schienenfahrzeuge, Berlin 9 (1965)...16 (1972)
[250] Werz: Zur Entwicklung der Kardanwellenantriebe. Der Secheron-Lamellenantrieb. EB, München 25 (1954) 10, S. 249
[251] Wiegner, G.: Siedekühlung für Fahrzeugstromrichter. GA, Berlin 109 (1985) 2/3, S. 103
[252] Winter, P.: Netzverhalten von Wechselstromtriebfahrzeugen mit Mehrfachfolgesteuerungen in Stromrichtersparschaltung. GA, Berlin 96 (1972)2/3, S. 87
[253] Zenkel, D.: Gleichstrom-Pulssteuerung für Elektrofahrzeuge. Elektrie, Berlin 19 (1966) 6, S. 240
[254] Ziegler, W.: Drehstromantrieb mit Zwischenkreisumrichter für Bahnfahrzeuge. EB, München 78 (1980) 5, S. 123

Sachwortverzeichnis